2016年制定

トンネル標準示方書

[共通編]・同解説／[開削工法編]・同解説

土木学会

STANDARD SPECIFICATIONS FOR TUNNELING-2016,

Cut and Cover Tunnels

July, 2016

Japan Society of Civil Engineers

改訂の序

　開削工法は，おもに都市部におけるトンネルを構築するための標準的な工法として，古くから採用されてきた．今日においても，比較的浅い位置に埋設する小規模のトンネル工事においては，標準的な工法として採用されている．しかしながら，とくに都市部における地下空間の利用度の向上にともない，浅い位置では地下構造物が輻輳してきているため，より深い位置へのトンネル構築とともに，これら輻輳する既存構造物への対応など，開削工法でトンネルを新設する際には，これまでよりも難しい施工条件への対応が要求されるようになっている．

　また，平成18年7月の前回改訂から今回の改訂の間には，平成23年3月に東北地方太平洋沖地震が発生し，東北地方を中心に未曾有の被害をもたらした．開削工法によるトンネルにおいても，とくに仮設構造物に対して被害をもたらした．

　一方，既設のトンネルにおいては，建設からかなりの年数が経ったものも増えてきており，新設時から将来の維持管理や補修を考慮することが重要な課題になってきている．

　このような状況の中で，土木学会では，前回の改訂後すぐに，示方書改訂小委員会の開削トンネル小委員会を開削工法部会として再編し，次回の改訂に向けて当時の執筆者の意見を申送り事項として整理した．平成21年度からは，いよいよ改訂に向けた準備作業に入り，開削工法部会を示方書改訂開削工法改訂準備会に発展させた．そして，平成22年度に示方書改訂の方向性に関するアンケート調査を実施し，改訂の方向付けを行った．平成24年度からは，さらに示方書改訂開削工法改訂準備会を発展解消させ，開削工法小委員会を立ち上げ，そのもとに総論，トンネルの設計，仮設構造物の設計，施工の各編の4分科会を設置し，委員の公募を行い本格的な改訂作業を開始した．その後4年間にわたる活発な審議を踏まえて，ようやくこの平成28年7月に『[2016年制定]トンネル標準示方書[開削工法編]・同解説』として発刊する運びとなった．

　また，近年ではISO規格による構造設計の体系が国際標準化され，その流れは構造物の設計，施工段階から運用段階までの要求事項の明確化を要請している段階にまで至っている．一方，国内におけるトンネル分野での国際標準対応の動きは，ようやくそれに着手した段階であり，国際標準に対応する明確な基準やマニュアル等はこれから検討され作成されることが予想される．このような状況と，トンネル標準示方書の改訂サイクルである10年程度先を見据え，今回の改訂では国際標準対応の端緒を開く目的で，現時点で可能な範囲で国際標準において要求される事項を整理し，[共通編]として新たに改訂版に反映させることとした．

　このたび改訂した標準示方書が，開削トンネルの調査，計画，設計，施工に携わる技術者の座右で活用され，トンネル技術の普及と更なる発展に役立つことを念願するとともに，今回の改訂作業にあたって，ご尽力頂いた委員各位に厚く御礼申し上げる．

2016年7月

土木学会トンネル工学委員会

委員長　木村　宏

『[2016年制定]トンネル標準示方書[開削工法編]・同解説』改訂の主旨と概要

今回の『[2016年制定]トンネル標準示方書[開削工法編]・同解説』でのおもな改訂主旨は，以下の4点である．

① 本体構造物の設計法を性能照査型の新たな設計体系へ再編成
② 建設後の維持管理に配慮して新設時に考慮すべき内容の充実
③ 東北地方太平洋沖地震における被災状況の反映
④ 前回改訂から新たに標準となった技術や更新された技術の反映

① 本体構造物の設計法を性能照査型の新たな設計体系へ再編成

前回2006年の改訂において，本体構造物の設計について性能照査型の設計体系を組み入れるとともに，許容応力度設計法から限界状態設計法に全面移行したが，今回の改定では土木学会制定の「2012年制定コンクリート標準示方書」に合わせた性能照査型設計法に移行し，本体構造物の設計体系の再構成を行った．

② 建設後の維持管理に配慮して新設時に考慮すべき内容の充実

既設のトンネルにおいては，建設からかなりの年数が経ったものも増えてきており，定期的に維持管理して施設を長持ちさせるアセットマネジメントが年々重要な課題になってきている．また，国際的にもアセットマネジメントの国際規格としてISO55000シリーズが発行された．これらの状況を受けて，新設時に考慮すべき維持管理内容の充実を図った．

③ 東北地方太平洋沖地震における被災状況の反映

東北地方太平洋沖地震では，本体構造物に対する重大な被害は発生しなかったが，仮設構造物において，地震力や地盤の側方流動により土留め壁や支保工の過大変形，ソイルセメント地下連続壁にクラックが生じる等の被害が発生した．これらの状況を受けて，土留め支保工に対する耐震補強対策への反映を行った．

④ 前回改訂から新たに標準となった技術や更新された技術の反映

前回2006年の改訂から今回の改訂までに導入および更新されて標準的となっている技術に対する反映を行った．

各編のおもな改訂内容を以下に挙げる．
1) 第1編 総論
　① 本示方書では性能規定の枠組みであることを明示し，今回新たに制定された共通編との関連についても述べた．
　② 維持管理について，調査，計画，設計，施工の個々の段階において配慮していくことの重要性を示し，内容の充実を図った．
　③ 観測，調査，測定，および工事記録の条は，維持管理の条に統合して記載し，他編とも整合した内容とした．
　④ 地盤調査について，内容の充実を図るとともに各種試験の特徴等を整理し，実務的に適用しやすいように記述した．
　⑤ 全般にわたり，関連法規類の改正や近年の動向等を踏まえ，記述の見直しおよび充実を図った．
2) 第2編 トンネルの設計
　① トンネル本体の設計は，使用目的に適合する要求性能を設定し，設計耐用期間を通じて要求性能が満

足されていることを照査する性能照査型設計法とした．
② 要求性能としては，コンクリート標準示方書（2012年制定）と同様に，安全性，使用性，復旧性および耐久性を設定することとした．
③ 安全性の照査では，断面破壊や疲労破壊の耐荷力に対する照査，変位，変形等の安定に対する照査，機能上の安全に対する照査を行うこととした．
④ コンクリート構造物のひびわれに関して，コンクリート標準示方書（2012年制定）と同様に，鉄筋腐食に対するひびわれ幅の照査は耐久性に，また，外観上のひびわれ幅の照査は使用性に位置付けることとした．
⑤ 耐震性に関する性能照査は，地震の影響による偶発作用に対する安全性，使用性，復旧性の観点から総合的に考慮する必要があるため，他の要求性能と別に章立てることとし，地下構造物の耐震性能照査と地震対策ガイドライン（案）（2011年制定）との整合を図った．
⑥ 立坑の設計は，シールド工事用立坑の設計（トンネルライブラリー第27号 2015年制定）との整合を図った．

3) 第3編 仮設構造物の設計
① 土留め工の技術開発の進展を考慮して，新構造の追加や分類の見直しを実施した．
② 近年発生した地震における状況を勘案し，土留め工の耐震性への配慮について記述を追加した．
③ 最近の施工条件等を考慮し，特殊な土留め工の設計について新たに条を新設し，設計の考え方を記載した．
④ グラウンドアンカーの設計について，最新の知見を導入し記述を充実した．
⑤ 近年の開削トンネルの施工事例を踏まえ，路面覆工に加えて仮桟橋の設計を追記した．
⑥ 掘削等に伴う周辺地盤の変状について，新たに章を新設し，予測手法や対策工に関する記載内容を充実させた．

4) 第4編 施 工
① 急峻狭隘な開削トンネル工事において、工事用車両の搬入路や作業ヤードを確保するための仮桟橋の設置が一般的になってきたことから記述を追加した。
② マット防水は施工頻度が低いことから、その他の防水に含め、併せて防水工法一覧表も見直した。
③ 施工上の留意点が多い，寒中，暑中，マスコンクリートの項目を追加した。
④ 埋戻し材料として普及してきた流動化処理土の項目を追加した。
⑤ 工事現場のトラフィカビリティーの確保等で採用される、浅層混合処理工法の項目を追加した。
⑥ 立坑は大深度掘削を前提の記述から、管路推進やパイプルーフ工法などで施工される掘削深度の浅い立坑についての記述も加えた。また、ケーソン工法は図表を加え、ニューマチックケーソン、オープンケーソンそれぞれの留意点の細部を示した。
⑦ 本体構築の維持管理の重要性を鑑み、工事記録やしゅん功図書作成の項目を追加した。
⑧ 緊急時対策は、事前の対策と緊急時（発生時）の対策を明確に区別して項目を追加した。
⑨ 近年、汚染された土壌を掘削する場面が増えていることから適正処理について項目を追加した。

5) 資 料 編
① 各企業体で使用している設計地盤反力係数をまとめて示した．
② 各企業体で使用している地震時の検討を行う際の基盤面での応答スペクトルを更新した．
③ 立坑とトンネルの接続部の構造計算モデルについてシールド工事用立坑の設計（トンネルライブラリー第27号 2015年制定）との整合を図った．
④ 開削トンネルの中柱に用いるコンクリート充填鋼管柱の照査例を示した．
⑤ 耐震性を考慮した仮設構造物の構造細目について，近年の状況を踏まえ追記した．
⑥ グラウンドアンカー用材料について，最新の状況を勘案し追記した．
⑦ ヒービング対策として用いる補助工法に関する留意点を追記した．

『昭和52年版開削トンネル指針(序)』

　都市内における公共土木施設として，地下鉄道，地下道，共同溝，上下水道，電力，通信，ガスの管路，等の建設が今日強く要請され，これに伴って都市内におけるトンネル工事の必要性がますます高まっていることは周知のとおりである．

　都市内におけるトンネル工法としては，山間部における山岳トンネル工法に対して，古くから開削トンネル工法が標準工法として一般的に用いられてきているが，現在ではシールド工法の台頭に伴い，開削トンネル工法は都市内トンネル工法として，これとの対比の中でその長所を生かす方向で選定されている．

　すなわち，平坦な地形に比較的浅いトンネルを敷設する場合には，開削トンネル工法が安全性と経済性の面から最も適した工法であり，また開削トンネル工法を用いれば，比較的複雑な形状のトンネルを地中につくることが容易であり，トンネルの使用目的に応じた無駄のない断面を確保することができる．さらに，工事の途中においても，外的条件の変化に対応できる弾力性に富んだ工法であるといえよう．

　土木学会トンネル工学委員会では，開削トンネル工法についての統一的な基準として将来標準示方書を作成する足がかりとして，昭和49年9月より，開削トンネル工法によるトンネル工事の指針の作成準備にとりかかり，4分科会を設置し委員各位の非常なご努力により，今回「開削トンネル指針」として刊行する運びとなったものである．周知のごとく開削トンネル工法は，まだ研究・解明しなければならない点が多々あり，今回の指針も，標準示方書のごとく，開削トンネル工事の当事者を拘束するものでなく，あくまでも指針にとどまって，将来本工法の進展の足がかりを与えようとするものである．

　幸いに本指針の作成にあたっては，約30種類に及ぶ各企業体の示方書，指針等を実績として参考にすることができたが，本指針の刊行を契機として，開削トンネル工法について更に研究解明がなされ，近い将来に標準示方書として制定される気運に至ることを委員一同念願してやまないのである．トンネル工事の企業者，施工者の各位が本指針の精神をくみとられ，安全で経済的に工事が行われることを願って序にかえる次第である．

昭和52年1月

土木学会トンネル工学委員会

委員長　比留間　豊

『昭和61年版トンネル標準示方書(開削編)・同解説「制定の序」』

　わが国における開削トンネル工法は，山間部における山岳トンネル工法と同様に，都市部における標準的なトンネル工法として，古くから汎用されてきたものである．

　しかし，あまりに普遍的に用いられてきたため，山岳トンネル工法やシールドトンネル工法に比して共通の研究や統一的な基準の整備が遅れ，各方面から標準的な示方書・指針の類を待ち望む声が大きかった．

　土木学会は，この要望に応じて昭和52年，まず「開削トンネル指針」を制定し，以後のわが国における開削トンネル工事の円滑な施行に大きく寄与するとともに，引き続き学会内にワーキンググループを組織し，土留めに作用する土圧の実測値の整理解析（昭和56年，58年に会誌に報告），ならびに指針にもとづく開削トンネル設計々算例の刊行（昭和57年）等を行ってきた．指針制定後，今日まで9年の歳月を経たが，その間において土留工法を始めとする各種施工技術の進歩，土圧や地震に対する理論的解明，工事に際しての環境保全の問題等，徐々にではあるが確実に変革が生じている．

　このため，指針の内容を見直し時代に即したものにするとともに，山岳トンネル工法・シールドトンネル工法とならんで示方書としての体裁を整えるべく，約2年前より開削トンネル小委員会を再編成し，この下に4つの分科会を設置して慎重に検討審議を重ね，ここに『トンネル標準示方書（開削編）・同解説』が得られたものである．

　この示方書によって今後のわが国の開削トンネル工法が，より一層安全かつ経済的に施工されるとともに，トンネル技術が進歩発展をとげることを念願するものである．おわりに，今回の『トンネル標準示方書（開削編）・同解説』の制定にあたって終始大変なご努力を払われた委員並びにワーキンググループの皆様に対し深甚なる敬意と謝意を表して，制定の序とする．

昭和61年6月

土木学会トンネル工学委員会

委員長　山　本　　　稔

『平成8年版トンネル標準示方書[開削工法編]・同解説「制定の序」』

　『トンネル標準示方書（開削編）・同解説』は，昭和52年に制定された開削トンネル指針をもとに，昭和61年6月に制定された．

　この示方書は各方面に広く利用されて開削工法によるトンネル技術の発展に寄与して今日に至っている．その間，都市区域における地下空間の利用度はますます高まり，ふくそうする既設構造物のため，施工条件がより厳しい箇所でのトンネル工事や従来にない深い掘削を必要とするトンネル工事への適用も増加してきており，これらに対応するための新しい技術とその成果を，新たに示方書に取り込む必要が生じてきた．

　このような状況にあって，土木学会では「トンネル標準示方書・同解説」の改訂には十分な検討期間を要すると考え，そのための第一段階として昭和63年にトンネル工学委員会示方書小委員会およびそのもとに山岳，シールド，開削の3分科会を設置し，学識者，関係機関等に対する改訂および工法の実績についてのアンケート調査の実施等の調査検討を行い，改訂の方向付けを行った．これを受けて，平成5年に示方書改訂小委員会開削小委員会およびそのもとに4分科会を新たに設置し，具体的な改訂作業を進めてきた．その後，3年余りの間，数十次にわたる慎重な審議を行い，その結果，今回の「トンネル標準示方書（開削工法編）・同解説』を得るに至ったものである．

　今回の改訂にあたっては，従来と同様に技術の進展に対応し，より安全でより経済的に工事を施工できるように考慮したことはもちろんであるが，単位に関係する法律の改正，地下連続壁の本体利用法の進展等，前回の改訂以降に工法を取りまく情勢の大きく変化した事項も考慮して内容を改めた．

　さらに，今回の改訂作業の最終段階において，地下構造物にも未曾有の被害をもたらした兵庫県南部地震による不幸な災害が発生した．トンネル工学委員会としても現地に調査団を派遣し，その被害の実態の把握に努めた．その結果により，耐震設計に関する記述の見直しが必要であると判断し，現時点で記述できる範囲で条文と解説を見直した．しかし，トンネルの耐震設計については，現在，関係機関等で行われているものを含め，さらに調査研究が必要であり，トンネル工学委員会としても引き続き検討を進める予定である．

　このような経緯により改訂されたこの示方書が安全で経済的な開削トンネルの建設に広く活用されるとともに，今後の工法の改良と革新のための一助となることを念願するものである．

　おわりに，「トンネル標準示方書（開削工法編）・同解説』の改訂にあたって終始大変なご努力を払われた委員各位に厚くお礼申し上げる．

　平成8年5月

土木学会トンネル工学委員会

委員長　猪瀬　二郎

『［2006年制定］トンネル標準示方書［開削工法］・同解説』の適用について

　開削トンネル工法は，トンネル形状，規模，土質等にかかわらず多様な施工条件に適用可能な弾力的な工法であり，施工条件に応じた多種多様な施工法がとられている．

　しかし，各種の開削トンネル工法の間にはおのずから共通した面が多いので，在来の工事事例をもとにこれらの共通点を整理し，安全かつ経済的なトンネル築造法の標準を示すこととした．具体的には，掘削深40m以内程度の覆工式全断面開削トンネル工法を標準的な対象としたものであるが，その他の開削トンネルについても，施工条件をよく吟味したうえでこの示方書を準用することができる．

　なお，この示方書は，開削工法によるトンネル工事を前提としてまとめられているが，トンネルの施工法には開削工法のほかにも多くのものがあり，適切なトンネル工法を選定することは，トンネルを安全かつ経済的に造るためにはきわめて重要である．トンネル工法を選定する場合には，それぞれの利害得失を十分に比較検討する必要があるので，おもなトンネル工法の適用性について，その概略比較を「第1編 総論 第1章 総則」に示した．

　先に述べたとおり，この示方書は開削工法を選定した場合における一般的原則を示したものであるが，この示方書ですべての場合を網羅することはできないので，その適用にあたっては，この示方書の精神をよく理解し，必要があれば実験，解析やその他の研究を行ったうえで，適切な修正を加えて，活用を図らなければならない．とくに，今回の改訂では，「第2編 トンネルの設計」において，より合理的な設計が可能な「限界状態設計法」を全面的に採用し，耐震設計法も充実させた．この限界状態設計法や耐震設計法への対応等，今後，さらに新たな分野での適用が求められる可能性が高い．その際には，この示方書を足がかりとしてさらに総合的な検討を実施し，適用をはかられたい．

　なお，示方書は，工事の企業者が施工者に条件として示し，両者の権利義務を明らかにするために用いられるのが通常であるが，この示方書の各条では，すべて両者を区分しないで，広義の工事担当者が，開削工法によるトンネル工事にあたって守らなければならない事項および参考とすべき事項が示されている．したがって，これを請負工事に適用する際は，必要に応じて適宜条項を加除して用いる必要がある．

『[2016年制定]トンネル標準示方書[開削工法編]・同解説』の適用について

　開削トンネル工法は，トンネル形状，規模，土質等にかかわらず多様な施工条件に適用可能な弾力的な工法であり，施工条件に応じた多種多様な施工法がとられている．

　しかし，各種の開削トンネル工法の間にはおのずから共通した面が多いので，在来の工事事例をもとにこれらの共通点を整理し，安全かつ経済的なトンネル築造法の標準を示すこととした．具体的には，掘削深40m以内程度の覆工式全断面開削トンネル工法を標準的な対象としたものであるが，その他の開削トンネルについても，施工条件をよく吟味したうえでこの示方書を準用することができる．

　なお，この示方書は，開削工法によるトンネル工事を前提としてまとめられているが，トンネルの施工法には開削工法のほかにも多くのものがあり，適切なトンネル工法を選定することは，トンネルを安全かつ経済的に造るためにはきわめて重要である．トンネル工法を選定する場合には，それぞれの長所短所を十分に比較検討する必要があるので，おもなトンネル工法の適用性について，その概略比較を「第1編 総論 第1章 総則」に示した．

　先に述べたとおり，この示方書は開削工法を選定した場合における一般的原則を示したものであるが，この示方書ですべての場合を網羅することはできないので，その適用にあたっては，この示方書の精神をよく理解し，必要があれば実験，解析やその他の研究を行ったうえで，適切な修正を加えて，活用を図らなければならない．なお，示方書は，工事の企業者が施工者に条件として示し，両者の権利義務を明らかにするために用いられるのが通常であるが，この示方書では，両者を区分しないで，広義の工事担当者が，開削工法によるトンネル工事にあたって守らなければならない事項および参考とすべき事項が示されている．したがって，これを請負工事に適用する際は，必要に応じて適宜条項を加除して用いる必要がある．

土木学会　トンネル工学委員会　委員構成

（平成 27 年度）

相談役

飯田 廣臣	串山 宏太郎	小泉 淳	小山 幸則
久武 勝保	三浦 克	矢萩 秀一	

委員長
木村 宏

副委員長兼運営小委員長
赤木 寛一

技術小委員長
杉本 光隆

論文集Ｆ１特集号編集小委員長
土橋 浩

示方書改訂小委員長
服部 修一

幹事長
齋藤 貴

専門委員

芥川 真一	朝倉 俊弘	入江 健二	橿尾 恒次	京谷 孝史	小島 芳之
小西 真治	清水 満	中田 雅博	西村 和夫	西村 高明	真下 英人

職域委員

浅田 浩章	浅野 剛	居相 好信	池田 匡隆	砂金 伸治	江戸川 修一
太田 裕之	岡井 崇彦	岡野 法之	塩谷 智弘	進藤 裕之	杉野 文秀
鈴木 明彦	鈴木 雅行	竹原 孝	田嶋 仁志	谷本 俊哉	築地 功
手塚 仁	豊澤 康男	西本 吉伸	野焼 計史	畑田 正憲	増野 正男
松井 誠司	丸山 修	三隅 宏明	森岡 宏之	守山 亨	八木 弘
安光 立也	山本 拓治				

土木学会　トンネル工学委員会
トンネル標準示方書改訂小委員会　委員構成

　　　　　委員長　　　服部 修一（(独) 鉄道建設・運輸施設整備支援機構）
　　　　　　　　　　　［入江 健二（東京地下鉄（株））］
　　　　　　　　　　　［中山 範一（(独) 鉄道建設・運輸施設整備支援機構）］

　　　　　幹事長　　　太田 裕之（応用地質㈱）

　　　　　　　　　　　　委　　員

砂金 伸治（国立研究開発法人 土木研究所）　　関 伸司　　（清水建設（株））
海瀬 忍　　（(株) 高速道路総合技術研究所）　　竹村 次朗（東京工業大学）
樋尾 恒次（東京交通サービス（株））　　　　　田坂 幹雄（(株) 大林組）
久多羅木 吉治（東亜建設工業（株））　　　　　中村 隆良（大成建設（株））
小泉 淳　　（早稲田大学）　　　　　　　　　西岡 和則（鹿島建設（株））
小西 真治（東京地下鉄（株））　　　　　　　西村 和夫（首都大学東京大学院）
駒村 一弥（パシフィックコンサルタンツ（株））　野焼 計史（東京地下鉄（株））
坂口 秀一（西松建設（株））　　　　　　　　増野 正男（パシフィックコンサルタンツ（株））
坂根 良平（東京都）

［岩尾 哲也（(株) 高速道路総合技術研究所）］　［萩原 智寿（鹿島建設（株））］
［大塚 正博（鹿島建設（株））］　　　　　　　［福家 佳則（鹿島建設（株））］
［角湯 克典（(独) 土木研究所）］　　　　　　　［湯浅 康尊（(財) 先端建設技術センター）］
［北川 隆　（西松建設（株））］　　　　　　　［渡辺 志津男（東京都下水道局）］
［中野 清人（(株) 高速道路総合技術研究所）］　［渡辺 浩（パシフィックコンサルタンツ（株））］
［西村 高明（メトロ開発（株））］

　　　　　　　　　　　　オブザーバー

石川 善大（(株) 復建エンジニヤリング）　　　斉藤 正幸（日本シビックコンサルタント（株））
倉持 秀明（パシフィックコンサルタンツ（株））

　　　　　　　　　　　　　　　　（50音順，［　］は交代委員前任者および当時の所属）

国際標準対応WG　委員構成

主　　査　木村　定雄（金沢工業大学）
副 主 査　海瀬　忍（（株）高速道路総合技術研究所）
　　　　　［岩尾　哲也（（株）高速道路総合技術研究所）］
副 主 査　小島　謙一（（公財）鉄道総合技術研究所）
幹 事 長　土門　剛（首都大学東京大学院）
幹　　事　野本　雅昭（西松建設（株））

委　員

新井　泰（東京地下鉄（株））
砂金　伸治（（国研）土木研究所）
石川　善大（（株）復建エンジニヤリング）
小池　進（東京都下水道局）
齊藤　正幸（日本シビックコンサルタント（株））
神部　道郎（パシフィックコンサルタンツ（株））
［蓼沼　慶正（（独）鉄道建設・運輸施設整備支援機構）］

土橋　浩（首都高速道路（株））
二村　亨（東海旅客鉄道（株））
野城　一栄（（公財）鉄道総合技術研究所）
山崎　貴之（（独）鉄道建設・運輸施設整備支援機構）
吉本　正浩（東京電力（株））

（50音順，［　］は交代委員前任者および当時の所属）

土木学会　トンネル工学委員会
トンネル標準示方書改訂小委員会
開削トンネル小委員会　委員構成

委 員 長　野焼　計史（東京地下鉄(株)）

副委員長　増野　正男（パシフィックコンサルタンツ(株)）
　　　　　［渡辺　　浩（パシフィックコンサルタンツ(株)）］

幹 事 長　石川　善大（(株)復建エンジニヤリング）

委　員

新井　　泰（東京地下鉄(株)）	小島　謙一（(公財)鉄道総合技術研究所）
大石　敬司（東京地下鉄(株)）	寺島　善宏（首都高速道路(株)）
荻野　竹敏（東京地下鉄(株)）	松丸　貴樹（(公財)鉄道総合技術研究所）
久多羅木吉治（東亜建設工業(株)）	綿貫　正明
栗本　晴夫（東京都交通局）	((独)鉄道建設・運輸施設整備支援機構)
［辻　　雅行（東京地下鉄(株)）］	［並川　賢治（首都高速道路(株)）］

（50音順，［ ］は交代委員前任者および当時の所属）

第1(総論)分科会　委員構成

　　　　　主　　査　小島　謙一（(公財)鉄道総合技術研究所）

　　　　　副 主 査　大石　敬司（東京地下鉄(株)）

　　　　　幹 事 長　鈴木　和広（パシフィックコンサルタンツ(株)）

　　　　　　　　　　　委　員

石原　陽介（首都高速道路(株)）	手塚　広明（前田建設工業(株)）
岡田　龍二（東京地下鉄(株)）	平尾　淳一（(株)大林組）
日下部昭彦（ジェイアール東海静岡開発(株)）	

［神部　道郎（パシフィックコンサルタンツ(株)）］　［山内　貴宏（首都高速道路(株)）］

第2(トンネル設計)分科会　委員構成

　　　　　主　　査　綿貫　正明（(独)鉄道建設・運輸施設整備支援機構）

　　　　　副 主 査　新井　泰（東京地下鉄(株)）

　　　　　幹 事 長　室谷　耕輔（中央復建コンサルタンツ(株)）

　　　　　　　　　　　委　員

石川　善大（(株)復建エンジニヤリング）	仲山　貴司（(公財)鉄道総合技術研究所）
岸田　政彦（首都高速道路(株)）	西山　誠治（(株)日建設計シビル）
後藤　晃（メトロ開発(株)）	橋口　弘明（東京地下鉄(株)）
菅井　雅之（東京都下水道局）	藤原　勝也（阪神高速道路(株)）
曽田　健二（パシフィックコンサルタンツ(株)）	山崎　雅弘（(株)オリエンタルコンサルタンツ）

［佐藤　幸二（東京都下水道局）］　　　　［諸岡　泰光（東京都下水道局）］
［神部　道郎（パシフィックコンサルタンツ(株)）］

　　　　　　　　　　　　　　　　　　（50音順，[ ]は交代委員前任者および当時の所属）

第3(仮設構造物設計)分科会　委員構成

主　　査　寺島　善宏　(首都高速道路(株))

副 主 査　松丸　貴樹　((公財)鉄道総合技術研究所)

幹 事 長　石原　陽介　(首都高速道路(株))

委　員

金重　順一　(三井住友建設(株))	中西　　誉　(大成建設(株))
北浦　　実　(パシフィックコンサルタンツ(株))	廣元　勝志　(東京地下鉄(株))
小島　謙一　((公財)鉄道総合技術研究所)	増田　浩二　((株)安藤ハザマ)
斉藤　道真　((独)鉄道建設・運輸施設整備支援機構)	三木　　浩　(清水建設(株))
坂梨　利男　(鹿島建設(株))	山下　　徹　((株)大林組)
佐藤　彰紀　(阪神高速道路(株))	

[神田　政幸　((公財)鉄道総合技術研究所)]　　[宮田　　亮　(阪神高速道路(株))]
[後藤　光理　((独)鉄道建設・運輸施設整備支援機構)]　[諸田　元孝　(三井住友建設(株))]
[住吉　英勝　(首都高速道路(株))]　　　　　　[山内　貴宏　(首都高速道路(株))]
[並川　賢治　(首都高速道路(株))]　　　　　　[吉川　直志　(首都高速道路(株))]
[三村光太郎　(三井住友建設(株))]

第4(施工)分科会　委員構成

主　　査　荻野　竹敏　(東京地下鉄(株))

副 主 査　栗本　晴夫　(東京都交通局)

幹 事 長　瀧浦　猛朗　((株)フジタ)

委　員

井上　正介　(清水建設(株))	手塚　広明　(前田建設工業(株))
北川　　豊　(鹿島建設(株))	長尾　達児　(鉄建建設(株))
日下部昭彦　(ジェイアール東海静岡開発(株))	永利将太郎　((独)鉄道建設・運輸施設整備支援機構)
久多羅木吉治　(東亜建設工業(株))	細見　和広　(東京都下水道局)
重光　　達　(大成建設(株))	平尾　淳一　((株)大林組)
嶋田　　司　(東京地下鉄(株))	松崎　久倫　(首都高速道路(株))
鈴木　章悦　(東京地下鉄(株))	渡邉　真幸　(横浜市交通局)

[稲熊　　弘　(東海旅客鉄道(株))]　　[辻　　雅行　(東京地下鉄(株))]
[田村　　基　(東京都下水道局)]

(50音順, [ ]は交代委員前任者および当時の所属)

編集 WG　委員構成

主　　査　野焼　計史（東京地下鉄(株)）

副 主 査　増野　正男（パシフィックコンサルタンツ(株)）

委　員

石川　善大（(株)復建エンジニヤリング）　　菅井　雅之（東京都下水道局）
石原　陽介（首都高速道路(株)）　　　　　　鈴木　章悦（東京地下鉄(株)）
北浦　実（パシフィックコンサルタンツ(株)）　平尾　淳一（(株)大林組）
北川　豊（鹿島建設(株)）　　　　　　　　　三木　浩（清水建設(株)）
久多羅木吉治（東亜建設工業(株)）

共通編

2016年制定

トンネル標準示方書 [共通編]・同解説

目 次

第1章 総 則 ……………………………………………………………………………… 1
　1.1 基 本 ……………………………………………………………………………… 1
　1.2 用語の定義 ………………………………………………………………………… 2
第2章 トンネル構造物の性能規定 ……………………………………………………… 3
　2.1 一 般 ……………………………………………………………………………… 3
　2.2 要求性能 …………………………………………………………………………… 4
　2.3 照 査 ……………………………………………………………………………… 5

第1章 総　　則

1.1 基本

本共通編は，山岳工法，シールド工法，開削工法の三工法に共通するトンネル構造物の性能規定に関する基本的な考え方を示すものである．

【解　説】　トンネル標準示方書は，共通編（以下，本編），山岳工法編，シールド工法編，開削工法編により構成される．このうち本編では，トンネル構造物の使用目的，機能，要求性能，照査にいたるプロセスを性能規定の枠組みとして提示し，その枠組みを構成する各事項に関して解説する．

公共性の高い構造物には，建設時はもとより供用中においても，その安全性，経済性，品質の確保等について社会への説明が求められる．

これらを実現する方策のひとつが構造物に要求される性能を規定することである．これにより，新技術も受け入れやすくなり，その結果として技術力の向上による品質の確保が可能となる．さらに，国際競争力の向上も期待できる．

構造物における性能規定の枠組みは，土木・建築構造物の設計の基本的考え方を記したISO2394（構造物の信頼性に関する一般原則）[1]に示されている．わが国でもそれに追随して整合を図るべく，土木・建築にかかる設計の基本（国土交通省）[2]や，土木構造物の設計に特化した土木学会のCode PLATFORM（包括設計コード）[3]が発行されている．とくにCode PLATFORMは，さまざまな土木関連分野における技術基準類の大きな隔たりが，国際化に対する障壁になるとの認識のもとに，設計法の調和を目指して策定されている．

国内外でのこうした流れに沿うように，土木関連各分野である鋼構造，コンクリート，地盤などの各分野では性能規定にもとづく基準類が策定されてきている．これらの中には設計法のみならず，施工や維持管理に係わる性能規定化を試みているものもある．

さらに，ISOでは既存構造物の劣化予測の信頼性評価等を原則とする性能保証の枠組みを提示したISO13822（構造物設計の基礎－既存構造物の評価）[4]や，ISO55000シリーズ（アセットマネジメントシステム）[5]など，構造物の維持ならびに運用の管理にまで踏み込んだ国際標準が発行されている．

トンネル標準示方書は，昭和39年の初版から，条文が構造物に求められる機能や性能を示し，解説がその内容の説明とそれを実現する方法とを提示する構成となっており，これまで改訂を重ねてきている．そこで，本編では，トンネル構造物の標準的な技術を対象に，三工法に共通する性能規定の枠組みとその基本的な考え方をより明確に示すこととした．

参考文献
1) ISO, 日本規格協会：構造物の信頼性に関する一般原則（General principles on reliability for structures），日本規格協会，1998.
2) 国土交通省：土木・建築にかかる設計の基本，2002.
3) 土木学会・包括設計コード策定基礎調査委員会：性能設計概念に基づいた構造物設計コード作成のための原則・指針と用語 第1版（code PLATFORM ver.1），2003.
4) ISO, 日本規格協会：構造物の設計の基礎－既存構造物の評価（Bases for design of structures - Assessment of existing structures），日本規格協会，2010.
5) ISO, 日本規格協会：アセットマネジメント－概要, 原理及び用語（55000：Asset management - Overview, principles and terminology），マネジメントシステム－要求事項（55001：Management systems --Requirements）ほか，日本規格協会，2014.

1.2 用語の定義

使用目的……トンネル構造物の用途．

機能……トンネル構造物がその使用目的を果たすための役割．

性能……トンネル構造物が持っている能力．

要求性能……機能に応じてトンネル構造物に求められる能力．

法的規準……事業ごとに策定された規準．法律，政令，省令等．

個別基準……事業ごとの法的規準に則り策定されるトンネル構造物の技術基準．

照査（性能照査）……トンネル構造物の要求性能が満足されているかを確認する行為．

照査アプローチ A……対象となるトンネル構造物の要求性能を適切な方法および信頼性で満足することを証明する性能の照査法．

照査アプローチ B……対象となるトンネル構造物の事業者が指定する個別基準類に基づいて，そこに示された手順（設計計算など）に従う性能の照査法．

適合みなし規定……従来の実績から妥当と見なされる個別基準類に指定される材料選定・構造寸法，解析法，強度予測式等を用いた照査法．

第2章 トンネル構造物の性能規定

2.1 一般

トンネル構造物がその機能を発揮して使用目的を達成するために，機能に応じた要求性能を設定し，これを満足していることを照査することを基本とする．

【解 説】 トンネル構造物の性能規定の枠組みを**解説 図 2.1.1**に示す．

性能規定の枠組みは，トンネル構造物の使用目的，機能，要求性能，照査にいたる一連のプロセスにより構成される．

トンネル構造物にはそれぞれに使用目的があり，機能はトンネルの使用目的に応じて定められる．すなわち，道路，鉄道，電力，通信，ガス，上下水道，地下河川等の使用目的に応じて，車両，歩行者，列車，電線，ガス管，水道用水，雨水，汚水等を安全かつ適切に通すことが，主な機能である．

機能を確保するための要求性能は，その上位にある法的規準（法律，政令，省令等）で記述されるものや，その下位にある各事業者が独自に定める土木構造物の建設や維持管理に関する実務を示す個別基準で記述されるものがある．

照査の方法には，照査アプローチAと照査アプローチBとがある．照査アプローチAはトンネル構造物の要求性能を適切な方法および信頼性で満足することを証明する照査法である．照査アプローチBは各事業者が独自に定める個別基準類で記載される手順により照査する方法であり，本編ではこれを適合みなし規定としている．

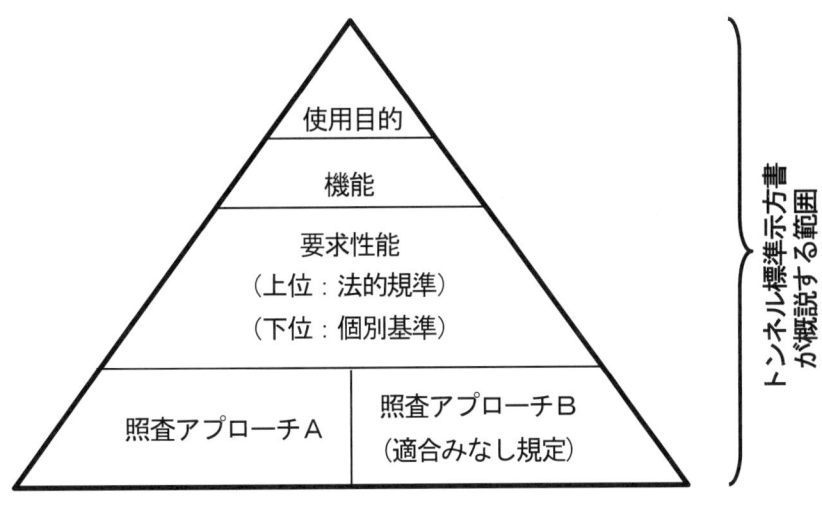

解説 図 2.1.1 トンネル構造物の性能規定の枠組み

2.2 要求性能

要求性能は，トンネル構造物の機能から要求される性能を規定するものである．

【解　説】　これまでトンネル構造物は，要求性能を明確に意識して計画，設計，施工および維持管理等の各段階を実施するには至っていなかったが，昨今では，トンネルの機能を維持するために必要な要求性能が，法や事業者の基準類あるいは手引き等に徐々に示されるようになってきた．

構造物がトンネルとなる場合，構造的な安全性などにかかわる機能は基本的な機能となる．また，トンネルの使用目的に応じて要請される機能もあわせて個々に定められる．したがって，要求性能はそれらの機能に応じて個々に設定される．一般に要求性能を照査することを前提にすると，要求性能は細分化されることから，個々の使用目的に応じて要求性能を階層化するなどして定めることになる．

要求性能はその上位に法的規準（法律，政令，省令等）が位置する．道路トンネルを例にとると，法律として道路法，政令として道路法施行令および道路構造令，省令として道路法施行規則および道路構造令施行規則等が定められている．

一方，法的規準を細分化した下位の要求性能として，構造物の建設や維持管理に関する実務を行う各事業者が定める個別基準がある．トンネル構造物の設計，施工および維持管理に係る実務は，一般に各事業者が定める個別基準をもとに行われ，トンネルの使用目的に応じて取り扱う具体的な要求性能は様々である．

国土交通省の「土木・建築にかかる設計の基本（2002.10）」では構造物の基本的要求性能として「安全性」，「使用性」および「修復性」を確保することとされている．

① 安全性：想定した作用に対して構造物内外の人命の安全などを確保すること．
② 使用性：想定した作用に対して構造物の機能を適切に確保すること．
③ 修復性：想定した作用に対して適用可能な技術でかつ妥当な経費および期間の範囲で修復を行うことで継続的な使用を可能とすること．

これは，土木・建築構造物全般を対象として定義されている．

ここでは参考として，その使用目的を俯瞰して，トンネル構造物に求められる基本的な要求性能を示す．

① 利用者が安全かつ快適にトンネルを利用するために求められる性能
② 想定される作用に対して構造の安定を維持するために求められる性能
③ 想定される劣化要因に対して供用期間中を通じて機能を満足するために求められる性能
④ 管理者が適切な維持管理を行うために求められる性能
⑤ トンネル周辺の人，環境，物件等への影響を最小限に抑えるために求められる性能

実務においては，トンネルの使用目的に応じて機能や要求性能を設定し，これらの要求性能が満たされることを各段階の照査によって確認することとなる．

2.3 照査

トンネル構造物の照査は，規定された要求性能に対して，構造物の性能が満足していることを確認することを基本とする．

【解　説】　トンネル構造物の性能の照査は，要求性能に対して，構造物の性能が満足していることを確かめることにより行う．性能の照査は，原則として各事業者が定める個別基準をもとに行われる．照査においては，一般に，構造物に規定された要求性能を適切な信頼性で満足することを証明すればよい．ここにおいては，対象構造物ごとに別途検討を行って要求性能を満足することを証明する方法 (**解説 図 2.1.1** の照査アプローチ A) や，行政機関や各事業者が経験と実績に基づき指定する手順に基づいて，性能照査を行う方法 (**解説 図 2.1.1** の照査アプローチ B) がある．ここで，トンネル構造物では，性能や照査の方法を明確に表示できない場合も多く，経験的に設定された要求性能を満足することが確認されている仕様をあらかじめ明示する方法が多用されている．

開削工法によって構築されるトンネル構造物では 2006 年制定から限界状態設計法を取り込んでおり，2016 年制定においては「性能規定」の枠組みとし，基本的には，コンクリート標準示方書と同レベルの体系であるといえる．一方，各事業者が定めた個別基準には許容応力度設計法を用いる方法もある．また，仮設構造物の設計においても許容応力度設計法が採用されている．これらは照査アプローチ B（適合みなし規定）といえる．

シールド工法によって構築されるトンネル構造物では，2006 年制定からその主構造物であるセグメントの設計に対して許容応力度設計法と限界状態設計法を併記し，その設計においていずれの照査方法を採用することも可能となっている．一般的な設計ではセグメントの耐荷性能や耐久性能などを個別基準などに準拠して照査しているのが実態であり，これらは照査アプローチ B（適合みなし規定）といえる．

山岳工法によって構築されるトンネル構造物では，地山が本来保有する支保機能が最大限発揮されるように設計および施工を行わなければならない．支保工，覆工およびインバートの設計は，一般に各事業者の施工実績に基づく「標準設計の適用」で行われる．一般的に標準設計の適用にあたり，まず事前地質調査結果に基づき地山分類がなされ，地山等級を特定する．次に地山等級に応じた標準的な支保パターンや覆工およびインバートの構造を決定し，これを当初設計として施工計画や工程計画，工事費積算等を行う．施工段階では，施工中の詳細な切羽観察と計測管理により地山および支保部材の安定を確認するとともに，その結果を支保工，覆工およびインバートの設計に反映し，トンネルの地質条件と施工条件に適合するトンネル構造を構築していくことになる．これらは照査アプローチ B（適合みなし規定）といえる．

一方，個別基準の対象範囲を超える構造物の規模や新たな材料や構造を採用する場合などでは，照査アプローチ B（適合みなし規定）による照査が適用できない場合がある．このような場合には，新たに基準や照査の手法等を定める必要があり，委員会等を設立し，解析や実物大の実験などによって得られる情報を審議し，性能の照査を行うことがある．これは，照査アプローチ A に相当するもののひとつといえる．

開削工法編

2016年制定

トンネル標準示方書［開削工法編］・同解説

目　次

第1編　総　論

第1章　総　則 …………………………………………………………………………… 1
　1.1　適用の範囲 ………………………………………………………………………… 1
　1.2　用語の定義 ………………………………………………………………………… 2
　1.3　関連法規 …………………………………………………………………………… 2
　1.4　開削工法の選定と検討手順 ……………………………………………………… 4
第2章　調　査 …………………………………………………………………………… 7
　2.1　調査の目的 ………………………………………………………………………… 7
　2.2　立地条件調査 ……………………………………………………………………… 7
　2.3　支障物件調査 ……………………………………………………………………… 8
　2.4　地盤調査 …………………………………………………………………………… 9
　2.5　環境保全のための調査 …………………………………………………………… 13
第3章　計　画 …………………………………………………………………………… 15
　3.1　計画の基本 ………………………………………………………………………… 15
　3.2　トンネルの設置位置 ……………………………………………………………… 15
　3.3　トンネルの平面線形および縦断線形 …………………………………………… 16
　3.4　トンネルの構造および形状 ……………………………………………………… 16
　3.5　内空断面 …………………………………………………………………………… 18
　3.6　トンネルの付属設備 ……………………………………………………………… 20
　3.7　施工法の選定 ……………………………………………………………………… 21
　3.8　環境保全対策 ……………………………………………………………………… 22
　3.9　工事の工程 ………………………………………………………………………… 22
　3.10　維持管理 ………………………………………………………………………… 22

第2編　トンネルの設計

第1章　総　則 …………………………………………………………………………… 25
　1.1　設計の基本 ………………………………………………………………………… 25
　1.2　設計図書 …………………………………………………………………………… 26
第2章　要求性能と性能照査 …………………………………………………………… 27
　2.1　一　般 ……………………………………………………………………………… 27

2.2	要求性能	27
2.3	性能照査の原則	28
2.4	安全係数	30
2.5	修正係数	31

第3章　作　用　……………………………………………………………………………… 32

3.1	一　般	32
3.2	作用の特性値	33
3.3	作用係数	34
3.4	作用の種類と特性値の算定	34
3.4.1	作用の種類	34
3.4.2	自　重	35
3.4.3	地表面上の荷重	36
3.4.4	土被り荷重	36
3.4.5	土圧および水圧または側圧	37
3.4.6	揚圧力	39
3.4.7	トンネル内部の荷重	40
3.4.8	施工時荷重	40
3.4.9	温度変化の影響および乾燥収縮の影響	40
3.4.10	地盤変位の影響	41
3.4.11	その他の作用	41
3.5	設計作用の組合わせ	42

第4章　材料および設計用値 …………………………………………………………………… 44

4.1	一　般	44
4.2	コンクリートの設計用値	44
4.3	鋼材の設計用値	46

第5章　応答値の算定 ………………………………………………………………………… 48

5.1	一　般	48
5.2	構造解析モデル	48
5.3	性能照査の原則	51
5.4	地盤のモデル化	52
5.5	応答値の算定	52

第6章　安全性に関する照査 …………………………………………………………………… 54

6.1	一　般	54
6.2	断面破壊に対する照査	54
6.2.1	照査の方法	54
6.2.2	曲げモーメントおよび軸方向力に対する安全性の照査	55
6.2.3	せん断力に対する安全性の照査	57
6.2.4	ねじりに対する安全性の照査	62
6.3	疲労破壊に対する照査	63

6.4	躯体の安定に対する照査	63
第7章	使用性に関する照査	66
7.1	一　般	66
7.2	応力度の算定	66
7.3	応力度の制限	67
7.4	外観に対する照査	67
7.4.1	照査指標	67
7.4.2	外観に対するひびわれ幅の制限値	69
7.5	変位および変形に対する検討	69
7.6	振動に対する検討	70
7.7	水密性に対する照査	70
7.8	耐火性に対する照査	70
第8章	耐久性に関する照査	71
8.1	一　般	71
8.2	鋼材腐食に対する照査	71
8.3	コンクリートの劣化に対する照査	73
第9章	耐震性に関する照査	74
9.1	耐震性照査の基本	74
9.1.1	一　般	74
9.1.2	照査に用いる地震動	75
9.1.3	構造物の耐震性能	75
9.1.4	開削トンネルの耐震構造計画	76
9.1.5	耐震設計の手順	76
9.2	耐震設計で考慮する作用	77
9.2.1	考慮すべき作用	77
9.2.2	設計地震動	78
9.3	応答値の算定および解析モデル	78
9.3.1	一　般	78
9.3.2	横断方向の応答値の算定	79
9.3.3	縦断方向の応答値の算定	81
9.3.4	地盤およびトンネルのモデル化	82
9.4	耐震性能の照査	83
9.4.1	一　般	83
9.4.2	部材の損傷に対する照査	84
9.4.3	安全係数	84
9.4.4	限界値の算定	85
9.4.5	安定に関する安全性の照査	86
第10章	部材の設計	88
10.1	は　り	88

10.2	柱	91
10.3	スラブ	92
10.4	壁	96
10.5	アーチ	97
10.6	プレキャストコンクリート	97

第11章 構造細目 … 98
  11.1 トンネルの構造細目 … 98
    11.1.1 トンネル躯体の構造細目 … 98
    11.1.2 トンネルの継手の構造細目 … 99
  11.2 部材の一般構造細目 … 100
    11.2.1 一般構造細目 … 100
    11.2.2 各部材の構造細目 … 104
  11.3 耐震に関する構造細目 … 105
    11.3.1 一般 … 105
    11.3.2 軸方向鉄筋 … 105
    11.3.3 横方向鉄筋 … 106
    11.3.4 部材接合部 … 109
    11.3.5 面内せん断力を受ける部材 … 109
    11.3.6 鉄骨鉄筋コンクリート … 109
    11.3.7 実験による照査 … 109

第12章 地下連続壁を本体利用する場合の設計 … 111
  12.1 計画および設計一般 … 111
    12.1.1 一般 … 111
    12.1.2 構造形式の選定 … 112
    12.1.3 作用 … 112
  12.2 鉄筋コンクリート地下連続壁の設計 … 113
    12.2.1 構造解析 … 113
    12.2.2 安全性の照査 … 114
    12.2.3 使用性の照査 … 116
    12.2.4 床版と側壁との結合部の検討 … 117
    12.2.5 構造細目 … 117
  12.3 鋼製地下連続壁の設計 … 120
    12.3.1 構造解析 … 120
    12.3.2 安全性の照査 … 120
    12.3.3 使用性の照査 … 123
    12.3.4 床版と側壁との結合部の検討 … 123
    12.3.5 構造細目 … 124

第13章 立坑 … 126
  13.1 一般 … 126

13.2　作　用 ··· 127
　13.3　応答値の算定 ··· 127
　13.4　構造細目 ··· 132

第3編　仮設構造物の設計

第1章　総　則 ··· 133
　1.1　適用の範囲 ··· 133
　1.2　設計の基本 ··· 135
第2章　作　用 ··· 136
　2.1　一　般 ··· 136
　2.2　死荷重 ··· 136
　2.3　活荷重 ··· 136
　2.4　衝　撃 ··· 137
　2.5　側　圧 ··· 138
　　2.5.1　慣用計算法に用いる側圧 ··· 139
　　2.5.2　弾塑性法に用いる側圧 ··· 140
　2.6　その他の作用 ··· 143
第3章　材料および許容応力度 ··· 145
　3.1　材　料 ··· 145
　3.2　許容応力度の設定 ··· 145
　　3.2.1　鋼材類の許容応力度 ··· 145
　　3.2.2　コンクリートおよびソイルセメントの許容応力度 ································· 148
　　3.2.3　木材の許容応力度 ··· 149
第4章　路面覆工，仮桟橋 ··· 151
　4.1　覆工板の設計 ··· 151
　4.2　覆工桁の設計 ··· 152
　4.3　桁受け部材の設計 ··· 157
　4.4　杭の設計 ··· 158
第5章　土留め工 ··· 164
　5.1　一　般 ··· 164
　5.2　土留め壁の設計 ··· 167
　　5.2.1　掘削底面の安定 ··· 167
　　5.2.2　根入れ長の算定 ··· 172
　　5.2.3　慣用計算法による土留め壁の応力計算 ··· 176
　　5.2.4　弾塑性法による土留め壁の応力および変形の計算 ································· 179
　　5.2.5　自立土留め壁の応力計算 ··· 184
　5.3　支保工の設計 ··· 184
　　5.3.1　腹起しの設計 ··· 184

		5.3.2 切ばりの設計 …………………………………………………………………… 188

| | 5.3.3 火打ちの設計 ………………………………………………………………………… 191 |
| | 5.3.4 土留め工に用いるグラウンドアンカーの設計 ……………………………………… 192 |

5.4 特殊な土留め工の設計 …………………………………………………………………… 197

第6章 補助工法 ………………………………………………………………………………… 202

　6.1 一　般 ……………………………………………………………………………………… 202

　6.2 補助工法の選定 …………………………………………………………………………… 203

　6.3 補助工法の設計 …………………………………………………………………………… 204

第7章 周辺への影響検討 ……………………………………………………………………… 205

　7.1 一　般 ……………………………………………………………………………………… 205

　7.2 土留め工周辺地盤および周辺構造物への影響に関する検討 ………………………… 207

第4編　施　工

第1章 総　則 …………………………………………………………………………………… 211

　1.1 施工計画 …………………………………………………………………………………… 211

　1.2 施工法の変更 ……………………………………………………………………………… 211

第2章 測量，調査および支障物の処理 ……………………………………………………… 212

　2.1 一　般 ……………………………………………………………………………………… 212

　2.2 工事中の測量 ……………………………………………………………………………… 213

　2.3 調査および支障物の処理 ………………………………………………………………… 214

第3章 土留め壁 ………………………………………………………………………………… 215

　3.1 布掘り，仮覆工 …………………………………………………………………………… 215

　　3.1.1 一　般 ………………………………………………………………………………… 215

　　3.1.2 布掘りと仮覆工 ……………………………………………………………………… 215

　3.2 鋼杭，鋼矢板および鋼管矢板による土留め壁 ………………………………………… 216

　　3.2.1 一　般 ………………………………………………………………………………… 216

　　3.2.2 使用機械 ……………………………………………………………………………… 216

　　3.2.3 鋼杭の打設 …………………………………………………………………………… 217

　　3.2.4 鋼矢板の打設 ………………………………………………………………………… 218

　　3.2.5 鋼管矢板の打設 ……………………………………………………………………… 218

　3.3 単軸場所打ち杭地下連続壁 ……………………………………………………………… 218

　　3.3.1 一　般 ………………………………………………………………………………… 218

　　3.3.2 使用機械 ……………………………………………………………………………… 219

　　3.3.3 施　工 ………………………………………………………………………………… 219

　3.4 ソイルセメント地下連続壁 ……………………………………………………………… 220

　　3.4.1 一　般 ………………………………………………………………………………… 220

　　3.4.2 使用機械 ……………………………………………………………………………… 220

　　3.4.3 施　工 ………………………………………………………………………………… 221

- 3.5 安定液を用いる地下連続壁 ·· 222
  - 3.5.1 一 般 ··· 222
  - 3.5.2 掘削機械 ··· 223
  - 3.5.3 掘 削 ·· 223
  - 3.5.4 安定液固化地下連続壁 ··· 224
  - 3.5.5 鉄筋コンクリート地下連続壁 ·· 225
  - 3.5.6 鋼製地下連続壁 ··· 226
  - 3.5.7 安定液の処理 ·· 227

第4章 路面覆工，仮桟橋 ·· 228
- 4.1 一 般 ··· 228
- 4.2 桁受け部材の取付け ·· 228
- 4.3 舗装の取壊し ··· 230
- 4.4 覆工桁，覆工板の架設 ··· 230
- 4.5 路面覆工，仮桟橋の維持管理 ·· 232

第5章 掘 削 ·· 233
- 5.1 一 般 ··· 233
- 5.2 掘削機械および諸設備 ··· 233
- 5.3 掘 削 ··· 234
- 5.4 土留め板工 ··· 235
- 5.5 土留め壁不連続部の施工 ·· 236
- 5.6 掘削に伴う中間杭の補強 ·· 236
- 5.7 坑内排水 ·· 236
- 5.8 掘削土の処理 ·· 237
- 5.9 基礎敷き ·· 237
- 5.10 保 安 ·· 237

第6章 土留め支保工 ··· 239
- 6.1 一 般 ··· 239
- 6.2 土留め支保工の設置，撤去 ··· 239
- 6.3 腹起しおよび切ばり ·· 240
- 6.4 土留め工に用いるグラウンドアンカー ·· 241
- 6.5 土留め支保工の点検 ·· 241

第7章 防 水 ·· 243
- 7.1 一 般 ··· 243
- 7.2 シート防水 ··· 243
- 7.3 塗膜防水 ·· 244
- 7.4 その他の防水 ·· 244
- 7.5 防水下地 ·· 245
- 7.6 防水層の保護 ·· 246
- 7.7 継目防水 ·· 246

第8章 躯体 … 247
8.1 一般 … 247
8.2 鉄筋工 … 247
8.3 型枠および支保工 … 248
8.4 コンクリートの運搬，打込みおよび養生 … 248
8.5 寒中，暑中およびマスコンクリート … 249
8.6 継目 … 250

第9章 埋戻し … 252
9.1 一般 … 252
9.2 施工 … 252
9.3 流動化処理土 … 253

第10章 路面覆工撤去および路面復旧 … 254
10.1 一般 … 254
10.2 路面覆工撤去 … 254
10.3 路面復旧 … 254

第11章 土留め壁等の撤去 … 256
11.1 一般 … 256
11.2 親杭および鋼矢板等の撤去 … 256
11.3 中間杭の撤去 … 256

第12章 埋設物の保安措置 … 258
12.1 一般 … 258
12.2 本工事着工前の保安措置 … 259
12.3 掘削中の保安措置 … 259
12.4 埋戻し時の保安措置 … 261
12.5 保守と点検 … 262

第13章 補助工法 … 264
13.1 一般 … 264
13.2 地下水位低下工法 … 264
13.3 深層混合処理工法 … 264
13.4 浅層混合処理工法 … 266
13.5 薬液注入工法 … 266
13.6 凍結工法 … 267
13.7 生石灰杭工法 … 268

第14章 近接施工 … 269
14.1 一般 … 269
14.2 対策工法 … 271

第15章 アンダーピニング … 273
15.1 一般 … 273
15.2 仮受けおよび本受け … 274

第16章　部分築造工法	276
16.1　一般	276
16.2　トレンチ工法およびアイランド工法	276
16.3　逆巻き工法	278
第17章　立坑	279
17.1　一般	279
17.2　施工	279
第18章　計測管理	283
18.1　一般	283
18.2　目視点検	283
18.3　計測	283
18.4　目視点検，計測結果の設計，施工への反映	284
第19章　施工管理	286
19.1　工程管理	286
19.2　品質管理と出来形管理	287
19.3　作業管理	288
19.4　施工記録	288
第20章　安全衛生管理	289
20.1　一般	289
20.2　作業環境の整備	290
20.3　災害防止	291
20.4　緊急事態の事前対策	292
20.5　緊急時の措置	293
第21章　環境保全対策	294
21.1　一般	294
21.2　騒音，振動の防止	294
21.3　地盤沈下および地下水位低下，地下水流動阻害の防止	295
21.4　水質汚濁，土壌汚染の防止	296
21.5　汚染土壌の処理	296
21.6　粉じん等の飛散の防止	296
21.7　交通障害の防止	296
21.8　建設副産物の処理	297

資料編

2-1　路面交通荷重に関する資料	299
2-2　トンネルの設計地盤反力係数に関する資料	302
2-3　基盤面での応答スペクトルに関する資料	306
2-4　地盤の地震時変位の算定法に関する資料	310
2-5　鉄筋コンクリート地下連続壁の本体利用に関する資料	323

2-6 立坑のモデル化に関する資料 …………………………………………………………… 326
2-7 グラショフ・ランキンの方法に関する資料 …………………………………………… 331
2-8 合成鋼管柱の照査例に関する資料 ……………………………………………………… 332
3-1 耐震性に配慮した仮設構造の構造細目に関する資料 ………………………………… 337
3-2 ソイルセメントの許容応力度および応力度算定方法に関する資料 ………………… 339
3-3 補強土工法による土留め工の設計に関する資料 ……………………………………… 342
3-4 掘削底面の安定に関する資料 …………………………………………………………… 347
3-5 グラウンドアンカー用材料に関する資料 ……………………………………………… 351
3-6 補助工法の設計に関する資料 …………………………………………………………… 353
3-7 周辺地盤の沈下予測手法に関する資料 ………………………………………………… 361

第1編 総　　論

第1章 総　　則

1.1 適用の範囲

本示方書は，開削工法によりトンネルを築造する場合の調査，計画，設計および施工について，一般的な標準を示すものである．また，供用後の維持管理に関しても，調査，計画，設計および施工において考慮すべき事項について示す．

【解　説】 開削工法は，地表面から掘下げて所定の位置に構造物を築造する方法の総称である．開削工法には種々の方法があるが，今日わが国で広く採用されている工法は，土留め工を施しながら全断面掘削し，箱形トンネルを築造する方式である．

本示方書では設計法として性能照査型設計法を取り入れている．トンネル本体においては限界状態設計法による性能照査型設計法を導入している．トンネル本体ではない仮設構造物においては許容応力度設計法によるものとしているが，これまでの設計，施工実績から仮設構造物としての所定の性能を確保できることが分かっているという点においては性能照査型設計法である．この点については[共通編] 2.3を参照されたい．

主な対象としては，掘削深さ40m程度までの開削工法としており，その調査，計画，設計および施工についての一般的な標準を示すものである．しかし，その他の開削工法についても，この示方書の該当事項を適宜準用することができる．また，長期間にわたり所定の性能を保持していくためには維持管理は非常に大切な事項である．維持管理においては，調査，計画，設計，施工の段階から配慮しておくことが重要であり，本示方書においても必要な事項を示している．

本示方書で示す照査アプローチについてはこれまでの研究開発等をもとに定められたものである．別途，特別な検討等を行い，所定の性能を有していることが確認できるものであれば，必ずしも本照査アプローチによらなくても良い．

示方書に示されていない細部については，これまでの事例や実績をもとに開削トンネルの建設に関して豊富な知識と経験を有し，調査，計画，設計，施工および維持管理の各段階において的確な判断ができる能力を備えた技術者の判断にゆだねるものとする．

適用深さについては，設計，施工面における解析手法や計測管理の発達，施工技術の進歩によって，大深度掘削の施工実績も少しずつ増えてきてはいるが，ここではこれまでの実績を踏まえ40m程度までとした．

この示方書以外にも参照すべき基準類がある．その主なものを以下に示す．これら基準類においても改訂されることがあるので，参照するにあたっては十分に注意する必要がある．

①	トンネル標準示方書[共通編]・同解説，2016	(公社)土木学会
②	トンネル標準示方書[シールド工法]・同解説，2016	(公社)土木学会
③	トンネル標準示方書[山岳工法]・同解説，2016	(公社)土木学会
④	コンクリート標準示方書　規準編 「土木学会規準および関連規準」+「JIS規格集」，2013	(公社)土木学会
⑤	コンクリート標準示方書[基本原則編]，2012	(公社)土木学会
⑥	コンクリート標準示方書[設計編]，2012	(公社)土木学会
⑦	コンクリート標準示方書[施工編]，2012	(公社)土木学会
⑧	コンクリート標準示方書[維持管理編]，2013	(公社)土木学会
⑨	道路橋示方書・同解説（Ⅰ～Ⅴ），2012	(社)日本道路協会
⑩	道路土工（カルバート工指針），2010	(社)日本道路協会
⑪	道路土工（仮設構造物工指針），1999	(社)日本道路協会

⑫　鉄道構造物等設計標準・同解説（開削トンネル），2001　　　　　　　　　　(財)鉄道総合技術研究所
⑬　グラウンドアンカー設計・施工基準，同解説，2012　　　　　　　　　　　　(公社)地盤工学会

1.2　用語の定義

開削工法……土留め工を施しながら地表面から所定の位置まで掘削し，構造物を構築する工法．

限界状態……構造物において，要求される性能を満足しなくなる境界の状態．

設計耐用期間……設計時において，構造物または部材が，その目的とする機能を十分に果たさなければならないと規定した期間．

仮設構造物……掘削からトンネル躯体の構築および埋戻しまでの間，路面荷重，土圧，水圧等を支持して掘削地盤および周辺地盤の安定を保つための一時的な構造物．土留め工，路面覆工，仮桟橋がある．

土留め工……土留め工は，土留め壁と土留め支保工から構成される．土留め壁は，土圧，水圧を直接受ける構造物であり，親杭横矢板，鋼（鋼管）矢板，地下連続壁等がある．一方，土留め支保工は土留め壁を支持するものであり，切ばり，腹起し，火打ち，水平，鉛直けい材，切ばり受け材等から成る．切ばりの代わりにグラウンドアンカー等が用いられる場合もある．また，土留め支保工を用いない自立土留め工もある．

路面覆工……掘削箇所における交通等を確保するために，コンクリートや鋼製の板（覆工板）を敷設して掘削箇所を覆うこと．

仮桟橋……工事用車両の搬入路や作業ヤードを確保するために設置する構台．

慣用計算法……切ばり位置と掘削面側地盤の仮想支点を支点とする単純ばりあるいは連続ばりとし，切ばり軸力の測定値から求められた見掛けの土圧を作用させて土留め壁の応力を算定する計算手法で，比較的規模の小さい掘削の場合に用いられる．

弾塑性法……土留め壁を有限長のはり，掘削面側地盤を弾塑性床，支保工を弾性支承と仮定して，土留め工の応力や変形を算定する計算手法で，比較的規模の大きい掘削の場合や規模が小さくても土留め壁の変形量の算定が必要となる場合に用いられる．

補助工法……地盤が不安定で掘削が困難な場合，あるいは掘削に伴い周辺地盤や構造物に影響を与えるおそれのある場合に用いる工法であり，地下水位低下工法，深層混合処理工法，薬液注入工法，凍結工法，生石灰杭工法等がある．

本体利用……仮設構造物である土留め壁を本体構造物の一部として利用する場合，また，本体構造物の床版等を土留め支保工として兼用する場合をいう．

1.3　関連法規

工事の実施に先立ち，計画段階から関連する法規の内容を十分に把握し，手続き，対策等に万全を期さなければならない．

【解　説】　工事の実施にあたり関連法規に適合するよう，工事に対する規制の程度，諸手続き，対策等について，事前に十分に調査，検討しておかなければならない．なお，関係諸官庁や管理者に対する諸手続きおよび許認可，承認には相当の日数を要する場合もあるので，この点も十分に考慮する必要がある．

主な関連法規類には，**解説 表 1.1.1**に示すようなものがある．これら関連法規類は最新のものを適用するとともに，新たに制定されるものや変更されるものがあるので，十分に注意する必要がある．

解説 表 1.1.1 関連法規類

法規類の名称	主な規制事項	公布年月日，法令番号
（都市計画関係）		
都市計画法	都市計画の手続き，都市計画区域内および都市計画事業地内の行為の規制	昭43. 6.15, 法100
国土利用計画法	土地利用基本計画，土地利用および土地取引の規制に関する措置	昭49. 6.25, 法92
（自然，文化財保護関係）		
自然公園法	国立公園，国定公園，都道府県立自然公園内の行為の規制	昭32. 6. 1, 法161
都市公園法	都市公園内の行為の規制	昭31. 4.20, 法79
文化財保護法	史跡，名勝，天然記念物および埋蔵文化財包蔵地内の行為の規制	昭25. 5.30, 法214
自然環境保全法	自然環境保全地域内の行為の規制	昭47. 6.22, 法85
都市緑地法	緑地の保全および緑化の推進に関する規制	昭48. 9. 1, 法72
森林法	森林計画，保安林その他の森林における行為の規制	昭26. 6.26, 法249
（河川関係）		
海岸法	海岸保全区域の占用および行為の規制	昭31. 5.12, 法101
河川法	河川区域，河川保全区域の占用および行為の規制	昭39. 7.10, 法167
公有水面埋立法	河川，湖沼等，公共用水域または水面の占用および行為の規制	大10. 4. 9, 法57
工業用水法	指定区域内の工業用水の供給および地下水の水源の保全に関する規制	昭31. 6.11, 法146
（道路交通関係）		
道路法	道路の占用に関する規制	昭27. 6.10, 法180
道路交通法	道路の使用に関する規制	昭35. 6.25, 法105
道路工事現場における標示施設等の設置基準	道路工事現場における工事情報看板の設置基準	平18. 3.31, 国交省
（環境，公害，廃棄物関係）		
環境基本法	環境の保全，公害の防止に関する規制	平 5.11.19, 法91
環境影響評価法	環境影響評価の手続き，調査，予測，評価に関する規制	平 9. 6.13, 法81
土壌汚染対策法	土壌汚染の状況把握，土壌汚染対策の実施に関する規則	平14. 5.29, 法53
ダイオキシン類対策特別措置法	ダイオキシン類の排出規制，汚染土壌に係る措置	平11. 7.16, 法105
薬液注入工法による建設工事の施工に関する暫定指針	薬液注入工法に関する規制	昭49. 7.10, 建設省
セメント及びセメント系固化材の地盤改良への使用及び改良土の再利用に関する当面の措置について	六価クロム溶出試験の実施に関する規制	平12. 3.24, 建設省
水質汚濁防止法	公共用水域に対する排水の規制	昭45.12.25, 法138
湖沼水質保全特別措置法	湖沼の水質の保全，水質汚濁の原因となる物を排出する施設に係る規制	昭59. 7.27, 法61
地下水の水質汚濁に係る環境基準について	地下水の水質の測定方法に関する規制および環境基準	平 9. 3.13, 環境庁
下水道法	下水道の管理の基準および公共用水域の水質の保全に関する規制	昭33. 4.24, 法79
騒音規制法	工事騒音に対する規制	昭43. 6.10, 法98
振動規制法	工事振動に対する規制	昭51. 6.10, 法64
建設工事に伴う騒音振動対策技術指針	建設工事の騒音および振動に関する規制	昭62. 3.30, 建設省
大気汚染防止法	粉じん等の排出規制	昭43. 6.10, 法97
悪臭防止法	悪臭原因物の排出規制	昭46. 6. 1, 法91
廃棄物の処理及び清掃に関する法律	廃棄物の排出抑制，廃棄物の適正な処理に関する規制	昭45.12.25, 法137
建設副産物適正処理推進要綱	建設発生土と建設廃棄物に係る総合的な対策を適切に実施するための基準	平14. 5.30, 国交省
資源の有効な利用の促進に関する法律	廃棄物および副産物の発生抑制，再生資源の利用促進に関する措置	平 3. 4.26, 法48
エネルギー等の使用の合理化及び資源の有効な利用に関する事業活動の促進に関する臨時措置法	エネルギー等の使用の合理化，副産物の発生抑制，再生資源等の利用の促進に関する措置	平 5. 3.31, 法18
建設工事に係る資材の再資源化等に関する法律	特定建設資材の分別解体等および再資源化等の促進に関する措置	平12. 5.31, 法104
国等による環境物品等の調達の推進等に関する法律	環境物品等の調達の推進	平12. 5.31, 法100
温泉法	温泉の保護と利用に関する規制	昭23. 7.10, 法125
（災害防止関係）		
宅地造成等規制法	宅地造成工事規制区域内の行為の規制	昭36.11. 7, 法191
地すべり等防止法	地すべり防止区域内の行為の規制	昭33. 3.31, 法30
急傾斜地の崩壊による災害の防止に関する法律	急傾斜地の崩壊を防止するための必要な措置，急傾斜地崩壊危険区域内の行為の規制	昭44. 7. 1, 法57
消防法	火災防止のための遵守すべき予防措置	昭23. 7.24, 法186
火薬類取締法	火薬類の製造，販売，運搬，その他取扱いの規制	昭25. 5. 4, 法149
労働安全衛生法	労働災害防止のための遵守すべき安全措置	昭47. 6. 8, 法57
建設工事公衆災害防止対策要綱	建設工事を施工するにあたって遵守すべき最小限の技術的基準	平 5. 1.12, 建設省

砂防法 （その他）	治水上実施する砂防工事に関する基準		明30. 3.30, 法29
建築基準法	建築物の敷地，構造，設備および用途に関する基準		昭25. 5.24, 法201
電気事業法	電気工作物の工事，維持および運用に関する規制		昭39. 7.11, 法170
農業振興地域の整備に関する法律	農用地区域内の行為の規制		昭44. 7. 1, 法58
毒物及び劇物取締法	毒物および劇物の取締りに関する規制		昭25.12.28, 法303

1.4 開削工法の選定と検討手順

（1） トンネル工法の選定にあたっては，立地条件，支障物件，地盤条件，周辺環境への影響，工期，経済性等について検討しなければならない．

（2） 開削工法によるトンネルは，この示方書に示す適切な調査，計画を行ったうえで，維持管理も考慮して設計を実施し，安全かつ経済的な施工を行わなければならない．

【解　説】　（1）について　この示方書は開削工法によるトンネル工事を前提としてまとめているが，トンネルの施工法には開削工法のほかにも多くのものがある．トンネルを安全かつ経済的に建設するためには，立地条件，支障物件，地盤条件，周辺環境への影響等について検討し，適切なトンネル工法を選定することがきわめて重要であり，トンネル工法を選定する場合には，それぞれの長所短所を十分に比較検討する必要がある．**解説 表 1.1.2**は，特殊な工法を除いたトンネル工法の適用性について，その相互比較を示したものである．

（2）について　開削工法によるトンネルは，いったん築造，供用されると，その後の維持管理において，補修，補強や改良することが困難な場合が多い．そのため，この示方書に示す手順を参考にして十分な検討を行わなければならない．

この示方書における調査，計画からトンネルの設計，仮設構造物の設計および施工までの手順を**解説 図 1.1.1**に示すが，具体的な検討手順は各編による．

解説 表 1.1.2　おもなトンネル工法の相互比較

	開削工法	山岳工法	シールド工法
工法概要	地表面から土留め工を施しながら掘削を行い，所定の位置に構造物を築造して，その上部を埋戻し地表面を復旧する工法である．	トンネル周辺地山の支保機能を有効に活用し，吹付けコンクリート，ロックボルト，鋼製支保工等により地山の安定を確保して掘進する工法である． 周辺地山のグラウンドアーチが形成されること，および掘削時の切羽の自立が前提となり，それらが確保されない場合には補助工法が必要となる．	泥土あるいは泥水等で切羽の土圧と水圧に対抗して切羽の安定を図りながら，シールドを掘進させ，セグメントを組み立てて地山を保持し，トンネルを構築する工法である．
適用地質 （標準的な過去の実績，地山条件等の変化への対応性）	基本的に地質による制限はない．地質の変化への対応は，各種地質に適応した土留め工，補助工法等を選定する．	一般には，硬岩から新第三紀の軟岩までの地盤に適用される．条件によっては，未固結地山にも適用される． 地質の変化には，支保工，掘削工法，補助工法の変更により対応可能である．	一般的には，非常に軟弱な沖積層から，洪積層や，新第三紀の軟岩までの地盤に適用される． 地質の変化への対応は比較的容易である．また，硬岩に対する事例もある．
地下水対策 （切羽の安定性 掘削面の安定）	ボイリングや盤ぶくれの対策として，土留め壁の根入れを深くしたり，地下水位低下工法や地盤改良等の補助工法が必要となる場合が多い．	掘削時の切羽の安定性，地山の安定性に影響するような湧水がある場合には，地盤注入等による止水，ディープウェル，ウェルポイント，水抜きトンネル等の補助工法が必要となる．	密閉型シールドでは，発進部および到達部を除いて，一般には補助工法を必要としない．

トンネル深度 (最小土被り 最大深度)	施工上，最小土被りによる制限はない． 最大深度は，40m程度の実績が多いが，それ以上となる大深度の施工実績も少しずつ増えている．	未固結地山では，土被り／トンネル直径比(H/D)が小さい場合(2未満程度)には，天端崩落や天端沈下量を抑制する有効な補助工法が必要となる． 我が国の山岳部では約1 200mの深度で適用した例がある．	最小土被りは，一般には1.0〜1.5D (D：シールド外径)といわれている．これまでの実績では0.5D以下の事例もあるが，地表面沈下やトンネルの浮上りなどの検討が必要となり，地下埋設物についても十分な調査が必要となる． 最大深度は岩盤で約200m（水圧0.69MPa）の実績があるが，砂質土等の未固結地盤では最大水圧1MPa以下の実績が多い．
断面形状	矩形が一般的であるが，複雑な形状にも対応できる．	掘削断面天端部にアーチ形状を有することを原則とする．その限りでは，かなりの程度まで自由な断面で施工可能であり，施工途中での断面形状変更も可能である．	円形が標準である．特殊シールドを用いて複円形，楕円形，矩形等も可能．複数の断面を組み合わせ，大断面のトンネルを構築する施工法もある． 施工途中での断面形状の変更は，一般には困難である．
断面の大きさ (最大断面積 変化への対応)	断面の大きさおよびその変化に対して，施工上からの制限は特にない．ただし，断面が変化する隅角部は，十分な補強を行う必要がある．	一般には150㎡程度までの事例が多く，370㎡程度の実績もある．支保工や掘削工法の変更により，施工途中での断面積変更が可能である．	トンネル外径の実績は，最大で17m程度である． 施工途中での外径の変更は一般には困難であるが，径を拡大あるいは縮小する工法の実績もある．
線　形 (急曲線への対応)	施工上の制約はない．	施工上の制約はほとんどない．	曲線半径とシールド外径の比が3〜5程度の急曲線の実績がある．
周辺環境への影響 (近接施工，路上交通， 騒音や振動)	近接施工の場合は，土留め工の剛性の増大を図るとともに，近接度合いにより補助工法を用いることもある． 施工区間に作業帯を常時設置するため，路上交通への影響は大きい． 騒音や振動は，各施工段階において対策が必要であり，低騒音，低振動の工法や低騒音，低振動建設機械の採用，防音壁等で対応している．	近接施工の場合は，補助工法が必要である．山岳部では渇水に留意し，都市部等では掘削や地下水位低下に伴う地表面沈下に留意が必要である． 路上交通への影響は，立坑部を除き，一般に少ない．騒音や振動は，坑口付近に限定され，一般に防音壁，防音ハウス等で対応している．	近接施工の場合は，近接の度合いにより補助工法や既設構造物の補強を必要とすることもある． 路上交通への影響は，立坑部を除き，きわめて少ない． 騒音，振動は，一般には立坑付近に限定され，防音壁，防音ハウス等で対応している．

*　国際年代層序表の変更(International Commission on Stratigraphy：国際層序委員会, 2012)に伴い，国内でも(一社)日本地質学会他の見解として，「沖積世」，「洪積世」の使用の廃止（「完新世」，「更新世」を使用）等が定められている．しかし本示方書では，出版時点において各機関のトンネルの設計や施工に関連する基準書等で「沖積層」，「洪積層」の用語が使用されていること，「沖積世」，「洪積世」と「完新世」，「更新世」との年代が完全に一致しておらず土木工学的な地層の取り扱いに際して混乱を生じる恐れがあることから，必要な箇所では従来の「沖積層」，「洪積層」の呼び名を継承して表記している．

【第1編 総論】
- 調査 （第2章）
- 計画 （第3章）

【第2編 トンネルの設計】

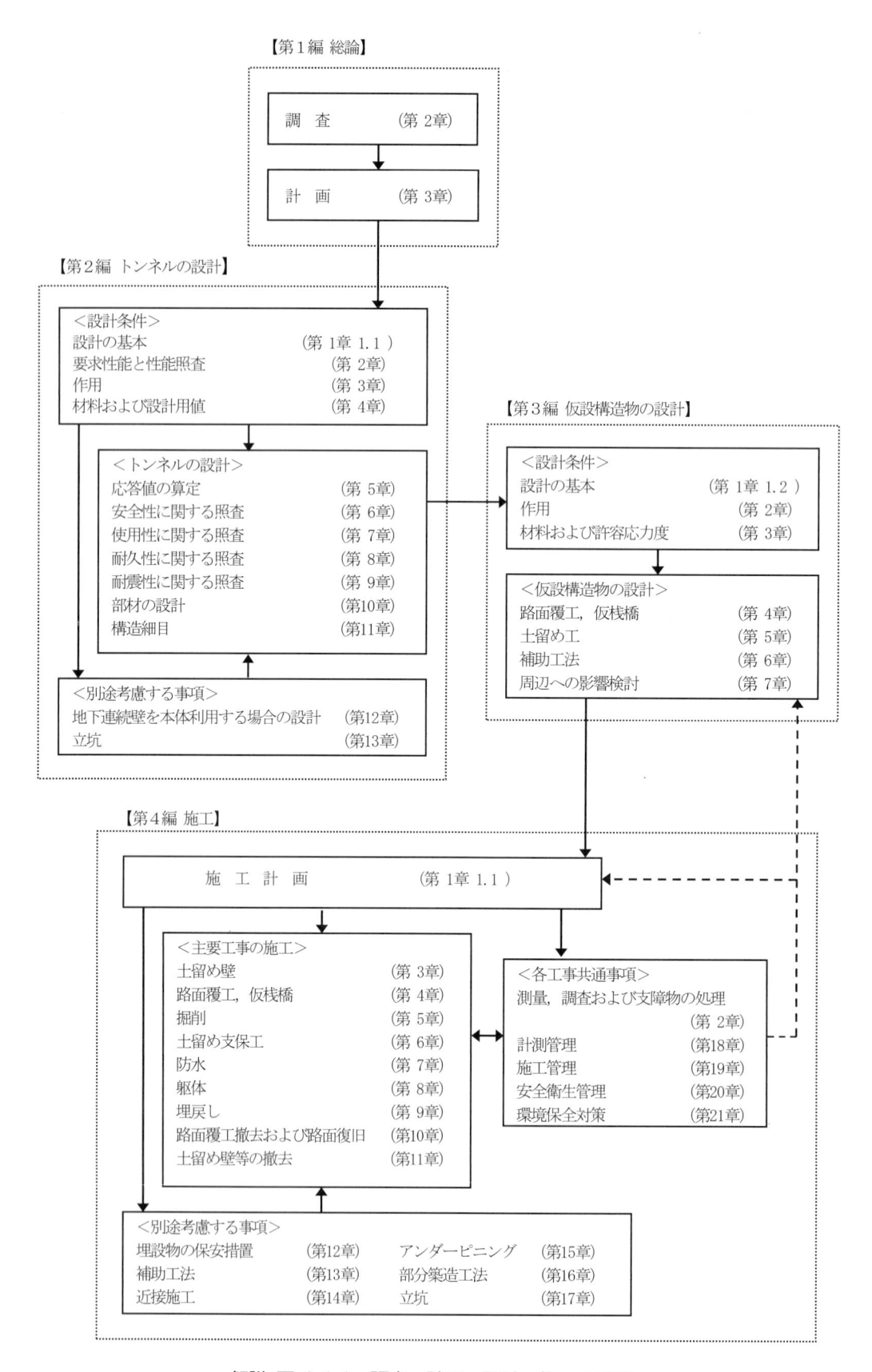

＜設計条件＞
- 設計の基本 （第1章 1.1）
- 要求性能と性能照査 （第2章）
- 作用 （第3章）
- 材料および設計用値 （第4章）

＜トンネルの設計＞
- 応答値の算定 （第5章）
- 安全性に関する照査 （第6章）
- 使用性に関する照査 （第7章）
- 耐久性に関する照査 （第8章）
- 耐震性に関する照査 （第9章）
- 部材の設計 （第10章）
- 構造細目 （第11章）

＜別途考慮する事項＞
- 地下連続壁を本体利用する場合の設計 （第12章）
- 立坑 （第13章）

【第3編 仮設構造物の設計】

＜設計条件＞
- 設計の基本 （第1章 1.2）
- 作用 （第2章）
- 材料および許容応力度 （第3章）

＜仮設構造物の設計＞
- 路面覆工，仮桟橋 （第4章）
- 土留め工 （第5章）
- 補助工法 （第6章）
- 周辺への影響検討 （第7章）

【第4編 施工】

施工計画 （第1章 1.1）

＜主要工事の施工＞
- 土留め壁 （第3章）
- 路面覆工，仮桟橋 （第4章）
- 掘削 （第5章）
- 土留め支保工 （第6章）
- 防水 （第7章）
- 躯体 （第8章）
- 埋戻し （第9章）
- 路面覆工撤去および路面復旧 （第10章）
- 土留め壁等の撤去 （第11章）

＜各工事共通事項＞
- 測量，調査および支障物の処理 （第2章）
- 計測管理 （第18章）
- 施工管理 （第19章）
- 安全衛生管理 （第20章）
- 環境保全対策 （第21章）

＜別途考慮する事項＞
- 埋設物の保安措置 （第12章）
- 補助工法 （第13章）
- 近接施工 （第14章）
- アンダーピニング （第15章）
- 部分築造工法 （第16章）
- 立坑 （第17章）

解説 図 1.1.1 調査，計画，設計，施工の手順

第2章 調　　査

2.1 調査の目的

調査は，トンネルの適切な計画，設計，施工および周辺の環境保全を目的として実施しなければならない．

調査には大別して次のものがある．
1) 立地条件調査
2) 支障物件調査
3) 地盤調査
4) 環境保全のための調査

【解　説】　調査の目的は，トンネルの適切な計画，設計，施工および周辺の環境保全を図るため，開削工法適用区間，トンネルの線形，深さ，形状および構造，施工法，環境保全対策，工事の安全対策，工事工程，工事費等を検討するのに必要な資料を得ることにある．

必要とする調査は十分に行うべきで，調査のための時間と費用を惜しむことは，工事の実施に際して思わぬ障害に遭遇し，工法の変更を余儀なくされたり，諸関係先に迷惑を及ぼしたり，事故の原因ともなりかねないので，この点に十分に留意しなければならない．なお，近年においては，建設発生土の処理が工程および工事費に大きく影響する事態も生じていることから，調査の計画に際しては，これについても十分留意する必要がある．（第4編 21.5参照）

また，この調査資料は工事を実施するうえで必要なばかりでなく，完成後のトンネルの維持管理にも使用するものであるから，調査はこのことを十分に考慮して行わなければならない．

なお，工事が長期間にわたる場合は，取巻く環境が変わることもあるので，その影響を考慮して調査を行うことが望ましい．

2.2 立地条件調査

立地条件調査は，次の項目について行わなければならない．
1) 土地利用状況
2) 道路および交通状況
3) 地形状況
4) 工事現場の状況
5) 河川，湖沼等の状況

【解　説】　立地条件調査とは，ここに掲げる項目についてトンネル通過地付近の状況を調査するもので，主にトンネルの線形，深さ，形状および構造の決定，開削工法採用の可否の判定，施工法の選定に用いられ，主としてトンネルの計画，設計段階における資料として利用されるが，施工段階で利用されることも多い．

1) 土地利用状況について　土地利用状況調査は，土地利用図，現地踏査等により，市街地，農地，山林，公園，河川，湖沼等の土地利用の状況を把握するものであり，とくに，市街地の場合には，都市計画法上の規制，繁華の程度，土地利用の将来計画等を調べることが必要である．また，天然記念物，遺跡，重要文化財等の指定の有無，地権や水利権の有無等の物権状況の調査を行うことも必要である．

いずれもトンネル通過地付近の一般的な地表および地下の制約条件を把握するために行うものである．

2) 道路および交通状況について　道路敷内での工事は，道路の種別，道路幅員，車線数，重要度，交通量および路面の掘返し規制等の有無により，作業帯の路上設置の可否，建設発生土や諸材料運搬の難易，工事工程等に大きく影響を受けるので，施工段階はもとより，計画，設計段階においても，都市計画図の調査，現地踏査，

交通量調査等によりこれらを調査し，全般的な状況を把握しなければならない．

3) 地形状況について　地形状況調査は，文献や地図等の既存資料および踏査等により，高低差，地表面の地形や埋立て等による地形の変化を調査するものである．この調査によって，地層構成が単純であるか複雑であるか，問題となるような不良土質，地下水が予想されるか否かなどの大局的な地盤状況についても知ることができる．

4) 工事現場の状況について　開削工法では，重機械の待避場所，土砂搬出設備の設置場所等の位置は，施工条件を左右する重要な要素となるので，これらの用地の確保の可能性については事前に十分に調査しておく必要がある．とくに市街地中心部付近では用地確保に難渋することが多いので，トンネルの計画段階では十分に留意しなければならない．また，工事用電力が不足したり，大量の給排水を考慮しなければならない場合もあるので，現場の給電施設や給排水施設の状況を事前に確認しておかなければならない．

その他，必要により工事用排水の可否についても調査し，計画，設計，施工に反映すべきである．

5) 河川，湖沼等の状況について　河川下にトンネルを設置する場合，河川の水文，舟航，利水状況，干満の差，河床の状況等を調査しなければならない．河川に近接して開削工法によりトンネルを築造する場合も，河川からの水の流入防止のため河川敷の一時的な占用を必要とすることがあるので，同様の調査を行わなければならない．湖沼等の場合もこれに準じる．

2.3　支障物件調査

支障物件調査は，次の項目について行わなければならない．
1) 地上および地下構造物
2) 埋設物
3) 構造物跡，仮設工事跡
4) 埋蔵文化財
5) その他

【解　説】　支障物件調査とは，トンネル設置に直接支障があるか，または影響があると思われる範囲にある諸物件を調査するもので，トンネルの計画段階においてまず概略調査を行い，その後，設計，施工の段階に際しては必要に応じて詳細調査を行い，設計，施工上の必要な資料を得ようとするものである．

これらの調査は，その管理者または所有者の保有している台帳や図書をもとにして，現地と照合して確認する方法が一般的にとられている．

1) 地上および地下構造物について　地上および地下構造物の調査においては，建物，橋梁，路上施設等の地上構造物や，鉄道，道路，地下駐車場，地下街等の地下構造物について，各構造物の設計計算書，設計図にもとづき，構造形式，基礎の状況，施設の利用状況等を調査しなければならない．

2) 埋設物について　埋設物調査とは，ガス，上下水道，電力および通信ケーブル等の地中管路や共同溝等について，その規模，位置，深さ，材質，支障物移設の可否等を調査するものであり，必要により老朽度の調査を行う．とくに，大型の埋設物については，トンネル計画を左右するものであり，それ以外の埋設物についても，杭打ち，掘削等の工事に支障することが多いので，事故防止や工事の手戻り防止等のために遺漏のないよう調査しなければならない．

なお，現場の状況が埋設物台帳と一致しない場合があるので，構造物の設計および施工計画の段階において踏査や試掘による台帳との照合が必要である．さらに工事の実施に際しては，施工法に応じてトンネル工事に対する支障の有無を現地で試掘等により精密に確認する必要がある．埋設物調査の概要を示すと**解説 表 1.2.1**のようになる．

3) 構造物跡，仮設工事跡について　建物等の撤去跡や地下構造物，埋設物の仮設工事跡では，現在使用されていない基礎や仮設用の杭が残置されている場合があり，また，河川や湖沼等の埋立て地では，かつての護岸や橋脚等の一部が地中に残置されている場合があるので，残置物の有無や埋戻し状態を調査しなければならない．

4) 埋蔵文化財について 「文化財保護法」にもとづき，埋蔵文化財の指定がなされている場所あるいは出土が想定される場所においては，法規や条例にのっとり，関係部署と綿密に打合せを行い，埋蔵文化財調査を行わなければならない．

5) その他について トンネル設置位置周辺に，地上および地下構造物や埋設物の将来計画がある場合には，これらの構造，設置時期等について調査を行い，必要により相互に支障が生じないように調整しなければならない．

解説 表 1.2.1 埋設物調査の概要

調査の段階	予 備 調 査	設計および施工計画段階における調査	工事実施にあたっての調査
調査の目的	①埋設物の概略状況把握 ②トンネル工事に影響を与える埋設物の予測および予備調査以降において調査すべき箇所の確認	①影響を与える埋設物の状況を確認し，設計および施工計画の資料を得る ②埋設物平面図等の作成	①工事の実施に支障しないかどうかの確認
調査の手法	①平面測量図によるマンホール位置の調査 ②埋設物台帳調査（各管理者保管） ③踏査による確認	①洞道，マンホール等の内部調査 ②試掘 ③磁気探査 ④レーダー法	①必要な箇所についての詳細な試掘 ②洞道，マンホール等の位置および内部状況の確認
摘　　要	台帳調査については各埋設物管理者から資料の提供を求める．	各埋設物管理者の立会いを求める．	各埋設物管理者と密に連絡をとり，立会いを求め，不明管や老朽管等の処理方法についても打合せをする．

2.4 地盤調査

地盤調査は現場条件に応じて，次に示す項目について行わなければならない．
1) 地層構成
2) 地盤物性
3) 地下水
4) その他

【解　説】　トンネルの合理的な設計および施工を行うためには，トンネル設置箇所とその周辺を含めた地層の構成ならびにその性状を地盤調査によって的確に把握する必要がある．地盤特性は場所ごとに変化するため，その調査はとくに入念に行わなければならない．調査の段階は一般に予備調査と本調査に大きく分け，さらに必要な事項についての補足調査を行う．

予備調査は路線全体を大局的に把握するための調査であり，この調査の成果は本調査や補足調査の精度および経済性を左右するため，適切な項目と数量について調査を実施する必要がある．本調査では，ボーリングを主体とした土質調査が実施されるが，ボーリング調査の内容（本数，間隔，深さ等）は地形条件と予備調査の結果から推定される地盤の条件，環境条件，トンネルの設置位置等によって定めなければならない．また，予備調査および本調査の結果だけでは設計と施工の検討に供する情報として不十分な場合，耐震設計において詳細な地盤の動的解析を実施する必要が生じた場合，近接施工等周辺地盤の変形が重要視される場合等では，補足調査を行いさらに調査の範囲を拡げる必要がある．

調査方法は，文献調査（古地図含む），踏査，ボーリング，物理探査，試掘等の適切な方法により行わなければならない．

地盤調査の目的，内容および手法は，**解説 表 1.2.2**のとおりである．本調査や補足調査においては，前段階に行われた調査結果にもとづいて調査位置，調査項目，調査内容等を判断しなければならない．なお，本調査は概略調査として，路線全体の地層構成，地盤状況，地下水位等の水理条件，地盤物性等を概略把握し，設計，施工上の検討課題を抽出する．次に十分な検討を踏まえて，合理的な設計，施工が可能となる詳細調査を立案，実施するといった2段階の調査が望ましい．ただし，計画の範囲や地形，地質の状況に応じて，概略調査を実施せずに詳細調査のみの1段階とする場合もある．

解説 表 1.2.2 地盤調査の目的，内容および手法

調査の段階	予備調査		本調査		補足調査
	資料調査	現地踏査	概略調査	詳細調査	
調査目的	①概略の地層構成，地盤状況の把握 ②問題となる土質の予測 ③本調査の調査地点や必要調査項目の確認		①地層全体の地層構成，地盤状況の把握 ②問題となる土質の把握 ③地下水位等水理条件の把握 ④基本的な地盤物性の把握 ⑤詳細調査の方針の決定	①地盤工学的な詳細物性の把握 ②より詳細な水理条件の把握 ③問題となる土質のより詳細な把握	①本調査の補充 ②解明不十分な箇所の追加調査 ③地震等の特殊条件下における設計上必要な定数の把握 ④数値解析等の予測に必要な定数の確認
調査内容	①地形，地質 ②周辺の環境（自然，社会） ③水文，気象条件 ④既往災害 ⑤本調査での調査地点の選定		①地層構成 ②軟弱層等問題となる地層の分布 ③水理条件（地下水位，帯水層等） ④地盤物性（物理，強度，動的特性） ⑤設計，施工上の問題点		
調査手法	①既存資料の調査 ②文献調査	①現地調査による観察 ②井戸調査 ③聞き取り調査	①物理探査 ②ボーリング ③サウンディング ④原位置試験 ⑤屋内土質試験 ⑥試掘調査 ⑦水質調査		

1) 地層構成について　既往の資料調査，現地踏査およびボーリング調査等により，路線全体の地層の層序，層厚および成層状態（連続性および方向性）について把握する必要がある．地形は地下の地盤状態を反映していることが多いので現地踏査等により地形の状況について把握しておくことも重要である．丘陵地や台地では，縁辺部での沖積段丘を除いては沖積層が存在せず，軟弱な地層は少ないのが普通である．低い沖積平地においても微細な地形の観察ならびに地形的環境条件を考察することにより，地下の地層構成をある程度推定することも可能である．

また，台地と低地の境界部に平行または斜行して路線が計画される場合には，地層の状況によっていちじるしい偏圧を受けるおそれがあるので注意しなければならない．

さらに，トンネルが地震の影響を大きく受けると考えられる地盤においては，調査の範囲を一般の場合より深層まで広げる必要がある．

2) 地盤物性について　地盤物性は，地質が形成された時代，堆積環境および構成材等によって特徴を有し，砂質土堆積物であるか粘性土堆積物かで物理的，力学的性質や透水性等の地盤工学的性質がいちじるしく異なるため，対象とする地盤の生成年代とその地質，層相等を把握しておく必要がある．

3) 地下水について　地下水位は，通常，ボーリング調査の際に測定されるが，砂層，砂礫層等の中間に粘土，シルト層等の不透水層が介在する場合は，これらの帯水層中の間隙水圧は必ずしも通常の地下水位に対応する静水圧分布をしているとは限らないので，各帯水層について，それぞれの間隙水圧を測定しておくことが必要である．

地下水に関して調査により把握する事項としては，帯水層ごとの地下水の分布（水位，変動状況等）および地盤内の流動性（土の透水係数，貯留係数等）である．

山地や台地の近くや，扇状地の砂礫層等では，通常の地下水位以上の被圧水頭をもつ場合がある．このような場合には，設計に用いる水圧の設定に十分に配慮する必要がある．また，施工に際しては，掘削がきわめて困難になったり，掘削の進行に伴って盤ぶくれやボイリングが発生することがあるので，地下水を汲上げることにより水圧を低下させたり，薬液注入等による止水を行うなどの補助工法を用いる場合がある．補助工法の選定と採用にあたっては，帯水層の透水係数を調査し，汲上げを要する水量およびその影響範囲や止水方法について検討することが必要である．透水係数は粒度分布からも概略値はつかめるが，一般には現場での透水試験または必要に応じて

揚水試験により測定することが望ましい．なお，地域によっては，地下水の揚水規制等により地下水位が回復する傾向にあるので，水位変動に注意しなければならない．地下水位や被圧水頭は，降雨，融雪，潮位の変動等によって時間的，季節的な変動や人工的な変動をしていることが多いので，調査測定時の水頭がどのような条件のときのものであるかを確認しておくことが必要である．また，掘削が深い場合，地下水の存在，とくに掘削底面以深での被圧地下水の存在は，補助工法の選定や周辺環境の保全に対して重要な要因となる．

開削工法によるトンネルは，各種構造物の敷地あるいは跡地を通過することが多いことから，近年では，対象地内の汚染地下水が大きな問題となる場合がある．とくに工場跡地に対しては十分な評価，検討が必要である．汚染に関する調査としては，汚染地下水の有無や汚染状況の把握，汚染物質の特定，汚染源と汚染原因の特定が重要である．また，汚染物質の使用履歴や，保管，廃棄場所等について把握しておくことも大切である．汚染の問題については地盤も同様であり，地盤においても必要に応じて上記の内容について検討すべきである．

<u>4) その他について</u>　その他の項目としてとくに注意すべき事柄として酸欠空気，有毒ガスの有無がある．地下水がないかまたは少ない砂礫層が不透水層の下に存在する場合や，有機質を含んだ腐植土層が不透水層に覆われた砂層や砂礫層の下に存在する場合には，これらの砂層や砂礫層の間隙が酸欠空気や有毒ガスで満たされていることがある．したがって，このようなおそれがある場合は，間隙中の空気の組成，ガスの性質等を調べておかなければならない．酸欠空気や有毒ガスの存在が確認された場合には，施工に際して，新鮮な空気による換気，坑内空気の酸素濃度測定等の適切な措置をとらなければならない．

また，周辺の土壌が重金属，有機化合物等によって汚染されている可能性がある場合には土壌汚染調査も併せて実施する必要がある．

なお，トンネルの設計，施工に際して問題となる地盤は次のとおりであり，調査においてとくに留意する必要がある．

① 大礫層，被圧地下水をもつ砂礫層等の地層については，土留め壁の貫入，掘削等の施工に際しては困難を伴うので，土留め壁の選定，掘削の方法について，あらかじめ十分に検討しておかなければならない．また，地下水位低下工法等の補助工法を必要とする場合もある．

② 地下水位以下の緩い砂層にトンネルを設置する場合には，地震時にトンネル周辺地盤の液状化によりトンネルの浮上がりや沈下が生じることがあるので，標準貫入試験，粒度試験または必要に応じて液状化強度特性を求めるための繰返し非排水三軸試験等を行い，トンネルの周辺地盤の液状化について検討しておくことが必要である．また，このような地盤の掘削に際しては，ボイリングやパイピング現象等が発生する場合もあるので透水係数の測定も併せて行い，土留め工の選定および補助工法の採用を検討する必要がある．

③ きわめて軟弱なシルトや粘土層における施工は，周辺地盤へ大きな変状を与えたり，掘削底面においてヒービング現象が発生するおそれがあるので，例えばN値が1〜2程度以下の軟弱な粘性土等の場合には，乱さない試料による三軸圧縮試験や一軸圧縮試験により強度，変形特性を把握する必要がある．これらの試験のほかに，含水比，土の単位体積重量，塑性および液性限界等を調べておけば，土留め壁の根入れ長と支持力，切ばり間隔，掘削方法等の検討資料として有用である．

④ きわめて軟弱なシルトや粘土層にトンネルを設置する場合，地震時における地盤変位が大きく，レベル2地震動による地盤のせん断剛性の低下がいちじるしいので，このような地盤においては，より詳細な地盤の動的解析が必要である．このためには，土の動的変形特性に関する資料を得るための試験を行うのがよい．

このように地盤状況は工事の難易に大きく関係するので，工事にあたっては得られた資料から正確な土質縦断面図を作成し，トンネルの位置と地層の構成，土質，地下水位等との関係を十分に考慮して，その設計，施工を行う必要がある．

実際には**解説 表 1.2.2**に基づき，工事の規模や重要性，検討項目，既存の情報に応じて，適切な試験項目や手法を選定して行うこととなる．ここでは目安として，その例を**解説 表 1.2.3**に示す．本表は，一般的な検討項目，手法を示したものであり，現場の状況等に合わせて適宜，適切なものを用いることが望ましい．

解説 表 1.2.3 地盤調査の手法と検討項目の例

地盤調査手法			検討項目 土質分類 地層構成	仮設構造物の設計	本体構造物の設計 常時(静的)	本体構造物の設計 地震時(静的)	本体構造物の設計 地震時(動的解析)	液状化検討	備考(内容および留意事項)
現地調査 原位置試験	物理探査	弾性波速度探査(PS検層)	△				○	△	各土層毎に弾性波速度を測定することでせん断剛性や変形係数および地盤構成の調査に用いる。算定されるせん断剛性や変形係数は微小なひずみレベルに対応するため、地震応答解析を用いる場合等の初期せん断剛性として用いる。
		電気検層	△						各土層毎の比抵抗を測定することで地盤構成および帯水層、不透水層の調査に用いる。
		地中レーダー磁気探査	△						埋設物、空洞といった調査に用いる。
	サウンディング	標準貫入試験	○	○	○	○		○	最も一般的に用いられてるサウンディングであり、N値から各種の土質諸定数を推定することが可能である。
		その他	△	△	△	△		△	ボーリングを用いた標準貫入試験を補完するように、スウェーデン式サウンディング、動的コーン貫入試験等を併用することで路線上の地盤構成を詳細にかつ合理的に把握することができる。
本調査 補足調査		孔内水平載荷試験		△	△				ボーリング孔内で変形係数を求めるための試験である。孔壁の状態により試験結果が大きく異なってしまうため孔壁を乱さないようなボーリングを実施して、試験する必要がある。
		現場透水試験		△	△			△	ボーリング孔内で透水係数を測定する試験である。揚水工法を併用する場合等において、必要となる試験である。また、より詳細(広範囲)な透水係数や貯留係数などを調査する場合には揚水試験が必要となる。
		地下水位測定	○	○	○	△			季節変動や潮位の影響も考慮をした地下水位測定を実施する必要がある。
		流速流向試験		△	△				地下水の流れが速く、土留め壁や構造物の影響により地下水流動阻害等の影響が懸念される場合には、数個所のボーリング孔内を利用して、地下水の流速や流向を計測する必要がある。
		試掘調査	△	△					埋設物調査のほかに主に地表面に転石や巨礫が堆積している場合に実施して状況を目視確認することが望ましい。
		水質調査	△	△					施工に伴い水質汚濁のおそれがある場合や揚水工法を併用する場合には必要に応じた項目の水質調査を実施する必要がある。
室内土質試験		粒度試験	○	○	○			○	土の基本的な性状の確認のために砂質土、粘性土とも各土層毎に必要な試験である。なお、標準貫入試験に伴って採取した資料を用いても試験することは可能である。
		土粒子の密度試験	○	○	○				
		含水比試験	○	○	○				
		液性限界、塑性限界	○	○	○				粘性土の基本的な性状把握のために各土層毎に必要な試験である。
		湿潤密度試験	○	○	○				
		一軸圧縮試験	△	△	△				粘性土の場合には、非排水圧密(UU)試験に代る簡便なせん断試験として用いることができ、せん断強度C=qu/2として算定することができる。なお、硬質な粘性土や砂分の多い粘性土の場合にサンプリング時の乱れや脆性的な破壊の影響により強度を過小に評価する可能性もある。
		三軸圧縮試験	△	△	△				排水条件によって得られる強度定数が異なる。粘性土の場合には土水一体として扱う場合が多いことから、非圧密非排水(UU)試験、また、砂質土地盤の場合には土水分離として扱う場合が多いことから、圧密排水(CD)試験を行うと良い。ただし、粘性土地盤においても、有効応力法による解析を行う場合には、間隙水圧を測定したCU試験を実施するのが良い。
		圧密試験		△	△				軟弱な粘性土が堆積している場合でトンネル供用後の長期的な沈下や施工時の揚水に伴う圧密沈下現象が懸念される場合には実施する。
		液状化強度特性を求めるための繰返し非排水三軸試験						△	砂質土で液状化が問題となる場合には、一般的にはN値や粒度分布試験から液状化強度を推定し、液状化判定を行う。ただし、詳細な液状化検討を行う場合には、本試験から算定される液状化強度を用いて液状化判定を行う。また、液状化を考慮した動的解析を用いる場合にも本試験が必要となる。
		変形特性を求めるための繰返し非排水三軸試験					○	△	耐震設計を動的解析により実施する場合には、動的変形特性試験を実施することがある。

○:実施することが望ましい。　△:必要に応じて実施する。

2.5 環境保全のための調査

トンネル設置に伴う周辺の環境保全のため，必要に応じ次に示す事項について調査しなければならない．
1) 騒音，振動
2) 地盤変状
3) 地下水
4) 建設副産物
5) その他

【解 説】 環境保全のための調査とは，トンネル設置に伴い，周辺環境へ影響を及ぼすと予測される事項について，工事前と工事中に，さらに必要に応じて工事完了後も調査を行うものであり，設計および施工管理の資料としても用いる（第4編 第21章参照）．

とくに，2)と3)については，必要に応じてトンネル完成後も調査を継続し，周辺環境への影響を把握しなければならない．工事による影響検討は，第3編 7.2を参照するとよい．

また，事業の規模により一定の要件に該当する場合は，「環境影響評価法」により調査する項目および手法が決められており，事業位置や規模等の検討段階からも環境保全のために配慮しなければならない事項について検討する必要がある．地方公共団体によっては，法対象外の事業種や小規模の事業を対象とする環境影響評価に関する条例がある．したがって，関係する法令および条例を確認する必要がある．

<u>1) 騒音，振動について</u> 「騒音規制法」や「振動規制法」のほか，「建設工事に伴う騒音振動対策技術指針」（建設省，昭62）や関連する法令，条例等により，市街地では工事に対して各種の規制が実施されており，学校，病院等の公共施設の周辺ではとくに厳しく制限されている．したがって，事前に規制の有無および内容を熟知しておくとともに，これらの公共施設の状況を調査しなければならない．さらに，工事の実施段階では，騒音および振動の計測を行い，工事に伴って発生する騒音と振動の周辺への影響を把握しなければならない．また，周辺の利用状況等から供用後の騒音，振動の影響が懸念される場合には，騒音，振動対策についての検討を行うこともある．

<u>2) 地盤変状について</u> 地盤の現況を事前に確認するとともに，地盤調査資料等により，工事に伴い予想される地盤変状の範囲とその程度および影響をあらかじめ調査しておかなければならない．また，工事の実施段階では，適切な対策がとれるよう，必要に応じて工事着手前から地表面や周辺の家屋，重要構造物，埋設物の測定，調査を行うとともに，工事の影響による地盤変状を常に把握しておく必要がある．

<u>3) 地下水について</u> 地下水位の変動は，地盤沈下および井戸の水位低下を発生させ，さらに地下水の流動に影響を及ぼすことがある．また，薬液注入工法等を採用する場合には，地下水の水質に影響を及ぼすこともある．したがって，必要により地下水の流向，流速等を把握するとともに，地盤調査の項目に加えてこれらの影響を評価できる調査が必要である．とくに，井戸については事前に影響が予想される範囲の井戸の位置，深さ，利用状況，水位，水質等を調査しておくとともに，工事中は地下水の状況変化に注意しなければならない．地方公共団体によっては，地下水採取に関する規制が条例で定められている場合があるので，地下水位低下工法を採用する場合は，その内容を確認する必要がある．また，軟弱地盤での地下水位低下工法の場合，圧密による地盤沈下が数年から数十年といった長期にわたる場合もあるので注意が必要である．一方，薬液注入工法を採用する場合は，「薬液注入工法による建設工事の施工に関する通達及び暫定指針」（建設省，昭49）にもとづき調査しなければならない．なお，トンネルの設置位置や規模によっては，トンネルが完成したのちの地下水の変動に対する影響を予測することも必要である．

<u>4) 建設副産物について</u> 工事の計画にあたっては，必要な調査を実施し，建設副産物（建設発生土と建設廃棄物）の発生の抑制，再利用の促進および適正処理が計画的かつ効率的に行われるよう適切な施工計画を立案する必要がある．

なお，工事で発生する建設副産物は，国土交通省の「建設副産物適正処理推進要綱」（平14），および環境省の「建設廃棄物処理指針」（平23）により適正に処理しなければならない．また，建設副産物の再利用については，国土交通省の「建設工事に係る資材の再資源化に関する法律（建設リサイクル法）」（平12）にもとづき，届出および積極的な再利用を行わなければならない．工事現場および周辺の土壌には，重金属や有機化合物等が含まれていることがある．これには自然由来の場合と工場や鉱山等の跡地で汚染土壌がみられる場合がある．これらの建設発生土の運搬や保管，処分にあたっては，「土壌汚染対策法（土対法）」（平14）および関連する法令にもとづき対応する必要がある．

5) その他について　作業帯の設置ならびに工事車両の通行等による周辺の一般交通への影響を検討するため，交通量調査を実施するとともに，工事車両台数の予測をしなければならない．

第3章 計　　画

3.1　計画の基本

> 開削工法によるトンネルの計画にあたっては，周辺の環境や供用後の維持管理に配慮するとともに，目的に適合したトンネルを，安全かつ経済的に築造できるようにしなければならない．

【解　説】　近年の都市トンネルでは，開削工法のほかに，シールド工法も多く用いられており，地盤条件によっては山岳工法が採用される場合もある．また，特殊条件下においてはその他の非開削工法が採用される例も増えるなど，都市トンネル工法は多様化してきている．したがって，トンネル工法の選定にあたっては，使用目的や地盤条件，施工条件および環境条件などのほか，安全性と経済性の比較，検討を行い，工法を選定する必要がある．

一方，このように都市トンネル工法が多様化してきている状況においても，開削工法は，他工法との対比の中で，以下に示すような優位性を有することから，その長所を十分活かす形で，広く採用されている．

1) 平坦な地形でその設置深さが比較的浅い場合には，安全性，経済性において最も適した工法である．
2) 比較的複雑なトンネル断面形状の構築への対応性が高く，種々の目的に応じた無駄のないトンネル断面を確保することができる．
3) 工事の途中の段階においても，土質の変化，地下水位の変化等の外的条件によって，施工法，工期および工費に大きな変動をきたす場合，その都度，それに最も適した施工方法への変更が可能であり，弾力性に富んだ工法である．
4) 他工法が主体の場合でも，発進部や到達部には開削工法による地下空間が必要不可欠であり，部分的な適用としても開削工法の対応性は高い．

これらの状況を踏まえたうえで，開削工法によるトンネルの計画にあたっての一般的な検討事項は，次のとおりである．

① シールド工法，その他の工法との比較による開削工法適用区間の決定
② トンネルの線形，勾配，深さ，形状および構造の検討
③ 地震，火災等の非常時に対応した構造上の検討
④ 施工法の検討（とくに土留め工法，掘削工法およびトンネル躯体築造の方法についての検討）
⑤ 環境保全対策の検討（とくに土地利用状況，地表面使用方法，建設副産物，作業時間，騒音，振動，工事用車両の交通対策等の検討）
⑥ 工事の安全対策の検討
⑦ 工事工程および工事費の検討

また，地下構造物ではその維持管理の困難さ，あるいは設備の更新に膨大な費用が必要であること等から，開削工法によるトンネルの計画にあたっては要求される性能と供用期間を設定して維持管理費および更新の費用までを考慮したうえで，最も適切な計画とする必要がある．

3.2　トンネルの設置位置

> トンネルの設置位置については，使用目的，立地条件，支障物件，環境条件，地盤条件，施工条件等について，現状ならびに将来の計画も含めて考慮して，設置深さおよび平面的位置を決定しなければならない．

【解　説】　開削工法によるトンネルの設置位置の決定にあたっては，使用目的に応じ，経済性の検討とともに下記の事項を考慮しなければならない．

1) <u>立地条件との関連について</u>　土地利用状況，道路および交通状況，都市計画区域の種別，河川，湖沼等と

の関連を現状ならびに将来の計画を含めて考慮する．

　2）　支障物件（地下構造物，埋設物，地上構造物等）との関連について　既存の施設に対してだけでなく，将来設置される予定のものについてもトンネルとの相互関連を施工方法も含めて十分に考慮する必要がある．地下構造物，埋設物，地上構造物等とトンネルとの離隔距離およびこれらの防護方法は，地盤条件，施工方法等を考慮して定める必要がある．

　3）　環境条件との関連について　トンネルの設置によって，地下水位の変動や地盤沈下，騒音，振動，大気汚染等の問題を生じることがないよう，周辺に対する影響に配慮する．また，工事に伴って発生する建設副産物の処理についても考慮した計画とする必要がある．

　4）　地盤条件との関連について　できるだけ安定した良質な地盤にトンネルを設置することが望ましい．しかし，トンネルの使用目的等から，一様に良質な地盤中に設置することが困難な場合もあるため，地形および地質等について十分な調査，検討を行い，設計にあたっては施工時および完成後のトンネルの安全性と機能を保持するように配慮する．

　5）　施工条件との関連について　工事中の地表面の使用による交通，沿線への影響について十分に配慮するとともに，工事工程に影響しないように配慮する．

　6）　維持管理との関連について　トンネルの使用目的に応じて，トンネル内の点検や保守等，維持管理に関する作業が容易となるように配慮する．

3.3　トンネルの平面線形および縦断線形

　トンネルの平面線形および縦断線形は，使用目的，立地条件，支障物件等を考慮して，決定しなければならない．

【解　説】　トンネルの平面線形および縦断線形の決定にあたっては，道路，鉄道，水路など使用目的に応じた法規類に準拠するほか，地下の利用状況，計画等に十分配慮しなければならない．とくに都市内では道路等の公共用地の下にトンネルを計画する場合が多く，この限られた地下空間を有効に利用した線形計画を立案する必要がある．しかし，道路の地下では地下埋設物の占用，地下利用の将来計画等により，トンネル線形の決定に多くの時間を要する場合があるので，線形計画の立案にあたっては総合的に検討する必要がある．

　トンネルの平面線形および縦断線形の決定にあたって考慮すべき事項を次に示す．

　1）　トンネルの平面線形および縦断線形は，直線が望ましく，曲線を用いる場合は努めて大きな半径とする．

　2）　縦断線形の勾配は，主としてトンネルの利用上から決定されるが，できる限り緩い勾配とすることが望ましい．また，トンネル内の排水を必要とする場合は，縦断方向に自然流下可能な最緩勾配（0.2％程度）を確保する必要がある．

　道路トンネルでは，急勾配とすると車両の交通能力をいちじるしく妨げ，自動車の排気ガス量が増加する原因となるため，勾配は努めて緩くする必要がある．

　さらに，水路トンネルでは，目的に応じた通水可能量を確保するため，通水断面積と流速の相互関係を考慮して勾配を決定する必要がある．

　3）　地盤の変状等により将来，勾配が変化するおそれのあるところでは，この変化を見込んで勾配を決定し，変化が生じてもトンネルの機能に支障を生じないように配慮する必要がある．

3.4　トンネルの構造および形状

　トンネルの構造および形状は，使用目的，現場の条件，施工法等を考慮して決定しなければならない．

【解　説】　開削工法によるトンネルにおいて一般に用いられる構造形式は，箱形ラーメン（**解説 図 1.3.1**参照）であり，縦断方向に連続した構造である．箱形ラーメンは一般にスラブと壁で構成され，複数の径間を有する箱

形ラーメンの中間部を支持する部材は，そのトンネルの用途等により壁構造または柱構造(鉄筋コンクリート柱，鋼管柱等) となっており，柱構造の場合には縦断方向にはりを配置するのが一般的である．また，開削トンネルには単純に支持されたスラブを用いる場合やスラブをアーチ構造にする場合，プレキャストもしくはハーフプレキャストコンクリートを用いる場合もある．さらに，仮設時に土留め壁として使用する地下連続壁を箱形ラーメンの側壁部材として本体利用することも行われている．

　箱形ラーメンの断面形状は一般に**解説 図 1.3.1**(a)に示す形状が用いられるが，トンネルの使用目的等によっては**解説 図 1.3.1**(b)に示す変断面とする場合もある．トンネル底面に段差がある場合には，地層の変化や底部の掘削等の影響による地盤の緩み等によって支持条件が変化し，不均一な支持状態となり，トンネルに異常な変形や応力が生じることもある．また，トンネルに作用する土圧についても，地盤性状の変化，変断面（凸部）の影響等により通常の場合とは異なる土圧性状を示すものと考えられる．このため，変断面構造物の採用にあたっては，施工法および施工順序を考慮して検討を行い，併せて支持条件，土圧，水圧の変化等について適切に判断し，慎重に検討を行う必要がある．

　トンネルの縦断方向の構造は，箱形の断面が連続した線状（棒状）構造物である．一般に良好で均一な地盤中に設置されるトンネルは縦断方向の安全性の検討を省略することができるが，荷重の載荷状態および地盤状態がいちじるしく変化する場合，トンネル断面がいちじるしく変化し前後の荷重が大きく異なる場合，杭基礎等を施し，その場所がトンネルの支点となる場合等には，地盤変位や地震の影響を受けトンネル断面に大きな応力や変形が生じることもあるので，トンネルの安全性について十分な検討を行う必要がある．検討の結果，連続した線状構造物では，応力を制限値以下にすることが困難となる場合には，継手を設けるなどの処置によりトンネルの安全性を確保することが必要である．

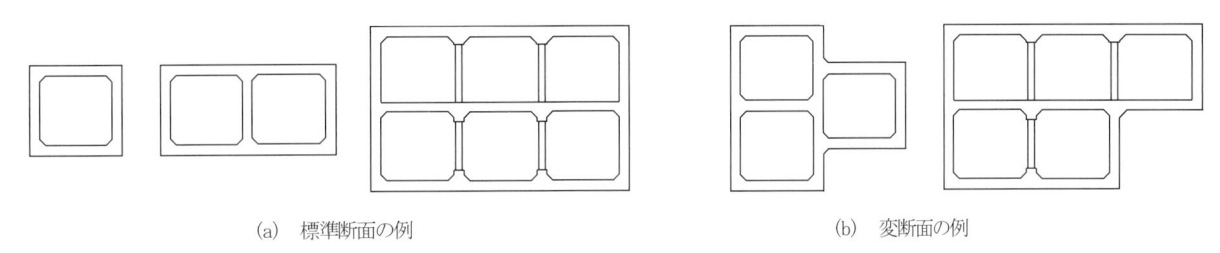

(a) 標準断面の例　　　　(b) 変断面の例

解説 図 1.3.1 トンネルの断面形状の例

　トンネルの構造および形状の決定にあたって配慮すべき事項を次に示す．

　<u>1) 地形および土質等について</u>　トンネルは地中に設置される構造物であるため，地形，土質等に起因する土圧，水圧等の外力や地盤変位がトンネルの応力，変形および安定に及ぼす影響は他の荷重に比較して非常に大きい．そのため，事前に十分な調査を行い，その結果をもとにトンネルに作用する外力の設定，地盤変位の影響等に関し慎重に検討を行わなければならない．

　地形および土質等の状態によって，トンネル完成後に地盤が変位するおそれがある場合には，その影響について検討し，これに対応できるような構造とすることが必要である．地盤変位としては，軟弱地盤および傾斜地盤に起因するもの，地震動によるものおよび近接工事（盛土，掘削，地下水位の低下）に起因するもの等がある．このほかに軟弱地盤中のトンネルでは，軟弱地盤の厚さが変化する場合，地形や地層が急変する場合等についても影響を受けるものと考えられる．これらの地盤変位の影響については，安全性および使用目的との適合性等について十分に検討を行い，必要な場合には地盤変位対策を講じなければならない．

　飽和した緩い砂質地盤では，地震時に地盤が液状化する可能性がある．地盤の液状化は，構造物の応力に大きな影響を及ぼすことも考えられることから，判定については第2編 **9.4.5**を参照し，とくに慎重な検討が必要である．なお，液状化の対策を講じる場合には，構造物の安全性はもとより施工性，経済性についても十分な検討を行わなければならない．

　<u>2) 施工法について</u>　トンネルを安全かつ経済的に築造するためには順巻き工法が一般的であるが，トンネルの形状および構造の検討にあたり，地下連続壁等を本体利用する工法，逆巻き工法による躯体築造工法，各種の

補助工法等の適用を考慮することも必要である．また，土留め支保工の設置，撤去等の施工順序も考慮し，複雑な構造は避けるなど，施工性にも配慮することが必要である．

3) その他について　トンネルは一般に地下水位以下に築造される場合が多いため，防水層等により躯体の外周を被覆して水密構造とされている．躯体自体を水密構造とする場合には，部材厚がトンネルの強度計算上から決まっても，ある限度を超えて薄い断面とすることは，遮水性が低下するので好ましくない．また，防水層で躯体を覆う場合には，躯体外周の形状が複雑になると防水施工の確実性が損なわれるおそれがあるので，吹き付けなど躯体に追従するような防水工の選択や形状の単純化を図るのがよい．なお，地下連続壁を側壁として本体利用する場合には，躯体の側面に防水層を施工することが困難となるので防水に対しては別途検討する必要がある．

3.5　内空断面

トンネルの内空断面の決定にあたっては，機能上，保守管理上必要な形状寸法のほか，トンネル設備における諸条件を考慮しなければならない．

【解　説】　開削トンネルの内空断面の大きさは，施工および保守管理が容易で，経済的な断面となるように決定する必要がある．トンネルの内空断面は，鉄道や道路トンネルでは建築限界，水路トンネルでは必要通水面積，共用トンネルでは将来の需要動向等を考慮して決定するが，必要な各種の付属設備および施設等のための断面空間を効率的に配置し，目的に適合した使用効率の高い内空断面とする必要がある．

内空断面を定める場合の要素は，使用目的によって異なるが，その主なものを掲げると次のとおりである．

1) 鉄道について（**解説 図 1.3.2**参照）
   ① 建築限界
   ② 軌道構造
   ③ 電車線，信号，通信，照明，換気，排水，その他の付属設備
   ④ 維持管理

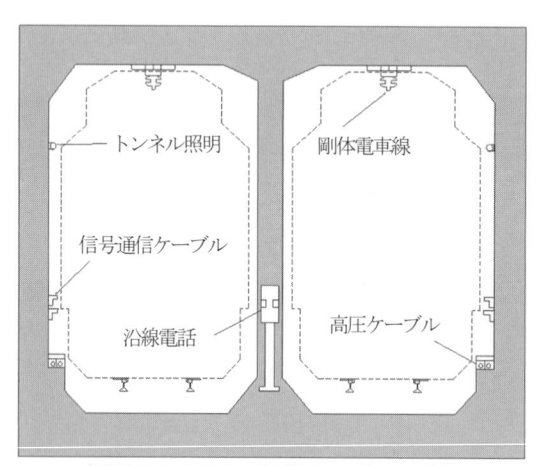

解説 図 1.3.2　鉄道トンネルの例

2) 道路について（**解説 図 1.3.3**参照）
   ① 建築限界
   ② 視距
   ③ 舗装構造
   ④ 照明，防災，換気，排水，その他の付属設備
   ⑤ 維持管理

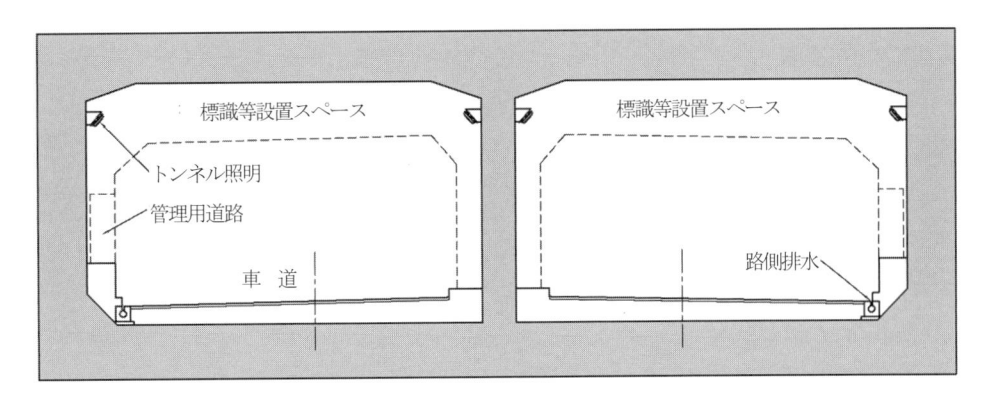

解説 図 1.3.3　道路トンネルの例

3) 水路について（**解説 図 1.3.4**参照）
　① 必要通水面積
　② 水面上の余裕高（無圧トンネル）
　③ 維持管理

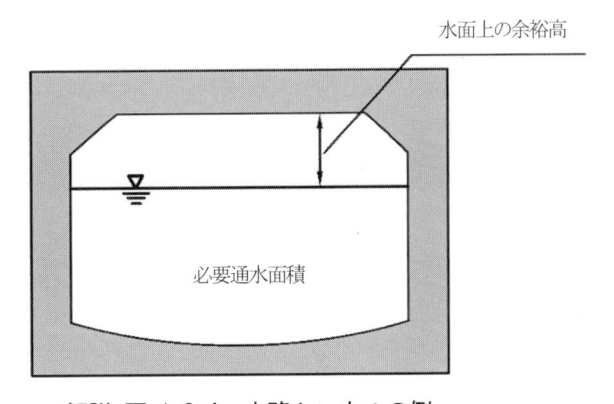

解説 図 1.3.4　水路トンネルの例

4) 共用トンネルについて（**解説 図 1.3.5**参照）
　共用トンネルの場合は，それぞれの用途に応じた設計を行わなければならない．
　① ケーブル条数（電力，通信），管径（都市ガス）
　② 換気，排水，その他の付属設備
　③ 維持管理

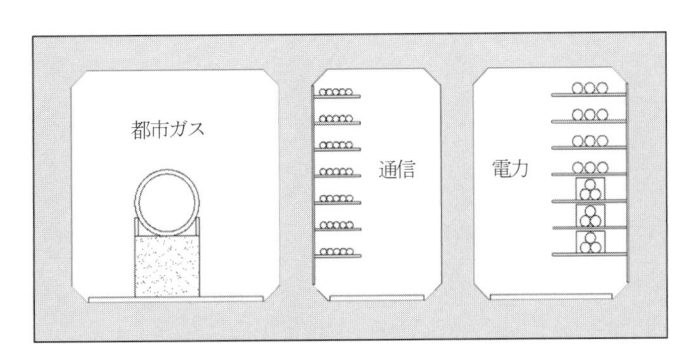

解説 図 1.3.5　共用トンネルの例

なお，軟弱地盤，傾斜地等で，地表面上の過載荷重，地下水位の変動，地震等による地盤の変位が予想されるところでは，これに伴うトンネルの変位に対する余裕を考慮しなければならない．

> **3.6 トンネルの付属設備**
>
> トンネルには，必要に応じて次の設備を設けなければならない．
> 1) 換気設備
> 2) 排水設備
> 3) 浸水防止設備
> 4) 照明設備
> 5) 保安設備

【解　説】　トンネルには，使用目的に応じた設備のほか，トンネル内の衛生，維持管理および緊急時の対応等に必要な付属設備を設けなければならない．

　1)　換気設備について　トンネルにおける換気は，トンネル内の発熱量や換気の必要性を考慮して，必要な換気量を算定し，これにもとづいて適当な換気設備を設けなければならない．

　トンネル内における発熱としては，鉄道の場合では，旅客，列車，照明等から発熱する熱，道路の場合では自動車から発熱する熱等がある．また，換気すべき対象としては，自動車排気ガス，旅客の呼吸，漏水等による湿気や臭気，じんあい等がある．

　換気方式には自然換気と機械換気とがあるが，防災上の観点から，両者を併用するか，機械換気のみにするかなど，トンネルの使用目的に応じた換気方式を検討する必要がある．なお，換気方式には縦流式と横流式があるが，横流式では換気ダクトを別途に設ける必要があるためトンネル断面の決定に影響することから，十分な検討が必要である．

　換気口，換気ダクトは，空気の流れに対して抵抗の少ない構造とし，また，給排気音等の周辺環境に与える影響に留意し，必要に応じて適切な環境保全対策を講じなければならない．さらに，換気口や換気ダクト内での落下等の事故を防ぐため，これらの安全対策にも十分に配慮しなければならない．

　2)　排水設備について　水路トンネル等を除いて，漏水やトンネル洗浄水がトンネル内に帯水しないように，適切な排水設備を設けなければならない．

　排水勾配はトンネル内の水を停滞なく流すため，0.2％以上確保することが望ましい．排水溝あるいは排水管は，排水流量のみでなく，清掃，点検の作業性についても考慮して十分な断面の確保し，桝を設置することが望ましい．

　3)　浸水防止設備について　開削トンネルは坑口や出入口階段，換気口等の開口部からの浸水を防ぐため，地形，潮位，河川との近接度合を考慮して，必要に応じて防水扉，防水パネル等の浸水防止設備を設けなければならない．大量の浸水時に備え，トンネル断面を閉鎖するためトンネル内に防水ゲートを設置する場合もある．

　4)　照明設備について　本来的に設置しなければならない照明設備のほか，構造物の使用目的，規模，重要性等を考慮して，修理，保守等の作業あるいは緊急時の避難のために，必要に応じて適当な照明設備を設けなければならない．

　5)　保安設備について　①　防火，消火設備　トンネル内において火災が発生した場合，大きな災害となるおそれがあるので，すみやかに消火，救助活動が行えるように必要な設備を設けなければならない．また，延焼を防ぐための防火設備や排煙設備を必要に応じて設けなければならない．多数の利用者がある場合は，非常口配置や避難通路設備等の避難経路の検討が必要である．道路トンネルでは，非常駐車帯を設けたり，並列トンネルではトンネル相互を結ぶＵターン路を設ける場合もある．

　②　連絡，監視設備　火災，事故等の災害に備えるため，各種感知設備や警報設備，電話等の連絡設備を設け，災害に対して早期に対処ができるようにする必要がある．また，大規模なトンネルでは，①，②の保安設備の機能を集中，統合した監視設備を設けて一体的な運用を図り，警察や消防とも連携をとる場合がある．

　③　管理，点検通路　作業者の安全確保のため，管理，点検のための通路には，手すり，階段等を必要に応じて設けるとともに，適当な間隔で退避場所を設けなければならない．

④　保安設備に関する規制　鉄道および道路トンネル等では，それぞれに定められた保安設備に関する規制があるので，それに準拠しなければならない．

3.7　施工法の選定

施工にあたっては，安全性，経済性および周辺の環境保全等から総合的に判断して，土留め工，掘削，躯体構築等について最も適した工法を採用しなければならない．

【解　説】　一般に，開削工法による工事の主な工種は，土留め工，掘削，躯体築造等であるが，これらには種々の施工方法がある．開削工法は，これらの各種の施工方法を組合せ，さらに各種の補助工法を併用することによって，現場の土質の状況，施工環境，工事の規模等に応じた最も適した工法を採用することができる．したがって，工法の決定にあたっては，第3編および第4編に記述されている各種工法の特徴を考慮して比較検討を行い，最も適切な工法を選定しなければならない．

1)　土留め工について　掘削深さが浅く自立土留め壁を適用できる場合のほかは，土留め支保工により土留め壁を支保する．これら土留め壁の支保工としては，切ばり式とグラウンドアンカー式等がある．また，逆巻き工法では，逆巻きスラブが支保工の役目をする．土留め壁の種類としては，①簡易土留め壁，②親杭横矢板土留め壁，③鋼（鋼管）矢板土留め壁，④地下連続壁がある．これらのうち，①～③については直接地中に打込む方法と，あらかじめ先行削孔してから建込む方法とがある．④については，鉄筋コンクリート杭やモルタル杭とする土留め壁，セメント溶液を原位置土と混合，攪拌して芯材を建込む土留め壁，安定液を使用して溝壁を安定させながら掘削し，鉄筋かごまたは芯材を建込む土留め壁がある．安定液を使用する場合では，直接固化する方式，あるいはコンクリートまたは固化剤を混入したソイルセメント等で置換える方式がある（第3編　第5章参照）．また，壁体をシールドが貫通する場合，貫通範囲にシールドで直接切削可能な部材を用いることもある．

以上の土留め工のうち，いずれを採用するかは掘削の規模，地質，地下埋設物，現場付近の環境，工費，工期等を考慮して総合的に判断しなければならない．

2)　掘削工法の種類について　掘削工法は，全断面掘削工法と部分掘削工法に大別できる．全断面掘削工法は築造する躯体に応じて，全断面を同時に掘削する方法であり，部分掘削工法は全断面を同時に掘削せず，部分的に掘削する方法である．いずれの工法においても，路面覆工を設置し道路面あるいは作業用構台として使用するのが一般的である．

掘削工事は掘削手段により，機械掘削と人力掘削に分類されるが，主として機械掘削とし，埋設物付近等の掘削は人力掘削とする．

3)　躯体構築工法の種類について　躯体構築の順序は底部から順次立ち上げる，いわゆる順巻き工法が一般的であるが，既設構造物の直下を掘削する場合には，既設構造物をアンダーピニングした状況で側壁および中壁を先行して構築するトンネル式トレンチ工法も採用される．また，掘削面積が極端に広い場合には，部分的な断面を先行して築造する開削式トレンチ工法やアイランド工法，周辺構造物に近接して施工する場合や軟弱地盤で施工する場合には，上部スラブを先行して築造する逆巻き工法等が用いられる（第4編　第16章参照）．

土留め壁の地下連続壁を仮設構造物としてだけでなく本体構造に利用する場合は，設計段階や施工段階においてそれぞれ十分な検討が必要であり，とくに，地下連続壁と内壁あるいはスラブとの接合に特別な配慮が必要である（第2編　第12章参照）．

4)　補助工法の種類について　開削工法において，工事を安全かつ能率的に行うため，各種の補助工法を用いることが多い．

開削工事における補助工法は，地盤条件の改善を目的としたものが主であり，地盤の自立性や支持力を増強することにより，掘削周辺の地盤や構造物の変状を防止し，工事を安全に進めるとともに，排水や脱水，固結等により，掘削の作業条件を向上させ，機械の導入，掘削土処理の簡易化を図るために採用される．

補助工法としては，地下水位低下工法，生石灰杭工法，深層混合処理工法，薬液注入工法，凍結工法等があり，

これらの補助工法の選定にあたっては，各種工法の特徴等を十分に把握したうえで，最適な工法を採用しなければならない（第3編 第6章参照）．

3.8 環境保全対策

トンネルの施工中および供用後に，周辺環境へ影響を及ぼすおそれのある場合は，これらに対して十分に注意を払い，適切な保全対策を計画しなければならない．

【解　説】　開削工法は施工中，周辺環境に及ぼす影響が大きく，とくに市街地で民地に接近し，昼夜連続で施工する場合は，環境保全を第一に考慮すべきである．

トンネルの施工中，周辺環境へ影響を及ぼすおそれのある要因としては，工事車両の走行や建設機械の稼動に伴う騒音，振動，粉じん，掘削に伴う土留め壁の変形や地下水の汲上げ等による地盤の変状，地下水流動阻害による水枯れやダムアップ等があげられる．

これらについては事前に十分な調査と検討を行い，適切な対策を計画し，環境の保全に努めなければならない（第4編 第21章参照）．

また，トンネル供用後の騒音，振動，地下水流動阻害，付属施設物（換気塔等）による日照阻害，電波障害，大気汚染等にも十分に配慮する必要があり，問題が発生しないようにトンネル構造や施設，施工方法等を検討する必要がある．

3.9 工事の工程

工事の工程は，工事の規模，順序，施工方法および環境面に考慮して，安全かつ経済的に計画しなければならない．

【解　説】　工事の工程は，土留め工，路面覆工，掘削，躯体，路面復旧等，主要工種の工事量，施工順序，施工方法をもとに，支障物件の処理，補助工法等を考慮して経済的に計画する．その際，トンネルの使用時期，用地の使用期間および使用条件，周辺環境による作業時間制約，競合工事の有無等の外的条件も工程決定上の大きな要素となる．

全体工程は数多くの複雑な部分工程から構成されるので，これを適切に管理するため，複雑な作業の関連を明確にし，施工途中においても予定工程に対する進捗管理が可能となるような有効な手法を導入することが望ましい．また，施工途中の施工方法，順序等の変更に対しても，適宜，対応できるような手法を用いることが必要である．

工事の工程表は，全体工程表，部分工程表等その使用目的に従い，活用しやすいものを作成する必要がある．

3.10 維持管理

（1）　開削工法によるトンネルの計画，設計，施工にあたっては，維持管理についても十分に考慮しなければならない．
（2）　トンネルの維持管理に向けて，建設段階の情報を適切に記録，保存しなければならない．
（3）　トンネルの維持管理にあたり，供用開始時の構造物の性能を確認しなければならない．

【解　説】　（1）について　維持管理は，トンネルの供用期間において，構造物の性能を要求された水準以上に保持するための行為であり，設計，施工に優るとも劣らない重要な行為であるとともに，計画，設計，施工とも密接な関連性を有するものである．

維持管理を考慮した計画，設計，施工を行うことにより，トンネルのライフサイクルコスト（構造物の建設，維持管理に必要な全ての費用）を削減できるとともに，供用中の維持管理が容易となる．

供用中の維持管理で問題となるような変状（トンネルに要求された性能が阻害されるような状態）には，その種類を大きく分類すると，耐荷力上の原因によるものと耐久性上の原因によるものに分類できる．耐荷力上の変状には，想定外の作用（永久作用，変動作用，偶発作用）によるひび割れの発生，異常な変形や変位等があげられる．また，耐久性上からは，中性化や塩害等によるひび割れ，剥離，鉄筋露出およびそれらに伴う漏水や遊離石灰の生成等がある．これらの変状を起こさないよう，計画，設計，施工にあたっての主な留意事項は，次のとおりである．

　1)　計画時には，供用中のトンネルの安全を確保するため，地形および地質，施工法，作用条件等を考慮し，供用中に変状のない安定した状態が得られる構造（第1編 3.4参照）を検討する必要がある．また，維持管理に必要な空間（第1編 3.5参照）や設備（第1編 3.6参照）を適切に設け，供用中のトンネルにおいて確実な点検や補修作業が可能な状態にしなければならない．

　2)　設計時には，十分な耐荷力と耐久性があり，供用中に対処が難しい変状が発生しにくい構造とする必要がある．また，変状の原因に影響を及ぼす部材のかぶり，躯体のひびわれ誘発目地等の構造細目（第2編 第11章参照）についても配慮が必要である．

　3)　施工時には，防水の確実な施工（第4編 第7章参照），コンクリートの打ち継目の処理（第4編 8.6参照）および埋戻し（第4編 第9章参照）を確実に行う必要がある．また，路面覆工桁受け部材の中間杭がある場合，あるいは土留め支保工の切ばりを残置（埋殺し）して躯体を施工した場合は，供用中に中間杭や切ばりの切断跡が変状の原因となりやすいので，適切な措置を講じなければならない．とくに，切ばりは躯体の施工前に所定の方法（第4編 6.2参照）で撤去しなければならない．

　(2)について　トンネルの維持管理に向けて，建設段階での調査，設計，施工の状況等の資料は非常に重要であるため，記録として保存しなければならない．保存する記録には，各種の調査結果（第1編 第2章参照），設計図書（第2編 1.2参照），施工時の計測結果（第4編 18.4参照）や工事記録（第4編 19.4参照）があり，供用後に変状が発生した場合に，その原因を解明するための非常に有効な情報となる．とくに，施工中のトラブル，不具合や供用開始までに補修した部分は変状の原因となりやすいことから記録として保存しておくことが望ましい．また，近年，社会資本の維持管理にアセットマネジメント手法を用いることが提言，検討されており，各トンネルを保有する事業者の方針に基づき，同手法に資するための建設時の情報，資料等を保存することも重要となっている．

　(3)について　開削工法によるトンネルを含む土木構造物は，建設段階で有していた性能が経年とともに低下していく場合があり，供用段階でも適切な維持管理が必要となる．ここでいう維持管理とは，定期的に点検を実施し，その結果を評価して，必要に応じて補修等の措置を講じたうえで，それらの結果を記録として残していくというサイクルを繰り返すことである．このため，供用に際しての初期の点検で供用開始時の性能を確認することは非常に重要な意味を持っている．この初期の点検によって，万一不具合が確認された場合は，適切な措置を講じる必要がある．

第2編 トンネルの設計

第1章 総則

1.1 設計の基本

開削トンネルの設計では，構造物の使用目的に適合するための要求性能を設定し，設計耐用期間を通じて要求性能が満足されていることを照査する．

【解　説】 開削トンネルは，自然条件，社会条件，施工性，経済性，環境性等を考慮した使用目的に応じて，所要の性能が発揮されるよう，合理的な構造体とする必要がある．このためには，計画段階において用途に応じた適切な線形，勾配，内空断面等を決定するとともに，施工中および完成後の構造物の強度，変形，安定等について，状況に応じた作用を選定して検討を行い，構造物に要求される性能を確保するように設計を行わなければならない．

開削トンネルの設計では，十分な設計や施工の知識と経験から判断しなければならないことが多いため，経験豊かな技術者が設計に従事することによって，はじめて使用目的に適合した安全かつ経済的な構造物を設計することができる．

とくに，トンネル構造物は補修，補強，改良等が困難な場合が多いので，設計の初期段階において地盤条件，地下水の状態，使用材料および施工方法について十分な調査，検討を行い，将来起こりうる状況を的確に予測して，トンネルに有害な変状や劣化が生じないように耐久性に優れ，維持管理が容易な構造物となるように設計の方針を立てる必要がある．

要求性能の照査とは，設計された各構造物の形式，構造断面，使用材料，構造諸元等が，所定の目標性能を有することを適切な方法で確認する作業である．ここで言う適切な方法とは，実物実験，模型実験，精度の確認された数値解析等であり，これらに裏付けられた限界状態設計法を基本とする照査方法によることとした．**解説 図 2.1.1**に開削トンネルにおける性能照査フローを示す．

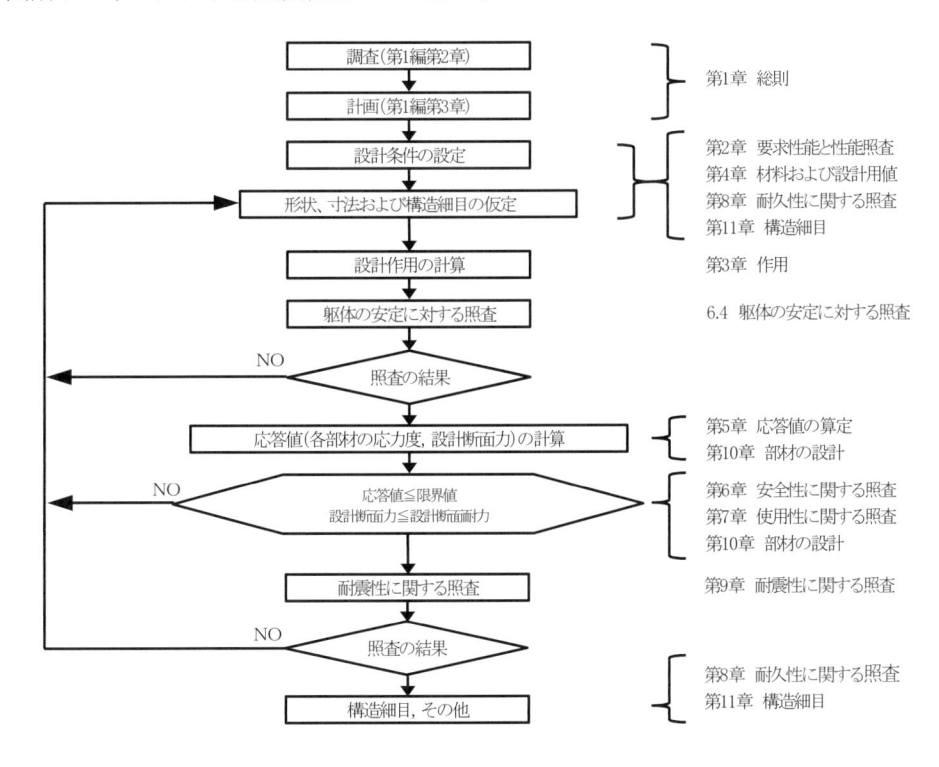

解説 図 2.1.1　開削トンネルにおける性能照査フロー

> **1.2 設計図書**
> （1） 設計計算書には，構造物の要求性能を照査する際に設定した構造物または部材の限界状態，および検討した計算の過程を明記しなければならない．
> （2） 設計図には，構造物の設置位置，形状寸法，部材および鋼材の形状寸法と配置等を図示するとともに，設計計算の基本的事項，施工および維持管理の条件等を明記することを標準とする．

【解 説】 （1）について 開削トンネルの構造と施工方法は，構造計算の仮定と一致するものでなければならない．とくに，部材接合の条件（固定，ヒンジ，連続），順巻きまたは逆巻き等の施工条件，地下連続壁の本体利用および施工順序等は，構造計算の仮定に一致するものでなければならない．設計計算書には，これら一定の設計条件のもとで，構造物または部材の安全性および使用性等の要求性能を照査する際に設定した限界状態，および検討した計算の過程を明記しなければならない．

開削トンネルは，施工の各段階によって構造形態が異なり，断面力が大きく変化する場合が多く，それぞれの状態における部材の安全性を確認しなければならない．そこで，設計者および施工者が各段階において施工方法と安全性との関係を十分に理解できるように，設計計算書を整理しておく必要がある．

また，設計計算書は，開削トンネルの維持管理および施工中の変更に対処するためにも重要である．開削トンネルの設計計算においては，一般に最終段階で2桁の有効数字が得られるように行うのがよい．これは，開削トンネルの設計に際して用いられる数値には，構造物および部材断面に関する寸法，コンクリートや鋼材等の使用材料の設計用値，土質定数等の諸数値があり，それぞれ精度のレベルが異なるため，設計計算における有効数の桁数をむやみに多くすることは必ずしも設計の精度の向上に結びつかないことを考慮したもので，仮定した設計条件を十分に把握したうえでその精度を定める必要がある．なお，最終段階とは，安全性に関する照査では第2編 6.2.1（3）に示す $\gamma_i S_d / R_d$ の値，使用性に関する照査では応力度やひびわれ幅の値等を意味する．これらの値が2桁の有効数字を得るためには，最終段階までの計算に用いる各数値において，一般に3桁の有効数字が必要である．

（2）について 設計図には，設計と施工の間に条件の相違がないことを容易に確認できるように，原則として，次に示す設計計算の基本事項，施工および維持管理の条件等を明示することを標準とした．
① 設計耐用期間，環境条件
② 作用の特性値および設計作用の組合わせ
③ 安全係数
④ 要求性能と照査結果
⑤ 使用材料の種類および品質，特性値
⑥ 地盤条件および地下水位
⑦ 施工および維持管理上の必要な事項
⑧ 設計責任者の署名
⑨ 設計年月日
⑩ 縮尺，寸法および単位

使用材料の種類および品質は，鉄筋コンクリート構造については，鉄筋の種類と品質，最大水セメント比，粗骨材の最大寸法を，鋼構造については，鋼材の種類と品質を，また，鉄骨鉄筋コンクリート構造およびコンクリート充填鋼管構造については，これらに加え鋼材比，鉄骨鉄筋比，閉塞率（部材の断面積に対するコンクリートの流入を妨げる鋼材の断面積の比で百分率表示した値）をそれぞれ明記しなければならない．

また，設計図は，工事記録とともに構造物が機能している期間，保存しなければならない．設計図以外に，構造を決定する根拠となる設計図書で，維持管理に役立つ情報も選別して保存するとよい．

第2章　要求性能と性能照査

2.1 一　般

（1）　開削トンネルの設計耐用期間は，トンネルに要求される供用期間と維持管理の方法，環境条件，経済性等を考慮して定めるものとする．

（2）　開削トンネルの設計では，施工中及び設計耐用期間内において，トンネルの使用目的に適合するために要求される性能として，安全性，使用性，復旧性および耐久性に関する要求性能を設定することとする．

【解　説】　（1）について　開削トンネルの設計耐用期間は，構造物の使用目的ならびに経済性から定める供用期間，構造物を設置する環境条件および構造物の耐久性能等を考慮して設定する必要がある．このとき，開削トンネルは一般に，補修，補強および改築が非常に困難であることを考慮する必要がある．ただし，設計耐用期間はこれを超えたからといって直ちに開削トンネルの供用に支障を及ぼすものではない．

開削トンネルの構造種類には，鉄筋コンクリート構造，鉄骨鉄筋コンクリート構造，コンクリート充填鋼管構造および鋼構造等がある．環境条件等による構造物の設計耐用期間としては，コンクリート構造物については，適切な維持管理がなされることを前提に100年程度の耐用年数を期待し，かぶり，水セメント比等を定めている．開削トンネルの設計耐用期間は，これらの構造要素の種別による設計耐用期間を総合的に勘案し，一般にはおおむね100年程度に定めるのがよい．

ただし，開削トンネル外周部の側壁および上下床版は，一般に鉄筋コンクリート構造であるため，補修，補強および改築が困難であることから，設計耐用期間を別に定める場合には，地盤条件，構造条件等を考慮して，かぶり，水セメント比，耐久性上のひびわれ幅の制限値を適切に定める必要がある．

また，開削トンネルでは，トンネルの水密性が使用性や耐久性に影響を及ぼす場合があり，設計耐用期間の設定においては，トンネル内への漏水の防止を目的とした防水工の種類や使用材料，施工方法等についても配慮する必要がある．

なお，設計耐用期間に関連する設計想定地震動と構造物の耐震性能については第2編 第9章による．

（2）について　設定された要求性能は，設計耐用期間においてすべて満足されなければならない．設計耐用期間内を通じて構造物が安全性，使用性，復旧性およびその他の要求性能を満たすためには，構造物の供用中の環境作用によりこれらの性能に支障をきたす材料劣化や変状が生じてはならない．

2.2 要求性能

（1）　安全性は，想定されるすべての作用のもとで，開削トンネルが使用者や周辺の人の生命や財産を脅かさないための性能を示す．安全性には，トンネルの構造体としての安全性と機能上の安全性があり，それぞれについて要求性能を設定しなければならない．

（2）　使用性は，想定される作用のもとで，開削トンネルの使用者が快適に使用するための性能およびトンネルに要求される諸機能に対する性能を示す．それぞれについて要求性能を設定しなければならない．

（3）　復旧性は，地震の影響等の偶発作用等によって低下した開削トンネルの性能を回復させ，継続的な使用を可能とする性能を示す．復旧性は，開削トンネルの損傷に対する修復の難易度や，性能の低下が及ぼすすべての要因を考慮して設定しなければならない．

（4）　耐久性は，想定される作用のもとで，開削トンネル構造物の材料の劣化により生じる性能の経時的な低下に対して構造物が有する抵抗性を示す．耐久性は，設計耐用期間にわたり，安全性，使用性，復旧性の要求性能を満足するように設定しなければならない．

【解　説】　（1）について　開削トンネルの安全性は，変動作用や，地震等偶発作用の影響による破壊や崩壊等の構造物の力学上から定まる性能と，供用目的や機能の喪失から定まる性能に大別される．機能上の安全性とは，かぶりのはく落等構造物の破壊や崩壊等には影響ないが，地下空間使用者の生命や財産を脅かすような事象が生じないための性能である．

（2）について　使用性は，快適に開削トンネルを使用するための性能と通常の状態での諸機能に対する性能である．前者の使用するための性能には，一般に，乗り心地，歩き心地，騒音，振動等を設定するのがよい．また，後者の機能に対する性能には，一般に，水密性，透水性，防音性，防湿性，防寒性，防熱性などの物質遮蔽性，透過性等や，変動作用，環境作用，偶発作用等の各種要因による損傷が生じ，使用するのが不適当とならない性能を設定するのがよい．

（3）について　復旧性は，地震の影響等の偶発作用等により構造物の性能低下が生じた場合の性能回復の難易度を表す性能である．開削トンネルは一般に公共性が高いものであり，それらの機能の円滑な維持，確保が個人の生活や社会，生産活動に大きく影響を与える．したがって，復旧性を要求性能として設定することとした．

復旧性は，構造物の損傷に対する修復の難易度（修復性）と，被災後の点検のしやすさ，復旧資材の確保，復旧技術の向上等のハード面や，復旧体制等ソフト面の整備の有無等の修復性以外の性能に分けられる．両者は相互に大きく影響しあっているが，この示方書では復旧性に含まれる修復性以外の要因を別途考慮することを前提に，構造物の修復性に対する力学的な要求性能について設定することとした．

開削トンネルの修復性は，一般に，修復しないで使用可能な状態や，機能が短期間で回復できる程度の修復が必要な状態等を念頭において，作用の規模に応じた要求性能のレベルを設定するのがよい．構造物に損傷を与える偶発作用として，地震，風，火災等が想定されるが，この示方書では一般に地震の影響に対して検討すればよいものとした．

なお，第2編 第9章では，安全性および修復性を総合的に勘案した耐震性能を設定し，これを用いて照査することとなるため，修復性の照査は耐震性能の照査として行うことになる．

（4）について　開削トンネルの耐久性とは本来，安全性，使用性，復旧性等の要求性能が設計耐用期間中のすべての期間にわたり確保されることを目的に設定されるものであるので，これらの性能と独立ではなく，これらの性能の経時変化に対する抵抗性となる．しかし，性能の経時変化を考慮して安全性，使用性，復旧性等の性能を時間の関数として評価するのは，現時点では難しく，また，必ずしも経済的ではない．そこで，一般的には，設計耐用期間中には環境作用による構造物中の各種材料劣化により不具合が生じないことを構造物の耐久性の要求性能として設定し，この前提が満足されているもとで，安全性，使用性，復旧性等の要求性能に関する照査を行う方法がとられている．このことにより，構造物が設計耐用期間にわたり各種の要求性能を満足することを間接的に担保している．

2.3　性能照査の原則

（1）　開削トンネルの性能照査は，原則として，要求性能に応じた限界状態を施工中および設計耐用期間中のトンネルまたはその構成部材ごとに設定し，設計で仮定した形状，寸法，配筋等の構造詳細を有する構造物あるいは構造部材が限界状態に至らないことを確認することとする．

（2）　限界状態は，一般に安全性，使用性，復旧性および耐久性に対して設定することとする．

（3）　限界状態に対する照査は，適切な照査指標を定め，その限界値と応答値との比較により行うことを原則とする．

【解　説】　（1）について　開削トンネルに与えられる複数の要求性能を明確に設定し，それぞれに対応する等価な限界状態を規定する方法を原則とした．開削トンネルまたはその部材の一部が，限界状態と呼ばれる状態に達すると，トンネルはその機能を果たさなくなることや，使用性が急激に低下するなど，様々な不都合が発生して，要求性能を満足しなくなる．この場合には，限界状態の検討を行うことで構造物の性能照査に代えること

ができる．限界状態を設定する場合，構造物や部材の状態，材料の状態に関する指標を選定し，要求性能に応じた限界値を与える．そして，荷重や環境の作用により生じる応答値を算定し，これが限界値を超えないことを確認する．なお，応答値の算定に用いる解析方法やモデルの信頼性も考慮して，限界値を設定する．

<u>（2）について</u>　限界状態は，一般に，要求性能である安全性，使用性，復旧性および耐久性に対して設定することとした．また，地震時の安全性と地震後の使用性や復旧性を総合的に考慮する場合にもそれに対応する適切な限界状態を設定するものとする．

1)　安全性には，一般に以下の物理的特性に基づく限界状態を設定するのがよい．これらには，走行性，歩行性のように開削トンネルの利用者側の安全に関する要求性能と，開削トンネルに起因した第三者への公衆災害等に対する要求性能等がある．

①　構造物の耐荷力　破壊に関する構造物全体系としての性能は，構造物を構成する各部材の状態と密接な関係にある．構造物の破壊に関する安全性は，構造物が複数の部材により構成されている場合，一部の部材が破壊しても，構造物全体系として破壊しないことを照査すればよい．構造物の耐荷力に関しては，一般に以下の限界状態を設定するのがよい．

　ⅰ）　断面破壊　設計耐用期間中に生じるすべての作用に対して，構造物が耐荷能力を保持することができる性能を表す限界状態

　ⅱ）　疲労破壊　設計耐用期間中に生じるすべての変動作用の繰返しに対して，構造物が耐荷能力を保持することができる性能を表す限界状態

②　構造物の安定　設計耐用期間中に生じるすべての作用に対して，構造物がや基礎構造物の変位，変形等により不安定とならないことを保持できる性能を表す限界状態である．

2)　使用性には，使用上の快適性や構造物のそれ以外の諸機能から定まる機能性の限界状態として，一般に以下の限界状態を設定するのがよい．なお，これらの限界状態の限界値は，構造物の供用目的や機能に応じて設定するものとする．

①　外観　コンクリートのひび割れ，表面の汚れなどが，不安感や不快感を与えず，構造物の使用を妨げないようにするための性能

②　騒音，振動　構造物から生じる騒音や振動が，周辺環境に悪影響を及ぼさず，構造物の使用を妨げないようにするための性能

③　走行性，歩行性　車両や歩行者が快適に走行および歩行できる性能

④　水密性　水密機能を要するコンクリート構造物が，漏水や透水，透湿により機能を損なわないための性能

⑤　損傷　構造物に変動作用，環境作用等の原因による損傷が生じ，そのまま使用することが不適当な状態とならない性能

解説　表 2.2.1　要求性能，限界状態，照査指標と設計作用の例

要求性能	限界状態	照査指標	考慮する設計作用
安全性	断面破壊	力	すべての作用（最大値）
	疲労破壊	応力度，力	繰返し作用
	安定（変位，変形）	変位，基礎構造による変形	すべての作用（最大値），偶発作用
使用性	外観	ひびわれ幅，応力度	比較的しばしば生じる大きさの作用
	騒音，振動	騒音，振動レベル	比較的しばしば生じる大きさの作用
	車両走行の快適性等	変位，変形	比較的しばしば生じる大きさの作用
	水密性	構造体の透水量，ひびわれ幅	比較的しばしば生じる大きさの作用
	損傷（機能維持）	力，変位等	変動作用等
復旧性	修復性	力，変位等	偶発作用（地震の影響等）
耐久性	鋼材腐食	中性化深さ，ひびわれ幅等	環境作用等

3) 復旧性には，構造物の損傷に対する修復の難易度（修復性）に関して，物理的特性に基づく限界状態を設定するのがよい．

4) 耐久性には，コンクリート構造物の代表的な劣化現象である中性化及び塩害による鋼材腐食，凍害によるコンクリートの劣化について限界状態を設定するのがよい．

この示方書で規定した要求性能に対する限界状態，照査指標および考慮する設計作用の関係を，**解説 表 2.2.1**に示す．

　（3）について　構造物の性能照査は，性能に対する限界状態を定めて検討することにより行うこととしている．したがって，構造物の性能照査を合理的に行うためには，限界状態を可能な限り直接表現することができる照査指標を用いて，限界値と応答値の比較を行うことが原則である．

2.4 安全係数

（1）　作用係数γ_fは，作用の特性値から望ましくない方向への変動，作用の算定方法の不確実性，設計耐用期間中の作用の変化，作用の特性が限界状態に及ぼす影響等を考慮して定めるものとする．

（2）　構造解析係数γ_aは，断面力算定時の構造解析の不確実性等を考慮して定めるものとする．

（3）　材料係数γ_mは，材料強度の特性値から望ましくない方向への変動，供試体と構造物との材料特性の差異，材料特性が限界状態に及ぼす影響，材料特性の経時変化等を考慮して定めるものとする．

（4）　部材係数γ_bは，部材耐力の算定上の不確実性，部材寸法のばらつきの影響，部材の重要度，すなわち対象とする部材がある限界状態に達したときに，構造物全体に与える影響を考慮して定めるものとする．

（5）　構造物係数γ_iは，構造物の重要度，限界状態に達したときの社会的影響等を考慮して定めるものとする．

（6）　地盤抵抗係数f_rは，地盤数値の特性値から望ましくない方向への変動，地盤の支持力算定の不確実性，作用力が抵抗力を超過したときの破壊モード等を考慮して定めるものとする．

【解　説】　安全係数は，構造物の設計における不確実性および重要性を考慮して，構造物が各要求性能の限界状態に対して所要の安全性を有していることを保証するための係数であり，作用係数γ_f，構造解析係数γ_a，材料係数γ_m，部材係数γ_b，構造物係数γ_iおよび地盤抵抗係数f_rがある．部材断面の破壊を対象とする限界状態による安全照査においては，作用の特性値から設計応答値を求める過程で作用係数γ_fと構造解析係数γ_aの2つの安全係数を，また，材料特性から設計限界値を求める過程で材料係数γ_mと部材係数γ_bの2つの安全係数を設定し，さらに，設計応答値と設計限界値を比較する段階で構造物係数γ_iを設定した．構造物全体の安定に関しては，地盤の粘着力および内部摩擦角等の特性値から設計支持力等を求める過程で地盤抵抗係数f_rを設定した．これらの安全係数は，その数値はともかく，概念的には他の限界状態に対しても適用できる．

開削トンネルにおける断面破壊に対する安全性照査の流れと安全係数の関係を**解説 図 2.2.1**に，また，照査に用いる安全係数の標準的な値を**解説 表 2.2.2**に示す．

　（1）について　作用係数γ_fは，作用の種類によって変化するとともに，限界状態の種類および検討の対象としている断面に生じる応答値への作用の影響（たとえば，最大値，最小値のいずれが不利な影響を与えるか等）によっても異なる．具体的には，第2編 3.3において定める値とする．

　（2）について　断面力の算定は，作用を実際の値としたときに断面力の平均値を求めることを標準としており，この変動を構造解析係数γ_aで考慮する必要がある．具体的には，第2編 第5章において定める値とする．

　（3）について　材料係数γ_mの具体的な値は，第2編 第4章において定める．

　（4）について　断面耐力の算定は，材料強度を実際の値としたときに断面耐力の平均値を求めることを標準としており，この変動を部材係数γ_bで考慮する必要がある．具体的には，第2編 第6章から第9章において定める．

　（5）について　構造物係数γ_iの中には，防災上の重要性，再建あるいは補修に要する費用等の経済的要因も

含まれる．

　（6）について　支持力等の算定は，地盤定数の特性値が土質調査，試験の精度および信頼性に大きく依存することと地盤の支持力算定方法等が不確実な要因を含んでいることから，地盤抵抗係数f_rを考慮する必要がある．地盤の破壊モードには，鉛直や水平抵抗のように設計上の限界値に達したあとも変位の増加に伴い漸増するものや，躯体側面の摩擦抵抗のように最大値を発揮したのちに変位の増加に伴い低下するものがある．地盤抵抗係数f_rは，これらの破壊モードを考慮して設定する必要がある．

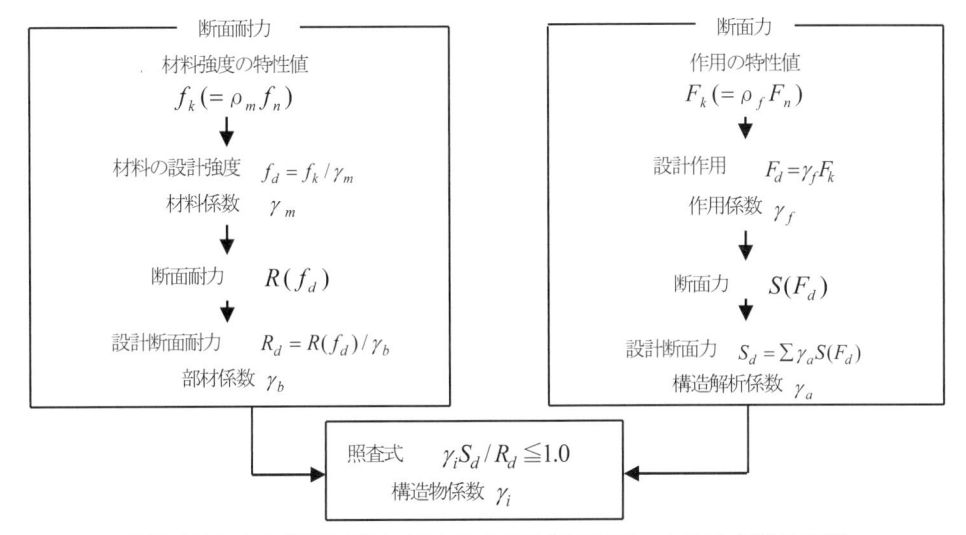

解説 図 2.2.1 断面破壊に対する安全性照査の流れと安全係数の関係

解説 表 2.2.2 安全係数の標準的な値

要求性能 (限界状態)	作用係数 γ_f	構造解析係数 γ_a	材料係数 γ_m コンクリート γ_c	鉄筋 γ_r	鋼材 γ_s	部材係数 γ_b	構造物係数 γ_i	地盤抵抗 係数 f_r
安全性 (断面破壊)	0.8〜1.2	1.0	1.3	1.0	1.05	1.1〜1.3	1.0〜1.2	0.3〜1.0
安全性 (疲労破壊)	1.0	1.0	1.3	1.05	1.05	1.0〜1.1	1.0〜1.2	1.0
使用性	1.0	1.0	1.0	1.0	1.0	1.0	1.0〜1.2	1.0

2.5 修正係数

（1）　材料修正係数ρ_mは，材料強度の特性値と規格値との相違を考慮して定めるものとする．

（2）　作用修正係数ρ_fは，作用の特性値と規格値または公称値との相違を考慮して，それぞれの限界状態に応じて定めるものとする．

【解 説】　材料強度および作用に関して，特性値とは別の体系の規格値または公称値が定まっている場合，これらの特性値は，規格値または公称値を修正係数によって変換することで求めることができる．また，作用修正係数は，それぞれの限界状態に応じて求められる．修正係数は，規格値や公称値が特性値の定義に従って規定されるまでの経過措置として，この示方書で規定している．

第3章 作 用

3.1 一 般

（1） 構造物の性能照査には，施工中および設計耐用期間中に想定される作用（永続作用，変動作用，偶発作用）を，要求性能に対する限界状態に応じて，適切な組み合わせのもとに考慮しなければならない．作用は，構造物または部材に応力および変形の増減，材料特性に経時変化をもたらすすべての働きを含むものとする．

（2） 設計作用は，原則として第2編 3.4 に示す作用を考慮し，作用の特性値に作用係数を乗じた値とする．

（3） 設計作用は，**表 2.3.1** による考え方を基本として組み合わせなければならない．

表 2.3.1 設計作用の組合わせの考え方

要求性能	限界状態	設計作用の組合わせの考え方
安全性	断面破壊等	永続作用＋主たる変動作用＋従たる変動作用
		永続作用＋偶発作用＋従たる変動作用
	疲労	永続作用＋変動作用
	安定	永続作用＋変動作用
使用性	乗り心地	永続作用＋変動作用
	外観	
	水密性	
	騒音，振動	
	支持性能	
耐久性	鋼材の腐食	永続作用＋変動作用
	コンクリートの劣化	

【解　説】　(1)について　作用は，持続性，変動の程度および作用する頻度によって，一般に永続作用，変動作用および偶発作用に分類される．永続作用は，無視できるほどにその変動が小さく，持続的に作用する荷重であり，土被り荷重，土圧または側圧，死荷重等がある．変動作用は，頻繁にまたは継続的に作用し，その変動が無視できない荷重であり，活荷重，温度変化の影響等がある．偶発作用は，設計耐用期間中に作用する頻度がきわめて小さいが，作用すると影響が非常に大きい荷重であり，異常地下水位，地震の影響，火災の影響等がある．

構造物の性能照査には，上記の作用の中から，永続作用，主たる変動作用または偶発作用および従たる変動作用を，施工中および設計耐用期間中の検討すべき性能項目と照査指標に応じて選択し，それぞれの作用に対して適切な大きさの設計作用を定めるものとする．

性能の照査においては，性能項目と照査指標に応じて，これらの作用を適切な組合わせのもとに考慮しなければならない．

(2)について　作用の特性値は，第2編 3.2 に従い，性能項目と照査指標に応じて定め，作用係数は，第2編 3.3 に従い，要求性能および限界状態に応じて作用の種類ごとに定める．

(3)について　安全性の検討に用いる作用の組合わせにおいて，変動作用を「主たる」と「従たる」に分け，第2編 3.2 に定めるように，主たる変動作用の特性値は変動作用の最大値の期待値とし，従たる変動作用の特性値は主たる変動作用または偶発作用との組合わせに応じて適切に定める値とする．また，偶発作用と変動作用を組み合わせる場合には，同時に作用する変動作用であっても，変動作用の最大値の期待値が同時に作用する可能性は一般に小さいと考えられるので，従たる変動作用として副次的に考慮すればよい．

3.2 作用の特性値

（1） 作用の特性値は，検討すべき要求性能に対する限界状態について，それぞれ定めなければならない．

（2） 安全性に関する照査に用いる永続作用，主たる変動作用および偶発作用の特性値は，トンネルの施工中および設計耐用期間に生じる最大値の期待値とする．ただし，小さい方が不利となる場合には，最小値の期待値とする．また，従たる変動作用の特性値は，主たる変動作用または偶発作用との組合わせに応じて定める．なお，疲労の検討に用いる作用の特性値は，トンネルの設計耐用期間中の作用の変動を考慮して定めるものとする．

（3） 使用性に関する照査に用いる作用の特性値は，トンネルの施工中および設計耐用期間中に比較的しばしば生じる大きさのものとし，検討事項に応じて定める．

（4） 耐久性に関する照査に用いる作用の特性値は，トンネルの施工中および設計耐用期間中に比較的しばしば生じる大きさのものとする．

（5） 作用の規格値または公称値がその特性値とは別に定められている場合には，作用の特性値は，その規格値または公称値に作用修正係数を乗じた値とする．

【解 説】 （2）について 安全性に関する照査に用いる永続作用，主たる変動作用および偶発作用の設計値としては，設計耐用期間を上回る再現期間における最大値（小さい方が不利となる場合には最小値）とすべきであるが，作用に関するデータが必ずしも十分になく，そのような最大値（または最小値）を判断する資料に乏しい事情を勘案して，この示方書では最大値（または最小値）の期待値を特性値とし，それに適切な作用係数を乗じた値を設計作用とすることとした．

従たる変動作用は，主たる変動作用または偶発作用と組み合わせて，付加的に考慮すべき作用である．したがって，その特性値は，同じ変動作用を主たる変動作用とした場合よりも小さい値に設定することができる．

（3）について 使用性に関する照査に用いる「比較的しばしば生じる大きさ」の作用とは，その作用の大きさでは，ひびわれ，変形などの限界状態に達しないこととする値である．したがって，それぞれの構造物の特性や作用の種類，検討すべき限界状態に応じて定める必要がある．

（4）について 耐久性に関する照査に用いる「比較的しばしば生じる大きさ」の作用とは，その作用の大きさでは，ひびわれ，変形などの限界状態に達しないこととする値である．したがって，それぞれの構造物の特性や作用の種類，検討すべき限界状態に応じて定める必要がある．

（5）について 活荷重等において，作用の規格値等が法令等で定められている場合は，規格値等に作用修正係数を乗じて作用の特性値としてよいこととした．

3.3 作用係数

作用係数は，**表 2.3.2**を標準とする．

表 2.3.2 作用係数

要求性能	限界状態	作用の分類	作用係数 γ_f
安全性	断面破壊等	永続作用（固定死荷重）	1.0〜1.1*
		永続作用（付加死荷重）	1.0〜1.2*
		永続作用としての土圧または側圧	0.8〜1.2
		主たる変動作用	1.1〜1.2
		従たる変動作用	1.0
		偶発作用	1.0
	疲労	すべての作用	1.0
使用性	すべての限界状態	すべての作用	1.0
耐久性	すべての限界状態	すべての作用	1.0

* 自重以外の永続作用で小さい方が不利となる場合には，作用係数を0.9〜1.0とするのがよい．

【解　説】　作用係数の値は，文献[1]を参考に定めたものであり，その具体的な取扱いは第2編 3.5による．

開削トンネルに作用する土圧または側圧については，使用性の照査では主働土圧または主働側圧相当を想定した作用修正係数を考慮した特性値を設定することにより，作用係数をその他の作用と同じ1.0としている．一方，安全性の照査に対する作用係数は，これまでの土圧および水圧の変動による影響を検討した結果にもとづき定めたものである．

参考文献
1）(公社)土木学会：コンクリート標準示方書[設計編]，p.51，2012．

3.4 作用の種類と特性値の算定

3.4.1 作用の種類

（1）作用は，構造物または部材に応力，変形の増加，材料特性に経時変化をもたらすすべての働きであり，性能照査にあたっては，一般に以下に示す作用を考慮することとする．

1) 自重
2) 地表面上の荷重
3) 土被り荷重
4) 土圧および水圧または側圧
5) 揚圧力
6) トンネル内部の荷重
7) 施工時荷重
8) 温度変化および乾燥収縮の影響
9) 地盤変位の影響
10) 地震の影響
11) その他の作用

（2）作用は，その性状に応じて，永続作用，変動作用，偶発作用に分類する．

【解　説】　（1）について　開削トンネルの設計における作用を列挙したものであり，いかなる作用状態で設計すべきかは，トンネルが計画されている地形および地質，トンネル形状等から定める必要がある．各作用につ

いては第2編 3.4.2～3.4.11に示す．ただし，地震の影響については，第2編 第9章による．

(2)について　作用は，持続性，変動の程度および作用する頻度によって，一般に永続作用，変動作用および偶発作用に分類される．これらの作用分類には，**解説 表 2.3.1**に示す作用種類が含まれる．

解説 表 2.3.1　作用種類別の作用分類

作用の種類		内　　容	作用分類
自重（固定死荷重）		躯体自重	永続作用
地表面上の荷重	付加死荷重	舗装，軌道，盛土，建物荷重	永続作用
	活 荷 重	路面交通，列車自重	主たる変動作用
土被り荷重		埋戻し土重量	永続作用
土圧，水圧	土圧（側圧）	永久荷重としての土圧（側圧）	永続作用
		変動荷重としての土圧（側圧）	主たる変動作用
	水　　圧	永久荷重としての間隙水圧	永続作用
		変動荷重としての間隙水圧	変動作用
		異常時水圧	偶発作用
揚 圧 力		永久荷重としての間隙水圧	永続作用
		変動荷重としての間隙水圧	変動作用
		異常時間隙水圧	偶発作用
トンネル内部の荷重	付加死荷重	付属設備，固定施設物，舗装，軌道荷重	永続作用
	活 荷 重	列車，自動車，群集，水荷重	主たる変動作用
温度変化および乾燥収縮の影響		―	従たる変動作用
地盤変位の影響		地盤沈下，近接施工，鉛直付加荷重	永続作用
地震の影響		慣性力，地震時地盤変位，過剰間隙水圧	偶発作用
施工時荷重		―	変動作用

3.4.2　自　　重

(1)　自重は，固定死荷重とする．

(2)　自重の特性値は，**表 2.3.3**に示す材料の単位体積重量を用い，設計図書の寸法にもとづいて算定しなければならない．ただし，実重量が明らかなものは，その値を用いることができる．

表 2.3.3　材料の単位体積重量 （kN/m³）

材料の種類	単位体積重量	材料の種類	単位体積重量
セメントモルタル	21.0	鋼，鋳鋼	77.0
コンクリート	23.0	鋳鉄	71.0
鉄筋コンクリート	24.5	防水用アスファルト	11.0
アスファルトコンクリート	22.5		

【解　説】　(1)について　自重とは，構造物を構成する部材の重量による荷重をいう．

(2)について　自重の特性値は，実重量を基本とし，そのばらつきを調査して決めることが原則である．しかし，実際の開削トンネルでは，単位体積重量のばらつきはあまり大きくなく，かつ設計寸法も相応の精度を有していることを前提として，**表 2.3.3**に示す材料の単位体積重量を用い，設計図書の寸法にもとづいて自重の特性値を算定してよいこととした．ただし，実重量が明らかなものは，その値を用いてもよい．

3.4.3 地表面上の荷重

(1) 変動荷重としての路面交通荷重および列車荷重の形態と特性値は，構造物または部材に最大の影響を及ぼすように定めるものとする．

(2) 付加死荷重としての建物荷重および盛土荷重等の特性値は，将来の変動する可能性を考慮して定めるものとする．

【解　説】　(1)について　路面交通荷重とは，道路内を通行する自動車，路面電車，自転車，歩行者等のすべてを含めた荷重をいう．路面交通荷重には衝撃を考慮しなければならない．ただし，衝撃は土の変形や振動によって減少するので，土被りが3m以上ある場合にはその影響を無視してよい．

路面交通荷重は，一般に衝撃を含めてトンネル土被りに対応する等分布荷重とすることができる．とくに，その特性値は詳細な検討を行う場合を除き解説 表 2.3.2によってよい．なお，中間土被りに対しては直線補間により求めてもよい．ただし，土被り1.0m未満については，実情に応じて算出する．

解説 表 2.3.2　路面交通荷重＊（土被り3m未満は衝撃を含む）

土被り (m)	1.0	1.5	2.0	2.5	3.0	3.5	4.0	4.5以上
路面交通荷重 (kN/m²)	40.0	28.5	20.5	15.0	12.0	11.5	10.5	10.0

＊ 路面交通荷重の算出には自動車荷重のみを考えている．計算条件等の詳細は，資料編【2-1】を参照．

列車荷重とは，列車がトンネル上を通る場合に生じる荷重で，路面交通荷重と同様に衝撃を考える．列車荷重の特性値は，鉄道事業者が定めている荷重を使用することが一般的である．

(2)について　建物荷重は，既存建物荷重または建物計画荷重あるいは用途地域，建ぺい率，容積率等の組合わせによって設定される荷重である．設計において，建物荷重を制限するときは土地所有者との契約が必要となる．また，道路内において架道橋の基礎等が開削トンネル上に載荷される場合には，その実重量により設計する必要がある．なお，トンネルに近接して大型の構造物や建物等がある場合にも，これらの荷重がトンネルに与える影響について考慮しなければならない．これらの荷重をトンネルに作用させる場合は，ブーシネスク等により，荷重の拡がりを考慮して設定する必要がある．

解説 図 2.3.1に示すような条件の場合には，地表面上の荷重はトンネル直上部よりも広い範囲の荷重が作用するので注意する必要がある．

3.4.4 土被り荷重

開削トンネルに作用する土被り荷重の特性値は，地表からトンネル上面までの深さ，埋戻し土および地下水の重さ等を考慮して定めなければならない．

【解　説】　開削トンネルの土被り荷重の特性値は，一般の場合，トンネル上面までの深さに土の単位体積重量を乗じて求めてよい．この場合，地下水位以下の土に対しては，水の影響を考慮しなければならない．

埋戻し土の単位体積重量は，確実な資料がない場合には，解説 表 2.3.3によることができる．

なお，埋戻し材に流動化処理土等を利用する場合は，解説 表 2.3.3に示す重量より小さい場合があるため，実重量を設定する必要がある．

解説 表 2.3.3　埋戻し土の単位体積重量 (kN/m³)

地下水位以上	18.0
地下水位以下	20.0

地盤沈下のおそれがある軟弱地盤中において，トンネルが杭基礎や改良地盤等で支持され，トンネルと周辺地盤とが相対的に変位する場合，トンネル上部には直上部の荷重とともにトンネルの幅を超える範囲の土荷重が作用することがある．このような場合，トンネル上面に作用する土被り荷重は，次式によって求めてよい．

$$p' = (1+\lambda)\gamma H \tag{解 2.3.1}$$

ここに，p' ：トンネル上面に作用する鉛直土圧
λ ：割増し係数
$$\lambda = \tan\theta\, H/B$$
γ ：トンネル上面の土の単位体積重量
H ：土被り厚
B ：トンネルの幅
$\tan\theta$ ：影響範囲（一般には0.25とすることが多い）

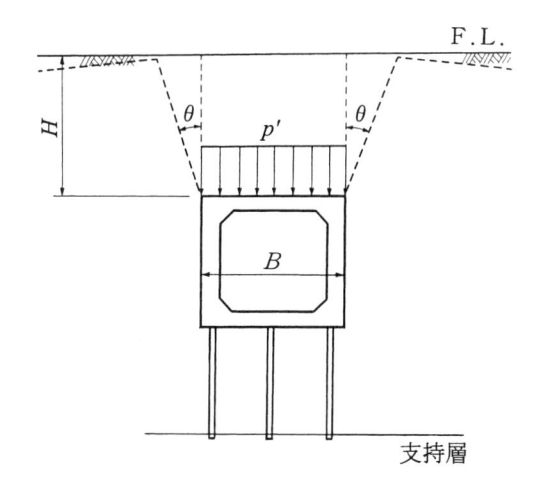

解説 図 2.3.1　相対変位が生じる場合のトンネル上面に作用する鉛直荷重

3.4.5　土圧および水圧または側圧

（1）　開削トンネルに作用する土圧の特性値は，一般に，静止土圧に作用修正係数を乗じた値とする．

（2）　地下水位以下にある開削トンネルについては，静止土圧のほかに水圧を考慮する必要がある．この場合，水圧の特性値はその位置における間隙水圧とすることを原則とする．

（3）　粘性土等で土圧と水圧を分離して扱うことが困難な場合には，土圧と水圧を分離せずに側圧として考慮する．

【解　説】　（1）について　1）土圧または側圧の特性値　トンネルの側壁に働く土圧または側圧の特性値は，とくに検討を行わない場合には以下により算定してよい．

① 砂質土の土圧の特性値

$$p_0 = \rho_f K_0 (q + \gamma_t H - p_w) \tag{解 2.3.2}$$

ここに，p_0 ：土圧
ρ_f ：作用修正係数
K_0 ：静止土圧係数
$$K_0 = 1 - \sin\phi$$
q ：地表面上の荷重
γ_t ：土の湿潤単位体積重量

H ：地表面から土圧を求める位置までの深さ

p_w ：計算点における間隙水圧

ϕ ：土の内部摩擦角

② 粘性土の側圧の特性値

$$p_0 = \rho_f K_0 (q + \gamma_t H)$$
(解 2.3.3)

ここに，p_0 ：側圧

ρ_f ：作用修正係数

K_0 ：静止側圧係数 (**解説 表 2.3.4**に示す値を標準とする)

q ：地表面上の荷重

γ_t ：土の湿潤単位体積重量

H ：地表面から側圧を求める位置までの深さ

解説 表 2.3.4 静止側圧係数

土の種類		K_0
硬い	$N \geq 8$	0.5
中位	$4 \leq N < 8$	0.6
軟らかい	$2 \leq N < 4$	0.7
非常に軟らかい	$N < 2$	0.8

ここに，N：標準貫入試験のN値

③ 堅固な地盤の土圧の特性値　土丹や岩等の堅固な地盤，あるいはトンネルの設置深さが粘性土の自立高さ $H = 4c/\gamma_t$ より小さい場合には，上記よりも小さい土圧を考えてよい．ただし，将来予想される地下水位に対応する水圧よりも土圧が小さくなる場合には，この水圧を用いてトンネルの検討を行わなければならない．

2) トンネルの側壁に働く土圧　土留め工を用いて開削工法によりトンネルを構築する場合には，土留め壁が変形するために，静止土圧よりも相当に小さい土圧が土留め壁に働いていることが多い．しかしトンネルの側壁のように，ほとんど変形しないと考えられるような剛性の大きい壁体に対しては，施工直後には小さい土圧であっても年月の経過とともに増大し，静止土圧に近い土圧になることが考えられる．このため一般の場合には，トンネルの側壁に働く最大土圧として静止土圧を用いることにした．しかし，トンネル側壁に働く長期間の土圧の変化に関するデータの蓄積は十分ではなく，また，土圧の変化は，地盤の強さ，掘削深さ，施工条件，トンネル側壁の剛性等により当然異なるものと考えられる．したがって，これらについて十分な検討が行われれば，静止土圧よりも小さい土圧を側壁に働く最大土圧として用いることができる．なお，地震時の土圧については，第2編 第9章に示す方法により求めるものとする．

3) トンネルの側壁に働く最大土圧と最小土圧　第2編 3.5に示すように，箱形ラーメン形式のトンネルでは，土圧が大きい場合に応力が大きくなる部材と，土圧が小さい場合に応力が大きくなる部材とがある．トンネルに働く土圧は前述のような年月の経過による変動や，地下水位の高低に伴う変動が考えられ，さらに，土圧の計算値にも土質定数の判定等，多くの不確定要素が仮定として含まれている．したがって，側壁に働く土圧は最大値のみならず最小値についても検討しておかなければならない．このため，土圧の特性値は，静止土圧の公称値に荷重修正係数を乗じて求めることとした．作用修正係数 ρ_f については，水平方向の土圧は静止土圧（側圧）係数から算出される公称値に対して小さいほうが不利になる場合を考慮して，確実な資料がない場合には，$\rho_f = 1.0$ および 0.7 とするのがよい．なお，0.7については，最小土圧として主働土圧を想定したものである．

（2）について　1) 水圧の影響　透水係数の大きい砂質地盤においては，トンネルの側壁に作用する水圧の影響は重要である．とくに掘削深さが30mを超すような深い開削トンネルの場合には，水圧が断面力に及ぼす影響が大きくなる．

2) 間隙水圧　間隙水圧は一般の場合には**解説 図 2.3.2**(a)に示すように地下水位より直線分布をしているが，

地下水の汲上げ等を行っている地域では**解説 図 2.3.2**(b)に示すように不透水層の下層のほうが上層よりも水圧が低くなっている場合がある．また，山すそや盆地等では**解説 図 2.3.2**(c)に示すように不透水層の下層のほうが上層からの直線分布よりも水圧が高くなっている場合もあるので注意する必要がある．

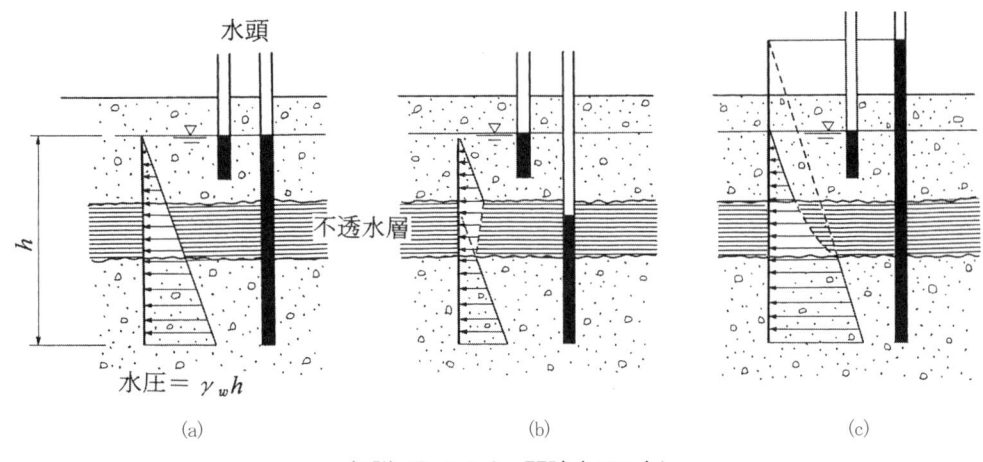

解説 図 2.3.2　間隙水圧の例

3)　間隙水圧の変動　設計に用いる間隙水圧は現地で実測することを原則とするが，水圧は季節的な周期変動や施工時の一時的変動および長期間にわたって継続する変動等によって変化するので，トンネルの設計にあたっては，それらの要素を十分に検討して特性値を定める必要がある．大都市においては，過去に地下水位が低下した時期もあったが，近年の地下水の汲上げ規制の結果，上昇傾向に転じている地域があるので注意する必要がある．

4)　設計計算に用いる水圧の特性値　設計計算に用いる水圧は間隙水圧とするのが原則であるが，的確な間隙水圧を把握することは難しい．このような実情から設計計算に用いる水圧の特性値は，地下水位を仮定して算出することになるが，その値の決定には2)や3)の要素を考慮して総合的な判断が必要である．地下深く築造される立坑等の場合には，水圧が本体に与える影響は大きなものとなる．一般に地中の水圧分布は，不透水層の存在によって不連続となっているが，立坑の施工により不透水層が掘削され，上部透水層から下部透水層へ側壁を伝い逸水し，上下の透水層がつながった水圧分布となることがある．したがって，設計計算に用いる水圧の特性値を決定するには，地質，施工方法による地下水頭の変化について検討する必要がある．

水圧に対する作用係数をすべての限界状態において1.0としたが，これは，開削トンネルの設置深さと地下水頭の位置関係により，地下水頭の変動による水圧の変動が作用係数で表わせないことによる．水圧の変動を作用係数で表わすとすると，たとえば，平水位が地表面に近い場合は地表面より高いありえない水頭の水圧になることや，側壁の上部に作用する水圧と下部に作用する水圧とが異なった地下水頭になること等の矛盾が生じてしまうことになる．このため，水圧の特性値は，各限界状態ごとに地下水頭の変動を考慮して定めるものとする．一般には，使用性の照査では地下水頭の年間の変動を考慮して低水位と高水位を設定すればよい．また，安全性の照査では超過確率年200年の地下水頭（再現期間200年の期待値）を考慮して低水位と高水位を設定すればよいと考えられる．

（3）について　粘性土においては，一般に土圧と水圧を合わせたものを側圧として扱うので，別途，水圧を考える必要はない．粘性土の側圧の特性値は，（1）により求めるものとする．

3.4.6　揚圧力

開削トンネルに作用する揚圧力の特性値は，トンネル底面における間隙水圧にもとづき，要求性能ごとに定めなければならない．

【解　説】　地下水位以下に施工される開削トンネルにおいて，その底面に揚圧力が作用する場合には，これを考慮して設計する必要がある．

揚圧力の特性値は，トンネル底面における間隙水圧から求めるが，水圧と同様に間隙水圧の変動を考慮する必要がある．要求性能ごとの間隙水圧の水頭は，第2編 3.4.5と同様に設定すればよい．

なお，粘性土地盤に施工されるトンネルでは，地下水がトンネル外面や埋戻し部分を伝わって移動することで，トンネルに作用する揚圧力は自然地盤の間隙水圧より大きくなる場合があるので注意が必要である．

3.4.7　トンネル内部の荷重
（1）　永続作用としてのトンネル内部の付加死荷重の特性値は，将来の変動等を考慮して定める．
（2）　主たる変動作用としてのトンネル内部の活荷重の形態と特性値は，構造物または部材に最大の影響を及ぼすように定める．

【解　説】　トンネル内部の付加死荷重とはトンネル内部の固定施設物等の荷重であり，活荷重とはトンネル内を移動する列車，自動車，歩行者，水（内部水圧を含む）等である．列車および自動車等については，鉄道および道路の基準によらなければならない．

トンネル内部の荷重が地盤に直接支持される下床版の全面に等分布荷重として働く場合等では，一般にトンネル部材の応力に及ぼす影響が少ないので，安定計算を除き荷重としては省略してもよい．

3.4.8　施工時荷重
開削トンネルの施工時にトンネル本体へ影響を与える荷重が作用する場合には，その荷重を考慮しなければならない．

【解　説】　施工時の荷重は，一般の場合は第3編に示す仮設構造物としての土留め工によって支えられ，トンネル本体には影響を及ぼさない．しかし，次のような場合には，施工時荷重を考慮する必要がある．
①　構造物の施工途中において切ばりの一部を撤去して土圧および水圧等を本体に作用させるような場合
②　トンネルを逆巻き工法で築造する場合
③　本体の一部を仮設構造物として利用する場合
④　地下連続壁を本体の一部に利用する場合
⑤　床版上にシールド発進基地の設備等を載荷する場合

また，完成時と施工段階ごとで構造形式が変わる場合には，施工段階ごとの検討が必要となる．

3.4.9　温度変化の影響および乾燥収縮の影響
温度変化および乾燥収縮の特性値は，土被り，構造規模等を考慮して，適切に定めなければならない．

【解　説】　地中部の温度変化は地下0.5m程度までは日変化があるが，その変化量は深くなるに従い，急激に減少するので，土被りが1m以上あるようなトンネルについては，温度変化の影響を無視してよい．ただし，トンネル表面が地表に露出している場合等，明らかに温度変化の影響を受けるものについては，これを考慮しなければならない．この場合，温度変化の特性値は±15℃としてよい．ただし当該値は状況によって低減することができる．

開削トンネルは土中にあり，通常乾燥収縮の影響は小さいと考えられるので，一般にこれを無視してよい．ただし，トンネルの縦断方向の施工継手の間隔が20mを超える場合や大断面多層構造のトンネル等では，コンクリートの乾燥収縮の影響を考慮する必要がある．この場合，温度変化の特性値は±15℃としてよい．ただし当該値は状況によって低減することができる．

温度変化および乾燥収縮の影響を考慮する場合，その詳細については文献[1]による．

参考文献

1) (公社) 土木学会：コンクリート標準示方書［設計編］, pp. 57-61, 2012.

3.4.10 地盤変位の影響

開削トンネルに，近接工事による地盤変位，地下水位や地表面上の荷重の変化による圧密沈下の発生が予測される場合には，それによる影響を考慮しなければならない．

【解 説】 開削トンネルに近接して，地盤の掘削や盛土，各種構造物の設置，あるいは軟弱地盤における圧密沈下，環境変化による地下水位の大幅な低下や上昇があると地盤変位が発生し，トンネルの作用に大きな変化が生じることがある．したがって，これらの変化が予測される場合には，その影響を考慮する必要がある．

このほか，軟弱地盤の厚さが変化する場合，地形や地層が急変する場合等についても地盤変位の影響を受けると考えられる．たとえば，**解説 図 2.3.3** のように地盤の不均一な沈下によって縦断方向に異常な変形が生じることがある．とくに，良質地盤から軟弱地盤に変化する箇所にトンネルが設置される場合には，軟弱層の沈下および地震時水平変位による縦断方向の変位差による影響を大きく受けると考えられる．このような場合には，地盤変位の影響を考慮して第2編 **5.1** および第2編 **9.3.3** にもとづき縦断方向の検討を行う必要がある．

地盤沈下の発生が懸念される軟弱地盤中において，トンネルが杭基礎や改良地盤等で支持され，トンネルと周辺地盤の変位が異なる場合には，第2編 **3.4.4** に示すように，トンネル上面に鉛直付加荷重を考慮するなどの配慮が必要である．

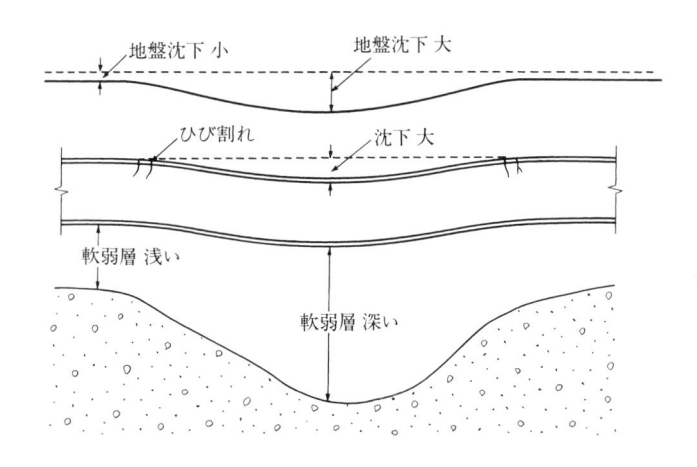

解説 図 2.3.3 地盤沈下によるトンネルの変状

3.4.11 その他の作用

立地条件，利用目的に応じて，とくに考慮すべき作用が想定される場合は，実状に応じて適切な作用を定めなければならない．

【解 説】 設計対象の開削トンネルについて，第2編 **3.4.10** までに記載されていない作用を考慮する必要がある場合は，要求性能と限界状態を定め，それに応じた作用の種類と作用の組合わせに対して性能を照査しなければならない．なお，火災の影響を想定する場合は，高温による部材の損傷と被災後の要求性能との関係を考慮して作用の特性値を設定するのがよい．

3.5 設計作用の組合わせ

設計作用の組合わせは，照査すべき要求性能に応じて，部材の種類および検討事項を考慮して**表2.3.1**を基本として組み合わせなければならない．ただし，地震の影響については，第2編 第9章による．

【解　説】　各要求性能に対して，部材の種類および検討事項を考慮して設計作用を組み合わせる必要がある．主な留意事項は，次のとおりである．

解説 表 2.3.5　作用の組合せと作用係数の例（地震の影響を除く）

作用の種類	作用の分類	要求性能 限界状態 適用部位	安全性 断面破壊等 全体*3	側壁	床版	疲労 床版	使用性 浮上りに関する安定 浮上り	外観, 水密性 側壁	床版	耐久性 支持性能,変位等 全体*3	鋼材腐食,コンクリート劣化 側壁	床版
自重（固定死荷重）	永続作用	D_1	1.1	1.0	1.1	1.0	1.0	1.0	1.0	1.0	1.0	1.0
地表面上の荷重（付加死荷重）	永続作用	E_{VD}	1.1	1.0	1.1	—	1.0	1.0	1.0	1.0	1.0	1.0
地表面上の荷重（活荷重）	主たる変動作用	E_{VL}	1.1	—	1.1	1.0	—	1.0	1.0	—	1.0	1.0
土被り荷重	永続作用	E_{VD}	1.1	1.0	1.1	—	1.0	1.0	1.0	1.0	1.0	1.0
土圧（側圧）	永続作用	D_{HD}	1.2	1.2	0.8	1.0	1.0	1.0	1.0	—	1.0	1.0
土圧（側圧）	主たる変動作用	D_{HL}	1.2	1.2	—	1.0	1.0	1.0	1.0	—	1.0	1.0
水圧（平水位）	永続作用	W_{P1}	—	—	—	1.0	—	—	—	1.0	—	—
水圧（低水位）*1	変動作用	W_{P2}	—	—	1.0	—	—	—	1.0	—	—	1.0
水圧（高水位）	偶発作用	W_{P2}	1.0	1.0	—	—	1.0	1.0	—	—	1.0	—
揚圧力（平水位）	永続作用	W_{P1}	—	—	—	1.0	—	—	—	1.0	—	—
揚圧力（低水位）*1	変動作用	W_{P2}	—	—	1.0	—	—	—	1.0	—	—	1.0
揚圧力（高水位）	偶発作用	W_{P3}	1.0	1.0	—	—	1.0	1.0	—	—	1.0	—
トンネル内部の荷重（付加死荷重）	永続作用	D_2	1.2	1.0	1.2	1.0	1.0	1.0	1.0	1.0	1.0	1.0
トンネル内部の荷重（活荷重）	主たる変動作用	$L+I$	1.1	—	1.1	1.0	—	1.0	1.0	—	1.0	1.0
地盤変位の影響*2	永続作用	G_D	1.0	1.0	1.0	1.0	—	1.0	1.0	1.0	1.0	1.0
温度変化の影響*2	従たる変動作用	T	—	—	—	1.0	—	1.0	1.0	—	1.0	1.0
乾燥収縮の影響*2	従たる変動作用	S_H	1.1	1.0	—	1.0	—	1.0	1.0	—	1.0	1.0

*1　周辺地盤が粘性土の開削トンネルでは，上下床版の検討においては水圧を考慮しない．
*2　この作用は必要により考慮する．
*3　すべての部材に対する曲げ耐力およびせん断耐力の照査に適用する．

1) 安全性について
　① 地表面上の変動作用として路面交通荷重または列車荷重を考慮する場合は，衝撃の影響を考慮する
　② 側壁および浮上りの検討において，水圧，揚圧力は高水位とする
　③ 上下床版の検討において，水圧，揚圧力は低水位とする
　④ 疲労の検討において，水圧，揚圧力は平水位とする
　⑤ 疲労の検討において，上中床版に直接自動車荷重または列車荷重が作用する場合は，衝撃の影響を考慮する
2) 使用性について

① 地表面上の変動作用として路面交通荷重または列車荷重を考慮する場合は，衝撃の影響を考慮する
② 側壁の検討において，水圧，揚圧力は高水位とする
③ 上下床版の検討において，水圧，揚圧力は低水位とする
④ 変位および変形の検討において，水圧，揚圧力は平水位とする

3) 耐久性について
① 地表面上の変動作用として路面交通荷重または列車荷重を考慮する場合は，衝撃の影響を考慮する
② 側壁および浮上りの検討において，水圧，揚圧力は高水位とする
③ 上下床版の検討において，水圧，揚圧力は低水位とする

各要求性能において，一般に考慮する作用の組合わせと作用係数の例を**解説 表 2.3.5**に示す．作用係数は，照査すべき要求性能に応じて，部材の種類および検討事項に対して作用が最大となるように選択する必要がある．なお，表中における全体とは，すべての部材に対する曲げ耐力および耐力の照査に適用することを意味している．ただし，地震の影響については，第2編 第9章による．

開削トンネルは，通常，不静定構造であるが，不静定構造の部材応力は検討している部材に直接働く荷重のほかに，他の部材に働く荷重による影響を受ける．そのため，他の部材に働く荷重は実情に応じて最大値ではない値を用いる場合がある．

たとえば，**解説 図 2.3.4**の箱形ラーメンの上床版の断面の検討においては，上床版に加わる鉛直荷重が一定の場合，上床版の支点モーメント（$-M$）は，側壁に働く土圧および水圧または側圧が大きい場合に大きくなるが，中間モーメント（$+M$）は側壁に働く土圧および水圧または側圧が小さい場合に大きくなる．また，同時に軸方向圧縮力も小さくなり，鉄筋の引張応力度が大きくなるので注意が必要である．

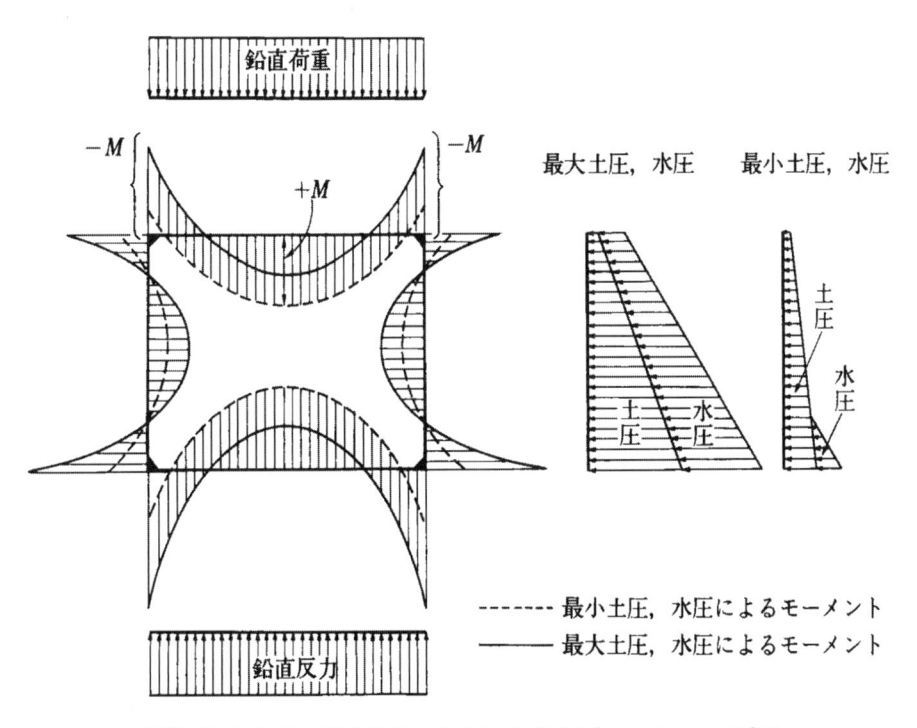

解説 図 2.3.4 側壁荷重の変化による曲げモーメントの変化

第4章　材料および設計用値

4.1　一般

（1）　開削トンネルの躯体に使用する材料は，必要とする品質が確認されたものを用いなければならない．

（2）　材料強度の特性値f_kは，試験値のばらつきを想定したうえで，大部分の試験値がその値を下回らないことが保証される値とする．

（3）　材料の設計強度f_dは，材料強度の特性値f_kを材料係数γ_mで除した値とする．

（4）　材料強度の規格値f_nが，その特性値と別に定められている場合には，材料強度の特性値f_kは，その規格値f_nに材料修正係数ρ_mを乗じた値とする．

【解　説】　(1)について　開削トンネルの躯体に一般に使用する材料の規格を解説 表 2.4.1に示す．

解説 表 2.4.1　使用材料規格

種別		規格	記号
セメント		JIS R 5210　ポルトランドセメント　ポルトランドの種類	
		JIS R 5211　高炉セメントA, B, C 3種	
		JIS R 5212　シリカセメントA, B, C 3種	
		JIS R 5213　フライアッシュセメントA, B, C 3種	
鉄筋		JIS G 3112　鉄筋コンクリート用棒鋼	SR235, SR295, SD295A SD295B, SD345, SD390
鋼材	構造用鋼材	JIS G 3101　一般構造用圧延鋼材	SS400, SM400,　SM490,　SM490Y,　SM520, SM570
		JIS G 3106　溶接構造用圧延鋼材	
	鋼管	JIS G 3444　一般構造用炭素鋼管	STK 490
	鋳鋼品	JIS G 5111　炭素鋼鋳鋼品	SC480
		JIS G 5102　溶接構造用鋳鋼品	SCW480
		JIS G 5201　溶接構造用遠心力鋳鋼品	SCW490CF

ここにあげた材料にはそれぞれ特徴があり，性能にもかなりの差異がある．したがって，使用する材料を選定する場合には，構造物の種類，位置，気象条件，施工時期，施工法等を考慮して所要の品質の材料が経済的に得られるよう注意しなければならない．なお，コンクリートおよび鉄筋については，文献[1]の規定によってよい．

(2)について　材料強度の特性値は，文献[1]によって求めてよい．

(4)について　JISに定められた規格品を用いる場合の材料修正係数は，一般に1.0としてよい．

参考文献

1) (公社)土木学会：コンクリート標準示方書[設計編], pp.32-48, 2012.

4.2　コンクリートの設計用値

（1）　強度

コンクリート強度の特性値は，原則として材齢28日における試験強度にもとづいて定めるものとする．ただし，構造物の使用目的，主要な荷重の作用する時期および施工計画等に応じて，適切な材齢における試験強度にもとづいて定めてもよい．

圧縮試験は，JIS A 1108「コンクリートの圧縮強度試験方法」による．

引張試験は，JIS A 1113「コンクリートの割裂引張強度試験方法」による．

（2） 疲労強度

コンクリートの疲労強度の特性値は，コンクリートの種類，構造物の露出条件等を考慮して行った試験による疲労強度にもとづいて定める．

（3） 応力－ひずみ曲線

1) 限界状態の照査の目的に応じて，コンクリートの応力－ひずみ曲線を仮定する．
2) 曲げモーメントおよび曲げモーメントと軸方向力を受ける部材の安全性の照査に対する検討においては，一般に**図 2.4.1**に示すモデル化した応力－ひずみ曲線を用いてよい．

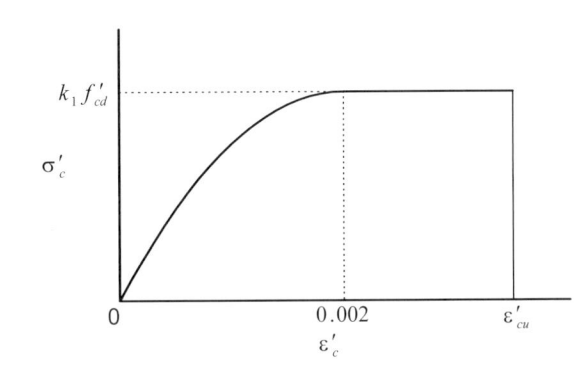

$k_1 = 1 - 0.003 f'_{ck} \leq 0.85$

$\varepsilon'_{cu} = \dfrac{155 - f'_{ck}}{30\,000}$　$0.0025 \leq \varepsilon'_{cu} \leq 0.0035$

曲線部の応力ひずみ式

$\sigma'_c = k_1 f'_{cd} \dfrac{\varepsilon'_c}{0.002} \left(2 - \dfrac{\varepsilon'_c}{0.002}\right)$

図 2.4.1　コンクリートのモデル化した応力-ひずみ曲線

3) 使用性の照査に対する検討においては，コンクリートの応力－ひずみ関係を直線としてよい．この場合のヤング係数は，（5）に定める．

（4） 破壊エネルギー

コンクリートの破壊エネルギーは，試験により求めることを原則とする．

（5） ヤング係数

コンクリートのヤング係数は，原則として，JIS A 1149「コンクリートの静弾性係数試験法」によって求める．ただし，試験によらない場合は，一般に**表 2.4.1**に示した値としてよい．

表 2.4.1　コンクリート*のヤング係数

圧縮強度の特性値 f'_{ck} (N/mm²)	18	24	30	40	50	60	70	80
ヤング係数 E_c (kN/mm²)	22	25	28	31	33	35	37	38

＊普通コンクリートを対象としている．

（6） ポアソン比

コンクリートのポアソン比は，弾性範囲内では，一般に0.2としてよい．ただし，引張りを受けひびわれを許容する場合にはゼロとする．

（7） 熱物性

コンクリートの熱物性は，実験あるいは既往のデータにもとづいて定めることを原則とするが，熱膨張係数は，ポルトランドセメントを使用する場合，一般に10×10^{-6}/℃としてよい．

（8） 収縮

コンクリートの収縮は，使用骨材，セメントの種類，コンクリートの配合等の影響を考慮して特性値を定めるとともに，その特性値に，構造物の置かれた環境の温度，相対湿度，部材断面の形状寸法，乾燥開始材齢等の影響を考慮して算定することを原則とする．

（9） クリープ

1) コンクリートのクリープひずみは，作用する応力による弾性ひずみに比例するとして，一般に次式

により求めるものとする．

$$\varepsilon'_{cc} = \varphi \sigma'_{cp} / E_{ct}$$

ここに，ε'_{cc} ：コンクリートの圧縮クリープひずみ
φ ：クリープ係数
σ'_{cp} ：作用する圧縮応力度
E_{ct} ：載荷時材齢のヤング係数

2) コンクリートのクリープ係数は，構造物の周辺の湿度，部材断面の形状・寸法，コンクリートの配合，応力が作用するときのコンクリートの材齢等を考慮して，これを定めることを原則とする．

【解 説】 （1）について コンクリートの強度は，試験体の材齢，試験までの養生状態，供試体の形状と寸法，載荷速度，載荷状態等の相違によって異なった値となる．そこで原則としてJIS規定にもとづいた試験により各強度を定めるものとする．

① JIS A 5308に適合するレディーミクストコンクリートを用いる場合には，購入者が指定する呼び強度を，一般に圧縮強度の特性値f'_{ck}としてよい．

② コンクリートの付着強度および支圧強度の特性値は，適切な試験により求めた試験強度にもとづいて定めるものとする．

③ コンクリートの引張強度，付着強度，支圧強度および曲げひびわれ強度の特性値は，一般の普通コンクリートに対して，圧縮強度の特性値f'_{ck}（設計基準強度）にもとづいて，文献[1]に示されている算定式により求めてよい．

④ コンクリートの材料係数γ_cは，一般に，安全性の照査においては1.3とする．また，使用性の照査においては1.0としてよい．

（2）について コンクリートの圧縮，曲げ圧縮，引張りおよび曲げ引張りの設計疲労強度は，一般に文献[1]に示されている算定式により求めなければならない．また，コンクリートの材料係数γ_cは，一般に疲労に対する安全性の検討に対して1.3とする．

（3）について 本文に示した応力－ひずみ曲線は，一般的なものである．とくに，帯鉄筋やらせん鉄筋等で囲まれたコンクリートにおいては，これらの鉄筋の拘束効果で，圧縮強度および終局ひずみが大きくなることも知られている．それらの値が実験等で適切に得られる場合には，その結果を用いてもよい．

（4）について コンクリートの破壊エネルギーは，文献[1]によって求めてよい．

（5）について コンクリートのヤング係数の値は，ほかの特性値と比べて構造物の安全性に及ぼす影響は小さいが，ヤング係数が構造性能に大きな影響を与える場合には，諸条件を十分に吟味し，必要ならば実際に使用する材料を用いて実測した値を用いるのが望ましい．

（8）について コンクリートの収縮は，文献[1]によって求めてよい．

参考文献
1) (公社)土木学会：コンクリート標準示方書[設計編], pp. 34-45, 2012.

4.3 鋼材の設計用値

（1） 強度
鋼材の引張降伏強度の特性値f_{yk}および引張強度の特性値f_{uk}は，試験強度にもとづいて定めることを原則とする．引張試験は，JIS Z 2241「金属材料引張試験方法」による．

（2） 疲労強度
鋼材の疲労強度の特性値は，鋼材の種類，形状および寸法，継手の方法，作用応力の大きさと作用頻度，環境条件等を考慮して行った試験による疲労強度にもとづいて定める．

（3） 応力－ひずみ曲線
1) 鋼材の応力－ひずみ曲線は，検討の目的に応じて適切な形を仮定するものとする．
2) 安全性の照査においては，一般に図 2.4.2に示すモデル化した応力－ひずみ曲線を用いてよい．

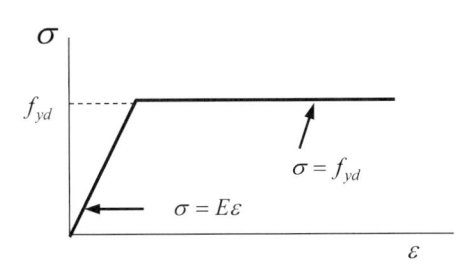

図 2.4.2　鋼材の応力－ひずみ曲線

（4） ヤング係数

鋼材のヤング係数は，JIS Z 2241「金属材料引張試験方法」によって引張試験を行い，応力－ひずみ曲線を求め，この結果にもとづいて定めることを原則とする．ただし，試験によらない場合は，一般に200kN/mm²としてよい．

（5） ポアソン比

鋼材のポアソン比は，一般に0.3としてよい．

（6） 熱膨張係数

鋼材の熱膨張係数は，一般にコンクリートの熱膨張係数と同じとしてよい．

【解　説】　(1)について　鋼材の引張降伏強度および引張強度の特性値は，コンクリートの圧縮強度と同様，試験にもとづいて定めるものとする．

1) JIS規格に適合するものは，特性値 f_{yk} および f_{uk} をJIS規格の下限値としてよい．また，各照査に用いる鋼材の断面積は，一般に公称断面積としてよい．

2) コンクリートに被覆されている鋼材の圧縮強度の特性値は，鋼材の引張強度の特性値と同一の値としてよい．なお，コンクリートに被覆されていない鋼材の圧縮強度は，一般に特別な場合を除いて，コンクリートの影響を無視した鋼材の局部座屈強度としてよい．

3) 鋼材のせん断降伏強度の特性値 f_{svyk} は，一般に次式により算定してよい．

$$f_{svyk} = f_{syk} / \sqrt{3} \qquad (解\ 2.4.1)$$

4) 構造用鋼材の支圧強度の特性値 f'_{sak} は，一般に次式により算定してよい．ただし，支圧強度が引張強度を超える場合は，引張強度を上限値とする．

$$f'_{sak} = 1.5 f_{syk} \qquad (解\ 2.4.2)$$

5) 構造用鋼材溶接部の強度の特性値は，文献[1]により定めるものとする．
6) 鋼材の材料係数は，安全性の照査においては，一般に次の値としてよい．

　　鉄筋の場合　　　　　　　　1.0
　　上記以外の鋼材の場合　　　1.05

疲労に対する安全性の検討においては，一般に1.05としてよい．また，使用性の照査においては，一般に1.0としてよい．

(2)について　鋼材の疲労強度は，材質，形状，寸法そのほかの多くの要因の影響を受けるので，試験によって定めるのを原則とした．

参考文献

1)(公社)土木学会：コンクリート標準示方書[設計編]，pp. 45-48，2012.

第5章　応答値の算定

5.1　一般

応答値の算定では，構造物の形状，境界条件，作用の状態および考慮する各限界状態に応じ構造物をモデル化し，信頼性と精度があらかじめ検証された解析モデルを用いて解析を行い，照査指標に応じて断面力等の応答値を算定しなければならない．

【解　説】　この章は，各要求性能の限界状態の照査に用いる応答値の算定方法に関する事項について示したものであり，モデル化，構造解析手法の選定，および設計応答値の算定手法について示している．各要求性能に関する限界状態は，多くの限界値が制約条件として与えられるのに対し，設計応答値は，設計作業の結果として得られるものである．それゆえ，設計応答値の算定は照査結果の信頼性を確保する上で，重要な行為である．したがって，照査結果の信頼性を確保するために，この章の主旨に従って応答値を算定しなければならない．非線形解析法等の高度な解析法を用いて応答値を算定する場合は，品質や精度を確保する必要がある．また，耐久性照査，初期ひびわれ照査においても，この主旨に従って構造物の設計応答値を求める必要がある．

5.2　構造解析モデル

（1）　応答値としての構造物の部材に作用する曲げモーメント，軸方向力，せん断力，ねじりモーメントの各断面力は，各限界状態に応じた解析理論を用いて求めなければならない．
（2）　構造解析は，構造物の形状，支持条件，限界状態等に応じて，横断方向について適切な構造解析モデルを設定しなければならない．なお，縦断方向に支持地盤が変化したり局部作用が分布したりするなどの場合には，必要に応じて縦断方向についても構造解析を行わなければならない．
（3）　構造物は，その形状等に応じて，スラブ，はり，柱，壁，ラーメンおよびこれらの組合わせからなる単純化した構造解析モデルに置換して解析を行うことができる．
（4）　構造解析モデルに用いる作用について，分布状態を単純化したり，動的作用を静的作用に置き換えたりする場合は，実際のものと等価または安全側になるように設定しなければならない．

【解　説】　開削トンネルは，一般の地上構造物と異なり構造物の周囲は地盤によって囲まれている．また，トンネル構造物重量は，その排土重量よりも軽いことが多いため，一般にトンネル構造物を掘削底面上に直接設置している場合が多い．したがって，トンネルの横断および縦断方向の剛性，トンネル構造物と地盤との相対関係およびトンネルに接する地盤の性質を考慮して構造解析を行わなければならない．

（1），（2）について　開削トンネルの躯体は，横断方向とともに縦断方向にも連続している．したがって，横断方向のみならず，必要ある場合には，縦断方向についても検討する必要がある．

1）　横断方向の構造解析　開削トンネルの横断面形状は施工性，利用目的等の関係から一般に箱形のラーメン形状としている．この構造解析にあたっては，第2編 第3章に示されている各作用の中からトンネル建設地点の状況に適応する作用を選定し，これらの作用によって生じる地盤反力を加えて，通常は弾性理論にもとづいて部材応力を計算する．

開削トンネルに作用する諸作用はトンネル躯体を通じて躯体底面および側面の地盤に伝えられる．構造解析には，このような作用に対する地盤反力を求める必要があるが，このトンネル周辺の地盤反力の分布状態は地盤の状態，躯体の性状，施工方法等の条件によって異なる．

一般に地盤反力の分布は，構造物の剛性に対して地盤が軟らかい場合には均等に分布し，地盤が硬い場合には側壁や柱等の下床版支点付近に集中的に分布する．支持地盤の急変部等では，トンネル下に杭を施工する場合があり，また深い開削トンネルでは地下連続壁や逆巻き施工のための杭が設置されることがある．これらの杭や地下連続壁の根入れ部が存在することによって，下床版下面の地盤で直接支持される場合と異なった支持条件とな

る．この場合は，杭等のばね定数，地盤反力係数，部材の変形等を考慮して，適切に地盤反力を算定する必要がある．

なお，地下連続壁を本体利用する場合は，第2編 第12章による．

設計における地盤反力の算定には次のような方法が考えられる（**解説 表 2.5.1参照**）．

① トンネル各部材および地盤はそれぞれ弾性体とし，弾性理論による解析にもとづいて考えられるすべての作用によるトンネル各部材の変形を考慮して地盤反力を算定する方法

② トンネル底面のほか，地下連続壁等の部材によっても集中的に支持される構造で，解析は①と同様の理論によりトンネル各部材の変形を考慮して地盤反力を算定する方法

③ トンネルを剛体とし，鉛直作用，水平作用および転倒モーメントをすべてトンネル底面における地盤反力によって支持すると考える方法

上記の①，②による計算方法は，構造物や地盤の条件に対応した理論的な方法であり，一般に躯体をはり，地盤をばねとした解析モデルにより計算を行う．③による計算方法は，比較的小さい断面のトンネルの場合，あるいはトンネル底面に接する地盤が均一と考えられ，躯体の剛性が地盤に対して大きく，トンネル底面に対する地盤の支持力が側面に対する地盤の支持力よりもいちじるしく大きい場合に適用することが多い．しかし，この条件に適合しない場合，あるいは大断面の地下鉄の駅部や特殊形状の換気室，地下道路の換気所，トンネル高さが断面幅より大きく偏作用を受ける場合，または地盤変位が想定される場合等には，設計に用いる作用，土質諸数値を十分に検討したうえで①，②の計算方法によって構造解析を行う．

解説 表 2.5.1 地盤反力の分布形状と地盤反力の計算方法

諸元	①構造物が地盤のみで支持される場合 構造物を弾性体とする場合	②構造物が杭、地下連続壁で支持される場合 構造物を弾性体とする場合	③構造物が地盤のみで支持される場合 構造物を剛体とする場合
反力形状	（図）	（図）	（図）
記号説明	W：上部スラブの鉛直荷重 P：壁、柱の自重 w'：下部スラブの鉛直荷重 p_0：土圧および水圧 W_w：水圧（揚圧力） p'：偏圧 K_{sv}：杭および地下連続壁の鉛直せん断地盤ばね値	W_r：有効鉛直地盤反力 P_r：水平地盤反力 h_r：底面せん断抵抗力 V_r：側面せん断抵抗力 P_v：杭および地下連続壁の鉛直反力 P_h：杭および地下連続壁の水平反力 K_{sh}：杭および地下連続壁の水平せん断地盤ばね値	K_v：鉛直地盤反力係数 K_h：水平地盤反力係数 K_{sv}：側面せん断地盤反力係数 K_{sh}：底面せん断地盤反力係数 K_v：杭および地下連続壁の鉛直地盤ばね値 K_h：杭および地下連続壁の水平地盤ばね値
釣合い条件	$\Sigma V=0$ $W_r = k_v \delta_v$ $P_r = k_h \delta_h$ $V_r = k_{sv} \delta_v$ $h_r = k_{sh} \delta_h$	$\Sigma H=0$ $W_r = k_v \delta_v$ $P_r = k_h \delta_h$ $V_r = k_{sv} \delta_v$ $h_r = k_{sh} \delta_h$ $P_v = K_v \delta_v + K_{sv} \delta_v$ $P_h = K_h \delta_h + K_{sh} \delta_h$	$\Sigma M=0$
適用条件	く体の剛性が地盤に対して比較的小さく、部材変形の影響を無視できない場合	杭や地下連続壁でく体が支持される場合	く体の剛性が地盤に対して比較的大きく、トンネル底面に対する地盤の支持力が側面に対する地盤の支持力よりも著しく大きい場合

2) 縦断方向の構造解析　縦断方向の構造解析が必要となるのは，一般に次のような場合である．

① 地表面に凹凸があり，土被り荷重が場所により異なる場合

② 橋脚等による局部的な構造物自重または土圧がトンネルに作用する場合

③ 支持地盤の条件が縦断方向で異なる場合

④　地盤変位による局部作用が加わる場合
⑤　構造物断面が縦断方向に変化する場合
⑥　立坑との接続部等

　縦断方向の構造解析は，原則として地盤ばねで支持された弾性体として計算する．縦断方向に支持地盤が変化したり，局部作用が分布したりする場合，これにより地盤反力が増減すると横断面において見かけ上，作用と地盤反力がつり合わなくなる．この場合，つり合わない力は，壁のせん断力となって縦断方向のほかの部分に伝達される．したがって，横断面の地盤反力の判定およびこれにもとづく構造解析には，これらの影響を十分に考慮する必要がある．

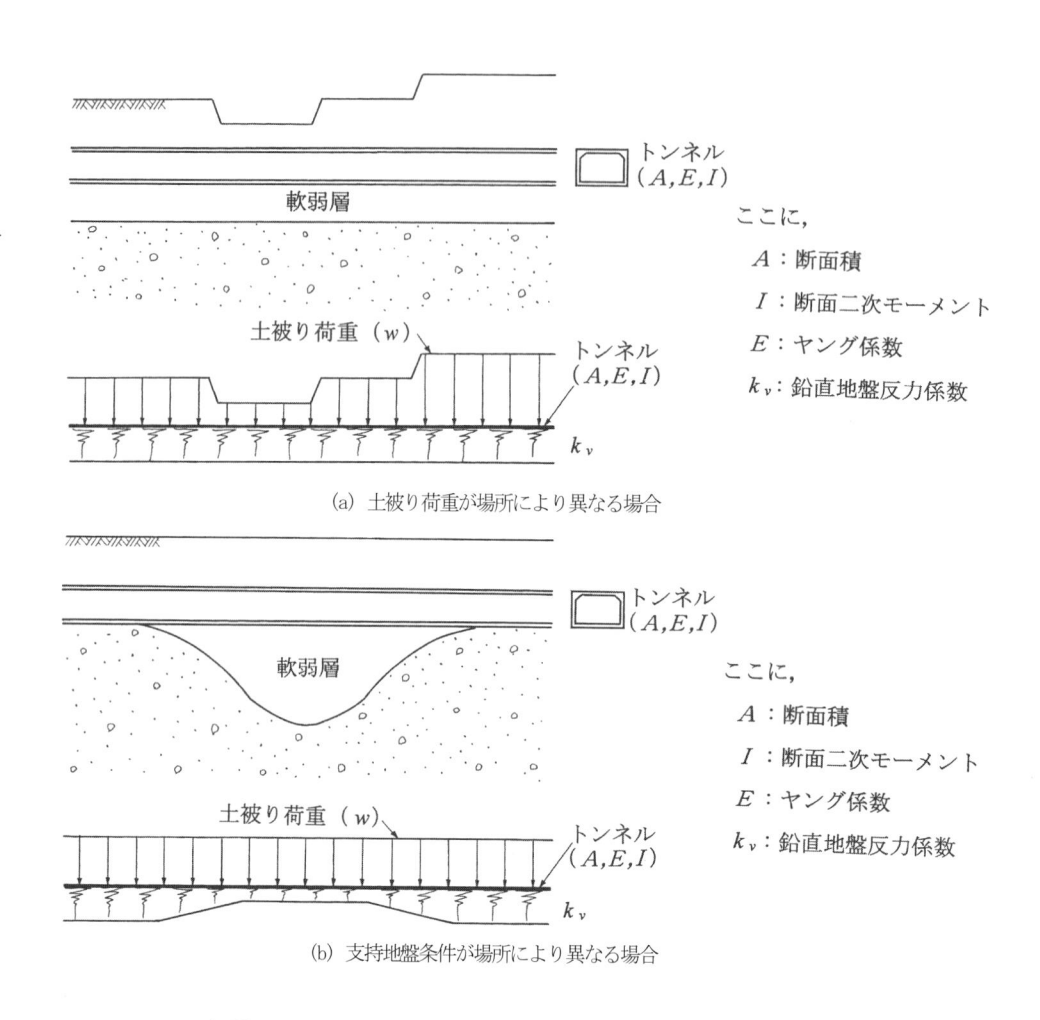

(a) 土被り荷重が場所により異なる場合

(b) 支持地盤条件が場所により異なる場合

ここに，
A：断面積
I：断面二次モーメント
E：ヤング係数
k_v：鉛直地盤反力係数

解説 図 2.5.1　縦断方向の応力検討が必要となる場合の例

　(3)，(4)について　解析理論は，仮定する材料の応力－ひずみ関係が線形か非線形かによって弾性理論と塑性理論，また変形による二次的効果（幾何学的非線形）を無視するか否かによって一次理論と二次理論とに大別することができる．線形解析は弾性理論と一次理論を組み合わせた解析手法であり，そのほかの組合わせによるものは非線形解析である．

　性能照査型設計法では，各限界状態に対して同一の解析理論を用いる必要はなく，それぞれの限界状態に適した解析理論を使い分けることができるが，その場合，適用する解析理論に応じて適切な構造解析係数を定めるものとする．

　1) **ラーメン構造解析**　ラーメンの構造解析は，節点部に剛域を考慮して行うことを原則とする．この剛域は以下の①～③の方法で定めるものとする（**解説 図 2.5.2**参照）．

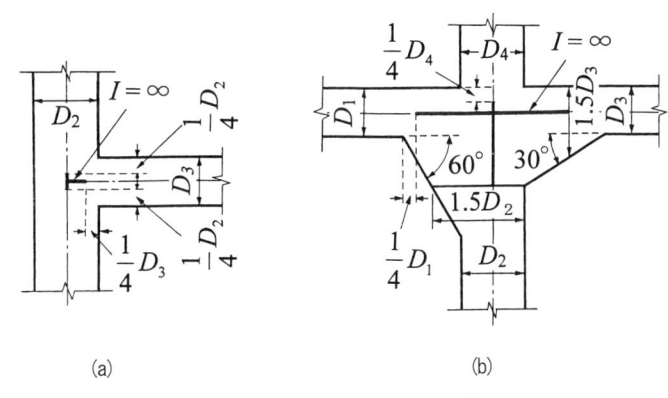

解説 図 2.5.2 剛域の設定

① ハンチがない場合には，部材端から部材高さの1/4入った断面から内部を剛域とする．
② 部材がその軸線に対して25°以上の傾斜ハンチを持つ場合には，部材高さが1.5倍となる断面から内部を剛域とする．ただし，ハンチの傾斜が60°以上の場合は，ハンチの起点から部材高さの1/4入った断面から内部を剛域と考えるものとする．
③ 左右のハンチ差により定めた点が異なる場合は，剛域が大きくなる方の点を選ぶものとする．

部材端の断面の検討に用いる曲げモーメントは，**解説 図 2.5.3**によるものとする．ただし，断面計算において，ハンチは1:3よりゆるやかな部分を有効とする．

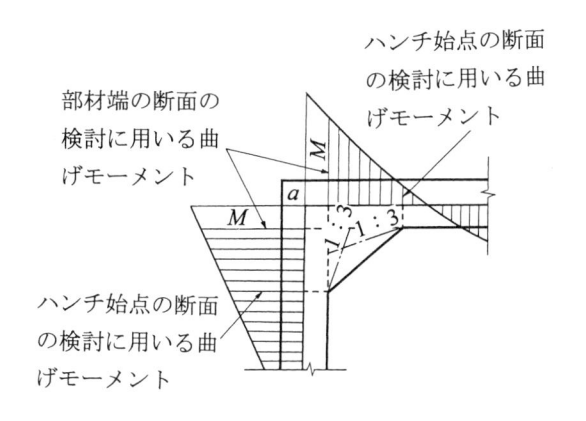

解説 図 2.5.3 部材端の断面の検討に用いる曲げモーメント

2) 中間柱および縦ばり　開削トンネルにおける床版は，壁あるいは柱を用いて中間で支持することがある．
中間で支持する部材が壁構造の場合は，縦断的に連続するため問題はないが，柱構造として支持する場合は，縦ばりの有無，縦ばりの剛性あるいは中間柱の間隔に応じて，構造解析のモデル化には十分に注意する必要がある．
中間柱で支持する場合は，まれにドロップパネルを介したフラットスラブ構造とすることもあるが，一般的には縦ばりを配して一方向スラブとして構造解析する場合が多い．このとき，柱間隔を広く計画すると縦ばりのたわみが大きくなり，柱近傍（柱列帯）と柱と柱の中間部（柱間帯）とでは発生断面力が異なることもある．その場合は，柱列帯と柱間帯を分けて設計する必要も生じる．

5.3 性能照査の原則

（1） 線形解析に用いる断面剛性は鋼材の影響を考慮して求めるものとする．ただし，鉄筋コンクリート部材の断面二次モーメントのように鋼材の影響が小さい場合には，鋼材の影響を無視して算定すること

ができる．
（2） 地震時の検討に用いる部材のモデル化は，第2編 第9章による．

【解　説】　（1）について　一般に応答値の計算には，断面二次モーメントが必要となるが，鉄筋の影響を無視することによる誤差は小さい．したがって，応答値を計算する場合の断面二次モーメントの計算では，計算を簡単にするため鉄筋の影響を無視してよいこととした．

5.4　地盤のモデル化
（1）　地盤のモデル化は，地盤をばねまたは地盤反力で表現する方法によることができる．
（2）　設計に用いる地盤反力係数は，地盤の変形係数の算定方法，作用条件，支持条件を考慮して適切に算定する．
（3）　地震時の検討に用いる地盤のモデル化は，第2編 第9章による．

【解　説】　設計に用いる地盤ばねは，基本的に弾性変形をモデル化するための線形ばねとして設定してよい．また，従来の地盤反力を作用させる方法も用いることができる．
　地盤ばねの算定における地盤反力係数は地盤の変形係数だけでなく，変形を与える載荷面の形状，寸法および剛性の関数であるとともに，地盤のひずみの大きさ，載荷速度や繰返し回数によっても異なる．さらには地盤の深さ方向の不均質性によって影響を受けるなどきわめて複雑な性質を有しているため，対象構造物の大きさ，地盤の性状を吟味して慎重に設定する必要がある．開削トンネルに用いる地盤反力係数の具体的算定式の一例を資料編【2-2】に示す．

5.5　応答値の算定
（1）　断面破壊について安全性の照査を行うための断面力の算定には，一般に線形解析を用いてよい．線形解析以外の方法を用いる場合は，その解析方法の妥当性を確かめなければならない．
（2）　疲労破壊について安全性の照査を行うための断面力あるいは応力の算定は，線形解析にもとづくことを原則とする．
（3）　使用性の照査を行うための断面力の算定は，線形解析にもとづくことを原則とする．このとき，鉄筋コンクリート部材の断面力の算定に用いる剛性は，通常の場合，全断面有効と仮定して求めてよい．ただし，温度変化および収縮による断面力は，使用性においてひびわれの発生する部材では，ひびわれ発生による剛性低下を考慮して求めてもよい．
（4）　構造物の変位および変形は，コンクリート構造物を弾性体と仮定し，ひびわれによる剛性低下，設計耐用期間中に発生する収縮およびクリープを考慮して求めることを原則とする．
（5）　地震の影響による応答値の算定は，第2編 第9章による．

【解　説】　（1）について　安全性の断面破壊における部材の変形性状は，一般に非線形性を示し，断面力の算定についても，非線形解析によるのが合理的である．しかし，非線形解析による厳密な断面力の算定値を静的作用に関して求めても経済性に寄与する度合いが一般的に小さく，線形解析により得られた断面力は一般に安全側の評価を与えることも考慮して，この示方書では，線形解析を用いてよいこととした．その場合，構造解析係数の値は一般に1.0としてよい．
　また，線形解析を用いて連続ばり，連続スラブ，ラーメン等の不静定構造物を解析する場合に，支点あるいは節点上の曲げモーメントは，線形解析の値をもとに再分配を行ってもよい．再分配される曲げモーメントは，線形解析の値の最大15%の範囲内とし，すべての断面の曲げモーメントは再分配される前の値の70%以上とするのがよい．その場合，すべての断面における鉄筋比を，つり合い鉄筋比の50%以下としなければならない．

さらに，通常の温度変化，収縮，クリープ等の影響による断面力は，これを無視することができる．その場合，すべての断面における鉄筋比を，つり合い鉄筋比の50%以下としなければならない．ただし，施工時と完成時で構造系が変化する場合には，クリープによる断面力の変化を考慮しなければならない．

一方，有限要素法等の離散化手法を用いて安全性の断面破壊を検討する場合には，破壊形態に対応した指標とその限界値を設定し，部材や構造形式の特徴に応じて解析領域の分割，自由度の設定，材料構成モデルの選択を行わなければならない．

終局状態におけるつり合い鉄筋比は，次式により求めてよい．なお，同式中の係数はコンクリートの応力－ひずみ関係として**解説 図 2.4.1**を用いた場合の近似値である．

$$p_b = \alpha \frac{\varepsilon'_{cu}}{\varepsilon'_{cu} + f_{yd}/E_s} \cdot \frac{f'_{cd}}{f_{yd}} \tag{解 2.5.1}$$

ここに， p_b ：つり合い鉄筋比

$\alpha = 0.88 - 0.004 f'_{ck}$ ただし， $\alpha \leq 0.68$

ε'_{cu} ：コンクリートの終局ひずみであり，**解説 図 2.4.1**で示された値としてよい．

f'_{cd} ：コンクリートの設計圧縮強度（N/mm²）

f_{yd} ：鉄筋の設計引張降伏強度（N/mm²）

E_s ：鉄筋のヤング係数で，一般に200kN/mm²としてよい．

第6章 安全性に関する照査

6.1 一 般

（1） 開削トンネルの安全性の照査にあたっては，所要の安全性を設計耐用期間にわたり保持することを照査しなければならない．

（2） 安全性に関する照査は，設計作用のもとで，構造物の耐荷力や安定等の破壊の限界状態に至らないことを確認するものとし，断面力，ひずみ，変位，変形等の物理量を指標として設定することを原則とする．

（3） 耐荷力に対する照査は，一般に，断面破壊，疲労破壊の限界状態に至らないことを確認することを原則とする．

（4） 安定に対する照査は，変位，変形等の限界状態に至らないことを確認することを原則とする．

（5） 構造物の機能上の安全に対する照査は，構造物の機能に応じた限界状態を設定して，その限界状態に至らないことを確認しなければならない．

【解 説】 （2）について 物理的特性にもとづく安全性の照査では，構造物が破壊に至らないことを，構造物の耐荷力と安定の限界状態を設定することにより照査することとした．ここで耐荷力に対する限界状態は，設計耐用期間中に生じる作用のうち，変動作用等の構造物の耐荷力で抵抗することが合理的な作用に対する限界状態である．一方，安定に対する限界状態は，設計耐用期間中に生じる作用のうち，構造物の耐荷力と変位，変形で抵抗することが合理的であり，変位，変形がある値を上回ると構造物の形状が保たれず安定を失って破壊に至ることを防ぐための限界状態である．

（3）について 耐荷力に対しては，設計耐用期間中に生じる変動作用や偶発作用の最大値を想定した作用によって破壊に至る断面破壊と，変動作用の繰り返しにより破壊に至る疲労破壊の2つの限界状態を設定して照査することとした．

（4）について 構造物の安定に対する限界状態は，構造物の応答により，構造物の形状が保たれず安定を失って破壊に至ることを防ぐための限界状態であり，この限界状態は，耐荷力と変位，変形の関係によって保持される限界状態である．

（5）について 構造物の機能上の安全性とは，構造物の機能から定まる性能であり，物理的特性にもとづく安全性としている構造物本体の性能とは異なるものである．具体的には，機能が車両走行であれば，車両走行の安全性等がある．また，その機能を果たすために周辺の環境へ及ぼす影響から定まる性能も機能上の性能として位置づけており，たとえば，かぶりコンクリートのはく落が構造物の周辺の人命や財産へ与える影響等がある．

6.2 断面破壊に対する照査

6.2.1 照査の方法

（1） 安全性に対する照査は，設計作用のもとで，すべての構成部材が断面破壊の限界状態に至らないことを確認することを原則とする．

（2） 断面破壊の限界状態に対する照査は，設計断面力 S_d の設計断面耐力 R_d に対する比に構造物係数 γ_i を乗じた値が，1.0以下であることを確かめることとする．

（3） 耐荷力に対する照査は，一般に，断面破壊，疲労破壊の限界状態に至らないことを確認することを原則とする．

$$\gamma_i S_d / R_d \leqq 1.0$$

ここに，S_d ：設計断面力
R_d ：設計断面耐力

γ_i ：一般には 1.0～1.2 としてよい．

【解　説】　（1）について　静的荷重に対して，断面破壊の限界状態を越えて安全性を設定しても，経済性上の利点がもたらされる場合は，一般に少ない．また，断面破壊以降の安全性の照査方法には，より大きな安全率を考慮しなければならない．このことは，疲労に対しても同様である．そこで，この示方書では，すべての部材が限界状態に至らないことを照査する標準的な方法を定めることとした．

（2）について　設計断面力 S_d は，組み合わせた設計作用 R_d を用いて構造解析により断面力 S (S は F_d の関数) を算定し，これに構造解析係数 γ_a を乗じた値を合計したものとする．

$$S_d = \Sigma \gamma_a S(F_d) \qquad (\text{解 } 2.6.1)$$

ここに，　S_d　：設計断面力
　　　　　S　：断面力
　　　　　F_d　：設計作用
　　　　　γ_a　：一般には 1.0 としてよい．

設計断面耐力は，軸方向力，曲げモーメント，せん断力，ねじりに対して算定するものとする．設計断面耐力 R_d は，設計強度 f_d を用いて部材断面の耐力 R (R は f_d の関数) を算定し，これを部材係数で除した値とする．

$$R_d = R(f_d)/\gamma_b \qquad (\text{解 } 2.6.2)$$

ここに，　R_d　：設計断面耐力
　　　　　R　：部材断面の耐力
　　　　　f_d　：設計強度
　　　　　γ_b　：部材係数で，第 2 編 6.2.2 以降に示す値を用いてよい．

6.2.2　曲げモーメントおよび軸方向力に対する安全性の照査

（1）　曲げモーメントおよび曲げモーメントと軸方向力を受ける部材の設計断面耐力は，以下の1)～2)の仮定にもとづいて行うものとする．その場合，部材係数は，一般に 1.1 としてよい．
　1)　維ひずみは，断面の中立軸からの距離に比例する．
　2)　コンクリートの引張応力は無視する．
　3)　コンクリートの応力－ひずみ曲線は，**図 2.4.1** によることを原則とする．
　4)　鋼材の応力－ひずみ曲線は，**図 2.4.2** によることを原則とする．
（2）　二軸曲げモーメントと軸方向力とを同時に受ける部材の設計断面耐力は，（1）に示した仮定にもとづいて算定してよい．

【解　説】　（1）について　部材断面に軸方向力と曲げモーメントが同時に作用する場合の設計軸方向耐力と設計曲げ耐力の関係は，**解説 図 2.6.1** に示すような曲線として求められる．したがって，軸方向力と曲げモーメントに対する安全性の照査では，この図に示すように点 $(\gamma_i M_d, \gamma_i N'_d)$ が，$M_{ud} - N'_{ud}$ 曲線の内側，すなわち原点側に入ることが基本的な考え方である．曲げモーメントと軸方向力を受ける鉄骨鉄筋コンクリート部材の断面破壊の限界状態に対する安全性の照査は，一般に，鉄骨端部がコンクリートに十分に定着されていることを前提に，鉄骨を鉄筋とみなして鉄筋コンクリート部材に準じて行ってよい．

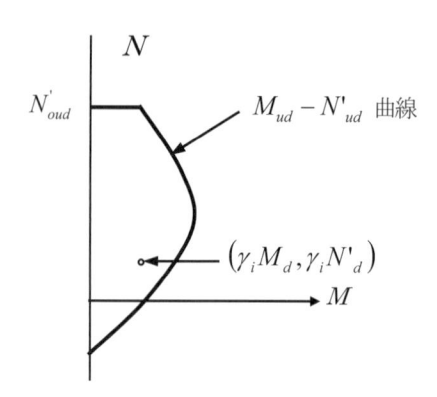

解説 図 2.6.1 軸方向耐力と曲げ耐力の関係

なお，鉄筋コンクリート部材の軸方向圧縮耐力の上限値N'_{oud}は，帯鉄筋を使用する場合は，次に示す(解 2.6.3)により，また，らせん鉄筋を使用する場合は，次の式のいずれか大きい方により，それぞれ算定する．

$$N'_{oud} = (k_1 f'_{cd} A_c + f'_{yd} A_{st})/\gamma_b \tag{解 2.6.3}$$

$$N'_{oud} = (k_1 f'_{cd} A_e + f'_{yd} A_{st} + 2.5 f_{pyd} A_{spe})/\gamma_b \tag{解 2.6.4}$$

ここに，
- A_c ：コンクリートの断面積
- A_e ：らせん鉄筋で囲まれたコンクリートの断面積
- A_{st} ：軸方向鉄筋の全断面積
- A_{spe} ：らせん鉄筋の換算断面積$(= \pi d_{sp} A_{sp}/s)$
- d_{sp} ：らせん鉄筋で囲まれた断面の直径
- A_{sp} ：らせん鉄筋の断面積
- s ：らせん鉄筋のピッチ
- f'_{cd} ：コンクリートの設計圧縮強度
- f'_{yd} ：軸方向鉄筋の設計圧縮降伏強度
- f_{pyd} ：らせん鉄筋の設計引張降伏強度
- k_1 ：強度の低減係数$(=1-0.003 f'_{ck} \leq 0.85$，ここで$f'_{ck}$：コンクリート強度の特性値$)$
- γ_b ：部材係数で，一般に 1.3 としてよい．

また，コンクリート充填鋼管柱部材の軸方向圧縮耐力の上限値N'_{oud}は，次式により算定してよい．

$$N'_{oud} = \kappa (0.85 f'_{cd} A_c + f'_{srd} A_s)/\gamma_b \tag{解 2.6.5}$$

ここに，κ ：全体座屈強度に対する低減係数

$$\kappa = 1.0 \quad (\lambda \leq 0.2) \quad, \quad \kappa = \eta - \sqrt{\eta^2 - \frac{1}{\lambda^2}} \quad (\lambda > 0.2)$$

$$\eta = \frac{1}{2}\left\{\frac{1 + \alpha\sqrt{\lambda(\lambda-0.2)}}{\lambda^2} + 1\right\} \quad, \quad \lambda = \frac{l_e}{\pi}\sqrt{\frac{f'_{syd} A_s + 0.85 f'_{cd} A_c}{E_s I_v}}$$

- α ：初期不整に対する係数(箱形断面に対して$\alpha = 0.34$，円形断面に対して$\alpha = 0.21$)
- l_e ：合成柱部材の有効座屈長
- I_v ：鋼材に換算した合成柱の断面二次モーメント

    $I_v = I_s + I_c/n$

- I_s ：鋼部材の断面二次モーメント
- I_c ：充填コンクリートの断面二次モーメント

E_s ：鋼材の弾性係数
n ：鋼とコンクリートの弾性係数比
N'_{oud} ：設計軸方向圧縮耐力の上限値
f'_{cd} ：コンクリートの設計圧縮強度
f'_{srd} ：軸方向に配置された鋼管または鋼板の設計圧縮強度

$$f'_{srd} = f'_{sbd} - \sigma'_e$$

f'_{sbd} ：鋼管または圧縮鋼板の設計局部座屈強度 $(= f'_{sbk}/\gamma_s)$
f'_{sbk} ：鋼管または圧縮鋼板の局部座屈強度の特性値
σ'_e ：鋼管または圧縮鋼板に発生する初期応力度
A_c ：コンクリートの純断面積
A_s ：軸方向に配置された鋼管または鋼板の全断面積
γ_b ：部材係数で，一般に1.3としてよい．

軸方向力の影響が小さい場合($e/h \geqq 10$)には，曲げ部材として断面耐力を算定してよい．ここに，hは断面の高さ，偏心量eは，設計曲げモーメントM_dの設計軸方向圧縮力N'_dに対する比である．

（1）3）について　柱やはりの全体もしくは一部にらせん鉄筋や帯鉄筋等を配置して横拘束を与えると，断面の変形性能に対して顕著な効果があり，モーメントの再配分あるいは耐震設計上有利となる．しかし，拘束効果は，拘束鋼材の材質，形状，ピッチ，体積比，および拘束コンクリートのひずみ勾配やひずみ速度等，多くの要因の影響を受けるため，一般化された式は得られていないのが現状である．したがって，おのおののケースに対して適切な実験結果がある場合には，それにもとづいて応力－ひずみ曲線を定めてもよい．

（2）について　二軸曲げモーメントと軸方向力を同時に受ける部材の断面耐力も一軸曲げモーメントと軸方向力を受ける部材と同様に算定できる．その際，断面の周囲に配置された鉄筋はこれをすべて考慮してよい．ただし，解析上の注意として，鉄筋の配置位置を正確に考慮すること，および通常の長方形断面柱では一軸曲げモーメント以外の場合は断面の中立軸の傾きが一般に断面の主軸方向と一致しないことを考慮しておく必要がある．

6.2.3　せん断力に対する安全性の照査

（1）　せん断力に対する安全性の照査は，棒部材，面部材等の種類，部材の境界条件，荷重の載荷態，せん断力の作用方向等を考慮して行わなければならない．

（2）　棒部材においては，部材の境界条件，荷重の載荷状態を考慮した耐荷機構に応じたせん断耐力算定法を用いなければならない．鉄筋コンクリート構造の場合は，一般に，以下によってよい．

1)　単純支持および片持ち支持にモデル化される棒部材は，設計せん断耐力V_{yd}および設計斜め圧縮破壊耐力V_{wcd}のおのおのについて安全性を確かめるものとする．ただし，せん断スパン比が小さい場合は，これらの設計せん断耐力に代えて設計せん断圧縮破壊耐力V_{dd}について安全性を確かめるものとする．

2)　両端固定支持にモデル化される棒部材は，支持条件や荷重の載荷状態などが耐荷機構に及ぼす影響を考慮したせん断耐力算定法や非線形有限要素解析を用いてせん断耐力を算定することを原則とする．ただし，特別な検討を行わない場合は，1)による設計せん断耐力V_{yd}を用いてもよい．

（3）　面部材が面外せん断力を受ける場合には，棒部材に準じて面外せん断力に対する照査を行うとともに，部分的に集中荷重が作用する場合には，集中荷重V_dに対して，（4）にしたがって押抜きせん断破壊に対する照査を行うものとする．

（4）　面部材が面内せん断力を受ける場合には，面内力について検討を行わなければならない．

（5）　ひびわれ発生の可能性の高い面や打継ぎ面等でせん断力V_dを伝達する必要がある場合には，せん断面におけるせん断伝達に対する検討を行うものとする．

【解 説】　(1)について　せん断力の作用下における部材の挙動や破壊機構は，棒部材，面部材等の部材の種類によって，さらに面部材においてはせん断力が面外方向に作用するか，面内方向に作用するかによっても異なるので，これらを考慮した方法によって安全性の照査を行わなければならない．

　ここでは，一般的な構造物において利用頻度が高いと思われるはり，柱等の棒部材，スラブ等の面外せん断力を受ける面部材，および円筒構造物の壁等の面内せん断力を受ける面部材における安全性の照査方法を，(2)，(3)に示す．

　初期に収縮が増大し，かつ，弾性係数が急激に大きくなるようなコンクリートを用いると，自己収縮により発生する初期応力が残留するために，コンクリートが受け持つせん断耐力が低下する場合がある．このようなコンクリートを用いる場合には，コンクリートの引張強度を割り引くなどして，せん断耐力の低下を考慮する必要がある．なお，棒部材のせん断補強筋以外が受け持つせん断耐力に関しては，既往の設計式において軸方向鉄筋量を割り引くことで，収縮の影響を考慮できるとする知見も得られている．

　(2)について　棒部材においては，部材の境界条件，荷重の載荷状態を考慮した耐荷機構に応じたせん断耐力算定法を用いることとし，この節では，鉄筋コンクリートの棒部材の設計せん断耐力算定法を規定した．なお，棒部材の耐荷機構は，部材の境界条件によって異なるため，耐荷機構に応じた算定手法を用いることとした．

　1)　単純支持および片持ち支持にモデル化される棒部材は，以下により設計せん断耐力を算定してよいこととした．

　せん断補強鋼材を用いた棒部材では，斜めひびわれ発生後にせん断補強鋼材によってもせん断力が負担され，初めてトラス的な耐荷機構へと移行していく．最終的には，トラスにおける引張腹材としてのせん断補強鋼材の降伏または圧縮斜材としての腹部コンクリートの圧壊によって耐力を失うことになる．そこで，(解 2.6.6)によってせん断補強鋼材の降伏に対する安全性を確かめるとともに，(解 2.6.7)によって腹部コンクリートの斜め圧縮破壊に対する安全性も確かめることにした．ただし，せん断スパン比(せん断スパン/有効高さ)が小さい場合，ディープビーム的な機構によってせん断耐荷力が発揮され，(解 2.6.6)で算定されるせん断耐力よりも大きくなるため，(解 2.6.8)によって設計せん断圧縮破壊耐力に対する照査を行ってもよいこととした．

　①　設計せん断耐力 V_{yd}　設計せん断耐力 V_{yd} は，次式によって求めてよい．ただし，せん断補強筋として折り曲げ鉄筋とスターラップを併用する場合は，せん断補強鉄筋が，受け持つべきせん断力の50%以上をスターラップで受け持たせるものとする．

$$V_{yd} = V_{cd} + V_{sd} \qquad (解\ 2.6.6)$$

ただし，$p_w f_{yd} / f'_{cd} \leq 0.1$ とするのがよい．

ここに，V_{cd}　：せん断補強鋼材を用いない棒部材の設計せん断耐力で，次式による．

$$V_{cd} = \beta_d \beta_p \beta_n f_{vcd} b_w d / \gamma_b$$

$f_{vcd} = 0.20 \sqrt[3]{f'_{cd}}$ (N/mm²) 　　　　　ただし，$f_{vcd} \leq 0.72$ (N/mm²)

$\beta_d = \sqrt[4]{1000/d}$ (d：mm) 　　　　　ただし，$\beta_d > 1.5$ となる場合は1.5とする．

$\beta_p = \sqrt[3]{100 p_v}$ 　　　　　ただし，$\beta_p > 1.5$ となる場合は1.5とする．

$\beta_n = 1 + 2M_o / M_{ud}$ ($N'_d \geq 0$ の場合) 　　　　　ただし，$\beta_n > 2$ となる場合は2とする．

$\quad\ = 1 + 4M_o / M_{ud}$ ($N'_d < 0$ の場合) 　　　　　ただし，$\beta_n < 0$ となる場合は0とする．

N'_d　：設計軸方向圧縮力

M_{ud}　：軸方向力を考慮しない純曲げ耐力

M_o　：設計曲げモーメント M_d に対する引張縁において，軸方向力によって発生する応力を打消すのに必要な曲げモーメント

b_w　：腹部の幅(mm)

d　：有効高さ(mm)

$$p_v = A_s / (b_w \cdot d)$$

A_s　：引張側鋼材の断面積(mm²)

f'_{cd} : コンクリートの設計圧縮強度(N/mm²)

γ_b : 一般に1.3としてよい

V_{sd} : せん断補強鋼材により受け持たれる設計せん断耐力で，次式による．

$$V_{sd} = [A_w f_{wyd}(\sin\alpha_s + \cos\alpha_s)/s_s]z/\gamma_b$$

A_w : 区間s_sにおけるせん断補強鉄筋の総断面積(mm²)

f_{wyd} : せん断補強鉄筋の設計降伏強度で，$25f'_{cd}$(N/mm²)と800(N/mm²)のいずれか小さい値を上限とする．

α_s : せん断補強鉄筋が部材軸となす角度

s_s : せん断補強鉄筋の配置間隔(mm)

z : 圧縮応力の合力の作用位置から引張鋼材図心までの距離で，一般に$d/1.15$としてよい．

$$p_w = A_w/(b_w \cdot s_s)$$

γ_b : 一般に1.1としてよい．

② せん断力に対する安全性の照査位置　直接支持された棒部材において，支持全面から部材の高さhの半分までの区間についてV_{yd}の照査を行わなくてよい．ただし，この区間には，支承前面から$h/2$だけ離れた断面において必要とされる量以上のせん断補強鋼材を配置するものとする．なお，変断面部材では，部材高さとして，支承前面における値を用いてよい．ただし，ハンチは1:3より緩やかな部分を有効とする．

③ 腹部コンクリートのせん断に対する設計斜め圧縮破壊耐力V_{wcd}　腹部コンクリートのせん断に対する設計斜め圧縮破壊耐力V_{wcd}は，次式により算定してよい．

$$V_{wcd} = f_{wcd} b_w d/\gamma_b \qquad (解\ 2.6.7)$$

ここに，$f_{wcd} = 1.25\sqrt{f'_{cd}}$ (N/mm²)　ただし，$f_{wcd} \leq 9.8$ (N/mm²)

γ_b : 一般に1.3としてよい．

④ 部材の腹部幅　円形断面以外で部材高さ方向に腹部の幅が変化している場合は，その有効高さdの範囲での最小幅をb_wとする．複数の腹部を持つ場合はその合計幅をb_wとする．また，中実あるいは中空円形断面の場合は，面積の等しい正方形(等積正方形)の一辺あるいは面積の等しい正方形箱形(等積箱形)の腹部の合計幅をb_wとする．この場合，軸方向引張鋼材断面積A_sは引張側1/4(引張側90度)部分の鋼材断面積とし，有効高さdは等積正方形あるいは等積箱形の圧縮縁からA_sとして考慮した鋼材の図心までの距離としてよい．ただし，このような軸方向引張鋼材断面積の定め方を曲げ耐力の計算に用いてはならない．

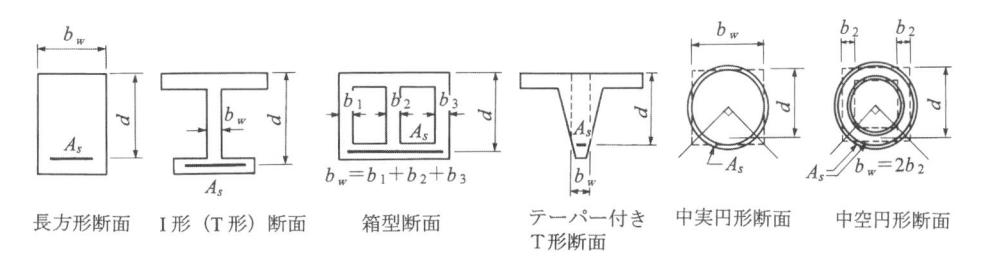

解説 図 2.6.2 種々の断面形状に対するb_wおよびdのとり方

⑤ 設計せん断圧縮破壊力　設計せん断圧縮破壊力は，次式により算出してよい

$$V_{dd} = \beta_d \beta_p \beta_a f_{dd} b_w d / \gamma_b \qquad (解\ 2.6.8)$$

ここに，V_{dd} : 設計せん断圧縮破壊力(N)

$f_{dd} = 0.19\sqrt{f'_{cd}}$ (N/mm²)

$\beta_d = \sqrt[4]{1000/d}$ 　　ただし，$\beta_d > 1.5$となる場合は1.5とする．

$\beta_p = \dfrac{1+\sqrt{100 p_v}}{2}$ 　　ただし，$\beta_p > 1.5$となる場合は1.5とする．

$\beta_a = \dfrac{5}{1+(a/b)^2}$

b_w : 腹部の幅(mm)
d : 単純梁の場合は載荷点，片持ち梁の場合は支持部前面における有効高さ(mm)
a : 支持部前面から載荷点までの距離(mm)

$$p_v = A_s / (b_w d)$$

A_s : 引張側鋼材の断面積(mm²)
f'_{cd} : コンクリートの設計圧縮強度(N/mm²)
γ_b : 一般に 1.3 としてよい

2) 両端固定支持にモデル化される棒部材は，作用の載荷状態に応じて両端支持条件における耐荷機構を考慮して，せん断耐力を算定することを原則とした．これは，両端固定支持の揚合，作用の載荷状態，軸方向力やせん断スパン比によって耐荷機構が単純支持と著しく異なることに配慮したものである．具体的な耐荷力の算定にあたっては，非線形有限要素解析等の数値解析や，実験的検討にもとづいた手法を用いるのがよい．ただし，特別な検討を行わない場合は，前項①に示す設計せん断耐力 V_{yd} を便宜的に用いても，安全側のせん断耐力となることから，前項①に示す設計せん断耐力 V_{yd} を用いてよいこととした．

なお，ボックスカルバートの頂版や底版，側壁のように，複数の分布荷重が同時に作用してせん断スパンを明確に定めることができない部材では，作用の組合わせ毎の曲げモーメント分布より照査断面に対する等価せん断スパンを設定してよい．具体的には，**解説 図 2.6.3** に示すように，側壁によって直接支持されるスパン a_1, a_4 では部材端部から曲げモーメント反曲点までをせん断スパン a とし，せん断スパン比 a/d (d : 部材の有効高さ)に応じて棒部材またはディープビームとしてせん断耐力を算定する．間接支持されるスパン a_2, a_3 ではトラス的耐荷機構が卓越するため，せん断スパン比によらず棒部材としてせん断耐力を算定する．なお，曲げモーメント反曲点がない場合のせん断スパンは部材長としてよい．また，中柱はせん断スパンを部材長さの半分としてよい．

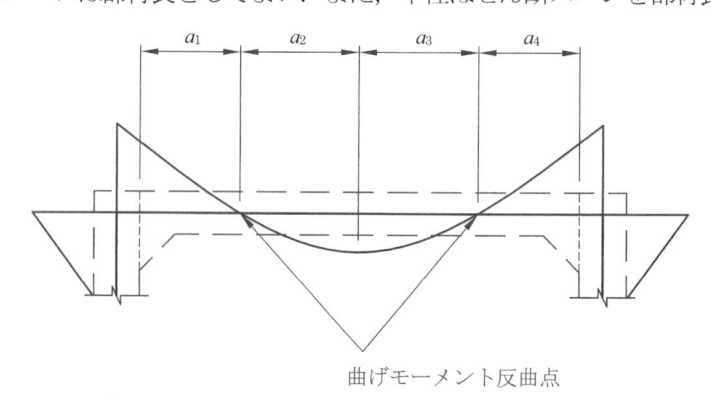

解説 図 2.6.3 等価せん断スパンの設定例(頂版)

（3）について 一方向スラブのようなはり的な挙動を示す面部材のせん断力に対する照査は，棒部材に準じてもよいことを示し，面部材に作用する集中荷重による押抜きせん断破壊に対する照査方法を示した．

載荷面が部材の自由縁または開口部から離れており，かつ，荷重の偏心が小さい場合には，下式によって押抜きせん断力 V_{pcd} を求めてよい．

$$V_{pcd} = \beta_d \beta_p \beta_r f_{pcd} u_p d / \gamma_b \quad \text{(解 2.6.9)}$$

ここに，f_{pcd} : 設計押抜きせん断強度

$f_{pcd} = 0.2\sqrt{f'_{cd}}$ (N/mm²) ただし，$f_{pcd} \leq 1.2$ (N/mm²)
$\beta_d = \sqrt[4]{1000/d}$ (d : mm) ただし，$\beta_d > 1.5$ となる場合は 1.5 とする．
$\beta_p = \sqrt[3]{100 p_v}$ ただし，$\beta_p > 1.5$ となる場合は 1.5 とする．
$\beta_r = 1 + 1/(1 + 0.25 u/d)$

f'_{cd} : コンクリートの設計圧縮強度(N/mm²)
u : 載荷面の周長

u_p : 照査断面の周長で，載荷面から $d/2$ 離れた位置で算定するものとする
d および p_v : 有効高さおよび鉄筋比で，二方向の鉄筋に対する平均値とする
γ_b : 一般に 1.3 としてよい

　スラブのような面部材に局部的な荷重が作用する場合には，荷重域直下がその周辺部分より落ち込むようにして押抜きせん断破壊を生じる場合がある．柱とスラブの結合部やフーチング等，局部的な荷重が作用する場合には，押抜きせん断破壊に対する安全性を照査する必要がある．スラブの押抜きせん断耐力を理論的に求めることは困難であるので，ここではスラブの押抜きせん断耐力が，基本的にはりのせん断耐力算定式と同様の形式で表されるものと仮定した．(解 2.6.9)は，既往のスラブおよびフーチングの押抜きせん断実験結果をもとにして，その係数を定めたものである．

　解説 図 2.6.4に，f_{pcd} による値とコンクリートの設計基準強度との関係を示した．また，(解 2.6.9)における βr は，載荷面積の大きさの影響を考慮するための係数であって，**解説 図 2.6.5**に示すように，1.0～2.0 の間の値をとる．なお，この算定式は普通コンクリートを対象に導かれたものであり，高強度コンクリートの場合には，試験によって確認することを原則とするが，試験による確認を行わない場合には，が 50N/mm² の場合の値を上限とするのがよい．

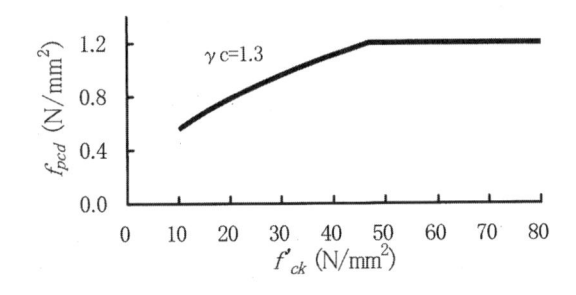

解説 図 2.6.4　コンクリートの設計基準強度 f'_{ck} と f_{pcd} との関係

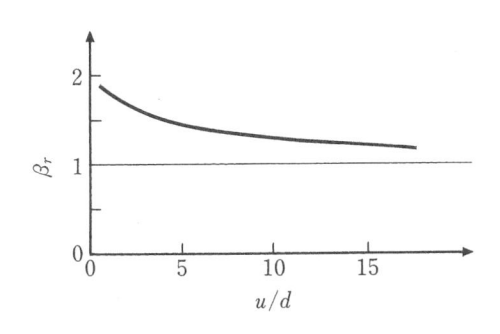

解説 図 2.6.5　押抜きせん断耐力に及ぼす載荷面積の影響

　押抜きせん断破壊は，荷重域周辺部から円錐形状またはピラミッド状の形をなしたコーンを形成するように破壊する．(解 2.6.9)は，耐力を計算するための照査断面を，**解説 図 2.6.6**に示されるように，荷重域周囲から $d/2$ だけ離れた位置として導いたものである．

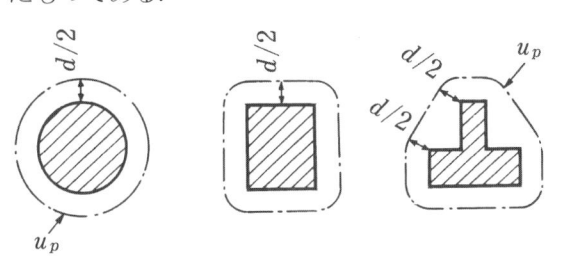

解説 図 2.6.6　照査断面

(4), (5)について 具体的な検討方法については文献[1]による.

参考文献
1) (公社)土木学会：コンクリート標準示方書[設計編], pp. 191-196, 2012.

6.2.4 ねじりに対する安全性の照査

（1） ねじりモーメントの影響が小さい部材および変形適合ねじりモーメントの場合は，ねじりに対する安全性の照査を省略してよい．ここに，ねじりモーメントの影響が小さい部材とは，設計ねじりモーメント M_{td} とねじり補強鉄筋のない場合の設計純ねじり耐力 M_{tcd} との比に構造物係数を乗じた値が，すべての断面において0.2未満のものをいう．

（2） 設計ねじりモーメント M_{td} とねじり補強鉄筋のない場合の設計ねじり耐力 M_{tud} が，すべての断面において，次式を満足する場合には，ねじりによる補強鉄筋量の照査を省略してよい．ただし，この場合は構造細目にしたがって，最小ねじり補強鉄筋を配置しなければならない．

$$\gamma_i M_{td} / M_{tud} \leqq 0.5$$

（3） 設計ねじりモーメント M_{td} が上式を満足しない場合には，ねじり補強鉄筋がある場合の設計ねじり耐力について照査を行い，ねじり補強鉄筋を配置しなければならない．

（4） ねじりモーメントと曲げモーメント，あるいはねじりモーメントとせん断力が同時に作用する場合は，おのおの相互作用の影響を考慮して安全性の照査を行わなければならない．

（5） 鉄骨鉄筋コンクリート部材のねじりに対する安全性の照査は，鉄骨を鉄筋に換算して（1）～（4）によって行ってよい．

【解 説】 （1）について 構造物の設計の観点からねじりモーメントを整理すると，つり合いねじりと変形適合ねじりに分類される．

つり合いねじりは構造系全体における力のつり合いを維持するために，ある部材が抵抗しなければならないねじりモーメントであり，このねじりモーメントを構造物の力のつり合いの計算において無視するとその構造全体の安定が成立しなくなる．開削トンネルでは開口部補強桁等につり合いねじりモーメントが生じる可能性がある．

一方，変形適合ねじりは，不静定構造物を構成する部材間の変形の適合によって生じるねじりモーメントであり，主として構造物の弾性範囲における変形に影響を与えるものである．一般に，コンクリート部材のねじり剛性は，ねじりによる斜めひびわれや塑性変形がコンクリートに生じると大幅に低下するため，不静定構造物のコンクリート部材がこのような状態に達した場合には，その部材に生じるねじりモーメントは非常に小さくなってしまう．

したがって，限界状態では変形適合ねじりが力のつり合い計算において無視できると考え，ねじりモーメントの作用下における断面破壊に対する安全性の照査は，つり合いねじりモーメントの場合についてのみ行うこととした．また，変形適合ねじりの場合は，部材断面のねじり剛性をゼロと仮定する必要がある．たとえば，横断方向の骨組解析で考慮していない開口部補強桁等のように解析モデルと異なる載荷状態となる部材は，ねじりに対する安全性の照査が必要になる場合がある．

（2）について ねじり補強鉄筋のない棒部材がねじりモーメントのみを受ける場合の設計ねじり耐力 M_{tud} は，次式により求めてよい．

$$M_{tud} = M_{tcd} \tag{解 2.6.10}$$

ここに，M_{tcd} ：設計純ねじり耐力

$$M_{tcd} = \beta_{nt} K_t f_{td} / \gamma_b$$

K_t ：文献[1]に示したねじり係数

β_{nt} ：プレストレス力等の軸方向圧縮力に関する係数

$$\beta_{nt} = \sqrt{1 + \sigma'_{nd} / (1.5 f_{td})}$$

f_{td} ：コンクリートの設計引張強度

σ'_{nd} ：軸方向力による作用平均圧縮応力度，ただし，$7 f_{td}$ を超えてはならない．

γ_b ：一般に1.3としてよい．

（3）について　ねじり補強鉄筋のある場合の設計ねじり耐力の照査は文献[2]による．さらに構造細目は文献[3]による．

（4）について　曲げモーメントM_dとねじりモーメントM_{td}が同時に作用する場合の設計ねじり耐力M_{tud}は，次式により求めてよい．

$$M_{tud} = M_{tcd}\left(0.2 + 0.8\sqrt{1 - \gamma_i M_d / M_{ud}}\right) \tag{解 2.6.11}$$

ここに，M_{ud}：第2編 6.2.2により求めた設計曲げ耐力

せん断力V_dとねじりモーメントM_{td}が同時に作用する場合の設計ねじり耐力M_{tud}は，次式により求めてよい．

$$M_{tud} = M_{tcd}\left(1 - 0.8\gamma_i V_d / V_{yd}\right) \tag{解 2.6.12}$$

ここに，V_{yd}：（解 2.6.6）により求めた設計せん断耐力

参考文献

1)（公社）土木学会：コンクリート標準示方書[設計編]，pp. 197-200，2012.
2)（公社）土木学会：コンクリート標準示方書[設計編]，pp. 200-204，2012.
3)（公社）土木学会：コンクリート標準示方書[設計編]，pp. 327-328，2012.

6.3 疲労破壊に対する照査

作用の中で変動作用が占める割合が大きく，繰返し回数が多い場合には，疲労破壊に対する構造物の安全性の照査しなければならない．

【解　説】　開削トンネルでは，変動作用の影響が大きい部材は少ないので疲労破壊に対する安全性の照査を行うことは少ない．ただし，多層ラーメン構造で大きな変動作用が直接載荷される中層スラブやはりは変動作用の占める割合が大きく，繰返し回数が多い場合は，以下により疲労破壊に対する安全性の照査をする必要がある．

1) 設計変動応力度σ_{rd}と設計疲労強度f_{rd}を部材係数で除した値に対する比に構造物係数を乗じた値が，1.0以下であることを確かめることを原則とする．

$$\gamma_i \sigma_{rd} / (f_{rd}/\gamma_b) \leqq 1.0 \tag{解 2.6.13}$$

ここに，設計疲労強度f_{rd}は，材料の疲労強度の特性値f_{rk}を材料係数で除した値とする．

2) 設計変動断面力S_{rd}と設計疲労耐力R_{rd}に対する比に構造物係数を乗じた値が，1.0以下であることを確かめることを原則とする．

$$\gamma_i S_{rd} / R_{rd} \leqq 1.0 \tag{解 2.6.14}$$

ここに，設計変動断面力S_{rd}は，設計変動作用F_{rd}を用いて求めた変動断面力$S_i(F_{rd})$に構造解析係数を乗じた値とする．設計疲労耐力R_{rd}は，材料の設計疲労強度f_{rd}を用いて求めた部材断面の疲労耐力$R_i(f_{rd})$を部材係数で除した値とする．

3) 疲労に対する安全性の照査において用いる部材係数は，一般に1.0から1.3の値としてよい．

6.4 躯体の安定に対する照査

躯体の安定性に関しては，次の事項について必要に応じて安全性を照査しなければならない．

1) 鉛直方向の支持に対する安定
2) 浮上がりに対する安定

【解説】 1)について 開削トンネルでは，トンネルの自重と内部荷重がその排土重量よりも軽く，施工前の先行荷重よりも小さくなる場合が多いので，地盤の支持力が設計上問題となることはまれである．

しかし，トンネル上部に構造物が載る場合，軟弱な粘性土に支持させる場合および施工時に支持地盤のゆるみ等の発生が予想される場合は，トンネル底面の地盤はトンネルと上部構造物の荷重を受けるため，トンネルおよび上部構造物の諸条件を考慮して地盤の支持力の照査を行う必要がある．

2)について 地下水位以下に施工される開削トンネルにおいては，以下に示すような場合には浮上がりに対する照査が必要である．また，深い位置に施工される場合でも構造物が大きい場合には，浮上がりに対する照査が必要である．

① 土被りの少ない場合
② 地下部から地上部への移行区間
③ 構造物が大きい場合

この場合，次式によりトンネルの自重と鉛直荷重の和と静水圧による揚圧力でつり合いを評価してよい．ここで，地下水位以下の鉛直荷重には水の影響を考慮するものとし，土の湿潤単位体積重量を用いて算定するものとする．また，上載土のせん断抵抗およびトンネル側面の摩擦抵抗を抵抗側に加味してよいが，舗装や路盤のせん断抵抗は含めない．なお，トンネルに防水工を施す場合の摩擦抵抗は通常とは異なるので，防水工の性状を考慮して実情に応じて適切に設定する必要がある．

$$\gamma_i \frac{U_S}{W_S + W_B + 2Q_S + 2Q_B} \leq 1.0 \qquad (解\ 2.6.15)$$

$$U_S = \gamma_f u_s B \ , \quad W_B = f_{ruw} w_B \ , \quad W_S = f_{ruw} p_v B$$

$$Q_S = f_{rus} H'(c_s + K_0 \sigma'_{vs} \tan \phi_s) \ , \quad Q_B = f_{rus} H(c_B + K_0 \sigma'_{vB} \tan \phi_B)$$

ここに， W_B ：開削トンネルの自重の設計用値
W_S ：鉛直荷重(水の影響を含む)の設計用値
Q_S ：上載土のせん断抵抗
Q_B ：開削トンネル側面の摩擦抵抗
w_B ：開削トンネルの自重の特性値
p_v ：水の影響を考慮した鉛直土圧力度の特性値
K_0 ：静止土圧係数
$\sigma'_{vs}, \sigma'_{vB}$ ：上載土中央深さおよび開削トンネル中央深さにおける土の有効上載圧
H' ：上載土の厚さ
c_s, c_B ：上載土および開削トンネル側面の粘着力
ϕ_s ：上載土のせん断抵抗角
H, B ：開削トンネルの高さと幅
ϕ_B ：開削トンネル側面の壁面摩擦角で， $\phi_B = 2\phi/3$ とする（ ϕ ：開削トンネル周辺地盤の土の内部摩擦角）
U_s ：開削トンネル底面の静水圧による揚圧力の設計用値
u_s ：第2編 3.4.6より算定される揚圧力度の特性値
γ_i, γ_f ：構造物係数と作用係数
f_{rus}, f_{ruw} ：浮上がりに関する地盤抵抗係数で， $f_{rus} = 0.3$ ， $f_{ruw} = 0.9$ とする

揚圧力の算定にあたっては，現在および将来の長期的な地下水位の変動について十分に照査する必要がある．浮上がり対策としては，次の方法がある．

① 構造物の部材厚を増すなどにより構造物の重量化を図る
② 杭の引抜き力で抵抗させる
③ 側壁や下床版にグラウンドアンカーを打設し揚圧力に抵抗させる

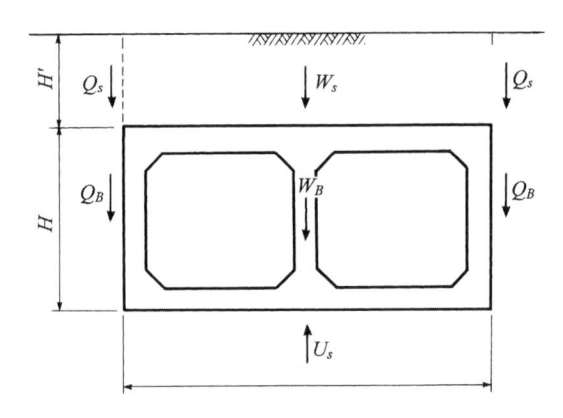

解説 図 2.6.7　地下水位以下の開削トンネルに作用する力

第7章　使用性に関する照査

7.1　一　般

（1）　開削トンネルの照査にあたっては，所要の使用性を設計耐用期間にわたり保持することを確認しなければばらない．

（2）　使用性に関する照査は，設計作用のもとで，すべての構成部材や構造物が使用性に対する限界状態に至らないことを確認しなければならない．

（3）　使用性の照査における限界状態は，外観，振動等の使用上の快適性や水密性，耐火性等の，構造物に求められる機能など，使用目的に応じて，応力，ひびわれ，変位，変形等の物理量を指標として設定することを原則とする．

【解　説】　（1），（2）について　構造物または部材は，設計耐用期間中，使用目的に適合する十分な機能を保持しなければならない．この場合に必要とされる機能には，所要の安全性のほかに，使用上の快適性，水密性，美観等の使用性と設計耐用期間中に十分に使用に耐えうる耐久性等がある．これらの使用性の限界状態を設定し，精度と適用範囲を明らかにした方法によって，使用性を照査しなければならない．第2編　第8章および第4編が満足されることを前提として，設計耐用期間中の材料の劣化を考慮することなく，トンネルの使用性を照査する方法について示すものである．材料の劣化が不可避な条件下では，別途，その影響を考慮した性能照査を行わなければならない．なお，トンネルの耐久性に関わるひびわれ幅の限界状態は，第2編　第8章で検討する．

　（3）について　使用上の快適性，それ以外の機能性に対する限界状態，照査指標としては，構造物の使用条件により種々の状態が考えられる．一般には，第2編 2.3に示す限界状態や照査指標が用いられる．この章では，使用上の快適性として外観，振動，変位，変形に対する照査，それ以外の機能性として水密性，火災による損傷に対する照査について示した．

　一般に開削トンネルは，周辺地盤と比べて見掛け上の比重が小さいため，トンネルが土被りのある安定した地盤中にある場合においては，周辺地盤に支持される形で安定しており，躯体の安定，変位，変形，漏水が設計上問題となることは少ない．したがって，一般に使用性の照査は，応力度，ひびわれに対して行えばよい．しかし，次の場合においては，躯体の安定，変位，変形，漏水が問題となることがあるため，各限界状態について検討する必要がある．

① 　軟弱地盤中にトンネルを施工する場合
② 　支持地盤が変化する場合
③ 　トンネル上部に構造物が設置される場合
④ 　周辺地盤で盛土や切土等の荷重変動が予想される場合
⑤ 　偏土圧を受ける場合
⑥ 　水位変動が大きい場合
⑦ 　高水圧が作用する場合

7.2　応力度の算定

部材断面に生じるコンクリートおよび鋼材の応力度の算定は，次の仮定にもとづくものとする．

1）　維ひずみは，部材断面の中立軸からの距離に比例する
2）　コンクリートおよび鋼材は，弾性体とする
3）　コンクリートの引張応力度は，一般に無視する
4）　コンクリートおよび鋼材のヤング係数は，第2編 第4章による

【解　説】　使用性に関する照査において，部材断面に生じる応力度を算定する際の仮定を示した．

7.3 応力度の制限

（1） 鉄筋コンクリート部材および鉄筋鉄骨コンクリート部材の応力度の制限値は，次のとおりとする．

　1） 永久荷重作用時のコンクリートの曲げ圧縮応力度および軸方向圧縮応力度の制限値は，コンクリートの圧縮強度の特性値の40％とする．

　2） 鋼材の引張応力度の制限値は，鋼材の降伏強度の特性値とする．

（2） コンクリート充填鋼管柱部材は，鋼管または鋼板の応力度に制限値を設定し，その制限値は引張降伏強度の特性値および圧縮強度の特性値とする．

【解 説】 （1）について　過度なクリープひずみ，大きな圧縮力に起因して生じる軸方向ひびわれ等を避けるために，コンクリートの圧縮応力度を制限することとした．なお，開削トンネルは地中構造物であるが，経時的な土水圧の作用に不確定要素が内在するため，二軸拘束状態における制限値の割増しは考慮しないものとする．

　鋼材については，コンクリートのひびわれ，鋼材の疲労等の検討を行えば，とくに応力度を制限する必要はないが，引張応力度が制限値を超えると，構造解析，応力度計算における仮定が成立しなくなること等の不都合が生じることから，降伏強度の特性値以下とした．

（2）について　鉄筋コンクリート部材および鉄骨鉄筋コンクリート部材に準じて，使用性に関する照査においては鋼管または鋼板の応力度を制限することとした．

7.4 外観に対する照査
7.4.1 照査指標

（1） 外観に対する照査は，外観がとくに重要な場合に行う．その場合，構造物の外観を工学的な照査指標により表し，第2編 第5章にしたがって算定された設計応答値が，要求性能に応じて設定された設計限界値を満足することを確認するものとする．

（2） 構造物の外観を，表面のひびわれ幅を照査指標として照査する場合は，第2編 7.4.2によるものとする．

（3） 構造物の外観を，変位，変形を指標として照査する場合は，第2編 7.5によるものとする．

【解 説】 （1）について　コンクリート構造物は，表面に発生するひびわれや汚れ等が，周囲に不安感や不快感を与えず，構造物の使用を妨げないようにするための性能を有していなければならない．

（2）について　コンクリート構造物の外観を損なう要因として，ひびわれ，汚れなどがある．このうち鉄筋コンクリートのひびわれは，外観に与える影響が大きく，かつ設計において制御可能であるので，外観の照査指標として設定されることがある．

　コンクリート構造物に発生するひびわれには多くの種類があるが，この節で対象とするのは荷重に起因するひびわれであって，とくに曲げモーメント，せん断力およびねじりモーメントによるものである．

　荷重によるひびわれの照査は，通常の使用状態における荷重条件のもとで行うこととする．なお，仮設時と完成時で構造系に変化がある場合には，断面力の算定においてその影響を考慮した上で照査を行う必要がある．

　なお，マスコンクリート等で材料および施工等に起因して発生するひびわれについても，可能な限り，設計段階で考慮することが望ましい．たとえば，施工段階で発生するセメントの水和熱による温度ひびわれや収縮によるひびわれに対する設計上の対策としては，ひびわれ制御鉄筋の配置，目地間隔の調整等が考えられる．このようなひびわれが問題となる場合には，文献[1]等を参考に検討するのがよい．また，施工時に作用した温度変化や供用開始前に生じた収縮等により鋼材に生じた引張応力の一部は，その後も残留することが確かめられている．この残留応力の大きさは，施工時に生じた引張応力，体積変化時のコンクリートの材齢，作用期間によって変化する．したがって，材料および施工等に起因して発生するひびわれを評価する場合には，荷重作用時のひびわれ状況を予測し，鋼材に生じている残留応力を適切に評価する必要がある．

なお，通常の使用状態においてひびわれの発生を許容しないPC構造においては，永続作用によるコンクリートの縁引張応力度が引張応力にならない場合，かつ永続作用と変動作用が組み合わされた場合のコンクリートの縁応力度が設計曲げひびわれ強度以下で所定の引張鋼材が配置されている場合，曲げひびわれ幅の検討を省略してよい．なお，汚れ等，他の外観を損なう要因に対しては，別途適切な方法により検討しなければならない．

1) 曲げひびわれ幅の算定式　曲げひびわれの性状は，多くの要因の影響を受けるが，これまでの研究によると，鋼材の種類，鋼材応力度の増加量，かぶり，コンクリートの有効断面積，鋼材径，鋼材比，鋼材の段数，鋼材の表面形状およびコンクリートの品質等がその主要因としてあげられる．曲げひびわれの検討は，一般に，次式によって求めたひびわれ幅wが，第2編 7.4.2に示される制限値以下であることを確かめなければならない．ここで，対象とする鋼材は，原則としてコンクリートの表面に最も近い位置にある引張鋼材とし，応力度は第2編 7.2にしたがって求めるものとする．なお，径が異なる鉄筋を組み合わせて用いる場合，引張降伏強度の特性値が490N/mm²以上の高張力異形鉄筋を用いる場合および繰返し荷重の影響がいちじるしい場合等では，適切なひびわれ幅の計算式を別途定めて検討するのがよい

$$w = 1.1 k_1 k_2 k_3 \{4c + 0.7(c_s - \phi)\}\left(\frac{\sigma_{se}}{E_s} + \varepsilon'_{csd}\right) \quad (解\ 2.7.1)$$

ここに，k_1 ：鋼材の表面形状がひびわれ幅に及ぼす影響を表す係数で，一般に異形鉄筋の場合に1.0，普通丸鋼の場合に1.3としてよい．

k_2 ：コンクリートの品質がひびわれ幅に及ぼす影響を表す係数で，次式による．

$$k_2 = \frac{15}{f'_c + 20} + 0.7$$

f'_c ：コンクリートの圧縮強度(N/mm²)．一般に，設計圧縮強度f'_{cd}を用いてよい．

k_3 ：引張鋼材の段数の影響を表す係数で，次式による．

$$k_3 = \frac{5(n+2)}{7n+8}$$

n ：引張鋼材の段数

c ：かぶり

c_s ：鋼材の中心間隔

ϕ ：鋼材径

ε'_{csd} ：コンクリートの収縮およびクリープ等によるひびわれ幅の増加を考慮するための数値

σ_{se} ：鋼材位置のコンクリートの応力度がゼロの状態からの鉄筋応力度の増加量

コンクリート収縮およびクリープ等によるひびわれ幅の増加を考慮するための数値ε'_{csd}は，既往の設計事例を踏まえて設定するほか，文献[2]に準拠して設定してよい．なお，既往の設計では150×10⁻⁶が多く用いられている．

2) 曲げひびわれ幅の検討を省略できる部材の取扱い　永久荷重による鋼材応力度の増加量が**解説 表 2.7.1**に示す制限値以下であれば，曲げひびわれ幅の検討を省略することができる．

解説 表 2.7.1　ひびわれ幅の検討を省略できる場合の永久荷重によって生じる鉄筋応力度の増加量σ_{se}の制限値(N/mm²)

常時乾燥環境	乾湿繰返し環境	常時湿潤環境
140	120	100

3) せん断ひびわれの検討　せん断ひびわれは，トンネルの耐久性，水密性あるいは気密性の低下に大きな影響を及ぼすことがあるので，必要に応じて十分な検討をしなければならない．一般に，設計せん断力V_dがせん断補強鉄筋を用いないコンクリートのみのせん断耐力V_{cd}の70%より小さい場合には，せん断ひびわれの検討を行わなくてもよい．ただし，この場合，γ_b，γ_cは一般に1.0とする．設計せん断力V_dがせん断耐力V_{cd}の70%より大き

い場合には，せん断ひびわれの発生メカニズムが曲げひびわれと異なるので，別途，適切な方法で検討しなければならない．しかし，現状ではせん断ひびわれについての研究は少なく，棒部材の場合，スターラップのひずみが$1000×10^{-6}$以下および使用時荷重が終局時荷重の50〜70%程度ならば，せん断ひびわれ幅は問題とならないとの報告もあるが，一般に永久荷重作用時のせん断補強鉄筋の応力度が**解説 表 2.7.1**の値よりも小さいことを確認すれば，詳細な検討を行わなくてもよい．この場合，永久荷重作用時のせん断補強鉄筋の応力度は，文献[3]により算定してよい．

4) ねじりひびわれの検討　ねじりひびわれ発生時のねじりモーメントをもとにしたねじり補強鉄筋のない場合の設計ねじり耐力M_{tud}より設計ねじりモーメントM_{td}が小さい場合には，ねじりひびわれは発生しにくい．したがって，安全を考えて，設計ねじりモーメントM_{td}が，ねじり補強鉄筋のない場合の設計ねじり耐力M_{tud}の70%より小さい場合には，ねじりひびわれの検討を行わなくてもよい．ただし，この場合，γ_b，γ_cは一般に1.0とする．設計ねじりモーメントM_{td}が，ねじり補強鉄筋のない場合の設計ねじり耐力M_{tud}の70%より大きい場合には，適切な方法によって，ねじりひびわれの検討を行わなくてはならない．ただし，この場合でも，せん断ひびわれの場合と同様に，永久荷重によるねじり補強鉄筋の応力度が**解説 表 2.7.1**の値よりも小さいことを確認すれば，詳細な検討を行わなくてもよい．

参考文献
1) (公社)土木学会：コンクリート標準示方書［施工編］，pp. 171-176，2012.
2) (公社)土木学会：コンクリート標準示方書［設計編］，pp. 223-226，2012.
3) (公社)土木学会：コンクリート標準示方書［設計編］，pp. 226-229，2012.

7.4.2　外観に対するひびわれ幅の制限値

外観に対するひびわれ幅の制限値は，構造物の表面が使用者の目に触れる度合い，ひびわれが確認されたときに使用者が感じる不快感の程度などに応じて設定するものとする．

一般的な鉄筋コンクリート構造の場合，外観に対するひびわれ幅の設計限界値は，0.3mm程度としてよい．

【解　説】　通常の使用状態においてひびわれの発生を許容する鉄筋コンクリート構造物ひびわれ幅の照査は，ひびわれ幅を照査指標として行うことが多い．この場合，ひびわれ幅の制限値は，評価が心理的な影響を受けることを考慮し，外観上問題のない値とする必要がある．過去の実績および経験により，外観上のひびわれ幅の制限値は一般に0.3mm程度としてよい．

7.5　変位および変形に対する検討

（1）　構造物または部材の変位，変形が，トンネルの機能を損なわないことを適切な方法によって検討しなければならない．

（2）　構造物または部材の短期および長期の変位，変形量は，それぞれの許容変位，許容変形量以下となることを確かめなければならない．

【解　説】　（1）について　軟弱地盤に設置されるトンネルで，トンネル上部に直接他の構造物が設置される場合や現地盤より高い盛土が行われるなど増加荷重が予想される場合および地盤沈下が進行中の場合には，沈下に対する検討を行う必要がある．沈下量の評価はトンネルの用途に応じた各企業者の構造物整備規準，管理規準等にしたがって，その絶対量，相対量を判定する．

沈下対策には，トンネルの使用目的に支障が生じない程度の沈下を許容する方法と，構造物の沈下を抑止する方法がある．沈下を許容する方法としては，次の方法がある．

① 内空寸法や勾配等に余裕を持たせる
② 継目には伸縮可とう継手を設ける

③ 構造物の耐力に余裕を持たせる

また，沈下を抑止する方法としては，次の方法がある．
① 杭により基礎の支持力を増す
② 締固めや注入，固結等による地盤改良を行う
③ 盛土等による圧密工法や各種ドレーンによる排水工法により圧密沈下を促進させる

部材の長さがその断面高さに比べて十分に短い場合には，変位と変形の検討を省略してよい．ただし，コンクリートの収縮やクリープ等による長期の変位や変形が無視できない場合は，長期に対する検討を行う必要がある．

7.6 振動に対する検討

変動荷重による振動が，トンネルの使用性を損なわないことを適切な方法によって検討しなければならない．

【解　説】　一般にトンネルは，周辺地盤に支持されているため振動が問題となることはまれであるが，中間スラブに列車や自動車等の活荷重が載荷される場合や他の施設と合築あるいは近接する場合等では，使用上で不快感を抱かせる場合がある．このような場合には，部材の断面寸法の変更や重量化，発生源の防振構造化や防振対策等を講じるのがよい．

7.7 水密性に対する照査

水密性に対するひびわれの検討は，水密性がとくに重要な場合に行う．その場合，ひびわれ発生の制御もしくは要求される水密性に対して，問題ないと考えられる許容ひびわれ幅を設定し，第2編 第8章に準じて検討を行ってよい．

【解　説】　水密性に対するひびわれ発生制御もしくは許容ひびわれ幅は，要求される水密性の程度および卓越する作用断面力の種類にもとづき，一般に，解説 表 2.7.2を目安にしてよい．

高い水密性が要求される場合には，ひびわれ制御のみならず，防水工も併せて考慮する必要がある．防水工の適用に際しては，要求される水密性の程度，周囲の環境条件，ひびわれ幅の変動等を考慮して，所要の水密性，耐久性，ひびわれ追従性，施工性を有する防水材を選定するとともに，適用箇所および範囲を定める必要がある．また，必要に応じて，打継目やプレキャスト部材接合部等の水密性に関して弱点となりやすい箇所にも防水工を考慮すべきである．なお，これらの設計に際しては，第2編 第11章を満足させる必要がある．

解説 表 2.7.2　水密性に対するひびわれ発生制御および許容ひびわれ幅の目安(mm)

要求される水密性の程度		高い水密性を確保する場合	一般の水密性を確保する場合
卓越する作用断面力	軸引張力	—	0.1
	曲げモーメント	0.1	0.2

7.8 耐火性に対する照査

コンクリートがかぶりに応じた所要の耐火性を満足すれば，火災等によって構造物の所要の性能は失われないとしてよい．

【解　説】　コンクリート構造物の耐火性は，主にかぶりとコンクリート自体の耐火性に依存する．なお，一般的な環境下においては耐久性を満足するかぶりの値に20mm程度を加えた値を最小値とすれば，耐火性に対する照査は省略してよい．

第8章　耐久性に関する照査

8.1　一　般
（1）　構造物が，所要の耐久性を設計耐用期間にわたり保持することを照査しなければならない．
（2）　中性化および塩害による鋼材腐食，化学的侵食あるいは，凍害によるコンクリートの劣化により，構造物の性能が損なわれないことを照査しなければならない．なお，これらが複合する場合には，その影響を考慮するものとする．

【解　説】　　(1)について　構造物が設計耐用期間にわたり所要の性能を確保するためには，環境作用による構造物中の材料劣化等による部材の変状が設計耐用期間中に生じないようにするか，あるいは材料劣化等による部材の変状が生じたとしても供用上問題はない範囲にとどまるように設計するのが一般的である．本示方書は前者の方法による耐久性の照査方法を示しており，本示方書に示す安全性，使用性および復旧性の照査方法は，本章の耐久性の照査を行うことを前提としている．

(2)について　これらの照査方法は文献[1]に準じることが基本となるが，トンネルが置かれる環境条件を総合的に勘案しなければならない．その際，耐久性に影響を与える因子は，それらが単独で作用する場合のほか，複数の因子が複合して作用するのが普通であるが，卓越する因子の影響を独立に評価することで十分な場合も多い．また，現時点では複合作用の影響を考慮した照査技術が十分には確立されていない．そこで，第2編 8.2～8.3には個々の影響因子に対する性能照査の方法を示すこととした．しかし，複合作用を受ける場合には，単独作用の場合に比べて，トンネルの劣化が進むことが多いので，その影響がいちじるしい場合には，安全係数を大きくとるなどの対応が必要である．

参考文献
1) (公社)土木学会：コンクリート標準示方書[設計編]，pp. 144-164，2012.

8.2　鋼材腐食に対する照査
与えられた環境条件のもと，設計耐用期間中に，中性化や塩化物イオンの侵入等に伴う鋼材腐食によって構造物の所要の性能が損なわれてはならない．一般に，以下の1)を確認した上で，2)，3)の照査を行うことを原則とする．ただし，供用期間がとくに短い場合や仮設構造物等において，所要の耐久性を有することが明らかな場合は省略してもよい．
1)　コンクリート表面のひびわれ幅が，鋼材腐食に対するひびわれ幅の限界値以下であること．
2)　中性化深さが，設計耐用期間中に鋼材腐食発生限界深さに達しないこと．
3)　鋼材位置における塩化物イオン濃度が，設計耐用期間中に鋼材腐食発生限界濃度に達しないこと．

【解　説】　　一般に，トンネルの性能が低下するのは，コンクリートに鋼材腐食に対するひびわれが生じた以降であるとされているが，現時点では，鋼材腐食と構造物の性能との関係について定量的な評価がなされた研究成果が少ないこと，漏水の有無による鋼材腐食の進行速度の違いを定量評価できるデータが十分には蓄積されていないことから，一般的なコンクリート構造物と同様に，劣化因子の侵入による鋼材の腐食が生じないことを照査するものとした．ただし，これらが適切に考慮できる場合には，実情に応じて照査してもよい．とくに，既往の開削トンネルの健全度調査結果では，外側鉄筋よりも内側鉄筋の腐食が進行することが報告されており，トンネルの外側と内側で異なった限界値を選択することも勘案すべきである．

1)について　鋼材腐食に対するひびわれ幅の限界値は，鉄筋コンクリートの場合，$0.005c$（cはかぶり）とする．ただし，0.5mmを上限とする（適用できるかぶりが100mm以下）．しかし，この値は確定的なものではないので，使用目的や環境条件，ひびわれ幅の算定方法と併せて実情に応じて限界値を設定してもよい．

なお，鉄筋コンクリートの場合は，永続作用による鋼材応力度が**解説 表 2.8.1**の制限値を満足することにより，ひびわれ幅の検討を満足するとしてよい．

解説 表 2.8.1 ひびわれ幅の検討を省略できる部材における永続作用による鉄筋応力度の制限値σ_{sl1}（N/mm²）

環境条件	σ_{sl1}	具体的な例
乾燥環境	140	外気と同環境にあり，雨水や漏水の影響を受けないと考えられる場合（坑口部，立坑など）
乾湿繰返し環境	120	乾燥環境以外の躯体の内空側など
常時湿潤環境	100	乾燥環境以外の躯体の地山側など

なお，ひびわれ幅の応答値は第2編 第7章により算出すること．

<u>2)について</u>　中性化深さの設計値y_dの鋼材腐食発生限界深さy_{lim}に対する比に構造物係数γ_iを乗じた値が，1.0以下であることを確かめることにより行うことを原則とする．なお，普通ポルトランドセメントを用いてコンクリートの水セメント比を50%以下とし，30mm以上のかぶりがある場合は，一般に中性化に関する検討を行わなくてよい．

$$\gamma_i \frac{y_d}{y_{lim}} \leq 1.0 \tag{解 2.8.1}$$

ここに，γ_i　：構造物係数（一般に1.0，ただし重要構造物に対しては1.1）
　　　　y_{lim}　：鋼材腐食発生限界深さ
　　　　　　　$y_{lim} = c - \Delta c_{ce}$
　　　　c　：かぶり
　　　　Δc_e　：施工誤差（一般に10mm，ただし塩分環境下では10〜25mm）
　　　　y_d　：中性化深さの設計値
　　　　　　　$y_d = \gamma_{cb} \alpha_d \sqrt{t}$，　　$\alpha_d = \alpha_k \beta_e \gamma_c$
　　　　α_k　：中性化速度係数の特性値（mm/$\sqrt{年}$）
　　　　c_k　：中性化残り（一般に10mm，塩分環境下では10〜25mm）
　　　　t　：中性化に対する耐用年数（一般に，上式で算出する中性化深さに対しては，100年を上限とする）
　　　　β_e　：環境作用の程度を表す係数
　　　　γ_{cb}　：中性化深さの設計値y_dのばらつきを考慮した安全係数（一般に1.15，ただし，高流動コンクリートを用いる場合には1.1）
　　　　γ_c　：コンクリートの材料係数（一般に1.0，ただし，ブリージングが生じやすい上面の部位に関しては1.3とするのがよい．なお，構造物中のコンクリートと標準養生供試体の間で品質に差が生じない場合は，すべての部位において1.0としてよい）

中性化速度係数の特性値α_kは文献[1]に準じて算出するものとする．また，既往の開削トンネルの健全度調査結果では，地山側よりも内空側のほうが中性化の進行がはやく，地山側ではほとんど進行していないことが確認されていること，内空側においても立坑等の外気と接する場合を除き，中性化の進行が遅いことが確認されている．これらの影響は，文献[1]を参考とするほか，トンネルの置かれる環境にもとづき，環境作用の程度を表す係数β_eで考慮してよい．

<u>3)について</u>　鋼材位置における塩化物イオン濃度の設計値C_dの鋼材腐食限界濃度C_{lim}に対する比に構造物係数γ_iを乗じた値が，1.0以下であることを確かめることにより行うことを原則とする．なお，感潮部などの塩害環境がとくに厳しい場合や，腐食を許容出来ない場合は，拡散係数の小さいコンクリートを用い，かぶりを大きくしても照査を満足することが困難なことがある．この場合には，使用性における水密性の向上を図るほか，耐食性

が高い補強材や防錆処理を施した補強材の使用，鋼材腐食を抑制するためのコンクリート表面被覆，あるいは腐食の発生を防止するための電気化学的手法等，塩化物イオンの侵入を抑止する対策を行うのがよい．また，その効果は，維持管理計画を考慮した上で，適切な方法により評価することとする．

塩化物イオン濃度の設計値C_dの鋼材腐食限界濃度C_{lim}については，文献[1]に準じて算出するものとする．ただし，漏水に含まれる塩化物イオンの侵入を照査する場合，表面の塩化物イオン濃度は，類似の実測結果を参考に算出するのがよい[2]．

$$\gamma_i \frac{C_d}{C_{lim}} \leq 1.0 \qquad (解\ 2.8.2)$$

ここに，γ_i：構造物係数(一般に1.0，ただし重要構造物に対しては1.1)
　　　　C_{lim}：鋼材腐食発生限界濃度
　　　　C_d：鋼材位置における塩化物イオン濃度の設計値

また，外部から塩化物イオンの影響を受ける環境の場合には，構造物のかぶりを粗骨材の最大寸法の3/2倍以上とするものとする．一方，外部から塩化物イオンの影響を受けない場合には，練混ぜ時にコンクリート中に含まれる塩化物イオン濃度の総量が0.3kg/m³以下であれば，塩化物イオンによって構造物の所要の性能は失われないとしてよい．ただし，応力腐食が生じやすいPC鋼材を用いる場合などでは，この値をさらに小さくするのがよい．

参考文献
1) (公社)土木学会：コンクリート標準示方書[設計編]，pp. 144-148，2012.
2) 武藤義彦，小西真治，諸橋由治，仲山貴司，牛田貴士：地下鉄箱型トンネルの塩害範囲に関する研究，土木学会論文集F1, Vol. 70, No. 3, pp. I_75-I_82, 2014.

8.3　コンクリートの劣化に対する照査

　コンクリートの劣化により耐久性が損なわれる条件下にあるトンネルにおいては，耐久性が損なわれないように，以下の項目について検討しなければならない．
　1)　凍害に対する照査
　2)　化学的侵食に対する照査

【解　説】　1)　凍害に対する照査について　一般の環境の場合には照査を行わなくてもよい．しかしながら，コンクリートが凍結する恐れのあるトンネルでは，文献[1]に準じて検討しなければならない．

　2)　化学的侵食に対する照査について　化学的侵食とは，侵食性物質とコンクリートとの接触によるコンクリートの溶解や劣化のほか，コンクリートに侵入した侵食性物質がセメント組成物質や鋼材と反応し，体積膨張によるひびわれやかぶりのはく離等を引き起こす劣化現象等である．一般の環境の場合には照査を行わなくてもよい．しかしながら，化学的侵食により耐久性が損なわれる恐れのあるトンネルでは，文献[1]に準じて検討しなければならない．なお，下水道環境や温泉環境などのとくに厳しい条件の場合には，かぶりを大きくしても照査を満足することが困難なことがある．この場合には，使用性における水密性の向上を図るほか，コンクリート表面被覆，腐食防止処理を施した補強材の使用などの対策を行うのがよい．

参考文献
1) (公社)土木学会：コンクリート標準示方書[設計編]，pp. 157-161，2012.

第9章　耐震性に関する照査

9.1　耐震性照査の基本

9.1.1　一般

（1）　耐震性に関する要求性能は，地震作用に対する安全性，使用性ならびに復旧性の観点から総合的に考慮する．

（2）　耐震性に関する照査は，地震時および地震後の構造物の安全性を確保するとともに，人命や財産の損失を生じさせるような壊滅的な損傷の発生を防ぐこと，および地域住民の生活活動に支障を与えるような機能の低下を極力抑制することを目標としなければならない．

（3）　耐震性に関する照査は，地震時および地震後に対する安全性，使用性，ならびに地震後の修復性を総合的に考慮するための性能として，第2編 9.1.3に示す耐震性能を設定し，第2編 9.4に示す耐震性能に応じた限界値を設定して照査するものとする．

（4）　開削トンネルの耐震性の照査にあたっては，横断方向，縦断方向ごとに，構造物および地盤の特徴を十分に把握したうえで，想定する地震動と耐震性能照査手法を定めて，構造物の耐震安全性を確認しなければならない．また，トンネル周辺地盤の安定性についても確認しなければならない．

【解　説】　（1）について　地震作用に対する要求性能として耐震性を定義し，構造物の地震時および地震後の安全性，使用性ならびに地震後の復旧性などのそれぞれの要求性能を総合的に考慮して限界状態を設定する必要がある．なお，復旧性は，損傷に対する修復の難易度(修復性)のみならず，被災後の点検のしやすさや復旧資材の確保などのハード面や，復旧体制等のソフト面の整備の有無に大きく左右される．本示方書では，これらの復旧性のうち，構造部材の損傷に関わる修復性を照査の対象とする．

構造物の保有すべき耐震性能について，文献[1]では，耐震性能を3段階に設定し，耐震性能1は使用性の照査，耐震性能2は修復性の照査，耐震性能3は安全性の照査の中で実施することにしており，本示方書においても，それに準じて，安全性，使用性，修復性を包含した地震作用に対する要求性能として耐震性を設定して照査する方法を用いるものとする．

（2）について　土木構造物は公共性の高いものであり人命を確保することは無論のこと，構造物の使用目的によっては，社会的，経済的な観点から，供用期間中に発生する確率がきわめて小さい地震動に対しても構造物の機能の低下を極力抑制し，地震後の地域住民の生活や生産活動が速やかに回復できるような構造物とする必要がある．

（3）について　地震時，地震後に対する安全性，使用性，ならびに地震後の修復性を総合的に考慮するための性能として，従来から用いられている耐震性能を位置付けて照査することとした．

（4）について　地中構造物の地震時挙動には周辺地盤の地震応答性状が支配的な影響をもつため，トンネルの構造特性，周辺地盤の特性，設計地震動等の各種条件をよく把握し，それらの条件を適切に反映させることができ，トンネルの応答値が必要な精度で得られる解析手法を用いて耐震設計を行うことが重要である．

地盤を深さ方向に見た場合，地震により地盤にせん断変形が発生し，これが開削トンネル横断方向に作用すると横断面をせん断変形させる．とくに，地盤が軟弱な場合やかたい地盤とやわらかい地盤の境界部では地盤ひずみが大きくなることから，このような箇所の開削トンネルに対しては，横断方向の耐震性確保について十分に検討しなければならない．

一方，地盤を構成する地層の層厚，土質定数，あるいは基盤面の深さ等は，通常トンネル縦断方向に一様ではない事が多く，その場合地震時の挙動も箇所ごとに異なったものとなる．これが，トンネル縦断方向の伸縮変形や曲げ変形の発生要因となる．とくに，台地と平野部の境界や埋積谷地形では地盤条件が急変することがあるため，縦断方向の耐震設計が必要となる．また，構造物の剛性がいちじるしく変化する場合やトンネル上部に構造物が設置される場合等，地盤変位以外で地震の影響を受ける構造物を含む場合等も，地震の影響で縦断方向に大

きな変形が生じる場合があるため，縦断方向の耐震設計を行わなければならない．

浅い位置に存在する緩い砂質地盤は，地震時に液状化する可能性がある．トンネル周囲の地盤が液状化した場合，トンネル底版に揚圧力が作用し，トンネルに浮上がりが生じるおそれがある．また，傾斜地形や水際に近い場合では側方流動が発生する可能性もある．さらに，液状化の原因である過剰間隙水圧が地震後に消散したあとは，逆に地盤沈下が発生することもある．したがって，開削トンネルの耐震設計は前述の地盤変位に対する構造物の耐震安全性に加えて，周辺地盤の安定についても確認しなければならない．

参考文献
1）（公社）土木学会：コンクリート標準示方書［設計編］，pp. 250-251，2012．

9.1.2 照査に用いる地震動

照査に用いる地震動は，地震の規模，震源特性，震源から建設地点に至るまでの地層構造，伝播特性および距離，建設地点における地形，地質，地盤条件等を考慮して設定するのを原則とする．

一般の場合，次の2つの地震動を照査に用いる地震動としてよい．
1) 構造物の設計耐用期間内に数回発生する大きさの地震動（レベル1地震動）
2) 構造物の設計耐用期間内に発生する確率のきわめて小さい強い地震動（レベル2地震動）

【解 説】　レベル1地震動は，多くの土木構造物に対して従来から設定されていた地震外力に相当する．レベル2地震動は，陸地近傍に発生する大規模なプレート境界地震に加えて，いわゆる内陸型の直下地震をも対象とするものである．設計で想定する地震動については，地震動のレベルをその発生頻度やコンクリート構造物に想定される損傷程度と対応させて，多段階に設定することも考えられるが，地震動の予測精度や構造物の損傷の算定精度が必ずしも十分とは言えない現状では，2段階でよいこととした．

9.1.3 構造物の耐震性能

想定される地震動に対して，構造物の重要度に応じた耐震性能を定め，それを確保することを基本とする．

【解 説】　構造物が保有すべき耐震性能は，構造物の用途，構造物の損傷が人命および機能に与える影響，二次災害の防止，復旧に要する時間や費用等を勘案して定めなければならない．一般には以下の3つが考えられる．
1) 耐震性能1　地震時に機能を保持し，地震後にも機能が健全で補修をしないで使用が可能な性能である．地震時に部材に発生する力が部材の降伏荷重に至っておらず，周辺地盤の安定が確保されていれば，この耐震性能を満足していると考えてよい．
2) 耐震性能2　地震後に構造物の使用に必要な耐力が保持され，構造物の機能が短時間で回復できる状態とする性能である．一般には，地震時に各部材はせん断破壊しないとともに，応答変位が終局変位に至っておらず，かつ，周辺地盤の安定が確保されていれば，この耐震性能を満足していると考えてよい．ただし，補修や補強に困難が伴う部材に対しては，上記よりも厳しい制限値を設け，応答値が許容限度内になることを確認する．
3) 耐震性能3　地震後に構造物が修復不可能となったとしても，構造物全体系が崩壊しない状態とする性能である．

開削トンネルは地上構造物に比べ補修，補強がきわめて困難である．目標性能を定める際には，このことに十分に留意しなければならない．前述の地震動レベルと上記の耐震性能の組合わせを一律に論じることは困難であるが，一般的には次の対応が考えられる．
① レベル1地震動に対して耐震性能1を満足する
② レベル2地震動に対して耐震性能2または耐震性能3を満足する

9.1.4 開削トンネルの耐震構造計画

耐震構造計画にあたっては，構造物が全体系として所要の耐震性能を保有しやすいように建設地点における地形，地質，地盤の特性および周辺構造物への影響を考慮しなければならない．

【解 説】 構造計画にあたっては，一般に，次の事項を考慮する．

1) 開削トンネルの耐震構造計画について　地震時の安全性，地震発生後の復旧性を勘案して適切な構造計画を設定する必要がある．とくに，復旧性には，構造物周辺の環境状況に大きく影響されるが，開削トンネルの場合は一般に，復旧のための構造物への進入路や作業ヤードの確保が困難であることに留意して，とくに補修が困難な部材が損傷を受けにくくするなどの配慮を行う必要がある．

2) トンネルの横断方向の構造計画について　地震時の地盤の深さ方向の変位分布を考慮する．とくに次の場合には大きな影響を受けると考えられるため，十分な耐震上の配慮が必要である．
　　①地震時に大変位の生じる軟弱地盤中にある場合
　　②軟弱地盤と硬質地盤の境界あるいはその近傍にある場合

3) トンネルの縦断方向の構造計画について　トンネルに沿う地盤条件や構造条件の変化部等ではトンネルに相対変位が生じ，軸方向の伸縮や直角方向の曲げ，せん断に伴う大きな応力が発生するため，この応力に配慮する必要がある．すなわち，条件変化が急激な場所では，可とう性継手を設けて相対変位を吸収し，大きな応力を発生させないようにする方法を採用し，条件変化が小さい場所では，配力鉄筋で抵抗させる方法や適切な間隔に止水可能な伸縮継手を入れて変位を吸収する方法を採用することが一般的である．

4) 液状化に対する配慮について　躯体や継手部分からの浸水等の防水対策や地盤の液状化に起因する浮上がり等に対しても検討する．地盤の液状化に起因する側方流動が構造物に荷重として作用しないように配慮することが大切である．また，地盤の液状化やこれに起因する地盤の側方流動は，地中構造物の耐震性に大きな影響を与えるため，耐震設計にあたっては地盤の安定性を十分に検討しなければならない．

5) 隣接する構造物との連成作用について　隣接している構造物の動的特性，地盤条件等が相違する場合，一方の構造物の応答が他方の構造物のそれに影響を与え，思わぬ被害に結びつくことがある．構造計画にあたっては，このことを考慮に入れておかなくてはならない．

9.1.5 耐震設計の手順

開削トンネルの耐震設計は，次の手順により行う．
1) 周辺地盤の安定性の判定とトンネル構造物への影響評価，対策の検討
2) 構造解析
3) 安全性の照査

【解 説】 解説 図 2.9.1に開削トンネルの耐震設計の一般的な手順を示す．開削トンネルの耐震設計においては，構造部材の断面力や変形等の構造解析に先立ち，周辺地盤の安定性について検討しなければならない．周辺地盤の安定性に関わる検討項目には，飽和した緩い砂質土地盤の液状化および液状化に伴うトンネル本体の浮上がり，側方流動および地盤沈下，傾斜地盤における地盤変位，軟弱粘性土地盤における地盤強度の低下による影響等が考えられる．なお，液状化の予測および判定方法は第2編 **9.4.5**による．

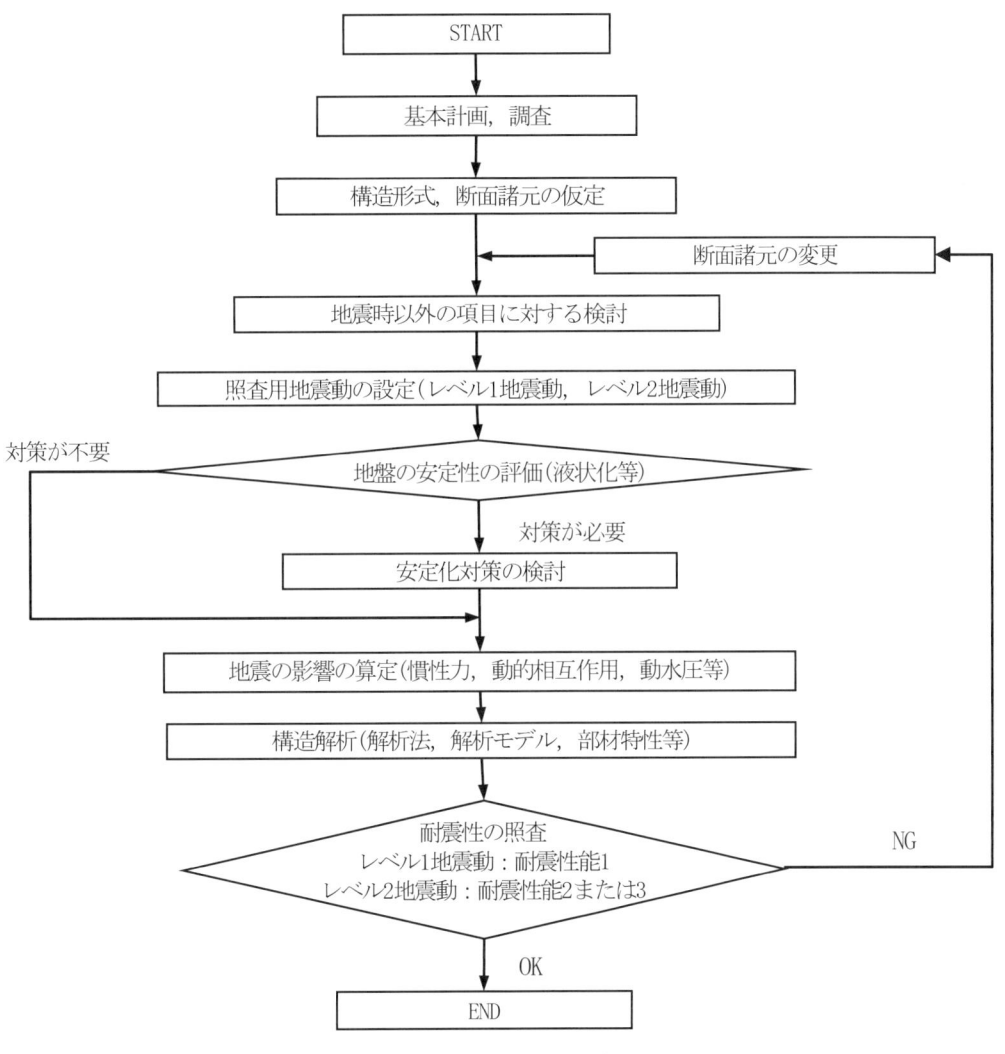

解説 図 2.9.1 耐震設計の手順

9.2 耐震設計で考慮する作用
9.2.1 考慮すべき作用
耐震設計にあたっては，次に示す作用を考慮しなければならない．
1) 自重
2) 地表面上の荷重
3) 土被り荷重
4) 土圧および水圧または側圧
5) 揚圧力
6) トンネル内部の荷重
7) 地震作用
8) その他の作用

【解 説】 耐震設計において考慮すべき作用とその組合わせは，一般に，第2編 第3章によるほか，地震時の地盤および構造物の相互作用を適切に考慮しなければならない．地震の作用としては，構造物の質量に起因する慣性力および地盤変位にもとづく作用を考慮することを基本とする．地盤と構造物を一体とした動的解析を行う場合は，地震動の入力により自動的にこれらの作用が考慮されることになる．一方，地盤と構造物を分離した応答変位法等の静的解析を行う場合は，地盤のみの解析によって得られる地盤変位や周面せん断力，応答加速度から

求まる慣性力が地震作用となる．

なお，周辺地盤が液状化する場合は過剰間隙水圧，液状化地盤による動水圧，側方流動圧等に関しても必要に応じて考慮する．

耐震設計に用いる作用係数は，一般に1.0としてよい．

6)について　トンネルの活荷重については，必要に応じて考慮する．

9.2.2　設計地震動

（1）　開削トンネルの耐震性の照査では，設計地震動を耐震設計上の基盤面で定義することを基本とする．

（2）　耐震設計上の基盤面は，地形および地盤条件，構造物の地盤内での位置等を考慮して定める．

（3）　設計地震動は，構造物，地盤等の特性を考慮し，かつ耐震設計手法に応じて設定する．

【解　説】　（1）について　設計地震動はトンネル周辺の耐震設計上の基盤面以浅の表層地盤の挙動に大きく影響される．このため，開削トンネルの耐震設計では，設計地震動を耐震設計上の基盤面で定義し，表層地盤の地震応答を算出することを基本とした．

（2）について　耐震設計上の基盤面としては，建設地点においてある程度の平面的広がりをもち，十分に堅固な地層の上面に設定することを基本とする．十分に堅固な地層とは，支持力が十分にあり，せん断弾性波速度が概ね400m/s以上の連続地層で，上層とのせん断弾性波速度の差が十分に大きく，下層とのせん断弾性波速度の差が小さい地層の上面とする[1]．一般に，砂質土でN値50以上，粘性土でN値25以上の連続地層で，その上層との剛比が大きい場合は，この条件を満たすと考えてよい．ただし，構造物の一部が上記の地層中に位置する場合および構造物の底面が上記の地層に近接する場合は，解析上の基盤面を構造物の底面より下方に設定するのがよい．

なお，解析上の基盤面と耐震設計上の基盤面の物性値や深さが大きく異なる場合は両者における地震動が大きく異なることが予想されるため，地盤の地震応答解析を実施し，耐震設計上の基盤面に入力する地震動の調整を適宜行わなければならない．

（3）について　設計地震動の定義の方法としては，建設地点における地震活動度にもとづいて，地震の規模（マグニチュード）と震源距離を設定し，最大振幅や応答スペクトルの期待値を設定する方法が従来から用いられてきたが，最近では断層モデルを想定し，断層の破壊メカニズムと断層から建設地点までの伝播特性を考慮して地震動を設定する方法も用いられてきている．したがって，設計地震動は構造物，地盤等の特性を考慮し，建設地点での過去の地震活動や活断層の有無等も吟味した上で，最善の方法を選択しなければならない．

耐震設計上の基盤面における設計地震動は設計手法により最大振幅，応答スペクトルおよび時刻歴波形で定義するものがある．採用する解析手法によっては最大振幅や応答スペクトルとして定義する場合でも，時刻歴波形が必要となる場合もある．このような場合は，実地震動記録を調整するなど位相特性を別途定義して適切な時刻歴波形を設定しなければならない．

また，表層地盤の条件によって基盤面における地震動は異なったものになるので，時刻歴波形の取扱いには十分に留意しなければならない．なお，基盤面での応答スペクトルについては，資料編【2-3】を参照のこと．

参考文献
1)（公社）土木学会：コンクリート標準示方書[設計編], p254, 2012.

9.3　応答値の算定および解析モデル

9.3.1　一　般

開削トンネルの応答値は，次の事項を考慮して算定しなければならない．

> 1) 地盤の地震時応答特性
> 2) 地盤および構造物の相互作用
> 3) 地盤および構造物の材料非線形特性

【解　説】　開削トンネル等の地中構造物の地震挙動は，構造物と地盤の相互作用の結果として得られる．地震時の相互作用としては，慣性力に起因するものと地盤変形に起因するものがあるが，トンネルは大きな内空を有することから慣性力の影響は小さく，地盤変形の影響が支配的となる．よって，トンネルの応答値の算定においては，地盤の地震時応答と地盤および構造物の地震時剛性を適切に評価した相互作用解析を実施し，応力，変形を解析することが重要である．これら応答値の算定に用いる構造解析の手法には，様々なものが提案されているが，その目的や種類に応じた適切な方法を用いる必要がある．

9.3.2　横断方向の応答値の算定

> （1）　開削トンネルの横断方向の応答値の算定は，動的解析法によることを基本とする．ただし，構造物や地盤が単純な場合で，構造物と地盤の動的な相互作用を静的に評価できる場合は，静的解析法を用いてもよい．
> （2）　動的解析法により応答値を算定する場合は，地盤と構造物の相互作用や部材および地盤の非線形性を考慮できる時刻歴非線形動的解析法によることを基本とする．
> （3）　静的解析法により応答値を算定する場合は，一般に，応答変位法を用いてよい．ただし，地盤ばねによる相互作用の評価が困難な場合には，有限要素法等の静的解析法を用いるものとする．
> （4）　地震時にトンネル周囲の地盤が液状化する可能性がある場合は，液状化現象がトンネル横断面に及ぼす影響を適宜考慮して応答値を算定するものとする．

【解　説】　（1）について　地中構造物の地震挙動は，地震時の地盤変形の影響と相互作用の影響を強く受けるため，これらを考慮した解析法を用いなければならない．

さらに，地震時の構造物の応答は動的な挙動であり，構造物および地盤の剛性は地震動の繰返しの影響を受けるため，相互作用の影響も時々刻々変化する．このため，応答値の算出は，これらの挙動を適切に表現できる動的解析によるものとする．

ただし，構造物や地盤が単純な場合では，応答変位法などの静的解析によっても，動的解析と同等の応答値を得ることができるため，静的解析法によってもよい．なお，本章で取り上げた以外にも，トンネル横断方向の耐震解析手法は種々提案されており，対象トンネルの構造条件，地盤条件に応じて，適切な精度の解析結果が得られる手法を用いて設計を行ってよい．

（2）について　動的解析法では，トンネルの左右で地盤条件が大きく変化する場合や橋梁等の固有の振動特性を有する異種構造物と近接する場合，地下構造物が橋脚や建築物を支持する場合等，地震時挙動が複雑な場合や慣性力の影響が大きい場合にも適用できる．加えて，地盤と構造物の非線形特性を時々刻々評価し相互作用を考慮することができるため，一般的な条件下でもより精度の高い解析が可能となる．動的解析手法としては，構造物および地盤の非線形性を直接考慮できる時刻歴非線形動的解析法を基本とするが地盤のひずみレベルが10^{-2}程度までであれば等価線形化法による周波数領域の動的解析を用いてもよい．

横断方向の応答値を求めるための動的解析は，地表から耐震設計上の基盤面までの地盤を平面ひずみ要素でモデル化し，その中にトンネルモデルを組み込み，基盤面に入力地震動を与える方法が一般的である．

（3）について　静的解析法には，はり－ばねモデルを用いた応答変位法や応答震度法等の有限要素法（FEM）等が用いられているが，構造や地盤が単純な場合は，一般に応答変位法で精度良く解析が行えるので，これを用いてよい．ただし，トンネル設置位置の地層構成が複雑な場合は，地盤ばねの評価等が難しい．このような場合で，より精度の高い解析を必要とするときは，FEM系の静的解析法を用いるものとする．

応答変位法による応答値は，トンネルを地盤ばねで支持した骨組み構造としてモデル化し，地震の影響を静的な荷重として考慮して算定する．

応答変位法では地震作用として，周面せん断力，地盤と構造物の相対変位に起因する荷重，および躯体慣性力を考慮する(解説 図 2.9.2および解説 図 2.9.3参照)．周面せん断力および地盤と構造物の相対変位に起因する荷重は，地盤の応答変位から算定し，躯体慣性力は，地盤の応答加速度から算定する．地盤応答値の算定法としては，一様地盤近似による方法，多層地盤固有値解析による方法，動的解析による方法がある．開削トンネルの地震時の応答は地盤変位の算定精度に大きく依存するため，地盤変位は動的解析にて算定するのがよい．地盤の動的解析法としては，地盤の非線形特性を等価線形化して考慮する方法と非線形履歴モデルとして考慮する方法がある．一般に，等価線形化法はひずみレベルが10^{-2}を超える領域では地盤の実挙動との整合性が悪くなる点に注意しなければならない．地盤変位の各種算定法の詳細を資料編【2-4】に示す．

地盤の応答値は，時刻に応じて刻々と変化するが，一般には構造物の上端と下端の間における相対変位が最大となる時刻が最も構造物にとって厳しい条件となる．よって，その時刻における地盤の応答値にもとづいて算定した荷重を静的に与える．

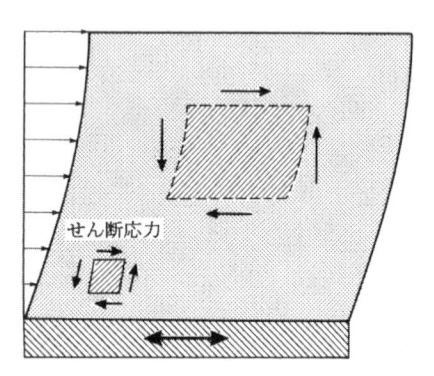

解説 図 2.9.2 周面せん断力の発生概念

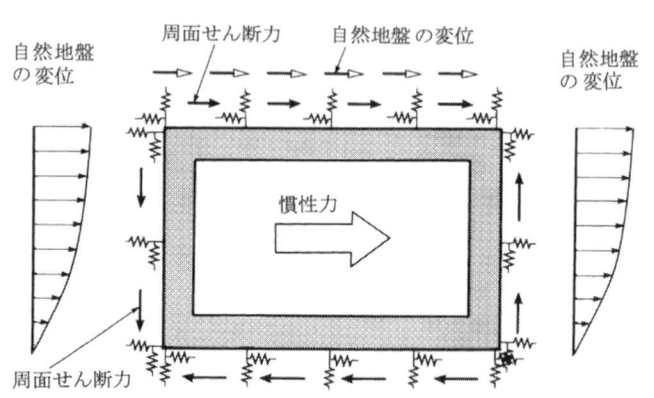

解説 図 2.9.3 応答変位法で考慮する地震の影響

FEM系の静的解析法は，トンネル周囲の地盤構成が複雑な場合等の地盤ばねによる相互作用の評価が困難な場合だけでなく，構造物と地盤の相互作用をより正確に考慮する場合にも適用できる．FEM系の静的解析法の代表的な手法として，応答震度法とFEM応答変位法がある(解説 図 2.9.4および解説 図 2.9.5参照)．これらはいずれも，地盤をばね要素ではなく平面ひずみ要素でモデル化したもので，応答震度法は地震時の地盤慣性力を解析モデルの各要素に与え，FEM応答変位法は地盤変位と等価な節点外力を解析モデルの各節点に与えることで地震時地盤変位を解析モデル上で再現する手法である．応答震度法における地盤慣性力やFEM応答変位法における等価節点外力の算定に必要な地盤の応答加速度や応答変位の算定および抽出時刻については，応答変位法の地盤の応答値の算出に示したとおりである．

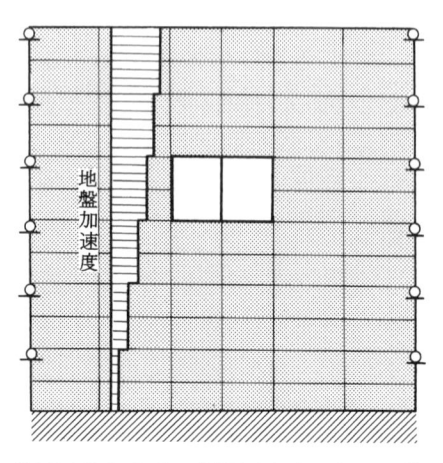

解説 図 2.9.4 応答震度法における荷重モデル

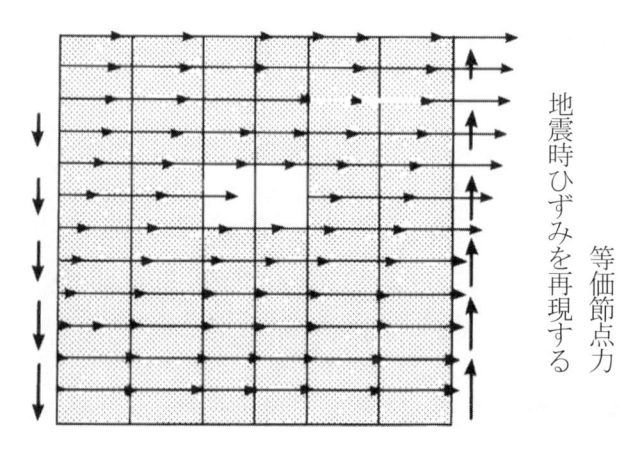

解説 図 2.9.5 FEM応答変位法における荷重モデル

（4）について　液状化地盤中の開削トンネルの挙動や周辺地盤からの荷重作用は明らかになっていないものの，有効応力解析等の結果から，液状化が進む過程ではトンネル横断面は周辺地盤に追従して変形することが報告されており，非液状化時と同様に地盤変位に対する設計を行わなければならない．なお，液状化が進展する過程では地盤剛性が低下するため，必要に応じて土質定数を低減して地盤変位と地盤ばね定数の算定を行う．

一方，完全に液状化した地盤においては，地盤変位の影響は小さく，過剰間隙水圧や地震時動水圧，さらに傾斜地盤や水際に位置するトンネルでは側方流動圧等が作用する．よって，開削トンネルの周囲の地盤が液状化するような場合は，これらの荷重の影響を確認しておくのがよい．なお，破壊的な液状化ではないが，液状化傾向により地盤強度が低下し，現地の偏土圧状態が起因して側方流動が発生し開削トンネルが変位した事例も報告[1]されており注意を要する．

また，近年，種々の有効応力解析法が開発され，解析に必要な地盤パラメータが精度良く設定できる場合は，過剰間隙水圧の上昇や有効応力の変化による地盤材料特性の変化等液状化の影響を直接考慮して構造物の応答を求めることが可能となっている．

参考文献
1)(公社)土木学会：トンネル工学委員会東北太平洋沖地震調査特別小委員会報告書, pp. 13-15, 2013.

9.3.3　縦断方向の応答値の算定
（1）　開削トンネルの縦断方向の応答値の算定は，トンネル軸線に沿った地盤変位を考慮できる動的解析によることを基本とする．ただし，構造物と地盤の動的な相互作用を静的に評価できる場合は，静的解析によってもよい．
（2）　地震時にトンネル周囲の地盤が液状化する可能性がある場合は，液状化現象がトンネル縦断方向に及ぼす影響を適宜考慮して応答値を算定する．

【解　説】　（1）について　開削トンネルの縦断方向の応答値の算定においても，地震時挙動は動的な現象であるため動的解析により応答値を算出することが基本である．とくに，地盤条件が複雑に変化する場合や，構造形式が異なる場合は，動的解析によるのがよい．ただし，構造物に作用する慣性力の影響が小さい場合や，地盤変位分布が静的に表現できる場合などは，地盤と構造物を分離してモデル化した応答変位法などの静的解析手法を用いてよい．

縦断方向の応答変位法の応答値は，トンネル構造物を弾性床上のはりにモデル化して，トンネル軸線位置における地震時の地盤変位分布をばね先に与えることで算出する．地盤変位分布の算定は，縦断方向の地層構成や地質条件の変化を直接的に考慮することができる解析モデル（**解説　図 2.9.6**に示すばね質点モデルや**FEM**モデル）を用いた動的解析により算定するのがよい．ただし，合理的な理由がある場合には，適用性を検討したうえで正弦波近似等の簡易な手法により地盤変位分布を定めてもよい．

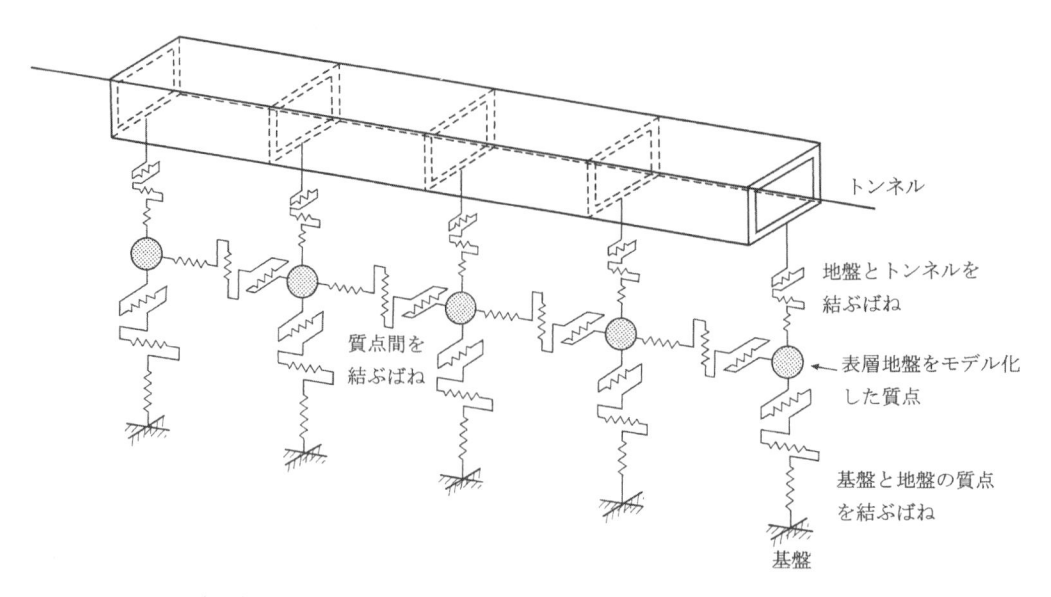

解説 図 2.9.6 ばね質点モデルによる縦断方向の解析モデル

<u>（2）について</u>　縦断方向の検討において，液状化の影響を考慮する必要がある場合は，第2編 **9.3.2（4）解説**のほか，必要に応じて側方流動等の影響についても検討する必要がある．

9.3.4　地盤およびトンネルのモデル化

（1）　地盤およびトンネルのモデル化は，解析で再現する現象に応じた手法を用いて行わなければならない．

（2）　地盤のモデル化においては，地震時に発生するひずみレベルに応じた力学特性および減衰特性を考慮しなければならない．

（3）　トンネルのモデル化においては，地震時に発生するひずみレベルに応じた力学特性を考慮しなければならない．

【**解　説**】　<u>（1）について</u>　応答変位法による横断方向の応答値の算定や，縦断方向の応答値の算定では，地盤をばね要素としてモデル化するものとし，構造物側方で地盤の層構成が変化する場合は，各層について地盤ばねを算出しなければならない．ばね定数の求め方としては，土質定数等から簡易に地盤反力係数を求めて設定する方法と表層地盤をFEMでモデル化し，静的解析により荷重と変位関係を求め，設定する方法等がある．一方，FEM系の静的解析法や動的解析法では，地盤を平面ひずみ要素でモデル化するため，ばね定数の評価は不要である．

　地盤変位が大きい場合や地盤と構造物の剛性差が大きい場合は，地盤と構造物の接触面ですべりやはく離が生じる可能性もある．そのような場合は，地盤反力に上限値を設けたり，接触面にすべりやはく離を考慮したりすることのできる非線形要素を用いる場合もある．地盤と構造物とのすべりやはく離に関するモデルの例を**解説 図 2.9.7**に示す．なお，すべりやはく離の発生により地盤の応力状態も変化するため，すべりやはく離を考慮する場合は，地盤をFEMでモデル化するのが望ましい．

　構造物モデルとしては，線材でモデル化する場合と有限要素でモデル化する場合があるが，一般には適切な力学特性を与えた線材でモデル化すればよい．

(a) すべりモデル　　(b) はく離モデル

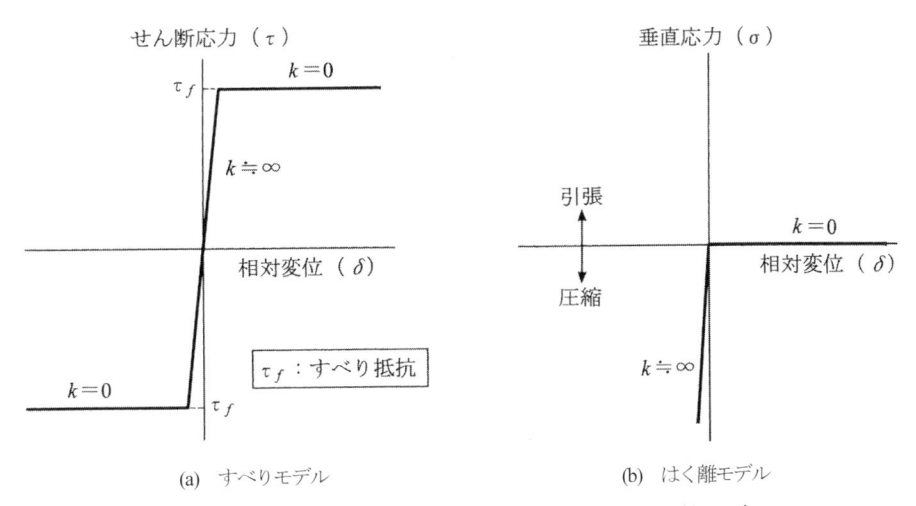

解説 図 2.9.7　地盤と構造物間のすべり，はく離モデル

(2)について　土の変形係数は発生するひずみの大きさに応じて低下するため，解析手法やモデル化の方法にかかわらず，発生するひずみに応じた値を用いなければならない．土の力学特性は，振動三軸試験や中空ねじりせん断試験等の動的室内試験により得られるせん断変形係数の低減率とせん断ひずみの関係（$G/G_0-\gamma$）で表されるが，応答変位法やFEM系の静的解析法および縦断方向の応答値の算定では，一次元の地盤動的解析などにより剛性低下度合を把握し，地震時の剛性低下を考慮した変形係数をあらかじめ設定しておくのが一般的である．なお，動的解析法では上記の方法であらかじめ設定しておいた変形係数を用いる場合と，$G/G_0-\gamma$関係，あるいはこれにもとづいて設定した非線形履歴モデルを用いる場合がある．ここで，地盤の動的解析に$G/G_0-\gamma$関係を用いる場合は，併せて減衰定数とせん断ひずみの関係（$h-\gamma$）を解析モデルに与えなければならない．いずれの手法を用いる場合でも，試験で確認したひずみレベルと応答値のひずみレベルの整合を確認したうえで応答値を評価することが重要である．

(3)について　線材(はり要素)でモデル化した鉄筋コンクリート構造物の力学特性は，一般に曲げモーメントー曲率関係（$M-\phi$関係）あるいは曲げモーメントー部材角関係（$M-\theta$関係）等の非線形性を有する力学モデルで表現する．開削トンネルの外周部材においては常時荷重による曲げモーメント分布に応じた配筋が行われ，地震時において必ずしも部材端部に塑性ヒンジが生じるとは限らないため$M-\phi$関係でモデル化されることが一般的である．一方，中壁や中柱では部材端部に塑性ヒンジが生じるため$M-\theta$関係が適用できるが，外周部材と同様に$M-\phi$関係でモデル化することも可能である．

応答値の算定においては$M-\phi$関係あるいは$M-\theta$関係を正確に表現した非線形解析が望ましいが，動的解析では最大応答に対応した割線勾配を考慮した等価線形解析が行われることもある．

$M-\phi$関係あるいは$M-\theta$関係の算定は，使用するコンクリートの応力ーひずみ関係，かぶりコンクリートの考慮の有無，最大耐力発生後の負勾配の考慮等により種々のものが提案されており，設計する構造物の使用条件や目標とする耐震性能等に応じて，適切なものを選ばなければならない．

9.4　耐震性能の照査
9.4.1　一　般

　トンネルの耐震性能照査は，部材の損傷に対する照査および安定に関する安全性の照査を行わなければならない．

【解　説】　部材の損傷に対する照査は，第2編 9.4.2による．また，安定に関する安全性の照査は液状化地盤における浮上がり等に対して行うものとし，第2編 9.4.5による．

9.4.2 部材の損傷に対する照査

部材の損傷に対する照査は，所定の安全係数を用いて，想定する地震動のもとで照査応答値S_dを算定し，これが照査限界値R_dを超えないことを確認することにより行う．

【解 説】 トンネルの耐震性能の照査は，次式により行う．照査に用いる応答値としては，曲げモーメントやせん断力，軸方向力等の断面力，ひずみや曲率，回転角を用いてよい．また，継手部については断面力のほか，伸縮量や回転角等の変形を用いてよい．

$$\gamma_i S_d / R_d \leqq 1.0 \tag{解 2.9.1}$$

$$S_d = \gamma_a S \quad , \quad R_d = R / \gamma_b$$

ここに，S_d, S ：照査応答値，応答値
R_d, R ：照査限界値，限界値
γ_i, γ_a, γ_b ：構造物係数，構造解析係数，部材係数

横断方向の耐震設計における部材の照査として，曲げ耐力もしくは変形(曲率，回転角)の照査，せん断耐力の照査等を行う．なお，一般にレベル2地震動に対して，耐震性能2あるいは耐震性能3を構造物に要求する場合，せん断力に対する安全性を満足していれば，耐震性能1においてもせん断耐力に対して安全である．したがって，耐震性能1に対してはせん断力に対する検討を一般に行わなくてよい．

また，中柱，中壁に関しては曲げ破壊先行を基本とし，部材が次式の条件を満たすことを確認する．そのほかの部材についても可能な範囲で曲げ破壊先行とすることが望ましい．

$$V_{mu} / V_{yd} \leqq 1.0 \tag{解 2.9.2}$$

ここに，V_{mu}, V_{yd}：部材が曲げ耐力に達するときのせん断力，設計せん断耐力

開削トンネルは高次の不静定構造であるため，部材の破壊が回避できれば，部分的な損傷が構造全体の崩壊には直結しない．したがって，耐震性能3に対応した照査では，部材の耐震性照査に加え，塑性ヒンジ数を照査するなど，構造全体系としての耐荷機構が失われていないことを確認する．

縦断方向の耐震設計においては，軸引張，軸圧縮，曲げ，せん断等に対する耐力および変形性能の照査に加え，継手部の止水性についても照査を行う．

9.4.3 安全係数

安全係数は，作用としての地震動の特性，応答値を求める算定手法の精度，大変形繰返し荷重を受ける場合の構造物の力学性能等を考慮して定める．一般に耐震性の照査に用いる安全係数は以下を用いてよい．

1) 耐震性能1の照査に用いる安全係数は，一般に1.0とする．
2) 耐震性能2および3の照査に用いる安全係数は，以下の値を用いてよい．
   ① 作用係数は1.0とする．
   ② 材料係数は，安全性照査における値とする．ただし，応答値の算定に用いる場合，一般に1.0とする．
   ③ 部材係数は，安全性照査における値とする．正負交番作用を受ける棒部材については，せん断に対する安全性を増やすために，部材係数を割り増すものとする．ただし，変位に関する部材係数は1.0とする．
   ④ 構造解析係数は，解析方法に応じて適切に定める．
   ⑤ 構造物係数は，構造物の重要度にもとづいて定める．一般には1.0とする．
3) 作用係数については，入力地震動の設定法に応じて適切に定める．

【解 説】 1)について　耐震性能1は，使用性の照査の中で行うものであり，一般に1.0としてよい．
2)について　安全係数は，文献[1]に準拠して定めた．これらをまとめて，**解説 表 2.9.1**に示す．なお，同表を

用いて耐震性能2，3の照査を行う場合，構造解析における荷重－変位関係と限界値の算定における荷重－変位関係が異なるため，曲げモーメントに対する照査では，曲率，回転角，変位等の変形にかかわる応答値で照査しなければならない．

解説 表 2.9.1 標準的な安全係数の値

耐震性能	安全係数	材料係数 γ_m コンクリート γ_c	鋼材 γ_s	部材係数 γ_b	構造解析係数 γ_a	作用係数 γ_f	構造物係数 γ_i
耐震性能1	応答値および限界値	1.0	1.0	1.0	1.0	1.0	1.0
耐震性能 2, 3	応答値	1.0	1.0	1.0	1.0～1.2	1.0	1.0～1.2
	限界値	1.3	1.0または1.05	1.0*1, 1.1～1.3*2	－	－	

*1 変位の限界値
*2 棒部材について，正負交番作用を受ける部材のせん断耐力では，1.2倍程度割り増しし，コンクリート負担分Vcdに対して1.3×1.2=1.56，せん断補強鋼材負担分Vsdに対して1.1×1.2=1.32とする．ただし，実験や，破壊モードの判定で，曲げ降伏後のせん断破壊モードが生じないことが確認されている場合には，部材係数を割り増さなくてよい．
曲げせん断耐力比を検討する際のせん断耐力の算定においては，割り増さなくてよい．

<u>3）について</u>　作用係数の設定においては，入力地震動の設定における不確実さを考慮しなければならない．たとえば，入力地震動の強度設定において適切な非超過確率を考慮していれば，荷重係数としては1.0を用いればよいが，既往地震動の統計的な平均値を用いる場合等は，地震動強度のばらつきが応答値に及ぼす影響の度合いに応じて，1.0以上の荷重係数を考慮しなければならない．また，非線形解析では同じ強度特性を有する入力地震動でも，位相特性が異なれば応答値も異なることから，特定の時刻歴波形を振幅調整して用いる場合等も同様に取り扱わなければならない．

参考文献
1) (公社)土木学会：コンクリート標準示方書[設計編], pp. 251-253, p278, 2012.

9.4.4　限界値の算定

（1）　部材の降伏時の曲率は，部材断面内の鉄筋に発生している引張力の合力位置の鉄筋が降伏するときの曲率として求めてよい．

（2）　部材の終局時の曲率は，部材の荷重－曲率関係の骨格曲線において，荷重が降伏荷重を下回らない最大の曲率として求めてよい．

（3）　部材の耐力は，第2編 第6章により算定する．

【**解　説**】　（1），（2）について　鉄筋コンクリート部材の曲げモーメントと曲率の関係は，一般に**解説 図 2.9.8**に示すような骨格曲線で表すことができる．曲げひびわれモーメントM_cは引張縁コンクリートが曲げ強度に達するときの曲げモーメントであり，降伏曲げモーメントM_yは引張側の鉄筋が降伏するときの曲げモーメントである．ここで，断面内に軸方向鉄筋が多段に配置されている場合には，曲げモーメントの増加とともに各段の鉄筋が逐次降伏に至るため，部材の曲げモーメント－曲率関係には明確な降伏現象が認められない．このためこの示方書では，文献1)に準じた考え方で降伏時の曲率ϕ_yを算定してよいこととした．終局時の曲率に関しては，圧縮側のコンクリートが終局ひずみに達するときの曲率ϕ_mとして定義する考え方もあるが，この示方書では文献1)に準じて，降伏曲げモーメントを維持できる曲率ϕ_nとして算定してよいこととした．

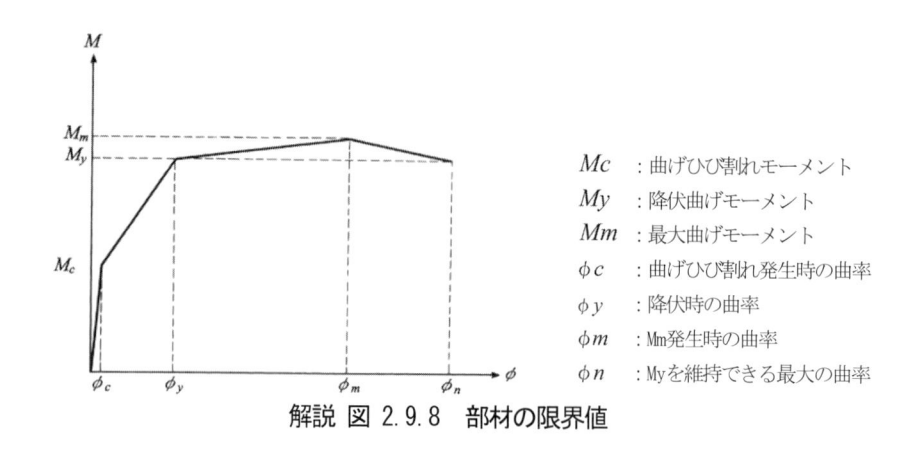

解説 図 2.9.8 部材の限界値

- Mc : 曲げひび割れモーメント
- My : 降伏曲げモーメント
- Mm : 最大曲げモーメント
- ϕc : 曲げひび割れ発生時の曲率
- ϕy : 降伏時の曲率
- ϕm : Mm発生時の曲率
- ϕn : Myを維持できる最大の曲率

参考文献

1）(公社)土木学会：コンクリート標準示方書[設計編], pp. 262-265, 2012.

9.4.5 安定に関する安全性の照査

（1） トンネル周囲の地盤に対して，地震時における液状化の発生の可能性を検討しなければならない．

（2） 地震時に周辺地盤が液状化する可能性がある場合は，トンネルの浮上がりに対して安定に関する安全性の照査を行う．

【解　説】　（1）について　液状化の予測や判定方法は，土質調査や試験をもとにした簡易な判定方法と，地震応答解析をもとにした詳細な予測方法がある．簡易な判定方法には，①限界N値を用いる方法と②液状化に対する抵抗率F_Lを用いる方法がある．①の方法は簡便であることが特徴であり，②の方法はやや複雑であるが液状化の程度を定量的にとらえることが可能で，現在広く用いられている．一方，地震応答解析をもとにした詳細な方法では，検討対象地盤の物性値にもとづき地震応答解析を実施し，その結果から液状化の可能性を判定する．一般の設計では，簡易な方法で判定を行った後に，必要に応じて地震応答解析をもとにした詳細な方法による検討が行われている．

（2）について　周辺地盤が液状化すると大きな揚圧力が発生し，トンネルを浮き上がらせるおそれがある．このような場合は，揚圧力に対して浮上がり抵抗が十分に確保できるかを次式で照査し，確保できない場合は適切な液状化対策あるいは浮上がり対策を施さなければならない（**解説 図 2.9.9**参照）．

$$\gamma_i (U_s + U_D)/(W_s + W_B + 2Q_s + 2Q_B) \leqq 1.0 \tag{解 2.9.3}$$

ここに，
- Q_s ：上載土のせん断抵抗　$F_L<1$の土層は$Q_s = 0$
  $$Q_s = f_{rus} H'(c_s + K_0 \sigma'_{vs} \tan\phi_s)$$
- Q_B ：開削トンネル側面の摩擦抵抗　$F_L<1$の土層は$Q_B = 0$
  $$Q_B = f_{ruw} H(c_B + K_0 \sigma'_{vB} \tan\phi_B)$$
- U_D ：開削トンネル底面の過剰間隙水圧による揚圧力
  $$U_D = L_u \sigma'_v B$$
- L_u ：過剰間隙水圧比
- σ'_v ：開削トンネル底面位置における初期有効上載圧
- γ_i ：構造物係数
- γ_f ：荷重係数
- f_{ruw}, f_{rus} ：液状化時の浮上がりに関する地盤抵抗係数で**解説 表 2.9.2**による

その他の記号については，第2編 **6.4**を参照のこと．

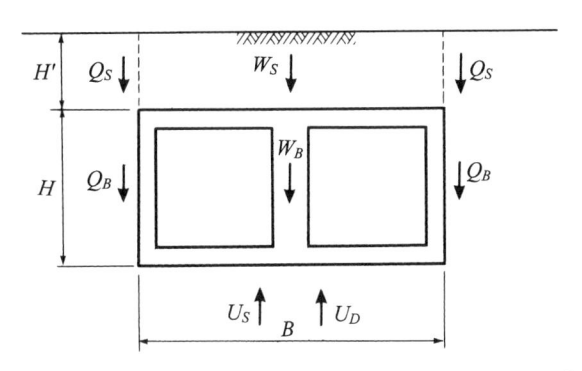

解説 図 2.9.9 液状化時の浮上がりに関する力のつりあい

解説 表 2.9.2 液状化時の浮上がりに関する地盤抵抗係数

f_{now}	1.0
f_{ns}	1.0

　また，過剰間隙水圧の消散に伴い，土粒子は徐々に沈降し，再び固体相を示すこととなるが，この過程において地震前より締め固まり，沈下が生じる場合がある．さらに，傾斜地盤や水際線近傍では側方流動が発生し，永久地盤変位としてトンネルに作用する可能性もある．これらの地盤変位は主としてトンネル延長方向に変形を生じさせるため，構造安全性や内空の確保等の観点から照査し，必要に応じて適切な対策を施さなければならない．

第10章　部材の設計

10.1　は　り

（1）　構造解析

1）　はりの断面力は，構造形式，載荷状態等を考慮して，線形解析によって求めることを原則とする．

2）　線形解析により断面力を求める場合には，断面の曲げ剛性，せん断剛性およびねじり剛性は，一般にコンクリートの総断面を用いて算出してよい．

（2）　スパン

1）　単純ばりの計算に用いるスパンは，支承面の中心間距離とする．ただし，支承面のスパン方向の奥行きが長い場合には，はりの純スパンにスパン中央におけるはりの高さを加えたものとする．

2）　剛な壁または，はりと単体的に造られた場合には，純スパンをスパンとしてよい．

3）　連続ばりのスパンは，支承面の中心間距離とする．ただし，支承面のスパン方向の奥行きが長い場合には，はりの純スパンにスパン中央におけるはりの高さを加えたものとする．

（3）　T形ばりの圧縮突縁の有効幅

1）　曲げモーメントに対するT形ばりの圧縮突縁の有効幅は，一般に次式により求めてよい．

① 両側にスラブがある場合（図 2.10.1(a)参照）

$b_e = b_w + 2(b_s + l/8)$

ただし，b_eは両側スラブの中心線間の距離を超えてはならない．

② 片側にスラブがある場合（図 2.10.1(b)参照）

$b_e = b_1 + b_s + l/8$

ただし，b_eはスラブの純スパンの1/2にb_1を加えたものを超えてはならない．

ここに，lは，単純ばりではスパン，連続ばりでは反曲点間距離，片持ばりでは純スパンの2倍とする．また，b_sはハンチの高さに等しい値より大きくとってはならない．

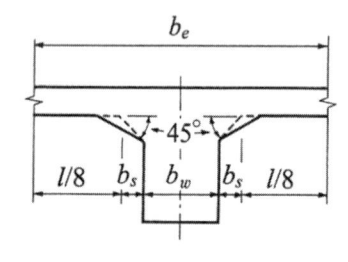

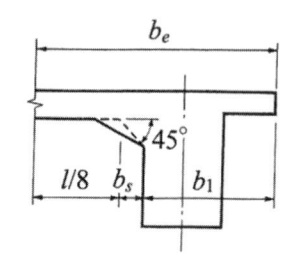

(a)　両側にスラブがある場合　　　　(b)　片側にスラブがある場合

図 2.10.1　T形ばりの圧縮突縁の有効幅

2）　軸方向力に対する圧縮突縁の有効幅は，一般に全幅をとってよい．

3）　不静定力の算定に用いるT形ばりの圧縮突縁の有効幅は，一般に全幅をとってよい．

（4）　連続ばり

連続ばりの中間支点上の負の曲げモーメントは，次式により低減してよい（図 2.10.2参照）．

$M_d = M_{od} - rv^2/8$　　ただし，$M_d \geq 0.9 M_{od}$

ここに，M_d　：中間支点上で低減された設計曲げモーメント

　　　　M_{od}　：支承として求めた中間支点上の設計曲げモーメント

　　　　R_{od}　：中間支点の設計支点反力

　　　　　$r = R_{od}/v$

　　　　v　：断面の図心位置における支点反力の部材軸方向の仮想分布幅

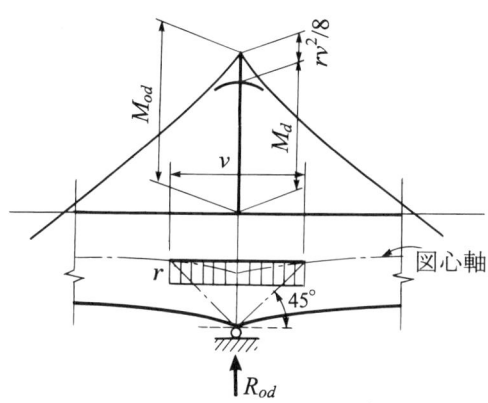

図 2.10.2 中間支点上の設計曲げモーメント

(5) ディープビーム
1) 適用の範囲　スパンとはり高さの比が次の値以下のはりで，詳細な検討を行わない場合には，ディープビームとして，本項の規定に従わなければならない．

① 単純ばり　　　　　　　　　$l/h<2.0$
② 2スパン連続ばり　　　　　$l/h<2.5$
③ 3スパン以上の連続ばり　　$l/h<3.0$

ここに，l ：はりのスパン
　　　　h ：はりの高さ

2) 曲げモーメントに対する検討　軸方向引張鉄筋の算定は，通常のはり理論により求められた最大曲げモーメントに対して，第2編 6.2.2の規定にしたがって行ってよい．このとき，軸方向引張鉄筋としては，断面の引張縁から$0.2h$以内に配置された鉄筋のみを考慮する．ただし，これにより求められた鉄筋は，第2編 11.2.2 (2) 1)に従って，定着しなければならない．

3) せん断力に対する検討　せん断力に対する検討は，一般に断面破壊の限界状態について行えばよい．

【解　説】　(1) 1)について　一般に用いられるはりをその断面形状によって分類すると，長方形ばり，T形ばり，I形ばり等があり，また，支持条件によって分類すると，単純ばり，連続ばり，固定ばり，片持ばり等がある．

はりの構造解析とは，実際の荷重や構造物を構造力学モデルに置換して，はりに作用する曲げモーメント，せん断力等の断面力を算定することをいう．

2)について　コンクリートの総断面を用いて線形解析により断面力を算出してよいとしたのは，断面剛性の影響が考えられる不静定ばりにおいても，鋼材の影響およびひびわれによる剛性低下は相対的なものであり，通常の鋼材比をもつ断面では，総断面を用いて計算しても，構造系全体の断面力の分布には，あまり影響がないことを考慮したことによる．

(2)について　単純ばり，固定ばり，連続ばりの設計に用いるスパンを，経験上安全になるように定めたものである．

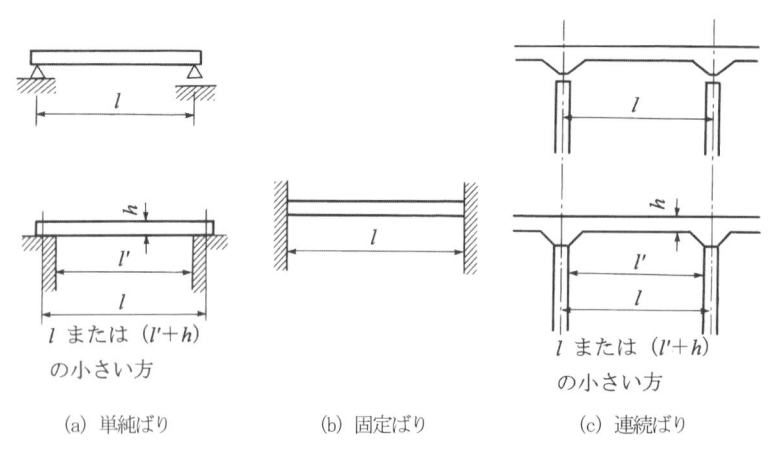

(a) 単純ばり　　(b) 固定ばり　　(c) 連続ばり

解説 図 2.10.1　はりのスパン

(3) 1)について　T形ばり等のような圧縮突縁をもつはりが荷重を受けたとき，その突縁上面のスパン方向の応力分布は**解説 図 2.10.2**に示すようになるが，一般には簡略化のため，幅b_eの圧縮突縁に一様に働くと考えて計算している．この圧縮突縁の幅を有効幅という．

この有効幅は，載荷状態，はりの形状･寸法，はりのスパンと突縁幅の比および支持状態等によって異なるので，これらを考慮して定めるのが原則である．しかし，圧縮突縁の有効幅を以上の各種の状態についてそれぞれ求めることは実用上不便であるので，ここでは簡単のため，等分布荷重に近い荷重に対する突縁の有効幅に関する従来の研究結果を参考にして，**解説 図 2.10.2**のλ（片側有効幅と呼ぶこともある）を$l/8$とした．

このb_eの式におけるlは，連続ばりの場合，近似的に**解説 図 2.10.3**のようにとってよい．なお，突縁の幅がとくに大きい場合には，突縁と腹部との接合部における水平せん断に対して安全性の検討を行わなければならない．

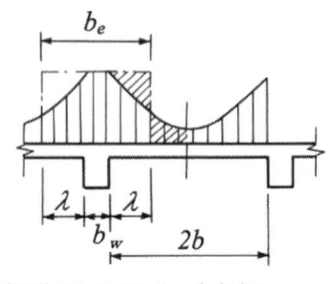

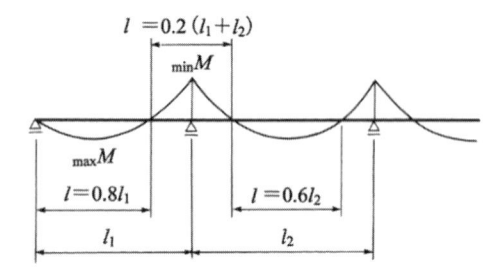

解説 図 2.10.2　有効幅　　**解説 図 2.10.3　連続ばりのlのとり方**

2)について　軸方向力に対しては，既往の研究を参考に，全幅を有効としてよいことにした．

3)について　不静定構造物は，コンクリートの収縮，クリープ等による変形が拘束されると，この拘束によって不静定力が生じる．この不静定力を算定するにあたっては，T形ばりの突縁の有効幅を定める必要があるが，ここでは，従来の研究結果および経験上からも安全であることが確かめられていることから，全幅をとってよいことにした．

(4) について　連続ばりの支点上における負のモーメントは，支承幅，はり高，横ばりの影響を受け，とがった形にはならないことが，有限要素法等の解析により確かめられているので，本項に示す低減を行ってよいことにした．

(5) 1)について　はりの高さがスパンに対して比較的大きい場合，はりの応力分布は普通のはりの場合と異なる．このようなはりを，一般にディープビームといっている．ディープビームとして取扱う範囲は，各国の規定と既往の研究結果を参考にして定めた．

2)について　ディープビームは，斜めひびわれ発生後も引張主鉄筋をタイとしたタイドアーチ的な性状を示すことから，破壊はタイに相当する鉄筋の降伏（曲げ破壊）あるいはアーチリブに相当するコンクリートの圧壊（せん断破壊）により生じる．鉄筋の降伏に関しては，通常のはり理論で求めた曲げモーメントに対して，第6章の規

定により鉄筋量を算定してもほぼ妥当な値を与えるため，本項のように規定した．
　この場合，引張主鉄筋は，タイドアーチのタイとなるため，スパンの途中で定着してはならず，最大曲げモーメントに対して必要な鉄筋量のすべてを支点まで連続して定着しなければならない．

<u>3)について</u>　この場合，次式によって，設計せん断圧縮破壊耐力V_{dd}を求めてよい．

$$V_{dd} = \beta_d \beta_p \beta_a f_{dd} b_w d / \gamma_b \tag{解 2.10.1}$$

ここに，V_{dd}　：設計せん断圧縮破壊耐力（N）

$$f_{dd} = 0.19\sqrt{f'_{cd}} \quad (\text{N/mm}^2)$$

$$\beta_d = \sqrt[4]{1000/d} \qquad \text{ただし，}\beta_d > 1.5\text{となる場合は}1.5\text{とする}$$

$$\beta_p = \frac{1+\sqrt{100 p_v}}{2} \qquad \text{ただし，}\beta_p > 1.5\text{となる場合は}1.5\text{とする．}$$

$$\beta_a = 5/\{1+(a/d)^2\}$$

b_w　：腹部の幅（mm）
d　：単純ばりの場合は載荷点，片持ちばりの場合は支持部前面における有効高さ（mm）
a　：支持部前面から載荷点までの距離（mm）

$$p_v = A_s / (b_w d)$$

A_s　：引張側鋼材の断面積（mm²）
f'_{cd}　：コンクリートの設計圧縮強度（N/mm²）
γ_b　：一般に1.3としてよい．

　なお，ディープビームについて，より詳細な検討を行う場合には，コンクリートのひびわれや材料の非線形性を考慮した二次元有限要素解析等を行うのがよい．

10.2　柱

（1）　構造解析

　柱の設計は，部材の形状および剛性，接合する部材との剛比，接合部の構造ならびに載荷の状態等を考慮した構造解析により算定した軸方向力，曲げモーメントおよびせん断力等にもとづいて行わなければならない．

（2）　鉄筋コンクリート柱

　細長比が35以下の柱は，横方向変位の影響を無視して，短柱として設計してよい．細長比が35を超える柱は，横方向変位の影響を考慮して，長柱として設計しなければならない．

（3）　鋼管柱

　開削トンネルの中柱に鋼管柱を用いる場合は，床版との接合部の構造を適切にモデル化して，構造解析を行わなければならない．

【解　説】　開削トンネルに使用される鉄筋コンクリート等の柱は，一般に軸方向力のみでなく曲げモーメントやせん断力を同時に受けることになり，しかもそれらの影響が大きいので，軸方向力のみを受ける柱としてでなく，はりとして設計することが一般的である．とくに構造が非対称の場合や偏圧等の不均衡な荷重を受ける場合では柱に大きな曲げモーメントとせん断力が作用する．また，開削トンネルに使用される柱は，一般の構造物に比較して非常に大きな軸圧縮力を受けるので注意しなければならない．

　<u>（3）について</u>　開削トンネルに使用される鋼管柱は，一般の橋脚に比べ大きな軸圧縮力を受ける．鋼管柱は高い軸圧縮力の作用下で曲げモーメントを受けると，鋼管の座屈により耐力が急激に低下し脆性的に破壊するので注意しなければならない．鋼管に発生する圧縮応力を抑えるためには，鋼管板厚を大きくすることが必要である．鋼管内部にコンクリートを充填したコンクリート充填鋼管柱は，コンクリートが軸圧縮力を一部負担し，座

屈耐力が向上するため，鋼管を薄くできる利点があり，地下鉄の駅で多くに用いられている．

　開削トンネル中柱に鋼管柱を用いる場合，床版との接合部の構造は一般に支圧板を介した接合が使用される．構造解析にあたっては，この接合構造をヒンジ，剛結，回転ばねのいずれかでモデル化して取扱うことになるが，どのモデルを選択するかについては，鋼管柱の構造形式および形状，支圧板の大きさ，作用荷重等に十分留意しなければならない．

　1）　鋼管柱の構造形式　鋼管柱の構造形式には大きく分けて2つの種類がある．その1つは鋼管本体に溶接構造用遠心力鋳鋼管や溶接構造用圧延鋼材等を用い，全荷重を鋼管柱で支持させるもので，いわゆる鋼管柱と称されているものである．もう一つは鋼管柱本体に溶接構造用遠心力鋳鋼管や一般構造用炭素鋼鋼管を用い，全荷重を鋼管本体と鋼管内に充填するコンクリートで分担して支持する合成鋼管柱と称されているものである．

　2）　鋼管柱の形状　鋼管柱を形状で分けると一般に次のようになる．
　　①　各床版を貫通した鋼管柱
　　②　鋼管柱の上下に支圧板を設けて，各床版の間に挿入する鋼管柱

　上記の①に示した貫通した鋼管柱は，ラーメン計算では実際の曲げ剛性を有する部材としてモデル化し，ラーメン計算から得られる軸力と曲げモーメントを受ける部材として設計するが，上記の②に示した支圧板を有する鋼管柱は，大きな曲げモーメントが作用する箇所には使用しないのが一般的である．

10.3　スラブ

（1）　一般

　1）　スラブの曲げモーメント，せん断力，ねじりモーメントおよび支点反力は，スラブの支持状態，スラブの形状，載荷状態等を考慮して，薄板理論により求めることを原則とする．ただし，一般に認められている近似的な計算方法を用いてもよい．

　2）　スラブの断面破壊の限界状態に対する検討では，安全であることが確かめられている塑性解析によって行ってもよい．

　3）　施工時もしくは供用時においてスラブの支持状態が変化することが予想される場合には，この影響をスラブのみならず，スラブを支持する部材においても考慮しなければならない．

　4）　スラブの計算に用いるスパンは，支承面の中心間距離とする．ただし，支承面のスパン方向の奥行きが長い場合には，スラブの純スパンにスパン中央におけるスラブの厚さを加えたものとする．また，剛な壁またははりと単体的に造られた場合には，純スパンをスパンとしてよい．

　5）　スラブ表面に作用する集中荷重は，その接触面の外周からスラブ厚さの1/2の距離だけ離れ，荷重とスラブとの接触面に相似な形状を有する範囲に分布するものとする．上置層がコンクリートまたはアスファルトコンクリートの場合には，上記の距離に上置層の厚さを加える．ただし，上置層の材料が軟らかいものである場合には，上置層の厚さとしてその3/4を用いる．

（2）　作用断面力に対する検討

　1）　曲げモーメントに対する検討：スラブの曲げモーメントに対する検討は，はりに準じて行ってよい．ただし，主曲げモーメントと鉄筋配置の方向が一致しない場合は，すべての方向に適切な曲げ耐力を有するようにしなければならない．

　2）　せん断力に対する検討：スラブのせん断耐力の算定は，次の①から③について行う．
　　①　支点の近傍においては，幅の広いはりとみなし，一方向の断面内でせん断力に抵抗すると想定し，棒部材のせん断耐力算定式を用いてよい．
　　②　等分布荷重が作用する円形スラブでは，円周方向の鉄筋によるせん断強度の増加を考慮してよい．
　　③　集中荷重の周囲あるいは支点の近傍において，円錐状，または角錐状の二方向の断面内でせん断力に抵抗すると想定し，押抜きせん断に対する検討を行う．

（3） 一方向スラブ
 1） 集中荷重を受ける単純に支持された一方向スラブの単位幅当りの最大曲げモーメントは，スラブ全スパンにわたり，次式に示す有効幅 b_e をもつはりとして求めてよい．

① $c≧1.2x(1-x/l)$ の場合 （図 2.10.3(b)参照）
 $b_e=v+2.4x(1-x/l)$

② $c<1.2x(1-x/l)$ の場合 （図 2.10.3(c)参照）
 $b_e=c+v+1.2x(1-x/l)$

ここに，c ：集中荷重の分布幅の端からスラブ自由縁までの距離
 x ：集中荷重作用点から最も近い支点までの距離
 l ：スラブのスパン
 u, v ：荷重の分布幅

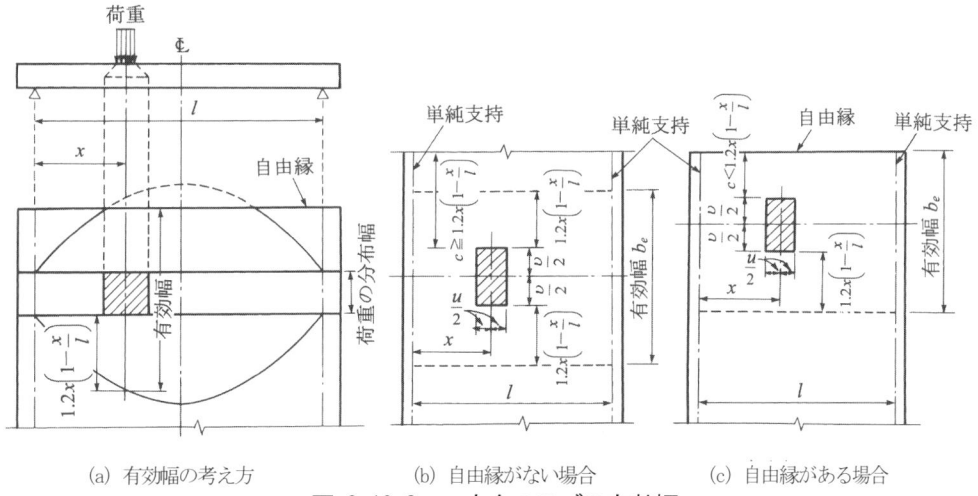

(a) 有効幅の考え方　　(b) 自由縁がない場合　　(c) 自由縁がある場合

図 2.10.3　一方向スラブの有効幅

2） 単純に支持された一方向スラブの配力鉄筋は，等分布荷重を受ける場合，一般に，スラブの長さ1m当り，スラブ幅1m当りの引張主鉄筋断面積の1/6以上としなければならない．

集中荷重を受ける場合の配力鉄筋は，集中荷重に対して必要なスラブ幅1m当りの引張主鉄筋断面積の α 倍としなければならない．この α は，次の①あるいは②による．

① スラブ中央付近載荷
 下側配力鉄筋　$\alpha=(1-0.25l/b)(1-0.8v/b)$
 ただし，$l/b>2.5$ の場合には，$l/b=2.5$ のときの α 値を用いる．

② スラブ縁端付近片側載荷
 上側配力鉄筋　$\alpha=(1-2v/b)/8$

ここに，l ：スラブのスパン
 b ：スラブの幅
 v ：荷重の分布幅

等分布荷重および集中荷重が同時に作用する場合は，上記の配力鉄筋の合計値とする．

3） せん断に対して，はりに準じた検討を行う場合には，1)で定める有効幅を用いてよい．

（4） 二方向スラブ
 1） 短スパンと長スパンとの比が0.4以下の二方向スラブが等分布荷重を受ける場合は，荷重を短スパン方向だけで受けるものと仮定し，一方向スラブとみなして断面力を求めてよい．
 2） 上記1)以外の場合は，薄板理論によるか，または一般に認められている近似解法を用いて，スラブの断面力を求めなければならない．

3) 上記1)による場合の配力鉄筋は，短辺の長さ1m当り，短スパン方向の主鉄筋のスラブ幅1m当りの断面積の1/4以上としなければならない．また，この場合，連続スラブまたは固定スラブでは，短辺の長さ1m当り，短スパン方向の負鉄筋のスラブ幅1m当りの断面積の1/2以上を，短辺の上側にこれと直角に配置しなければならない．この鉄筋は，支承の前面から短辺の長さの1/3以上延ばさなければならない．

4) 二方向スラブが，その周辺で壁またははりと単体的に造られていない場合，またはスラブが支承を越えて連続していない場合には，スラブの隅角部の上下両側に用心鉄筋を配置しなければならない．この鉄筋は，隅角から両方向に長スパンの1/5の区間にわたって配置しなければならない．この用心鉄筋は，スラブの上側では対角線に平行に配置し，スラブの下側では対角線に直角に配置しなければならない．これらの鉄筋は，スラブの両辺に平行な二方向に配置してよい．

各方向の幅1m当りの鉄筋断面積は，スラブの中央部における幅1m当りの，短スパン方向の正鉄筋の断面積と等しくなければならない（図 2.10.4参照）．

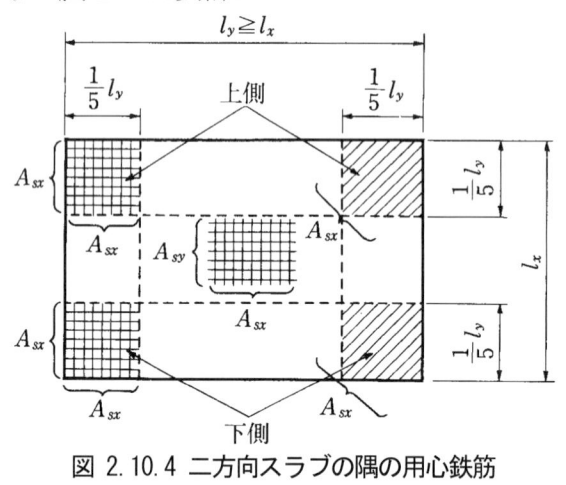

図 2.10.4 二方向スラブの隅の用心鉄筋

【解説】 （1）1)について スラブの構造解析には一般に，微小変形の曲げ理論が適用できるため，スラブの厚さを無視した薄板理論により構造解析を行うことを原則とした．この場合には，スラブのスパンおよび集中荷重の分布幅は，それぞれ4)および5)により求めた値を用いることとする．

鉄筋コンクリートスラブは，通常，単体的に造られ，直角二方向の単位長さ当りの断面が等しい．そのため，薄板理論を適用する場合，一般に，直角二方向の曲げ剛性が等しいとし，ひびわれ発生後も曲げ剛性が変わらないと考えて，等方性スラブとして線形弾性解析法を用いてよい．

しかし，はりと一体となってスラブが配置されている場合で，はりの間隔が直角二方向で異なり，直角二方向の曲げ剛性がいちじるしく異なる場合は，この影響を考慮することが望ましい．

2)について 使用性の限界状態に対する検討では，スラブは弾性的変形性状を示すため，一般に線形解析にもとづくことを原則としている．しかし，断面破壊の限界状態に対する検討では，モーメントの再配分が顕著になるため，線形解析にもとづくと，実際と異なった断面力分布となる場合が多い．このような場合には，塑性解析あるいは第2編 第5章の非線形解析を用いてよいが，十分な塑性回転性能を確保できることが条件となる．

連続スラブ等の支点上では，第2編 **5.5解説（1）**より，線形解析により算定した曲げモーメントを増減させることができる．

3)について たとえば，スラブをプレキャスト部材として製作する場合では，施工中の吊り上げ時と据え付け後の供用時とで，端部の支持条件が変化することがある．また，スラブの経年劣化等により補修や補強を実施する際，端部の支持条件が変化することも考えられる．

4)について 単純スラブ，連続スラブ，壁そのほかと単体的に造られているスラブ等の設計に用いるスパンを，経験上，安全であるように定めたものである．

スラブのスパンとしては，支承面の中心間距離と，スラブの純スパンにスパン中央におけるスラブ厚さを加えた値との小さい方をとればよい．ただし，スラブが回転に対して固定された十分に剛なはり，または壁と単体的

に造られている場合には，はりまたは壁の前面間の距離をスパンとしてよい．

<u>5)について</u>　長方形の接触面を有する集中荷重（各辺の長さ t_1, t_2）がスラブに直接作用する場合には，(t_1+t) および (t_2+t)（t：スラブの厚さ）の辺長を有する長方形面上に，等分布荷重が作用するとしてよい．これは，荷重が45°の傾きで分布するとした場合のスラブ中央平面における分布幅である．

コンクリートの上置層（厚さ s）がある場合，荷重分布幅はそれぞれ (t_1+2s+t) および (t_2+2s+t) となる．軟らかい上置層の場合の各辺は，それぞれ $(t_1+1.5s+t)$ および $(t_2+1.5s+t)$ となる（**解説 図 2.10.4参照**）．

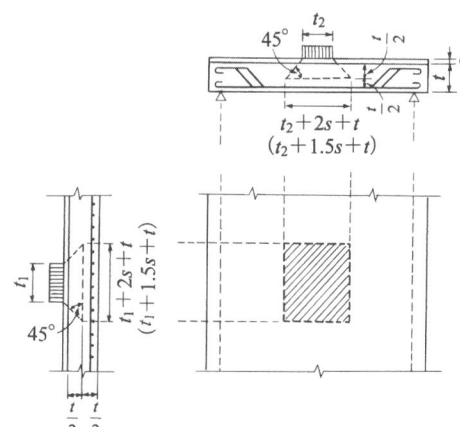

解説 図 2.10.4　集中荷重の分布幅

s：上置層の厚さ
t_1, t_2：荷重の接地長さ
t：スラブの厚さ

注：（　）内は上置層が軟らかい材料の場合を示す

<u>（2）1)について</u>　曲げモーメントの分布に応じ，各点で単位幅のはりとして，一般に直角二方向について検討する．一方向の曲げモーメントが卓越するような幅の広いはりと仮定したスラブでも，それと直角方向に曲げモーメントが生じているために，この方向に十分な配力鉄筋を配置しなければならない．

スラブでは，一般に直角二方向に鉄筋を配置し，その方向は多くの場合，最大曲げモーメント位置の主曲げモーメントの方向と一致している．しかし，最大曲げモーメントの位置から離れたスラブ周辺，非対称荷重が作用するスラブ，また開口部の周辺等では，ねじりモーメントの影響が無視しえないことから，主曲げモーメントの方向は鉄筋の配置方向と大きく異なる．このような二方向曲げおよびねじりモーメントが作用するスラブの検討は，文献[1]によりモーメントを面内力に置き換え，面内力を受ける面部材の耐力算定方法に準じて行ってよい．

断面破壊の限界状態の検討に塑性解析を適用する場合には，十分な使用性能を確保するため，線形解析の値といちじるしく異なるモーメントの再分配を行ってはならない．また，塑性ヒンジを設定する場合には，十分な塑性回転性能を確保しなければならない．

<u>2)について</u>　スラブの断面の検討において，スラブの抵抗挙動を想定して，棒部材とみなしたときの曲げモーメントとせん断力に対する検討を行うものとし，さらにスラブに集中荷重が作用する場合には，面部材としての押抜きせん断に対する検討を行うものとした．

<u>（3）1)について</u>　ここに示す方法は，スパンに直角な相対する2辺によって支持される長方形スラブに，1個の集中荷重が作用する場合の曲げモーメントを近似的に求めるためのものであって，スラブをここに示す幅（支持辺に平行にはかる）のはりとして，単位幅当りの曲げモーメントを求めてよいことにした（**解説 図 2.10.4参照**）．

<u>2)について</u>　一方向スラブは，荷重を受けた場合，スパン方向の曲げモーメントだけでなく，スパンに直角方向の曲げモーメントも生じることより，十分な配力鉄筋を配置しなければならない．

スラブのスパン幅比 l/b が0.5以上の場合には，等分布荷重に対する配力鉄筋を，主鉄筋断面積の1/6とせずに，**解説 表 2.10.1**に示した値を直線補間して求めた係数 β を用いてよい．

解説 表 2.10.1　配力鉄筋の係数β[1]

l/b	0.5	0.7	1.0	2.0
β	1/6	0.16	0.13	0.07

　集中荷重が作用するスラブでは，荷重の作用している付近は，くぼむような変形をするため，主鉄筋に直角方向にも十分な鉄筋を配置しなければならない．スラブの縁端付近に載荷されると，載荷点から離れたところでは負の曲げモーメントが生じる場合があることから，配力鉄筋をスラブの上面にも配置するのがよい．

　(4) 1), 3)について　短スパンと長スパンの比lx/lyが0.4以下の二方向スラブに等分布荷重が作用する場合，xの方向の曲げモーメントは短スパン方向の一方向スラブとした場合の値にほぼ等しい．したがって，この場合には，短スパン方向について，単位幅のスラブをはりと考えて曲げモーメントを計算してよい．しかし，y方向にも曲げモーメントが生じるので，配力鉄筋が必要である．

　4)について　二方向スラブが，その周辺で壁またははりと単体的に造られていない場合や，スラブが支承を越えて連続していない場合には，隅角部の浮上りとねじりモーメントに備えて，スラブの隅角部の上下両側に用心鉄筋を配置するものとした．

参考文献
1) (公社)土木学会：コンクリート標準示方書[設計編]，pp360，2012．

10.4　壁

(1)　壁は，その形状および荷重の作用する方向によって，柱，スラブまたは，はりに準じて設計してよい．

(2)　鉛直荷重を受ける壁は，一辺が壁厚に等しく，他の辺の荷重が作用幅とその両側に壁厚の2倍を加えた値に等しい長方形の柱として設計してよい．

【解　説】　(1)について　ラーメンを構成する側壁や中壁は，いずれも曲げモーメントとせん断力の影響が大きいので，スラブとして扱うことが適当である．

　(2)について　鉛直力を受ける壁は，**解説 図 2.10.5**に示す長方形断面の柱と考え，第2編 10.2に従って設計してよい．

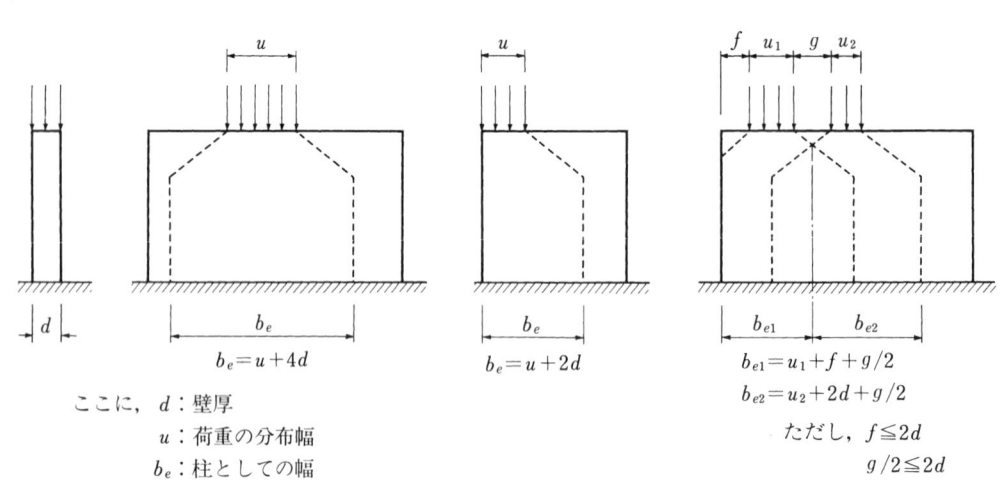

ここに，d：壁厚
　　　　u：荷重の分布幅
　　　　b_e：柱としての幅

$b_e = u + 4d$
$b_e = u + 2d$
$b_{e1} = u_1 + f + g/2$
$b_{e2} = u_2 + 2d + g/2$
ただし，$f \leq 2d$
　　　　$g/2 \leq 2d$

解説 図 2.10.5　鉛直方向の荷重を受ける壁

10.5 アーチ

(1) アーチ構造物は，曲線状の骨線をもったスラブと壁，柱等で構成された構造物とみなし，ラーメンとして解析してよい．

(2) 構造解析は，ラーメンの構造解析に準じて行う．

【解 説】 (1)について 開削トンネルにおいて使用されるアーチ構造は，上スラブの代わりにアーチスラブを用い側壁，中柱等で支えられる構造がほとんどであるので，このような構造物を対象として規定した．

(2)について アーチの構造解析には種々のものがあるが，ラーメンの構造解析に準じて行う場合，アーチ軸線を近似的に多角形として解析してもよい．

10.6 プレキャストコンクリート

(1) プレキャストコンクリートは，単体として，またそれを使用した構造物として，所要の性能と安全性を確保でき，かつ経済的となるように設計しなければならない．

(2) プレキャストコンクリートは，構造物の設計に用いる荷重のほか，貯蔵，運搬，組立ておよび接合における荷重を考慮しなければならない．

(3) プレキャストコンクリートを，構造物の一部もしくは全体に用いる場合，その接合方法を考慮して，接合部の荷重伝達性能を定め，構造解析を行わなければならない．

(4) 接合方法にもとづき，接合部が所要の耐力，および耐久性を確保することを確認しなければならない．

(5) 接合部は，荷重による影響が小さいところに設けることを原則とする．

【解 説】 プレキャストコンクリート部材によるカルバート構造物は，部材の品質の均一性，施工現場での省力化，工期短縮等の特徴を有しているため，道路下に埋設される下水道，水路，通路等に広く利用されている．

さらに，近年，都市における開削トンネル工事においては，輻輳した埋設物等により，上部からの掘削工事が困難な場合もあり，そのような場合においては水平挿入の支保とあわせてプレキャストコンクリート製品の活用が有効な場合もあることから規定した．

設計にあたっては，文献[1]による．

参考文献
1) (公社)土木学会：コンクリート標準示方書[設計編], pp. 430-438, 2012.

第11章 構造細目

11.1 トンネルの構造細目

11.1.1 トンネル躯体の構造細目

（1） トンネル躯体は，その水密性に対して十分に留意しなければならない．

（2） トンネル躯体には，必要に応じてトンネルの構造や形状，施工方法や施工環境に応じた防水工および排水工を考慮しなければならない．

（3） トンネル躯体のコンクリート打継ぎ目地，ひびわれ誘発目地は，防水上の弱点とならないようにしなければならない．

（4） 開削トンネルの隅角部および部材接合部にはハンチを設けることを標準とする．

（5） すりへり，劣化，衝撃等の激しい作用を受ける部分では，耐久性能を確保するために，適切な材料でコンクリートの表面を防護しなければならない．

【解　説】　（1）について　開削トンネルは，一般に鉄筋コンクリート構造で地下水位以下に造られることが多いので，トンネル躯体の水密性には十分に留意しなければならない．

このため，トンネル躯体を水密構造にする方法または防水物質でトンネル躯体を被覆して防水層を造り水密構造にする方法等により，トンネル躯体の水密性を保持する手段がとられている．防水工は躯体が直接水圧を受ける面に施工することを原則とする．

（2）について　トンネル内部の施設を地下水の浸透から保護するとともに躯体の劣化防止を図り，トンネルの機能を保持するため，開削トンネルには防水工を施すものとする．

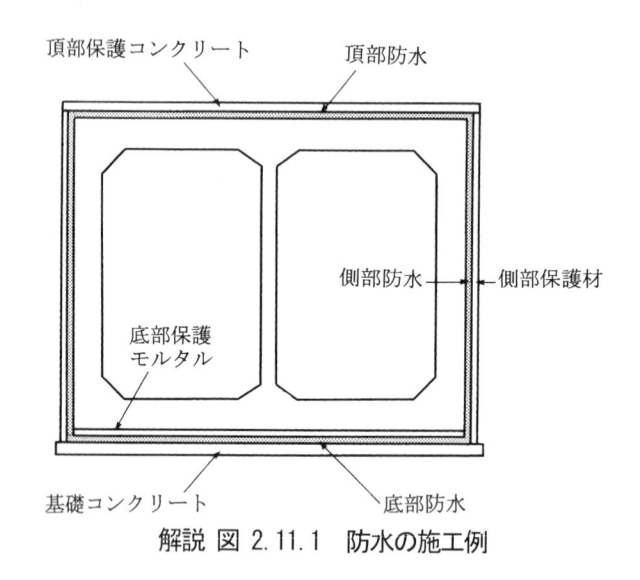

解説 図 2.11.1　防水の施工例

防水工を使用材料，施工位置等で分類すると次のようになる．

1) 材料による分類（第4編 第7章参照）
   ① 合成高分子材料系防水　合成高分子材料をシート状に成型したルーフィングを張り合わせる方法（シート防水）及び合成高分子材料の溶剤またはエマルジョンを塗布して，防水工を形成する方法（塗膜防水）等
   ② マット（無機質活性系）防水　高膨潤度ベントナイトを充填したベントナイトマットを構造物の表面に張りつけて防水層を形成する方法
   ③ モルタル防水　防水剤を混入した防水性のあるモルタルを躯体に塗布して防水層を形成する方法
   ④ アスファルト防水　アスファルトルーフィング類を熱溶融したアスファルトで積層する方法，アスファ

ルトルーフィング類の表面を加熱溶融して積層する方法および接着剤により積層する方法等
2) 施工位置による分類
① 底部防水　下床版の防水
② 側部防水　側壁の防水
③ 頂部防水　上床版の防水
④ 目地防水　打継目の防水
3) 躯体内外面による分類
① 外部防水（外防水）　躯体外面に施す防水（先防水および後防水がある）
② 内部防水（内防水）　躯体内面に施す防水（主に後防水）

また，万一の漏水やトンネル内で使用する水を排水するために，排水工を施さなければならない．

（3）について　コンクリート打継ぎ目地は，コンクリートの打設によって生じる不可避な目地で，コンクリートの硬化収縮，温度変化等に伴って防水上の弱点となりやすい．

ひびわれ誘発目地は，不特定な位置に発生するひびわれを，定めた位置に強制的に発生させるために設ける目地で，あらかじめ所定の間隔で断面欠損部を設け，ひびわれ発生箇所を制御するのを目的としている．

（4）について　隅角部および部材接合部は一般に応力が大きくなるばかりでなく，応力の流れが不規則になる場所でもある．したがって，ラーメン隅角部および部材接合部にはハンチを設けるとともに，ハンチに沿って用心鉄筋を配置し，十分な補強をすることが望ましい（**解説 図 2.11.2参照**）．しかし，ハンチを設けるとトンネルの使用性がいちじるしく制限される場合には，ハンチを省略してよい．ただし，ハンチを設けない隅角部は，鉄筋で補強しなければならない．

（5）について　砂粒を含む流水，交通により損傷を受ける構造物，あるいは化学的に侵食を受ける構造物等で，すりへり，腐食，衝撃等の激しい作用を受ける部分について，とくに高い耐久性能を持たせる場合には，木材，良質な石材，鋼板，高分子材料等の材料でコンクリート表面を防護しなければならない．

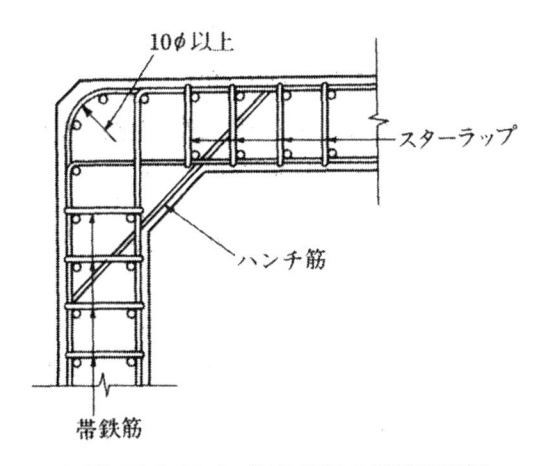

解説 図 2.11.2　隅角部等の鉄筋配置例

11.1.2　トンネルの継手の構造細目

トンネルの継手は，その目的を満足させるとともに，防水上の弱点とならないようにしなければならない．

【解　説】　トンネルの継手は，相接する躯体間に目地材を挿入して構造的に縁を切るために設けるもので，トンネル施工時におけるコンクリートの硬化収縮によるひびわれ防止，あるいは完成後の不同沈下等によるひびわれ防止を目的としている．

地震時に生じる継手変形に対して，止水板等に損傷が生じることのない構造とし，地震後にも所要の防水機能を確保しなければならない．なお，地盤急変部に設置されるトンネルや，他の構造物と一体となる箇所，および大きな構造変化部等には，不同沈下や地震時の変位を考慮して可とう性の継手を設けることが望ましい．

11.2 部材の一般構造細目
11.2.1 一般構造細目
（1） かぶり

1） かぶりは，コンクリート構造物の性能照査の前提である付着強度を確保するとともに，要求される耐久性，構造物の重要度，施工誤差，耐火性等を考慮して定めなければならない．ただし，かぶりは鉄筋の直径に施工誤差を加えた値よりも小さい値としてはならない．

2） 型枠を用いないでコンクリートを土に直接打ち込む場合，かぶりは75 mm以上とするのがよい．

（2） 鉄筋の定着

1） 一般

① 鉄筋はその強度を十分に発揮させるため，鉄筋端部がコンクリートから抜け出さないよう，コンクリート中に確実に定着しなければならない．

② 鉄筋端部の定着は，コンクリート中に十分に埋め込んで，鉄筋とコンクリートの付着力によって定着するか，標準フックをつけて定着するか，または定着具等を取り付けて機械的に定着する方法による．

③ 標準フックの代替として機械的に定着する方法による場合は，部材実験等の適切な方法により，適用する部材が同等の耐力や変形性能等を有することを確認しなければならない．

2） 標準フック

① 標準フックとしては，図 2.11.1に示す半円形フック，鋭角フック，または直角フックを用いる．

ここに，ϕ：鉄筋直径
　　　　r：鉄筋の曲げ内半径

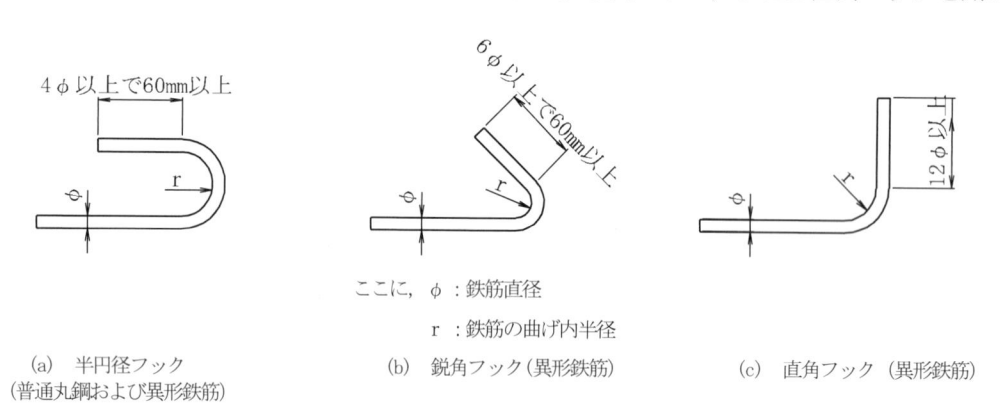

(a) 半円径フック（普通丸鋼および異形鉄筋）　　(b) 鋭角フック（異形鉄筋）　　(c) 直角フック（異形鉄筋）

図 2.11.1 標準フックの形状

② 軸方向引張鉄筋のフックの曲げ内半径は，表 2.11.1の値以上とする．なお，軸方向引張鉄筋に普通丸鋼を用いる場合には標準フックとして常に半円形フックを用いなければならない．

表 2.11.1 フックの曲げ内半径

種類		曲げ内半径	
		軸方向鉄筋	スターラップおよび帯鉄筋
異形棒鋼	SD 295 A, B	2.5ϕ	2.0ϕ
	SD 345	2.5ϕ	2.0ϕ
	SD 390	3.0ϕ	2.5ϕ
	SD 490	3.5ϕ	3.0ϕ
普通丸鋼	SR 235	2.0ϕ	1.0ϕ
	SR 295	2.5ϕ	2.0ϕ

ϕ：鉄筋直径

③　スターラップおよび帯鉄筋の標準フックは，次のⅰ)〜ⅴ)による．
ⅰ)　スターラップおよび帯鉄筋の端部には，標準フックを設けなければならない．
ⅱ)　異形鉄筋をスターラップに用いる場合は，直角フックまたは鋭角フックを用いてもよい．
ⅲ)　異形鉄筋を帯鉄筋に用いる場合は，半円形フックまたは鋭角フックを設けることを原則とする．
ⅳ)　スターラップ，帯鉄筋のフックの曲げ内半径は，**表 2.11.1**の値以上とする．ただし，直径が10mm以下の鉄筋の場合には，直径の1.5倍の曲げ内半径でよい．
ⅴ)　普通丸鋼をスターラップ，帯鉄筋に用いる場合は，半円形フックとしなければならない．

3)　鉄筋の定着長

①　鉄筋の基本定着長l_dは，次式による算定値を，次のⅰ)〜ⅲ)に従って補正した値とする．ただし，この補正した値は，20ϕ以上とする．

$$l_d = \alpha \frac{f_{yd}}{4f_{bod}} \phi$$

ここに，ϕ　：鉄筋の直径

　　　　f_{yd}　：鉄筋の設計引張降伏強度

　　　　f_{bod}　：コンクリートの設計付着強度で，γ_cは1.3として，文献[1]の式(解 5.2.2)のf_{bok}より求めてよい．ただし，$f_{bod} \leqq 3.2 \text{N/mm}^2$

　　　　α　：基本定着長を決めるための係数

表 2.11.2　基本定着長を決めるための係数

k_cの範囲	α
$k_c \leqq 1.0$	1.0
$1.0 < k_c \leqq 1.5$	0.9
$1.5 < k_c \leqq 2.0$	0.8
$2.0 < k_c \leqq 2.5$	0.7
$2.5 < k_c$	0.6

$$k_c = \frac{c}{\phi} + \frac{15 A_t}{s \phi}$$

ここに，c　：鉄筋の下側のかぶりの値と定着する鉄筋のあきの半分の値のうちの小さいほう

　　　　A_t　：仮定される割裂破壊断面に垂直な横方向鉄筋の断面積

　　　　s　：横方向鉄筋の中心間隔

ⅰ)　引張鉄筋の基本定着長l_dは，上式による算定値とする．ただし，標準フックを設ける場合には，この算定値から10ϕだけ減じることができる．

ⅱ)　圧縮鉄筋の基本定着長l_dは，上式による算定値の0.8倍とする．ただし，標準フックを設ける場合でも，これ以上減じてはならない．

ⅲ)　定着する鉄筋が，コンクリートの打込みの際に，打込み終了面から300mmの深さより上方の位置で，かつ水平から45°以内の角度で配置されている場合は，引張鉄筋または圧縮鉄筋の基本定着長l_dは，ⅰ)またはⅱ)で算定される値の1.3倍とする．

②　実際に配置される鉄筋量A_sが計算上必要な鉄筋量A_{sc}よりも大きい場合，低減定着長l_0を次式により求めてよい．

$$l_0 \geqq l_d (A_{sc}/A_s) \quad \text{ただし，} l_0 \geqq l_d/3, \; l_0 \geqq 10\phi$$

ここに，ϕ：鉄筋直径

③　定着部が曲がった鉄筋の定着長のとり方は，次のとおりとする．
　ⅰ）　曲げ内半径が鉄筋直径の10倍以上の場合は，折曲げた部分も含み，鉄筋の全長を有効とする．
　ⅱ）　曲げ内半径が鉄筋直径の10倍未満の場合は，折曲げてから鉄筋直径の10倍以上まっすぐに延ばしたときにかぎり，直線部分の延長と折り曲げ後の直線部分の延長との交点までを有効とする．

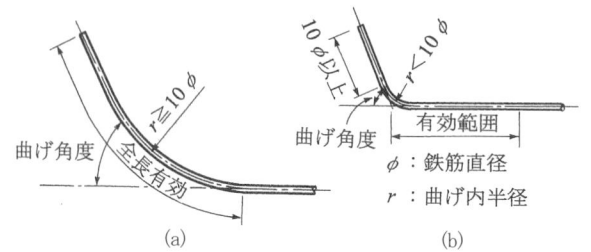

図 2.11.2　定着部が曲がった鉄筋の定着長のとり方

④　引張鉄筋は，引張応力を受けないコンクリートに定着するのを原則とする．ただし，次のⅰ），あるいはⅱ）のいずれかを満足する場合には，引張応力を受けるコンクリートに定着してよいが，この場合の引張鉄筋の定着部は，計算上不要となる断面から（$l_d + l_s$）だけ余分に延ばさなければならない．ここに，l_d は基本定着長，l_s は一般に部材断面の有効高さとしてよい．
　ⅰ）　鉄筋切断点から計算上不要となる断面までの区間では，設計せん断耐力が設計せん断力の1.5倍以上あること．
　ⅱ）　鉄筋切断部での連続鉄筋による設計曲げ耐力が設計曲げモーメントの2倍以上あり，かつ切断点から計算上不要となる断面までの区間で，設計せん断耐力が設計せん断力の4/3倍以上あること．
⑤　スラブまたははりの正鉄筋を，端支点を越えて定着する場合，その鉄筋は支承の中心から l_s だけ離れた断面位置の鉄筋応力に対する低減定着長 l_0 以上を支承の中心からとり，さらに部材端まで延ばさなければならない．ここに，l_s は，一般に部材断面の有効高さとしてよい．
⑥　折曲鉄筋をコンクリートの圧縮部に定着する場合の定着長は，フックを設けない場合は鉄筋直径の15倍以上，フックを設ける場合は鉄筋直径の10倍以上とする．

（3）　鉄筋の継手
1）　一般
①　鉄筋の継手は，鉄筋の種類，直径，応力状態，継手位置等に応じて適切なものを選ばなければならない．
②　鉄筋の継手は，鉄筋相互を接合する継手（圧接継手，溶接継手，機械式継手）または重ね継手を用いることとし，力学的特性ならびに施工および検査に起因する信頼度を考慮して選定しなければならない．
③　鉄筋相互を接合する継手は，母材と同等以上の強度を有し，軸方向剛性および伸び能力が母材と著しく異なることなく，かつ，残留変形量の小さい方法を用いることを原則とする．
④　鉄筋の継手位置は，できるだけ応力の大きい断面を避けることを原則とする．
⑤　同一断面に設ける継手の数は2本に1本以下とし，継手を同一断面に集めないことを原則とする．継手を同一断面に集めないため，継手位置を軸方向に相互にずらす距離は，継手の長さに鉄筋直径の25倍を加えた長さ以上を標準とする．
⑥　径の異なる鉄筋を継ぐ場合は，これらが継手の力学的特性に影響を及ぼさないことを確かめなければならない．
⑦　継手部と隣接する鉄筋とのあきまたは継手部相互のあきは粗骨材の最大寸法以上とする．
⑧　鉄筋を配置したのちに継手を施工する場合には，継手施工用の機器等が挿入できるあきを確保しなければならない．

⑨ 継手部のかぶりは，（1）の規定を満足しなければならない．
2) 軸方向鉄筋の継手
① 重ね継手
ⅰ) 配置する鉄筋量が計算上必要な鉄筋量の2倍以上，かつ同一断面での継手の割合が1/2以下の場合には，重ね継手の重ね合わせ長さは基本定着長l_d以上としなければならない．
ⅱ) ⅰ)の条件のうち一方が満足されない場合には，重ね合わせ長さは基本定着長l_dの1.3倍以上とし，継手部を横方向鉄筋等で補強しなければならない．
ⅲ) ⅰ)の条件の両方が満足されない場合には，重ね合わせ長さは基本定着長l_dの1.7倍以上とし，継手部を横方向鉄筋等で補強しなければならない．
ⅳ) 重ね継手は，交番応力を受ける塑性ヒンジ領域では用いないことを原則とする．ただし，やむを得ず塑性ヒンジ領域で重ね継手を用いる場合は，重ね合わせ長さを基本定着長l_dの1.7倍以上とし，フックを設けるとともに，継手部をらせん鉄筋，連結用補強金具等によって補強しなければならない．
ⅴ) 重ね継手の重ね合わせ長さは，鉄筋直径の20倍以上とする．
② 鉄筋相互を接合する継手
ⅰ) 同一断面の継手の割合が1/2を超える場合は，配置する鉄筋量が計算上必要な鉄筋量の少なくとも1.25倍以上の部分に継手を設けるとともに，施工および検査に起因する信頼度の高い継手を用いるものとする．
ⅱ) 鉄筋を直接接合する継手を，交番応力を受ける塑性ヒンジ領域で用いる場合は，第2編 11.3.7により部材特性を確認するとともに，継手の不良が生じない方法により施工および検査を実施することとする．
3) 横方向鉄筋の継手
横方向鉄筋の継手は，鉄筋を直接接合する継手を用いることとし，原則として重ね継手を用いてはならない．ただし，大断面の部材等でやむを得ない場合は，重ね合わせ長さを基本定着長l_dの2倍以上，もしくは基本定着長l_dをとり端部に直角フックまたは鋭角フックを設けて重ね継手を用いてもよい．この場合，重ね継手の位置は圧縮域またはその近くにしなければならない．

【解説】 （1）について 構造物の安全性，使用性の標準的な照査方法は，第2編 11.2に定めるかぶりの構造細目によって達成される付着強度を前提としており，少なくとも鉄筋の直径以上のかぶりを確保することとする．また，かぶりの確保は鉄筋の腐食を防ぎ，火災に対して鉄筋を保護するためなどにも不可欠である．したがって，かぶりは，コンクリートの品質，鉄筋の直径，構造物の環境条件，コンクリート表面に作用する有害な物質の影響，部材の寸法，施工誤差，構造物の重要度等も判断して定める．鋼材の腐食に関しては，第2編 8.2を満足するように，かぶりを定める必要がある．

設計図面に示すかぶりは，鉄筋の直径または耐久性を満足する値のうちいずれか大きい値に施工誤差を加えた値以上としなければならない．なお，施工誤差は，部材や部位の施工条件や鉄筋工の施工管理体制を考慮して決定するものとする．

（3）1)⑤について 継手を同一断面に集中すると，継手に弱点がある場合，部材が危険になり，また，継手の種類によっては，その部分のコンクリートのゆきわたりが悪くなることもある．そのため，継手は，相互にずらすことにして設けることを原則とした．継手の長さに鉄筋直径の25倍を加えた長さ以上を標準としたのは，万一，一部の継手に弱点があっても，鉄筋の定着効果により部材にある程度の耐力を期待できることに配慮したものである．やむを得ずこれによらない場合は，性能照査にあたっては，設計限界値に対し，設計応答値が十分小さくなるように配慮するものとする．

⑥について 継手を設ける断面で鉄筋量に余裕のある場合は，径の小さい方の鉄筋で接続することにより鉄筋量を適切に減ずることが可能となる．しかし，継手部において鉄筋量の急変があると，ここに曲げひびわれが発

生しやすくなり，これがせん断ひびわれへと発展して部材のせん断耐力に影響する場合がある．異種径の継手によって鉄筋量を減ずることは，力学的には鉄筋の引張部定着とほぼ同じ影響を部材に与えるので，継手を設ける位置には十分に留意する必要がある．

参考文献
1)(公社)土木学会：コンクリート標準示方書[設計編]，pp. 34-35，2012．

11.2.2 各部材の構造細目

（1）はり

1) 軸方向鉄筋の水平のあきは20mm以上，粗骨材の最大寸法の4/3倍以上，鉄筋の直径以上としなければならない．また，コンクリートの締固めに用いる内部振動機を挿入できるように，水平のあきを確保しなければならない．

2) 圧縮鉄筋のある場合のスターラップの間隔は，圧縮鉄筋直径の15倍以下，かつスターラップ直径の48倍以下としなければならない．

（2）ディープビーム

1) 単純ばりの引張主鉄筋は，支点から支点まで連続して配置し，支点部では最大引張力以上の引張力に対して定着しなければならない．一般には，支点を越えて基本定着長以上とって定着する．連続ばりの正鉄筋および負鉄筋は，はりの全長にわたり配置しなければならない．下段に配置された鉄筋は，中間支点上で重ね継手としてよいが，端支点上では単純ばりの場合に準じて定着しなければならない．

2) ディープビームの両側面には，鉛直方向および水平方向それぞれに，片面当りコンクリート断面積の0.08%以上の用心鉄筋を，はり幅の2倍以下，かつ300mm以下の間隔で配置しなければならない．連続ばりでは，中間支点から両側へ，スパンの0.4倍の区間には，水平用心鉄筋を上記で配置される用心鉄筋間隔の1/2の間隔で配置する．

3) 支点においては，荷重の集中がいちじるしいので，支圧応力度の検討を行わなければならない．

（3）柱

1) 帯鉄筋柱

① 軸方向鉄筋のあきは，40mm以上，粗骨材の最大寸法の4/3以上，かつ鉄筋直径の1.5倍以上としなければならない．

② 帯鉄筋およびフープ鉄筋の直径は，6mm以上，その間隔は柱の最小横寸法以下，軸方向鉄筋の直径の12倍以下，かつ帯鉄筋の直径の48倍以下でなければならない．

2) 鋼管柱

① 鋼管柱の最小板厚は，加工，運搬および現場施工時に変形しないよう，また，腐食および磨耗等による断面の損傷も考慮して定める．

② 鋼管柱の最大径厚比は局部座屈を考慮して決定する．

③ コンクリート充填柱の鋼管とコンクリートの接触面は無塗装とする．

（4）スラブ

1) スラブの正鉄筋および負鉄筋の中心間隔は，最大曲げモーメントの生じる断面でスラブの厚さの2倍以下で，300mm以下としなければならない．その他の断面でもスラブの厚さの3倍以下で，400mm以下とするのがよい．

2) スラブの開口部周辺には，応力集中その他によるひびわれに対して，補強のための鉄筋を配置しなければならない．

（5）せん断壁

1) せん断壁の厚さは，100mm以上とし，支持されていない辺の長さの1/25以上，周辺が変位に対して

固定されている場合は，短辺の1/30以上としなければならない．
　2)　鉛直方向の鉄筋は直径が13mm以上で，配置間隔は壁厚の2倍以下，かつ300mm以下としなければならない．
（6）　鉄骨鉄筋コンクリート
　1)　はりと柱の接合部は，鉄骨部分と鉄筋コンクリート部分が無理なく納まり，かつ，コンクリートの充填性がよい構造としなければならない．
　2)　接合部の鉄筋は，できる限り鉄骨に孔を開けずに配筋するのがよい．

【解　説】　(3)について　らせん鉄筋柱の構造細目は，文献[1]による．

2)①について　鋼管柱の最小板厚は，加工，運搬，現場施工中の取扱いのほか，腐食等を考慮して決定しなければならない．ただし，塗装，溶融亜鉛めっき等の防食対策を施す鋼管柱では，腐食代は考慮しなくてよい．

②について　地下駅のように大きな軸圧縮力を受ける鋼管柱では，局部座屈による脆性的な破壊を防止するため，径厚比を小さくしなければならない．ただし，鋼管にコンクリートを充填する場合には，充填されたコンクリートが軸圧縮力の一部を負担することにより鋼管厚を薄くすることができる．

③について　鋼管とコンクリートの接触面は，付着強度を保持するため，塗装を行ってはならない．

(6)2)について　鉄骨鉄筋コンクリート構造において，接合部は耐震設計上十分な耐力が必要な部分である．とくに，鉄骨および鉄筋が複雑に交差するので，応力の伝達に無理のない配筋を行い，コンクリート充填性のよい接合部にすることが重要である．鉄骨部分は，接合する鉄骨板厚のバランス，溶接の施工性，鉄筋の貫通孔の位置等を考慮する必要がある．

参考文献
1)（公社）土木学会：コンクリート標準示方書[設計編], pp. 320-379, 2012.

11.3　耐震に関する構造細目
11.3.1　一　般

開削トンネルの耐震設計においては，各部材に十分な変形性能とじん性を確保するために，第2編 11.1, 11.2および11.3に示す構造細目によらなければならない．

【解　説】　兵庫県南部地震で被災した開削トンネルは，周辺地盤のせん断変形によりトンネル横断面にせん断変形が生じ，トンネル中柱に甚大な損傷を受けたと考えられている．そのため，レベル2地震動に対して，開削トンネルの構造部材が十分な変形性能を確保できるように構造細目を定める．

開削トンネルの耐震設計においては，一般に，部材の軸方向鉄筋あるいは横方向鉄筋が降伏ひずみを超える大きな交番応力を受けることを考慮する必要がある．したがって，開削トンネル一般の構造細目だけでは，耐震性能照査の前提としては，必ずしも十分とはいえない．第2編 11.3では，耐震性能照査を行う開削トンネルについて，とくに注意すべき構造細目を示すものである．

11.3.2　軸方向鉄筋

軸方向鉄筋の継手は，地震時に変形が生じ，かぶりコンクリートがはく落するような部位には設けないことを原則とする．やむをえず設ける場合には，重ね継手は用いないこととし，十分な継手性能を有するものを用なければならない．

【解　説】　地震の際の繰返し応力により，塑性変形が生じる部位には，軸方向鉄筋の継手を設けないことが望ましい．施工性等の理由によりやむをえず設ける場合には，かぶりコンクリートがはく落する可能性があるため，

重ね継手を用いてはならない．また，十分な継手性能とは，高強度鉄筋等の特殊な鉄筋を除き，引張では降伏強度の1.2倍以上，圧縮では降伏強度の1.1倍以上の交番繰返し荷重が作用しても，破断を生じないことをいう．

11.3.3　横方向鉄筋

（1）　横方向鉄筋には，閉合スターラップ，帯鉄筋またはらせん鉄筋を用いることを原則とする．

（2）　スターラップの配置

1）　棒部材には，0.15%以上のスターラップを部材全長にわたって配置するものとする．また，その間隔は，部材有効高さの3/4以下，かつ400mm以下とするのを原則とする．ただし，面部材にはこの項を適用しなくてもよい．

2）　計算上せん断補強鋼材が必要な場合には，スターラップの間隔は，部材有効高さの1/2倍以下で，かつ300mm以下としなければならない．また計算上せん断補強鋼材を必要とする区間の外側の有効高さに等しい区間にも，これと同量のせん断補強鋼材を配置しなければならない．

（3）　帯鉄筋の配置

1）　帯鉄筋の部材軸方向の間隔は，軸方向鉄筋の直径の12倍以下で，かつ部材断面の最小寸法の1/2以下とする．なお，横方向鉄筋は，原則として，軸方向鉄筋を取囲むように配置する．

2）　矩形断面で帯鉄筋を用いる場合には，帯鉄筋の一辺の長さは，帯鉄筋直径の48倍以下かつ1m以下とする．帯鉄筋の一辺の長さがそれを超える場合には，中間帯鉄筋を配置しなければならない．

（4）　帯鉄筋に継手を設ける場合には，帯鉄筋に全強を伝えることができる継手で接合しなければならない．なお，継手部が内部コンクリート中にある場合には，帯鉄筋の端部を標準フックとした重ね継手とする．

（5）　帯鉄筋に継手を設ける場合には，継手位置を同一断面に集めないように相互にずらすことを原則とする．

（6）　帯鉄筋を用いる場合には，端部を半円形フックまたは鋭角フックとし，軸方向鉄筋を取り囲み，内部コンクリートに定着する．

（7）　らせん鉄筋を用いる場合には，その端部を重ねて2巻き以上とする．

（8）　帯鉄筋の定着部が内部コンクリート中にある場合には，端部を直角フックとしてもよい．

【解説】　（1）について　耐震性能の照査においては，開削トンネルの中柱等では，軸方向鉄筋が降伏するような大きな交番荷重が作用することを前提としているので，横方向鉄筋として，軸方向鉄筋を取り囲む閉合スターラップ，帯鉄筋またはらせん鉄筋を用いることを原則とした．なお，大断面の部材等において，上記の横方向鉄筋に加え，断面内を横切って配置される鉄筋のうち，両端がそれぞれ最外縁の帯鉄筋に鋭角フックにより定着されるもの，あるいは軸方向鉄筋の一部を囲み（4），（5），（6）に示す継手の条件を満たすものは，中間帯鉄筋と定義し，横方向鉄筋と見なしてよい．ただし，定着が不十分な，いわゆる幅止め鉄筋は，横方向鉄筋としてはならない．

らせん鉄筋を用いる場合には，らせん鉄筋の破断や端部の定着に関して，十分に安全であることを確かめる必要がある．

なお，部材によっては耐震性能が支配的な要求性能とならないものもある．その場合には，必ずしもこの規定によらなくてもよい．

（2）1）について　せん断補強鉄筋のない部材では，斜めひびわれが発生すると同時に，急激に耐力低下を生じることが多い．部材の急激な破壊が構造物全体の性状に影響を与える場合には，部材のじん性を増し，力の伝達機構が再構築されるよう配慮する必要がある．したがって，棒部材のせん断に対する検討において，せん断補強鉄筋が不要とされる場合でも，コンクリートの乾燥収縮や温度差等により斜めひびわれが発生し，急激な破壊に至るのを防ぐために，棒部材には以下の式により求まる最小量のスターラップを必ず配置することとする．

$A_{wmin}/(b_w s) = 0.0015$ (解 2.11.1)

ここに， A_{wmin} ：最小スターラップ量
　　　　 b_w 　：腹部幅
　　　　 s 　　：スターラップの配置間隔

ただし，この量は異形鉄筋を用いることが前提になっているので，降伏強度および付着強度の小さい丸鋼を用いる場合には，この1.5倍程度の量を配置することが望ましい．

2)について　スターラップがせん断補強鉄筋として有効な働きをするためには，腹部コンクリートに発生する斜めひびわれと必ず交わるように，スターラップの間隔を定めて配置する必要がある．この間隔は，部材断面の有効高さの1/2以下とし，さらに収縮等によるひびわれの発生を防ぐために用心鉄筋としても有効となるように，300 mm以下と規定した．

また，せん断ひびわれが部材軸に対しての斜めに生じることを考慮し，安全のため，スターラップおよび帯鉄筋の配置区間は，計算上必要な区間両側に，それぞれの部材断面の有効高さに等しい長さを加えた区間とした．この場合，その鉄筋量は，計算上せん断補強鉄筋の必要な区間の端における所要鉄筋量とするのがよい．

(3) 1)について　帯鉄筋やらせん鉄筋等の横方向鉄筋は，斜めひびわれの進展を抑止してせん断耐力を向上させるとともに，軸方向鉄筋の座屈を防止し，かつ，コアコンクリートを拘束する役割も果たすものである．したがって，せん断補強あるいは所要のじん性の確保という観点からは，所定の照査を満足する鉄筋量が配置されるとともに，部材軸方向の間隔も所定の値以下とする必要がある（**解説 図 2.11.3**参照）．

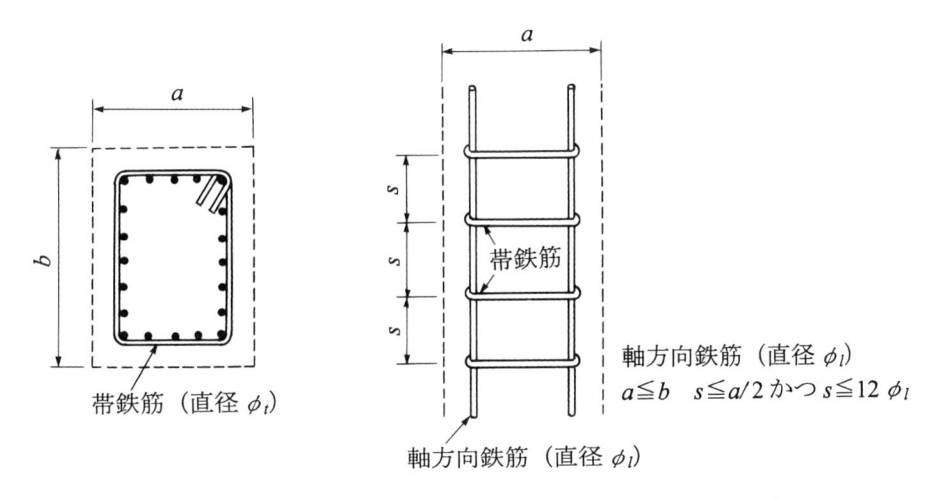

解説 図 2.11.3　軸方向鉄筋すべてを取り囲んで配置する帯鉄筋の間隔

2)について　矩形断面の部材で，断面寸法が大きくなると，断面の隅角部から離れた箇所では帯鉄筋の拘束効果が低下することが知られている．したがって，断面内では，帯鉄筋の一辺の長さc_iを帯鉄筋直径の48倍以下かつ1m以下とし，拘束効果がいちじるしく低下しないようにした．断面内の中間部に配置した中間帯鉄筋も，部材軸方向の間隔は帯鉄筋と同じにするのがよい（**解説 図 2.11.4**参照）．

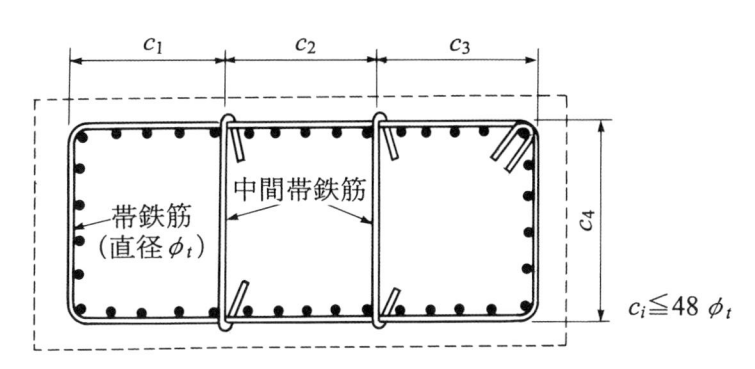

解説 図 2.11.4　断面内における帯鉄筋の間隔

（4）について　大変形時にかぶりコンクリートがはく落する領域の軸方向鉄筋すべてを取り囲むように配置する帯鉄筋は，かぶりコンクリートがはく落してもその全強が発揮される必要がある．したがって，帯鉄筋に継手を設ける場合にも，その条件を満たすことが求められる．そのような継手としては，フレア溶接あるいは機械継手があげられる（**解説 図 2.11.5参照**）．

帯鉄筋のフレア溶接は，鉄道構造物等において施工実績がある．溶接長を帯鉄筋直径ϕの10倍，ビード幅を0.5ϕ，のど厚を0.2ϕ程度として所要の継手性能が得られることが報告されているが，現場で溶接する際には十分な施工管理が必要である．なお，工場で溶接を行い，現場で組み立てる工法も開発されているので，帯鉄筋の形状や寸法，現場までの輸送，現場での施工方法等を考慮して，その使用を検討するのがよい．

コンクリート内部に配置される中間帯鉄筋は，かぶりコンクリートのはく落の影響を受けないので，その継手として標準フックを併用した重ね継手を用いてもよい（図 2.11.1および**解説 図 2.11.6参照**）．

（5）について　鉄筋の継手部は，鉄筋単体部に比べて信頼性に劣り，また，施工上からも弱点になりやすいことから，部材軸方向において継手位置が同一断面に集めないように相互にずらすことが必要である．

なお継手を同一断面に集中して配置することが避けられない場合には，帯鉄筋の継手の種類に応じて施工等に起因する信頼度を考慮し，継手の評価を別途行わなければならない．

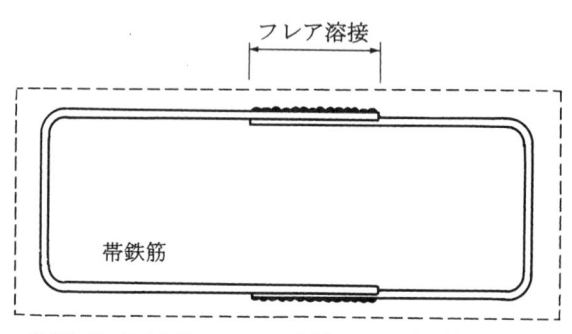

解説 図 2.11.5　フレア溶接による帯鉄筋の継手

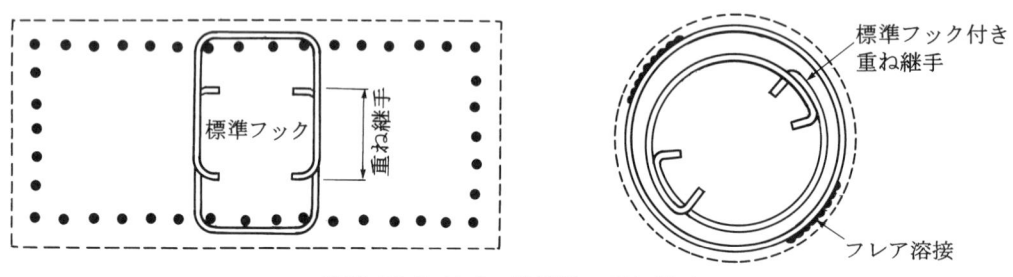

解説 図 2.11.6　帯鉄筋の重ね継手

（6）について　軸方向鉄筋をすべて取囲むように配置される帯鉄筋の定着は，端部を鋭角フックとして，軸方向鉄筋に掛けて定着することとする（**解説 図 2.11.7参照**）．ただし，フレア溶接や機械継手を用いて帯鉄筋を連続させてもよい．

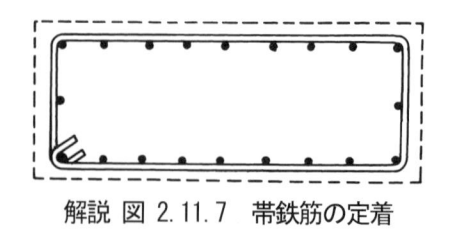

解説 図 2.11.7　帯鉄筋の定着

（7）について　らせん鉄筋の端部は，定着が不十分となる可能性があることから，2巻き以上を重ね，かつ，端部は互いに機械的に接合するか，先端を鋭角フックとして内部コンクリートに定着するのがよい．

(8)について　帯鉄筋の定着部が内部コンクリート中にある場合は，(4)と同様で，端部を直角フックとしても，十分な定着性能が得られる．

11.3.4　部材接合部
部材の接合部は，接合部以外の部材が塑性域に達する前に耐力を失うことのないようにしなければならない．

【解　説】　耐震性能2あるいは耐震性能3を満足するように設計する場合には，部材が塑性域に達していることを想定している．接合部を有する構造では，部材が塑性域に達する前に接合部が耐力を失うと，所要の耐震性能を発揮できなくなる．したがって，接合部は，それに接している部材より大きい耐力を有していることが必要とされる．このためには，接合部の大きさを大きくしたり，ハンチを設けたり，あるいは横方向鉄筋を十分に配置するなどの対策が必要である．また，各部材からの軸方向鉄筋は十分に定着されることが必要である．

11.3.5　面内せん断力を受ける部材
面内せん断力を受ける部材は，せん断ひびわれの発生により急激に耐力が低下しないよう，次に示す対応をとらなければならない．
1)　面部材の厚さは，200 mm以上とする
2)　直交する二方向の鉄筋は，どちらか一方の鉄筋比の1/2以上を配置する
3)　鉄筋量の少ない方向の鉄筋比は，0.2％以上とし，各方向とも二層以上に配筋する

【解　説】　ここでの面部材とは，開削トンネルの外周部材ではなく，立坑の端壁，妻壁，隔壁，耐震壁等の面内にせん断力が作用する面部材を対象とする．鉄筋を二層以上配筋することにより，壁の厚さを200mm以上とした．せん断ひびわれが発生して急激に耐力が低下することがないように，ある程度以上に鉄筋が配置される必要がある．また，面内のせん断破壊から，面外方向へ破壊形態が移行することも考えられるので，面外方向の抵抗を強くするために，鉄筋の二層以上配置することが必要である．

11.3.6　鉄骨鉄筋コンクリート
鉄骨鉄筋コンクリート構造の鉄骨は塑性ヒンジとならない部位で連結する．

【解　説】　塑性ヒンジとなる部位に連結箇所を設けた場合，地震時に交番載荷を受けると，連結部材が母材に先行して破壊するおそれがある．よって，塑性ヒンジとならない部位で連結することとする．また，鉄骨の連結は全強を伝えられるように，溶接またはボルト接合とする．

11.3.7　実験による照査
第2編 11.3に示す構造細目によらない場合は，その供試体が第2編 11.3の構造細目に従い作成した供試体と同等の性能を有することを実験により確認しなければならない．この性能を確認する実験は，原則として，次の方法による．
1)　部材の形状や寸法，用いる鋼材の寸法および間隔，かぶり等は，実部材と同じとする
2)　部材断面に作用する力が実部材とほぼ同様になる加力方法を用い，変位制御による正負交番載荷を行う

【解　説】　第2編 11.3に示す構造細目に従った場合と同等以上の性能が実験で確認できるならば，その構造細目を用いてもよいこととした．
　実験により構造細目の性能を確認する場合には，この章の構造細目に従った供試体を基準供試体とし，実部材

と同じ寸法で，かつ実部材と同じ応力状態を再現できる実験を行うこととし，基準供試体と同等以上の性能を有していることを確認するのが望ましい．しかし試験装置の制約により不可能な場合には，破壊挙動に影響しない範囲で縮小を行ってよい．ただし，縮小模型における鉄筋径の選定やその配置，かぶりのとり方等の構造細目は責任技術者の責任のもとで適切にモデル化を行う必要がある．

地震時には，一般に作用が正負で繰返し作用することから，実験においても，正負交番載荷を原則とし，加力方法も，実際の構造物における応力状態を再現するような方法とする必要がある．

また，設計地震動よりも大きな地震が作用した場合でも構造物としての最低限の機能を持たせることも重要であるため，載荷の範囲は，部材の終局状態を超えた範囲までとするのがよい．載荷は，軸方向鉄筋が降伏する時点の変位を基本とし，その整数倍の変位で正負に繰り返し行う．設定変位ごとの繰り返し回数については，相対比較により評価するため，回数は1回から10回の範囲で適切に設定するのがよいが，3回程度繰り返すことが望ましい．

第12章　地下連続壁を本体利用する場合の設計

12.1　計画および設計一般

12.1.1　一　般

地下連続壁を本体構造物の壁体全部あるいは一部として利用する場合は，施工条件，作用条件，および構造形式等を考慮して設計しなければならない．

【解　説】　地下鉄等の開削トンネルや立坑では，深い掘削を行うことが多く，大きな側圧を受けることから，土留め壁には高い剛性を有する地下連続壁を用いることがある．その際，地下連続壁を，構造物幅の縮小，掘削土量の低減，工事費の節減の観点から，永久構造物として本体利用する場合には，地下連続壁と内壁あるいはスラブとの接合，仮設時に発生した部材応力の本体設計における取扱い等について，特別な配慮が必要となる．

本章の内容は，鉄筋コンクリート地下連続壁と鋼製の2種類の地下連続壁を対象にして，本体利用を採用する場合の標準的な事項を規定した．ただし，特殊な構造や施工方法を採用する場合には，別途，慎重な検討を行わなければならない．

地下連続壁を本体利用する場合に設計上，配慮すべき事項には，次に示すようなものがある．

1) 将来，本体構造物の一部となる地下連続壁には，完成後において有害な損傷等を与えないため，施工の段階から，過大な断面力や変形を生じさせないように留意して設計する必要がある

2) 作用条件は，施工中の状態と完成後長期の状態では異なることが考えられるので，このことを十分に考慮したうえ，各々の状態について適切に設定しなければならない

3) 構造形式の選定にあたっては，構造物の規模，施工条件および作用条件等から総合的に判断して，合成された構造が設計や施工上，合理的となるように行う必要がある

4) 構造物に対する地震時の地盤変位の影響を検討する場合は，第2編 第9章による

地下連続壁を本体利用する開削トンネルの設計手順の概要を**解説 図 2.12.1**に示す．

なお，上記1), 2)を配慮する場合には，施工時から完成時まで一連で検討する設計が行われる．この場合，施工時に土留め壁に発生した応力度の本設時への残留を制限する目的で，仮設時の設計に遡って設計を行うことになるが，この場合でも，この示方書では仮設構造物に対しては許容応力度法，本体構造物に対しては限界状態設計法で設計することを基本としている．この理由は，仮設時の設計を限界状態設計法によって設計することはまれであり，解析された断面力や変形量と実際の土留め壁の挙動との整合を検討した実績が十分でないためである．

地下連続壁を本体利用する場合，施工時および完成後の各限界状態に対する安全性の検討は，主として鉛直方向（トンネル横断方向）について行い，必要に応じて水平方向（トンネル縦断方向）についても行うものとする．

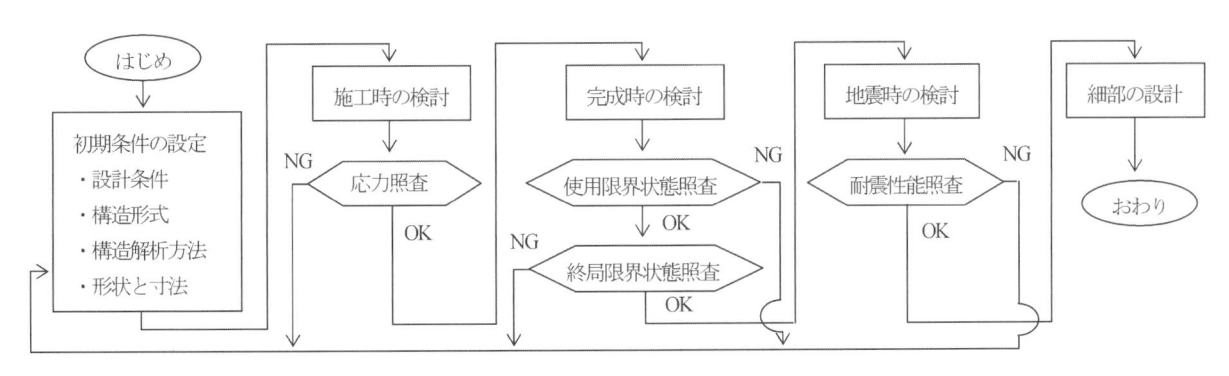

解説 図 2.12.1　地下連続壁を本体利用する開削トンネルの設計手順の例

12.1.2 構造形式の選定

地下連続壁を本体に利用する場合は，施工性や信頼性および経済性等を考慮して，一般に，次の構造形式が採用されている．
1) 一体壁形式
2) 単独壁形式

【解　説】　現在，地下連続壁を本体利用する場合の構造形式としては，解説 図 2.12.2に示すように一体壁形式，単独壁形式が用いられており，形式の選定にあたっては，各形式の特性を十分に検討し，所要の目的が得られる構造としなければならない．なお，地下連続壁を本体利用する場合の構造形式には，上記の形式以外にも重ね壁形式および分離壁形式があるが，この形式は最近の施工例が少ないので本章の構造形式の対象にしていない．したがって，重ね壁形式および分離壁形式を採用する場合には，別途，適切に検討するものとする．なお，重ね壁形式の採用については，耐震設計の前提条件である地下連続壁と内壁との一体的な挙動等を十分に検討する必要がある．

<u>1) 一体壁形式について</u>　一体壁形式は，地下連続壁と内壁の接合面にジベルを取り付けるなどして，完全に一枚の壁として荷重に抵抗するようにしたものである．必要断面厚が小さくできる点は有利であるが，床版と壁との接合およびジベル鉄筋等の施工が煩雑である．しかしながら，最近はジベル鉄筋の取付け方法の開発に伴い，その施工が容易となり広く用いられている．なお，この示方書における鋼製の一体壁形式の適用範囲は，内壁の厚さが地下連続壁の2倍程度以下とする．

<u>2) 単独壁形式について</u>　単独壁形式は，内壁を設けずに地下連続壁のみで作用に抵抗するようにしたものである．深くなった場合には，壁厚が増加して一体壁形式と比べて不経済となることがある．また，内壁を施工しないことから止水や導水にはとくに配慮する必要がある．なお，掘削深さが大きく地階数の多い場合は，浅い部分では単独壁形式，深い部分で一体壁形式というように併用して用いる場合もある．

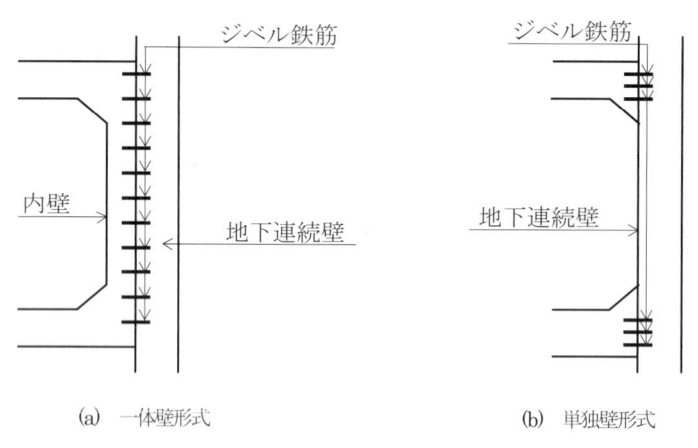

解説 図 2.12.2　本体利用の壁形式

12.1.3 作　用

設計に用いる作用は，次の2つを基本とする．
1) 施工時の設計に用いる作用
2) 完成後の設計に用いる作用

【解　説】　施工時においては，作用の状態が施工ステップによって異なることから，設計に用いる作用は，施工ステップごとに区分し検討を行う必要がある．また，完成後においては，箱型ラーメン形式の構造物では，側圧が大きい場合に応力が最大になる部材と側圧が小さい場合に応力が最大になる部材とがあることから，壁体に

作用する側圧は，最大値のみならず最小値についても検討しなければならない．

施工時の作用は第3編 第2章に，完成後の本体構造物の設計に用いる作用は，第2編 第3章による．

12.2 鉄筋コンクリート地下連続壁の設計
12.2.1 構造解析

鉄筋コンクリート地下連続壁を本体利用する場合の解析方法および構造解析モデルは，次の各項によることを標準とする．

1) 解析方法は，構造形式，施工条件および荷重条件等から総合的に判断し，実状に即した方法によらなければならない．
2) 構造解析モデルは，構造形式，施工条件および荷重条件等から総合的に判断し，実状に即した解析モデルを用いるものとする．

【解 説】 <u>1)について</u> 鉄筋コンクリート地下連続壁を本体利用する場合の解析方法としては，「一体計算法」と「分離計算法」とがある．一体計算法は，施工時から完成まで順を追って解析を行う方法である．この方法は，施工時から完成後の長期にわたる地下水の復水による荷重状態や施工過程における本体構造物等の死荷重と地盤反力との荷重のつり合い条件等を合理的に設計に反映することができるため，より実態に近い解析方法であると考えられる．

しかし，計算が煩雑なこと，設計時に施工手順が制約されること，規模や構造が単純かつ一般的な施工条件下では分離計算法で算定した場合と大きな差が生じないこと等の理由から，実務での使用実績は少ない．一方，分離計算法は，施工時の設計と完成後の設計を各々個別に行う方法である．この方法は，完成時の設計において，施工時の残留応力を無視する設計法であるため，構造形式や施工条件によっては必ずしも実状に即した設計方法であるとはいえないが，計算が容易であり実務での使用実績は圧倒的に多い．

これらのことを勘案して，安全性の照査では一般的に残留応力の影響は小さいことから，分離計算法を用いて検討を行ってよいこととする．一方，使用性の照査では，分離計算法で設計することが実務的と考えられる．しかしながら，逆巻き工法による場合，完成後の地下水の復水による揚圧力が大きい場合，中間杭を有しリバウンドの影響を無視出来ない場合等の特殊な条件での使用性の照査では，施工時の影響を無視することは望ましくないため，一体計算法により設計することが望ましい．**解説 表 2.12.1**に施工時と完成時の設計の考え方を示す．

解説 表 2.12.1 施工時と完成時の設計の考え方

	施 工 時	完 成 時	
設計法	許容応力度設計法	限界状態設計法	
		使用性	安全性(破壊，疲労)
残留応力	—	考慮しない（分離計算法）	考慮しない（分離計算法）
		考慮する（一体計算法）	

* （ ）内は計算法を示す

<u>2)について</u> ① 構造解析モデル 構造解析モデルは，施工時においては，弾塑性法モデルとし，完成後においては，通常の全体骨組み構造解析モデルを使用することを原則とする．また，全体構造解析モデルにおける地下連続壁および中間杭の鉛直支持機構等については，適切なモデルを設定する必要がある．

② 構造解析上の剛性 使用性の照査においてひびわれが発生し，コンクリートの収縮および温度変化の影響を考慮する場合には，部材の剛性低下を考慮しなければならない．一方，安全性の照査における構造解析上の剛性は，一体壁と単独壁とに分けて次のような考え方で求めてよい．

一体壁は，骨組み構造解析上，一本の線材としてモデル化する．この場合の一体壁の断面剛性は，鉄筋の影響を無視したコンクリートの有効断面として求める．有効壁厚を左右する主な要因としては，溝壁面に形成される

マッドケーキと掘削誤差があげられる．このマッドケーキの厚さは地盤の種類，安定液の配合と，性状等によって異なると考えられるが，一般にはその付着により仕上がり断面を減少させることになる．さらに，安定液と接触するコンクリート表面強度の信頼性が低いこと等も想定されることから，剛性の算定においては，この部分を無視するのが一般的である．一方，単独壁は，骨組み構造解析上そのまま一本の線材としてモデル化してよい（資料編【2-5】参照）．

3) 床版と側壁との結合部について　解説 表 2.12.2に示すように，一般に床版と側壁とは剛結としてモデル化する．なお，中床版にプレキャスト床版等の側壁と不連続な部材を用いる場合はピン結合とみなすことも可能である．

解説 表 2.12.2　床版と壁との結合のモデル化

	剛　結	ピン結合
伝達する荷重	曲げモーメント せん断力 軸方向力	せん断力 軸方向力
構造		
構造モデル		

12.2.2　安全性の照査

鉄筋コンクリート地下連続壁の安全性の照査に関する検討は，次の方法によってよい．

1) 曲げモーメントと軸方向力を受ける部材の断面破壊に対する安全性の照査は，第2編 6.2.2による．なお，一体壁の場合は，完成後の有効断面を用いて複鉄筋長方形断面として設計断面耐力を算定する．

2) せん断力に対する安全性の検討は，第2編 6.2.3による．なお，一体壁の場合にせん断補強鋼材を地下連続壁と内壁とに分離して配置する場合は，その影響を考慮しなければならない．

【解　説】　1)について　一体壁の設計曲げ耐力算定における部材の有効高さは，圧縮側表面から引張鉄筋中心までの距離に強度上有効とみなさない厚さを考慮する必要がある．これは，施工条件にもよるが，ポリマー系安定液で10 mm，ベントナイト系安定液で25 mmとした例もある．

2)について　一体壁の設計せん断耐力は，第2編 6.2.3による．この場合，せん断引張鉄筋比は，次式により求めてよい．

$$p_c = \frac{\sum A_s}{b_w d} \quad , \quad \sum A_s = A_{s3} + \frac{1}{d}(A_{s2}d_1 + A_{s3}d_2) \tag{解 2.12.1}$$

ここに，　p_c　　　　：せん断引張鉄筋比
　　　　$\sum A_s$　　　：換算引張鉄筋量
　　　　b_w　　　　：部材断面の幅
　　　　d　　　　：有効高さ
　　　　$A_{s1} \sim A_{s3}$　：各鉄筋の鉄筋断面積
　　　　d_1, d_2　　：各鉄筋の有効高さ

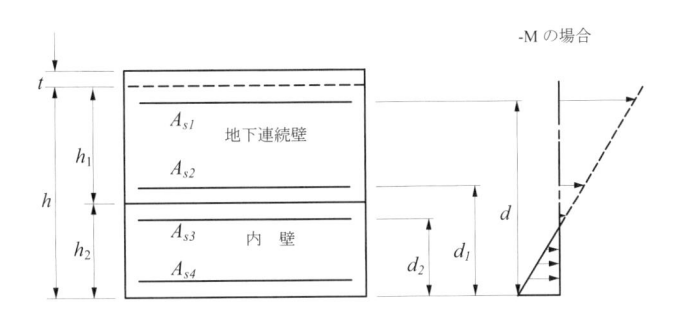

第2編　トンネルの設計　　115

解説 図 2.12.3　せん断引張鉄筋比の考え方

h：強度計算上有効とみなす部材高さ
t：強度計算上有効とみなさない厚さ

また，一体壁を構成するそれぞれの壁に分離してせん断補強鋼材を配置する場合において，せん断補強鋼材により受け持たれる設計せん断耐力は，次式により算定してよい．

$h_1 > h_2$ の場合　　$V_{wd} = \left\{ \dfrac{A_{w1} f_{wyd}(\sin\theta_1 + \cos\theta_1)z_1}{s_1} + \dfrac{A_{w2} f_{wyd}(\sin\theta_2 + \cos\theta_2)z_2}{s_2} \cdot \dfrac{h_2}{h_1} \right\} / \gamma_b$ 　　(解 2.12.2)

$h_1 = h_2$ の場合　　$V_{wd} = \left\{ \dfrac{A_{w1} f_{wyd}(\sin\theta_1 + \cos\theta_1)z_1}{s_1} + \dfrac{A_{w2} f_{wyd}(\sin\theta_2 + \cos\theta_2)z_2}{s_2} \right\} / \gamma_b$ 　　(解 2.12.3)

$h_1 < h_2$ の場合　　$V_{wd} = \left\{ \dfrac{A_{w1} f_{wyd}(\sin\theta_1 + \cos\theta_1)z_1}{s_1} \cdot \dfrac{h_1}{h_2} + \dfrac{A_{w2} f_{wyd}(\sin\theta_2 + \cos\theta_2)z_2}{s_2} \right\} / \gamma_b$ 　　(解 2.12.4)

ここに，
- V_{wd}：せん断補強鋼材により受け持たれる部材の設計せん断耐力
- A_{w1}, A_{w2}：各せん断補強鉄筋の総断面積
- f_{wyd}：せん断補強鉄筋の設計引張降伏強度で，400N/mm²以下とする．
- θ_1, θ_2：各せん断補強鉄筋が部材軸となす角度
- s_1, s_2：各せん断補強鉄筋の配置間隔
- z_1, z_2：各壁の圧縮応力の合力の作用位置から引張鋼材の図心までの距離で，一般に$d_1/1.15$，$d_2/1.15$としてよい．
- h_1, h_2：各壁の有効厚
- γ_b：部材係数で，一般に1.1としてよい．

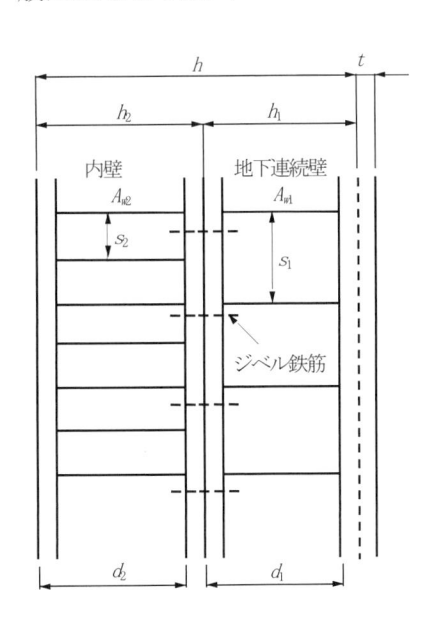

解説 図 2.12.4　一体化におけるせん断補強鉄筋の配置（分離して配置した場合）

12.2.3 使用性の照査

鉄筋コンクリート地下連続壁の使用性の照査は，第2編 第7章による．

【解 説】 鉄筋コンクリート地下連続壁の応力度の算定方法は，**解説 表 2.12.3**に示す3種類の方法が考えられる．断面力を一体計算法で算定した場合の一体壁形式については，算定方法AまたはBを，また，分離計算法で求めた場合や単独壁形式のものについては，算定方法Cを適用することを原則とする．

1) 算定方法A　施工時から完成後まで応力履歴を考慮するために各ステップの断面力を算定するが，施工時と完成後では部材厚が異なるため，応力履歴を加味した曲げ応力度は各ステップの曲げモーメントを用いてひずみを求め，それを合成することにより算出する．

2) 算定方法B　各ステップの応力度を部材厚の変化を考慮して合成する方法である．

3) 算定方法C　施工時，完成後をそれぞれ単独で応力度を算定する方法である．ただし，施工時の残留応力度は考慮されない．

解説 表 2.12.3　一体壁の応力度の算定方法

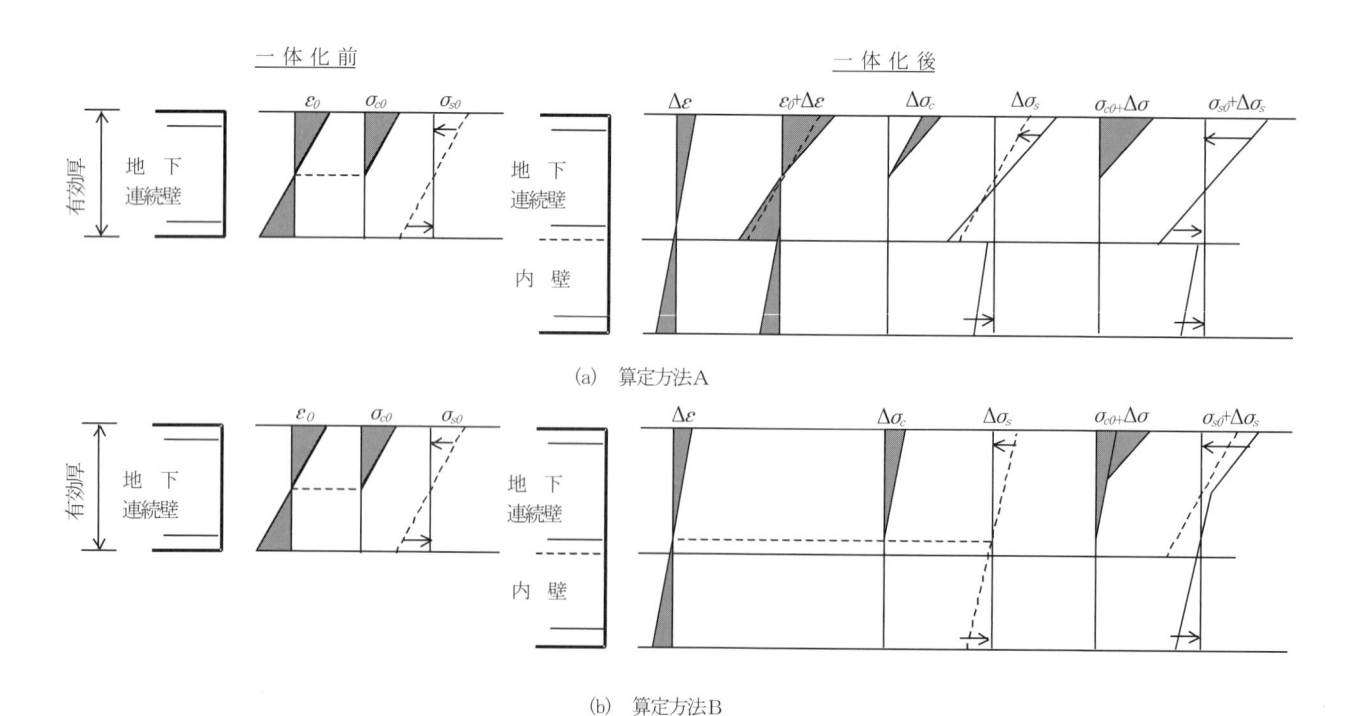

算定方法の種別	応力度の算定方法
算定方法A	① 一体化前の地下連続壁のコンクリートおよび鋼材の応力度を求める． ② 地下連続壁と内壁の一体化後は，①の残留ひずみと追加応力による追加ひずみの和が引張ひずみになっている部分のコンクリートの引張応力度を無視してコンクリートおよび鋼材の応力度を求める（**解説 図 2.12.5(a)参照**）．
算定方法B	① 一体化前の地下連続壁のコンクリートおよび鋼材の応力度を求める． ② 地下連続壁と内壁の一体化後は，①の残留応力度と追加応力による追加応力度を加算してコンクリートおよび鋼材の応力度を求める（**解説 図 2.12.5(b)参照**）．
算定方法C	① 一体化前の地下連続壁のコンクリートおよび鋼材の応力度を求める． ② 地下連続壁と内壁の一体化後は，①の残留応力度を無視して，累加応力によってコンクリートおよび鋼材の応力度を求める．

(a) 算定方法A

(b) 算定方法B

解説 図 2.12.5　一体壁の場合の応力算定方法の模式図

12.2.4 床版と側壁との結合部の検討

床版と鉄筋コンクリート地下連続壁との結合は，結合部に作用する曲げモーメント，せん断力，軸方向力を円滑に，かつ安全に伝える構造であることを確認しなければならない．
1) 床版端部の曲げモーメントと軸方向力に対して，安全であることを照査しなければならない．
2) 床版と側壁との結合部付近に作用する鉛直せん断力に対して，安全であることを照査しなければならない．

【解 説】 1)について 解説 図 2.12.6に示す床版のハンチ始点（a-a断面）あるいはハンチ終点（b-b断面）は，通常のラーメン計算で設計を行ってよい．一体壁の地下連続壁と内壁との接合面には，床版の節点曲げモーメントの一部（M_s）が伝達されると考えられる．ここで，接合面（c-c断面）を介して地下連続壁に伝達される曲げモーメントは，b-b断面における設計曲げモーメントより少し大きいものの，有効高さはb-b断面よりも大きいことから，鉄筋は，b-b断面における必要鉄筋量をc-c断面を越えて地下連続壁に定着しておけば十分であると考えられる．

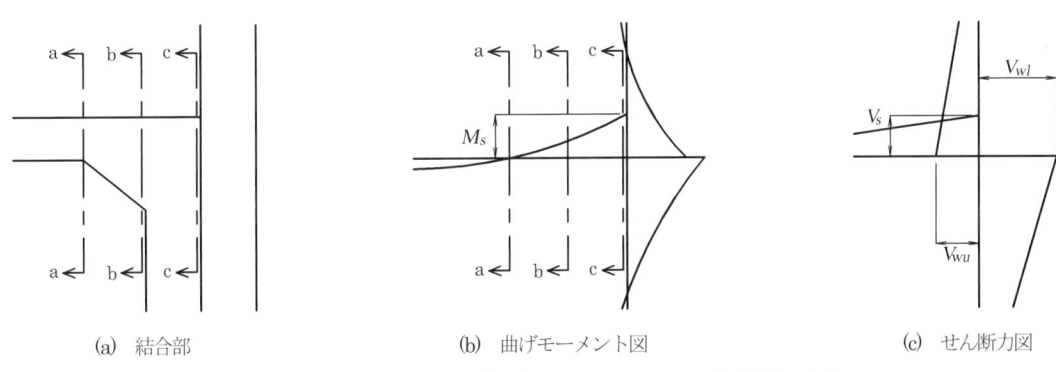

(a) 結合部 (b) 曲げモーメント図 (c) せん断力図

解説 図 2.12.6 結合部の曲げモーメント，せん断力図の例

2)について 床版と側壁との結合をジベル筋による場合は，床版と側壁との結合部付近に作用する鉛直せん断力に対して，十分なジベル鉄筋を配置しなければならない．なお，一体壁は全せん断力に対して十分なジベル鉄筋を配置しなければならない．これらに対して，安全性が満たされていることを照査するものとする．

この場合，一体壁形式の地下連続壁と内壁との接合面（**解説 図 2.12.6**）に作用するせん断力としては，内壁より地下連続壁に伝達される鉛直せん断力と側壁の曲げせん断によるずれせん断力とが考えられ，これらのせん断力に抵抗しうるジベル鉄筋を配置することが必要である．

12.2.5 構造細目

（1） 床版と地下連続壁および内壁との結合は，結合部に作用する断面力を円滑にかつ安全に伝える構造とするとともに，施工性についても十分に配慮しなければならない．
（2） ジベルは，地下連続壁および内壁に十分に埋め込んで定着しなければならない．
（3） エレメント相互の継手に関しては，面外（水平）せん断力の伝達，面内（鉛直）せん断力の伝達および遮水性について検討しなければならない．なお，必要に応じて面外（水平）曲げモーメントの伝達について検討しなければならない．
（4） 床版や内壁が地下連続壁に接している付近には，新旧コンクリートの乾燥収縮差によるひびわれ防止のための鉄筋を配置しなければならない．
（5） 地下連続壁のコンクリート表面に付着しているマッドケーキおよび劣化したコンクリートは，チッピングおよび水洗い等により確実に除去することを設計図書に明示しなければならない．

（6） 地下水位が上床版より低く，上床版の防水工を実施しない場合においては，雨水等が滞留しないよう配慮する．

【解　説】　（1）について　1）　一体壁形式および単独壁形式におけるスラブの引張鉄筋は，地下連続壁まで延長して定着しなければならない．一体形式および単独壁形式における地下連続壁と床版との結合部の配筋例を**解説 図 2.12.7**に示す．また，一体壁形式において，床版の引張鉄筋をやむをえず内壁に定着する場合は，床版と側壁の結合部をピン結合および剛結合としたモデルに対して床版の安全性の検討を行う．

2）　床版の引張鉄筋以外の鉄筋で地下連続壁中に十分に定着されている鉄筋はジベル鉄筋として計算してよい．

3）　一体壁形式および単独壁形式におけるハンチに沿う鉄筋は，地下連続壁に定着し，一体壁の場合は内壁に定着する．一体壁形式における下床版隅角部の配筋例を**解説 図 2.12.8**に示す．

4）　側壁と床版隅角部の部材厚は同程度とする．下床版の部材厚が小さい場合は，側壁の部材厚（地下連続壁＋内壁）と同程度になるよう隅角部にハンチを設ける（**解説 図 2.12.8**参照）．

5）　床版との結合部付近の地下連続壁内には結合用鉄筋が配置されていることから，トレミーによるコンクリート打設が困難となりやすい．このため，**解説 図 2.12.9**に示すようにあらかじめトレミーを配置できるようなスペースを確保することが必要である．

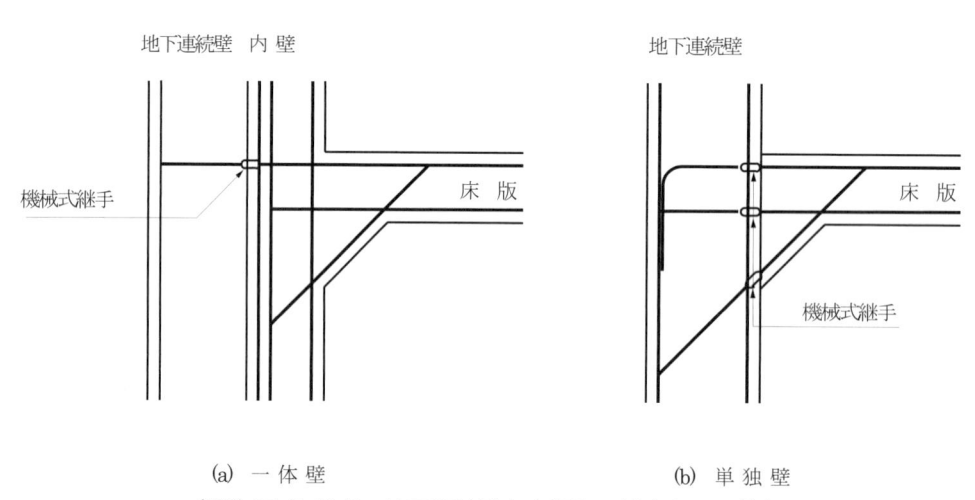

(a)　一体壁　　　　(b)　単独壁

解説 図 2.12.7　地下連続壁と床版との結合部の配筋例

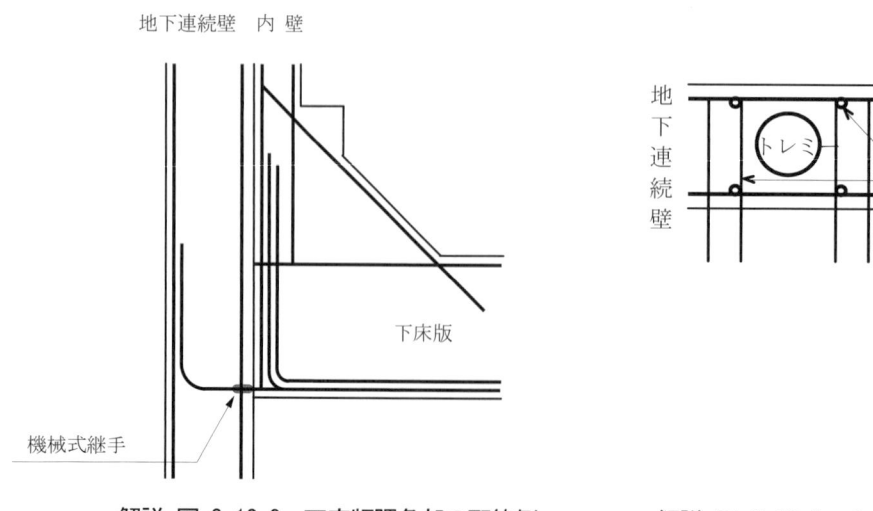

解説 図 2.12.8　下床版隅角部の配筋例　　　**解説 図 2.12.9　トレミー配置図**

（2）について　床版と側壁との結合にジベル鉄筋を用いる場合は，異形鉄筋を用いるものとし，その径は25mm以下とするのがよい．また，定着長は12ϕ以上とする．ジベル鉄筋の施工方法としては，①地下連続壁施工時に埋設させたジベル鉄筋と内壁中に配置するジベル鉄筋とを機械式継手を介して結合する方法，②地下連続壁施工時にジベル鉄筋の内壁埋込み部を折曲げておく方法，③ジベル鉄筋を地下連続壁にアンカー固定する方法等がある．機械式継手は確実であるが比較的高価となる．これに対し，折曲げ形式は施工上の制約は受けるものの，鉄筋径16mm以下のものについては，有効な方法である．ジベル鉄筋の最大間隔については，地下連続壁の有効厚または内壁設計厚のいずれか小さい値以下とする．一体壁形式の地下連続壁のスターラップを曲げ起こして内壁のスターラップと連結した場合は，ジベル鉄筋として計算してよい．

（3）について　地下連続壁に作用する側圧は，設計上，水平方向に一定であると考えているが，実際には多少の変化があると思われる．また，本体側に剛な横ばりがある場合には，その横ばりの付いているパネルに大きな力が作用する．これらの水平方向に不均一な荷重を各パネルが共同して抵抗するためには，エレメント間継手を介して伝達するような機構を有する構造とする（**解説 図 2.12.10**参照）．

縦方向に不均一な鉛直荷重が作用するような場合，たとえば地震時には，地下連続壁の面内にせん断力が働く（**解説 図 2.12.11**参照）．エレメント間継手は，このようなせん断力を相互に伝えられる機構をもつ構造としなければならない．遮水については，止水板を用いる方法や後からチューブにグラウトする方法等がある．

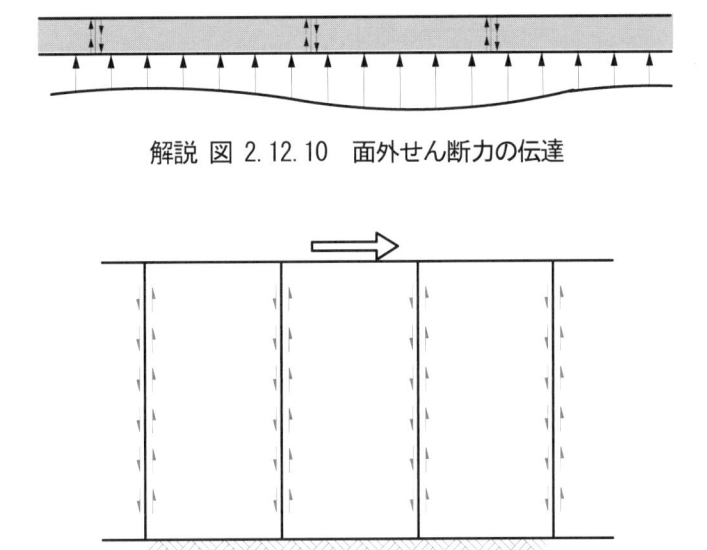

解説 図 2.12.10　面外せん断力の伝達

解説 図 2.12.11　面内せん断力の伝達

（4）について　地下連続壁を本体利用する場合，地下連続壁は内壁より先に施工され，かつ，地下連続壁が土に接しているため乾燥収縮量が小さいのに対し，内壁や床版は後から施工され，常に空気に接していることから乾燥収縮量が大きくなる．そして，内壁や床版の収縮は地下連続壁に拘束されるためひびわれが発生しやすい．この乾燥収縮ひびわれに対する水平方向の補強鉄筋の例を**解説 図 2.12.12**に示す．

（5）について　一体壁形式において，地下連続壁と内壁との一体化を図るための地下連続壁の処理方法としては，チッピング，あるいは高圧ウォータジェットによる方法等が考えられる．この場合のチッピングの程度に関しては一義的に設定するのは困難であるが，深さ7mm程度の粗さにしなければならないとした例もある．

（6）について　地下連続壁の先端を上床版より上方に突き出したまま残す場合で，地下水位が上床版より低く，上床版に防水工を施工していないようなケースでは，雨水等が留まらないよう排水工の検討を行うことが必要である（**解説 図 2.12.13**参照）．

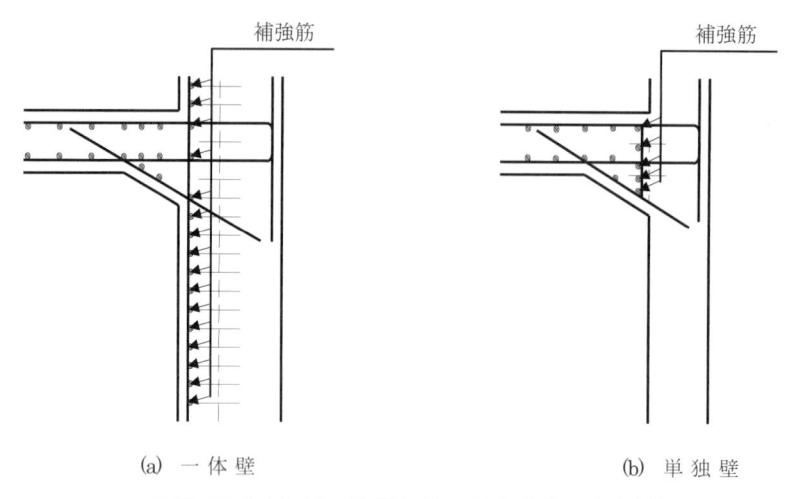

解説 図 2.12.12 乾燥収縮に対する水平方向鉄筋の例

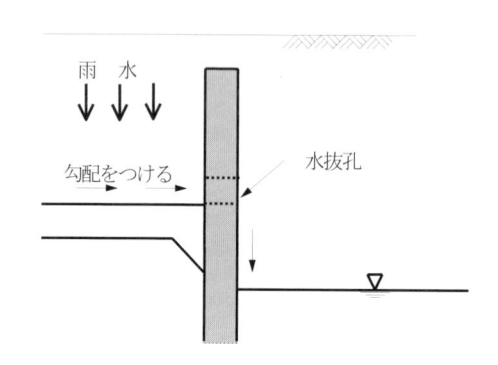

(a) 一体壁　　　(b) 単独壁

解説 図 2.12.13 上床版上面の排水

12.3 鋼製地下連続壁の設計
12.3.1 構造解析
（1） 鋼製地下連続壁を本体利用する場合の解析方法は，第2編 12.2.1による．
（2） 構造解析モデルは，構造形式，施工条件および荷重条件等から総合的に判断し，実状に即した解析モデルを用いる．

【解 説】 （2）について　1） 構造解析モデル　鋼製地下連続壁の充填コンクリートのかぶり部分のコンクリートは原則として構造体とみなさないものとする．ただし，スタッドジベル等でかぶり部分が鋼製部材と一体化されている場合には，これを構造体とみなして構造解析モデルにおいて考慮してよい．

2） 構造解析上の剛性　曲げ剛性は，鉄筋コンクリート部材と同様に第2編 5.3による．

3） 床版と側壁との結合部のモデル　床版と側壁との結合部の構造解析モデルは，第2編 12.2.1による．また，第2編 12.3.5に示す結合方法を用いる場合は剛結合としてよい．

12.3.2 安全性の照査
鋼製地下連続壁の安全性の照査は，次の方法によってよい．
（1） 曲げモーメントおよび軸方向力に対する安全性の照査
単独壁形式の場合，軸方向力に対しては，鋼製部材と充填コンクリートの軸剛性の比率で分担するものとし，曲げモーメントに対しては充填コンクリートを無視して鋼製部材のみで抵抗するものとして安全性の照査を行う．また，一体壁形式の場合は，鋼製部材を主鉄筋とみなし，完成後の有効断面を用いて複鉄筋長方形断面として安全性の照査を行う．
（2） せん断力に対する安全性の照査

> 単独壁形式は，ウェブ開口がある場合は，鋼製部材のウェブ部分と充填コンクリートにより抵抗するものとして安全性の照査を行う．また，ウェブ開口がない場合には，鋼製地下連続壁部材のウェブ部分のみで抵抗するものとして安全性の照査を行う．一体壁形式の場合は，鋼製地下連続壁部の単独壁としてのせん断耐力と内壁部の鉄筋コンクリート棒部材としてのせん断耐力との累加耐力により，安全性の照査を行う．

【解 説】 （1）について 一般に，鋼製地下連続壁では細長比の大きな部材は使用されないため，軸方向圧縮力と曲げモーメントが同時に加わった場合の座屈に対する安定の検討は省略してよい．

1) 単独壁形式の場合 軸方向力と曲げモーメントを同時に受ける単独壁部材の安全性の照査は，次式による．

$$\gamma_a \gamma_{bs} \gamma_i (N'_s / N'_{cuo} + M_x / M_{cuox}) \leq 1.0 \tag{解 2.12.5}$$

$$\gamma_a \gamma_{bc} \gamma_i (N'_c / N'_{ud}) \leq 1.0 \tag{解 2.12.6}$$

ただし，軸方向引張力の場合は $N'_s = 0$ とする．

ここに，γ_a，γ_i ：構造解析係数と構造物係数で，第2編 2.4による

γ_{bs}，γ_{bc} ：部材係数で，一般に1.05，1.3としてよい

N'_s，N'_c ：鋼製部材に作用する軸方向力と充填コンクリートに作用する軸方向力

N'_{cuo} ：鋼製部材の圧縮耐力 $N'_{cuo} = A_s \sigma_{cuo} / \gamma_m$

σ_{cu} ：鋼製部材の細長比によって変化する軸方向圧縮強度の特性値

σ_{cuo} ：細長比 $(l/r) \fallingdotseq 0$ としたときの σ_{cu} の値

M_x ：作用曲げモーメント

M_{cuox} ：照査する鋼製部材断面の圧縮側における強軸まわりの曲げ耐力

$$M_{cuox} = (I_x / y_c)(\sigma_{cuo} / \gamma_m)$$

N'_{ud} ：充填コンクリートの軸方向圧縮耐力 $N'_{ud} = A_s f'_{cd}$

A_s ：ウェブ開口を考慮した鋼製部材の有効断面積

A_c ：コンクリートの断面積（一般にコンクリートの断面積に算入しない）

I_x ：ウェブ開口を考慮した鋼製部材の断面二次モーメント

y_c ：強軸から曲げに関する圧縮縁までの距離

f'_{cd} ：コンクリートの設計圧縮強度

γ_m ：鋼製部材の材料係数で，第2編 2.4による

また，作用軸方向力は鋼製部材と充填コンクリートの軸剛性の比率で分担されるとし，次式により鋼製部材の作用軸方向力 N'_s と充填コンクリートの作用軸方向力 N'_c をそれぞれ算出する．

$$N'_s = (N' E_s A_s)/(E_s A_s + E_c A_c) \tag{解 2.12.7}$$

$$N'_c = (N' E_c A_c)/(E_s A_s + E_c A_c) \tag{解 2.12.8}$$

ここに，N' ：作用軸方向力

E_s，E_c ：鋼製部材のヤング係数と充填コンクリートのヤング係数

A_s，A_c ：鋼製部材の断面積と充填コンクリートの断面積

2) 一体壁形式の場合 曲げモーメントと軸方向力を受ける一体壁部材の安全性の照査は，次式による．

$$\gamma_a \gamma_b \gamma_i (M / M_u) \leq 1.0 \tag{解 2.12.9}$$

ここに，γ_a，γ_i ：構造解析係数と構造物係数で，第2編 2.4による

γ_b ：部材係数で，一般に1.1としてよい

M，M_u ：作用曲げモーメントと断面の曲げ耐力

なお，断面の曲げ耐力の算定は，以下の仮定に基づいて求めてよい．

① 維ひずみは，部材断面の中立軸からの距離に比例する

② コンクリートの引張応力は無視する

③ コンクリートの応力－ひずみ曲線は，第2編 **4.2**による
④ 鋼製部材および鉄筋の応力－ひずみ曲線は，第2編 **4.3**による

(2)について 1) 単独壁形式の場合　せん断力を受ける単独壁部材の安全性の照査は，次式による．

$$\gamma_a \gamma_i \{V/(V_{su}/\gamma_{bs} + V_c/\gamma_{bc})\} \leqq 1.0 \qquad (解\ 2.12.10)$$

ここに，V ：断面の作用せん断力

V_{su} ：鋼製地下連続壁部材のせん断耐力

$$V_{su} = A_w f_{svyk}/\gamma_s$$

A_w ：ウェブの有効断面積

$$A_w = (H - 2t_f - \phi)\,t_w$$

H ：鋼材断面の高さ

$t_f,\ t_w$ ：鋼材のフランジ厚とのウェブ厚

ϕ ：鋼材のウェブ開口径

f_{svyk} ：第2編 **4.2**および第2編 **4.3**に示すせん断降伏強度の特性値

γ_s ：鋼製部材の材料係数で，一般に1.05としてよい

V_c ：充填コンクリートのせん断耐力

$$V_c = \beta_d \beta_p \beta_n B d f_{vcd}\ ,\quad f_{vcd} = 0.20\sqrt[3]{f'_{cd}}$$
$$\beta_d = \sqrt[4]{1/d}\ \leqq 1.5\ (d:\mathrm{m})\ ,\quad \beta_p = \sqrt[3]{100/p_c} \leqq 1.5\ ,\quad p_c = A_f/(Bd)$$

f'_{cd} ：コンクリートの設計圧縮強度

B ：充填コンクリートの有効幅

A_f ：フランジの断面積

d ：充填コンクリートの断面高さ

β_n ：係数

$$\beta_n = 1 + M_0/M \leqq 2 \quad (N' \geqq 0\ の場合)$$
$$= 1 + 2M_0/M \geqq 0 \quad (N' < 0\ の場合)$$

M ：作用曲げモーメント

M_0 ：作用曲げモーメントMに対する引張縁において，軸方向力によって発生する応力を打ち消すのに必要な曲げモーメント

N' ：作用軸方向圧縮力

γ_{bs} ：鋼製部材の部材係数で，一般に1.05としてよい

γ_{bc} ：充填コンクリートの部材係数で，一般に1.3としてよい

$\gamma_a,\ \gamma_i$ ：構造解析係数と構造物係数で，第2編 **2.4**による

2) 一体壁形式の場合　せん断力を受ける一体壁の安全性の照査は，次式による．

$$\gamma_a \gamma_i \left[V/\{V_{su}/\gamma_{bs} + (V_c + V_{ci})/\gamma_{bc} + V_r/\gamma_{br}\} \right] \leqq 1.0 \qquad (解\ 2.12.11)$$

ここに，V ：断面の作用せん断力

V_{su} ：鋼製部材のせん断耐力で，単独壁形式のV_{su}による

V_c ：充填コンクリートのせん断耐力で，単独壁形式のV_cによる

V_{ci} ：内壁コンクリートのせん断耐力

$$V_{ci} = B d_i f_{vcdi}\ ,\quad f_{vcdi} = 0.20 \beta_{di} \beta_{pi} \sqrt[3]{f'_{cdi}}\ ,\quad \beta_{di} = \sqrt[4]{1/d_i} \leqq 1.5\ (d_i:\mathrm{m})$$
$$\beta_{pi} = \sqrt[3]{100/p_i} \leqq 1.5\ ,\quad p_i = A_s/(B d_i)$$

B ：断面の有効幅

d_i ：内壁コンクリートの断面の有効高さ

A_s ：引張側鉄筋の断面積．ただし，鋼製地下連壁部材が引張側になるときには，鋼製地下連壁部材内側壁のフランジ断面積とする

f'_{cdi} ：内壁コンクリートの設計圧縮強度

V_r ：せん断補強鉄筋に受け持たれるせん断耐力
$$V_r = A_r f_{wyd} z / s_s$$

A_r ：内壁の区間s_sにおけるせん断補強鉄筋の総断面積

s_s ：内壁のせん断補強鉄筋の配置間隔

z ：内壁の圧縮応力の合力の作用位置から引張鉄筋図心までの距離で，一般に$d_i/1.15$としてよい

f_{wyd} ：内壁せん断補強鉄筋の設計引張降伏強度で，390N/mm²以下とする

γ_a, γ_i ：構造解析係数と構造物係数で，第2編 2.4による

γ_{bs} ：鋼製部材の部材係数で，一般に1.05としてよい

γ_{bc} ：充填コンクリートおよび内壁コンクリートの部材係数で，一般に1.3としてよい

γ_{br} ：せん断補強鉄筋の部材係数で，一般に1.1としてよい

12.3.3 使用性の照査
鋼製地下連続壁の使用性の照査は，鋼製地下連続壁の正常な使用が損なわれないように腐食および止水等について行う．

【解 説】 腐食，止水の検討においては，耐久性の観点から所定のかぶりを確保することが必要である．
一般の土中環境に鋼製地下連続壁が建設される場合は，コンクリートのかぶりが一般部で100mm以上確保されていれば，地下水中の溶存酸素は少なく，かぶりコンクリートによるアルカリ環境下にあるため鋼材の腐食は非常に発生しにくいと考えられる（第2編 12.3.5参照）．一方，地下水に海水が混入し塩化物イオン濃度が高い等，腐食性の土中環境で鋼製地下連続壁を用いる場合には，背面土側のフランジ外側の腐食代を考慮してフランジ厚を設計する．また，止水性の観点からは，各部材には軸圧縮力状態の曲げが作用しており，常時の荷重に対し鋼製部材の引張応力度が降伏点以下であれば，鉄筋コンクリート地下連続壁と同等の止水性がある．ただし，立坑等の水平方向隅角部付近では水平方向の曲げモーメントが卓越し，大きな引張応力度が生じる場合がある．このような場合には継手部の止水性を検討することが必要である．

12.3.4 床版と側壁との結合部の検討
床版と鋼製地下連続壁との結合は，第2編 12.2.4に準ずる．

【解 説】 床版と側壁との結合部の検討は適切な方法により確認するものとするが，床版と鋼製地下連続壁の結合部に発生するせん断力に対して，床版と側壁との結合部にせん断補強筋を用いる場合の安全性の照査は，次式によってよい．

$$\gamma_a \gamma_b \gamma_i V / V_u \leq 1.0 \qquad (解\ 2.12.12)$$

ここに，V ：床版接合部の作用せん断力

V_u ：接合部の全せん断耐力
$$V_u = V_{ug} + V_{ul}$$

V_{ug} ：せん断補強鉄筋配置区間の全せん断耐力
$$V_{ug} = \mu \left(n A_{sg} f_{ryd} + \sigma_N A_{cg} / \gamma_c \right)$$

V_{ul} ：せん断補強鉄筋配置区間以外の床版と鋼製地下連続壁の接合部のせん断耐力
$$V_{ul} = \mu \sigma_N A_{ul} / \gamma_c$$

μ ：鋼とコンクリートの摩擦係数で一般に0.7としてよい

n ：せん断補強鉄筋の本数

f_{ryd} ：せん断補強鉄筋の設計引張降伏強度

σ_N ：結合面に直角な方向に作用する圧縮応力度．ただし，この圧縮応力の計算においては荷重係数γ_fは1.0とする

A_{sg} ：せん断補強鉄筋一本当たりの断面積

A_{cg} ：せん断補強鉄筋配置区間の全面積．面積の境界は縁端の鉄筋の中心から鉄筋間隔の半分だけ外側に離れた位置としてよい

A_{ul} ：せん断補強鉄筋配置区間以外の接合面の面積

γ_a, γ_i ：構造解析係数と構造物係数で，第2編 2.4による

γ_b ：部材係数で，一般に1.3としてよい

γ_c ：コンクリートの材料係数

12.3.5 構造細目

（1） 床版と鋼製地下連続壁および内壁との結合は，結合部に作用する断面力を円滑にかつ安全に伝える構造とするとともに，施工性についても十分に配慮しなければならない．

（2） 充填コンクリート打設時に，コンクリートの充填性を確実にするためにウェブに開口を設けることを原則とする．

（3） かぶりは使用する充填材の性状，鋼製部材の部材高，水密性，施工性，耐久性等に十分に検討して決定しなければならない．かぶり部分のコンクリートの強度を期待した設計を行う場合，もしくはかぶり部分を本体構造物の壁の一部として残す場合には，スタッド等により一体化対策を行うものとする．

（4） 現場継手は，原則としてトルシア型高力ボルトによる摩擦接合とする．

（5） 鋼材断面の高さの最小値は500 mmとする．

【解　説】　（1）について　床版と鋼製部材との結合方法には，次のようなものがある．

1) 曲げモーメントの伝達構造（**解説 図 2.12.14**参照）

① 溶接カップラー方式　あらかじめ工場でカップラーを鋼製地下連続壁部材のフランジに溶接しておき，現場にて，掘削後にカップラー付き鉄筋と接合する方法である．この場合，鋼製部材に両フランジ間を連結する補強プレートを設ける必要がある．鉄筋径には13 mm～51 mmまでの適用実績がある．

② 異形鉄筋溶接方式　鋼製部材のフランジに異形鉄筋を現場でスタッド溶接する方法で，一般に，スタッド溶接（D19～D22）およびマグ溶接（D25～D51）がある．この場合，鋼製部材に両フランジ間を連結する補強プレートを設ける必要がある．

2) せん断力の伝達構造　せん断力の伝達構造には，溶接カップラー方式と異形鉄筋溶接方式とがある．なお，これらの方式では，せん断補強鉄筋を床版コンクリート中に直径の12倍以上定着させなければならない．

（2）について　鋼材のウェブには，**解説 図 2.12.15**に示すような開口を設ける．開口径は一般に鋼材断面の高さの40～50％が良い．この規定から外れた開口を設ける必要がある場合には，ウェブの水平方向と鉛直方向のせん断力の検討あるいは実験等によりコンクリートの充填性を確認する必要がある．

（3）について　一般的な条件の下では，スランプフロー500mm以上の流動化コンクリートの場合には，一般部のかぶり150mm，スランプフロー600mm以上の高流動コンクリートの場合は，一般部のかぶりを100mmとすることで十分な充填性が確認されている．腐食性の環境下に構築する場合には，防錆対策を考慮するか，あるいは鋼材の腐食代を考慮した検討を行うなどの対策が必要となる．

（5）について　鋼製においてはトレミーにおけるコンクリートの打込み時の施工性を確保しなければならない．したがって，鋼材断面高さの最小値は，コンクリート打込み時の施工性を確保するために定めたものである．

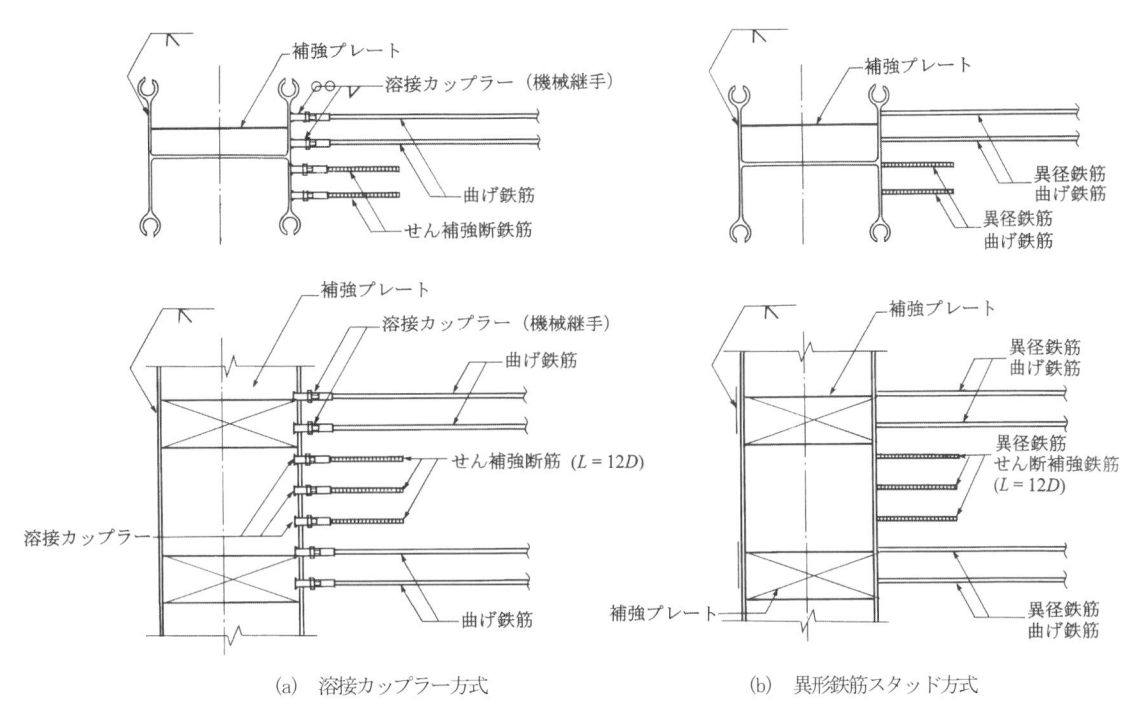

(a) 溶接カップラー方式　　　　(b) 異形鉄筋スタッド方式

解説 図 2.12.14　床版と鋼製部材との結合方法

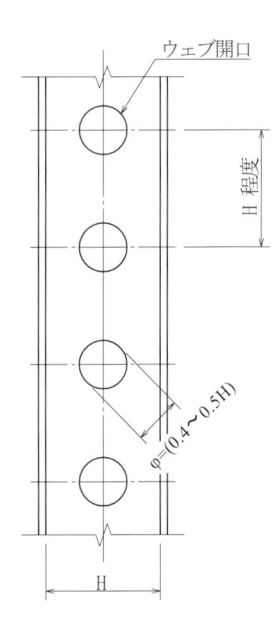

解説 図 2.12.15　ウェブの開口部

第13章 立　坑

13.1 一　般

立坑は，その使用目的，地盤条件，作用の種類，施工条件等を考慮して構造形式を選定し，永久構造物としての機能上，保守管理上，およびトンネルの施工上必要な内空断面を確保した形状寸法とし，構造形式に応じて設計しなければならない．

【解　説】　近年の都市部におけるトンネルの設置深度は，輻輳して構築されている地下構造物を避けるために大きくなる傾向にあり，シールド工法に代表される非開削工法が多用されている．この工法によるトンネルでは，トンネル施設の機能上必要となる永久構造物としての立坑と，トンネル施工上必要となる非開削工法の発進，到達作業基地としての立坑があり，前者は後者を兼ねて計画する場合が多い．

立坑の構造は，独立構造と併設構造に大別できる．前者は一般に深く，開削工法等により施工される独立した細長い構造体であり，平面寸法に比べ鉛直方向の寸法が比較的大きいので，設計にあたっては通常の開削トンネルと異なった配慮が必要である．後者は，鉄道トンネル等において，開削工法等で築造された駅部のトンネルの始終端部を非開削工法の作業基地として用いる際に採用される構造体である．

立坑の内空断面の決定にあたっては，第1編 3.5によるほか，昇降階段や資材搬出入のためのクレーン設備等，立坑に特有の設備についても考慮する．また，シールド掘進工事等の非開削工法の作業基地として用いる場合は仮設立坑として必要な内空断面を確保しなければならない．

一般に用いられる立坑の形状は，矩形または円形である．矩形の場合は，土圧に抵抗するための部材として，はりや隔壁等が必要となることが多く，上下に連続した空間を確保する上で工夫を必要とするが，断面の有効利用が可能である．円形の場合は，地盤条件が悪い場合や深い場合でもその断面形状から壁体のみで土水圧に抵抗することが比較的容易であり，また，非開削トンネルの取付け方向が任意に選定できる利点がある．立坑の構造例を**解説 図 2.13.1**に示す．

立坑の設計にあたり考慮すべき事項は，次のとおりである．

1) 構造解析は，躯体の形状寸法を適切にモデル化した三次元解析，または構造形式に応じて，鉛直方向，水平方向を適切にモデル化した二次元解析によるものとする．
2) 立坑とトンネルとの接続部（以下，トンネル開口部）は，構造上の弱点となりやすいため，適切な解析モデルを選定し，その開口部周辺を設計しなければならない．
3) 土留め壁としての地下連続壁を本体利用する場合は，第2編 第12章を考慮するものとする．
4) 立坑の各要求性能に対する検討は本体構造物に準じて行うものとする．

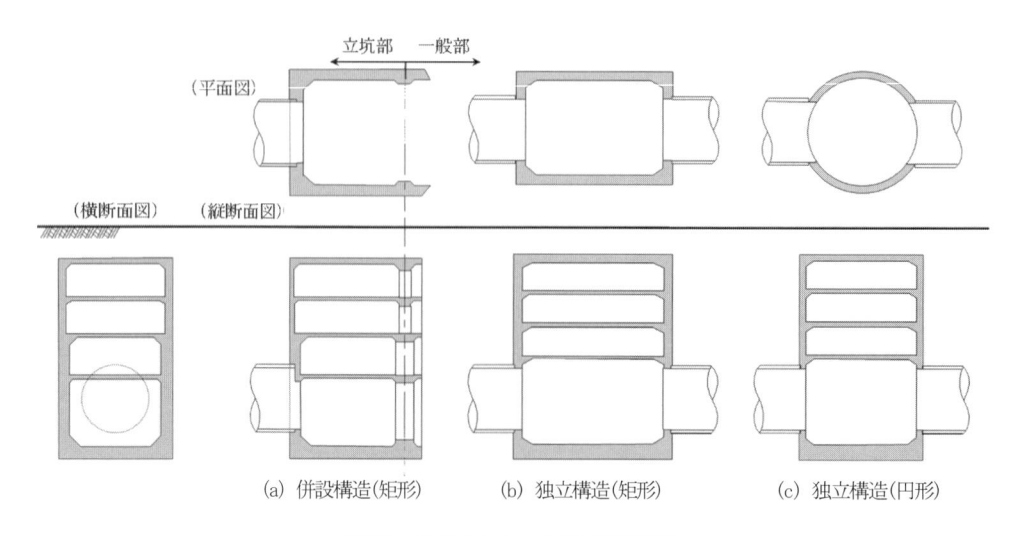

解説 図 2.13.1　立坑の構造例

(a) 併設構造(矩形)　　(b) 独立構造(矩形)　　(c) 独立構造(円形)

13.2 作　用

立坑の設計にあたり考慮する作用は，立坑特有の構造特性を考慮して選定しなければならない．

【解　説】　立坑の設計において考慮する作用は，第2編 3.1に示した作用のうちから立坑の構造特性を考慮して選定すればよい．しかし，通常の開削トンネルが地盤内の比較的浅い位置に水平方向に連続して設置される構造物であるのに対し，立坑は地表から地盤深部まで鉛直方向に設置される構造物であって，平面寸法に比べて深いことが多い．このため主たる作用として以下の荷重を選定し，それらに対する検討を行う必要がある．

1) 土圧および水圧について　一般の開削トンネルでは，第2編 3.4.5に示したように，深さにほぼ比例して土圧が増加すると考えている．これに対し，上下方向に細長い構造である立坑では，比較的良好な自立性の高い地盤（泥岩，固結シルト，土丹）において，地表面下15m〜20m以深では，土圧の増加はないものとする考え方もある．水圧については，深い立坑の場合に躯体に及ぼす影響が大きいので，地質，施工方法による地下水位の変化を考慮して設定する必要がある．

2) 偏荷重について　解説 図 2.13.2に示すように，立坑に近接する他の構造物や近接施工の影響によって立坑の壁体に偏荷重が作用することがある．とくに円形断面の立坑では，この偏荷重による影響が大きくなるため注意が必要である．

3) 施工時荷重について　一般の開削工法による場合の施工時に対する作用は，第2編 3.4.8を参照する．しかし次のような場合は構造や荷重状態が完成時と異なることから，完成時だけでなく施工時についても適切な検討が必要である．

① 床版にシールド掘進機等の搬入のための大きな開口がある場合
② ケーソンにより立坑を築造する場合

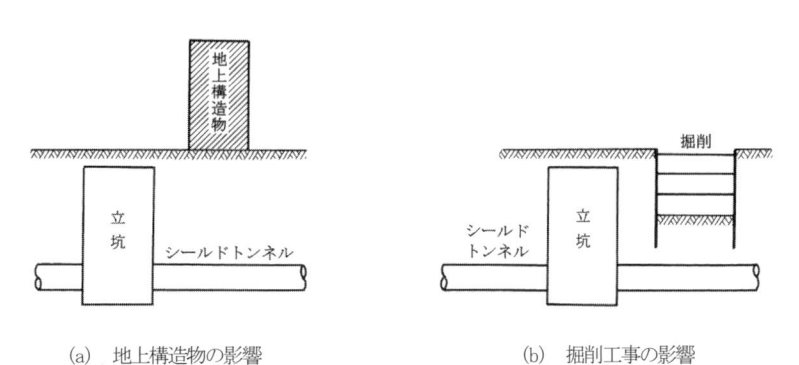

(a) 地上構造物の影響　　(b) 掘削工事の影響

解説 図 2.13.2　近接構造物および近接施工による影響

13.3 応答値の算定

立坑の設計における応答値の算定は，第2編 第5章に準じるものとし，適用する構造形式，形状寸法および地盤条件等を考慮して適切な構造解析モデルを設定しなければならない．なお，地震時の検討は，第2編 第9章も考慮して行う．

【解　説】　応答値の算定の流れは第2編 第5章に準じるが，立坑は通常の開削トンネルと異なる形状寸法を有することから，構造解析モデルの設定においては特別な配慮が必要となる．二次元の構造解析モデルを設定する場合，一般的に主応力が発生する方向をモデル化することが多く，矩形立坑では鉛直方向に着目した全体系フレームモデルを，円形立坑では水平方向に着目した部材別モデルとして，水平方向リングモデルを適用する場合が多い．また，応力分布の推定が難しいトンネル開口部の周辺部材については，別途，部材別モデルを設定するのが一般的である（資料編【2-6】参照）．

構造解析に用いられる地盤の物性値や荷重は種々の仮定のもとで算出されたものであり，その値に対しては一

定の変動幅をもって考えるべきである．また，二次元解析では立体の不静定構造物である立坑を平面モデルに置き換えて解析を行うためモデル化の段階において種々の仮定が伴う．このため構造解析にあたっては解析条件および解析結果について，従来の実績やデータを参考として実情に即した検討が必要である．以下に，一般的な矩形立坑と円形立坑について，二次元の構造解析モデルを適用する場合のモデル化手法と，地震時の検討における構造解析の考え方について例示する．

　1)　矩形立坑の構造解析について　①　全体系フレームモデルを用いた構造解析　併設構造の矩形立坑は，施工性や利用目的等の関係から一般に箱型ラーメン構造であり，床版や壁等の構成部材の剛性，作用荷重および支承の固定度等を考慮したフレームモデル（全体系フレームモデル）で解析することが多い．この解析にあたっては，第2編 3.1に示した作用と第2編 5.1に示した地盤反力を考慮して行うものとし，地盤反力を算定する解析モデルとして**解説 表** 2.5.1のいずれを選定するかは，地盤の状態，躯体の剛性や形状，施工方法，構造物に作用する偏圧の程度等を勘案して決定する．

　矩形立坑を構成する床板が二方向スラブと考えられる場合で全体系フレームモデルを用いて解析を行う場合には，一般の開削トンネルと同様に，ⅰ)横断方向（トンネル直角方向の横断面）に展開した**解説 図** 2.13.3(a)を用いる場合と，ⅱ)横断方向と縦断方向（トンネル軸方向の縦断面）に各々展開した**解説 図** 2.13.3(b)を用いる場合がある．

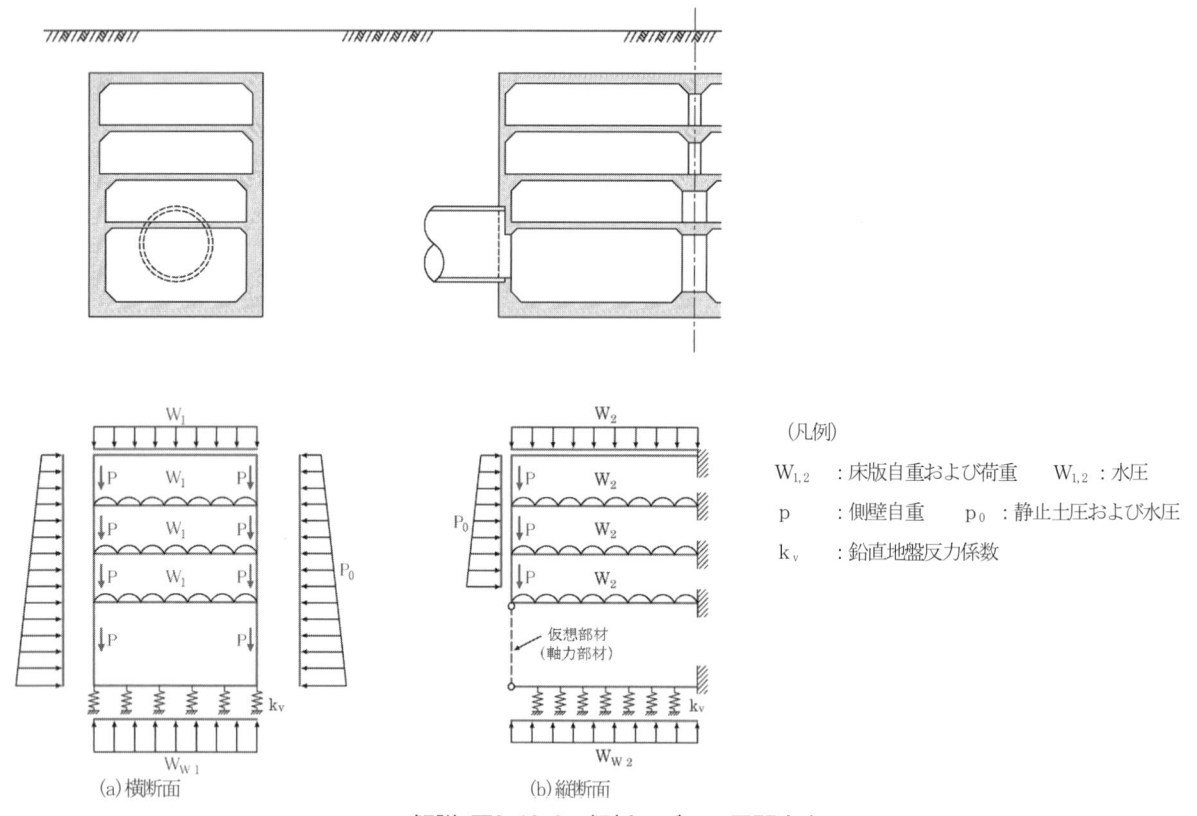

凡例
$W_{1,2}$：床版自重および荷重　　$W_{W1,2}$：水圧
p：側壁自重　　p_0：静止土圧および水圧
k_v：鉛直地盤反力係数

解説 図2.13.3　解析モデルの展開方向

　具体的には，ⅰ)の場合，横断方向に展開した解析モデルに床版の荷重分担は無視した荷重を設定し，横断面内の鉄筋量を決定するとともに，床版の縦断方向鉄筋量は，後述する1)②に記した部材別モデルを用いて床版を二方向スラブとして算出した鉄筋量以上とする．

　一方，ⅱ)の場合，横断，縦断各方向に展開した解析モデルに，床版の幅，奥行き比に応じた分担荷重を各々設定し，横断，縦断各面内の鉄筋量を決定するが，その際の横断，縦断各方向への分担荷重の算定にあたっては，一般にグラショフ・ランキンの算定式が用いられている（資料編【2-7】参照）．なお，当該算定式を用いる場合，床版の幅，奥行き比が二方向スラブの適用限界付近にある場合は，文献[1]にあるように，その適用性について注意することが必要である．

　また，縦断方向に展開した解析モデルの設定において，トンネル開口部を有する妻壁は，かまち梁や下床版等

の拘束を受け，他の部材とは独立した挙動を示すため，立坑とトンネルとの接続部は適切にモデル化することが必要である．

トンネル開口部のモデル化には一般に仮想部材を用いるが，立坑とトンネルとの接続部分は構造的に縁を切る場合が多いことから，曲げモーメント等が伝達されない軸力部材として機能するように両端をピン支承とする．また当該支承の位置については，**解説 図 2.13.3**(b)に示すように，中床版あるいはかまち梁と下床版の図心位置にすることが多い．

② 部材別モデルを用いた構造解析　床版，妻壁および側壁等の立坑構成部材の構造解析においては，部材別に単純化したモデル（部材別モデル）を用いて解析する．その代表的な例を**解説 表 2.13.1**に示す．

ⅰ）　上床版および下床版上床版および下床版の解析モデルは，四辺固定スラブとする．ただし，妻壁にトンネル開口部がある場合は資料編【2-6】を参照のこと．

ⅱ）　側壁は，床版（または水平ばり）間隔と側壁幅の比によって，以下に示す解析モデルを使い分けている．

a）　床版間隔が，側壁幅の0.4倍程度以下の場合は，各床版を支点とする鉛直方向の連続スラブとしてモデル化することが多い．なお，側面付近には水平方向応力が生じているので，用心鉄筋を配置しておくのがよい．

b）　床版間隔が，側壁幅の2.5倍程度以上の場合は，水平方向の箱形ラーメンとしてモデル化することが多い．側壁の周囲に偏荷重が作用する場合は，その影響を考慮しなければならない．計算断面のつり合いは仮想支点反力を考えるものとする．また，水平ばりおよび上下スラブ付近には鉛直方向の応力が生じているので，用心鉄筋を配置しておくのがよい．

c）　床版間隔が，側壁幅の0.4倍から2.5倍程度の範囲の場合は，二方向スラブとしてモデル化することが多い．この場合，周縁の固定度の判定を実情に合うように慎重に行う必要がある．

ⅲ）　かまち梁（水平ばり）は，側壁またはスラブの反力を荷重とした箱形ラーメンとして解析を行う．箱形ラーメンのスパンが大きくなる場合には，中間に部材を設けて多スパンの箱形ラーメンとして解析する場合もある．

解説 表 2.13.1 矩形立坑の部材別モデル

i) 上床版および下床版 ・四辺固定スラブとして計算	

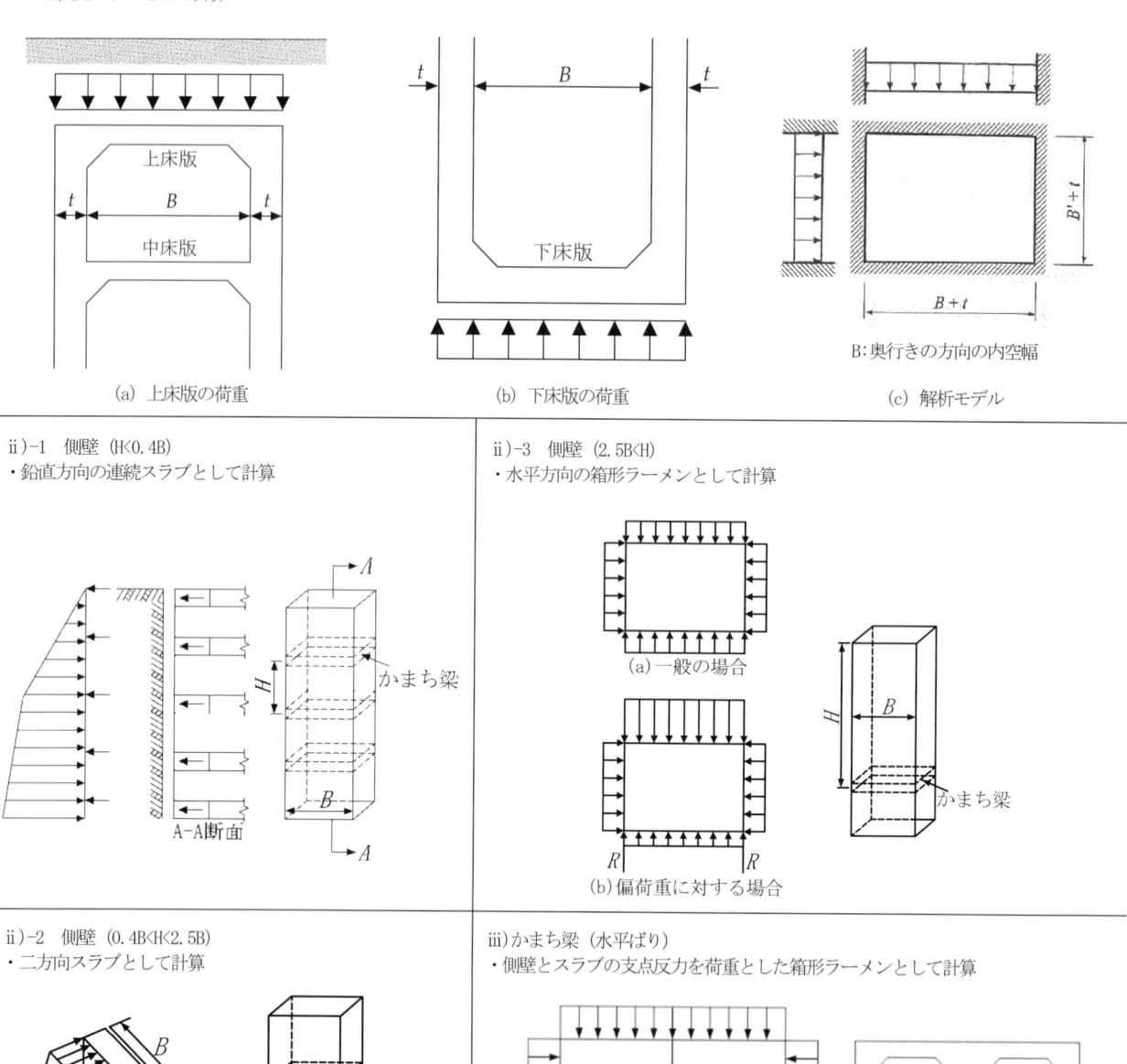

(a) 上床版の荷重　　(b) 下床版の荷重　　(c) 解析モデル

B：奥行きの方向の内空幅

ii)-1 側壁（H<0.4B）
・鉛直方向の連続スラブとして計算

ii)-3 側壁（2.5B<H）
・水平方向の箱形ラーメンとして計算

(a) 一般の場合
(b) 偏荷重に対する場合

ii)-2 側壁（0.4B<H<2.5B）
・二方向スラブとして計算

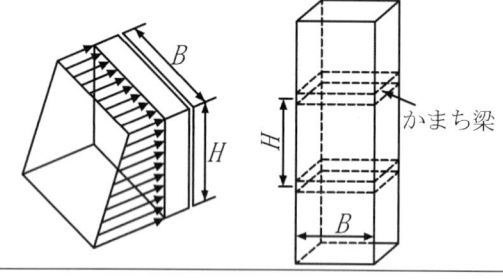

iii) かまち梁（水平ばり）
・側壁とスラブの支点反力を荷重とした箱形ラーメンとして計算

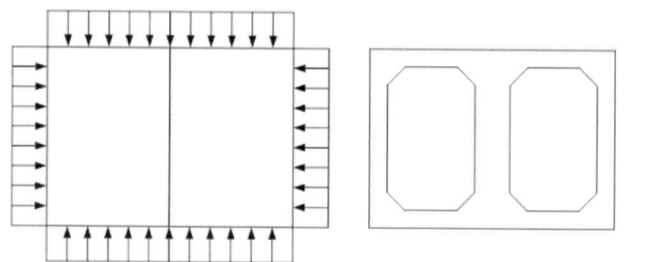

2) 円形立坑の構造解析について ① 部材別モデルを用いた水平方向の構造解析　円形立坑は，その断面形状より側壁のみで作用する荷重に抵抗することが期待できることから，完成時および施工中に作用する諸荷重を詳細に検討し，水平方向リングモデルで構造解析を行うものとする．

水平方向に作用する荷重としては，**解説 図 2.13.4** に示すように，土圧，水圧の等分布荷重のほか，地盤条件や土留め壁の施工精度，掘削手順等に起因して発生する可能性がある偏圧を見込んで設計を行う．一般的に用いられている偏圧の大きさとしては，土水圧の10%，あるいは有効土圧の20%とすることが多い．

水平方向の構造解析にあたっては，これらの荷重が作用することにより発生する地盤反力を**解説 図 2.13.5** に示す引張剛性を無視した円心方向の地盤反力ばねを介して考慮できる全周ばねモデルを用いる．

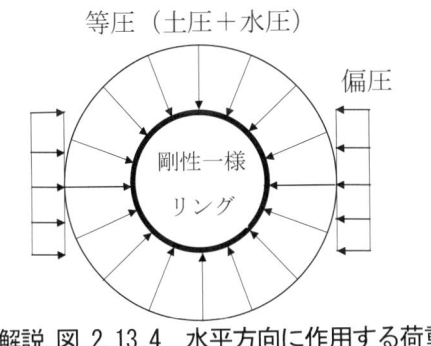

解説 図 2.13.4 水平方向に作用する荷重

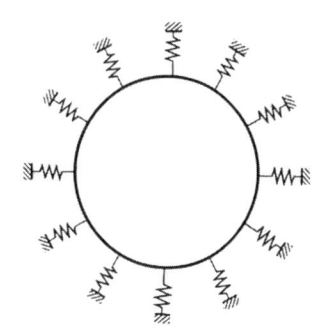

解説 図 2.13.5 円心方向の地盤反力ばね

② 部材別モデルを用いた鉛直方向の構造解析　鉛直方向は，最小鉄筋量以上の配筋を想定した上で，地震時の検討等，必要に応じて構造解析を行う．

鉛直方向の構造解析モデルでは，二次元解析において側壁のリングとしての変形を再現するため，一般に**解説図 2.13.6**に示すように，円心方向の仮想ばねを配置した連続ばりと仮定する．ただし，トンネル開口部がある場合，その部分は欠円状態になるため，仮想ばねを配置しない．仮想ばね定数の算定手法の一例を**解説 図 2.13.7**に示す．

③ 部材別モデルを用いた上床版，中床版および下床版の構造解析　上床版の解析モデルは，**解説 図 2.13.8**に示すように，周辺が固定された円版とする．中床版は，原則的には上床版に準じてモデル化してよいが，開口部が多い場合は設置状況に応じて別途考慮する必要がある．下床版は，側壁にトンネル開口部がない場合は上床版に準じる．ただし，側壁にトンネル開口部がある場合は，**解説 図 2.13.9**に示すように当該部は単純支持，それ以外は固定の円版となる．鉛直方向は，最小鉄筋量以上の配筋を想定した上で，地震時の検討等，必要に応じて構造解析を行う．

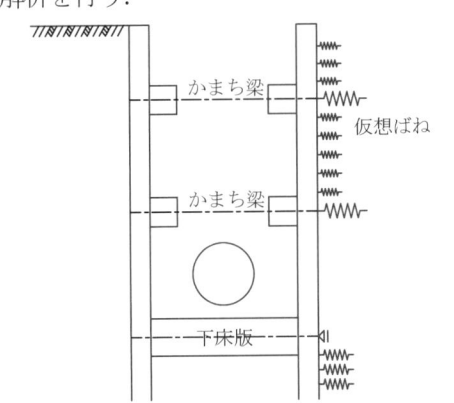

解説 図 2.13.6　鉛直方向の構造解析モデル

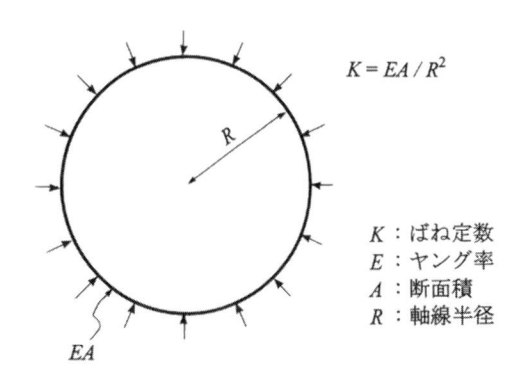

解説 図 2.13.7　仮想ばね定数の算定手法

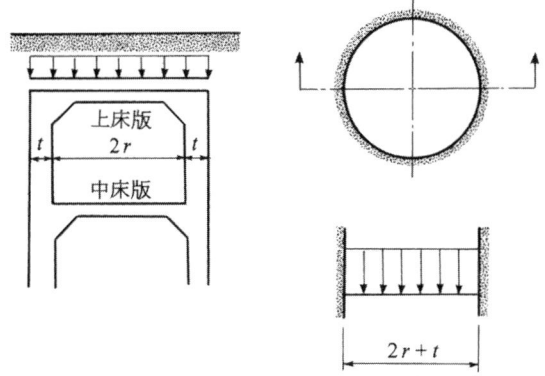

$K = EA/R^2$

K：ばね定数
E：ヤング率
A：断面積
R：軸線半径

解説 図 2.13.8　上床版の構造解析モデル

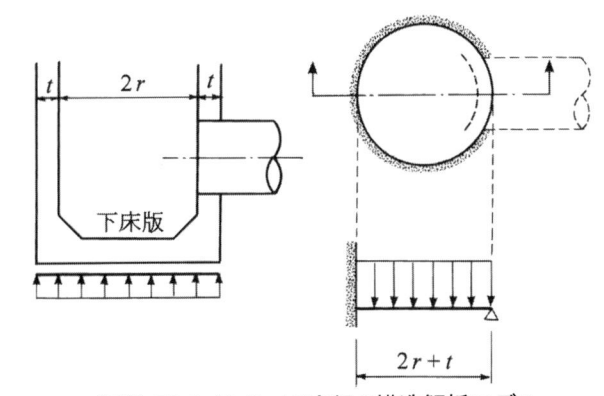

解説 図 2.13.9　下床版の構造解析モデル

3) 地震時の検討における構造解析の考え方について　地震時の検討は，第2編 第9章も考慮して行う．矩形立坑の常時の検討において全体系フレームモデルを適用している場合は，地盤応答変位を解析モデルに直接反映させて構造物全体の応答を直接算定することが可能であるが，矩形および円形立坑の常時の検討において部材別モデルを適用している場合は，地盤変位に対する構造物全体の応答を直接算定することが困難であることから，例えば立坑全体を一次元の鉛直方向はりにモデル化して解析を行い，得られた支点反力を再度，部材別モデルに反映させて検討する．

　また，地震時における立坑全体の詳細な挙動を把握するためには，トンネル開口部も含めてモデル化可能な三次元の構造解析モデルの適用についても考慮する．なお，地震時の検討に用いる具体的な構造解析モデルについては，文献[2]を参考にするのがよい．

参考文献

1) (財)鉄道総合技術研究所：鉄道構造物等設計標準・同解説　開削トンネル，pp.348-352，2001．
2) (公社)土木学会：トンネルライブラリー第27号　シールド工事用立坑の設計，2015．

13.4　構造細目

　立坑の構造細目は第2編 11.1.1，11.2.1および11.2.2による．立坑妻壁を面内にせん断力が作用する耐震壁として用いる場合は第2編 11.3.5による．また，トンネルとの接続部については状況に応じて検討を行う．

【解　説】　立坑の構造細目は，本体構造物の構造細目によるほか，地下連続壁を立坑本体に利用する場合には，第2編 第12章に示した構造細目を考慮する．

　立坑とトンネルとの接続部において生じる応力集中を減じる方法としては，一般に立坑とトンネルを構造的に縁切りする場合が多く，とくに大きな相対変位が予想される場合には，可とう性継手等の伸縮継手を設けることもある．伸縮継手部は構造的には不連続部分であることから，漏水発生個所となりやすいので，十分な止水工を施工しなければならない．なお，地震時におけるトンネル接続部の構造細目については，第2編 11.1.2による．

　立坑とトンネルとの接続部の構造例を**解説 図 2.13.10**に示す．

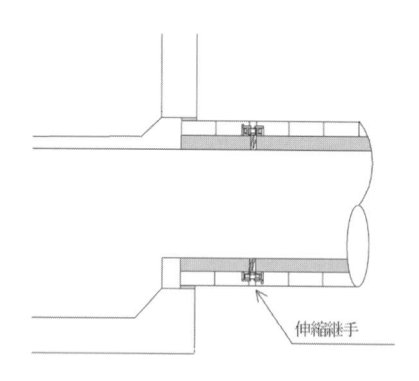

解説 図 2.13.10　立坑とトンネルとの接続構造例

第3編　仮設構造物の設計

第1章　総　則

1.1　適用の範囲

この編は，トンネルを開削工法によって施工する際に用いられる標準的な仮設構造物の設計に適用する．

【解　説】　開削工法における仮設構造物は，掘削，トンネル躯体の築造および埋戻しまでの間，上載荷重，土圧，水圧等（土圧と水圧の和を「側圧」という）を支持する一時的な構造物である．

仮設構造物には，掘削地盤および周辺地盤の安定を保ち側圧に抵抗する土留め工と自動車荷重や建設用重機等の荷重を支える路面覆工，仮桟橋がある．

土留め工は，さらに側圧を直接受ける土留め壁と，これを支持する土留め支保工に分けられる．

土留め工には，切ばりを用いた土留め工，グラウンドアンカーを用いた土留め工，補強土式土留め工と，これらを用いない自立土留め工等がある．土留め壁としては，簡易土留め壁，親杭横矢板，鋼（鋼管）矢板，地下連続壁等がある．このうち，簡易土留め壁，親杭横矢板は遮水性がなく，剛性もあまり大きくないことから，①地下水位が低い，②掘削深さが比較的浅い，③周辺への影響が問題とならない，ような小規模な現場において適用されることが多い．他の土留め壁は，剛性が大きく，比較的，水を遮る能力が高いことから近接施工や大深度掘削，地下水位が高い場合等で広範囲に使用することができる．一方，土留め支保工は，切ばり，腹起し，火打ち，けい材，および切ばり受け材からなる．切ばりの代わりにグラウンドアンカー等が用いられる場合もある．

路面覆工，仮桟橋は覆工板，覆工桁，桁受け部材，中間杭から構成される．これらを**解説 図 3.1.1, 解説 図 3.1.2**に示す．

本編で対象とする仮設構造物は，土留め壁では簡易土留め壁，親杭横矢板土留め壁，鋼（鋼管）矢板土留め壁，地下連続壁とし，土留め支保工では切ばり，腹起し，火打ち，グラウンドアンカー，地山補強材とする．また，路面覆工，仮桟橋では，覆工板，覆工桁，桁受け部材とする．これら以外のもの，たとえば列車荷重を受ける工事桁，地下埋設物の吊桁，逆巻き工法での床版，水中施工に用いられる締切り等は対象としない．

本編の適用の範囲を掘削の規模でいえば，自立土留め工では掘削深さ3m程度まで，補強土式土留め工では掘削深さ10m程度まで，切ばりおよびグラウンドアンカーを用いた土留め工での掘削深さは40m程度までである．深い掘削における土留め工の場合では，側圧の取扱い等に注意が必要となる．

また，連続した開削トンネルの仮設構造物を対象として考えているが，立坑の仮設構造物の設計にも準用することができる．ただし，立坑の場合，連続した溝状の掘削での仮設構造物とは側圧の分布形状や大きさが異なると考えられるので，準用にあたっては十分に検討して適宜修正を加える必要がある．

掘削深さが40mを超えるような大深度掘削の場合やきわめて軟弱な地盤での掘削等特殊な条件下での施工の場合は，工法の選定や設計にあたって別途十分な検討が必要である．検討結果によっては，地盤改良等の補助工法の採用，開削工法から他の工法への変更などを考える必要がある．

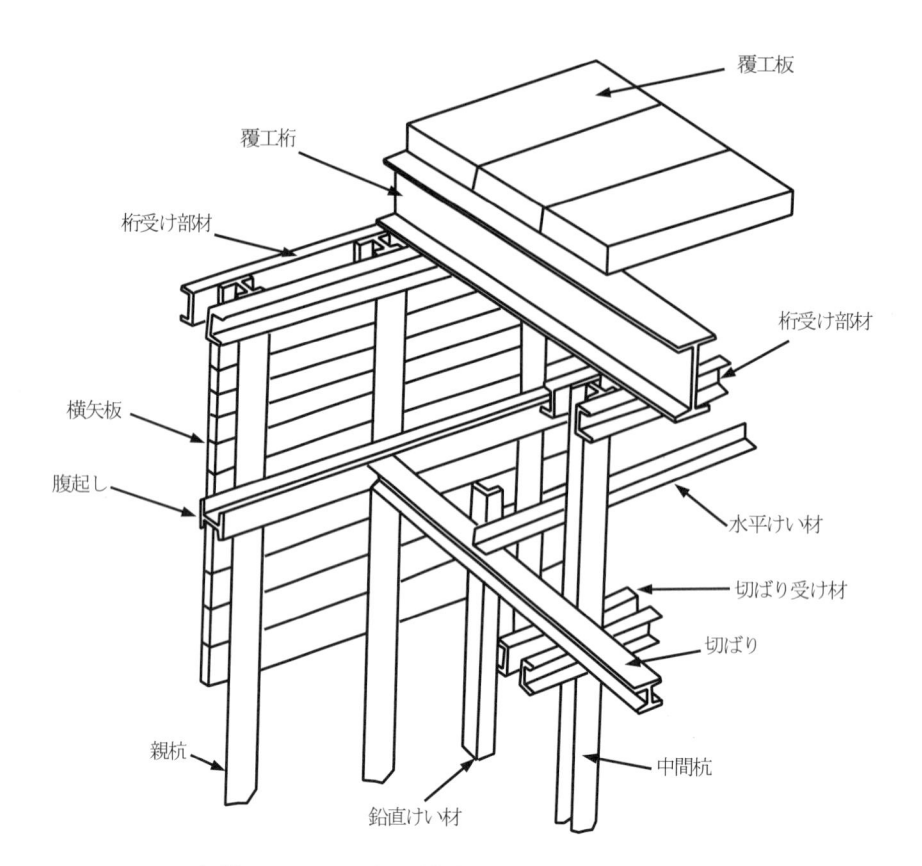

解説 図 3.1.1 仮設構造物各部の名称（その1）

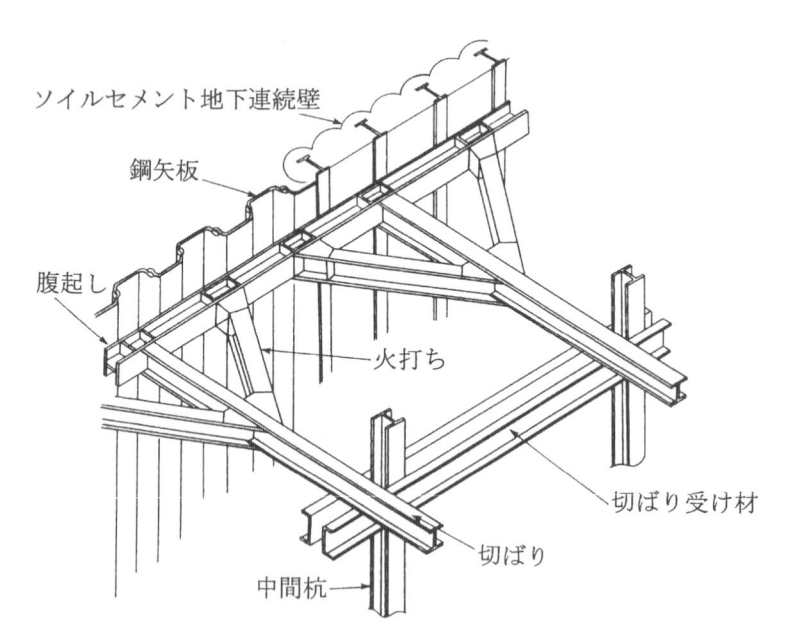

解説 図 3.1.2 仮設構造物各部の名称（その2）

1.2 設計の基本

仮設構造物は，作用荷重，地形および地質，土留め工の種類，掘削深さ，近接する構造物，周辺環境等を考慮して，安全かつ経済的となるように設計しなければならない．

【解　説】　設計を行うにあたっては，仮設構造物の安定が保たれるように検討しなければならない．仮設構造物の設計においては許容応力度法を適用している．この設計手法により構築された構造物においては，これまでの数多くの実績から仮設構造物として必要な性能を保持していることが明らかになっている．

具体的には掘削底面の安定，土留め壁の変位および応力，支保工部材の応力，土留め壁の鉛直支持力，覆工板と覆工桁の変位および応力，周辺地盤や地下水など周辺への影響検討等を行う．設定した土留め壁の長さ，断面や土留め支保工の構造等がそれぞれの検討において許容値を満足することを確認しなければならない．仮設構造物の設計の基本的な手順を**解説 図** 3.1.3に示す．

なお，大規模な掘削や近接施工等においては，土留め壁の変形，支保工の応力等の計測を行い，その計測結果をもとに，適宜，設計を変更しながら施工が行われる情報化施工がある．情報化施工は土留め工の実際の挙動情報をもとに行うことから，当初の設定条件との相違などを適切に評価し，設計，施工の修正を図ることができるため，施工性や経済性，安全性を向上させることができ，合理的な施工が進められる．

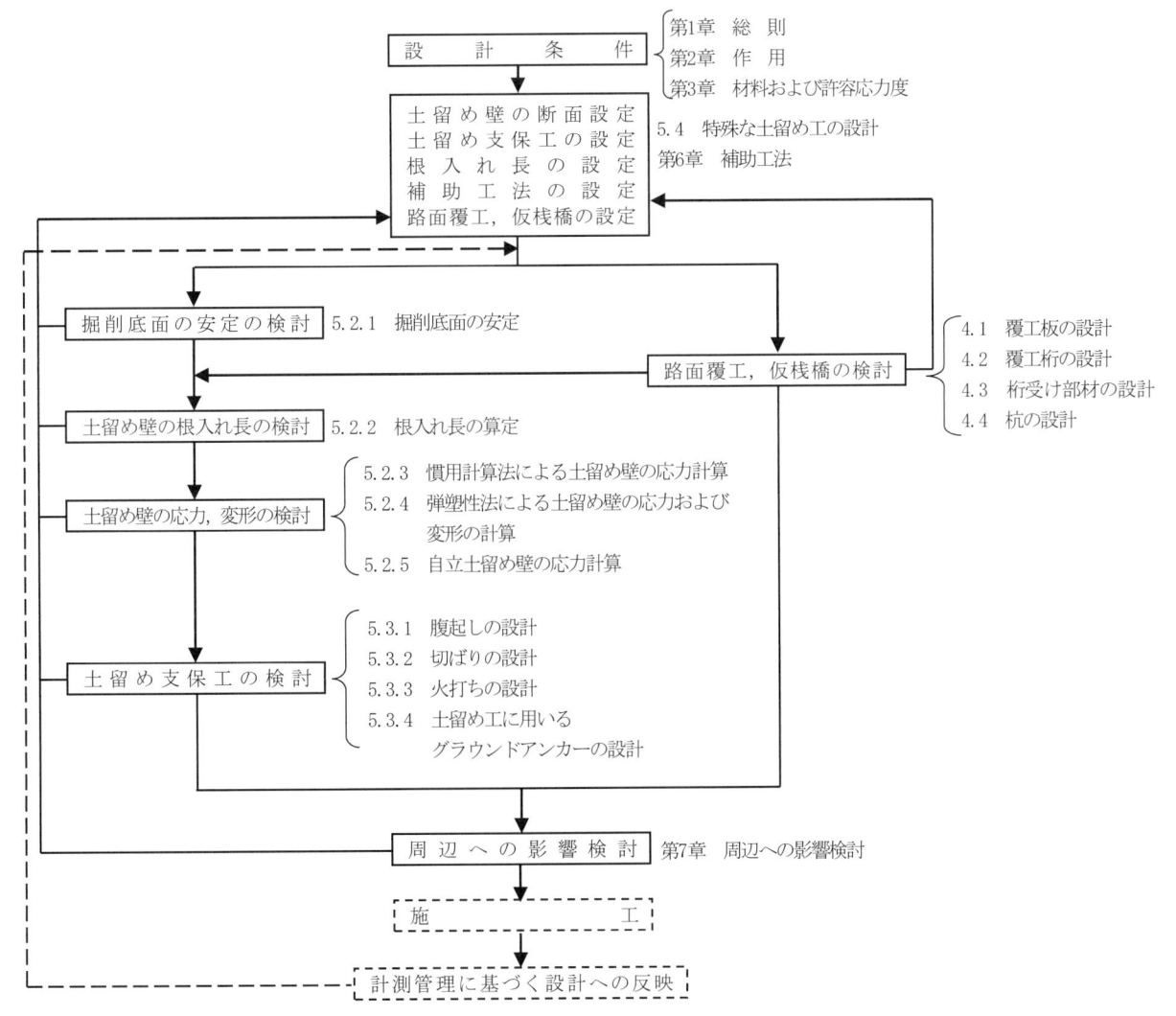

解説 図 3.1.3　仮設構造物の設計の基本的な手順

第2章 作　用

2.1 一　般

仮設構造物の設計にあたっては，次の作用を考慮しなければならない．

1) 死荷重
2) 活荷重
3) 衝撃
4) 側圧
5) その他の作用

【解　説】 仮設構造物の設計にあたって一般的に考えなければならない作用の種類を列挙したものであるが，仮設構造物の種類や施工場所での諸条件を考慮して適宜選択しなければならない．

解説 表 3.2.1に，土留め工，路面覆工等の設計における作用の組合わせを示す．

解説 表 3.2.1　作用の組合わせ

作用の種類	土留め壁				中間杭			切ばり	腹起し	路面覆工	
	根入れ長	支持力	応力	変形	支持力	応力	応力	応力	たわみ	応力
死荷重		○	○	○	○	○	○			○
活荷重	○	○	○	○	○	○			○	○
衝　撃		○	○	○	○	○				○
側　圧	○		○	○			○	○		
その他の作用	必要に応じて考慮する									

2.2 死荷重

死荷重の算出には，原則として実重量を用いる．ただし，表 3.2.1に示す単位体積重量を用いてもよい．

表 3.2.1　材料の単位体積重量　(kN/m³)

材料	単位体積重量	材料	単位体積重量
鋼，鋳鋼，鍛鋼	77.0	木材	8.0
鋳鉄	71.0	瀝青材	11.0
鉄筋コンクリート	24.5	アスファルト舗装	22.5
コンクリート	23.0	砂利，砕石	19.0
セメントモルタル	21.0		

2.3 活荷重

活荷重として，自動車荷重，群集荷重等を考慮しなければならない．

【解　説】 仮設構造物に作用する活荷重としては，自動車荷重，群集荷重があり，その他必要に応じて建設用重機による荷重を考慮する必要がある．活荷重については，活荷重が覆工板に直接載荷され路面覆工や中間杭の設計に用いるT荷重と土留め壁の背面に分布荷重として載荷する上載荷重がある．仮設構造物への活荷重の一般的な載荷状況を解説 図 3.2.1に示す．なお，車線等の切替えがあり活荷重の載荷状況が変化する場合には，これらを考慮し適切な載荷状況とする．

1) 自動車荷重について　自動車荷重は解説 図 3.2.2に示す文献[1]に規定するT荷重を用いることとする．

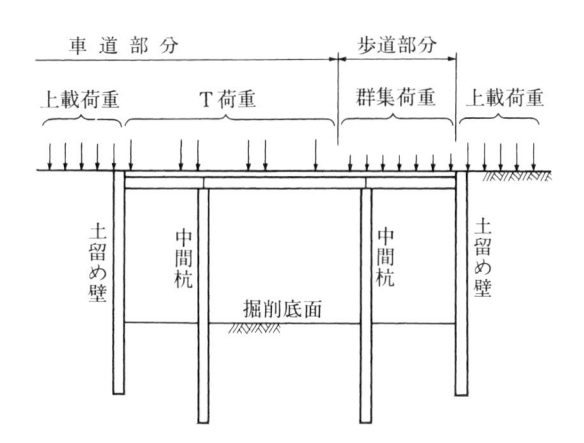

解説 図 3.2.1 活荷重の載荷状況

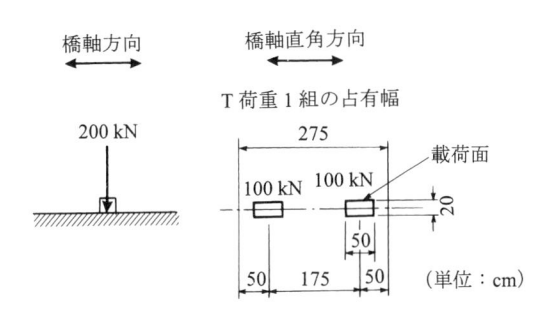

解説 図 3.2.2 T荷重

なお，覆工桁の支間が 12m を超える大規模なもの，また，トラス橋やプレートガーダー橋等他の構造形式については，設計荷重を別途考慮する必要がある．

2) 群集荷重について　歩道部分には，群集荷重を載荷するものとする．群集荷重は，文献[1]に準拠し，$5.0kN/m^2$ の等分布荷重とする．

3) 建設用重機による荷重について　建設用重機類の荷重については，とくにトラッククレーンやラフタレーンクレーンおよびクローラクレーンの作業時における作用や大型の杭打機等が作業する場合は，これらを考慮するものとする．

4) 地表面上載荷重について　道路上の工事では換算自動車荷重として仮設構造物の範囲外に $10kN/m^2$ の載荷重を考える．ただし，自動車，重機および建築物等が土留めに近接するような場合で，あきらかに $10kN/m^2$ では危険側と考えられるときは，別途適切な値を考慮しなければならない．

5) その他について　その他の活荷重としては，土留め壁に近接する営業線の列車荷重等を必要に応じて考慮するものとする．

参考文献

1) (社)日本道路協会：道路橋示方書・同解説，I共通編，pp. 18-27，2012．

2.4　衝　撃

活荷重には衝撃を考慮しなければならない．ただし，群集荷重には衝撃は考慮しない．

【解 説】　仮設構造物では，一般に衝撃係数 $i=0.3$ を活荷重に乗じて設計するものとする．ただし，覆工板の衝撃係数は $i=0.4$ を標準とする．

自動車荷重による衝撃係数としては，文献[1]において，$i=20/(50+L)$ （L：支間 m）と定められているが，算出される部材の応力度に大差なく実質的にも構造物に与える影響は少ないため，衝撃係数 $i=0.3$ とする．しかし，

覆工板の場合には支間が小さく衝撃を直接受けるので，$i=0.4$ とする．

参考文献

1) (社)日本道路協会：道路橋示方書・同解説，I 共通編, pp. 27-31, 2012.

2.5 側　　圧

　側圧の大きさは，土質，地盤の性状，地下水の状況，周囲の構造物，施工方法等を考慮し，土留め工の設計法に対応して定めなければならない．

【解　説】　土留め工の設計においては土留め壁の変位および応力，切ばりの反力等を算定し，これに対して安全な構造を決定しなければならない．ここで，土留め工に考慮する作用のうち，側圧の設定法が支配的な項目となるが，土留め壁に作用する側圧はきわめて多様であり，その大きさは土質，土留め壁の変形形状，変形量，施工方法等により大きく影響されるので，理論的に求めることは難しい．

　土留め工の設計法は，第3編 5.1 に規定するように自立土留め工の設計法と，切ばり式土留め工の慣用計算法および弾塑性法に区分されていて，設計手法に適合する側圧等の作用体系が整理されている．

　一般に，土留め工の設計に用いられる側圧としては，極限平衡状態を想定して理論的による土圧と水圧の和として求められる側圧と，土圧，水圧あるいは切ばり軸力の実測値から得られた側圧の2種類がある．

　側圧の取扱いに関しては，砂質地盤では比較的透水性が高く，地下水位の変動に伴い水圧分布も変化しやすいこと等から，土圧と水圧を分けて求め，粘性土地盤では，一般に透水性が低いため地下水が変動しても粘性土中の水はしばらくの間保持されるものと考え，土圧と水圧を一体として求めることとする．このため，側圧の算定にあたっては細粒分の含有率等を考慮して，適切に砂質土と粘性土を区分しなければならない．

　慣用計算法においては，断面計算に用いる側圧と根入れ長の計算に用いる側圧を分けて，それぞれに対応した側圧式を用いることとする．土留め壁や支保工の応力と変形の計算においては実際に作用すると考えられる土圧を用いる必要があることから，各掘削段階において計測された切ばり軸力から推定した土圧の最大値を包絡したいわゆる見掛けの土圧を用いることとし，最終掘削段階のみではなく全掘削段階で所定の安全性を有することを確認する．一方，根入れ長の算定においては，安定における極限平衡状態を想定しているため，クーロン (Coulomb) やランキン・レザール (Rankine-Résal) 式の理論土圧を用いることとする．なお，応力と変形の計算，根入れ長の算定ともに，地下水位以下の砂質土地盤では土圧のほかに水圧を考慮しなければならない．

　弾塑性法においては，各掘削段階の土留め壁の挙動を逐次計算することから，土留め壁に作用する荷重もその段階で実際に作用している値を用いることが必要であるため，各掘削段階で計測された土圧を表現できる算定式を用いるのが合理的である．弾塑性法計算に必要な側圧には，主働側圧，受働側圧および掘削面側の静止側圧がある．主働側圧は土留め壁に作用する側圧の実測値および土圧に対する理論的検討をもとにして，またその他の側圧については土留め壁の応力と変形についての設計結果と実測値との照合結果をもとに定めた．

　自立土留め工の場合については，土留め壁の変位が相当大きなものとなり，土留め壁に作用する側圧は極限平衡状態でつり合うものと考え，根入れ長および応力の計算とも極限平衡状態を想定した側圧を用いる．親杭横矢板形式の土留め壁の場合，根入れ部では土留め壁としては不連続となるが，土圧の作用幅としては，**解説 表 3.2.2** を最大値とし，過去の実績，土質および施工条件を考慮して低減した値を用いるのがよい．

解説 表 3.2.2　親杭の土圧作用幅（根入れ部）

砂　質　土	$N>30$	$30 \geq N > 10$	$N \leq 10$
粘　性　土	$N>8$	$8 \geq N > 4$	$N \leq 4$
土 圧 作 用 幅	フランジ幅の3倍	フランジ幅の2倍	フランジ幅
	ただし杭間隔以下		

2.5.1 慣用計算法に用いる側圧

慣用計算法に用いる側圧は，砂質土においては土圧と水圧をそれぞれ考慮し，粘性土においては，土圧と水圧を一体とする（**図 3.2.1** 参照）．

$$p_a = K\gamma_t H + p_w$$

ここに，p_a ：主働側圧

K ：見掛けの土圧係数（**表 3.2.2** による）

γ_t ：土の湿潤単位体積重量（kN/m³）（粘性土 $\gamma_t = 16\text{kN/m}^3$，砂質土 $\gamma_t = 17\text{kN/m}^3$）

H ：換算掘削深さ（m）

q ：上載荷重（kN/m²）

N ：標準貫入試験のN値

p_w ：着目点における地盤の静水圧（ただし，粘性土においては $p_w=0$ とする）

表 3.2.2 見掛けの土圧係数

土　質	K
砂	0.2〜0.3
硬い粘土（$N>4$）	0.2〜0.4
軟らかい粘土（$N\leq 4$）	0.4〜0.5

図 3.2.1 慣用計算法に用いる見掛けの土圧

土留め工に作用する水圧は静水圧とし，水圧分布は**図 3.2.2** に示す三角形分布とする．設計に用いる地下水位は一般に設置期間に想定される最高水位とする．

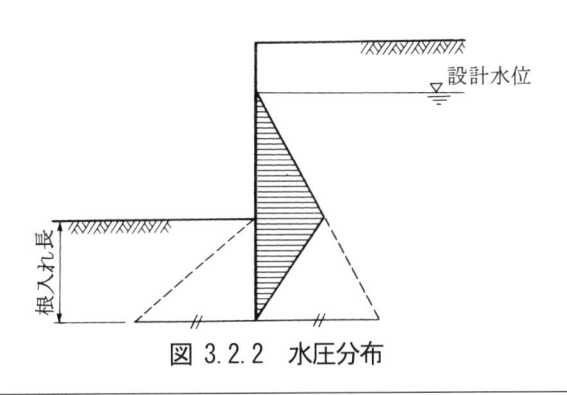

図 3.2.2 水圧分布

【解　説】　慣用計算法の断面力計算には切ばり軸力の実測値を整理した見掛けの土圧を用いることとした．一般に，側圧の大きさは掘削の進行に伴って再配分されその大きさと分布が変化するので，慣用計算法による断面力の算定に用いる側圧としては掘削中に受ける最大値を用いる必要がある．このことから，各掘削段階で受けた側圧の最大値の包絡線をその現場の見掛けの土圧と考え，多くの実測値を集計し，統計的に整理したものが**図 3.2.1** である．

図 3.2.1 および**表 3.2.2** を使用するにあたっては次の事項に注意する必要がある．

1) 図 3.2.1に示す側圧分布は見掛けの土圧分布で，慣用計算法に用いることを前提としていることから，適用の範囲は掘削深さが15m程度より浅い場合に限られる．

2) 根入れ部が $N≦2$ あるいはヒービングのおそれがあるような軟弱な粘性土地盤では，地盤改良等の補助工法を考慮することもあるが，安定数，鋭敏比，軟弱層の厚さ等によってはヒービング対策として土留め壁の先端を下部にある良質地盤に貫入させる場合もある．このような場合には弾塑性法により設計するのがよい．

3) 慣用計算法の適用範囲であっても，慣用計算法では土留め壁の変形量を求めることができないため，近接構造物が存在し，変形量を求める必要がある場合は弾塑性法を用いるのがよい．

4) 計算に用いる地盤種別を，**解説 図 3.2.3** に示すように掘削深さに根入れ長の半分を加えた範囲の土質で判断する．

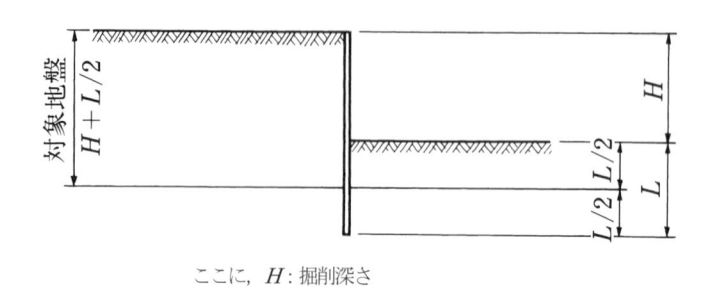

ここに，H：掘削深さ
L：根入れ長

解説 図 3.2.3　地盤種別を決定するための対象地盤

5) 粘性土と砂質土が互層をなす場合には，粘性土の層厚合計（$Σh_c$）が**解説 図 3.2.3**に示す対象地盤の厚さ（$H+L/2$）の50%以上の場合には粘性土，50%未満の場合は砂質土の一様地盤と考えてよい．また，地盤種別が粘土と判定された場合で$Σh_c$の50%以上が$N≦4$のときは軟らかい粘土，50%未満のときは硬い粘土とする．

6) 透水係数が大きく地下水の供給が豊富な砂地盤や，粘性土層が挟在する砂質土のように，土留め壁背面の地下水位が掘削に伴って低下しない地盤で遮水性の土留め壁を採用する場合は，水圧を別途考慮する必要がある．この場合の地下水位以下の土の単位体積重量は，水中重量を用いてよい．

7) 親杭横矢板土留め壁のように遮水性が期待できない土留め壁の見掛けの土圧は，良質な地盤に適用される場合が多いことや，作用する水圧が小さいこと等のため，図 3.2.1および表 3.2.2に示す見掛けの土圧よりも小さな値を示すことがある．したがって，このような土留め壁に用いる場合の見掛けの土圧係数の大きさは状況に応じて検討するのがよい．

水圧は基本的に砂質土では土圧と分離し，粘性土では分離しないものとした．根入れが単一砂層の場合には土留め壁背面側の地下水が土留め壁先端から掘削面側にまわり込み，掘削底面に向かって減少していく水圧分布となるので，土留め壁先端では両側の水圧が等しくなる．したがって，このような地盤での水圧としては，土留め壁先端でゼロとなる三角形分布の水圧を考えるものとする．

2.5.2 弾塑性法に用いる側圧

弾塑性法に用いる側圧は，砂質土においては土圧と水圧をそれぞれ考慮し，粘性土においては土圧と水圧を一体とした側圧とする．

（1）背面側の主働側圧

砂質土の場合

$$p_a = K_A(\gamma_t z - p_{w1} + q) - 2c\sqrt{K_A} + p_{w1} \quad (ただし，p_a \geq 0.3\gamma_t z)$$

粘性土の場合

掘削面以浅　　$p_a = K_{A1}(\gamma_t z + q)$

掘削面以深　　$p_a = K_{A1}(\gamma_t H + q) + K_{A2}\gamma_t(z - H)$

ただし，粘性土層の主働側圧は水圧を下回らないように設定するものとする．

ここに，K_A ：着目点における砂質土の主働土圧係数

$$K_A = \tan^2(45° - \phi/2)$$

γ_t ：土の湿潤単位体積重量

z ：地表面から着目点までの深さ

p_{w1} ：着目点における地盤の間隙水圧（ただし，粘性土においては $p_{w1}=0$ とする）

q ：地表面上載荷重

H ：掘削深さ

K_{A1} ：掘削底面以浅における着目点における粘性土の背面側側圧係数（表 3.2.3 による）

K_{A2} ：掘削底面以深における着目点における粘性土の背面側側圧係数（表 3.2.3 による）

c ：着目点における粘性土の粘着力

ϕ ：着目点における砂質土の内部摩擦角

表 3.2.3 粘性土の背面側側圧係数

粘性土のN値	K_{A1} 推定式	K_{A1} 最小値	K_{A2}
$N \geqq 8$	$0.5 - 0.01H$	0.3	0.5
$4 \leqq N < 8$	$0.6 - 0.01H$	0.4	0.6
$2 \leqq N < 4$	$0.7 - 0.025H$	0.5	0.7
$N < 2$	$0.8 - 0.025H$	0.6	0.8

ここに，H：掘削深さ (m)

（2） 掘削面側の受働側圧

$$p_P = K_P(\gamma_t z' - p_{w2}) + 2c\sqrt{K_P} + p_{w2}$$

ここに，K_P ：受働側圧係数

$$K_P = \frac{\cos^2\phi}{\left\{1 - \sqrt{\frac{\sin(\phi+\delta)\sin\phi}{\cos\delta}}\right\}^2}$$

γ_t ：土の湿潤単位体積重量

z' ：掘削面から着目点までの深さ

p_{w2} ：着目点における地盤の間隙水圧（ただし，粘性土においては $p_{w2}=0$ とする）

c ：着目点における粘性土の粘着力

ϕ ：着目点における砂質土の内部摩擦角

δ ：土留め壁と地盤との摩擦角．$\delta = \phi/2$ としてよい

（3） 掘削面側の静止側圧

$$p_0 = K_0(\gamma_t z' - p_{w2}) + p_{w2}$$

ここに，K_0 ：掘削面側の静止側圧係数（表 3.2.4 による）

γ_t ：土の湿潤単位体積重量

z' ：着目点までの各層の層厚

p_{w2} ：着目点における掘削面側の水圧（ただし，粘性土においては $p_{w2}=0$ とする）

表 3.2.4 掘削面側の静止側圧係数

土 質		K_0の値
砂 質 土		$1-\sin\phi$
粘 性 土	$N \geqq 8$	0.5
	$4 \leqq N < 8$	0.6
	$2 \leqq N < 4$	0.7
	$N < 2$	0.8

ここに, ϕ：砂の内部摩擦角, N：N値

（4） 水圧
土留め壁に作用する水圧は，地質調査等から得られた間隙水圧をもとに設定する．

【解 説】 （1）について　弾塑性法には，背面側の側圧を土留め壁の変位に関係なく既知量として与える方法と，背面側にも地盤ばねを考える方法があるが，一般には前者が用いられているので前者に対する背面側側圧を示した．

1）砂質土の場合　砂質土では，土留め壁が掘削面側へ少し変形すると，背面側の土圧は静止土圧から主働土圧へ変化すると考えられている．砂質土の主働土圧として，クーロンの土圧式とランキン・レザールの土圧式が従来からよく用いられている．クーロンの土圧式がランキン・レザールの土圧式と異なる点は土留め壁と背面地盤との間の摩擦角を考慮している点である．しかしながら，主働土圧においてはこの壁面摩擦角による影響は小さく，安全側であることから，本文のように定めた．

洪積砂層および洪積砂礫層の場合，一般によく締まって固結しているので，粘着性が存在する場合が多い．したがって，構造物の規模，地盤条件等を勘案して洪積砂質土層の粘着力を考慮してもよい．

2）粘性土の場合　粘性土の背面側側圧については，種々の指針等で用いられている実績があることや現場での実測値ともほぼ合致することから本文のように定めた．

また，深い掘削における過去の実測事例では背面側側圧が水圧を下回ることがないため，粘性土においても背面側側圧は水圧を下回らないこととした．粘性土の上部あるいは下部に砂質土層が存在する場合，この砂質土層の水圧をもとに粘性土の水圧を推定してよい．

（2）について　ランキン・レザール式で受働側圧係数として壁面摩擦角を考慮したクーロンの土圧係数を用いた式を用いることとしているのは，背面側と同様に，種々の指針等での使用実績によるものである．

また，背面側と同じく砂質土についても粘着力を考慮できるものとする．なお，砂質土層の水圧は第3編 2.5.1 解説による．

（3）について　土留め壁に作用する静止側圧は，背面側の側圧，掘削面側の受働側圧と同様に砂質土は土水分離，粘性土は土水一体とする．

掘削面側の静止側圧は，土留め工の設計に用いる弾塑性法の計算において掘削面以深の外力および受働抵抗を評価するときに，主働側圧および受働側圧の両者から差し引く側圧のことである．

最近の大深度の土留め工における計測結果から，掘削面側の静止土圧（側圧）係数は掘削前の値より大きいことが指摘されているが，その値は地盤のせん断強度，掘削深さ，掘削幅，壁体の施工法等により変化しており，いくつかの推定法が提案されている．

（4）について　砂質土地盤においては，土留め壁先端が透水層の場合には背面側より掘削面側へ地下水が浸透し，土留め壁の先端においては背面側と掘削面側で等しくなると考えられることから，解説 図 3.2.4 によってよい．ただし，掘削面積が小さく土留め壁の根入れ深さが大きい場合には背面側の水圧が一律には低下しないので注意が必要である．

下層地盤もしくは上層地盤に粘性土層がある場合には，解説 図 3.2.5および解説 図 3.2.6に示すように$K_{w1}=K_{w2}=1.0$としてよい．

また，解説 図 3.2.7 に示すような互層地盤で土留め壁の先端が不透水層と判断される層に十分根入れされている場合には，その砂質土層内の間隙水圧を用いてよい．

なお，深い掘削においては工事の長期化に伴う水圧の季節変動やダムアップ等の影響にも注意する必要がある．

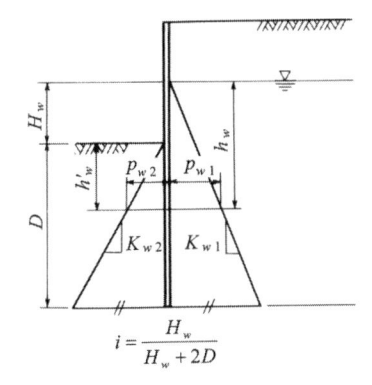

解説 図 3.2.4　砂質土地盤の水圧

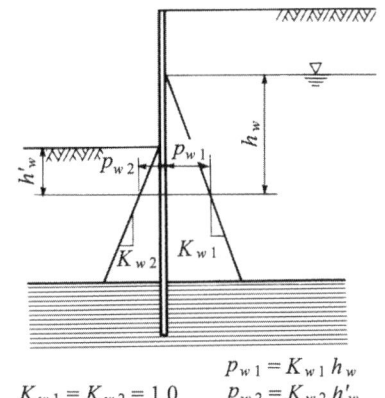

$i = \dfrac{H_w}{H_w + 2D}$
$K_{w1} = 1 - i \quad p_{w1} = K_{w1} h_w$
$K_{w2} = 1 + i \quad p_{w2} = K_{w2} h'_w$

解説 図 3.2.5　下層地盤に粘性土がある場合の水圧

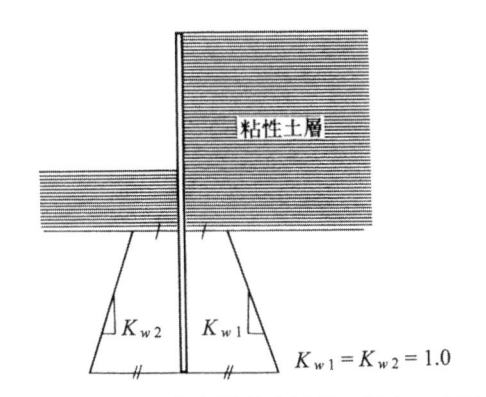

$K_{w1} = K_{w2} = 1.0$
$p_{w1} = K_{w1} h_w$
$p_{w2} = K_{w2} h'_w$

解説 図 3.2.6　上部が粘性土地盤の場合の水圧

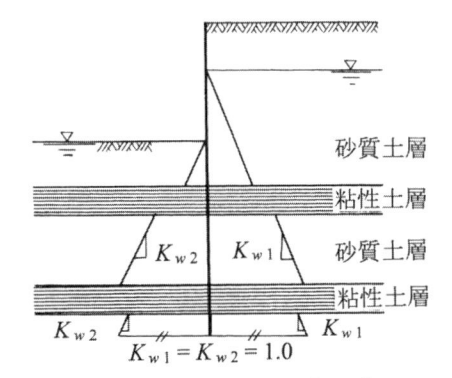

$K_{w1} = K_{w2} = 1.0$

解説 図 3.2.7　互層地盤の水圧

$K_{w1} = K_{w2} = 1.0$

2.6　その他の作用

仮設構造物の設計においては，通常の作用のほかに施工箇所，地形，地質および特殊な施工法の採用等の実状に応じて適切な作用を設定し，その影響を考慮しなければならない．

【解　説】　第3編 2.2 から第3編 2.5 までの作用は仮設構造物の設計において通常考慮されるものであるが，そのほかにも現場の状況によっては設計に考慮しなければならない作用があり，一般に次のものが考えられる．

1)　温度変化について　切ばりの温度変化による軸力の増加は，背面の土の変形により伸びに対する拘束度が緩和されるため，熱膨張係数を用いて計算した値よりは小さいものと思われる．実測によると，両端固定とした場合の理論的な値に対して 18〜19% になっており，また，気温 1℃ の上昇に対する切ばり反力の増加は通常 11.0〜12.5kN 程度といわれている．

夏と冬の温度差による軸力は土のクリープによって吸収されると考え，1日の最高と最低の温度差は 10℃ 程度であるとすれば，軸力の増加量は約 120kN 程度であるので，覆工板を設置する場合には温度変化の影響はこの程度を考えておけばよい．

しかしながら，鋼製切ばりが直射日光を受ける場合やプレロードの施工により接合部の緩みを除去する場合等，温度変化による切ばり軸力の増分が大きくなることが懸念される場合には，上記の値にとらわれず慎重に評価する必要がある．

一般に，切ばり軸力の増分 ΔP は次式で与えられる．

$$\Delta P = \alpha_t AE\beta\Delta T_S \qquad (解\ 3.2.1)$$

ここに，　α_t　：固定度（土留め壁および背面地盤の剛性を含めた切ばり支点の拘束度合 $0<\alpha_t\leqq1$）
　　　　　A　：切ばり断面積
　　　　　E　：切ばりヤング係数
　　　　　β　：切ばり材料の線膨張係数
　　　　　ΔT_S　：切ばり温度変化量

固定度α_tを決定する要因としては切ばり接合部の緩み，切ばり長さ，土留め壁および背面地盤の剛性といったものがある．

<u>2）　地震について</u>　通常の土留め工では，設置期間が一般に短いこと，地中にあって自重の軽い構造体であるため，地盤とほぼ同一の振動をするので大きな影響を受けないと考えられることから，原則的には地震の影響は考慮しなくてもよい．

しかしながら，兵庫県南部地震や東北地方太平洋沖地震では，地震力や地盤の側方流動により土留め壁や支保工の過大変形，ソイルセメント地下連続壁のクラック等が生じた事例も報告されていることから，設置期間がとくに長い場合や重要構造物に近接する場合等では，耐震性に配慮した構造とすることが必要な場合もある．耐震性に配慮した構造としては，資料編【3-1】に示すように，土留め壁のコーナー部や土留め壁と支保工，覆工桁との接合部を補強するなどの対策がある．また，逆巻き床版等によって仮設構造系全体の剛度を上げること等も考えられる．

<u>3）　雪荷重について</u>　雪荷重については，文献[1]に準拠し，以下のとおりとする．

雪荷重を考慮する必要がある場合には，十分に圧縮された雪の上を車両が通行する状態あるいは積雪がとくに多くて自動車交通が不能となり，雪荷重だけが作用する状態を考えればよい．中間的な状態，たとえば積雪のために自動車の交通にある程度の制限が加えられる場合にも，上記いずれかによって設計しておけば安全である．

前者では，積雪がある程度以上になれば規定の活荷重が通行する機会はきわめて少なくなるので，規定の活荷重のほかに考慮すべき雪荷重として通常 $1.0\mathrm{kN/m^2}$（圧縮された雪で約 15cm 厚）程度をみておけば十分と考えられる．

後者では，次式により雪荷重が求められる．

$$w_s = PZ_s \qquad (解\ 3.2.2)$$

ここに，w_s：雪荷重
　　　　P：雪の平均単位重量
　　　　Z_s：設計積雪深

雪の平均単位重量は，地方や季節等により異なるが，多雪地域については一般に $3.5\mathrm{kN/m^3}$ を見込めばよい．また，設計積雪深は既往の積雪記録および積雪状態等を勘案して適切な値を設定しなければならないが，通常の場合は再現期間 10 年に相当する年最大積雪深を考慮すればよい．

<u>4）　薬液注入，地盤改良等による影響について</u>　地盤が軟弱で掘削に際して施工が困難である場合，周辺の地盤や構造物に影響を与えるおそれのある場合，土留め壁面からの漏水によって作業が困難となる場合，あるいは立坑等におけるシールドの発進や到達に伴う切羽の安定，止水工や漏気防止が必要な場合等に，薬液注入や地盤改良を補助工法として計画することがある．このような場合には，薬液注入の圧力，深層混合処理工法の施工に伴う圧力，凍結工法，生石灰杭工法による膨張圧等を土留め工の設計に考慮する必要がある．

参考文献

1)（社）日本道路協会：道路橋示方書・同解説，I共通編，pp. 67-68，2012．

第3章　材料および許容応力度

3.1　材料

仮設構造物の材料は，入手が容易で，かつ使用目的に合致した強度，品質，形状，寸法のものを用いなければならない．

【解説】　仮設構造物は，目的に応じて，安全で経済的な範囲で品質を吟味し，入手が容易な材料を用いるものとして設計する必要がある．仮設構造物の材料は横矢板を除いてほとんどが鋼材である．一般的に用いられている鋼材の種類と規格を**解説 表** 3.3.1 に示す．

解説 表 3.3.1　一般的に用いられている鋼材の種類と規格

鋼材の種類	規　　格	記　号
構造用鋼材	JIS G 3101　一般構造用圧延鋼材	SS400
	JIS G 3106　溶接構造用圧延鋼材	SM490
鋼　管　杭	JIS A 5525	SKK400, SKK490
H 形 鋼 杭	JIS A 5526	SHK400
鋼　矢　板	JIS A 5528　熱間圧延鋼矢板	SY295
鋼 管 矢 板	JIS A 5530	SKY400, SKY490
接合用鋼材	JIS B 1180　普通六角ボルト	強度区分 4.6
	JIS B 1186　摩擦接合用六角ボルト	F8T, F10T
鋼　　棒	JIS B 3112　鉄筋コンクリート用棒鋼	SR235, SD295, SD345
	JIS G 3109　PC鋼棒（異形棒）	SBPD 930/1080
線　　材	JIS G 3536　PC鋼線およびPC鋼より線	SWPR 1～7, SWPD 1～3

3.2　許容応力度の設定

仮設構造物の設計に用いる材料の許容応力度は，本章に定める値を上限とし，必要に応じてこれを低減して用いなければならない．

【解説】　仮設構造物の許容応力度は，構造物の重要度，作用条件，材料の摩耗，老朽度等を考慮して定める必要があり，いちがいに規定するには問題が多いので，ここでは上限値を規定するにとどめた．したがって，設計にあたっては，これらの条件を考慮し許容応力度の上限値を低減して用いなければならない．

鋼材は，繰り返し使用された中古品を用いることが多いが，損傷，変形，材質の劣化，摩耗等についてよく点検する必要がある．加工材を使用する場合には，断面の欠損等補修回数とともに断面性能が低下していることも考慮する必要があり，とくに重要な場合は，JIS 合格品または同等の新品を用いることが望ましい．

従来，仮設構造物の許容応力度は，永久構造物の許容応力度の50%割増しとしているのが一般的であり，この場合の安全率は，鋼材の降伏点に対して 1.14，コンクリートの圧縮強度に対して 2.0（曲げ圧縮）となる．仮設構造物と本体構造物を兼ねるような場合には，仮設時と完成時の作用状態が異なることや完成時の構造物に有害な影響を与えないように，また重要構造物に近接して施工を行う仮設構造物に対しても作用および計算法のもつ安全率等を考慮して許容応力度を総合的に定める必要がある．

なお，以下の各項で扱っていない材料の許容応力度については，関連する示方書，諸基準等を参考にし，材料の強度を確認するための試験を行うなどして十分に検討して定めるものとする．

3.2.1　鋼材類の許容応力度

(1)　鋼材の許容応力度

一般構造用圧延鋼材（SS400）および溶接構造用圧延鋼材（SM490）の許容応力度は，**表** 3.3.1 の値以下とする．

表 3.3.1 鋼材の許容応力度 (N/mm²)

種類		一般構造用圧延鋼材 (SS400)	溶接構造用圧延鋼材 (SM490)
軸方向引張 (純断面)		210	280
軸方向圧縮 (総断面)		$l/r \leqq 18$ 210 $18 < l/r \leqq 92$ $210-1.23(l/r-18)$ $92 < l/r$ $\dfrac{1\,800\,000}{6\,700+(l/r)^2}$ l：部材の座屈長さ r：断面二次半径	$l/r \leqq 16$ 280 $16 < l/r \leqq 79$ $280-1.8(l/r-16)$ $79 < l/r$ $\dfrac{1\,800\,000}{5\,000+(l/r)^2}$ l：部材の座屈長さ r：断面二次半径
曲げ	引張縁 (純断面)	210	280
	圧縮縁 (総断面)	$l/b \leqq 4.5$ 210 $4.5 < l/b \leqq 30$ $210-3.6(l/b-4.5)$ l：フランジの固定点間距離 b：フランジ幅	$l/b \leqq 4.0$ 280 $4.0 < l/b \leqq 30$ $280-5.7(l/b-4.0)$ l：フランジの固定点間距離 b：フランジ幅
せん断 (総断面)		120	160
支圧		31	420

（2） 鋼矢板，鋼管杭，鋼管矢板の許容応力度

熱間圧延鋼矢板（SY295），鋼管杭（SKK400，SKK490）および鋼管矢板（SKY400，SKY490）の許容応力度は，表 3.3.2 の値以下とする．

表 3.3.2 鋼矢板，鋼管杭および鋼管矢板の許容応力度 (N/mm²)

	鋼矢板	鋼管杭		鋼管矢板	
	SY295	SKK400	SKK490	SKY400	SKY490
許容曲げ引張応力度	270	210	280	210	280
許容曲げ圧縮応力度	270	210	280	21	280
許容せん断応力度	150	120	160	120	160

（3） 溶接部の許容応力度

1） 一般構造用圧延鋼材（SS400）の溶接部の許容応力度は，表 3.3.3 の値以下とする．

表 3.3.3 鋼材の溶接部の許容応力度 (N/mm²)

溶接の種類	応力の種類	工場溶接	現場溶接
開先溶接	引張	196 (210)	168
	圧縮	196 (210)	168
	せん断	112 (120)	96
すみ肉溶接	せん断	112	96

注）（　）内は放射線検査または引張試験を行う場合

2) 鋼矢板（SY295）の溶接部の許容応力度は，表 3.3.4 の値以下とする．

表 3.3.4　鋼矢板の溶接部の許容応力度 (N/mm²)

応力の種類	工場溶接	現場溶接	備考
引　張	240 (270)	216	現場溶接継手は突合わせ溶接と添接板との併用で行うものとする
圧　縮	240 (270)	216	
せん断	130 (150)	120	

注）（　）内は放射線検査または引張試験を行う場合

（4）　ボルトの許容応力度

普通ボルトおよび高力ボルトの許容応力度は，表 3.3.5 の値以下とする．

表 3.3.5　ボルトの許容応力度 (N/mm²)

ボルトの種類	応力の種類	許容応力度	備考
普通ボルト	せん断	135	SS400 相当
	支　圧	315	
高力ボルト	せん断	285	母材が SS400 の場合
	支　圧	355	

（5）　鉄筋の許容応力度

鉄筋コンクリート用棒鋼は，SD295，SD345，SR235 を標準とし，その許容応力度は，表 3.3.6 の値以下とする．

表 3.3.6　鉄筋の許容引張応力度 (N/mm²)

鉄筋の種類	SD295A SD295B	SD345	SR235
一般の場合	270	300	210
水中または泥水中の場合	270	300	—

【解　説】　（1）について　表 3.3.1 に示した許容応力度は，文献[1]の許容応力度を基準とし，これを 50％割増ししたものである．

（2）について　表 3.3.2 に示した鋼管の許容応力度は，（1）と同様の考え方によるもので，鋼矢板は JIS に示されている基準降伏点に一般の鋼材と同じ割合（210/240＝0.9）を乗じたものである．

鋼管杭や鋼管矢板の SKK490 および SKY490 を使用する場合は，部材が薄くなることについての溶接性，打込み時の座屈，土留めの変形等に注意する必要がある．

（3）について　工場溶接された鋼材の溶接部の許容応力度は，放射線検査または引張試験を行う場合には母材の許容応力度，すなわち文献[2]に示す許容応力度の 50％割増しとし，検査を行わない場合は 40％の割増しとして設定した．10％減じたのは検査をしないことによる信頼性の減少を考慮したものである．

なお，溶接構造用圧延鋼材（SM490），鋼管杭および鋼管矢板の溶接部についても同様の考え方で許容応力度を定めるものとする．

鋼矢板の工場溶接は，鋼矢板が成分的に溶接しにくいこと，つめ部の完全溶込み溶接が難しいこと等があげられるが，つめの断面欠損分を添接板で補う方法がとられていることを考慮し，放射線検査または引張試験を行う場合には母材の許容応力度，検査を行わない場合には，信頼性の減少を考慮して母材の許容応力度の 90％とした．

現場溶接に対する許容応力度の低減は作業環境や施工条件等を考慮して定めなければならないが，鋼矢板の現

場溶接は建込み前に鋼矢板を寝かせた状態で，下向きの姿勢で良好な突合わせ溶接と添接板の溶接ができる場合を母材の80％以下で許容応力度を設定できるものとした．現場建込み溶接は，足場の悪さ，上下鋼矢板開先のずれ，打込みによる開先の変形等悪条件が考えられるので原則として行わないものとする．

(4)について　ボルトの許容応力度は，文献[2]に示した仕上げボルト（SS400相当）および支圧接合用高力ボルトの許容応力度に準拠し，その値を50％割増しした値以下に設定した．

(5)について　文献[3]にもとづき，これに50％割増しを行ったものを鉄筋の許容応力度とした．

参考文献

1) (社)日本道路協会：道路橋示方書・同解説，Ⅱ鋼橋編，pp. 131-144，2012.
2) (社)日本道路協会：道路橋示方書・同解説，Ⅱ鋼橋編，pp. 149-157，2012.
3) (社)土木学会：コンクリート標準示方書，構造性能照査編，pp. 245-247，2002.

3.2.2　コンクリートおよびソイルセメントの許容応力度

コンクリートの許容応力度は，一般に設計基準強度 f'_{ck} をもとにしてこれを定める．

(1)　通常工法によるコンクリートの許容応力度

1) 許容曲げ圧縮応力度（軸圧縮を伴う場合を含む）は，次の値以下とする．

$$\sigma_{ca} = \frac{f'_{ck}}{2} + 1.5$$

ここに，σ_{ca}　：許容曲げ圧縮応力度（N/mm²）
　　　　f'_{ck}　：設計基準強度（N/mm²）

2) 許容せん断応力度および許容付着応力度は，表 3.3.7 の値以下とする．

表 3.3.7　許容せん断応力度，許容付着応力度（N/mm²）

応力度の種類	種類		設計基準強度 f'_{ck}			
			18	24	30	40
許容せん断応力度	斜め引張鉄筋の計算をしない場合	曲げの場合	0.60	0.67	0.75	0.82
		押抜きの場合	1.20	1.35	1.50	1.65
	斜め引張鉄筋の計算をする場合	せん断力のみの場合	2.70	3.00	3.30	3.60
許容付着応力度	異形鉄筋		2.10	2.40	2.70	3.00
	普通丸鋼		1.05	1.20	1.35	1.50

注）許容付着応力度は，直径51mm以下の鉄筋を対象とする．

3) 許容支圧応力度は，次の値以下とする．

$$\sigma_{ca} \leq 0.45 f'_{ck}$$

ここに，σ_{ca}：許容支圧応力度

局部載荷の場合には，コンクリート面の全面積を A，支圧を受ける面積を A_a とした場合，許容支圧応力度は次の値以下で設定してよい．

$$\sigma_{ca} = 1.5(0.25 + 0.05 A/A_a) f'_{ck}$$

ただし，$\sigma_{ca} \leq 0.75 f'_{ck}$

(2)　安定液置換工法によるコンクリートの許容応力度

安定液置換工法によるコンクリートの許容応力度は，表 3.3.8 の値以下とする．ただし，この場合のコンクリートの配合は，単位セメント量350kg/m³以上，水セメント比55％以下を標準とし，標準養生供試体の材齢28日における圧縮強度が30 N/mm²以上を満足するものとする．

表 3.3.8 安定液置換工法によるコンクリートの許容応力度 (N/mm²)

28日圧縮強度	許容軸方向圧縮応力度	許容曲げ圧縮応力度	許容せん断応力度 斜め引張鉄筋を計算しない場合	許容せん断応力度 斜め引張鉄筋を計算する場合	許容付着応力度（異形鉄筋）
30	9.5	12.0	0.35	2.55	1.80

注）安定液の濃度が10%を超える場合には，別に検討して定めるものとする．

(3) ソイルセメントの許容応力度

ソイルセメントの許容応力度は，一般に設計基準強度をもとにして定めるものとし，ソイルセメントの設計基準強度は強度試験を行って決めることを原則とする．

【解 説】 (1) について 通常工法によるコンクリートの許容応力度は，文献[1]に準拠し，これを50%割り増したものである．

(2) について 安定液置換工法に用いるコンクリートの配合は，文献[2]に準拠して定めた．コンクリートは，28日圧縮強度（JIS A5308で保証される圧縮強度）30N/mm²のコンクリートを用いることを基本としたものである．なお，これより高強度のコンクリートを用いる場合の許容応力度の参考例を解説 表 3.3.2 に示す．

解説 表 3.3.2 安定液置換工法による高強度コンクリートの許容応力度の参考例 (N/mm²)

28日圧縮強度	許容軸方向圧縮応力度	許容曲げ圧縮応力度	許容せん断応力度 斜め引張鉄筋を計算しない場合	許容せん断応力度 斜め引張鉄筋を計算する場合	許容付着応力度（異形鉄筋）
35	11.0	13.5	0.36	2.70	1.9
40	12.5	15.0	0.38	2.85	2.1

注）安定液の濃度が10%を超える場合には，別に検討して定めるものとする．

(3) について ソイルセメントの品質は施工法，対象土質，施工条件によってかなりのばらつきが生じるので，配合設計においては，これらのことを考慮して設計強度が十分に確保できるようにしなければならない（資料編【3-2】参照）．

参考文献
1)(社)土木学会：コンクリート標準示方書，構造性能照査編, pp. 242-243, 2002.
2)(社)日本道路協会：道路土工-仮設構造物工指針, pp. 51-53, 1999.

3.2.3 木材の許容応力度

横矢板の設計に用いる木材の許容応力度は，材種，品質，使用条件等を考慮して定めなければならない．

【解 説】 木材は，材種，品質および使用環境によって強度が異なる．地域によって入手できる材料が制限される場合がある．また，木材は繊維方向によって強度が異なり，ばらつきも予想される．これらを勘案し，現場の状況に応じて適切なものを選択する必要がある．木材は個々により特性が異なり，十分な検討が行われていないため，ここでは，「労働安全衛生規則」を参考として，各材料における許容応力度の目安を解説 表 3.3.3 に示す．なお，長期にわたり使用する場合には，その品質の劣化および安定性について十分に留意することが必要である．

解説 表 3.3.3 木材の許容応力度 (N/mm²) （文献[1]を加筆修正）

木材の種類		圧 縮	曲 げ	せん断
針葉樹	あかまつ，くろまつ，からまつ，ひば，ひのき，つが，べいまつ，べいひ	11.80	13.20	1.03
	すぎ，もみ，えぞまつ，とどまつ，べいすぎ，べいつが	8.80	10.30	0.74
広葉樹	かし	13.20	19.10	2.10
	くり，なら，ぶな，けやき	10.30	14.70	1.50

参考文献

1) 労働安全衛生規則第241条

第4章 路面覆工，仮桟橋

4.1 覆工板の設計

（1） 覆工板は，作用する荷重に対し十分な強度と剛性を有していなければならない．

（2） 覆工板の設計にあたっては，通行車両のスリップおよび騒音等の対策について考慮しなければならない．

【解　説】　（1）について　覆工板を設計する場合に用いる作用は第3編 第2章によるものとし，覆工板に最大応力の生じるような作用状態について検討しなければならない．

なお，覆工板の単位重量は，**解説 表** 3.4.1 に示す値を用いてよい．

解説 表 3.4.1　覆工板の単位重量（kN/m²）

種　類	単位重量	
	支間2m	支間3m
鋼製	2.15	2.15
鋼製（すべり止め加工品）	2.3	2.3
鋼＋アスファルト加工製	3.0	3.0
鋼＋コンクリート加工製	3.0	3.3

断面計算は，**解説 図** 3.4.1 に示すように覆工桁を支点とする単純ばりとして行い，同図に示す覆工板支間によって検討するものとする．

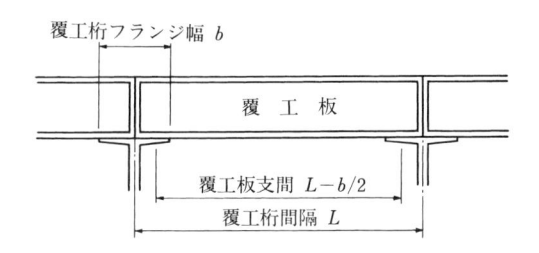

解説 図 3.4.1　覆工板の支間

覆工板のたわみが大きくなると継ぎ目部の段差によって，衝撃が大きくなり安定性が損なわれるので活荷重（衝撃を含まない）によるたわみは，支間の 1/400 以下に抑える．

覆工板を使用する場合は，形状，材質，許容応力度，載荷試験結果等を十分に勘案し，現場の実状に適合したものを選択する必要がある．

覆工板は，一般に長さが 2m および 3m のものが多く使用されている．開削工事においては，通常切ばり間隔と覆工板（覆工桁）との間隔を合致させて掘削作業を効率的に行えるようにしているが，覆工板の選択にあたっては，設置場所の状況や設置期間，施工性等を検討して安全性を十分に確認したうえで使用することが必要である．なお，市場に流通している二次製品の覆工板は長辺方向が支間となる構造であるため，設置する方向に注意して使用しなければならない．

（2）について　覆工板は表面が湿潤状態になると通行車両がスリップしやすくなり，また，走行車両の騒音が問題になることが多い．

覆工板には表面に凹凸をつけるものや，コンクリート，アスファルト，樹脂等で被覆したものがあるが，スリップ止め効果や騒音の低減の効果にはそれぞれ特色があるので，状態に応じて適切なものを選定しなければならない．とくに交通量の多い市街地での道路等では，スリップ止め効果が十分に期待できるものを使用しな

ければならない．

覆工板表面の性状による自動車の騒音については，実測されたデータは多くないが，傾向としては，大きな凹凸のあるものよりは，小さな突起のもの，あるいは砂を付着させたものが騒音レベルは小さい．

4.2 覆工桁の設計

（1） 覆工桁は，作用する荷重に対し十分な強度と剛性を有していなければならない．
（2） 路面覆工の設計で用いる活荷重の載荷方法は，自動車の交通状況等を考慮し，決定しなければならない．
（3） 仮桟橋の設計で用いる活荷重の載荷方法は，使用する重機やその作業状況等を考慮し，決定しなければならない．

【解 説】 （1）について　覆工桁の応力およびたわみの検討は，覆工桁を単純ばりと仮定し，その際に用いる死荷重，活荷重，衝撃は第3編 第2章によるものとする．また，覆工桁に地下埋設物を吊ることは，たわみや振動が埋設物に伝わり，事故の原因になることもあるため専用桁を設けなければならない．

覆工桁のたわみが大きいと覆工面の段差により衝撃が大きくなり，安定性が損なわれることがあるので活荷重（衝撃を含まない）によるたわみは，支間の1/400以下または25mm以下に抑えるよう設計しなければならない．とくに市街地等では，支間の長い場合，桁のたわみに伴う振動，騒音が問題になることが多いので，必要に応じてつなぎ材等によるたわみ低減の措置をとることが望ましい．

覆工桁は輪荷重を直接受けるため，とくに交通量の多い箇所や長期間載荷する場合には，疲労の影響による許容応力度の低減等を考慮しなければならない．

自動車の制動荷重が作用する交差点付近または急坂部では，覆工板のずれ止めや覆工桁の転倒防止について十分に検討する必要がある．

鉄道や軌道と交差する場合の覆工桁の設計については，当該管理者と協議しなければならない．

土留め支保工の切ばりとして覆工桁の支保効果を考慮する場合は，その軸力を設計に考慮しなければならない．この場合，覆工桁の架設状態が土留め壁を支保できる構造になっているかを確認すると同時に，覆工桁，覆工桁受け部材および覆工桁の止めボルト等の照査を設計軸力に応じて適正に行う必要がある．なお，土留め支保工を弾塑性法で設計する場合の覆工桁の支保効果については，覆工桁の架設状況に応じて経験的にばね定数を低減している場合が多い．

（2）について　自動車荷重は，道路管理者から特別に指示がある場合や，とくに重量車両が大量に通行する場合を除いて，T荷重により設計するものとする．活荷重は，総重量245kNの大型の自動車の走行頻度が比較的高い状況を想定したB活荷重と，総重量245kNの大型の自動車の走行頻度が比較的低い状況を想定したA活荷重の2つに区分される．B活荷重を適用する道路においては，連行荷重の影響を考慮するため，T荷重によって算出した断面力等（曲げモーメント，せん断力，反力，たわみ等）に部材の支間長に応じて**解説 表 3.4.2**に示す係数を乗じるものとする．ただし，この係数は1.5を超えないものとする．ここでいう支間長とは，自動車走行方向に平行な部材の支間長である．

解説 表 3.4.2 連行荷重の影響を考慮するための割増し係数

部材の支間長L (m)	$L \leqq 4$	$4 < L$
割増し係数	1.0	$\dfrac{L}{32} + \dfrac{7}{8}$

一方，A活荷重を適用する道路においては，総重量245kNの大型車の走行頻度が比較的低い状況を想定していることから，連行荷重を考慮するための**解説 表 3.4.2**の係数は適用しない．

以下に覆工桁と自動車走行方向が直角および平行な場合の活荷重の載荷方法と，**解説 表 3.4.2**の係数の算出に

用いる支間長のとり方について示す．

1) 覆工桁と自動車走行方向が直角な場合　活荷重の載荷方法は**解説 図 3.4.2**のように自動車走行方向の直角方向にはT荷重は2組を限度とし，3組目からは1/2に低減する．荷重配列によって覆工桁に最大応力が生じるように載荷する．衝撃を含む場合は$P_1=130$kN，$P_2=65$kNとなる．

解説 表3.4.2の係数を求める場合の支間は，**解説 図** 3.4.3に示すように，覆工桁ではL_1を，桁受け部材および支持杭ではL_2をそれぞれ用いるものとする．

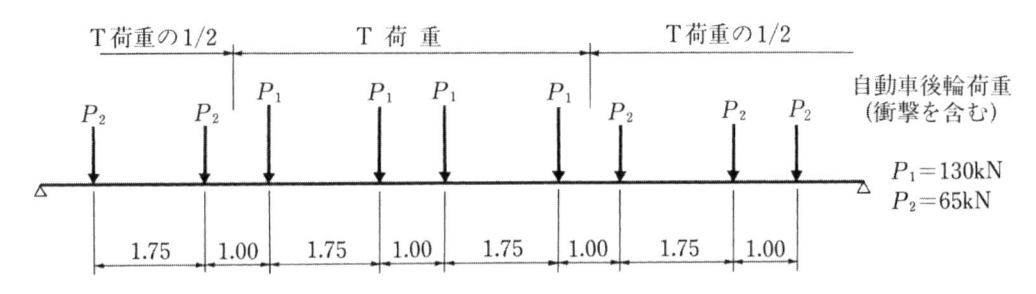

解説 図 3.4.2　曲げモーメント検討のための荷重配列（覆工桁と自動車走行方向が直角な場合）

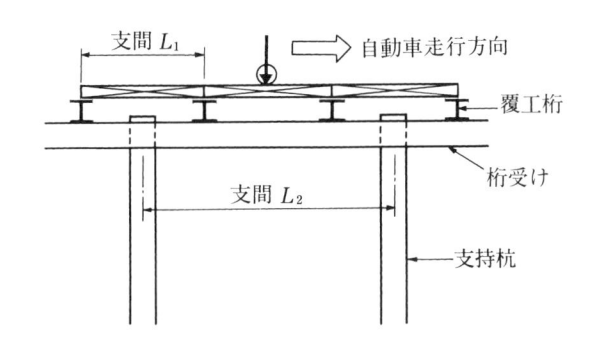

解説 図 3.4.3　覆工桁と自動車走行方向が直角な場合の部材の支間

2) 覆工桁と自動車走行方向が平行な場合　活荷重の載荷方法は**解説 図 3.4.4**に示すようにT荷重を覆工板に載荷し，各荷重による覆工桁への影響を考慮する．

解説 表 3.4.2 の係数を求める場合の支間は，**解説 図** 3.4.5 に示すように支間 L_3 を用いる．なお，支間長 L_3 は桁受け部材が片側の場合は桁受け部材を支点とし，両側の場合は支持杭中心を支点として求める．

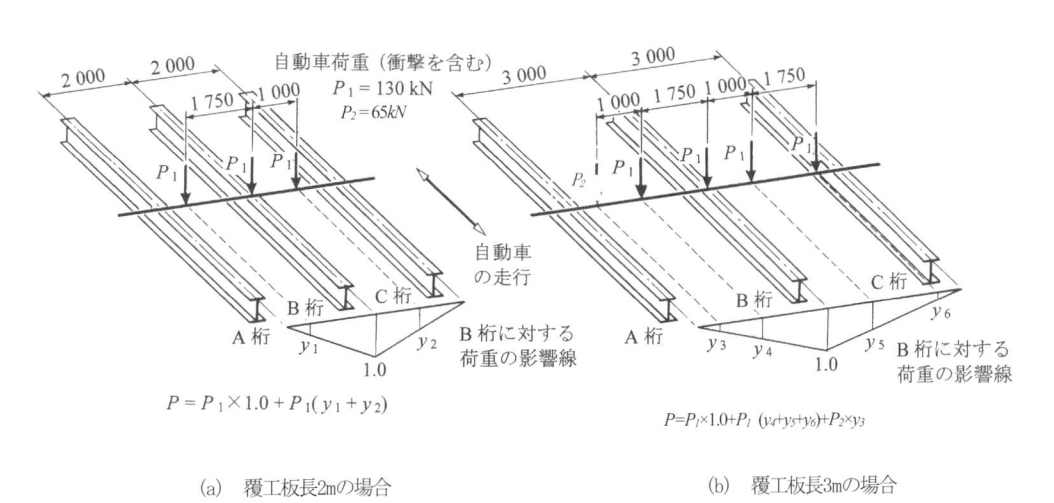

$P = P_1 \times 1.0 + P_1(y_1 + y_2)$

$P = P_1 \times 1.0 + P_1(y_4 + y_5 + y_6) + P_2 \times y_3$

(a)　覆工板長2mの場合　　　　　(b)　覆工板長3mの場合

解説 図 3.4.4　曲げモーメント検討のための荷重配列（覆工桁と自動車走行方向が平行な場合）

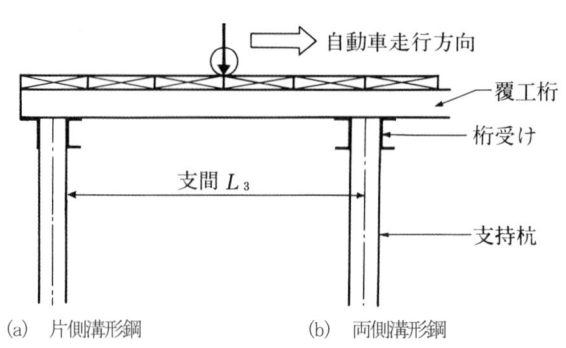

解説 図 3.4.5 覆工桁と自動車走行方向が平行な場合の部材の支間

(3)について　作業重機は**解説 図** 3.4.6および**解説 図** 3.4.7に示すようにその配置，組合わせ等を考慮し，走行時および作業時について最大応力が生じるように活荷重を載荷し，覆工桁の安全性を確認する必要がある．このとき作業時には自重，吊上げ荷重等の付加荷重，荷重偏心の影響のほか，杭の打込み，引抜き作業等のように衝撃荷重が発生する作業においてはこれを考慮する．

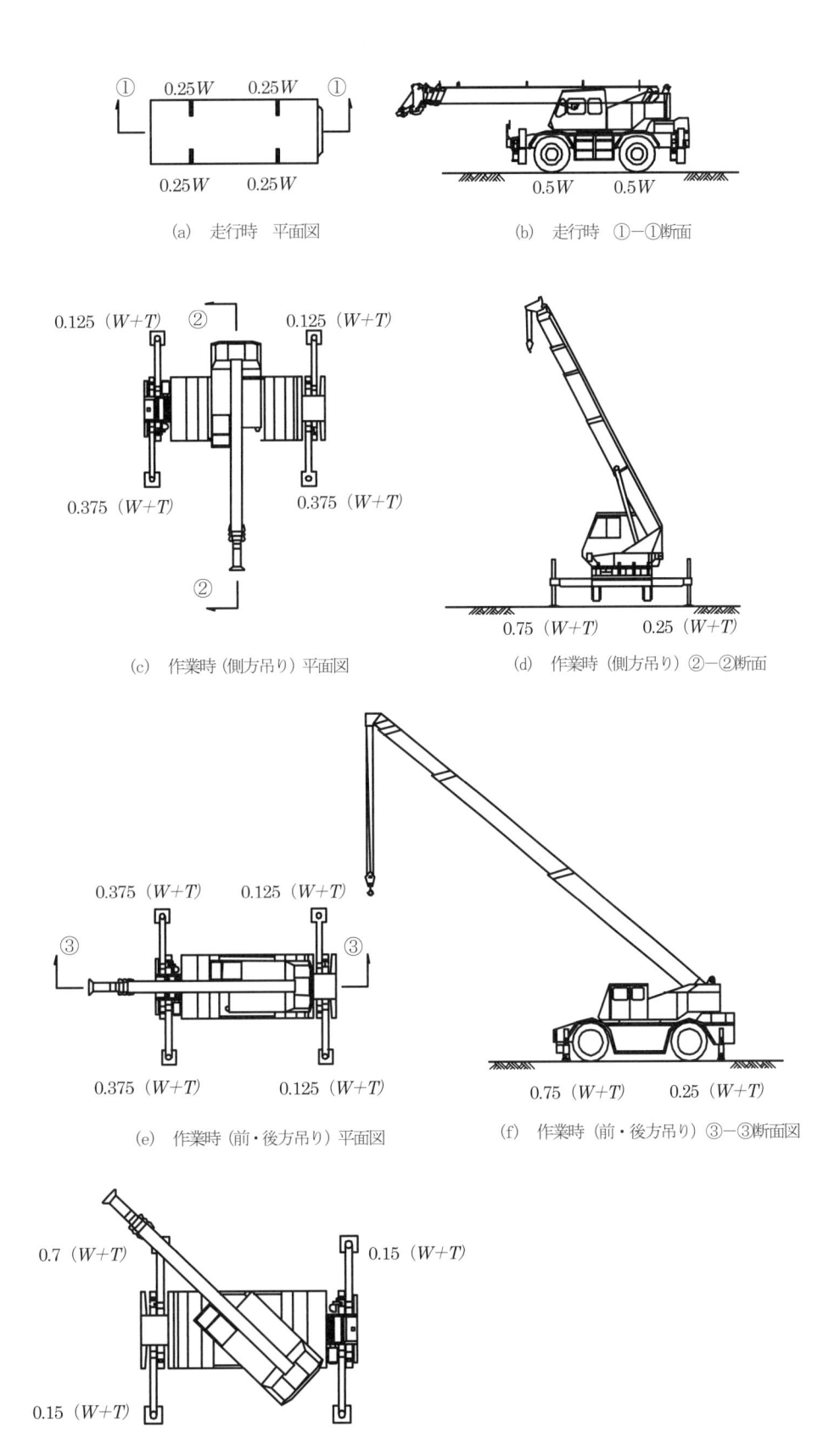

(a) 走行時 平面図　　0.25W　0.25W　0.25W　0.25W

(b) 走行時 ①-①断面　0.5W　0.5W

(c) 作業時（側方吊り）平面図　0.125($W+T$)　0.125($W+T$)　0.375($W+T$)　0.375($W+T$)

(d) 作業時（側方吊り）②-②断面　0.75($W+T$)　0.25($W+T$)

(e) 作業時（前・後方吊り）平面図　0.375($W+T$)　0.125($W+T$)　0.375($W+T$)　0.125($W+T$)

(f) 作業時（前・後方吊り）③-③断面図　0.75($W+T$)　0.25($W+T$)

(g) 作業時（斜め前・後方吊り）平面図　0.7($W+T$)　0.15($W+T$)　0.15($W+T$)

W：ラフタークレーン自重
T：付加荷重（吊上げ荷重等）
注）ここに示す1輪当りの反力およびアウトリガー反力には，衝撃荷重は含まれていない．

解説 図 3.4.6　ラフタークレーンの荷重載荷方法[1]

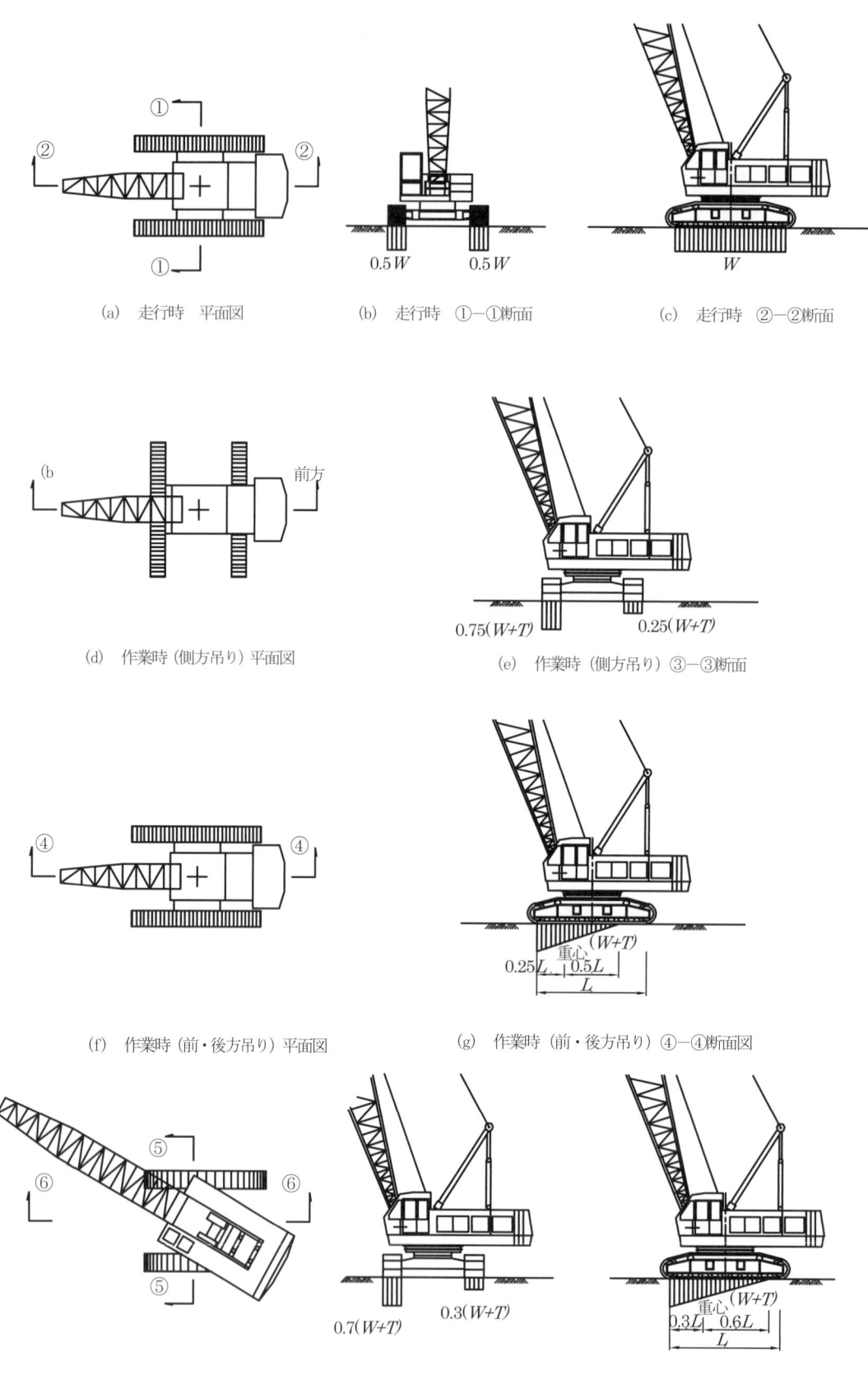

(a) 走行時 平面図
(b) 走行時 ①-①断面　$0.5W$　$0.5W$
(c) 走行時 ②-②断面　W

(d) 作業時（側方吊り）平面図
(e) 作業時（側方吊り）③-③断面　$0.75(W+T)$　$0.25(W+T)$

(f) 作業時（前・後方吊り）平面図
(g) 作業時（前・後方吊り）④-④断面図　$(W+T)$　重心　$0.25L$　$0.5L$　L

(h) 作業時（斜め前・後方吊り）平面図
(i) 作業時（斜め前・後方吊り）⑤-⑤断面図　$0.7(W+T)$　$0.3(W+T)$
(j) 作業時（斜め前・後方吊り）⑥-⑥断面図　重心　$(W+T)$　$0.3L$　$0.6L$　L

W：クローラクレーン自重
T：付加荷重（吊上げ荷重等）
L：クローラ接地長
注）ここに示すクローラ反力には，衝撃荷重は含まれていない．

解説 図 3.4.7　クローラクレーンの荷重載荷方法[1]

参考文献

1) (社)日本道路協会：道路土工仮設構造物工指針, pp. 312-313, 1999.

4.3 桁受け部材の設計

桁受け部材は，作用する荷重に対し十分な強度を有していなければならない．

【解 説】 桁受け部材の応力の検討は，**解説 図** 3.4.8 および**解説 図** 3.4.9 のように桁受け部材を支持している杭の中心を支点とする単純ばりとし，その際に用いる死荷重，活荷重，衝撃は第3編 第2章による．

桁受け部材に作用する荷重は，覆工桁の最大反力を用いる．桁受け部材と自動車走行方向が平行な場合，載荷位置はそれぞれの断面力が最大となる位置に1個所だけ載荷する．桁受け部材の自重による応力への影響は小さいので計算では省略してもよいが，専用桁により埋設物の吊防護を行う場合はこの吊桁の反力も作用として取り扱わなければならない．現場の実状を見ると，桁受け部材は連続ばりとして取り扱うには施工上無理な場合が多いので，安全側に配慮して，単純ばりとして計算を行うことにしたが，桁受け部材が明らかに連続ばりとしての性能を保持している場合は，連続ばりとしての計算を行ってよい．この場合，覆工桁からの作用は，桁受け部材の応力が最大となるようにする必要がある．部材を締結するボルトは適切な径を選び，作用が円滑に伝達されるようバランスのとれた配置とする必要がある．

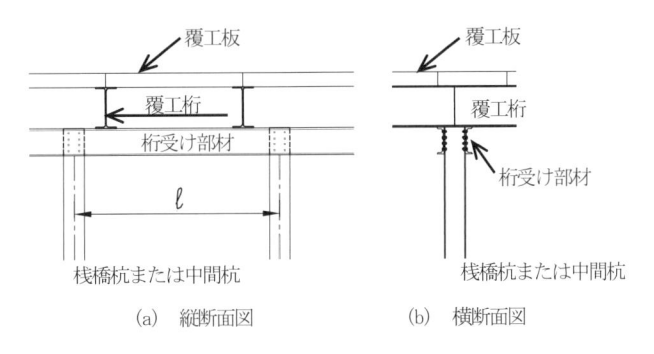

解説 図 3.4.8 桁受け部材の支間（溝形鋼の場合）

解説 図 3.4.8 に示すように溝形鋼を使用する場合は，桁受け部材の支間が小さく，杭中心と覆工桁中心が近いため，せん断力が支配的となる．このためたわみの計算は行わなくてよいが，近年では**解説 図** 3.4.9 に示すように間隔を広げ桁受け部材にH形鋼を使用する場合がある．この場合は，たわみに対する照査を行わなければならない．このときのたわみの制限値は，覆工桁と同様とする．

(a) 縦断面図　　　(b) 横断面図

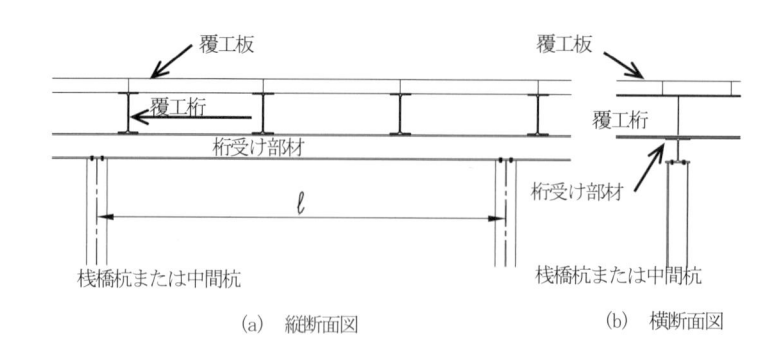

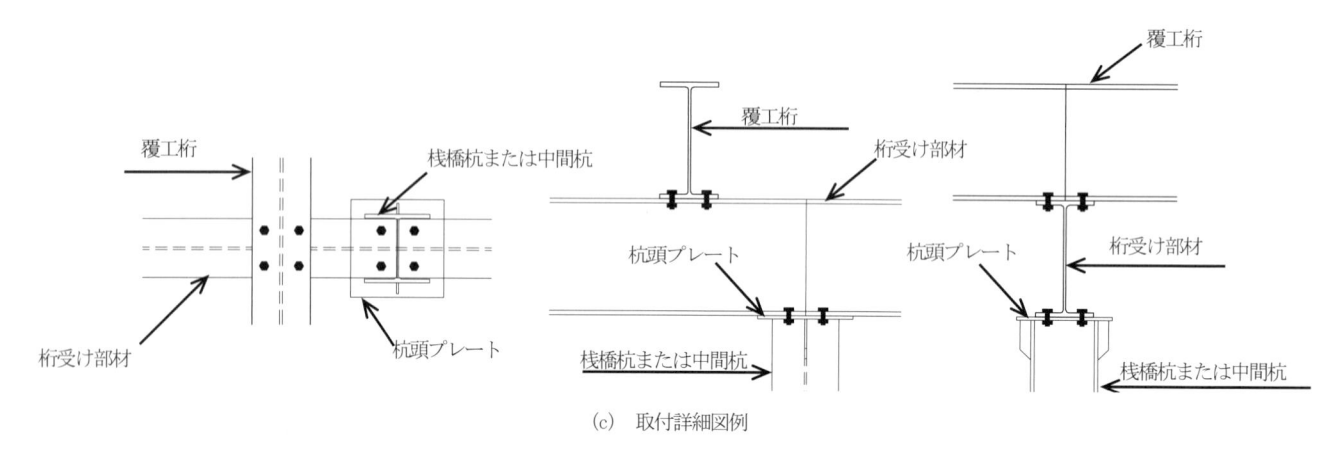

(c) 取付詳細図例

解説 図 3.4.9　桁受け部材の支間（H形鋼の場合）

桁受け部材と自動車走行方向が平行な場合は，上記で求めた断面力等に**解説 図 3.4.3**の支間L_2に応じて**解説 表 3.4.2**に示す係数を乗じる．

4.4　杭の設計

（1）土留め壁・中間杭および支持杭は，作用する最大荷重に対し座屈を考慮した十分な強度を有していなければならない．

（2）土留め壁・中間杭および支持杭に作用する鉛直荷重を分散させるために，必要に応じて桁受け部材の補強や斜材の取付け等を考慮しなければならない．

（3）土留め壁・中間杭および支持杭の許容支持力は，その極限支持力を所定の安全率で除した値とする．ただし，この値は本体の許容圧縮力を超えてはならない．

（4）土留め壁・中間杭および支持杭の支持力算定にあたっては，作用する鉛直荷重がその許容支持力を超えないようにしなければならない．

【解　説】　　(1)について　中間杭は切ばりの自重を支持し，座屈を抑制する目的があるが，路面覆工を行う場合には路面荷重や覆工板などの支持も行う．また，支持杭は仮桟橋に作用する重機作業荷重等の支持を行う．その他の鉛直荷重を受けるものに土留め壁がある．

① 車両走行荷重，重機作業荷重
② 覆工板，桁等の自重
③ 埋設物自重（桁を含む）
④ 土留め壁の自重およびグラウンドアンカーの鉛直成分荷重
⑤ 切ばりの自重および上載荷重
⑥ 切ばり軸力による座屈抑制荷重

中間杭および支持杭は①，②また必要に応じて③により生じる覆工桁の最大反力を作用として考慮すればよい．

④は自重の大きな土留め壁やグラウンドアンカー形式の土留め壁に考慮する．⑤，⑥は中間杭に考慮し，上載荷重は5kN/m，座屈抑制荷重は全切ばり軸力の2%程度としてよい．

土留め壁および中間杭は，腹起し，切ばり等で支持されているので鉛直荷重による座屈の検討は行わない．しかしながら，躯体コンクリートの構築に伴い切ばり等を撤去する段階において，中間杭の拘束点の間隔が長くなることもあるので，このような場合には，座屈の検討を行って安全を確認しておく必要がある．このとき，座屈長は切ばり交点や掘削底面から$1/\beta$（β：杭の特性値）の点を拘束点として算定する．

また，支持杭は作業重機による水平荷重が作用するので，鉛直荷重による軸力と水平荷重によるモーメントが同時に作用する部材として検討する．

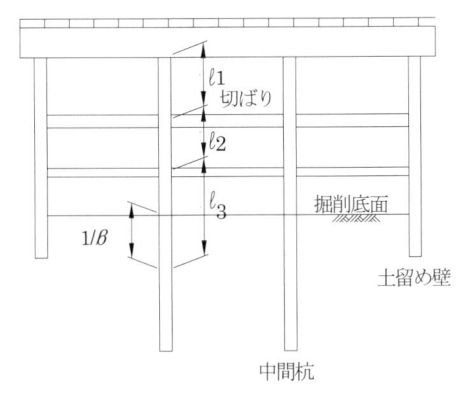

解説　図 3.4.10　中間杭の計算支間　　　　　解説　図 3.4.11　斜材・水平継材の設計

（2）について　杭に作用する荷重は，以下に示すように分布すると考えることができる．

1）土留め壁　① 親杭　親杭に桁受け部材が取り付けられる場合，覆工桁の作用は桁受け部材によって各親杭に分配されるものとする．

② 鋼矢板　桁受け部材を解説 図 3.4.12(a)のように取り付けたときは，鉛直荷重が鋼矢板2枚に分布するものとし，解説 図 3.4.12(b)のように鋼矢板の両側に配置した場合や解説 図 3.4.12(c)のようにH形鋼を鋼矢板頭部に設置した場合は，鋼矢板4枚に分布するものとする．ただし，荷重を分担する鋼矢板の枚数は，覆工桁間にある枚数を超えてはならない．

③ 鋼管矢板　1本の鋼管矢板で鉛直荷重を支持するものとする．

④ ソイルセメント地下連続壁　ソイルセメント地下連続壁の芯材間隔が1m以内の場合では芯材2本で鉛荷重を支持するものとし，1m以上の間隔の場合は，1本の芯材で支持するものとする．

⑤ 鉄筋コンクリート地下連続壁　鉛直荷重は壁全体に均等に分布するものとする．

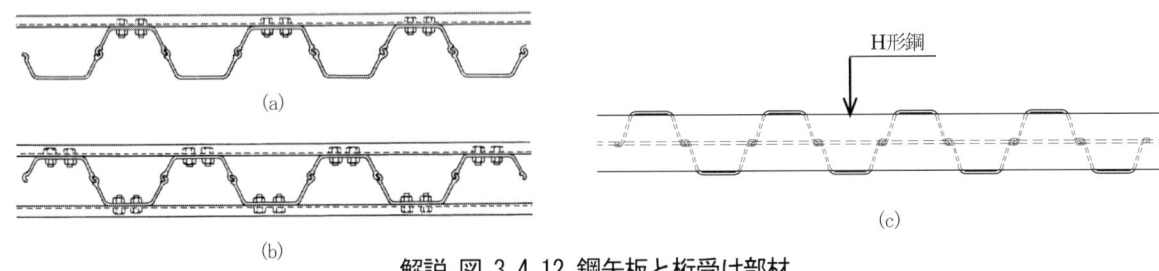

解説 図 3.4.12 鋼矢板と桁受け部材

2）中間杭および支持杭　中間杭および支持杭の縦断方向の剛性を増すために，杭間に斜材等の補強部材を組込むことが多く行われている．

解説 図 3.4.13のようなトラス構造で杭間を緊結すれば，杭に作用する鉛直荷重はその間隔が3m以下の場合は最大反力の1/3，間隔が3mを超え5m以下の場合は，最大反力の1/2としてよい．これによらない場合は，別途計算して求めるものとする．トラス状の補強のない杭は，単独で鉛直荷重を支持するものとする．

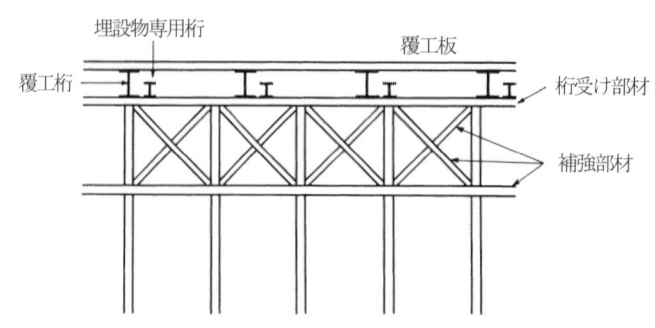

解説 図 3.4.13 中間杭および支持杭の補強の例

(3)について　1)　支持力の算定方法　杭の支持力の算定方法は，土留め壁のような壁状基礎の支持力特性，周長および先端面積のとり方，掘削に伴う地盤の沈下，リバウンドによる地盤の強度低下等の問題があり，明確には規定できない．

したがって，杭の支持力は，とくに重要な仮設構造物の場合は，載荷試験を行うなどして支持力および沈下量を確認することが必要である．載荷試験を行うことができない場合は，地盤調査結果をもとにして2)に示す支持力度の推定方法により推定してもよい．

中間杭は，覆工板からの鉛直荷重を受持つとともに切ばりと連結し，切ばりの中間支点となって切ばりの座屈長を短くする役割をもっている．したがって，中間杭が沈下したり水平移動したりすると，土留め工全体の安定が損なわれることになるので，中間杭の支持力は慎重に検討する必要がある．

一般には，杭の許容支持力は極限支持力を安全率で除した値としており，次式を用いて計算する．

$$R_a = \frac{1}{n} R_u \tag{解 3.4.1}$$

ここに，R_a　：許容鉛直支持力
　　　　n　：安全率（1.5〜2.0）
　　　　R_u　：地盤から決まる杭の極限支持力

鉄筋コンクリート地下連続壁のように自重が大きい場合は次式による．

$$R_a = \frac{1}{n}(R_u - W_s) + W_s - W \tag{解 3.4.2}$$

ここに，W_s　：土留め杭で置き換えられる部分の土の有効重量
　　　　W　：土留め壁の有効重量

極限支持力R_uは次式より求める．

$$R_u = q_d A_p + U l f_s \tag{解 3.4.3}$$

ここに，A_p　：先端面積
　　　　q_d　：先端地盤の極限支持力度
　　　　U　：周長
　　　　l　：根入れ部分の杭長
　　　　f_s　：周面摩擦力土留め壁の周面摩擦力を考慮する範囲は，掘削に伴い土留め壁が掘削面側に変形することを考慮して，根入れ部分のみ有効であるものとする．$N \leq 2$の軟弱層においては信頼性が乏しいので，試験により粘着力を評価できる場合に限り周面摩擦力を考慮してもよい．

2)　支持力度の推定方法　杭の先端地盤の極限支持力度q_dは，載荷試験を実施して定めるのが望ましいが，載荷試験を実施するのが困難な場合は地盤調査結果から支持力を推定してもよい．

地盤調査結果から支持力を推定する方法としては，静力学公式によるものと既往の載荷試験結果を整理して求めた支持力推定式がある．以下に，既往の載荷試験結果を整理して求めた打込み杭と場所打ち杭の支持力推定式を示す．

H鋼杭，鋼矢板壁および鋼管矢板壁で先端処理を打撃方式による場合は，打込み杭を参考にして求めてよい．

H鋼杭，地下連続壁および鋼管矢板壁で先端処理をセメントミルク噴射撹拌方式による場合は，場所打ち杭の支持力を参考にして求めてよい．

オーガ併用圧入工法を採用する場合には，プレボーリング工法を参考にして求めてよい．ただし，背面地盤の変状を防止する目的でベントナイトミルク等を注入する場合は砂充填を参考にして求めてよい．

土留め壁の施工にウォータージェットを併用する場合は，地盤が乱され支持力が低下することから土留め壁に支持力を期待する場合には用いないようにする．やむを得ず用いる場合には先端処理を行い，その処理の方法に応じて**解説 表 3.4.3**の値を用いるものとする．また，施工条件による周面摩擦力度の係数βは$\beta=0.5$を用いてよい．

① 打込み杭

ⅰ）先端地盤の極限支持力度

$$q_d = 200\alpha N \qquad (解\ 3.4.4)$$

ここに，q_d：先端地盤の極限支持力度（kN/m²）

α：施工条件による先端支持力度の係数（**解説 表 3.4.3**）

N：先端地盤のN値で40を上回る場合は40とする．

$N = (N_1 + N_2)/2$

N_1：杭先端位置のN値

N_2：先端から上方へ2mの範囲における平均N値

解説 表 3.4.3 施工条件による先端支持力度の係数α[1]

施 工 方 法		α
打 撃 工 法		1.0
振 動 工 法		1.0
圧 入 工 法		1.0
プレボーリング工法	砂 充 填	0
	打撃，振動，圧入による先端処理	1.0

ⅱ）周面摩擦力度

$$f_i = 2\beta N_s \qquad (\leqq 100)（砂質土） \qquad (解\ 3.4.5)$$

$$f_i = 10\beta N_c\ \text{または，}\ f_i = \beta c \qquad (\leqq 150)（粘性土） \qquad (解\ 3.4.6)$$

ここに，f_i：最大周面摩擦力度（kN/m²）

β：施工条件による周面摩擦力度の係数（**解説 表 3.4.4**）

N_s：砂質土のN値で50を上まわる場合は50とする．

N_c：粘性土のN値で15を上まわる場合は15とする．

c：粘着力（kN/m²）で150kN/m²を上まわる場合は，150kN/m²とする．

解説 表 3.4.4 施工条件による周面摩擦力度の係数β[1]

施 工 方 法		β
打 撃 工 法		1.0
振 動 工 法		0.9
圧 入 工 法		1.0
プレボーリング工法	砂 充 填	0.5
	打撃，振動，圧入による先端処理	1.0

注）ただし，プレボーリング工法において周面摩擦力を考慮するのは，処理を行った範囲のみ

② 場所打ち杭
　ⅰ）先端地盤の極限支持力度

$q_d = 100 N_s$ （砂質土） (解 3.4.7)

$q_d = 3 q_u$ （粘性土） (解 3.4.8)

ここに，q_d ：先端地盤の極限支持力度（kN/m²）
　　　　N_s ：砂質土の先端地盤のN値（N≦30）
　　　　　　　固結した良質な砂礫層等に根入れする場合や地層年代が古くセメンテーションを有する砂質土の場合には，検討のうえ，N値を50まで採用してよい．
　　　　q_u ：一軸圧縮強度（kN/m²）

　ⅱ）周面摩擦力度

$f_i = 5 N_s$ 　　　　　（≦200）（砂質土） (解 3.4.9)

$f_i = 10 N_c$ 　または，$f_i = c$ 　（≦150）（粘性土） (解 3.4.10)

ここに，f_i ：最大周面摩擦力度（kN/m²）
　　　　N_s ：砂質土のN値
　　　　N_c ：粘性土のN値
　　　　c ：粘着力（kN/m²）

3) 支持力算定の留意点　杭における建込み杭，打撃杭の周長Uおよび先端面積A_pは**解説 図 3.4.14**に示す値を用いてよい．

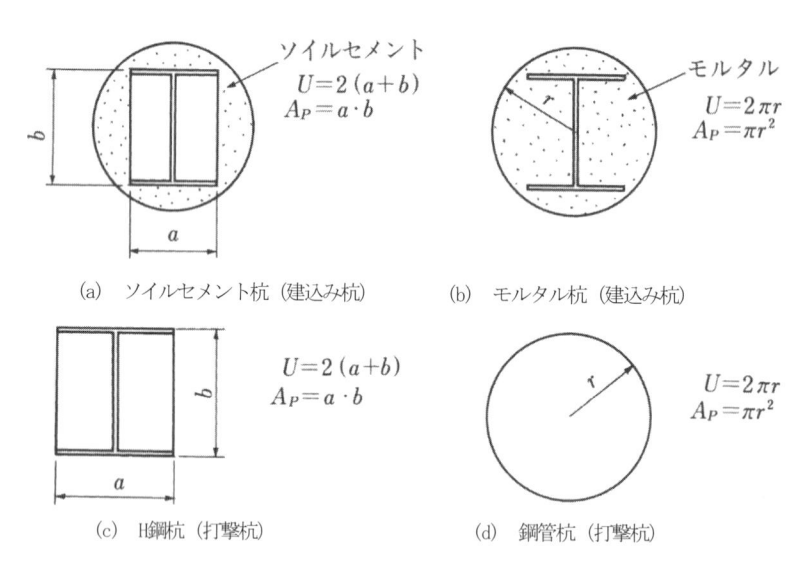

解説 図 3.4.14 杭の周長および先端面積のとり方

杭の根入れ長が短い場合や杭径が大きい場合は，先端支持力のみ考慮して，軟弱粘性土地盤や比較的緩い砂質土地盤の場合では，先端支持力を考慮せず摩擦力のみとしなければならない．

土留め壁の周長および先端面積は，土留め壁の種類によっても異なるため，鉄筋コンクリートおよび鋼製地下連続壁の場合は**解説 図 3.4.15**(a)に示す値を用いることとし，そのほかの地下連続壁の場合は，**解説 図 3.4.14**を参考にしてよい．

鋼矢板では，一般に閉塞効果が期待できないので**解説 図 3.4.15**(b)に示すように根入れ部の土に接する部分の凹凸を考慮しない周長として考え先端支持力は考慮しない．

(a) 地下連続壁　　　　　　　　(b) 鋼矢板　　　　　　　　(c) H鋼杭

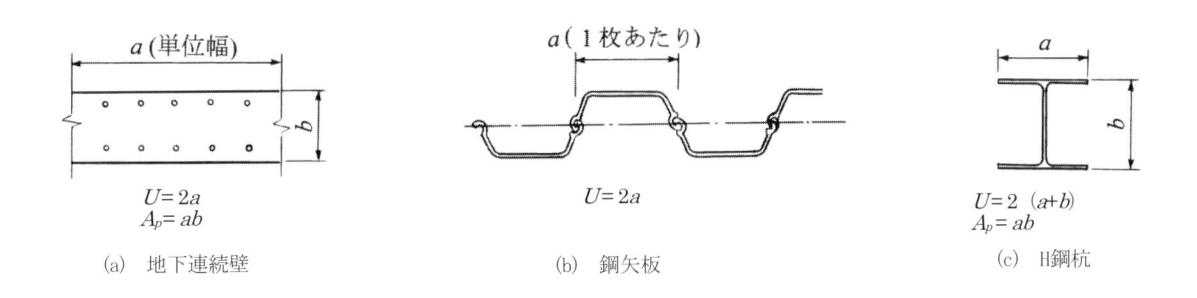

$U=2a$
$A_p=ab$

$U=2a$

$U=2(a+b)$
$A_p=ab$

解説 図 3.4.15　土留め壁の周長および先端面積のとり方

　先端地盤の支持力を期待する場合は，良質層に十分に根入れさせることとする．杭幅が大きく良質層に十分に根入れさせることができない場合は，先端支持力を低減する必要がある．

　安全率は，一般に1.5～2.0が採用されているが，施工条件や仮設構造物の重要度に応じて定めるものとする．ただし，2)に示す地盤調査結果から支持力を推定した場合は，安全率は2.0を用いるものとする．

参考文献

1) (社)日本道路協会：道路土工仮設構造物工指針, pp. 70-71, 1999.

第5章 土留め工

5.1 一 般

（1） 開削工法においては，土の崩壊あるいは過大な変形を防止するため，掘削の規模，施工条件，地盤条件ならびに環境条件に適応する土留め工を施さなければならない．
（2） 土留め工の設計法は，規模，掘削深さ等を考慮して，適切な方法を選択しなければならない．

【解　説】　（1）について　一般に土留め工は，直接土と接する部分の土留め壁と，それを支える土留め支保工とからなる構造物であるが，土留め工には多くの種類と施工法があり，土留め工の採用にあたっては，安全性，経済性，環境保全等の各種条件を考慮し，その現場に最も適した土留め工を選定しなければならない．とくに，市街地で土留め工を施工する場合には周辺の環境条件が工法を選定するうえで大きな要素となるので，工事に伴う騒音，振動，地盤沈下および地下水の変化等について検討し，周辺環境条件に適した工法を選定しなければならない．なお，現場の条件によっては地盤改良等の補助工法を採用する場合もある．

　土留め工の構造は，主として土留め支保工の形式により，自立式，切ばり式，グラウンドアンカー式，控え杭タイロッド式，補強土式に分類することができる．支保形式により分類した土留め工の構造と特徴を**解説 表 3.5.1**に示す．

解説 表 3.5.1　土留め工の構造（支保形式）と特徴

土留め工名称	概念図	支保形式	特徴
自立式	（土留め壁，掘削底面）	土留め壁の根入れ部の受働抵抗のみで側圧を支持する方式	土留め壁の根入れ部の受働土圧のみで側圧に抵抗しているので比較的良質な地盤で浅い掘削工事に適する．掘削面内に支保工がないので掘削が容易である．ただし，支保工を設置しないため土留め壁の変位は大きくなる．
切ばり式	（切ばり，腹起し，土留め壁）	土留め壁の根入れ部の受働抵抗に加えて切ばり，腹起し等の支保工によって側圧を支持する方式	現場の状況に応じて支保工の数，配置等の変更が可能である．ただし，機械掘削，躯体構築時等に支保工が障害となりやすい．また，掘削面積が広い場合には支保工および中間杭が増える．支保工，壁体の接続を十分に行わないと，土留め壁の変位が大きくなる傾向がある．
グラウンドアンカー式	（アンカー自由長，アンカー体定着長，腹起し，掘削底面）	土留め壁の根入れ部の受働抵抗に加えてグラウンドアンカー，腹起し等の支保工によって側圧を支持する方式	掘削面内に切ばりがないので機械掘削，躯体構築が容易である．また，偏土圧が作用する場合や掘削面積が広い場合には有効である．しかし，アンカーの定着できる良質地盤が適切な深度にあること，また，土留め壁周辺にアンカー施工が可能な用地があることが条件となる．アンカーを残置できない場合には除去式タイプを使用する必要がある．
控え杭タイロッド式	（タイロッド，控え杭，腹起し，掘削底面，土留め壁）	土留め壁の根入れ部の受働抵抗に加えて土留め壁の背面地盤中に設置したH形鋼，鋼矢板等の控え杭およびタイロッド，腹起し等の支保工によって側圧を支持する方式	比較的良質な地盤で浅い掘削に適し，自立式土留め工では変位が大きくなる場合に用いられる．掘削面内に支保工がないので機械掘削，躯体構築が容易である．しかし，土留め壁周辺に控え杭，タイロッドを設置するための用地が必要である．
補強土式	（大径補強材，腹起し，掘削底面）	補強土工法の原理にもとづき，引張補強材，腹起し等の支保工によって地盤の一体性を高めることにより土擁壁として側圧を支持する方式	掘削面内に支保工がないので機械掘削，躯体構築が容易である．グラウンドアンカーに比較して施工本数は多くなるものの，アンカー長は短いため，土留め周辺の用地に関する問題は比較的少ない．しかし，深い開削工事では合理的な設計とならないことが多く，比較的浅い掘削工事に用いられる．

　自立式の土留め工は，比較的，変形が許容され，掘削深さが3m程度までの掘削に用いられる．これより深い掘

削では，施工条件および地盤条件を考慮して切ばりを用いた土留め工やグラウンドアンカーを用いた土留め工等を用いなければならない．なお，補強土式については，資料編【3-3】を参照のこと．

土留め壁の構造と特徴をまとめたものが**解説 表 3.5.2**であり，施工条件や地盤条件を考慮して構造形式を選定する必要がある．なお地下連続壁は，深い掘削で用いると剛性が高くなることから，これを利用して永久構造物として本体利用する場合がある．

解説 表 3.5.2 各種土留め壁の構造と特徴

名称	壁の平面形状	構造概要	特徴
簡易土留め壁	木矢板	簡易矢板（木矢板，軽量鋼矢板等）による土留め壁	軽量かつ短尺で扱い易いが，断面性能が小さく，遮水性もあまりよくないので非常に小規模で掘削深さの浅い開削工事に用いられる．
親杭横矢板土留め壁	親杭（H形鋼）／横木矢板	H形鋼等の親杭を1～2m間隔で地中に打ち込み，または穿孔して建て込み，掘削に伴って親杭間に横矢板を挿入していく土留め壁	良質地盤における標準工法として比較的小規模な開削工事に用いられている．しかし，遮水性がよくないこと，掘削底面以下の根入れ部分の連続性が保たれないこと等のことから地下水位の高い地盤，軟弱な地盤等における採用には地下水位低下工法や生石灰杭工法等の補助工法の併用が必要となる．
鋼（鋼管）矢板土留め壁 - 鋼矢板土留め壁	（U形鋼矢板）	U形，Z形，直線形，H形等の断面の鋼矢板を，継手部をかみあわせながら連続して地中に打ち込んだ土留め壁	遮水性がよく，掘削底面以下の根入れ部分の連続性が保たれるため，地下水位の高い地盤，軟弱な地盤で比較的小規模工事に用いられる．バイブロ等による打設工法は振動や騒音を伴うため，市街地においては圧入工法が一般的であり，また先行削孔やジェットの併用によって適用地盤が広くなっている．しかし，長尺物の打ち込みは傾斜や継手の離脱が生じやすく，引抜き時の地盤沈下も大きい．
鋼（鋼管）矢板土留め壁 - 鋼管矢板土留め壁		形鋼，パイプ等の継手をもつ鋼管杭を連続して地中に打ち込んだ土留め壁	遮水性がよく，掘削底面以下の根入れ部分の連続性が保たれ，しかも断面性能が比較的大きいので，地下水位の高い地盤，軟弱な地盤における大規模開削工事に用いられる．しかし，振動，騒音が問題となる場合には無振動，無騒音工法を採用する必要がある．
地下連続壁 - 場所打ち杭地下連続壁	（千鳥配置：柱列式）／（接点配置：柱列式）	場所打ち鉄筋コンクリート杭やH形鋼モルタル杭を連続的に打設して構築する土留め壁	杭は相互に点接触となるため遮水性はあまりよくないことから，止水性を要求する場合には背面地盤の止水改良を併用する必要がある．騒音や振動が少なく，鋼矢板土留め壁と比べて断面性能は大きいため市街地での中規模開削工事に用いられることが多い．また，埋設物等により壁体に断面欠損が多くなる場合や，平面形状が複雑な場合の適用性に優れる．
地下連続壁 - ソイルセメント地下連続壁	（オーガー削孔方式：柱列式）／（等厚削孔方式）	各種オーガー機やチェーンカッター機等を用いて，セメント溶液を原位置土と混合・攪拌，あるいは掘削時の溝壁保護のためのベントナイトやポリマー安定液をソイルセメントで置換した掘削溝にH形鋼を配置して連続させた土留め壁	遮水性が比較的よく，断面性能は場所打ち杭，既製杭地下連続壁と同等であることから市街地での中規模開削工事に用いられることが多い．ソイルセメントは原位置土を積極的に再利用することにより産業廃棄物の削減に有効であるが，土質性状により性能に差が生じ，材料として適さない土質もあるので注意が必要である．
地下連続壁 - 安定液固化地下連続壁		ベントナイトやポリマー安定液を用いて掘削したトレンチ中にH形鋼やプレキャスト板等を挿入した後，安定液を固化剤投入により直接固化，あるいは置換固化等で連続させた土留め壁	地下連続壁工法では，不要となった安定液の一部は産業廃棄物となるが，安定液を固化させ，積極的に産業廃棄物の有効利用ができる工法である．掘削機械はRC地下連続壁と同じものを用いる．
地下連続壁 - 鉄筋コンクリート地下連続壁（RC地下連続壁）		ベントナイトやポリマー安定液を用いて掘削したトレンチ中に鉄筋籠を挿入し，コンクリートを打設して地中に鉄筋コンクリート壁を構築し，連続させた土留め壁	大深度においても遮水性がよく断面性能が大きいので大規模な開削工事，重要構造物が近接している工事，軟弱な地盤における工事等に用いられる．壁体は本体構造物の一部として利用できることや，工事による騒音や振動が少ないこと等の特徴をもつ．また，掘削機械が多様で，掘削精度が比較的高く，施工可能深度も大きい．ただし，他の土留め壁に比較して一般に作業スペースが大きく，作業に長時間を要し，支障物の移設が多くなる．

名称	概念図	概要	特徴
鋼製地下連続壁		掘削時の溝壁保護のためのベントナイトやポリマー安定液をコンクリートあるいはソイルセメントで置換した掘削溝に工場製作された継手をもつ形鋼を配置して地中に壁を構築し，連続させた土留め壁	コンクリートを用いる場合，基本的な特徴はRC地下連続壁と同等であるが，鋼材量が多くでき高強度であることから，薄壁とすることが可能である．また，壁体は本体構造物の一部として利用できることやRC地下連続壁に比較して作業スペースが小さく，作業時間が短くなること等が利点である． ソイルセメントを用いる場合，芯材を継手結合することから，ソイルセメント地下連続壁に比べて芯材建込み精度，剛性，止水性が高いため，壁体の本体利用に有利である．

施工方法は，順巻き工法と逆巻き工法があり，施工条件，周辺への影響等を考慮して適切なものを選定する必要がある．それぞれの特徴を**解説 表 3.5.3**に示す．

また，掘削延長方向において異なる土留め工を用いる場合には，その境界部が不連続な構造とならないように十分に注意し，工種の選定等を行うことが望ましい．

解説 表 3.5.3 各種土留め壁の構造と特徴

名称	概念図	概要	特徴
順巻き工法		掘削と支保工設置を繰り返しながら最終床付けまで掘削し，その後，躯体構築と支保工解体を順次繰り返しながら下部から上部に躯体を構築する方法	もっとも一般的に行われている方法である．逆巻き工法に比較して施工開口が大きくとれるので施工性がよく，また，躯体は順次下部から上部にむかって構築するため打継ぎ部の止水性もよい．
逆巻き工法		掘削と本体構造物（主に床版）の構築を繰り返しながら順次上部から下部に躯体を構築する方法．床版を支保工として利用しているが，段数が不足する場合には，さらに支保工を設置する．	本体の床版を支保工とするため，一般的な切ばりやアンカーと比較して剛性および耐力が大きくなり土留の安定性が向上する．床版を構築するため余掘り量が大きくなり，コンクリートの硬化収縮もあることから，土留め工の変形抑制を目的とする場合にはこれらの影響を考慮する必要がある．また，床版の荷重を受けるための強固な支持杭を先行して設置する必要がある．構造体としてはコンクリートの打継ぎ部が構造的，防水の面で弱点となりやすい．型枠支保工の解体や掘削等が床版下作業となり施工性は低下する．

（2）について 土留め工の設計法としては，自立土留め工の設計法と，切ばりやグラウンドアンカーを用いた土留め工の設計に使用する慣用計算法と弾塑性法等があるが，近年では経済性や周辺地盤および構造物への影響を考慮する必要性が高まっていることから，土留め工の設計においては弾塑性法を基本とする．ただし，掘削規模が小さく周辺への影響を考慮する必要がない場合においては慣用計算法によってもよい．

弾塑性法は，各掘削段階の変形や応力等を比較的正確に推定する設計法で，多くの土質定数等を用いて計算を行うことから，諸定数の選定にはとくに注意が必要となる．

慣用計算法は，切ばり軸力の測定値から求められた，いわゆる見掛けの側圧を，切ばりおよび掘削面側地盤の仮想支持点を支点とする単純ばりあるいは連続ばりに作用させて，設計に用いる切ばり反力，土留め壁の曲げモーメントおよびせん断力を求めるものである．したがって，掘削の進行に伴って変化する土圧や水圧等を忠実に反映したものではないが，設計法としてはこれまで多くの実績がある．

このほかに地盤状況や水理条件が複雑であり，また周辺地盤や構造物に対する影響を詳細に把握する必要がある場合には有限要素法を用いることもある．

5.2 土留め壁の設計

土留め壁の設計にあたっては，施工中の作用を詳細に検討し，施工の各段階における地盤の安定，土留め壁の応力および変位について検討しなければならない．

【解　説】　土留め壁は直接的に地盤とかかわる仮設構造物であり，また，施工の進行に伴って荷重と構造系が変化するので，複雑な応力状態におかれる場合も多い．また，市街地での施工に際しては，地下構造物や周辺へ与える影響が大きい．そのため，土留め壁の設計では，施工の各段階における次の各項目に対する安全性を確かめなければならない．

① 掘削底面地盤の安定
② 土圧および水圧に対する土留め壁の安定
③ 土留め壁の応力
④ 土留め壁の変形および背面地盤の変位や周辺への影響

このほか，土留め壁に鉛直荷重が作用する場合は，第3編 **4.4**に示す方法で支持力を確認しなければならない．

5.2.1 掘削底面の安定

土留め工の設計にあたっては，掘削の規模と形状，土留め工の形式，地盤の状態および土留め工周辺の状況を考慮して，掘削底面の安定について次に示す検討を行わなければならない．

1) 軟らかい粘性土地盤を掘削する場合は，ヒービングに対する検討を行わなければならない．
2) 地下水位の高い砂質土地盤や被圧された砂質土地盤を掘削する場合は，ボイリングおよびパイピングに対する検討を行わなければならない．
3) 粘性土等の難透水性地盤の下に被圧帯水層がある地盤を掘削する場合は，盤ぶくれに対する検討を行わなければならない．

【解　説】　掘削に伴って掘削底面の安定が損なわれる現象を分類して**解説 表 3.5.4**に示す．

掘削底面の安定が損なわれると，土留め壁は大きく変形し，土留め工全体の崩壊につながる場合もあるので，掘削底面の安定の検討が重要である．

軟らかい粘性土地盤を掘削する場合に，掘削底面下の土の強度不足から掘削底面が隆起し，土留め壁の背面で大きな地表面沈下が生じることがある．このような現象をヒービングという．

地下水位の高い砂質土地盤や被圧された砂質土地盤を掘削する場合に，掘削底面から水と土砂が湧き出して掘削底面下の地盤が受働抵抗を失い，土留め壁の安定が損なわれることがある．このような現象をボイリングという．また，なんらかの原因で水みちが形成され，水と土砂が噴出する現象をパイピングという．時間の経過とともに水みちが広がり，噴出する水と土砂の量が多くなるとボイリングと同様に掘削底面下の地盤が受働抵抗を失うので注意が必要である．

粘性土等の難透水性地盤の下に被圧帯水層がある地盤を掘削する場合に，被圧地下水によって掘削底面が膨れ上がることがある．場合によっては，難透水性地盤が突き破られて地下水と土砂が噴き出すこともある．このような現象を盤ぶくれという．なお，難透水性地盤には粘性土だけでなく細粒分の多い砂質土も含まれるので注意が必要である．

掘削底面の安定は地盤の状態だけでなく，土留め工の構造，施工方法，周辺環境の変化等にも影響される．たとえば，土留め壁の剛性や根入れ長が不足してヒービングを起こした例，掘削底面下の地盤改良が十分でなくヒービングを起こした例，ボーリング調査孔跡や杭の打設で乱された場所からパイピングを起こした例，降雨により背面地盤の地下水位が異常に上昇しボイリングを起こした例がある．

このように，掘削底面の安定に影響する要因は多くある．したがって，設計にあたっては，地盤の状態をよく

解説 表 3.5.4 掘削底面の破壊現象

分類	地盤の状態	現象
ヒービング	掘削底面付近に軟らかい粘性土がある場合, 主として沖積粘性土地盤で, 含水比の高い粘性土が厚く堆積する場合.	土留め壁背面の土の重量や土留め工に近接した地表面荷重等により, すべり面が生じ, 掘削底面の隆起, 土留め壁のはらみ, 周辺地盤の沈下が生じ, 最終的には土留めの崩壊に至る.
ボイリング	地下水位の高い砂質土の場合, 土留め工付近に河川, 海等地下水の供給源がある場合.	遮水性の土留め壁を用いた場合, 水位差により上向きの浸透流が生じる. この浸透圧が土の有効重量を超えると, 沸騰したように湧き上がり, 掘削底面の土がせん断抵抗を失い, 土留め工の安定性が損なわれる.
盤ぶくれ	掘削底面付近が難透水層, 水頭の高い透水層の順で構成されている場合, 難透水層には粘性土だけでなく, 細粒分の多い砂質土も含まれる.	難透水層のため上向きの浸透流は生じないが, 難透水層下面に上向きの水圧が作用し, これが上方の土の重さ以上となる場合は掘削底面が浮き上がり, 最終的には難透水層が突き破られ, ボイリング状の破壊に至る.
パイピング	ボイリング, 盤ぶくれと同じ地盤で, 水みちができやすい状態がある場合, 人工的な水みちとして上図に示すものがある.	地盤の弱い箇所の細かい土粒子が浸透水によって洗い流され, 土中に水みちが形成され, それが順次上流側および粗い粒子をも流し出し, 水みちが拡大する. 最終的にはボイリング状の破壊に至る.

分析して影響要因を抽出し, 掘削底面で起こる現象を予測することが大切である. そのうえで, 必要な土留め壁の根入れ長と剛性を算出し, 土留め壁での対応が不十分な場合は地盤改良や地下水圧の制御等の補助工法を採用する等の配慮が必要である. また, 土留め工の形式や施工方法は, 同種地盤での施工実績を参考とすることが重要である.

なお, 以上4つの現象のほかに, 第3編 7.1に記載のとおり掘削底面の変形問題としてリバウンドがある.

<u>1)について</u> ヒービングの検討にあたっては, 粘性土地盤の深度方向の強度特性等を正確に把握したうえで行う必要がある.

① ペックの安定数による検討　ヒービングに対しては，次に示すペック（Peck）の安定数を計算し，その値によって，詳細な検討を加える必要があるか否かを判断する．

$$N_b = \frac{\gamma_t H}{S_u} \qquad \text{(解 3.5.1)}$$

ここに，N_b　：ペックの安定数
　　　　γ_t　：土の湿潤単位体積重量
　　　　H　：掘削深さ
　　　　S_u　：掘削底面以深の粘土の非排水せん断強さ（粘着力に等しいとしてよい）

N_bが3を超えると土留め壁の変形が増すが，N_bが4程度まではヒービングが発生したという例がない．N_bが5を超えるとヒービングの発生例が増え，剛性が高く，根入れ長の長い土留め壁を採用する事例が多くなる．このようなことから，おおむね次のように判断してよい．

　ⅰ）　N_bが3以下ではヒービングに対して安全である
　ⅱ）　N_bが5以上ではヒービングの危険性が高い

なお，N_bの計算に際しては，非排水せん断強さS_uの評価が重要となる．S_uは，掘削底面下の地盤の乱れ，地盤の異方性，地層構成等の影響を受けやすいので，過大に評価することのないように注意する．たとえば，互層地盤や深さ方向に非排水せん断強さが変わる場合には，掘削底面付近のS_uを用いる．

② ヒービングの検討　ペックの安定数は，深さ方向に十分な厚さの粘性土層について，掘削長，掘削幅が無限で，かつ背面地盤のせん断強さを無視した場合の理論的検討の結果から得られたものである．したがって，同じ安定数であっても，掘削幅が狭い場合，掘削底面から硬い地層までの粘性土層が薄い場合，土留め壁の剛性が大きくかつ根入れが長い場合等では，ヒービングに対する安定性が大きくなる．掘削計画に際しては，これらの効果を考慮して掘削の安全性を確保することが大切である．

ヒービングの検討は次式による（**解説 図 3.5.1参照**）．

$$F_s = \frac{M_r}{M_d} = \frac{x \int_0^{\pi/2+\alpha} c(z) x d\theta}{W \frac{x}{2}} \quad \left(\text{ただし，} \alpha < \frac{\pi}{2}\right) \qquad \text{(解 3.5.2)}$$

ここに，M_r　：ⅰ）〜ⅱ）区間の土の粘着力による抵抗モーメント
　　　　M_d　：背面側の掘削底面深さまで作用する土の重量と地表面での上載荷重による作用モーメント
　　　　$c(z)$　：深さの関数で表した土の粘着力（正規圧密状態にある沖積粘性土の場合，粘着力の増加係数は$a=2$kN/m³としてよいが，深度方向に求められた一軸圧縮強度等の土質試験値から求めることが望ましい）
　　　　a　：粘着力の増加係数
　　　　b　：$z=0$における土の粘着力
　　　　x　：最下段切ばりを中心としたすべり円の任意の半径（掘削幅を最大とする）
　　　　W　：掘削底面に作用する背面側x範囲の荷重
　　　　　$W = x(\gamma_t H + q)$
　　　　q　：地表面での上載荷重
　　　　γ_t　：土の湿潤単位体積重量
　　　　H　：掘削深さ
　　　　F_s　：安全率（$F_s \geq 1.2$）

解説 図 3.5.1 ヒービングの検討

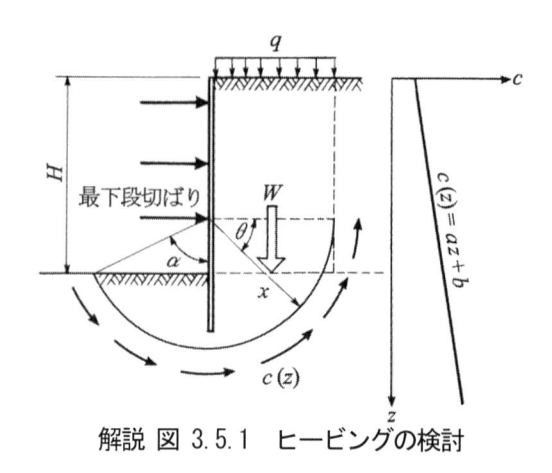

掘削底面下のかなりの深さまで，粘着力が一定と考えられる場合には，土の粘着力を c として，安全率の計算式は次式のようになる．

$$F_s = \frac{M_r}{M_d} = \frac{x\left(\frac{\pi}{2}+\alpha\right)xc}{(\gamma_t H + q)x\frac{x}{2}} = \frac{(\pi + 2\alpha)c}{\gamma_t H + q} \tag{解 3.5.3}$$

③　ヒービング防止策　ヒービング防止策としては，次のようなものがある．
　ⅰ）　土留め壁の根入れ長と剛性を増す方法
　ⅱ）　掘削底面下を地盤改良して，土の非排水せん断強さを増す方法
　ⅲ）　土留め壁の背面地盤を盤下げして，ヒービング起動力を減少させる方法

土留め壁の根入れ長を増す方法には多くの事例があり，必要根入れ長は土留め壁下端以深を通るすべり面が所定の安全率を満足するようにして求めることが多い．しかし，根入れ長が長い場合は，その下端が硬い地層に貫入された場合でも，土留め壁が折損したり，大きな変形が生じた事例がある．このような場合の土留め壁の設計には慎重な検討が必要である．

<u>2)について</u>　ボイリングおよびパイピングの検討にあたっては，現地地盤の地層構成および地下水の状態等を正確に把握しなければならない．

①　ボイリングの検討　従来，ボイリングの検討式としてはテルツァーギの方法が用いられてきた．テルツァーギの方法では，土留め壁の下端で水位差の半分に相当する平均過剰間隙水圧が発生すると仮定しているが，最近の研究によれば，根入れ長に比べて掘削の幅が狭い場合や，平面形状が正方形に近い場合には，テルツァーギの方法が危険側の解を与えることがわかったので，次式を用いることにした（**解説 図 3.5.2参照**）．

$$F_s = \frac{w}{u} \tag{解 3.5.4}$$

ここに，F_s：ボイリングに対する安全率（$F_s \geq 1.2$）
　　　　w：土の有効重量
　　　　$\quad w = \gamma' l_d$
　　　l_d：設計根入れ長　γ'：土の水中単位体積重量
　　　γ'：土の水中単位体積重量
　　　u：土留め壁先端位置に作用する平均過剰間隙水圧
　　　　$\quad u = \lambda \dfrac{1.57\gamma_w h_w}{4}$　（ただし，$u \leq \gamma_w h_w$）
　　　λ：土留め工の形状に関する補正係数

矩形形状土留め工：$\lambda = \lambda_1 \lambda_2$

円形形状土留め工：$\lambda = -0.2 + 2.2(D/l_d)^{-0.2}$ （ただし，$\lambda < 1.6$ のときは，$\lambda = 1.6$ とする）

D ：円形形状土留め工の直径

λ_1 ：掘削幅に関する補正係数

$$\lambda_1 = 1.30 + 0.7(B/l_d)^{-0.45}$$ （ただし，$\lambda_1 < 1.5$ のときは，$\lambda_1 = 1.5$ とする）

λ_2 ：土留め工平面形状に関する補正係数

$$\lambda_2 = 0.95 + 0.09(L/B + 0.37)^{-2}$$ （L/Bは，土留め工平面形状の（長辺／短辺）とする）

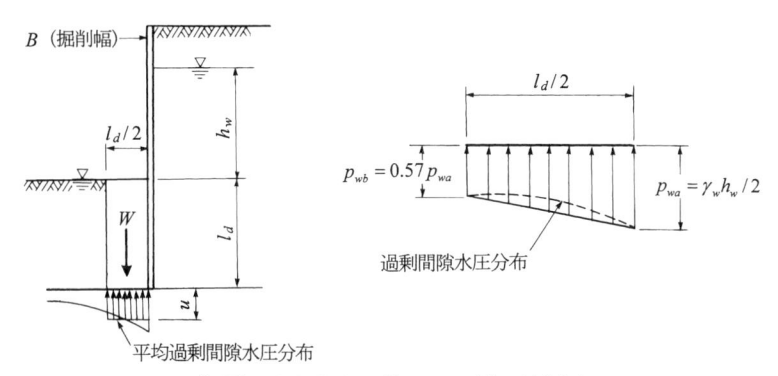

解説 図 3.5.2　ボイリングの検討法

これ以外にも掘削幅の影響を考慮できる方法として提案されている式がある（資料編【3-4】参照）．

② ボイリング防止策　ボイリング防止策としては次のようなものがある．
　ⅰ） 土留め壁の根入れを長くする方法
　ⅱ） ディープウェルやウェルポイントにより地下水位を低下させる方法
　ⅲ） 地盤改良により地下水の回り込みを防止する方法

③ パイピングの検討　パイピングは，いわゆる水みちがつくといわれるもので，地盤の弱い部分から発生する．自然状態の地盤では，パイピングに対してクリープ比の考え方を用いて検討する．クリープ比の考え方は，**解説 図 3.5.3**に示す流線の長さと水位差の比をクリープ比（l/h_w）とし，地盤の種類に応じたクリープ比を確保する方法である．一般には2以上のクリープ比を確保するのがよい．ただし，透水係数の極端に大きな地盤を流線の長さとして考慮することは，場合によっては危険側の解を与えるため，注意が必要である．

パイピング現象は，掘削に先立って打設した杭まわり，杭や矢板の引抜き跡，ボーリング調査孔跡等で起こる場合がある．また，土留め杭の施工で先行削孔を行いあらかじめ地盤を緩めて杭を打設する場合や，ウォータージェットで地盤を緩めながら打設する場合には水みちができやすい．これらは，施工途中や施工後に水みちが形成されるおそれのある工種であることから，地盤の乱れが少ない工法の選択や十分な埋戻しを行うなど，細心の注意が必要である．

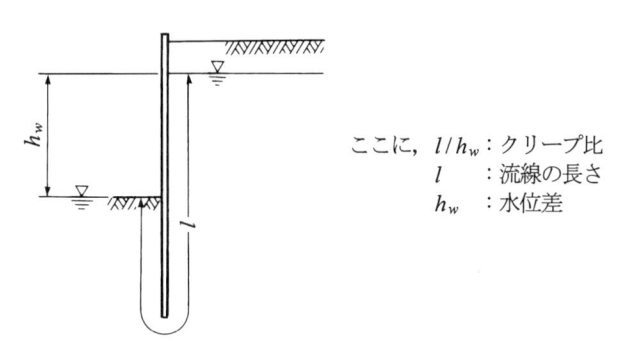

解説 図 3.5.3　パイピングの検討方法

3)について　盤ぶくれの検討にあたっては，難透水層の厚さや土質状況および被圧地下水圧の大きさ等について正確に把握したうえで行う必要がある．

① 荷重バランス法　掘削幅が大きく，土留め壁の根入れ部と地盤との摩擦抵抗や難透水層のせん断抵抗力が期待できない場合の盤ぶくれの検討は，**解説 図 3.5.4**(a)に示すように，難透水層の下面に作用する水圧と，難透水層の下面より上の土の重量のつり合いを考える．

必要安全率は，被圧水頭が正確に求められれば，1.1でよい．被圧水頭の調査が十分でない場合は，その信頼性を考慮して安全率を定めなければならない．

② 土留め壁と地盤の摩擦抵抗を考慮する方法　根入れ長に比較して平面規模が小さく，土留め壁の根入れ部と地盤との摩擦抵抗や難透水層のせん断抵抗力が期待できる場合の盤ぶくれの検討は，地盤状態，間隙水圧等を十分に考慮したうえで**解説 図 3.5.4**(b)に示す方法を用いてよい．この方法を適用しうる範囲をいちがいに定めることは難しいものの，一般的には揚圧力作用面から掘削底面までの厚さHに対する掘削幅Bの比B/Hは2程度以下が目安とされ，最近の研究によればおおむね3より小さい場合としたものもある．なお，土留め壁と根入れ部地盤との摩擦抵抗については，土留め壁の種類や施工法による摩擦抵抗の違いや掘削時の地盤の乱れ等の影響を受けるため，慎重に検討しなければならない．

また，被圧水頭は季節変動や周辺の揚水事情等により変化する可能性があるため，事前に十分に調査を行って設計水位を設定するとともに，施工に際しては地下水位観測を行なうことが望ましい．

③ 盤ぶくれ防止策　盤ぶくれ防止策としては次のようなものがある（**解説 図 3.5.5**参照）．

 ⅰ) 土留め壁の根入れを十分な安全率を確保できる難透水層まで伸ばす方法
 ⅱ) ディープウェル等で被圧層の地下水位を低下させる方法
 ⅲ) 地盤改良工法で人工難透水層を造成する方法

ディープウェル等により被圧水頭を低下させる場合は，周辺地下水位の低下および圧密沈下について，十分に検討しなければならない．

5.2.2　根入れ長の算定

土留め壁の根入れ長の算定は，掘削底面の安定や支持力に対して十分に安全な長さとしなければならない．

【解　説】　1) 根入れ長の算定方法について　土留め壁の根入れ長は，以下に示す必要な項目について検討を行い，求められた根入れ長のうち最大のものとする．

① 根入れ部の側圧に対する安定から必要な根入れ長
② 第3編 **4.4** に定める土留め壁の許容鉛直支持力から必要な根入れ長
③ 第3編 **5.2.1** に定める掘削底面の安定から必要な根入れ長
④ 下記3)に示す最少根入れ長

ただし，弾塑性法においては，上記に加え，計算結果における土留め壁先端付近の地盤に弾性領域が存在する根入れ長としなければならない．なお，第3編 **5.2.4 解説（1）**3)に示す方法で根入れ長を求める場合もある．

2) 根入れ部の側圧に対する安定について　① 切ばり，グラウンドアンカーを用いた土留め工の場合　背面側から作用する側圧に対しては支保工と掘削面側の抵抗側圧で壁体の安定を保つため，掘削面側の抵抗側圧と背面側側圧がつり合いを保つようにすることが根入れ部の安定を検討するうえでの基本となる．つり合いを保つ最小の根入れ長をつり合い深さという．

つり合い深さの計算は，掘削完了または最下段切ばり設置直前の状態における背面側の側圧と掘削面側の受働側圧の切ばり支点まわりのモーメントのつり合いから必要根入れ長を求めるのが一般的である．すなわち，**解説 図 3.5.6**(a)，(b)の両状態におけるつり合い状態を求め，そのときの根入れ長の大きい方をとり，その1.2倍程度

の長さを設計根入れ長とする.

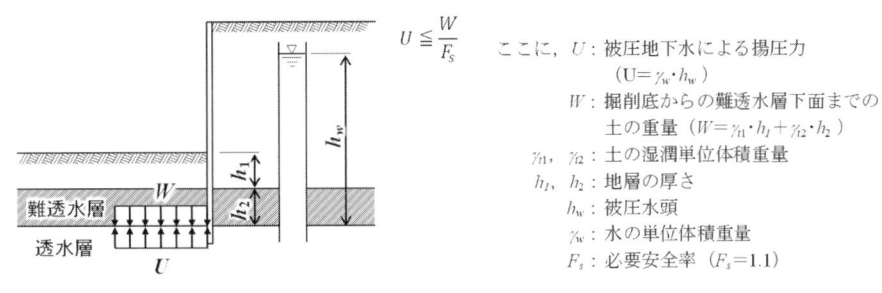

$$U \leqq \frac{W}{F_s}$$

ここに，U：被圧地下水による揚圧力
$\quad (U = \gamma_w \cdot h_w)$
W：掘削底からの難透水層下面までの土の重量（$W = \gamma_{t1} \cdot h_1 + \gamma_{t2} \cdot h_2$）
γ_{t1}, γ_{t2}：土の湿潤単位体積重量
h_1, h_2：地層の厚さ
h_w：被圧水頭
γ_w：水の単位体積重量
F_s：必要安全率（$F_s = 1.1$）

(a) 荷重バランス法

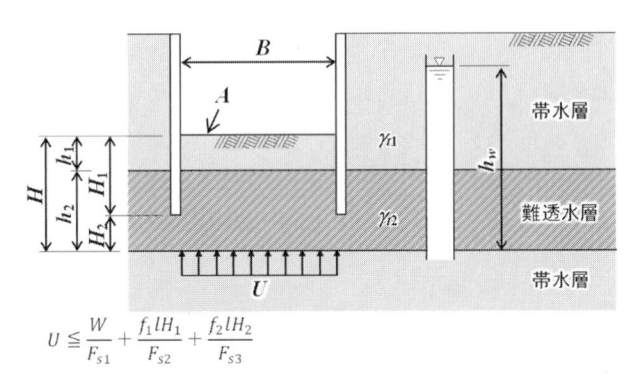

$$U \leqq \frac{W}{F_{s1}} + \frac{f_1 l H_1}{F_{s2}} + \frac{f_2 l H_2}{F_{s3}}$$

ここに，U：被圧地下水による揚圧力（$U = \gamma_w h_w A$）
γ_w：水の単位体積重量
h_w：被圧水頭
A：掘削面内底面積
W：掘削底からの難透水層下面までの土の重量（$W = (\gamma_{t1} \cdot h_1 + \gamma_{t2} \cdot h_2) A$）
γ_{t1}, γ_{t2}：土の湿潤単位体積重量
h_1, h_2：地層の厚さ
f_1：土留め壁の根入れ長 H_1 間の摩擦抵抗
（H_1 間の粘性土を考慮し（$f_1 = c$），砂質土については状況に応じて考慮してもよい．また，N 値が 2 以下の軟弱層では摩擦抵抗を考慮してはならない）
c：粘性土の粘着力
f_2：土留め壁根入れ先端から難透水層の下面までの厚さ H_2 間のせん断抵抗力
（$f_2 = \sigma'_h \tan\phi' + c'$）
σ'_h：着目点における水平土圧（$\sigma'_h = \sigma'_v K_0$）
σ'_v：着目点における有効上載圧
K_0：土の湿潤単位体積重量
ϕ'：内部摩擦角
c'：粘着力
l：土留め壁の内面の周長
F_s：必要安全率（$F_{s1} = 1.1$，$F_{s2} = 6$，$F_{s3} = 3$）

(b) 土留め壁と地盤の摩擦抵抗を考慮する方法

解説 図 3.5.4 盤ぶくれの検討方法

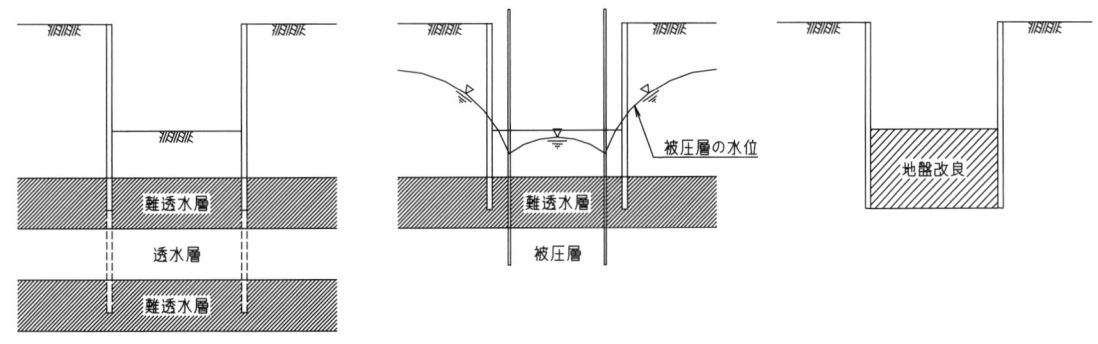

(a) 土留め壁の根入れを伸ばす　　(b) 地下水位低下　　(c) 地盤改良

解説 図 3.5.5 盤ぶくれ防止対策

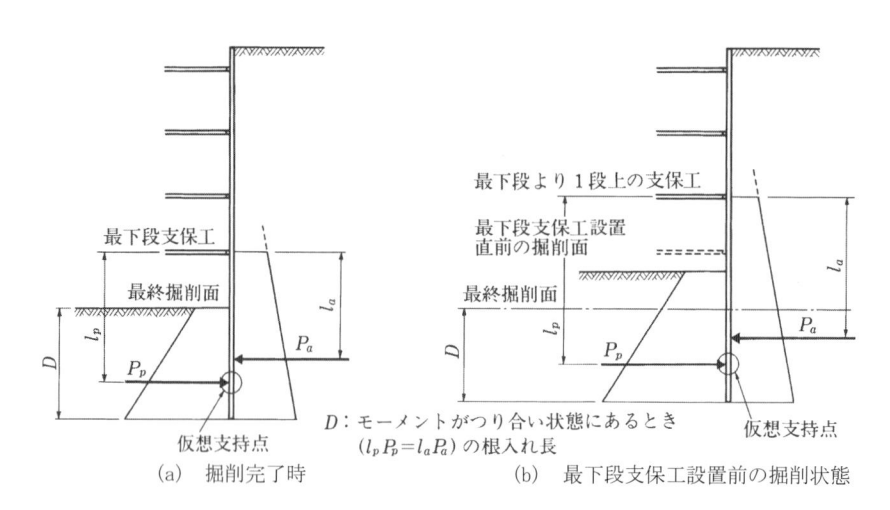

[図 3.5.6 つり合い根入れ長の求め方]
(a) 掘削完了時 (b) 最下段支保工設置前の掘削状態
D：モーメントがつり合い状態にあるとき $(l_p P_p = l_a P_a)$ の根入れ長

解説 図 3.5.6 つり合い根入れ長の求め方

なお，切ばりを1段しか設置しない掘削では，切ばり設置直前の状態としての自立の状態で根入れ長が決まることが多いので注意が必要である．

つり合い深さの検討に用いる側圧は，安定を検討することを考えると，背面側は主働側圧を，そして掘削面側は受働側圧とすべきである．こうした観点から次式により，つり合い深さの検討を行うものとする．

$$p_A = K_A(\gamma_t z - p_{w1} + q) - 2c\sqrt{K_A} + p_{w1} \quad (ただし，p_A \geq 0.3\gamma_t z) \quad (解 3.5.5)$$

$$p_P = K_P(\gamma_t z' - p_{w2}) + 2c\sqrt{K_P} + p_{w2} \quad (解 3.5.6)$$

ここに，p_A ：主働側圧（背面側）

p_P ：受働側圧（掘削面側）

K_A ：着目点における地盤の主働土圧係数

$$K_A = \tan^2(45° - \phi/2)$$

K_P ：着目点における地盤の受働土圧係数

$$K_P = \frac{\cos^2\phi}{\left\{1 - \sqrt{\frac{\sin(\phi+\delta)\sin\phi}{\cos\delta}}\right\}^2}$$

ϕ ：着目点における土の内部摩擦角

δ ：土留め壁と地盤との摩擦角（$\delta = \phi/2$）

γ_t ：土の湿潤単位体積重量

p_{w1} ：着目点における地盤の間隙水圧（ただし，粘性土においては$p_{w1}=0$とする）

p_{w2} ：着目点における地盤の間隙水圧（ただし，粘性土においては$p_{w2}=0$とする）

z ：地表面から着目点までの深さ

z' ：掘削底面から着目点までの深さ

q ：地表面での上載荷重

c ：着目点における土の粘着力

粘着力をもつ地盤において主働土圧をランキン・レザール式により求めると，土留め壁に作用する主働土圧が非常に小さな値となることがある．しかしながら，実際の工事においては，地表面付近は土留め壁の設置に伴う地盤の乱れが生じることや，背面地盤に生じるテンションクラックに雨水等が浸入してランキン・レザールの土圧式より大きな側圧を生じることがある．そこで，側圧の下限値を$p_a = 0.3\gamma_t z$とすることにした．

これらの側圧を適用するにあたっては，次の項目に留意する必要がある．

ⅰ）互層地盤の場合はそれぞれの土層の土質に応じた土圧式による土圧分布とする．

ⅱ）根入れ部が粘性土と砂質土との互層地盤の場合には，各帯水層の間隙水圧を適切に設定する必要がある．

ⅲ）粘性土地盤でも土質や排水条件によって内部摩擦角の存在が認められることもあるが，このような場合

には，$\phi \leqq 5°$の範囲で内部摩擦角を考慮してもよい．

上記ⅱ)については，第3編 2.5.2 解説（4）による．

弾塑性法により土留め工の応力と変位の計算をする場合には，背面側の側圧を，上記の側圧のかわりに第3編 2.5.2（1）に示した式により求めてもよい．

② 自立土留め工の場合　自立土留め壁の根入れ長の検討方法については，種々の提案がなされており，水平方向の力のつり合いと，回転モーメントのつり合いに関する力のバランスにより安全性を確認する方法が基本である．自立土留め壁は安定を確保しづらい構造であることから，力のバランスによる検討は慎重に行う必要がある．

掘削前に自立土留め壁には静止側圧が作用し，**解説 図 3.5.7**(a)のようにつり合っているが，掘削面側を掘削することにより土留め壁の左右の側圧が不均衡になり，背面側と掘削面側の側圧は**解説 図 3.5.7**(b)のように変化すると考えられる．

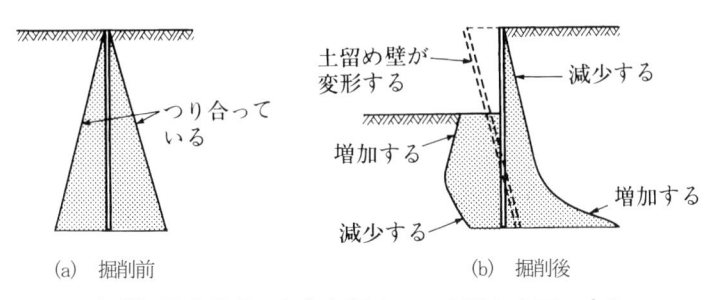

解説 図 3.5.7　自立土留め工の土圧と水圧の変化

根入れ長の決定方法としては，**解説 図 3.5.7**(b)の土圧と水圧分布を直線で表現した**解説 図 3.5.8**のつり合い根入れ長（D）の1.2倍程度を根入れ長とする．この方法は，$\sum H = 0$，$\sum M = 0$として安定条件を満足させた方法である．つり合い根入れ長は，つり合い根入れ長（D）と土留め壁の先端から土圧の変化点n-nまでの距離（l_n）を未知数とした次の連立方程式から求められる（記号の説明は**解説 図 3.5.8**参照）．

$$P_A + R - P_P = 0 \tag{解 3.5.7}$$

$$P_A a_A + R a_R - P_P a_P = 0 \tag{解 3.5.8}$$

解説 図 3.5.9に示す方法は，根入れ先端における主働，受働の両モーメントの等しくなる深さに付加根入れ長を加えた位置までの深さをつり合い深さとするため計算は簡便であり，土留め壁が親杭横矢板のように水圧が作用しない自立性の高い土留めの場合等に用いられる．

根入れ長の計算では**解説 図 3.5.9**(a)に示すようにモーメントのつり合いから，また**解説 図 3.5.9**(b)に示すように水平力のつり合いからΔl（付加根入れ長）が求められる．

つり合い深さは，次式により算定し，設計根入れ長は1.2 l_0として求められる．

$$l_0 = l'_0 + \Delta l \tag{解 3.5.9}$$

<u>3) 最小根入れ長について</u>　粘着力の大きな地盤において，背面側の側圧の計算値が小さくなる場合や地盤改良を行い受働土圧が大きくなる場合等には，根入れ長が非常に短くなることもあるが，原則として安全のために親杭横矢板等の土留め壁では1.5m，鋼矢板等の土留め壁では3.0mを最小根入れ長とする．ただし，比較的硬質な地盤，軟岩，もしくは掘削底面を地盤改良する場合等のように，ここでの最小値入れ長が明らかに不合理であると判断される場合には，脆性破壊について十分な検討を行いこれを減じてもよい．

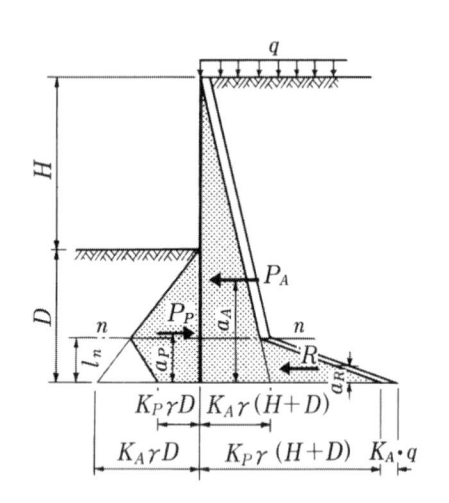

H ：掘削深さ
D ：つり合い根入れ長
K_A ：砂質土の場合クーロン土圧による主働土圧係数
　　　粘性土の場合ランキン・レザール土圧による主働土圧係数
K_P ：砂質土の場合クーロン土圧による受働土圧係数
　　　粘性土の場合ランキン・レザール土圧による受働土圧係数
γ_t ：土の単位体積重量（地下水位以下は水中重量とする）
P_A ：背面側の主働土圧と水圧の合力
P_P ：掘削面側の土圧と水圧の合力
R ：反力土圧と水圧の合力
q ：上載荷重
n-n ：土圧の変化点

解説 図 3.5.8　つり合い根入れ長（安全条件を満足させる方法）

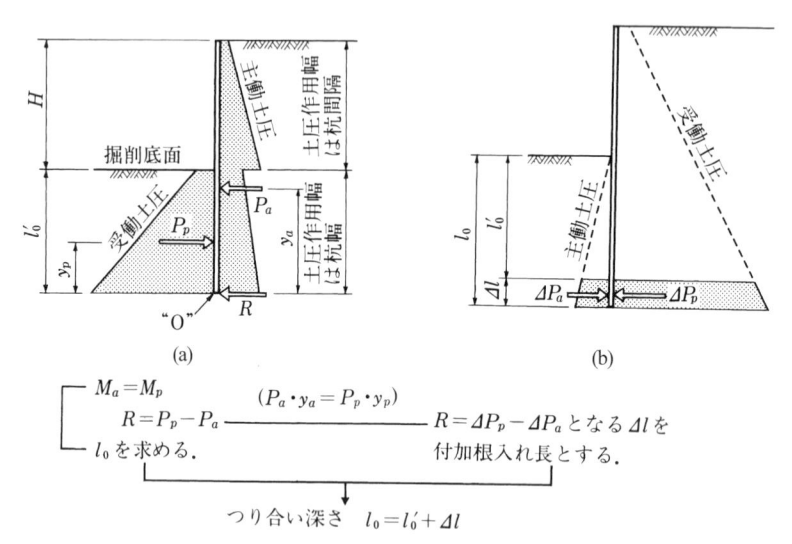

$$M_a = M_p$$
$$R = P_p - P_a \quad (P_a \cdot y_a = P_p \cdot y_p)$$
l_0' を求める．
$R = \Delta P_p - \Delta P_a$ となる Δl を付加根入れ長とする．

つり合い深さ　$l_0 = l_0' + \Delta l$

解説 図 3.5.9　つり合い根入れ長（付加根入れ長を加える方法）

5.2.3　慣用計算法による土留め壁の応力計算

（1）　土留め壁の応力計算にあたっては，掘削が完了したときの状態のみでなく，必要に応じて掘削から埋戻しの過程における安全性についても確認しなければならない．

（2）　土留め壁には，土圧および水圧が水平荷重として作用し，場合によっては覆工からの荷重，グラウンドアンカーの鉛直成分荷重等の鉛直力が作用するので，これらを考慮して安全性を確認しなければならない．

（3）　土留め壁は，曲げモーメント，軸力およびせん断力に対して安全であるように設計をしなければならない．

【解　説】　（1）について　土留め壁の応力計算は，掘削が完了したときの状態が最も危険な場合が多いので，一般には，このときの状態について行うが，切ばりの鉛直方向の間隔や仮想支持点の位置によっては，掘削途中の切ばり設置直前における状態のほうが掘削完了時の状態より応力が大きくなる場合もある．また，掘削が完了し，トンネル躯体を構築する際に，支障となる切ばりを撤去あるいは盛り替える場合や，埋戻しにあたって切ばりを撤去する際にも，掘削完了時の状態より応力が大きくなる場合がある．したがって，これらについても土留め壁の安全性を十分に確認する必要がある．

（2）について　1）　土留め壁に作用する水平荷重　慣用計算法は切ばり軸力の測定値より求められた，いわ

ゆる見掛けの土圧を，切ばりおよび掘削面側地盤の仮想支持点を支点とする単純ばりに作用させて，設計に用いる切ばり反力，土留め壁の曲げモーメントおよびせん断力を求める方法である．

応力計算では，第3編の側圧を**解説 図 3.5.10**のように掘削底面まで作用させるものとし，根入れ部の土圧は考慮しない．土留め壁に作用する曲げモーメントは，**解説 図 3.5.10**に示すように，切ばり位置と仮想支持点を支点とした単純ばりとして計算する．単純ばりとしたのは，計算を簡便にするためと安全側となるためである．仮想支持点は，第3編 **5.2.2 解説** 2) ①によりに示したようにつり合い深さを求めた際の受働土圧の合力作用位置を計算上の支持点とする．

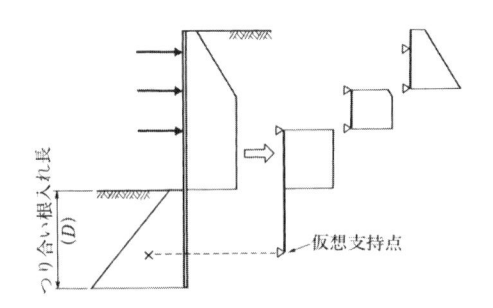

解説 図 3.5.10　土留め壁の応力計算方法

2) 土留め壁に作用する鉛直荷重　土留め壁に作用する鉛直荷重には，路面覆工の反力，グラウンドアンカー力の鉛直成分荷重，土留め支保工自重および土留め壁自重がある．

（3）について　1) 応力度計算上の断面性能　土留め壁の応力度は断面力に対して，土留め壁の構造形式および使用材料に応じて**解説 表 3.5.5**に示す断面を仮定して計算する．

解説 表 3.5.5　応力度計算上の断面性能

土留め壁の種類		断　面　性　能
親杭横矢板土留め壁		形鋼のみの断面を有効とする．
鋼（鋼管）矢板土留め壁	U　　　形*	継手の拘束を100%として得られる断面係数の60%を有効断面係数とする．
	ハ　ッ　ト　形	矢板の全断面を有効とする．
	鋼　管　矢　板　壁	鋼管の全断面を有効とする．
地　下　連　続　壁	ソイルセメント	芯材のみの断面を有効とする．
	安　定　液　固　化	芯材のみの断面を有効とする．
	鉄筋コンクリート造	鉄筋コンクリート矩形断面とする．
	鋼　　　製	鋼とコンクリートの合成矩形断面とする．

* U形鋼矢板においては，鋼矢板天端付近で継手部を溶接したり，コンクリートで頭部を連結して固定する場合には，断面係数を80%まで上げてよい．
　U形鋼矢板の継手効率は，鋼矢板の断面が大きくなるのに伴って減少する傾向にあるので，大型の鋼矢板を用い土留め壁の変形が問題となるような場合には，適切な継手効率を設定するのがよい．

2) 土留め壁の応力度計算方法　土留め壁の応力度計算においては，計算で求められた掘削あるいは埋戻しの施工段階で発生する最大の断面力を用いる．

① 親杭横矢板（横矢板）　横矢板には一般に木材が使用され，**解説 図 3.5.11**に示すようにその両端が板厚以上で40mm以上を親杭のフランジにかかる長さとする．板厚は，曲げモーメントおよびせん断力に対して次式を満足しなければならない．ただし，最小板厚は，30mmとする．

$$\sigma = \frac{6M}{bt^2} = \frac{3wL^2}{4bt^2} \leqq \sigma_a \tag{解 3.5.10}$$

$$\tau = \frac{S}{bt} = \frac{wL}{2bt} \leqq \tau_a \tag{解 3.5.11}$$

ここに，σ ：横矢板の曲げ応力度
　　　　σ_a ：横矢板の許容曲げ応力度
　　　　τ ：横矢板のせん断応力度
　　　　τ_a ：横矢板の許容せん断応力度
　　　　w ：横矢板に作用する土圧
　　　　L ：横矢板の計算上の支間
　　　　b ：横矢板の単位幅
　　　　t ：横矢板の厚さ
　　　　M ：横矢板の最大曲げモーメント
　　　　S ：横矢板のせん断力

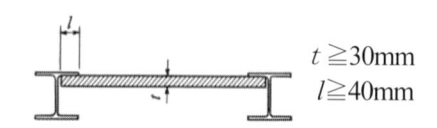

$t \geqq 30\text{mm}$
$l \geqq 40\text{mm}$

解説 図 3.5.11　横矢板寸法

横矢板の計算上の支間 L は $L=L_0-B$ とすることができる（L_0：親杭中心間隔，B：親杭のフランジ幅）．地下連続壁のうち，場所打ち杭地下連続壁，ソイルセメントおよび安定液固化地下連続壁のモルタルおよびソイルセメントは，側圧に対して親杭横矢板土留め壁における横矢板と同様な働きをするので，これに必要な強度が得られるように配合を決定する必要がある．

② 鋼材　親杭横矢板土留め壁，鋼（鋼管）矢板土留め壁，および地下連続壁でソイルセメントや安定液固化地下連続壁に用いる鋼材の応力度計算は，次式により行ってもよい．

$$\sigma = \frac{M}{Z} + \frac{N}{A} \leqq \sigma_a \tag{解 3.5.12}$$

$$\tau = \frac{S}{A} \leqq \tau_a \tag{解 3.5.13}$$

ここに，σ ：土留め壁の応力度
　　　　σ_a ：土留め壁の許容応力度
　　　　M ：土留め壁の最大曲げモーメント
　　　　N ：土留め壁の軸力
　　　　Z ：土留め壁の断面係数
　　　　A ：土留め壁の断面積
　　　　τ ：土留め壁のせん断応力度
　　　　S ：せん断力
　　　　τ_a ：許容せん断応力度

③ 鉄筋コンクリート　鉄筋コンクリート部材の応力度計算は，文献[1]による．

3) 継手　土留め壁に使用する鋼材に継手を設ける場合には，隣接する鋼材との継手の位置を相互にずらして，同一断面に継手を設けないようにする．

鉄筋コンクリート地下連続壁を本体の一部として使用する場合には，床版の鉄筋やジベル鉄筋をはつり出すことが必要となるが，重ね継手部の強度が低下するので，こうしたはつり出し部に地下連続壁の主鉄筋の重ね継手を配置しないのが望ましい．

参考文献

1)（社）土木学会：コンクリート標準示方書，構造性能照査編, pp. 237-247, 2002.

5.2.4 弾塑性法による土留め壁の応力および変形の計算

（1） 土留め壁の応力および変形の計算にあたっては，土留め壁，地盤，土留め支保工の特徴を十分に考慮のうえ，適切にモデル化しなければならない．
（2） 弾塑性法に用いる各種定数は，十分に検討のうえ決定しなければならない．
（3） 土留め壁は，曲げモーメント，軸力，せん断力および変形に対して安全であるように設計しなければならない．

【解 説】　（1）について　弾塑性法は，地盤や土留め工をより実際に近い形にモデル化でき，さらに，掘削に伴う壁体の応力や変形が土留め壁の全長にわたって計算できること，入力条件に対して比較的任意性があり計測結果の反映が容易であること等により，土留め壁の応力および変形の計算にはこの方法用いることを基本とする．

　土留め壁の応力と変位は土留め壁の施工終了時にはともに発生しておらず，掘削の進行に伴ってこれらが増加する土留め壁は弾性体であり，その応力と変位は比例するが，土は応力が大きくなるに従い応力と変位の比例関係が成立しなくなる．したがって，土は弾性領域と非弾性領域に分けて考えることが必要となる．また，土留め支保工は土留め壁にその時点の掘削状態に応じた応力と変位が生じた後に設置されるため，構造系は掘削段階ごとに変化し，以後の掘削進行に伴って土留め支保工の応力も変化する．

　弾塑性法における解析上の仮定は**解説 図 3.5.12**に示すとおりである．

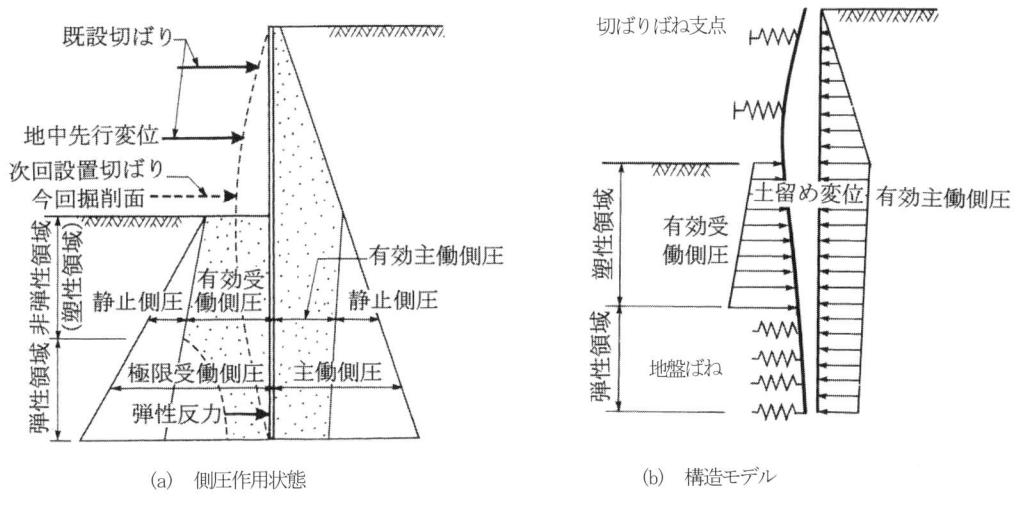

解説 図 3.5.12　弾塑性法の側圧，構造系説明図

1)　側圧に対する仮定　弾塑性法では，側圧に関して以下の仮定を設けている．
①　背面側および掘削面側の側圧は，掘削による土質条件の変化（地下水位の低下等）に対処できるように，施工段階ごとに設定する．
②　掘削底面以上では，背面側より背面側側圧が作用する．
③　掘削底面以下では，背面側から有効主働側圧が作用し，掘削面側の側圧は弾性領域と非弾性領域に分けて考える．ここで，弾性領域とは弾性反力が有効受働側圧以下となる部分であり，非弾性領域とは弾性反力が有効受働側圧に等しくなる部分である．土留め壁の変位に関係なく作用する掘削面側の静止側圧を背面側の主働側圧から差し引いたものを有効主働側圧とし，掘削面側の受働側圧から静止側圧を差し引いたものを有効受働側圧とする．

2)　構造系に対する仮定　弾塑性法では，構造系に関して以下の仮定を設けている．
①　土留め壁は有限長として扱い，根入れ先端は原則として自由状態として計算する．
②　切ばりおよびグラウンドアンカーを設置したとき，すでに発生している土留め壁のその点における地中先

行変位を考慮する.

③　土留め壁は背面側から有効主働側圧を受け，掘削側は掘削面以下で有効受働側圧（塑性領域）と地盤バネ（弾性領域）を受けた弾性床上のはりとして考える（**解説 図 3.5.12**(b)参照）.

④　土留め支保工は，設置時以降の土留め壁の変位，土留め支保工のヤング係数，断面積に比例し，長さに反比例する弾性支承とする．3)　根入れ部の安定　一般に根入れ長が短い場合は土留め壁に発生する応力や変位，切ばりおよびグラウンドアンカーの応力は大きく，根入れ長を長くすると発生する応力，変位は減少して，ある一定の値に収束する傾向にある．そこで，根入れ長を種々変化させて土留め壁に発生する断面力や変位，切ばりおよびグラウンドアンカーの応力を求めて，それらが収束した時点での根入れ長を定常性から決まる根入れ長とすることもできる．この方法は，土留め壁の計算断面における地盤の若干の変化にも対応が可能となるため，地盤調査が十分に行われていない場合，軟弱地盤で想定した以上の側圧が作用し大きな変位が発生する場合，および平面延長の長い土留め壁で地質が複雑に変化している場合等の根入れ長の決定に用いられる場合もある．

　(2)について　弾塑性法は入力値の違いが計算結果に大きな影響を与えることもあるので，各種定数の決定は慎重に行わなければならない．

1)　土留め壁の曲げ剛性　応力および変形計算に用いる土留め壁の曲げ剛性は，土留め壁の種類および使用材料を考慮して定めなければならないが，一般には**解説 表 3.5.6**によってよい.

解説 表 3.5.6　土留め壁の曲げ剛性

土留め壁の種類		曲 げ 剛 性
親杭横矢板土留め壁		形鋼のみの断面を有効とする．
鋼（鋼管）矢板土留め壁	U　形[*1]	継手拘束を100%として得られる曲げ剛性の45%とする．
	ハット形	矢板の曲げ剛性とする．
	鋼管矢板壁	鋼管の曲げ剛性とする．
地下連続壁	ソイルセメント	芯材のみの曲げ剛性とする．
	安定液固化	芯材のみの曲げ剛性とする．
	鉄筋コンクリート造[*2]	コンクリート全断面の曲げ剛性の60%とする．$0.6E_cI_c$　ここに，E_c：コンクリートのヤング係数　I_c：壁の断面二次モーメント
	鋼　　製[*3]	鋼製部材とコンクリート部材を累加した曲げ剛性とする．$EI = E_s I_s + \alpha E_c I_c$　ここに，E_s, E_c：鋼材およびコンクリートのヤング係数　I_s, I_c：鋼材およびコンクリートの断面二次モーメント　α：ひびわれを考慮したコンクリートの剛性補正率（目安値0.4）

[*1]　U形鋼矢板の継手効率は鋼矢板の断面が大きくなるのに伴って減少する傾向にあるので，大型の鋼矢板を用い土留め壁の変形が問題となるような場合には，適切な継手効率を設定するのがよい．

[*2]　地下連続壁の鉄筋コンクリート造においては，鉄筋コンクリート部材にひびわれが生じて剛性が低下した場合，断面二次モーメントはひびわれが生じていない部材の0.5～0.7倍の値となる．これより鉄筋コンクリート部材はひびわれを考慮して60%の曲げ剛性で計算することとする．

[*3]　地下連続壁の鋼製造において，鋼製部材のウェブおよびフランジに開口を設けたコンクリート充填被覆型構造の鋼製地下連続壁の曲げ剛性は，一般的に鋼製部材と中詰めコンクリートのひびわれを考慮した剛性の累加で求めてよい.
　　なお，かぶり部のコンクリート剛性を期待する場合はスタッド等のずれ止めにより鋼材とコンクリートの一体化を図るものとする．

2)　水平地盤反力係数　水平地盤反力係数は，同一地盤であっても壁体の変形量，載荷幅および載荷速度（載荷時間）等により変化し，複雑な性質を有する定数である．したがって，水平地盤反力係数の設定にあたっては，地盤条件，土留め壁の構造形式，掘削の規模，施工速度等を考慮して総合的に検討する必要があるが，一般に次式によってもよい．

$$k_h = \frac{1}{0.3} \alpha E_0 \left(\frac{B}{0.3}\right)^{-3/4} \tag{解 3.5.14}$$

ここに，k_h　：水平地盤反力係数（kN/m³）
　　　　E_0　：各種試験より求まる地盤の変形係数（kN/m²）

B : 載荷幅（$B=10$m）
α : E_0の算定法に対する補正係数（**解説 表 3.5.7**参照）

解説 表 3.5.7 E_0の算定法に対する補正係数

地盤の変形係数の算定方法	α
直径30cmの剛体円盤による平板載荷試験の繰返し曲線から求めた変形係数の1/2	1
ボーリング孔内で測定した変形係数	4
一軸または三軸試験から求めた変形係数	4
標準貫入試験のN値より$E_0=2800N$で推定した変形係数（kN/m²）	1

3) 切ばりのばね定数　切ばりのばね定数は，使用材料，切ばり断面積，ヤング係数，長さ，水平間隔および施工の条件等を考慮して定めるが，以下の式により求めてよい．

① 鋼製の場合

$$k_s = \alpha \frac{2AE}{l\,s} \qquad \text{軸方向ばね定数} \tag{解 3.5.15}$$

② コンクリートの場合

$$k_c = \alpha \frac{2AE_c}{l\,s} \qquad \text{軸方向ばね定数} \tag{解 3.5.16}$$

$$k_\theta = \eta \frac{E_c I_c}{l_n} \qquad \text{逆巻き床版を土留め壁と剛結する場合の回転ばね定数} \tag{解 3.5.17}$$

ここに，k_s, k_c : 切ばりの圧縮ばね定数（鋼材，コンクリート）
　　　　A : 切ばりの断面積
　　　　E_s, E_c : 切ばりのヤング係数（鋼材，コンクリート）
　　　　s : 切ばりの長さ
　　　　l : 切ばりの水平間隔
　　　　α : 切ばりの緩みを表す係数（$\alpha=1.0$とする）
　　　　k_θ : 床版コンクリートの回転ばね定数
　　　　η : 土留め壁に隣接する中間支点の固定状態により定まる定数（$3 \leq \eta \leq 4$，完全固定の場合は4とする）
　　　　I_c : 床版コンクリートの断面二次モーメント
　　　　l_n : 土留め壁中心から隣接中間支点までの距離

なお，地盤変状の抑制等の理由により，覆工桁に切ばり支保工としての支保効果を有効に期待する場合は，覆工桁と土留め壁との接合状態や，覆工桁，桁受け部材および覆工桁の止めボルト等の照査を行い，各部材の安全性を確認する必要がある．

ジャッキ等により緩み等を除いて切ばりと腹起しの接合を行う場合の緩み係数αは1.0とする．なお，腹起しの変形等による低減を考慮する場合は，実情に応じて緩み係数αを0.5までの範囲で低減することがある．

③ グラウンドアンカーの場合

$$k_a = \frac{AE}{l_{sf}} \cdot \frac{\cos^2 \theta}{s} \tag{解 3.5.18}$$

ここに，k_a : グラウンドアンカーのばね定数
　　　　A : 引張材（テンドン）の断面積
　　　　E : 引張材（テンドン）のヤング係数
　　　　l_{sf} : 引張材（テンドン）の自由長
　　　　s : グラウンドアンカーの水平間隔
　　　　θ : グラウンドアンカーの水平からの打設角度

グラウンドアンカーを用いた場合は，グラウンドアンカーに緊張力を導入する計算ステップを挿入すること(詳細は4)参照)を前提として，アンカーの打設角度，自由長部の伸び量および水平間隔を考慮して次式を用いてばね値を求めてよい．なお，定着部の変位量は自由長部に比べて小さいので無視する．

上式は，水平方向の土圧に対するグラウンドアンカーの水平方向の変形量に対して設定しており，以下に算出根拠を示す．

グラウンドアンカーの軸方向作用力 P' は，下式で表される．

$$P' = \frac{P}{\cos\theta} \tag{解 3.5.19}$$

$$P' = \frac{AE}{l_{sf}s}\delta_1 \tag{解 3.5.20}$$

2式よりグラウンドアンカーの軸方向伸び量 δ_1 は，下式となる．

$$\delta_1 = \frac{l_{sf}s}{AE}P' = \frac{l_{sf}s}{AE}\cdot\frac{P}{\cos\theta} \tag{解 3.5.21}$$

グラウンドアンカーの水平方向変位量 δ_2 は，変形量が微小であるため変形後の鉛直角度が変形前と同じであると仮定すると下式となる．

$$\delta_2 = \frac{\delta_1}{\cos\theta} = \frac{l_{sf}s}{AE}\cdot\frac{P}{\cos^2\theta} \tag{解 3.5.22}$$

グラウンドアンカーのばね定数 k_a は，側圧 P とグラウンドアンカーの水平方向変位量 δ_2 の関係から下式となる．

$$k_a = \frac{P}{\delta_2} = \frac{AE\cos^2\theta}{l_{sf}s} \tag{解 3.5.23}$$

ここに，k_a ：グラウンドアンカーのばね定数
P ：側圧
P'側：軸方向作用力
δ_1 ：グラウンドアンカーの軸方向の伸び量
δ_2 ：グラウンドアンカーの水平方向変位量

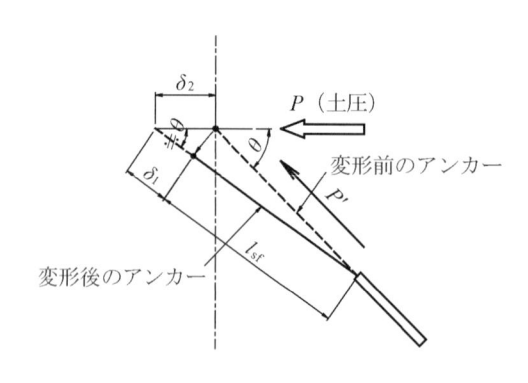

解説 図 3.5.13 グラウンドアンカーのばね定数算定式の説明図

4) プレロードについて　ここで述べるプレロードとは，土留め壁の変位を抑制する目的で切ばりあるいはグラウンドアンカー設置後，ただちに作用させる先行軸力であり，支保工等のがたつき防止のために作用させる荷重とはその荷重の大きさや目的が異なる点で注意が必要である．

プレロードを導入した場合の土留め工解析法としては，一般に**解説 表** 3.5.8に示す方法が用いられている．地盤の荷重，変形関係は非線形的挙動を示すため，通常，掘削時の弾塑性解析とプレロード時の弾性床上のはりの解析の重合わせの方法は厳密さに欠ける．しかし，壁体剛性が大きく発生変位が小さく抑えられる場合には線形弾性的な挙動に近いと考えられるために解析法Iに示した方法で計算を行っても実用上問題はない．しかし，上記条件が満たされず，より精密な解析を必要とする場合には解析法IIを参考にして設計することが望ましい．

切ばりやグラウンドアンカーにプレロードを導入することにより土留め壁の変形を抑制することができるが，過大なプレロードは，背面土圧の増加，壁体の局部的な曲げ応力の増加の原因となり，土留め工の安全性を損なう場合がある．そのため，プレロードの大きさについては，壁体の種類および地盤の性状等により異なるが，設計切ばり軸力をもとに設定するのがよい．

解説 表 3.5.8 プレロードを導入した場合の解析法

	解析法 I	解析法 II
方　　法	プレロードに対する背面地盤の地盤反力をばね反力として評価する方法	背面地盤を弾塑性ばねとして評価する方法
内　　容	通常の弾塑性解析とは別に背面地盤の弾性ばねを考慮したモデルにプレロード時の外力を作用させ，重ね合わせる方法である．	背面地盤にも掘削面積地盤と等価に弾塑性ばねを考慮し，掘削解析とプレロード導入を同一モデルで解析するものである．土留め壁背面の側圧は，土留め壁を変形させる外力としてではなく，土留め壁が変形した結果として得られる．掘削面側地盤のばね反力の上限は受働側圧，背面地盤のばね反力の下限値は主働側圧となる．
評　　価	プレロード導入による土留め壁の変形はかなり実用的な精度で得られるが，掘削時の構造系とプレロードに対する構造系が異なるという理論的矛盾がある．	掘削時およびプレロード時の土留め壁の力学的挙動を実用上十分な精度で評価できる．

5) **地盤改良をした場合の定数**　地盤強度増加を目的として地盤改良工法を採用する場合では，一般に改良後の土質定数を設計に用いるが，改良体の物性値は，地質，地盤構成，地下水の状況，施工方法等によりばらつきがあるため，設計に用いる場合は原地盤での試験結果等を十分に検討する必要がある．地盤改良において，膨張圧（生石灰杭）や噴射圧（高圧噴射型改良）が土留め壁に悪影響を与えると思われる場合には，地盤改良の施工に伴い発生する増加側圧の評価を適切に行い，設計に取り入れることが望ましい．

6) **背面側側圧の取扱い**　一般に，背面側側圧の設定方法として第3編 2.5.2に示したように背面側の側圧を土留め壁の変位とは関係なく既知量として与える方法と，土留め壁背面にも掘削面側と同様に地盤ばねを想定することにより背面側の側圧を土留め壁の変位と関連付ける方法がある．切ばりプレロード工法や掘削面側を地盤改良した土留め工では，土留め工の変形が小さく，背面側側圧が大きくなる傾向にある．前者の方法では，この背面側側圧を適切に表現しないことから，後者の方法を用いることが合理的である．この方法では，背面の水平地盤反力係数，最小土圧および最大土圧等の入力値が必要となる．

7) **その他**　一般に土留め工の設計は構造が対称であることを前提としているが，施工条件あるいは地盤条件により非対称な土留め工を採用することがある．非対称土留め工には，相対する土留め壁の曲げ剛性の相違，掘削深さの相違，傾斜地や相対する面の地質が異なるような荷重の相違等が考えられる．相対する土留め壁の曲げ剛性差が小さい場合，その影響は小さいことが既往の設計等から確認されているため，非対称土留め壁構造であっても両側の土留め壁の各々について別個に設計してもよい．ただし，相対する土留め壁の曲げ剛性が大幅に異なる場合は，土留め壁の応力および変形について別途検討する必要がある（第3編 5.4参照）．

傾斜地で施工される土留め壁や相対する面の地質が異なるような荷重が非対称となる土留め工は，偏圧の状況に応じて，全体として片側へ傾斜するような非対称な挙動を示すことが多い．とくに深い側の土留め壁はより掘削側に変位するため，土留め工の応力や周辺地盤への影響に注意する必要がある．逆に浅い側の土留め壁は深い側の土留め壁に作用する側圧により背面側に変位する場合があることが想定される．そのため生じる土留め工の大きな応力や変形または背面地山の崩壊により土留め工全体の安定性が損なわれることが想定されるので，この

ような挙動を考慮した検討を行う必要がある．（第3編 5.4参照）

（3）について　土留め壁の応力度計算方法は，第3編 5.2.3による．開削工事周辺に近接構造物が存在する場合，第3編 第7章に示す方法にて影響検討を行う必要がある．近接構造物がない場合においても，土留め壁の過大な変形による漏水が発生し，応力に問題がなくても土留め壁の安全性を損なう場合があるため，土留め壁の変形についても配慮する必要がある．

5.2.5　自立土留め壁の応力計算
自立土留め壁の応力計算は根入れ長の計算で用いた側圧を用い，つり合い根入れ先端を固定端とする片持ちばりとして行う．

【解　説】　自立土留め壁の計算は，根入れ長の計算と応力の計算からなるが，いずれも主働側圧，受働側圧といった極限側圧を用いるのが一般的である．これは，自立土留めの場合には，土留め壁の変位が相当大きなものとなり，作用側圧は極限状態になっていると考えられるからである．

5.3　支保工の設計
支保工の設計にあたっては，施工中に作用する荷重を詳細に検討し，各施工段階における支保工の応力について検討しなければならない．

【解　説】　支保工は，土留め壁を直接支持する仮設構造物であり，土留め壁に発生する応力や変形，安定にも大きく影響する．支保工に働く荷重は，施工の進行に伴って変化するため，施工の各段階において次の各項目に対する安全性を確認しなければならない．
　①　腹起しの応力
　②　切ばりの応力と安定
　③　火打ちの応力
　④　グラウンドアンカーの作用力

5.3.1　腹起しの設計
（1）　腹起しは，土留め壁からの荷重を切ばり等に伝達させるための，十分な強度と密着性を有するものでなければならない．
（2）　腹起しの鉛直間隔は，荷重の大きさ，土留め工部材の強度，剛性および施工性等を考えて十分に安全となるように決定しなければならない．
（3）　各段の腹起しの設計に用いる荷重は，掘削および躯体構築の各段階における最大荷重とする．
（4）　腹起しは，切ばりまたはグラウンドアンカー位置を支点とする単純ばりとして計算する．

【解　説】　（1）について　腹起しには一般にH形鋼が使用されているが，鉄筋コンクリート造のものも用いる場合もある．支保工として切ばりを用いる場合，切ばりへ軸力を伝達させる機能から腹起し部材は切ばり部材と同程度以上，かつH-300以上とする必要がある．

土留め壁の施工精度によっては，腹起しと土留め壁との間にすき間が生じる．このすき間は，土留め壁に作用する側圧を腹起しに均等に伝えることができないばかりか，土留め壁の変形を大きくし，周辺地盤を沈下させる原因にもなるので，パッキング材，間詰めコンクリート等で土留め壁と腹起しを密着させる必要がある．

腹起しに切ばりを接合する部分には大きな支圧力が働くので，H形鋼等を腹起しに用いる場合にウェブが局部的に座屈したり，フランジが変形することがある．したがって，この部分は必要に応じてスティフナーやコンクリートで補強する必要がある（**解説 図 3.5.14参照**）．

また，腹起しは路面からの振動，安全通路等の荷重，切ばりから伝達される鉛直荷重，グラウンドアンカー力の鉛直成分荷重等によって落下することのないように，受け金物（ブラケット）等で確実に支持する必要がある．

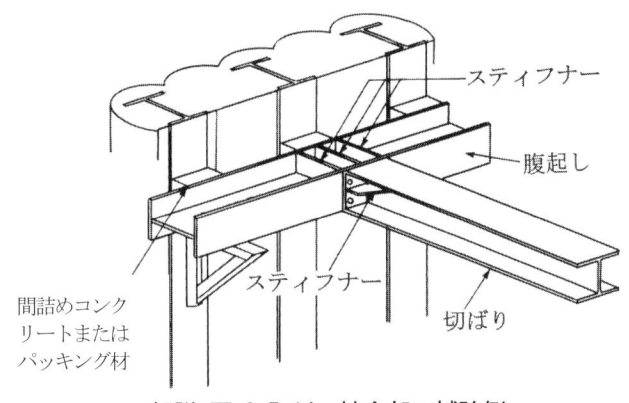

解説 図 3.5.14　接合部の補強例

（2）について　腹起しの鉛直間隔は，土留め壁の応力と施工性を考慮して決定するが，3m程度を目安とし，地表面から1m以内に第1段目の腹起しを設置することを原則とする．ただし，大規模な掘削の場合，および覆工を設置する場合等で，入念な検討を行い，安全性が確認された場合には，その限りでない．

（3）について　土留め工の応力計算を弾塑性法により行う場合，腹起しに作用する荷重は，掘削，躯体構築および支保工撤去の各段階の解析応力で得られた最大反力とする．

慣用計算法の場合，腹起しに作用する荷重（支点反力）は下方分担法により計算する．これは第3編 2.5.1に示した応力計算に用いる側圧が，切ばり荷重計による実測データを下方分担法により処理して得られたことにもとづいている．下方分担法では，最終掘削状態において着目する腹起しと1段下の腹起しもしくは掘削底面との間の側圧が荷重として作用する（**解説 図 3.5.15**参照）．

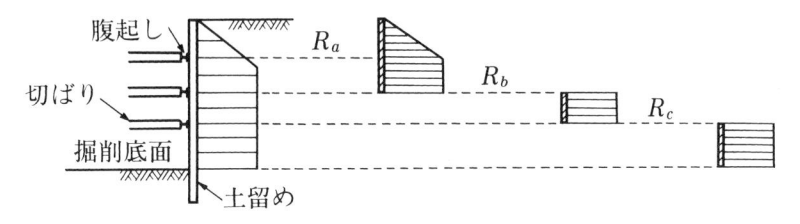

解説 図 3.5.15　腹起しに働く土圧（下方分担法）

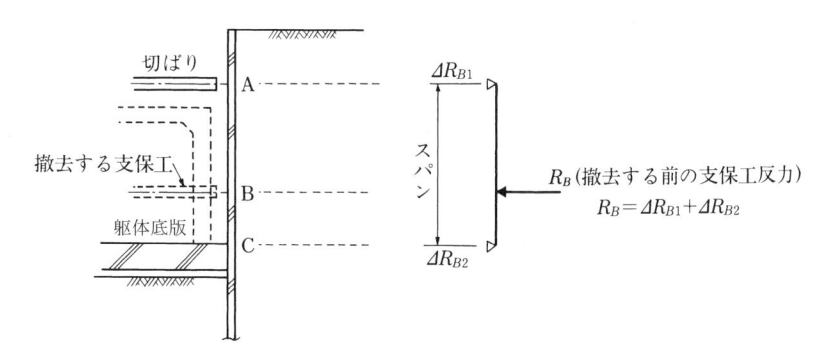

解説 図 3.5.16　支保工撤去時の検討方法の例

また，支保工撤去時の支点反力は，撤去する支保工の上下の支点を支間とする単純ばりを考え，撤去される支保工反力を集中荷重として上下の支点の増加反力を計算し，それぞれのもとの反力に加算して求めた値としてもよい（**解説 図 3.5.16**参照）．

なお，端部の腹起しは，軸力（第3編 2.6に解説した温度変化や端部の分担軸力等）が作用する場合がある．この場合，腹起しは曲げモーメントと圧縮力を受ける部材として設計しなければならない．

（4）について　腹起しの継手は，全強継手でないことがあるので，単純ばりとして解くのが安全である．ただし，良好な継手構造で連続ばりとして曲げモーメントおよびせん断力を十分に伝達できる場合には，連続ばりとして計算できる．鋼（鋼管）矢板土留め壁，地下連続壁は，荷重を等分布荷重として扱えるので単純ばりまたは連続ばりとして計算するときには簡略のため次式によってもよい．

単純ばりの場合　　$M_{max} = \dfrac{1}{8}wl^2$　　　　　　　　　　　　　　　　　　　（解 3.5.24）

$S_{max} = \dfrac{1}{2}wl$　　　　　　　　　　　　　　　　　　　（解 3.5.25）

連続ばりの場合　　$M_{max} = \dfrac{1}{10}wl^2$　　　　　　　　　　　　　　　　　　（解 3.5.26）

$S_{max} = \dfrac{1}{2}wl$　　　　　　　　　　　　　　　　　　　（解 3.5.27）

ここに，　M_{max}　：最大曲げモーメント
　　　　　S_{max}　：最大せん断力
　　　　　w　：等分布荷重
　　　　　l　：支間長

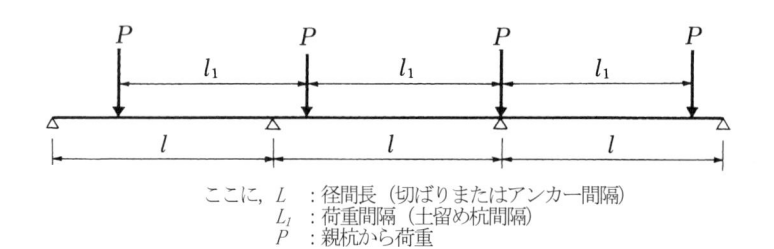

ここに，L　：径間長（切ばりまたはアンカー間隔）
　　　　L_l　：荷重間隔（土留め杭間隔）
　　　　P　：親杭から荷重

解説 図 3.5.17　親杭横矢板土留めの腹起しに作用する荷重

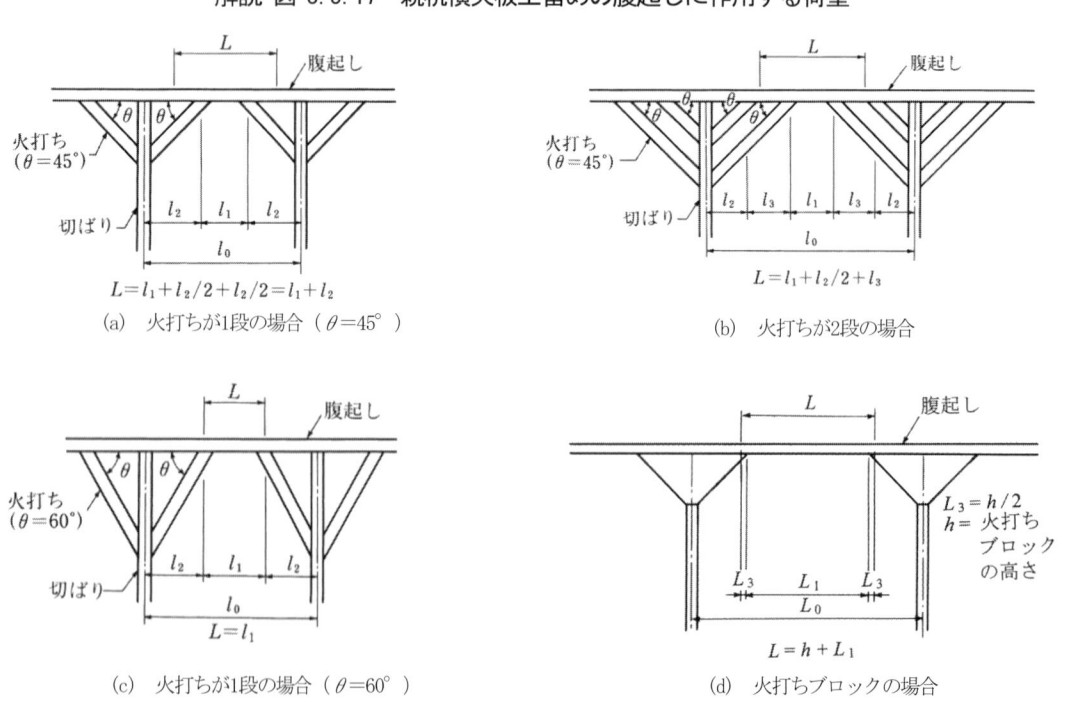

(a) 火打ちが1段の場合（$\theta=45°$）　$L = l_1 + l_2/2 + l_2/2 = l_1 + l_2$

(b) 火打ちが2段の場合　$L = l_1 + l_2/2 + l_3$

(c) 火打ちが1段の場合（$\theta=60°$）　$L = l_1$

(d) 火打ちブロックの場合　$L_3 = h/2$，$h=$火打ちブロックの高さ　$L = h + L_1$

解説 図 3.5.18　火打ちを用いた場合の腹起し支間のとり方例

なお，連続ばりとして計算する場合で，親杭横矢板土留め工のように集中荷重を受ける腹起しでは，**解説 図 3.5.17**に示すように荷重群を移動させ，応力を求めて腹起しの断面を決定する必要がある．

火打ちを切ばりと腹起しに取り付ける場合には，火打ち接合部の支点拘束効果の低下を考慮し，**解説 図 3.5.18**(a)に示す支間Lの単純ばりとして計算する方法が一般的である．火打ちを2段以上取り付ける場合の腹起し支間の計算方法には，とくに定まった方法はないが，**解説 図 3.5.18**(b)に一例を示す．また火打ちの取付け角度が60度以上の場合には，**解説 図 3.5.18**(c)に示す支間Lを腹起し支間とした計算が一般に行われている．火打ちブロックを用いる場合には，**解説 図 3.5.18**(d)に示す端部にブロックの先端からその高さの1/2だけブロックに入った位置を支点としてよい．

腹起しの断面決定は，次式を満足するように行う．

$$\sigma_b = \frac{M}{Z} \leqq \sigma_{ba} \tag{解 3.5.28}$$

$$\tau = \frac{S}{A_w} \leqq \tau_a \tag{解 3.5.29}$$

ここに，σ_b ：腹起しの曲げ応力度
　　　　τ ：腹起しのせん断応力度
　　　　M ：曲げモーメント
　　　　S ：せん断力
　　　　Z ：腹起しの断面係数
　　　　A_w ：腹起しのウェブ断面積
　　　　σ_{ba} ：許容曲げ圧縮応力度
　　　　τ_a ：許容せん断応力度

また，立坑の土留め工や一般土留め工の端部において，**解説 図 3.5.19**のように切ばりを兼ねる腹起しや，その反力として軸力が作用すると考えられる部分の腹起し等は，第3編 5.3.2（3）に示す軸力と曲げモーメントが作用する部材として設計しなければならない．

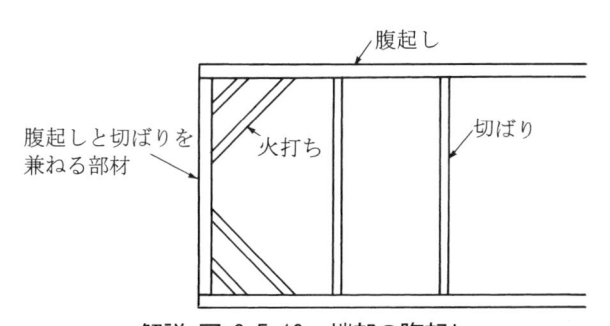

解説 図 3.5.19　端部の腹起し

グラウンドアンカーを用いる場合，腹起しの水平方向（強軸方向）については，グラウンドアンカーを支点とした単純ばり，あるいは連続ばりと考えて曲げモーメント，せん断力に対し照査する．鉛直方向（弱軸方向）については，腹起しが設計アンカー力の鉛直成分荷重を受けるので，ブラケットを支点とした単純ばりによるフランジ断面の検討が必要である．鉛直荷重の上段と下段の腹起しへの分担割合はアンカー台座の構造に応じて定めなければならないが，一般に，**解説 図 3.5.20**のように鋼製腹起しを2段重ねで水平に取り付ける構造が多い．この場合，アンカーに作用する鉛直荷重はすべて下段に分担される．

また，腹起しのブラケットの配置は，大きな下向きの力が作用するので，原則として台座の両側に取り付けることとし，設計アンカー力の鉛直成分荷重を用いてブラケット断面および土留め壁との取付け部の断面検討を行なわなければならない．

なお，鉄筋コンクリート地下連続壁にグラウンドアンカーを用いる場合には，土留め壁の内部に鉄筋コンクリートの仮想腹起しを考慮して設計する場合がある．

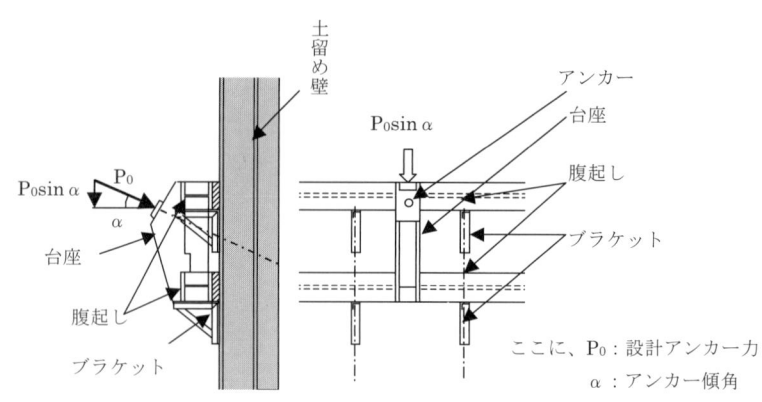

解説 図 3.5.20　アンカー用鋼製腹起し

5.3.2　切ばりの設計

（1）　切ばりの鉛直間隔および水平間隔は，荷重の大きさ，および施工性等を考えて安全となるように決定しなければならない．

（2）　切ばりは軸力により座屈しないような十分な断面と剛性を有するものでなければならない．また，切ばりが長い場合には，中間杭やけい材等の補剛材を用いなければならない．

（3）　切ばりには原則として載荷してはならないが，やむをえず載荷する場合には，軸力と曲げモーメントが作用する部材として切ばりを設計しなければならない．

（4）　切ばりには，継手を設けないことが望ましいが，やむをえず継手を設けるときには，適切な補強をして十分な強度を確保しなければならない．

（5）　切ばりと腹起しの接合部は調整材を配置し，緩みが生じないような構造としなければならない．

（6）　均しコンクリートを切ばりとして使用する場合には，十分な剛性を有する厚さとしなければならない．

（7）　円形の土留め壁においてリングばりを支保工として用いる場合は，地盤条件，施工条件に応じて適切な作用荷重および計算モデルにより検討し，座屈に対して十分に安全な構造としなければならない．

【解　説】　（1）について　切ばりの配置計画は，掘削から埋戻しまでの施工手順に配慮し，切ばり撤去時において受け替えばりの設置も検討する必要がある．逆巻き工法の場合，逆巻き床版の位置と構造，鉄筋の継手方法，躯体のコンクリート打設高さと構築高さに配慮しなければならない．切ばりの水平間隔は，掘削時の施工性および躯体構築時の資材搬入等に注意して決定するが，一般には水平間隔を5m程度以下とする．

なお，切ばり間隔を大きく確保するための対策としては，火打ちあるいは火打ちブロックを有効に配置することや，集中切ばりを用いる方法がある．

（2）について　切ばりの設計は，腹起しから作用する最大反力を軸力として受ける長柱の座屈計算により行う．切ばりの断面決定は次式を満足するようにして行う．

$$\sigma_c = \frac{N}{A} \leqq \sigma_{ca} \tag{解 3.5.30}$$

ここに，σ_c　：切ばりの軸方向圧縮応力度
　　　　σ_{ca}　：切ばりの許容軸方向圧縮応力度
　　　　N　：切ばりに作用する軸力
　　　　A　：切ばりの断面積

切ばりに作用する軸力としては，腹起しからの反力のほかに温度応力が考えられるので，第3編 2.6に解説した温度変化の影響を考慮する必要がある．

掘削に伴うリバウンド等による中間杭の浮上がり量が大きい場合には，切ばりへの影響に注意しなければならない．しかし，中間杭の浮上がり量の推定には不明な点も多いため，施工時に切ばりの安全性について十分な計測管理を行うことが重要である．

許容軸方向圧縮応力度は部材の座屈長により決定されるが，切ばりに中間杭，けい材，火打ち等の補剛材を用いる場合の座屈長のとり方の例を，**解説 図 3.5.21**に示す．

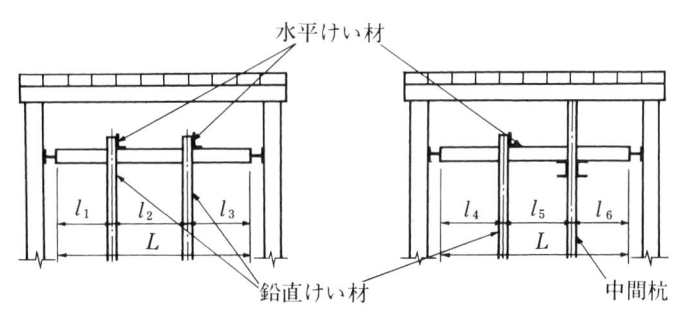

解説 図 3.5.21　切ばり座屈長の設定例

$1.5l_1$，$2.0l_2$，$1.5l_3$のうちの最大長をとり，この値が切ばり全長Lを超えるときはLとする．

$1.5l_4$，$1.5l_5$（ただし，この値がl_4+l_5を超えるときはl_4+l_5）とl_6のうちの最大長とする．

<u>（3）について</u>　鋼製切ばりを使用する場合で，材料の仮置き程度の上載荷重が予測されるときには，切ばりの自重を含めて5kN/m程度の鉛直荷重を考慮し，軸力と曲げモーメントが作用する部材として検討してよい．ただし，切ばりに大きな施工時荷重を考慮する場合には，その荷重を考慮して切ばりの照査を行わなければならない．

軸力と曲げモーメントが作用する部材（H形鋼SS400）の検討は，文献[1]における式を基本とするが，切ばりには通常弱軸まわりの曲げモーメントは作用しない点等を考慮して，一般に次式により行う．

$$\frac{\sigma_c}{\sigma_{caz}}+\frac{\sigma_{bcy}}{\sigma_{bagy}\left(1-\dfrac{\sigma_c}{0.8\sigma_{eay}}\right)}\leqq 1.0 \qquad \text{(解 3.5.31)}$$

ここに，σ_c　：照査する断面に作用する軸方向圧縮力による圧縮応力度

　　　　σ_{bcy}　：強軸まわりに作用する曲げモーメントによる曲げ圧縮応力度

　　　　σ_{caz}　：弱軸まわりの許容軸方向圧縮応力度

　　　　　　ただし，$b'\leqq 13.1t'$とする（**解説 図 3.5.22参照**）

　　　　σ_{bagy}　：局部座屈を考慮しない強軸まわりの許容曲げ圧縮応力度で以下のとおりとする（ただし，$2A_c\geqq A_w$とする）．

　　　　　　$l/b\leqq 4.5$のとき　210（N/mm^2）

　　　　　　$4.5<l/b\leqq 30$のとき　$210-3.6(l/b-4.5)$（N/mm^2）

　　　　b　：圧縮フランジ幅（cm）

　　　　l　：圧縮フランジの固定点間距離（cm）

　　　　A_c　：圧縮フランジの総断面積（cm^2）

　　　　A_w　：腹板の総断面積（cm^2）

　　　　σ_{eay}　：強軸まわりのオイラー座屈応力度（N/mm^2）

$$\sigma_{eay}=\pi^2 E\left(\frac{l'}{r_y}\right)^{-2} \qquad \text{(解 3.5.32)}$$

　　　　l'　：部材両端の支点条件により定まる有効座屈長（cm）

r_y ：強軸まわりの断面二次半径（cm）
E ：切ばりのヤング係数（N/mm²）

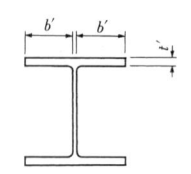

解説 図 3.5.22　b' および t' の取り方

　鉄筋コンクリート製の切ばりを使用する場合には，軸力と自重による曲げモーメントを受ける鉄筋コンクリート断面として設計し，適切な断面と鉄筋量を決定しなければならない．

　（4）について　継手部は座屈に対して弱点となりやすいのでやむをえず設ける場合には，**解説 図 3.5.23**に示すように補強して十分な強度を確保しなければならない．また，継手の位置は中間杭，腹起し等で拘束された付近（一般に1m以内）に設けることが望ましい．

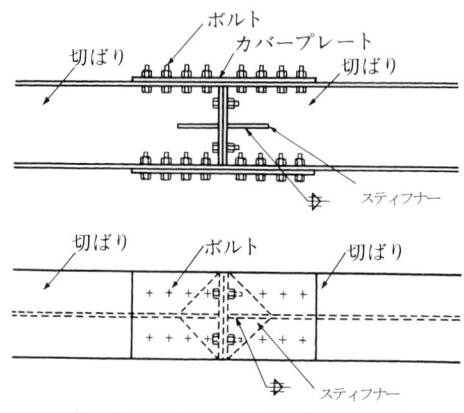

解説 図 3.5.23　切ばり継手例

　（5）について　切ばりと腹起しとの接合部にすき間や緩みがあると，切ばりが腹起しの支点とならず，腹起しの支間が長くなって土留め壁の変形が大きくなり，土留め背面地盤の沈下の原因となることもある．したがって，ジャッキ等の調整材で切ばりと腹起しとを密着させボルト等で接合する必要がある．また，背面地盤の沈下を防止するために，切ばりにプレロードを導入し，土留め壁の変形を抑える方法もある．

　切ばりは腹起しに対して直角に取り付けることが原則であるが，斜角となる場合や火打ちを取り付ける場合には，水平分力による滑動が生じないようにボルト等で確実に腹起しに接合しなければならない．

　（6）について　**解説 図 3.5.24**に示すとおり切ばりの撤去時において，均しコンクリートを切ばりとして使用する場合には，均しコンクリートの強度，剛性および材齢を考慮し，作用荷重に対して十分な耐力を有する断面を確保しなければならない．この場合，均しコンクリートの厚さは，20ｃm程度以上とすることが望ましい．なお，均しコンクリートの厚さの検討方法としては，軸力を受ける長柱やスラブとして計算を行ってよい．

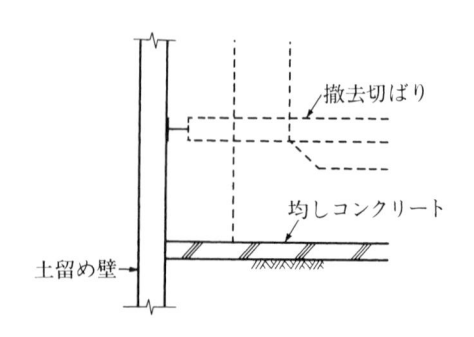

解説 図 3.5.24　切ばりとして利用する均しコンクリートの例

(7)について　円形支保工のリングばりにおいて，土留め壁から等圧の荷重を受ける場合には，全断面に一様の圧縮力が発生することとなる．しかし，土留め壁の施工精度，支保工の不整形，地盤の不均一性による偏圧等の理由によってリングばりに曲げモーメントが発生する場合には，圧縮力に加え曲げモーメントに対する安全性の検討が必要となる．曲げモーメントの計算方法としては，リングばりの半径の2%程度を楕円化率として考慮する方法や，側圧の10%～20%を偏圧として考慮する方法等がある．

また，リングばりでは座屈が重大事故につながる可能性が大きいため，座屈防止のブラケットをはりの上下に設けること等の対策が必要である．なお，大規模な掘削においてリングばりを設ける場合には，座屈に対する安全性の面から鉄筋コンクリート造のはりを用いることを原則とする．

参考文献

1)（社）日本道路協会：道路橋示方書・同解説，II鋼橋編，pp. 176-181，2012.

5.3.3　火打ちの設計
火打ちは確実に力を伝達できるような構造としなければならない．

【解　説】　火打ちは切ばりの水平間隔を広くしたり，隅角部の腹起しの支点としたりして，腹起しを補強する目的で用いられている．火打ちはその両端部を腹起しや切ばりと斜めに接合されるため，接合部に滑動が生じやすい．したがって，接合部は滑動に対して十分な耐力のある構造としなければならない．

火打ちを切ばりに取り付ける場合は必ず左右対称とし，切ばりに偏心荷重による曲げモーメントが生じないようにしなければならない．火打ちは軸力を受ける圧縮材として設計するが，軸力は次式で算出する（**解説 図 3.5.25**参照）．

$$N = \frac{(L_1 + L_2)}{2} w \frac{1}{\sin\theta} \quad (\text{解 } 3.5.33)$$

ここに，N　：火打ちに作用する軸力
　　　L_1, L_2　：腹起しの径間長
　　　w　：腹起しに作用する等分布荷重
　　　θ　：火打ちの取付け角度

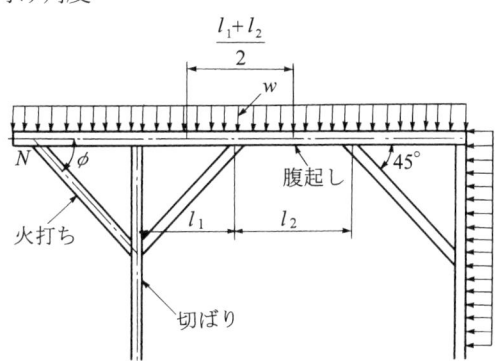

解説 図 3.5.25　火打ちに作用する軸力の計算

なお，切ばりに取り付ける火打ちは通常，部材が短いので，自重による鉛直荷重を無視してよい．隅角部に使用する火打ちは45°の角度で取り付けることを原則とし，腹起しの配置から，火打ちが重なる継手となる場合には，接合ボルトの検討を行わなければならない．

火打ちの断面決定には，次式を満足するように行う．

$$\sigma_c = \frac{N}{A} \leqq \sigma_{ca} \quad (\text{解 } 3.5.34)$$

ここに，σ_c ：圧縮応力度
　　　　σ_{ca} ：許容軸方向圧縮応力度
　　　　N ：軸力
　　　　A ：断面積

最近では，省力化の観点から火打ちブロックが用いられる場合もある．火打ちブロックは，ボルト本数も少なく剛性も大きいが，いくつかの種類があるため，各々の取扱いを確認する必要がある．とくに対面する腹起しの継手位置や腹起しの設置精度に留意する必要がある．

5.3.4　土留め工に用いるグラウンドアンカーの設計

（1）　土留め工に用いるグラウンドアンカーは，対象とする土留め壁の規模，形状，地盤条件，設置期間および環境条件に適合したものを選定し，設計荷重に対して十分に安全な引抜き抵抗力を有するように設計しなければならない．

（2）　土留め工に用いるグラウンドアンカーは，良好な地盤に定着するものとし，その長さおよび配置等は地盤条件，施工条件，環境条件，地下埋設物の有無，土留め壁の応力，変位ならびに構造系の安定を考慮して決めるものとする．

（3）　特殊な目的および特殊な条件で使用されるグラウンドアンカーは，調査および試験結果を十分に検討し，設計しなければならない．

【解　説】　（1）について　土留め工に用いるグラウンドアンカーは，腹起し部の反力を定着地盤に伝達するものであって，地盤のせん断強度等が十分に大きいことが前提条件である．したがって，事前に地盤の性状に応じた土質諸数値を調査しておくことが必要である．

　グラウンドアンカーの引抜き抵抗力の算定にあたっては，ボーリングにより孔壁が荒されて地盤のせん断強度が低下することや，モルタル等の注入における充填度合いによって土のせん断強度の回復具合が変化すること等から，慎重な検討が必要である．

　また，原則として，実際の施工と同じ条件で基本調査試験を行って，地盤に対するアンカーの極限引抜き力とその挙動を把握し，アンカーの設計に用いる諸定数等を決定しなければならない．しかし，設計に先立って基本調査試験を行うことができない場合は，施工開始後早期に適正試験を行って設計の妥当性を確認する必要がある．ここで基本調査試験とは，文献[1]で規定している引抜き試験および長期試験であり，長期試験はアンカーの供用中に作用しているテンドンの残存引張り力が時間の経過とともに減少する量を求め，設計のアンカー力を決定するために行う試験である．

　グラウンドアンカーの使用期間や使用環境を考慮し，必要に応じて防食対策を施すことがよい．

　一般的に使用されている土留め工に用いるグラウンドアンカー（資料編【3-5】参照）の各部の名称は**解説　図3.5.26**に示すとおりである．

　土留め工に用いるグラウンドアンカーは土留め工の構造，アンカーの諸元等を考慮して所要のアンカー力が得られるように設計するものとし，腹起しの反力から求められる設計アンカー力が許容アンカー力を超えないようにする．

$$T_a \geqq T_d \qquad\qquad\qquad (解\ 3.5.35)$$

ここに，T_a ：許容アンカー力
　　　　T_d ：設計アンカー力

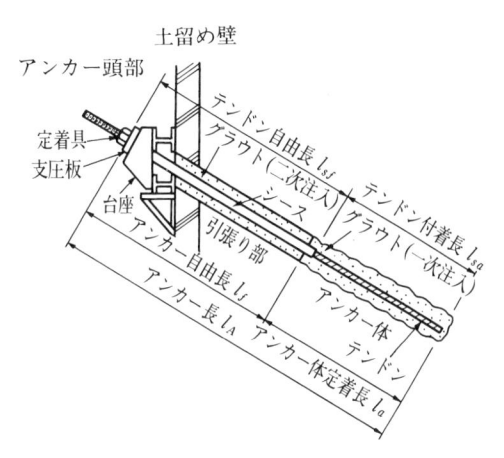

解説 図 3.5.26 土留め工に用いるグラウンドアンカー各部の名称

1) アンカー体定着長　アンカーは，定着地盤の支持方式によって，摩擦抵抗による方式と支圧抵抗による方式がある．摩擦抵抗による方式は，アンカー体周面と定着地盤との摩擦抵抗によりアンカー引抜き力を定着地盤に伝達する方式で，アンカーの周面摩擦抵抗値は引抜き試験値を実施し，統計的に整理した目安が与えられている．摩擦抵抗による方式には，テンドンからグラウトへの発生応力の違いによって引張型と圧縮型がある．これに対して，支圧抵抗による方式では，アンカー体前面に働く地盤の受働土圧の抵抗によって引張力が地盤に伝達される．支圧抵抗による方式は，アンカー土被り部分の地盤強度が支圧抵抗に影響するため，地盤分類により支圧抵抗を明示することは困難である，したがって，ここでは摩擦抵抗による方式の設計法について示す．なお，支圧抵抗による方式を採用する場合は，基本調査試験を実施し，支圧抵抗を適切に評価するのがよい．

アンカー体定着長は，アンカー体設置地盤との摩擦抵抗あるいは支圧抵抗に対して十分に安全であるように設計する．摩擦方式のアンカーでは，アンカー体定着長は3m以上，10m以下を標準とする．これは，設計アンカー力が小さい場合には，アンカー体定着長を短くすることも可能であるが，極端に短い場合にはわずかな地層の傾斜や層厚の変化等により引抜き力が大きく変化する場合がある．このような影響を小さくするため，アンカー体定着長の最小値を3mとした．また**解説 図 3.5.27**は主に摩擦抵抗による方式のアンカーの極限引抜き力とアンカー体定着長の関係を示す．設計アンカー力が大きい場合のアンカー1本当たりの極限引抜き力は，アンカー体定着長を長くしても比例的に大きくならず，10mを超えるとほとんど増加しなくなることから，アンカー体定着長は10m以下を標準とする．

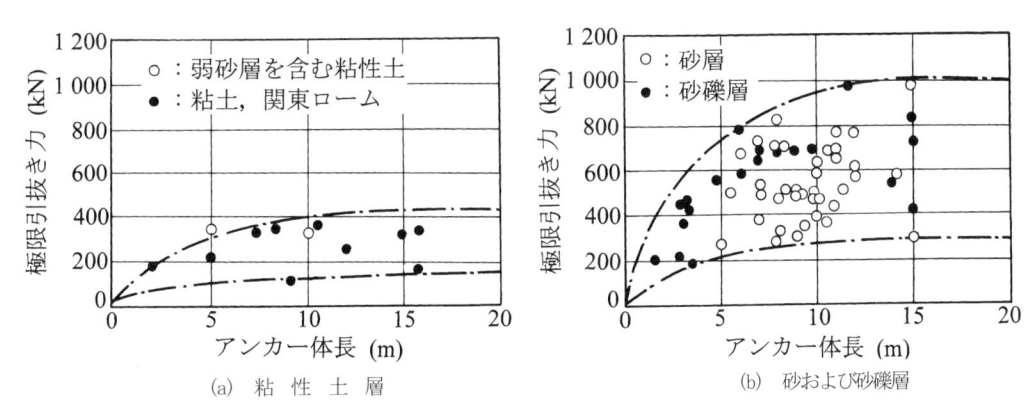

解説 図 3.5.27　アンカー体長と極限引き抜き力

なお，引抜き力に対して主に支圧抵抗による方式のアンカーや摩擦抵抗による方式のアンカーの定着体の長さが3m未満あるいは10mを超えるアンカーを用いる場合には，供用アンカーと同規模の試験アンカー等により安全性を確認することが必要である．

2) グラウトの強度　アンカー体に用いられるモルタル，セメントペーストの緊張時および設計荷重作用時に

おける圧縮強度は仮設アンカーの場合18N/mm²以上とする．また，使用期間が長期におよぶ場合は，グラウト劣化に対する耐久性を考慮して圧縮強度を検討するのがよい．

3) 設計アンカー力　設計アンカー力は第3編 5.3.1 の腹起しに作用する荷重より求まる水平方向反力を用いて次式によるものとする（**解説 図 3.5.28** 参照）．

$$T_d = T_p \frac{1}{\cos\alpha} \tag{解 3.5.36}$$

ここに，T_d　：設計アンカー力
　　　　T_p　：腹起しの水平方向最大支点反力
　　　　α　：アンカー傾角

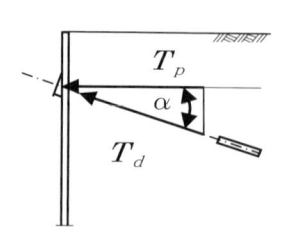

解説 図 3.5.28　設計アンカー力の算定図

4) 許容アンカー力　許容アンカー力は，次に示す許容引張力，許容引抜き力，および許容付着力のうち最も小さな値とする．ただし，使用期間と使用環境に応じて適切に低減率を設定するのがよい．

① 許容引張力は，テンドン極限引張力の65%（$0.65T_{us}$）とテンドン降伏引張力の80%（$0.80T_{ys}$）のうちの小さいほうの値とする．

② 許容引抜き力は，次式による．

$$T_{ag} = T_{ug}/f_s \tag{解 3.5.37}$$

ここに，T_{ag}　：許容引抜き力
　　　　T_{ug}　：極限引抜き力
　　　　f_s　：引抜き力に対する安全率（$f_s \geq 1.5$）

アンカーの極限引抜き力は，主として地盤の条件によってアンカーの終局的な破壊が生じる場合に必要な力をいうが，極限引抜き力は次式によるものとする．

$$T_{ug} = \tau \pi d_a l_a \tag{解 3.5.38}$$

ここに，T_{ug}　：極限引抜き力
　　　　τ　：周面摩擦抵抗（**解説 表 3.5.9**参照）
　　　　d_a　：アンカー体公称径
　　　　l_a　：アンカー体定着長

解説 表 3.5.9に示した周面摩擦抵抗の値は，加圧注入アンカーにおける引抜き試験データを統計的にまとめたものである．基本調査試験によらず，周面摩擦抵抗の値を決定する場合は，この表を参考にすることができるが，以下の点に留意しなければならない．

ⅰ）土被りが小さい場合は，基本調査試験の実施による周面摩擦抵抗値の確認を原則とする．

ⅱ）無加圧型のアンカーの周面摩擦抵抗は，加圧型に比べていちじるしく低下するので，表の値を用いないこととする．

ⅲ）岩盤や砂の周面摩擦抵抗は，表の値より小さくなる場合がある．一般に，岩盤の場合は風化や割れ目の間隔および割れ目の状態等を十分に勘案して決定する必要があり，とくに，風化岩については，その程度によって表に示す値よりも小さくすることが必要である．

解説 表 3.5.9 加圧注入アンカーの周面摩擦抵抗 （MN/m²）

地盤の種類			摩擦抵抗（τ）
岩盤	硬岩		1.50～2.50
	軟岩		1.00～1.50
	風化岩		0.60～1.00
	土丹		0.60～1.20
砂礫	N値	10	0.10～0.20
		20	0.17～0.25
		30	0.25～0.35
		40	0.35～0.45
		50	0.45～0.70
砂	N値	10	0.10～0.14
		20	0.18～0.22
		30	0.23～0.27
		40	0.29～0.35
		50	0.30～0.40
粘性土			$1.0c$ c：粘着力　（MN/m²）

③ 許容付着力は次式により算定しなければならない．

$$T_{ba} = \tau_{ba} U l_{sa} \tag{解 3.5.39}$$

ここに，T_{ba}　：許容付着力
　　　　τ_{ba}　：許容付着応力度（**解説 表 3.5.10**参照）
　　　　U　：テンドン見掛けの周長（**解説 表 3.5.11**参照）
　　　　l_{sa}　：テンドン付着長

解説 表 3.5.10 許容付着応力度（N/mm²）

引張り材の種類 \ グラウトの設計基準強度	18	24	30	40以上
PC　鋼線 PC　鋼棒 PC　鋼より線 多重PC鋼より線	1	1.2	1.35	1.5
異形 PC 鋼棒	1.4	1.6	1.8	2.0

解説 表 3.5.11 見掛けの周長の算出例

引張り材の種類	組み方	見掛けの周長
異形PC鋼棒 多重PC鋼より線	（円　径d）	πd d：公称径
PC鋼より線 異形PC鋼棒	（束ねた断面）	破線の長さ
	（6本より線断面）	破線の長さと単材周長の本数倍の小さいほう

(2)について　土留め工に用いるグラウンドアンカーは，設計アンカー力に対して十分な引抜き抵抗力が得られる地盤に定着しなければならない．事前に基本調査試験が実施されず，**解説 表 3.5.9**を参考として，周面摩擦抵抗値を決定したような場合は，できるだけ初期の施工段階で打設されたアンカーに対して，基本調査試験と同等の適正試験または確認試験を実施し，実際の定着地盤の引抜き抵抗力の諸元が設計条件を満足していることを確認する必要がある（第4編 **6.4**参照）．また，アンカー定着部が互層地盤となっている場合についても，基本調査試験により，その性状を確認することが望ましい．

　1)　アンカー定着位置　アンカー長は構造系の安定が保たれる長さとし，アンカー定着位置は外的安定が保たれる位置としなければならない．なお，アンカー自由長は原則として4m以上とする．

　2)　アンカー間隔　アンカーの間隔は，地盤条件および土留め工の部材断面等を考慮して安全かつ経済的となるように決定する必要がある．アンカー間隔を大きくすると腹起しの応力が増加し，大きな部材が必要となる．逆に小さくすると，腹起しの断面は小さくなるが，アンカー相互間の干渉いわゆるグループ効果により，極限引抜き力が減少することになる．グループ効果の影響は，アンカー体設置間隔，アンカー体長，アンカー体径，地盤との関係により求まる．通常は実績から，アンカー体設置間隔を1.5m確保すればグループ効果は考慮しなくてもよい．もし，間隔をそれより狭くして定着する場合は，アンカー傾角をずらした千鳥配置により，アンカー体相互の離隔を所定の値以上確保する方法もある．

　3)　アンカー傾角　アンカー傾角は力学的有利性だけから決定されるのではなく，種々の条件を考慮して決定する必要がある．アンカー傾角が大きくなるに従い，アンカー分力が発生するのでその検討も必要となる．一般に$\alpha \leqq 45°$で設計される．また，アンカー傾角を$-5°\sim+5°$の範囲にすると施工時，注入硬化時に生じる残留スライムおよびグラウトブリージングがアンカー耐力に大きく影響する可能性があるため，この範囲は避ける．

　また，アンカー設置方向と土留め壁直交方向とのなす角度（アンカー水平角）θは原則として$\theta=0°$とする．

　4)　アンカー体設置深度　アンカー体設置の土被り厚については，構造系全体の安定を考慮して決定しなければならないが，グラウト注入材の漏れ防止およびアンカー所要耐力を得るために上載土被り荷重が十分に期待できる位置とする必要があることと，重機等の走行による定着地盤の乱れを最小限に抑えるために，アンカー体設置最小土被りは**解説 図 3.5.29**に示すように，原則として5m以上とすることが望ましい．また，やむをえず土被りが小さいアンカーを施工する場合は，基本調査試験等を実施して極限引抜き力を確認しておく必要がある．

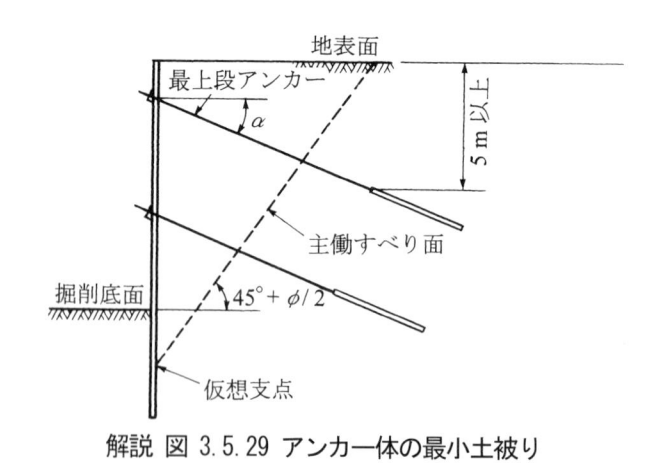

解説 図 3.5.29　アンカー体の最小土被り

　5)　構造系全体の安定　土留め工に用いるグラウンドアンカー工法では，アンカー体を含めた構造全体の外的安定（**解説 図 3.5.30**(a)）について検討する必要がある．

　また，アンカー定着部土塊の安定を検討する必要がある．これを内的安定（**解説 図 3.5.30**(b)）といい，内的安定計算方法としては，一般にクランツ（Kranz）の簡易計算方法が用いられている．

(a) 外的安定　　　　　　　　　　　(b) 内的安定

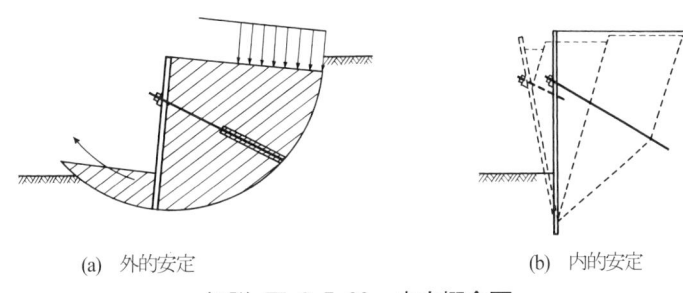

解説 図 3.5.30　安定概念図

6) 初期緊張力　土留め工に用いるグラウンドアンカーの初期緊張力は，地盤条件，土留め壁の構造，土留め工の設置期間，施工方法等を考慮して適切な値に設定しなければならない．

アンカーのばね定数は，切ばりのばね定数に比較して小さいので，アンカー設置時に緊張力を与えて，土留め壁の変形を抑えることが必要である．緊張力は引張材のリラクゼーション，定着時のセット量，アンカー体および地盤の変形等により減少する場合があるが，所要の緊張力を確保できるように設定する必要がある．緊張力の減少率は，地盤条件，土留め壁の構造，施工方法等の影響を強く受けるので一概には決めがたいが，とくにアンカー定着地盤が粘性土地盤のようにクリープ変形が大きい地盤の場合には，クリープ試験によるプレストレス減少率を求め，緊張力を決めるのが望ましい．

設計アンカー力は，土留め壁の設計で用いる荷重条件によって決まるが，その際，設計荷重のほかに，最も荷重が少ない場合も想定した土留め壁の応力度の検討が必要になってくる．なぜなら，実際に荷重の小さい場合には，アンカー緊張力が逆荷重として作用し，土留め壁や地盤に影響を及ぼすことがあるからである．このような場合，大きな初期緊張力を与えることは，必ずしも望ましい状態ではない．

これらの点を考慮したうえで，アンカーの初期緊張力は，一般に設計アンカー力の50～100%程度とすることが多い．

（3）について　被圧地下水が存在する地層で用いるアンカーや除去を必要とするアンカー等，特殊な目的で使用されるグラウンドアンカーおよび繰返し荷重，衝撃荷重を受けるなど，特殊な条件で使用されるグラウンドアンカーは設計定数の設定が難しいことが多い．これらの場合には，使用目的に応じた調査や試験の結果を十分に検討して設計しなければならない．

1) 被圧地下水が存在する地層で用いられるアンカー　土留め工に用いるグラウンドアンカーの施工では，地下水位より深い位置でアンカーを施工することが多い．この場合，無対策で施工すると地下水が逆流して地盤を乱し，先に施工した近接アンカーの支持力を低下させたり，土留め壁背面に空洞ができるなどの原因となる．そのため，グラウト注入や止水ボックスの使用による止水を検討しなければならない．

2) 除去を必要とするアンカー　近年，市街地における土留め工に用いるグラウンドアンカー工法では，隣接敷地内に設置されたアンカーテンドンを工事終了段階で撤去する除去式アンカー工法の採用が増加している．

除去式アンカーはテンドンの定着方式によって，摩擦抵抗による方式と支持抵抗による方式に大別されるが，タイプごとにその構造，定着機構，除去メカニズム等を十分に考慮したうえで設計する必要がある．許容アンカー力の設定についても基本調査試験の実施を前提とする．また，除去後のアンカー孔の処理については，周辺地盤，構造物の沈下，埋戻し材の環境への影響を含めて十分な検討を行う必要がある．

参考文献
1) (社) 地盤工学会：グラウンドアンカー設計・施工基準，同解説，pp. 107-109, 2012.

5.4　特殊な土留め工の設計

特殊な土留め工の設計にあたっては，地盤条件，荷重条件，施工条件，構造形式，形状等を考慮し，それぞれの特性に応じて検討しなければならない．特殊な土留め工の例として以下のものがある．

1) 立坑土留め工の設計

> 2) 構造や荷重が非対称となる土留め工の設計
> 3) 二段土留め工の設計

【解　説】　一般に開削トンネルの土留め工の設計は，構造が左右対称でかつ奥行き方向に連続した状態を前提としている．ここでは，平面寸法に比べ鉛直方向の寸法が比較的大きい立坑土留め工，構造や荷重が非対称となる土留め工および掘削底面に段差を有する二段土留め工を特殊な土留め工の対象とする．

<u>1) 立坑土留め工の設計について</u>　立坑は，トンネル完成後には用途に応じて，駅施設，マンホール，出入口等の構築に利用されるが，トンネル施工時には発進および到達等の作業基地としての機能が必要となる場合が多い．たとえば，シールドの発進立坑では，シールド機の搬入，組立て，シールド掘進に伴う掘削土砂の搬出やセグメントの搬入等の作業が所定の計画工程にしたがって進められるようにしなければならない．シールドの作業に必要な空間を確保する方法として，土留め支保工に盛替えばり，多重火打ち，逆巻きスラブやかまちばりの採用等により仮設構造物の水平，鉛直方向の配置間隔を大きくしている場合もある（**解説 図 3.5.31**参照）．この場合，土留め壁の変位や応力は増加する傾向となるため，必要に応じて剛性の大きい土留め壁の採用等を検討する必要がある．

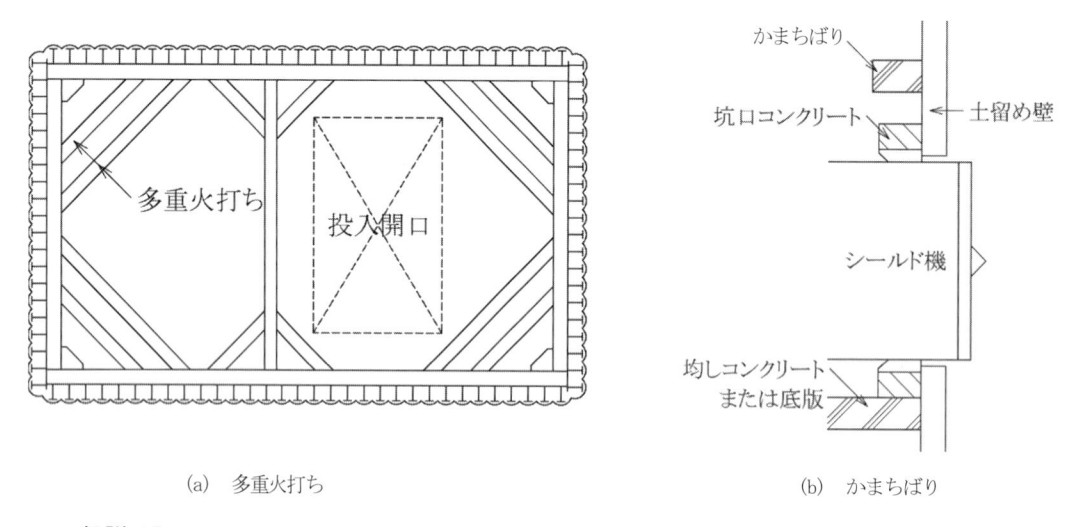

(a)　多重火打ち

(b)　かまちばり

解説 図 3.5.31　シールド作業に必要な空間を確保する方法の例（文献[1]を加筆修正）

　立坑土留め工は，基本的に開削トンネルと同様に二次元モデルを用いて設計するが，現実的には地盤あるいは土留め工の三次元的な効果が現れ，土留め壁の応力や変位等が実際と合わなくなる場合が多い．とくに，大深度では，不経済な土留め構造となることが考えられる．RC地下連続壁や鋼製地下連続壁のように水平方向の剛性が大きい土留め壁については，土留め工の三次元的な効果（形状効果）を設計に考慮することができる．地盤における三次元効果としては，四方からの拘束による掘削面側の地盤ばねおよび受働抵抗の増加が考えられる．

① 円形立坑の場合　土留め壁の変形量が小さいことから，設計に用いる側圧は，静止側圧が作用するものとする．ただし，円形立坑は偏荷重に対し構造的に弱いので，地盤の不陸，傾斜や施工時の不確定要素等による偏圧を考慮する必要がある．一般に偏圧としては静止土圧の10～20%程度が考慮されており，構造物の重要度，規模等により異なる．

　計算方法は，水平方向は円環断面として解析し，鉛直方向はリングばねを考慮した弾塑性法により解析を行う方法等がある．ただし，円形立坑は厳密には多角形構造物であり，等圧が作用する場合も断面内に曲げモーメントが発生し，その影響は立坑の半径が小さくなるほど大きくなるので注意が必要である．

　リングばねを算出する場合，土留め工の施工状況や掘削手順，地盤条件等を考慮して，状況に応じて適切に評価する必要がある（**解説 図 3.5.32**参照）．

② 矩形立坑の場合　平面規模の小さい立坑で，掘削平面の辺長の比が比較的小さい場合には，立坑の形状効

果を期待することができる．土留め壁の変形量が小さくなるため，設計に用いる側圧は，第3編 **2.5.2**の側圧より大きくなるが，静止側圧が上限となる．

立坑の形状効果を考慮した設計法として次の方法がある（**解説 図 3.5.33**参照）．

ⅰ）　円形立坑と同様に平面形状効果ばねの概念を導入する．

ⅱ）　掘削面側の地盤抵抗を考慮する（水平地盤反力係数および受働土圧の増加）．

ⅰ）の方法は，平面規模が小さく，ＲＣ地下連続壁や鋼製地下連続壁のように水平方向の剛性が大きく土留め壁間が水平鉄筋等で結合されて拘束効果が期待できる場合のみ適用できる．ⅰ）の方法で用いる形状ばねは水平方向の剛性をどのように見込むかにより，結果に大きな影響を与えることとなる．矩形立坑の場合，上記ⅰ），ⅱ）およびそのほかの要因が複合して形状効果が期待できると考えるのが一般的である．

したがって，矩形立坑の設計にあたっては，当該立坑の規模，土留め工の種類，地盤条件等を考慮のうえ，適切な設計手法で行う必要がある．

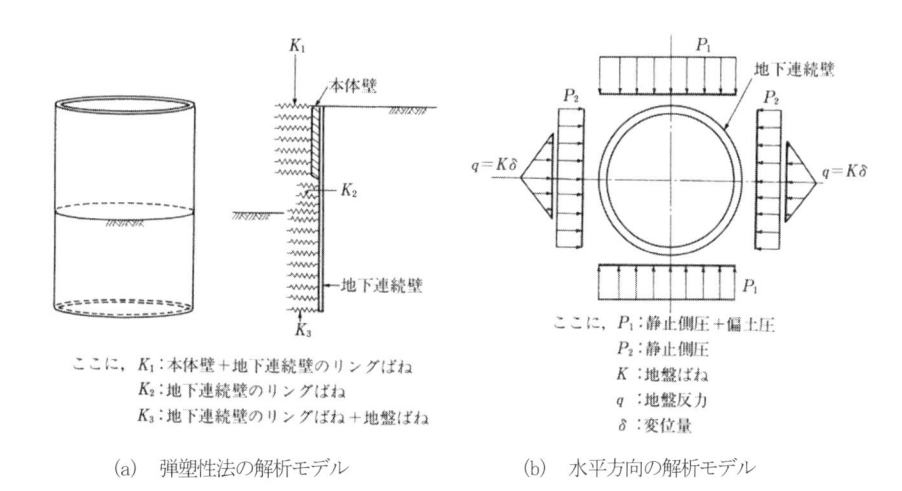

(a)　弾塑性法の解析モデル　　(b)　水平方向の解析モデル

解説 図 3.5.32　円形立坑の弾塑性法解析および水平方向の解析の例

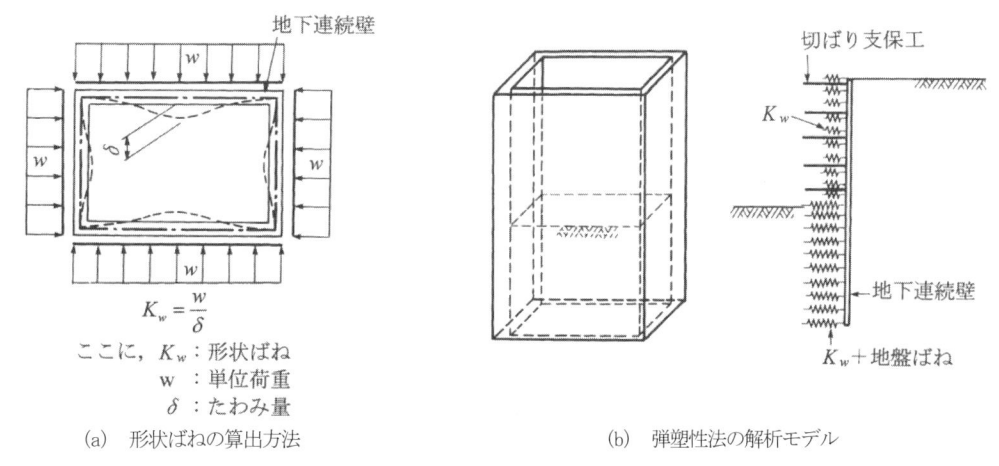

(a)　形状ばねの算出方法　　(b)　弾塑性法の解析モデル

解説 図 3.5.33　矩形立坑の弾塑性法解析の例

2)　<u>構造や荷重が非対称となる土留め工の設計について</u>　非対称土留め工には，相対する土留め壁の曲げ剛性や掘削深度が異なるなど，構造が非対称となる土留め工のほか，土留め壁背面に盛土，建物および河川等が存在する場合や相対する面の地質が異なる場合等，荷重が非対称となる土留め工がある（**解説 図 3.5.34**参照）．

相対する土留め壁の曲げ剛性が大幅に異なる場合や偏圧が大きい場合は，全体として片側へ傾斜するような非対称な挙動を示すことが多く，背面に作用する側圧が通常より大きくなることが想定される．そのため，土留め工に大きな応力や変形が生じ，土留め工全体の安定性が損なわれることが想定されるので，このような挙動を考慮した検討を行う必要がある．非対称土留め工の設計法としては，次のような手法がある．

① 相対する土留め壁の影響を考慮した弾塑性法による解析（**解説 図 3.5.35**参照）
② 相対する土留め壁を一体としたフレーム解析
③ 背面の土荷重を上載荷重として考慮した弾塑性法による解析
④ 有限要素法を用いた解析

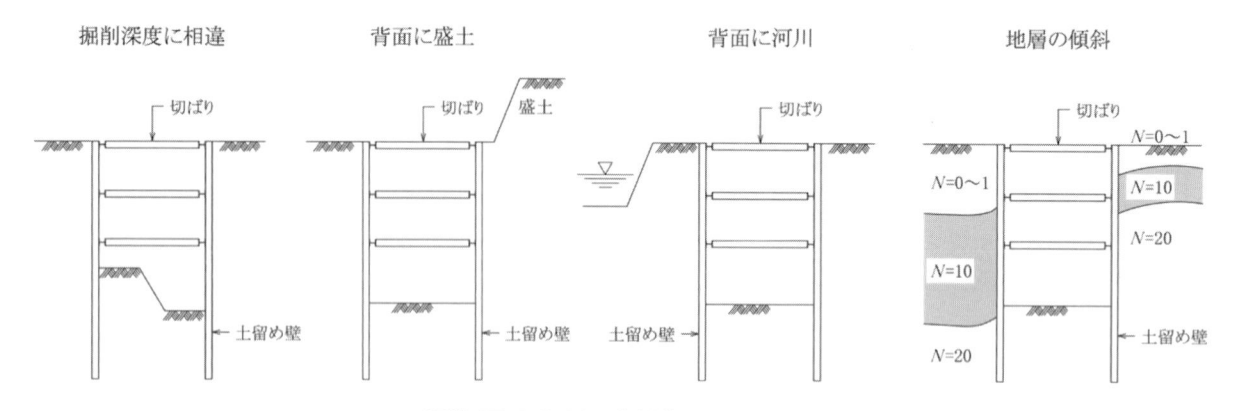

解説 図 3.5.34　非対称土留め工の例

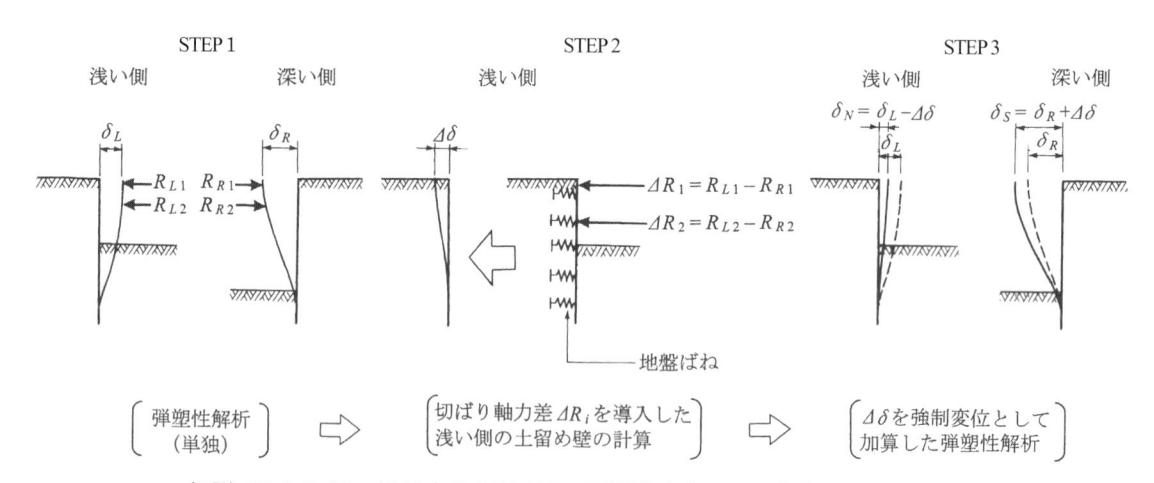

解説 図 3.5.35　相対する土留め壁の影響を考慮した弾塑性法による解析の例

3)　二段土留め工の設計について　掘削底面に段差を有する際，土留め壁を上下二段に分割し，上段を一次土留め壁，下段を二次土留め壁として施工する二段土留め工を採用する場合がある．二段土留め工では，一次土留め壁と二次土留め壁との水平距離に応じて背面側および掘削面側の側圧が変化すると考えられるため，側圧の設定にあたっては注意が必要である．

①　二次土留め壁に作用する側圧　二次土留め壁の掘削底面からの主働すべり線が一次土留め壁とその掘削底面の交点より内側に入る場合（**解説 図 3.5.36**(a)），一般の土留め壁と同様に背面地盤から独立して側圧が作用すると考えられる．これに対し，主働すべり線が一次土留め壁とその掘削底面の交点より外側に出る場合（**解説 図 3.5.36**(b)），一次土留め壁と二次土留め壁に作用する側圧は相互に影響を受けると考えられる．二次土留め壁に作用する背面側の側圧の考え方として，一次土留め壁と主働すべり線に囲まれた範囲の土荷重を上載荷重として考慮する方法等がある．

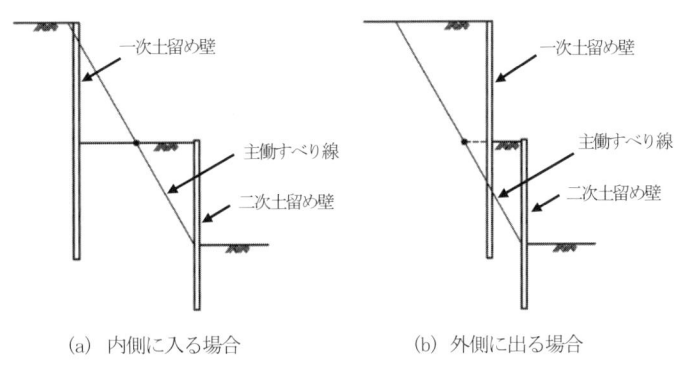

(a) 内側に入る場合　　　(b) 外側に出る場合

解説 図 3.5.36　一次土留め壁と二次土留め壁の水平距離

② 一次土留め壁に作用する側圧　一次土留め壁に作用する側圧の考え方として，**解説 図 3.5.37**(a)または(b)のように仮想掘削面を想定し，背面側の側圧は仮想掘削面以浅，掘削面側の受働抵抗は仮想掘削面以深のみを考慮する方法等がある．

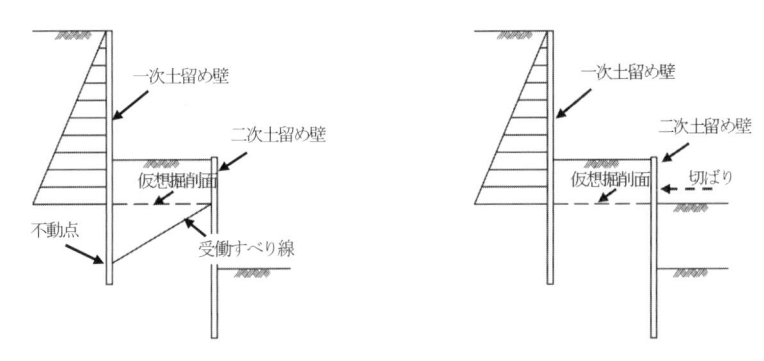

(a) 一次土留め壁の不動点からの受働すべり線と二次土留め壁の交点を仮想掘削面とする方法

(b) 二次土留め壁の切ばり設置前の掘削底面を仮想掘削面とする方法

解説 図 3.5.37　一次土留め壁に作用する側圧の例（文献[2]を加筆修正）

参考文献
1) (公社)土木学会：トンネルライブラリー第27号　シールド工事用立坑の設計, pp. 4-36, 2015.
2) (社)地盤工学会：根切り・山留めの設計・施工に関するシンポジウム発表論文集, pp. 190-193, 1998.

第6章 補助工法

6.1 一般

（1） 土留め工の設計にあたっては，地盤条件，周辺環境を考慮し，補助工法の採用について検討しなければならない．

（2） 補助工法は，安全かつ経済的なものを選定し，設計しなければならない．

【解　説】　土留め工の設計にあたっては，地盤条件，環境条件等から土留め形式のみによる計画よりも補助工法を併用することを前提に計画したほうが経済的で安定した土留め工となる場合が多い．

掘削深さに対して地下水位が高い場合，掘削底面以深に被圧地下水が存在する場合，地盤が軟弱な場合等には，土留め壁や掘削底面の安定が得られなかったり，掘削の作業能率が低下することが予想される．また，周辺に既設構造物や地下埋設物がある場合には，地盤の変位等により，これらの構造物に影響を与えるおそれがある．これらに対しては，土留め工のみで対処するよりも補助工法を併用したほうが安全で経済的となる場合もあるので，補助工法の効果を十分に検討し，仮設構造物の設計にあたるのがよい．

現在，種々の補助工法が実用に供されているが，代表的な種類を**解説 表 3.6.1**に示す．

解説 表 3.6.1　補助工法の種類と特徴

補助工法の種別		概　　要	特　　徴
地下水位低下工法	ウェルポイント工法	土留め壁に沿ってウェルポイントという小さなウェルを多数設置し，真空吸引して揚水する工法	・比較的透水係数の大きい砂層から小さい砂質シルトまでの広範囲の地盤に適用可能 ・揚水可能な深さは，実用上6m程度
	ディープウェル工法	地盤を削孔し，ストレーナ付きパイプを挿入，フィルター材を充填してディープウェルに重力によって地下水を集め，水中ポンプ等を用いて排水する工法	・比較的透水性の大きい地盤に適用（砂層，礫層） ・比較的透水性の小さく，帯水層が深い場合，真空ポンプによりディープウェルの井戸管内部を真空状態にし，地下水の井戸への流入を促進して排水する工法などが開発されている．
生石灰杭工法		地中に生石灰を適切な間隔で打ち込んで生石灰による水分の吸収および膨張圧によって周辺地盤を圧密させ，地盤の強度を増加させる工法	・軟弱なシルト，粘土，ロームに適用 ・近接施工となる場合は，地盤隆起等に注意し，排土式打設機を用いたり，緩衝孔による対策が必要となる ・機械施工は三点支持式杭打ち機を使用
浅層混合処理工法		セメントや石灰などの改良材と添加混合して地盤の圧縮性や強度特性を改良する工法．地盤上に散布して撹拌混合するものや，改良材スラリーをポンプ圧送し，撹拌翼などの先端から吐出させ撹拌翼などで撹拌混合する方法がある	・軟弱なシルト，粘土，ロームに適用 ・対象地盤の含水状態により，撹拌混合後，改良層を締め固める場合と締め固めない場合があり，施工法，施工機械に違いがある
深層混合処理工法	機械撹拌工法	・スラリー方式 ・粉体方式 撹拌翼または，オーガーを回転させながら所定の深度まで貫入させ，セメントや石灰系の固化材を圧送して原位置土と撹拌混合して，改良体を形成する工法	・硬質地盤以外に適用 ・完全ラップ施工が困難なため，高圧噴射工法と併用することがある ・施工機械は，三点支持杭打ち機，またはバックホウタイプを使用
	高圧噴射撹拌工法	・スラリー噴射方式 ・スラリー，エア噴射方式 ・スラリー，エア，水噴射方式 高圧ジェットによって地盤を切削し，土と固化材を撹拌混合するか，あるいは切削によってできる空隙に固化材を充填し，原地盤を固化材で置換改良する工法．土の切削方法には，固化材を高圧で噴射するもの，固化材と空気を高圧で噴射するものおよび高圧水と圧縮空気を噴射し，空隙を作りながら固化材を充填する方法がある	・硬質粘性土を除いてほとんどの地盤に適用可能，機械撹拌工法に比べて高強度の改良が可能 ・大口径の改良体の造成が可能 ・完全ラップが可能なため，不透水層の造成が可能 ・施工機械が基本的に小型なボーリングマシンを使用 ・機械撹拌工法に比べて高価

解説 表 3.6.1 補助工法の種類と特徴（つづき）

補助工法の種別		概　要	特　徴
深層混合処理工法	機械撹拌高圧噴射撹拌併用工法	機械撹拌による改良体の造成に加え，撹拌翼先端からの噴射により比較的大きな径の改良体を造成する工法	・硬質地盤以外に適用 ・改良体どうしおよび改良体と土留め壁とのラップ施工も可能 ・施工機械は三点支持式杭打ち機あるいはバックホウタイプ ・高圧噴射撹拌工法に比べて安価
薬液注入工法	・二重管ストレーナ方式 ・ダブルパッカー方式	注入材（薬液）を地盤中に圧力注入することにより，土粒子の間隙や地盤中の割れ目を充填し，地盤の止水性の増加や強度増加を図る工法	・基本的に砂質土地盤に使用 ・止水層としての造成は，複列打ちが基本 ・施工機械は小型なボーリングマシンを使用
凍結工法	・直接法（低温液化ガス方式） ・間接法（ブライン方式）	地中に埋設した鋼管中に冷却液を循環させ凍土壁を形成する工法	・直接法は現場に冷凍設備が不要なため急速な凍結が可能であるが，間接法と比較して凍結対象土量が多い場合高価となる ・間接法は，設備が大規模となる ・凍土壁の形成には比較的長期間を要するので，凍結期間をあらかじめ見込んでおく必要がある ・凍結による地盤の隆起に対し，緩衝孔等による対策が必要となることがある

6.2　補助工法の選定

補助工法の選定にあたっては，使用目的，地盤条件，環境条件等を考慮したうえで，安全性，信頼性，経済性および工程等を検討し，適切な工法を採用しなければならない．

【解　説】　補助工法の選定にあたっては，掘削に伴う地盤，地下水および近接構造物等の挙動を事前に検討しておく必要がある．解説 表 3.6.2に補助工法の使用目的と適用工法の例を示す．

解説 表 3.6.2　補助工法の使用目的と適用工法の例

補助工法の使用目的	適用できる補助工法	補助工法による効果	対象地盤
ヒービング防止	生石灰杭工法 深層混合処理工法	地盤強度増加	粘性土
ボイリング防止	薬液注入工法 深層混合処理工法	透水係数の改善	砂質土
	地下水位低下工法	作用水圧の低減	砂質土
盤ぶくれ防止	薬液注入工法 深層混合処理工法	不透水層の造成 土留め壁との付着力増加	粘性土，砂質土
	地下水位低下工法	作用水圧の低減	砂質土
土留め壁の応力および変形の低減	生石灰杭工法 深層混合処理工法	受働土圧の増加 地盤反力係数の増加	粘性土，砂質土
土留め壁欠損部防護	薬液注入工法 深層混合処理工法 凍結工法	代替壁の造成 擬似壁体の造成	粘性土，砂質土
止水，遮水	薬液注入工法 深層混合処理工法 凍結工法	不透水層の造成	砂質土
既設構造物の変状等防護	深層混合処理工法 鋼矢板工法	緩衝壁の造成 遮断壁の構築	粘性土，砂質土
掘削時のワーカビリティおよびトラフィカビリティの向上	浅層混合処理工法 生石灰杭工法 深層混合処理工法	地盤強度増加 掘削土の含水比の低下	粘性土
掘削土のコンシステンシー改善	浅層混合処理工法 生石灰杭工法	含水比の低下	粘性土

6.3 補助工法の設計

　補助工法の設計にあたっては，使用する補助工法の目的および特性を明確にし，全体の土留め構造に配慮しなければならない．補助工法の設計に用いる定数は，対象地盤の物性を十分に検討のうえ，決定しなければならない．

【解　説】　補助工法には種々の工法があり，その設計法も使用目的および工法によって異なるのが実情である．地盤強度増加を目的に深層混合処理工法を適用した場合，杭状改良や掘削幅に対して改良体厚が薄い場合では改良体の抜け出しや曲げの検討など実際の力学状態を考慮して適切な検討を実施する必要がある．したがって補助工法の設計にあたっては，目的と適用する工法の特性を十分に考慮する必要がある．工法によっては，土質性状により所定の改良強度および改良径が得られないことや，施工深度が深くなった場合には所定の位置に改良体の造成ができないこともあるので，設計時に改良強度や改良径の低減，改良厚さを割増すなどの配慮が必要である．

　補助工法の設計に用いる諸定数は，調査および試験結果にもとづいて決定することを原則とするが，時間的な制約等から過去の実績等によって推定する場合も多い．この場合，同様な地盤および施工条件での実績であることを確認するとともに，施工後の早い段階において諸定数を確認しなければならない．補助工法の設計の考え方の一例を資料編【3-6】に示す．

第7章　周辺への影響検討

7.1　一　　般

仮設構造物の設計にあたっては，周辺への影響を適切に評価し，必要に応じて対策を検討することを原則とする．

【解　説】　開削工事における土留め壁の設置や掘削に伴い，土留め壁の変形による背面地盤の沈下等の影響や，土留め壁が地下水流を遮断することに伴う地下水の流動阻害，土留め壁撤去時の地表面沈下など，土留め壁周辺の地盤変位や地下水位の変化が生じ周辺構造物および周辺環境への影響が予想される場合がある．

そのため，仮設構造物の設計段階で周辺への影響を適切に評価し，必要に応じて対策工の検討を行うことを原則とする．

また，周辺への影響度は，範囲を求め検討を行うことが一般的である．このとき，周辺構造物への影響が予想される場合は，事前に構造物管理者と協議のうえ，対策工を検討する必要がある．

なお，開削工事の施工過程における周辺地盤の変位および周辺構造物への影響と要因について次に示す．

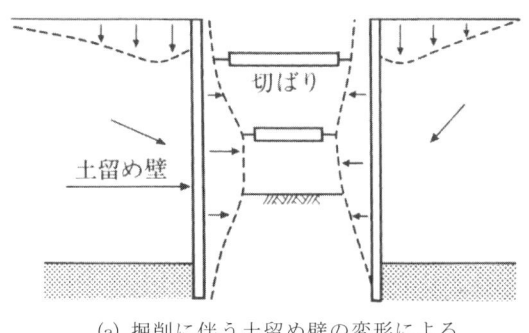

① 施工時及び支保工撤去時の土留め壁の変形による地盤変位
② 地下水位の低下による地盤沈下
③ 土留め壁の造成による地下水の流動阻害
④ 掘削底面の変状による変位
⑤ 土留め壁の設置および撤去による変位

これらの影響は施工過程の各段階で発生するが，その要因と適切な抑制方法を検討することが重要となる．

<u>1) 施工時および支保工撤去時の土留め壁の変形による地盤変位について</u>　土留め壁の変形による地盤変位を，逐次掘削過程で追ってみると，**解説 図 3.7.2**のようになる．一次掘削時には，土留め壁の頭部の変形が最大となり，周辺側地盤の地表面沈下は壁際が最大となる沈下分布となる．二次掘削時には，壁は切ばり位置で水平変位が拘束され，掘削底面付近が最大となる弓形の変形となる．地表面沈下の分布は，一次掘削時に生じた沈下分布に，二次掘削によって増加した土留め壁の変形分布を地表面方向に90°回転させたものを加えた形に近いものとなり，壁際が小さく，壁から少し離れた位置で最大となる．以後，最終掘削まで，各段階の土留め壁の増分変形分布を地表面方向に90°回転させた形を累加したような地表面沈下分布となる．

(a) 掘削に伴う土留め壁の変形による地盤変位

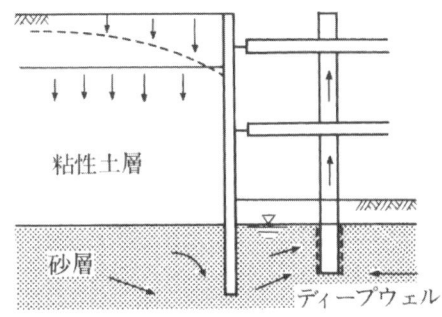

(b) 排水に伴う地下水位低下による粘性土の圧密沈下

解説 図 3.7.1　主たる要因による周辺地盤の変位の模式図

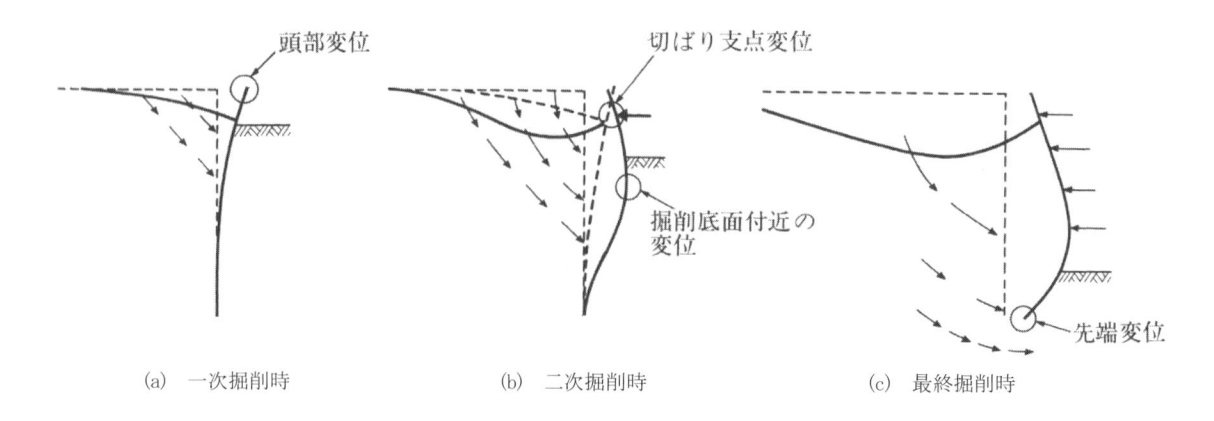

(a) 一次掘削時　　　(b) 二次掘削時　　　(c) 最終掘削時

解説 図 3.7.2　掘削過程による土留め壁の変形と周辺地盤の変位

　掘削時の土留め壁の変形を算定するには，一般に弾塑性法を用いるが，入力値が計算結果に大きく影響するため，土留め工の各部材，土圧および水圧，地盤定数等を十分検討して定める必要がある．また，計算結果についても，類似事例の実測値と比較するなどの検討を行うことが重要である．

　また，切ばり支保工等の撤去時においても土留め壁の変形量は累積されるため，最終埋戻し状態までの変形を確認することが望ましい．

　2)　地下水位の低下による地盤沈下について　地下水位以深の掘削を行う場合に，土留め壁周辺地盤の地下水位が低下することがある．周辺地盤に粘性土層や腐植土層等があれば，圧密沈下が生じる可能性がある．圧密沈下は，それらの層の地下水位が低下する前の有効土被り圧に地下水位低下による有効応力の増加分を加えた値が，現況地盤の圧密降伏応力より大きい場合に生じることになる．圧密沈下量が大きく周辺への影響が懸念される場合には，土留め壁の種類に遮水性のものを選定するなどの対策が必要である．

　砂礫層等の帯水層を掘削する場合には，ディープウェル工法等で掘削面側の地下水位を下げることがあるが，掘削場所の周辺地盤に圧密沈下を起こしそうな層が見あたらない場合でも，工事現場から遠く離れた場所で粘性土層の圧密沈下を誘発させることがある．このような影響を避けるためには，地下水位低下の影響範囲を揚水試験等により予測し，その範囲内の粘性土層の有無を調べておくことが重要である．緩い砂地盤の場合は間隙水圧の減少による体積収縮に伴って，即時的な沈下が生じることがある．

　また，周辺地盤の圧密沈下は，数年から数十年といった長期間にわたる場合もあるので注意が必要である．

　3)　土留め壁の造成による地下水の流動阻害について　遮水性の土留め壁の設置により，地下水の流れが遮断されて，上流側の水位が上昇（ダムアップ）し下流側で低下（ダムダウン）することがある．ダムアップ側では，地中構造物の浮き上がり，直接基礎の支持力不足，液状化範囲の増加，樹木の根腐れ等が発生する可能性がある．ダムダウン側では，粘性土層の圧密沈下，井戸枯れ等が生じる可能性がある．上記のような影響を確認するためには，まず，地下水の流れがあるか否かを地盤調査等により確認し，必要に応じて広域の浸透流解析等を併用して，影響範囲等を検討することが望ましい．また，不透水層を挟んだ上下の滞水層は，地下水の使用目的や水質が異なる場合があるため，流動阻害対策を行う場合は，各帯水層の水が混ざらないような対応を検討する必要がある．

　4)　掘削底面の変状による変位について　ヒービング，ボイリング（第3編 5.2.1 参照），リバウンド等による掘削底面の変状により，周辺および周辺構造物への影響が考えられるので掘削底面の安定とともに十分な検討が必要となる．

　リバウンドとは，掘削による排土重量の応力解放に伴って，掘削底面および周辺の地盤や構造物が浮き上がる現象である．浮上がり量は，掘削底面内の中央部で最も大きく，土留め壁に近づくにしたがって小さくなるのが一般的である．逆巻き工法による開削トンネルの施工においては，床版を支持する中間杭が上方に浮き上がることにより，床版に予想外の力が作用するので注意が必要である．また，掘削底面の下に埋設管や地下構造物がある場合，リバウンドによってこれらの構造物に変形を及ぼすことがあるので注意が必要である．

　5)　土留め壁の設置および撤去による変位について　地下連続壁の造壁時においては，溝壁の安定について適

切な方法により評価を行い，安全性を確認する必要がある．また，土留め壁には撤去を前提として計画されるものもあるが，土留め壁の撤去の際に発生する振動や，引抜きや撤去後に発生する地盤の緩みや空隙により，周辺地盤が変形することもある．したがって，引抜きの工法の選定や空隙充填，締固め等，施工計画を立てるうえで十分注意が必要である．

7.2 土留め工周辺地盤および周辺構造物への影響に関する検討

土留め壁の設計にあたっては，掘削の規模と形状，土留め工の形式，地盤性状等を考慮し，必要に応じて周辺地盤や近接する周辺構造物等に与える影響について検討を行わなければならない．検討方法は，現場状況を十分に考慮し，適切な方法を選択する．

【解 説】 開削工事が周辺に与える影響は，掘削規模，形状，土留め工の形式，地盤性状，地下水位，施工方法等に関係しており，検討にあたってはこれらの条件を十分に加味する必要がある．

1) 周辺地盤の変位予測について　開削工事による周辺地盤の変形量を事前に予測することは非常に大切であるが，正確な値を求めることは難しい．予測手法としては類似する他現場の実績による手法，現場データをもとにした簡易な予測手法，数値解析による手法等があり，個々の現場の状況に応じて適切な手法を選択しなければならない．

① 簡易手法による予測　開削工事に伴う周辺地盤の変形量を簡易に推定する方法には，さまざまな方法があり，代表的な手法を以下に示す．そのほか，N値および土留め工の諸定数より推定する方法もあり，資料編【3-7】を参照されたい．

ⅰ) ペック (Peck) の方法　地表面沈下の分布を，多くの実測例をもとに，沈下量と土留め壁からの距離を掘削深さで除した無次元化量を関係図として示したものである．地盤の種別により三つの領域に区分しており，土留め壁の種類としては鋼矢板や親杭横矢板等の剛性の小さいものによるものである．

ⅱ) 土留め壁の変形量から求める方法　弾塑性法等から得られた土留め壁の水平変位をもとに周辺地盤の鉛直変位を簡易に推定（土留め壁の最大水平変位の1/2等）するものであり，土留め壁の変形に伴う変形土量と地表面の沈下土量が等しいとして沈下を推定する．また，地下水位の低下の影響が考えられる場合には，別途圧密沈下量を計算し，土留め壁の変形による沈下量に加える必要がある．

② 数値解析による予測　各種の簡易手法による変位から周辺地盤への影響が予測される場合や簡易予測手法では十分検討できない場合等では，有限要素法等の数値解析による検討を行う必要がある．

数値解析手法としては一般に，二次元有限要素解析を用いる場合が多い．解析に際しては地盤や土留め工等のモデル化や境界条件の設定が解析値の精度に影響するため，現場状況を十分に照査したうえで，解析モデルを決定する必要がある．

開削トンネルの施工に伴う周辺地盤への影響に関する数値解析の代表的なものを以下に示す．

ⅰ) 応力，変形解析　力のつり合い条件によって，地盤への載荷および除荷に伴う応力状態や変形状態を求めるものである．解析には二次元，三次元があり，現場状況等に応じて使い分けることが望ましいが，一般には比較的簡易であり時間もあまりかからない二次元解析を用いることが多い．また，リバウンドのように引張力を評価しなければならない場合には，土の変形特性を十分に検討する必要がある．

ⅱ) 浸透流解析　土留め工の設置や掘削に伴う地下水の挙動を推定する場合には，浸透流解析が用いられる．浸透流解析においても二次元，準三次元，三次元解析があり，求めるパラメータや計算に要する時間，解析精度によって適切なものを選択する必要がある．浸透流解析では，掘削等に伴う変形量を直接求めることはできないが，この解析によって求められた水位変化量等を用いて圧密計算等を別途に行うことにより，地盤の変形量を推定することができる．

ⅲ) 土水連成解析　粘性土地盤において過剰間隙水圧の発生，消散の影響が無視できない場合には，間隙水の挙動も考慮する必要があるため，ⅰ)に示した応力，変形解析と，ⅱ)に示した浸透流解析の双方を連成（カップ

リング）させた解析を行う．土水連成解析においては，土の力学的特性と，水理学的物性が必要となる．

<u>2） 対策工について</u>　土留め工周辺地盤の変位による既設構造物や地下埋設物への変状および地下水の流動阻害等，周辺への影響が大きいと考えられる場合は，影響を及ぼす要因に応じて，次のような対策工を検討する．

① 土留め壁の変形を抑える方法

ⅰ） 曲げ剛性の大きい土留め壁を採用する．

ⅱ） 各段階の掘削終了後，すみやかに腹起しや切ばり等の支保工を設置し，必要に応じてプレロード工法を採用する．

ⅲ） 施工に支障とならない範囲で支保工の鉛直間隔を短くする．

ⅳ） 掘削面側の地盤を改良して受働抵抗を増加させる．また，必要に応じて，先行地中ばりを設ける．なお，軟弱粘性土地盤の場合，掘削面側の地盤改良により，土留め壁が背面側に過大に変形しないように注意する必要がある．（資料編【3-6】参照）

ⅴ） 逆巻き工法を採用する．

② 地下水位の低下を抑える方法

ⅰ） 遮水性の高い土留め壁を採用する．施工条件等により採用できない場合は，土留め壁背面側を薬液注入工法等により改良し，遮水性を高める．

ⅱ） 土留め壁の根入れ先端を難透水層へ貫入する．難透水層が存在しない場合は，根入れを長くし，土留め壁先端から掘削面側に回り込む地下水の流線を長くする．

ⅲ） 地下埋設物等により土留め壁に不連続部が生じる場合は，地盤改良工法等により，土留め壁等の遮水性を確保する．

ⅳ） 地下水位低下工法で揚水した地下水を周辺地盤に戻すなどの復水工法を採用する．この場合，水質を変化させないなど施工計画に留意する．

ⅴ） 掘削底面からの地下水の湧出を防ぐため，地盤改良等により掘削底面下を難透水層にして遮水性を確保する．

③ 地下水の流動阻害を抑える方法　地下水の流動阻害を抑える方法としては，地下水の集水，涵養と，その間の通水の組合せにて対策を実施する．

ⅰ） 集水，涵養工法（**解説 図 3.7.3**参照）

集水・涵養工法の選定にあたっては，遮断される帯水層と構造物の位置関係により適用性が異なるため，十分注意が必要である．

a） 土留め壁を引抜く等により遮断物を撤去する

b） 土留め壁内側から掘削背面側の滞水層にパイプを挿入し，地下水の集水，涵養を行う

c） 集水，涵養機能を有する部材を土留め壁の一部に取付け，地下水の集水，涵養を行う

d） 土留め壁の外側に井戸を設置して，地下水の集水，涵養を行う

また，土留め壁を引抜くなど遮断物を撤去する場合は，周辺地盤の変形に対して十分注意が必要となる．

ⅱ） 通水工法（**解説 図 3.7.4**参照）

a） 埋戻し材として透水性材料を用い，構築物上部を介して通水する

b） 通水パイプを設置して通水する

c） 構築物下部の帯水層を介して通水する

集水，涵養工法と通水工法の組合せには適合性の良否があるため，適合性の高い方法を選定する必要がある．また，工法によっては，施工時期に制約を受けるため，施工中の影響度を考慮し，工法選定を行う必要がある．なお，a）のように透水性材料で埋戻す場合，埋戻し部分に不透水層が介在する地盤においては，滞水層毎の水質への影響を考慮し，不透水層部は不透水性の材料で埋戻しを行うことが望ましい．

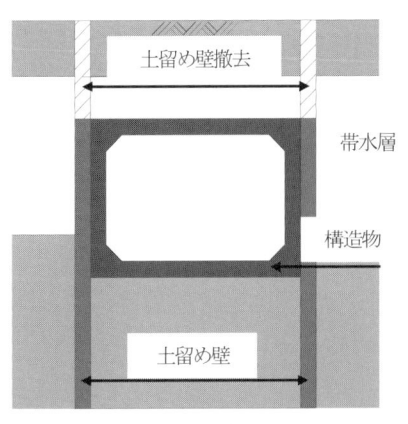

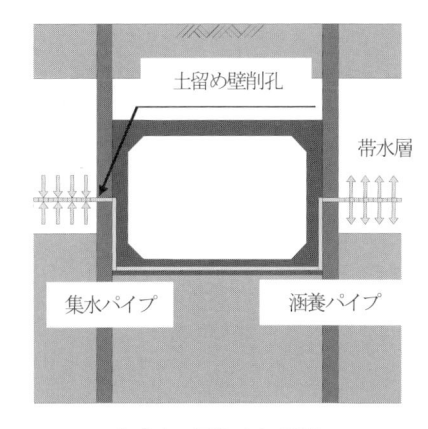

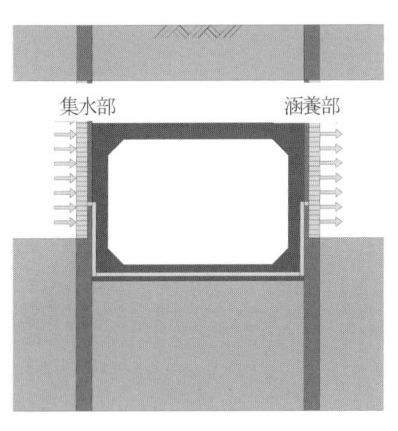

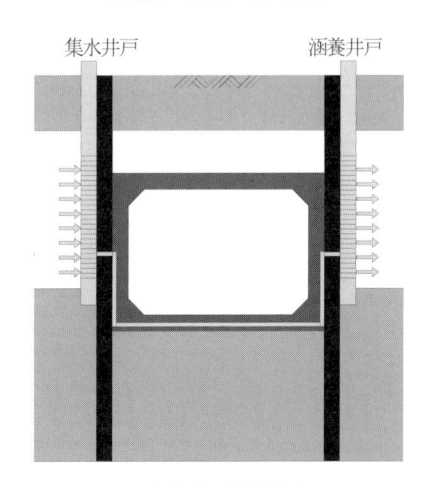

解説 図 3.7.3 集水, 涵養工法の分類

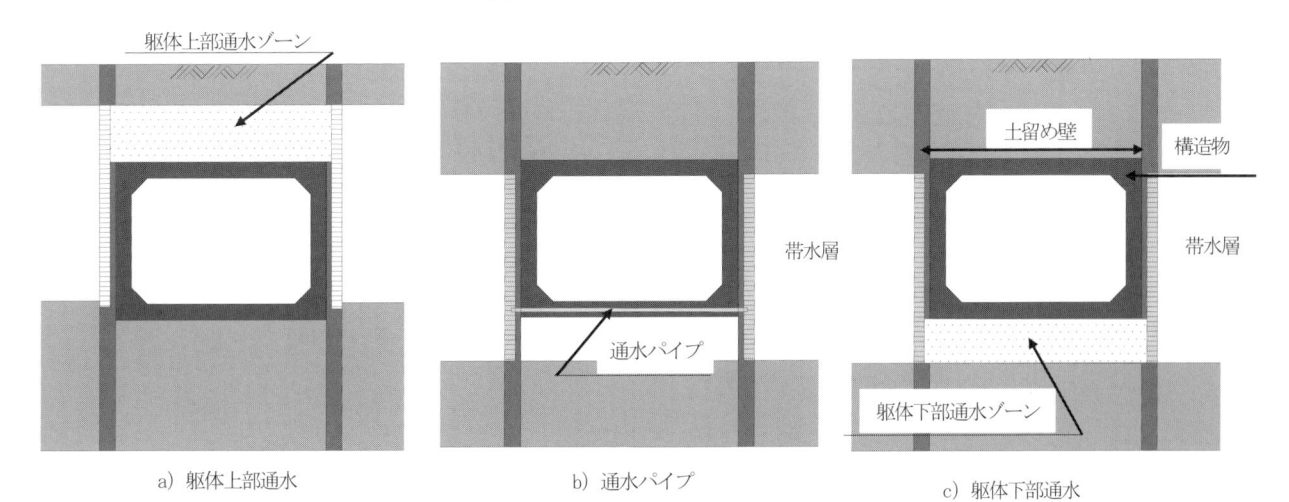

解説 図 3.7.4 通水工法の分類

④ 掘削底面の変状（リバウンド）による影響を低減させる方法
  ⅰ) 地盤改良により掘削底面の強度を増加する
  ⅱ) 分割施工を行う

第4編 施 工

第1章 総 則

1.1 施工計画

> 開削トンネルの施工に先だち，立地条件，支障物件，地盤，環境保全等の調査結果にもとづき，工事の規模，工期，地盤条件，道路占用条件，支障物件の処理方針，環境保全対策等を考慮して，安全かつ経済的な施工計画をたてなければならない．

【解 説】 設計されたトンネルの断面，延長，掘削深さ，定められた工期にもとづき，地盤条件，道路の占用条件や使用条件，架空線および地下埋設物の処理方針，沿線の環境条件に応じた安全で経済的な施工方法を計画しなければならない．また，この基本的な施工計画にもとづき各作業について詳細な施工計画をたてなければならない．

施工計画にあたって，使用機械の種類や台数，工事用電力の受配計画，給排水計画，再生資源利用促進計画，廃棄物処理計画，工事用材料の需給計画等にも十分に配慮しなければならない．

また，工事中はICT（情報通信技術）およびISO9001等を活用し，施工計画にそって工事が適切かつ効率的に実施できるように管理することが望ましい．

1.2 施工法の変更

> 開削トンネルの施工に際して，施工法が現場の状況に不適当と認められたときは，すみやかに適切な措置を講じるとともに，遅滞なく，その変更を行わなければならない．

【解 説】 着工前の調査を入念に行っても，地質，埋設物，その他の諸条件を全線にわたって詳細に把握することは困難である．したがって，施工に際して，地盤の状態，地下水，埋設物，交通状況，沿線関係等が設計条件と異なる場合もある．このような場合，安全を第一に考えて臨機の処置を行うとともに，施工法が現場の状況に不適当と認められたときは，より適切な施工法に変更し，工事の進捗に支障のないようにしなければならない．

第2章　測量，調査および支障物の処理

2.1　一　　般

（1）　測量は，施工順序に従い，その目的を十分に考慮して必要な精度を確保できるよう，綿密に行わなければならない．

（2）　工事に先立ち，設計図書にもとづいて現場の各種状況の調査および検討を行い，施工に支障する物件を処理しなければならない．

【解　説】　(1)について　トンネルの測量は，一般に非常に高い精度が要求される．しかも開削トンネルは，躯体を小さなブロックに区切って断続的に築造するのが一般的であるため，各ブロック相互の縦断方向の連続性には，とくに留意しなければならない．したがって，仮設構造物施工時，躯体施工時を問わず，たえず相互関連をもった綿密な測量が必要である．

トンネル工事に必要な各種の測量は，その地域の地形，トンネルの規模，施工方法等により，目的に応じた精度と方法で適宜行われるため，必ずしも一定の方式や順序で実施されるとは限らないが，標準的な方法を手順に従って示すと**解説 表 4.2.1**のとおりである．

解説 表 4.2.1　工事中の測量

区　分	時　期	目　的	内　容	成　果
トンネル中心線測量	着手時	各種施工測量のための基準点の設置 引照点の設置	三角測量または トラバース測量 水準測量	基準点 引照点 引照点位置図
水準基点測量	施工前	各種施工測量のための水準基点の設置	水準測量	水準基点
現況測量	施工前 施工中 完成時	工事により撤去されるものの復元資料 工事により影響を受けるおそれのある範囲の地表面及び近接構造物の変状把握	平板測量 支距測量 水準測量	1/100～1/200の平面図および標高図
杭打ち線測量	杭打ち前	杭（地下連続壁等を含む）の施工位置の設定	支距測量	杭施工位置
路面作業施工時の測量	各作業施工中	杭（地下連続壁等を含む）の打止め高さ，覆工桁の位置，高さの決定	支距測量 水準測量	仮設物の位置および高さ
掘削時の測量	掘削中	坑内仮水準点の設置，切ばり設置位置，掘削深さ等の設定	水準測量 支距測量	仮設物の位置および高さ
坑内への中心線導入測量	基礎敷き（コンクリート）および下床コンクリート施工直後	坑内各種施工測量のための基準点の設置 水準基点の設置	トラバース測量 水準測量	坑内基準点 水準点
躯体築造時の測量	躯体築造作業前	躯体各部の位置決定	支距測量 水準測量	型枠建込位置
トンネル内完成測量	トンネル完成時	トンネル施工精度の確認	トラバース測量 支距測量 水準測量	設計値と施工値との誤差
地表面復元のための測量	地表面復元作業施工中	道路その他，地表面構造物の復元のための位置および高さの決定	トラバース測量 支距測量 水準測量	復元する物件の位置および高さ

(2)について　工事の施工は，設計図書にもとづいて行うが，施工にあたっては，まず現場の各種状況，すなわち，地下埋設物，架空線，道路の付属施設，沿線建造物，地盤，路面交通等を調査検討し，施工に支障する

物件については管理者と協議のうえ，移設や撤去等の処理を行わなくてはならない．

> **2.2 工事中の測量**
> （1） トンネル中心線測量　開削トンネルの施工に先だち，中心線および縦断測量を行い，これらの基準となる適切な基準点を設けなければならない．
> （2） 水準基点測量　水準基点は，一等水準点またはこれに準じる点を原点として設けなければならない．
> （3） 現況測量　工事のために掘削する地表面や，一時撤去する構造物および工事により影響を受けるおそれのある近接構造物は，工事終了後の復元のため，位置，高さ，仕様等の現況を測量し，記録しておかなければならない．
> （4） 施工時の測量　杭打ち線測量，路面作業施工時の測量，掘削時の測量，躯体築造時の測量等，施工のための測量は，トンネル中心線，水準基点をもとにして，トンネルの構造や線形等に応じて適切な精度で行わなければならない．
> （5） 坑内への中心線導入測量　坑内への中心線および基準点の導入は，とくに精密に行わなければならない．
> （6） トンネル内完成測量　躯体完成後，トンネルの大きさ，線形等を考慮して，中心線の測点および基準点を適当な間隔で設置し，線形，内空寸法，勾配等の確認のための測量を行わなければならない．
> （7） 地表面復元のための測量　地表面復元のための測量は，路上施設等の復元が可能な精度で行わなければならない．

【解　説】　トンネルの測量は連続性がとくに重要であり，一つの工区の測量を行う場合も，隣接工区との関連に留意して，点だけでなく，方向，延長についても十分に照合しなければならない．

（1）について　中心線測量は，工事計画の際に行われるのが一般的であるが，施工に際しては，この工事計画時の測量結果の再確認および施工上必要とする基準点の整備のための測量を行わなければならない．

市街地においては，地形上の制約からトラバース測量によることが多いが，十分な精度をあげられるよう選点，測定を慎重に行う必要がある．基準点はもちろん施工中に必要な測点は，移動したり，紛失したりすることのないように注意しなければならない．

また，工事による地表面への影響，交通あるいは他工事の影響で，測点が移動するおそれのある場合には，それに備えて引照点を設置する必要がある．

（2）について　水準基点は，トンネル自体の水準測量の基点となるばかりでなく，工事中および工事終了後の路上施設物，地表面変動等の観測に長期にわたって使用されるので，その位置，構造等に十分に留意するとともに，定期的に観測し，常に修正して使用しなければならない．

（3）について　工事に支障するため，一時撤去したり，工事の影響を受けて変状を生じた構造物は，工事終了後，原形に復旧するのが普通であり，このためには，工事着手前に詳細な現況測量を行い，資料を整理しておく必要がある．これらの測量は，トンネル中心線とは別に，道路の官民境界付近に基準線を設定して行う．

また，工事の影響を受けるおそれのある範囲の路面や構造物については，適宜，測点を設けて施工中も定期的に測定を行い，変動に対して適切な処置がとれるよう，その挙動を把握しておかなければならない．

（4）について　杭打設（地下連続壁等の施工を含む），路面覆工等の地上施工時の測量は，トンネル中心線，水準基点をもとにして行わなければならない．しかし，施工中に測量を行うと作業が錯綜するので，前もって施工位置付近に実際の線からある寸法だけ離して設置する逃げズミや，工作物の高さ，形等を貫材（ぬきざい）を使って明示する遣方（やりかた）等を出しておき，これらを用いて簡便，迅速に，位置や高さを決めるのが一般的である．坑内施工中には，切ばりの設置，掘削深さの確認，躯体の築造等のための測量を行う．水路トンネルでは高さ（勾配）や内空寸法に，鉄道や道路トンネルでは線形や内空寸法に，高い精度が要求される．

躯体築造のための測量は，一度だけではなく，必ず検測を行って正確を期さなければならない．

　(5)について　坑内への中心線および基準点等の導入は，路面覆工の一部を開口して行うが，通過車両による振動等で精度を保つことがむずかしくなる．このため交通量の少なくなる深夜や休日等に短時間で要領よく行うのがよい．また，この測量を行う時期は，坑内外にホッパー，防護塀，資機材等があり，視準線の障害になることが多いので，前もって対策をたてておく必要がある．なお，この測量は，小ブロックごとに行うことが普通であるが，トンネルの連続性確保のため，隣接ブロックとの関連にも十分に留意しなければならない．

　坑内の測点の設置は，まず基礎敷き（コンクリート面）の上に基準点を設け，下床コンクリート打設後，その上に再び盛替えるが，柱や壁が支障する場合は，これを避けて設置するのがよい．

　(6)について　完成したトンネルの線形，内空寸法，勾配等は，相当区間について，トンネル完成後の早い時期に測量を行って，設計図との差異を調査し，付属設備取付けへの影響について確認しておかなければならない．

　(7)について　この測量は路面の構造，路上施設等の復元のために行われるもので，とくに境界石や排水施設等の位置および高さ等は，適切な精度の測量が必要である．

2.3　調査および支障物の処理

　土留め壁の施工に支障する地下埋設物，架空線，道路の付属施設等は，事前に管理者と協議のうえ，移設するなどの処置を行わなければならない．

【解　説】　地下埋設物については，一般に設計時点に台帳調査，人孔調査，試掘等によって，地下埋設物の種類，位置，深さ，形状を調査して，埋設物平面図が作成されているが，調査漏れや，位置，深さが不確実な場合がある．したがって，事前に杭等の打設予定位置周辺で試掘等を行い，埋設物管理者立会いのもとに地下埋設物の現地確認を行う必要がある．この結果，杭等の打設予定位置に埋設物が存在することが確認された場合には，打設位置の変更や，管理者と協議のうえ埋設物を杭打ちに支障しない位置へ移設するなどの処置を行う．また，杭打ちに支障する架空線等についても，同様の処置をとる．

　なお，道路部での施工において近隣に工事用地が確保できない場合には，道路上に常設の作業帯を設置するために，歩道幅員を縮小する歩道切削を施工することもある．

第3章 土留め壁

3.1 布掘り，仮覆工
3.1.1 一般

土留め壁の施工に先だち，設計図書にもとづいて現場の各種状況の調査および検討を行い，布掘りを行って埋設物の有無を確認しなければならない．

【解 説】 土留め壁の施工は，設計図書にもとづいて行うが，施工前には，土留め壁施工位置全長にわたって布掘りを行い，さらに探針を実施して地下埋設物の有無を確認する．探針により埋設物の存在を予知した場合は，つぼ掘り等によって位置を確認する必要がある．また，とくに深い場合の位置の確認方法には，深礎掘削等による方法もある．これらの作業に際しては，埋設物管理者と，事前に立会い方法，地下埋設物の防護方法，緊急時の対策，その他保安上の措置等について協議しておく必要がある．

土留め壁の施工に先だって行う事項は，一般的に次の順序で実施される．

① 埋設物管理者事前協議
② 試掘（地下埋設物の位置確認，杭打ち平面図作成）
③ 埋設物管理者協議
④ 地下埋設物の支障物処理
⑤ 舗装打換え（必要がある場合）
⑥ 杭打ち線測量（杭の打設位置，布掘り幅）
⑦ 布掘り（必要がある場合は仮覆工）
⑧ 探針

3.1.2 布掘りと仮覆工

土留め壁の施工に先だち，埋設物の有無を確認し，杭等の打設位置を決定するため，布掘りを行わなければならない．

なお，必要のある場合は布掘り上に仮覆工を行い，路面交通，その他の用に供さなければならない．

【解 説】 布掘りは，一般に深さ1.2〜1.8m程度で地下埋設物の確認のために行われる．幅は施工機械や杭径に応じて決定し，一般に1.2〜2.0m程度である．なお，布掘りは，杭等の打設時の排泥ピットとして利用されるほか，打設後は覆工桁の桁受け部材の取付けに利用されることが多い（解説 図 4.3.1 参照）．

道路内で布掘りを行う場合には，地下埋設物に損傷を与えないよう手掘りで行うとともに，地下埋設物の位置を確認し，埋設物管理者の立会いのもと，適切な保安措置を行わなくてはならない．また，周辺地盤が緩まないように適切な処理が必要である．さらに，住宅地等の周辺において施工する場合には，舗装切断等の作業に対して騒音対策が必要である．

布掘り上を交通もしくは作業のため使用する場合は覆工板等で仮覆工するが，仮覆工は，車両交通による衝撃や雨水の流入等により，不陸が生じることのないように入念に施工する必要がある．

布掘りの施工延長は，安全上からも，杭等の打設の進行に必要な最小限の範囲にとどめることが望ましい．

道路内の布掘りは，杭等の打設，覆工桁の桁受け部材の取付け終了後，すみやかに所定の方法で復旧し，交通を開放しなければならない．布掘り跡の復旧は，周辺の路面および建造物，埋設物に影響をあたえないように入念に行わなければならない．

なお，民有地で埋設物がないことが確認されている場合には，布掘りを省略することもある．

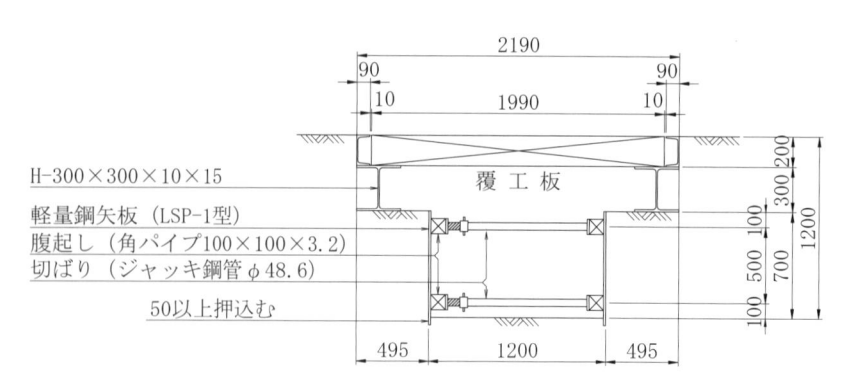

解説 図 4.3.1　標準的な布掘りの例

3.2　鋼杭，鋼矢板および鋼管矢板による土留め壁

3.2.1　一般

鋼杭，鋼矢板および鋼管矢板による土留め壁は，設計図書にもとづき，現場の各種状況を考慮して計画し，施工しなければならない．

【解　説】　1）施工計画について　鋼杭，鋼矢板および鋼管矢板による土留め壁の施工計画では，詳細な打設位置，建込み位置，使用機械，施工方法および順序，作業時の道路使用方法，資機材の搬出入，保安設備，工程等を決めなければならない．

とくに，打設位置については，事前の地下埋設物調査結果等をもとに施工可能な位置を確認して決めるが，路面覆工の計画と密接に関連しているので，施工時点で位置を変更する等の事態が生じないよう適切に計画しなければならない．

2）施工順序について　鋼杭，鋼矢板および鋼管矢板の施工は，一般に次の順序で行われる．
① 支障物の処理，布掘りおよび仮覆工
② 杭の打設（打込み，建込み，圧入，せん孔圧入等がある）
③ 覆工桁の桁受け部材取付け（必要がある場合）
④ 布掘り跡の仮復旧

3.2.2　使用機械

鋼杭，鋼矢板および鋼管矢板の打設に用いる機械は，地盤，施工条件，環境条件等を考慮して適切なものを選定しなければならない．

【解　説】　1）打込みおよび圧入について　鋼杭，鋼矢板および鋼管矢板の打込みおよび圧入に使用する主な機械には，次の種類がある．
① 油圧圧入式
② バイブロハンマー式
③ 油圧ハンマー式

打込み，圧入機の選定にあたっては，現場の地盤の状態，工事の規模，杭の長さ，周辺環境，道路幅員，交通量等を総合的に考慮して，施工能力，機動性，安全性等に優れたものを選定しなければならない．とくに市街地，住宅地等における施工には，低騒音型や低振動型の機械を選定しなければならない．

2）せん孔機について　せん孔建込み杭のせん孔に使用する主な機械には，次の種類がある．
① アースオーガー式
② アースドリル式
③ ロータリービット式

せん孔機の選定にあたっては，各機械の特徴を十分に比較検討し，孔径，せん孔長，地盤条件等に適したものを採用しなければならない．とくに地盤が互層になっている場合には，地盤全体を考慮して最も効率よくせん孔できるものを選定しなければならない．せん孔機としては，アースオーガー式が一般に用いられる．しかし，この方式は，100mm以上の礫を含む砂礫層や玉石層の場合にはせん孔が困難となりやすく，また，緩い砂層で地下水が豊富な場合には孔壁の崩落が起こりやすいため注意しなければならない．

　アースドリル式は，作業空間が狭い場合，アースオーガー式では掘削が困難な地盤の場合に泥水を使用して用いられる．ロータリービット式は，地盤に礫や岩のある場合に用いられる．

　これらのせん孔機械によるせん孔深さは，一般に10〜30mであるが，これ以上の場合には，孔径を大きくして安定液を併用したり，大型せん孔機を使用するなどの対策を行うこともある．

　3）併用工法について　砂層や砂礫層等の硬い地盤の場合には，鋼杭や鋼矢板の先端に取付けたジェットパイプあるいはジェットノズルから噴射する高圧水により杭先端の地盤を切削し，バイブロハンマー式や圧入式で鋼杭や鋼矢板を打設する併用工法や，単軸せん孔機等を用いて事前に地盤を緩めてから打設する併用工法を用いる．

3.2.3　鋼杭の打設

（1）　鋼杭打込み，せん孔建込みに際しては，地下埋設物や地上施設等に影響を与えないように注意し，所定の位置に正確に施工しなければならない．

（2）　鋼杭は，所要の根入れが得られるように施工しなければならない．

（3）　せん孔内は鋼杭建込み後，十分な強度を有する材料で，すみやかに充填しなければならない．

【解説】　（1）について　1）地下埋設物および地上施設の防護　鋼杭を運搬したり，吊込みを行う場合には，道路の付属施設，電柱，架空線等の地上施設ならびに布掘り内に露出した地下埋設物を損傷しないように注意する必要がある．

　2）位置　鋼杭の種類，鉛直精度，側部型枠の形状，側部防水の有無や側部防水の施工方法等を考慮して鋼杭と躯体との離れを決めなければならない．また，中間杭等の打設位置は，構造物のはり部やハンチ部等を避けるように配慮する必要がある．

　3）精度　鋼杭の打込み，せん孔建込みの施工に際して，鋼杭を傾斜または湾曲して打設した場合には，躯体の築造に支障が生じたり，土留め支保工の施工が困難となるので，鋼杭の施工においては，鉛直精度を保持しなければならない．とくに長尺の鋼杭に対しては，この点について留意する必要がある．なお，建込み鋼杭の精度は，せん孔の鉛直度に左右されるので，常に測定を行ってリーダーの鉛直性を保つ必要がある．

　4）継手　鋼杭を継杭として施工する場合には，継手個所が隣接杭と同一の高さにそろうと，掘削時に応力が継手個所に集中し弱点となるので，継手個所をずらして施工することが望ましい．また，打設時には，継手部の座屈に十分に注意して施工しなければならない．

　5）孔壁防護　地下水が豊富な緩い砂層では，せん孔建込みに際して孔壁が崩壊するおそれがあるので，ベントナイト溶液やポリマー溶液等の安定液を用いる，あるいは，ケーシングパイプを用いて壁面を防護しながら施工する必要がある．

　（2）について　鋼杭の根入れは，上載荷重に対する支持力，根入れ部に作用する土圧のつり合い，掘削底面の安定等の条件を考慮して決定されるので，施工に際しても，その点を考慮し，十分な根入れ長を確保することが必要である．支持力の確認方法として鋼杭打ち止まり時の沈下状況を観察し，支持力公式によるチェックを行うことが多い．支持力が不足する場合には，荷重の分散を図る，鋼杭の根入れを長くする，あるいは，根固めを行うなどを実施して必要支持力を確保しなければならない．

　（3）について　せん孔内の空隙の充填が不十分な場合は，周辺地盤を沈下させたり，また，掘削時にせん孔跡が水みちとなり土砂崩落の原因となるので，せん孔跡には，在来地盤と同程度の強度を有し，かつ流動性の高いベントナイトモルタルまたは流動化処理土等を充填しなければならない．

3.2.4 鋼矢板の打設

鋼矢板の打込み，圧入に際しては，第4編 3.2.3 を考慮するほか，鋼矢板の連続性を保持し，遮水性を確保するように施工しなければならない．

【解　説】　鋼矢板は，打設中に，地盤条件等の理由によって，鋼矢板の下端が回転し，打進む方向に傾斜しやすいが，傾斜が大きくなると，それを修正することは困難であるため，傾斜に対して十分な管理を行う必要がある．傾斜が大きい場合には，ばち形鋼矢板を用いて修正するのがよい．

軟弱地盤における鋼矢板打設では，とも下がりが生じやすい．とも下がりは，打設する鋼矢板の継手の摩擦抵抗が，先に打設した隣接鋼矢板の支持力より大きい場合に生じるため，注意が必要である．

鋼矢板の打設方向を変えるには，異形鋼矢板を用いるのがよい．異形鋼矢板には，隅矢板と接続矢板があり，接続矢板は，T字に分岐する場合，打設途中で鋼矢板の種類や継手の構造を変更する場合に使用する．一般に異形鋼矢板は，鋼矢板を切断加工して製作する．

鋼矢板は，遮水性の確保を目的に施工する工法であることから連続施工を原則とする．やむをえず不連続部が生じる場合には，十分な止水対策をとらなければならない．

3.2.5 鋼管矢板の打設

鋼管矢板の打込み，せん孔圧入に際しては，第4編 3.2.3 を考慮するほか，鋼管矢板の剛性と連続性を保持するとともに，遮水性に留意し，所定の位置に正確に施工しなければならない．

【解　説】　鋼管矢板は剛性と遮水性を必要とする場合に採用されるので，その施工にあたっては，連続性を保持できるよう定規等を用いて，所定の位置に正確に打設しなければならない．

鋼管矢板の継手には，種々の形式のものがあるが，遮水性や施工性が異なるので，その選定に際して現場条件を十分に考慮する必要がある．鋼管矢板の継手には，合成効果および遮水効果を高めるため，モルタル等を注入するのがよい．

3.3 単軸場所打ち杭地下連続壁

3.3.1 一　般

単軸場所打ち杭地下連続壁は，設計図書にもとづき，現場の各種状況および工法の特徴を考慮して計画し，施工しなければならない．

【解　説】　単軸場所打ち杭地下連続壁は，単軸せん孔機を用いて連続的に杭を施工して，柱列状の土留め壁を築造する工法である．

1) 施工計画について　施工計画では，第4編 3.2.1 **解説**で記述した各種項目のほか，使用材料および配合計画について決める必要がある．

2) 使用材料と柱列配置について　単軸場所打ち杭地下連続壁は，一般にH形鋼を芯材として用い，モルタルまたは流動化処理土を孔内に注入して形成する単軸場所打ち杭を柱列状に配置したものである．柱列配置には，接点配置，千鳥配置等がある（**解説 図 4.3.2** 参照）．

　　　　(a) 接点配置　　　　　　　　　　　　　　　　　　(b) 千鳥配置

解説 図 4.3.2　柱列の配置例

3) 施工順序について　単軸場所打ち杭地下連続壁の施工は，一般に次の順序で行われる．
① 支障物の処理および布堀り，仮覆工
② せん孔
③ 孔内へのモルタル等注入
④ 芯材の建込み
⑤ 路面覆工の桁受け部材取付け（必要がある場合）
⑥ 布掘り跡仮復旧

3.3.2 使用機械

単軸場所打ち杭地下連続壁の施工に用いる機械は，土質，施工条件，施工環境等を考慮し，適切なものを選定しなければならない．

【解　説】　単軸場所打ち杭地下連続壁の掘削に用いる機械は，第4編 3.2.2 解説で述べたせん孔に使用する機械と同じである．

単軸場所打ち杭地下連続壁の造成に用いるモルタルミキサーとモルタルポンプは，それぞれの工法の作業能率に応じ，十分なモルタルを供給する能力を有するものを選定する必要がある．

とくに，芯材が長尺である場合，芯材の建込みや継手作業時間と注入開始から完了までの時間およびモルタルの凝結状態との関係から設備能力を検討しなければならない．

3.3.3 施　工

（1）　単軸場所打ち杭地下連続壁は，場所打ち杭を連続して形成するため，各杭の施工順序，間隔および柱列線等に留意しなければならない．

（2）　杭の造成に使用するモルタルまたは流動化処理土の配合は，設計に示された示方配合の所要強度等が得られるように，現地の状況に合わせて決めなければならない．

（3）　モルタル等の注入に際しては，孔壁の崩壊および砂層におけるモルタルの脱水現象に注意して施工しなければならない．

（4）　芯材はモルタル等の充填が終了したのち，すみやかに所定の位置に正しく建込まなければならない．

【解　説】　（1）について　単軸場所打ち杭地下連続壁を単軸オーガーで施工する場合，杭の配列方法には，接点配置，千鳥配置等があるが，配列方法は連続壁の使用目的によって選定するものであり，この配置方法により，杭間隔，施工順序を決める．一般に各杭の施工順序は，1本ないし数本おきに施工し，杭のモルタル等の硬化を待って，その中間を施工して連続壁を築造する．

単軸場所打ち杭地下連続壁の施工に際して，杭の間隔，鉛直精度，施工順序に対する注意を怠ると，柱列線がふぞろいとなり壁面に不陸が生じて躯体の施工に支障をきたしたり，また，杭間にすき間が生じて漏水することにより掘削の際に土留め壁背面に変状を与えるおそれがあるので，十分に注意する必要がある．

（2）について　モルタルの強度は一般に21～28N/mm^{2}程度，流動化処理土の場合は0.5～1.0 N/mm^{2}程度である．施工にあたっては，必要とする強度を検討したうえで施工実験や配合試験等によりモルタルの配合を決定しなければならない．

（3）について　アースオーガーを使用して施工する場合，せん孔完了後のオーガーの引上げ速度が，孔内にモルタル等を充填する速度より速いと，空洞ができたり孔壁が崩壊を起こして完全な杭とならないことがあるので，引上げ速度には十分に注意しなければならない．また，地下水位が低い砂層では，注入したモルタル等の水分が砂層に吸収され，モルタル等の脱水現象を生じ，芯材の建込みができなくなることがある．このような場合

には，せん孔時にベントナイト溶液，ポリマー溶液等の安定液を注入したり，モルタル等に硬化遅延剤を入れるなどの処置を講じる必要がある．

（4）について　モルタル等を充填後，時間がたつと凝結が始まり，芯材の建込みが困難になるので，芯材に継手がある場合は，継手の施工時間をできるだけ短縮するように留意しなければならない．

また，芯材の建込みに際しては，孔壁を損傷させないように注意するとともに，偏心しないように孔壁中心へ鉛直に建込まなければならない．

3.4　ソイルセメント地下連続壁
3.4.1　一　般
ソイルセメント地下連続壁は，設計図書にもとづき，現場の各種状況および工法の特徴を考慮して計画し，施工しなければならない．

【解　説】　ソイルセメント地下連続壁は，多軸アースオーガー機，チェーンカッター機等により，固化材（セメントミルク）を現位置土と混合撹拌して芯材を所定の位置に建込み，地下連続壁を築造する工法である．杭の配列がオーバーラップ方式，連続壁方式となることから，単軸場所打ち杭地下連続壁より遮水性が優れている．

1）施工計画について　施工計画は，第4編3.2.1による．ソイルセメント地下連続壁では，セメント系固化材を用いることから，六価クロムの溶出防止に留意しなければならない．

2）ソイルセメント地下連続壁の分類について　ソイルセメント地下連続壁は施工方法により，**解説 図4.3.3**のとおり分類される．

3）施工順序について　ソイルセメント地下連続壁の施工は，一般に次の順序で行われる．
① 支障物の処理および布掘り，仮覆工
② せん孔，セメントミルク注入，撹拌（造成）
③ 芯材の建込み
④ 路面覆工の桁受け部材取付け（必要がある場合）
⑤ 掘り跡の仮復旧

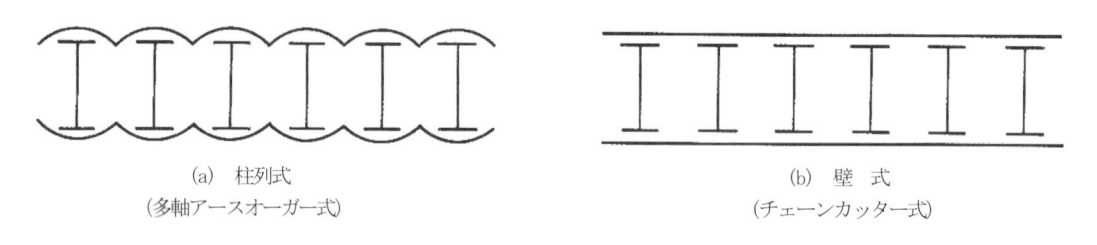

(a) 柱列式　（多軸アースオーガー式）　　　(b) 壁式　（チェーンカッター式）

解説 図4.3.3　ソイルセメント地下連続壁の施工方法と形状

3.4.2　使用機械
ソイルセメント地下連続壁の施工に用いる機械は，土質，施工条件，施工環境等を考慮し，適切なものを選定しなければならない．

【解　説】　ソイルセメント地下連続壁の施工では，多軸アースオーガーにより連続性ならびに施工性を高めるタイプの機械（多軸アースオーガー機），または，横方向に連続して等厚な壁を造成できるチェーンカッター機等を用いて，均一で止水性の高い地下連続壁を構築する．多軸アースオーガー機は三軸機が主流であるが，近年は五軸機も用いられている．

ソイルセメント地下連続壁の施工機械は，機械の施工能力と造成長，せん孔径（壁厚）や地盤条件等を十分に考慮して選択しなければならない．なお，環境負荷低減の社会的要請が増す中で，排泥の発生量を低減する工法

などの，環境に配慮した工法が開発されており，実施工の事例が増えてきている．

また，ソイルセメント地下連続壁の施工に用いられるセメントミルク撹拌ミキサーと圧送ポンプは，それぞれの工法の作業能率に応じ，十分なセメントミルクを供給する能力を有するものを選定する必要がある．とくに，長尺な場合には，せん孔開始から完了までの時間およびせん孔径（壁厚）との関係から設備能力を検討しなければならない．

3.4.3 施　　工

（1）　多軸アースオーガー機を使用する工法では，柱列状のソイルセメント杭を連続して造成するので，各杭の施工順序，鉛直精度等に留意して施工しなければならない．

（2）　チェーンカッター機を使用する工法では，水平方向に連続して施工するので，土質，施工条件等により定めた水平造成速度と固化液注入量に注意して施工しなければならない．

（3）　注入するセメントミルクの配合は，設計図書に示された強度が得られるように，現地の状況に合わせて決めなければならない．

（4）　芯材はソイルセメント壁の造成が終了したのち，すみやかに所定の位置に正しく建込まなければならない．

【解　説】　(1)について　多軸アースオーガー式で施工する場合，オーガーの取付け間隔により杭間隔が決まり，杭の配列はオーバーラップ配置となる．造成する壁の連続性，鉛直精度の確保のため，多軸アースオーガー機の両端の軸により造成された杭は，後から施工する杭と完全にラップしなければならない．一般に，多軸アースオーガー機の施工順序には，多軸アースオーガー機のみで地下壁を造成する連続方式と，あらかじめ単軸機で地盤を緩めておき，その後，多軸機で造成する先行削孔方式とがある．後者は砂礫地盤やN値が50以上の地盤，削孔深度が深い場合等に適用されることが多い．

施工に際して，鉛直精度，施工順序に対する注意を怠ると，壁面に不陸が生じて躯体の施工に支障をきたしたり，また，杭間にすき間が生じて漏水し，掘削の際に土留め壁背面に変状を与えるおそれがあるので，十分に留意する必要がある．

(2)について　チェーンカッター機を使用する場合の手順は，掘削と混合撹拌を1回の工程で行う1パス施工と，あらかじめ掘削を行ったのちに混合撹拌する3パス施工がある．一般には3パス施工が用いられるが，軟弱な地盤で掘削深度が浅い場合は1パス施工を用いる場合もある．

均質な壁を造成するためには，土質，掘削深度，壁厚等の条件から定めた水平造成速度に応じてセメントミルクの吐出し量を調整し，所定量のセメントミルクをむらなく注入することが重要である．

壁の連続性を確保するためには，すでに造成した部分を施工当日に30cm程度再掘削しなければならない．また，当日の作業を終了するときには，カッター周辺が固化することにより掘削不能とならないよう，退避掘削部を設けて，チェーンカッターを混合スラリー（掘削液で流動化させた土砂）中で養生しなければならない．

作業場所が路上等で施工時間に制限がある場合は，チェーンカッターを切り離して掘削機が退避することが困難なため，施工可能個所は限定される．また，チェーンカッター機は連続横行施工のため，地中障害物があると横行不能になるので，事前に障害物を確認し，除去しておくことが重要である．

(3)について　注入するセメントミルクの配合は，必要とする強度，土質等により異なるので，現位置土による配合試験により決定することを原則とする．

チェーンカッター機を使用する場合は，掘削時に掘削土を流動化させるためにベントナイトを含む掘削液を使用する．掘削液は保水性に優れ，長時間にわたり最適なコンシステンシーを保持できるものとしなければならない．

(4)について　第4編 3.3.3 解説に記述した原因によるほか，芯材が長尺な場合に芯材の建込みが困難になる傾向があるが，注入するセメントミルクに特殊な混和剤を添加して泥土の流動性を高める方法がある．

3.5 安定液を用いる地下連続壁
3.5.1 一般

安定液を用いる地下連続壁は，設計図書にもとづき，現場の各種状況および工法の特徴を考慮して計画し，施工しなければならない．

【解説】 安定液を用いる地下連続壁は，安定液を用いて溝壁の安定を図りながら地盤を溝状に掘削し，この中に鉄筋かごを建て込んだのち，安定液をコンクリートと置換して壁体を築造する工法であり，他の工法に比べ剛性の大きい土留め壁が施工できる．このほか，鉄筋かごに代わり鋼製連続部材を使用する工法や，鋼材やプレキャスト板等を建て込んで安定液を直接固化させる工法がある．また，近年は，掘削土を再利用した泥土モルタルで置き換える工法も使用されている．

1) 施工順序について　安定液を用いる地下連続壁の施工は，一般に次の順序で行われる．
   ① 支障物の処理および布掘りと仮覆工
   ② ガイドウォールの築造
   ③ 掘削機械搬入組立，安定液プラント設置
   ④ 掘削，安定液管理
   ⑤ 掘削土処分
   ⑥ 一次スライムの除去および良液置換
   ⑦ 継手材および鉄筋かごの建込み
   ⑧ 二次スライムの除去，トレミーの設置
   ⑨ コンクリート打込み
   ⑩ 継手材の引抜き（必要のある場合）
   ⑪ 廃棄安定液の処理

2) 施工計画について　施工計画では，第4編 3.2.1解説で述べたとおり各種項目について決めるとともに，安定液プラント，使用材料および配合計画，掘削土および廃棄安定液の処理方法について適切に計画しなければならない．また，掘削方式，エレメント割りおよびエレメント継手の決定にあたっては，次の事項に留意する必要がある．
   ① 掘削方式　第4編 3.5.2参照．
   ② エレメント割り　長さ 3～7m 程度のエレメント（パネル）に分けて施工するのが一般的である．エレメント長の決定にあたっては，掘削に要する時間，コンクリート打込み量，掘削時の溝壁の安定，掘削機種のガット長（掘削の単位長さ）等を考慮して決定する．
   ③ エレメントの継手方式　ロッキングパイプ，仕切鋼板，カッティング等を用いる方式があるが，構造物の目的，掘削機種，止水性，施工性，経済性等を考慮して選定する．
   ④ 各エレメントの施工順序　隣接するエレメントの施工状況を考慮のうえ，エレメントごとに掘削からコンクリート打込みまで連続して施工する．
   ⑤ 溝壁の安定検討　溝壁の安定に影響を与える要因としては，土質，地下水位，安定液の比重，エレメントの形状や長さ，掘削放置期間，掘削深度，上載荷重等があり，現場条件を十分に考慮して検討する．

3) 本体利用時の留意点について　地下連続壁は仮設構造物として使用するほか，本体構造物の一部として利用することもあり，この場合には次の事項に十分に留意して施工する必要がある．
   ① 施工精度
   ② 継手工法の選択
   ③ 漏水対策

また，後打ち壁（内壁）と一体化させる一体壁形式では，内壁との接合面の処理に，とくに留意する必要がある．

4) その他について　大型埋設物の輻輳等により路上からの土留め壁の施工が困難な場合や，道路交通への影

響を抑制するために路上作業が限定される場合には，路下で二次土留め壁として地下連続壁を施工することがある．この場合，近年の大規模工事では，低空頭の地下連続壁掘削機を用いることが多いが，この方式の採用にあたっては，路下の施工基面高さと地下水位（被圧地下水を含む）に十分に留意し，施工の安全性について十分に検証するとともに，必要に応じ補助工法の施工を検討しなければならない．

3.5.2 掘削機械

地下連続壁の施工に用いる掘削機械は，設計条件，施工条件，周辺環境等に適したものを選定しなければならない．

【解　説】　地下連続壁の施工に用いる掘削機械は，壁厚，掘削深さ，作業基地の状況，地盤条件（とくに玉石の有無），機械の施工精度，施工性，仮設壁か本体利用かなどを考慮し，これらの条件に最も適合し，安全かつ経済的に施工できるものを選定しなければならない．土質条件によっては，単一機種では施工困難な場合もあり，異種の掘削機械との組合せによる施工も必要となる．

路面覆工下での施工の場合には施工に必要な空頭を確保し，また，地下連続壁を躯体の一部に使用する場合は鉛直精度を重視して，掘削機械を選定しなければならない．

掘削機械を，掘削方式により分類すると次のとおりである．

1) クラムシェルバケット式掘削機について　クラムシェルバケット式掘削機にはワイヤーで吊り下げ，直接ワイヤーでまたは油圧で開閉を行う形式のものと，ロッドで吊り下げ油圧で開閉する形式のものがある．この方式による掘削では，地盤によっては掘削機であらかじめバケットシェルの開長に合わせて，ガイドホールを先行削孔し，この間をクラムシェルバケットで掘削することもある．掘削には，安定液を使用して溝壁の安定を図る．

2) 回転式掘削機について　各種形状の刃先の回転により掘削し，安定液を循環させることにより掘削土砂を搬出する方式である．この方式にはビットが垂直軸のまわりを回転する垂直多軸回転ビット方式と，ドラムカッターが水平軸のまわりを回転する水平多軸回転カッター方式とがある．

土質に応じてビットを選別することができるので，玉石，転石層以外の広範囲な地盤の掘削に適合している．

安定液の循環には正循環と逆循環とがある．正循環は，安定液を掘削機先端から噴出して掘削土砂とともに地上にオーバーフローさせ，土砂と分離するもので，逆循環は，安定液を掘削土砂とともに掘削機先端からサクションポンプまたは掘削機に内蔵した水中サンドポンプにより吸引して地上に放出し，土砂と水分に分離するものであるが，回転式では逆循環が多く用いられている．

3) 衝撃式掘削機について　各種形状のビットの上下運動により，地盤を破砕して，掘削土砂を安定液とともに吸い上げて搬出する方式である．掘削方式には，次の3種類がある．

① 削孔型　定位置での掘削方式
② 移動型　一定距離の水平移動の掘削方式
③ 垂直型　先行掘削し，これをガイドに垂直に掘削する方式

掘削は衝撃により地盤を破砕して行うため岩盤等の地質にも使用される．安定液の循環には正循環と逆循環がある．

これらの掘削機のほかに，地下埋設物支障による地下連続壁の不連続部発生を解消する方法として開発された掘削機械「透かし掘り機」がある．透かし掘り機による施工に際しては，溝壁の安定，埋設物防護方法，鉄筋かごの設置等について，別途，考慮しておく必要がある．

3.5.3 掘　　削

（1）掘削に際しては，ガイドウォールを所定の位置に正確に築造し，掘削中は随時，鉛直精度の測定を行い，溝壁の鉛直性を保持しながら施工しなければならない．

（2）安定液は，地盤の透水性，地下水等の状況を考慮して，濃度および添加剤の配合を定め，掘削中

> に所定の性状を保つように管理しなければならない．
> （3）　掘削土砂の処理にあたっては，周辺環境の保全について十分に配慮しなければならない．

【解　説】　（1）について　ガイドウォールは，掘削機械の据付けおよび掘削位置を決める定規となり，また，掘削機械の載荷に伴う溝壁の崩壊を防止するために施工する．ガイドウォールの施工精度は，掘削精度に大きく影響するので，施工にあたってはこれらを考慮し，所定の位置に正確かつ入念に築造しなければならない．

ガイドウォールの築造に際して，ガイドウォール周辺の地盤が不安定である場合は，掘削機械の走行による荷重と振動によって，溝壁の崩壊を起こしやすいので，コンクリート等を打設して周辺地盤を補強するとともに，ガイドウォールを切ばり等で補強する必要がある．また，ガイドウォール上を交通開放したり，作業で使用する場合は，覆工板等で仮覆工できる構造とする．なお，軟弱地盤等で溝壁の崩壊が懸念される場合は，ソイルセメント杭等の補助工法により地盤を補強することがある．

地下連続壁では，掘削時の溝壁の精度がそのままコンクリート壁体の仕上がり精度となるため，溝壁の鉛直性，平面性には，とくに留意する必要がある．そのため，掘削中は壁面の状態を測定して，溝壁の鉛直精度と平面精度を絶えず確認しなければならない．一般に掘削機械の傾斜，吊り下げワイヤー，リーダー等を観測して鉛直性の確認を行っているが，最終仕上がりは超音波測定器，機械的測定器等を用いて溝壁の形状（鉛直性および平面性）の測定を行うことが望ましい．施工の鉛直精度は通常 1/300〜1/500 程度であるが，大深度の場合や地下連続壁を本体利用する場合は，より高い施工精度が必要となる．

（2）について　地下連続壁の掘削に使われる安定液は溝壁の崩壊防止，逸水防止のほか，溝内土砂の流動化による掘削能率の向上の役割を果たす．

安定液は地盤条件，施工条件等を考慮して上記の役割を果たす物性を有するものとしなければならない．安定液の主材料には，ベントナイト等の粘土とポリマー（水溶性高分子）が用いられている．

掘削中は，安定液の性状保持のため，安定液の比重，粘性，砂分濃度，pH，ろ水量等について常時試験を行い，再使用の判定，再生処理，廃液処理，安定液の補給等，安定液の管理を行わなければならない．

安定液は，繰返し使用すると徐々にその物性が劣化し，作液当初の性質が失われる．劣化には，消耗劣化，希釈劣化，含土劣化，凝集劣化，ポリマーの腐敗等があるが，このような安定液をそのまま使用すると，溝壁の崩壊等の原因となるので，常にその性状を確認しながら調液を行い，劣化した安定液は廃棄しなければならない．

なお，土質等によっては安定液が逸水することもあるので，このような土質に対しては事前に対策を検討するとともに，応急資材の準備が必要である．施工にあたっては，溝壁崩壊防止のため，常に安定液の水位を所定以上かつ一定に保つように管理を十分に行わなければならない．

（3）について　掘削土砂は水切りを行う．また，安定液混入の掘削土砂は安定液と分離して搬出するが，水洩れのない装置を施した運搬車等を使用して，路面交通ならびに沿線に悪影響を与えないように配慮しなければならない．

3.5.4　安定液固化地下連続壁

> （1）　安定液の固化に先だって，スライムを十分に除去し，H形鋼，鋼矢板，プレキャスト板等の芯材を所定の位置に正確に建込まなければならない．
> （2）　安定液の固化は，所定の方式に応じて撹拌混合したのち静止状態を保つなどのほか，所定の強度が得られるように配合管理に留意しなければならない．

【解　説】　（1）について　H形鋼，鋼矢板，プレキャスト板等は設計図書にもとづき，正確な位置に設置するとともに，吊込み時に変形を生じたり，鉛直性が損なわれたりすることのないように十分に留意しなければならない．また，これらの設置に際して溝壁を損傷することのないように注意を要する．

掘削が所定の厚さより厚くなった場合でも正確な位置に設置できるようにスペーサー等の用意が必要である．

（2）について　安定液の固化には次の方式がある．

1）自硬性安定液方式　この方式は硬化材を添加混合した安定液（自硬性安定液）をトレンチ掘削部に供給して溝壁安定を図るとともに，掘削終了後，安定液中に芯材を建込み，静止の状態を保って安定液を固化させ，壁を築造する方式である．

この方式の施工に際しては，次の事項に留意する必要がある．

① 掘削機械がバケット式に限定されること．
② 安定液の硬化時間により掘削から芯材建込み完了までの施工時間が制約を受けること．

2）溝内混練方式　この方式は安定液を用いてトレンチ掘削を行い，掘削終了後，トレンチ内の安定液中に硬化材を投入し，圧縮空気を底部から吹込んで撹拌混合し，安定液を固化する方式である．芯材の建込みは硬化材を投入する前および後のいずれでも可能である．

この方式の施工に際しては，次の事項に留意する必要がある．

① 安定液と硬化材が十分に反応するように圧縮空気による気泡撹拌を行うこと．また，安定液が十分に固化するような硬化材の配合比を定めること．
② 硬化材投入前の芯材挿入は，芯材へのマッドケーキの付着や固化時のブリーディングにより芯材の継ぎボルト部に空洞を生じることがあること．

3）安定液置換方式　この方式はトレンチ掘削終了後，安定液に硬化材を添加，混合した置換用固化液をプラントで製造し，比重差を利用してトレンチ下部より安定液と順次置換して固化させ，壁を築造する方式である．芯材の建込みは安定液を置換する前および後のいずれでも可能である．

この方式の施工に際しては，次の事項に留意する必要がある．

① トレンチ内安定液と置換用固化液の比重差が小さいと置換不良を起こすことがある．このため，置換用固化液に加重材（粘土，砂，掘削発生土等）の添加を検討するとともに，置換前にはトレンチ内安定液の比重を測定して置換用固化液との比重差を確認し，十分な比重差を確保できるように配合調整を行うこと．
② 置換不良を起こさないようにトレンチ下部のスライムを十分に除去すること．
③ 安定液を置換する前の芯材建込みは，芯材へのマッドケーキの付着や置換固化時のブリーディングにより芯材の継ぎボルト部に空洞を生じることがあること．

3.5.5　鉄筋コンクリート地下連続壁

（1）　鉄筋かごは，堅固に組立てるとともに，運搬，吊込み時には，かごの変形が生じないように注意し，所定の位置に正確に設置しなければならない．

（2）　コンクリートは，打込み前にスライムを十分に除去したのち，所定の配合で，トレミーを使用して連続的に打込まなければならない．

（3）　各エレメントの継手は，設計図書にもとづいて連続性および止水性を保つように施工しなければならない．

【解説】　（1）について　鉄筋かごは，設計図書にもとづき加工して組み立てるが，組立てに際しては，鉄筋を正確に配置し，所要の溶接または結束を行い，吊込み時に変形が生じないように，堅固に組み立てなくてはならない．また，地下連続壁を躯体に使用する場合は，躯体のスラブ鉄筋との連結鉄筋を組み込む必要がある．鉄筋かごの吊込み時には，変形，ねじれが生じないように，吊下げ位置に注意するとともに，偏心により溝壁を傷つけ，崩壊の原因とならないように注意し，所定の位置に鉛直性を保ちながら建て込まなければならない．鉄筋かごにはスペーサーを取付けてかぶりを確保するが，スペーサーは，溝壁を傷つけないように接触面が大きい幅の広いものが望ましい．また，掘削が所定の幅よりも広くなった場合でも，正確な位置に鉄筋が設置されるような配慮が必要である．また，コンクリート打設中に鉄筋かごが移動することのないように必要な処置をとらなくてはならない．

（2）について　掘削終了後，コンクリート打設までに安定液中の浮遊土が沈殿して，掘削底面に堆積するが，このスライムを除去しないと，壁体下端の支持力を弱め，将来，不等沈下が発生したり，コンクリート中に混入して強度低下や漏水を引き起こす原因となる．コンクリート打設前には，スライム除去を十分な時間をかけて丁寧に行う必要がある．スライム除去方法は，回転式掘削機を使用するほか，**解説 図 4.3.4** に示す方法がある．また，継手面に付着したスライムは継手部分のコンクリート強度を低下させたり，漏水の原因となったりすることが多いので，コンクリート打込み前に洗浄ブラシやウォータージェットを使用して除去しなければならない．

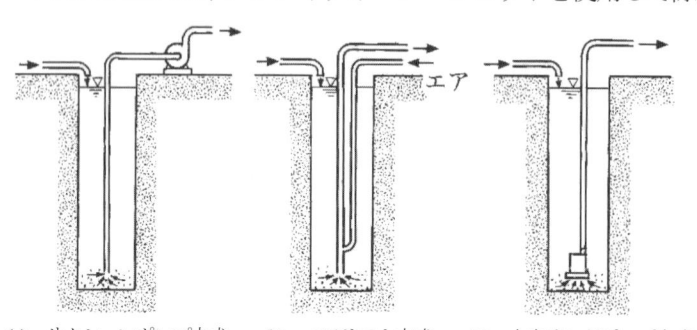

(a) サクションポンプ方式　(b) エアリフト方式　(c) 水中サンドポンプ方式

解説 図 4.3.4　スライム除去方法

コンクリートの打設時は必ずトレミーを使用し，コンクリートが安定液と混ざらないように常に先端の 2m 以上をコンクリート中に挿入した状態としなければならない．また，トレミーは配置間隔を 3m 以内とし，端部やコーナー部にも配置するなど，コンクリートの流動による材料分離の発生を防止し，コンクリートの打込み面ができるだけ水平に近い状態となるよう配慮しなければならない．コンクリートの打込みを中断するとコンクリートが凝結を始め，次のコンクリートの打込みができなくなることがあるので，連続して打込まなければならない．

また，コンクリートの打ち上がりに伴うトレミーの取りはずしは，トレミー先端のコンクリートへの貫入長を確認しながら，1〜3m 毎に小きざみに行うことが望ましい．

本体利用する地下連続壁において，継手構造が複雑な場合や鉄筋が密に配置されている場合には，高流動コンクリートの採用を検討する必要がある．

（3）について　各エレメント間の継手方式にはロッキングパイプ方式，仕切鋼板方式，カッティング方式等があるが，設計の意図するところを踏まえて継手方式を選定し，適切に施工しなければならない．

とくに大深度の場合や本体利用する場合は，構造上の弱点をなくすため，各エレメントができるだけ一体的に挙動するように連続性，止水性を確保するよう注意しなければならない．

3.5.6　鋼製地下連続壁

（1）　鋼製連続壁部材は，鉛直精度に十分に注意して，所定の位置に正確に設置しなければならない．
（2）　コンクリートの打込みおよび継手の選定については，第 4 編 3.5.4 に準じる．

【解　説】　鋼製地下連続壁は，鉄筋コンクリート地下連続壁の鉄筋かごの替わりに鋼製連続壁部材を設置する工法である．鋼製連続壁部材とは，並行フランジ型の鋼製土留め壁材料でフランジの両端に嵌合継手を有する構造部材である（**解説 図 4.3.5** 参照）．

（1）について　鋼製連続壁の基準とする部材は，建込み完了直前および完了後に必要に応じて超音波測定器を用いて建込み精度の確認を行う．位置決めを完了したのちは，部材がコンクリート打込み時に移動しないように堅固に固定する．

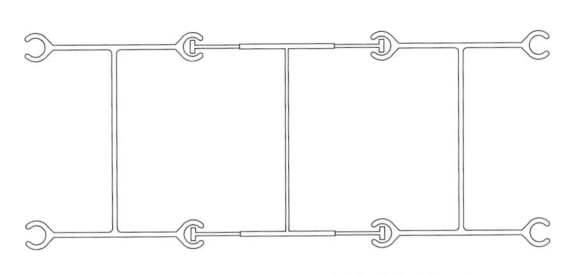

解説 図4.3.5 鋼製連続壁部材の例

(2)について　エレメント間継手は，コンクリート打込み時の圧力により鋼製連続壁部材が変形せず，かつコンクリートが漏出しない構造が要求される（**解説 図4.3.6** 参照）．また，後行エレメント建込み前に継手部の洗浄，スライム処理が容易に行える構造でなければならない．

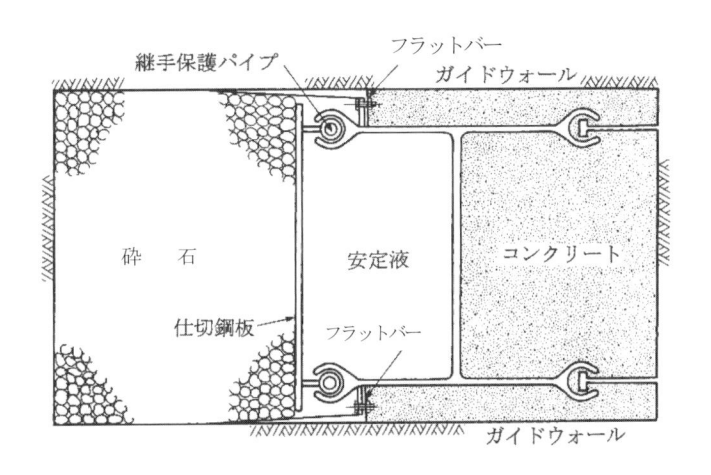

解説 図4.3.6　エレメント間継手処理例

3.5.7　安定液の処理

廃棄する安定液の処理に際しては，関係法令等を遵守し，必要な措置を講じなければならない．

【解　説】　廃棄する安定液は，産業廃棄物の取扱いを受けるので，排出を抑制するとともに，関係法令等（第1編1.1参照）を遵守して処理しなければならない．

施工中は，安定液の飛散防止対策，流出防止対策を十分に行うとともに，廃棄する安定液の処理方法としては，一般にはタンク車またはバキューム車等によって現場から中間処理場へ持ち込み，そこで加圧脱水あるいは化学的固化の処理を行ったのち，処理土を船やダンプトラックで最終処分地へ運搬する方法がとられている．

運搬および処理については，産業廃棄物処理業者に委託し，産業廃棄物管理票（マニフェスト）を交付して，処理状況について常時把握しておかなければならない．

第4章　路面覆工，仮桟橋

4.1　一　般

　路面覆工および仮桟橋の施工に先だち，設計図書にもとづいて，道路幅員，交通量，作業時間，その他，現場の各種状況を考慮した施工計画をたてなければならない．

【解　説】　1)　道路内の路面覆工および仮桟橋について　道路内で開削工事を行う場合，道路を広く占用し，一般交通に大きな支障をきたすことが多いので，施工にあたっては，道路管理者，交通管理者の指示事項，関係法規等を遵守し，沿線住民とも十分に協議して作業時の道路の使用方法，路面交通路の確保，保安設備，作業時間等を決めなければならない．

　2)　施工計画について　路面覆工の施工計画では，施工方法および順序，日々の施工範囲，覆工計画高，在来路面との取付け方法，使用鋼材，地下埋設物等の支障物の処理方法，工程等を検討しなければならない．

　杭打ち線を設計図と異なった位置に設ける場合は覆工桁のスパンが変更となり，また，地下埋設物に覆工桁が支障する場合は桁構造の変更を要するので，施工計画時に詳細な検討を行って，現場に合った計画をたてなければならない．また，埋設物等により，やむをえず覆工高さの変更を行う場合は，在来路面との取付けについて十分に検討しなければならない．

　仮桟橋は，工事用車両および建設用重機等の通行路や工事用足場等の工事専用施設として設置されるほか，切廻しの仮道路として一般交通にも供される場合やそれらの兼用施設として設置される．したがって，仮桟橋の施工計画では，その用途に合わせて工事従事者のほか公衆の安全にも十分配慮しなければならない．また，重量車両が頻繁に通行する場合や建設用重機による連続作業を実施する場合には，地盤によっては振動により支持杭の周面摩擦力が低下し，仮桟橋が沈下するおそれがあるので留意する．

4.2　桁受け部材の取付け

（1）　道路内で桁受け部材の取付けを行う場合は，事前に布掘りおよび仮覆工を行い，桁受け部材取付け後は，すみやかに仮復旧しなければならない．

（2）　桁受け部材は，覆工桁の荷重を土留め杭および中間杭に確実に伝達するように取り付けなければならない．また，覆工面が平滑になるように配慮しなければならない．

（3）　桁受け部材の継手位置ならびに施工時に発生した切損個所は，必要に応じて補強しなければならない．

【解　説】　（1）について　道路内での桁受け部材の取付けは，土留め杭，中間杭施工時の布掘りおよび仮覆工を利用して行うことが多い．桁受け部材を取付けたのちには，道路管理者と協議した道路構造で，すみやかに仮復旧を行わなければならない．

　（2）について　桁受け部材としては一般に溝形鋼を使用するが，近年は，中間杭間隔を大きくするために中間杭の天端に桁受け用のH形鋼を設置する枕桁方式も用いられている（**解説　図4.4.1**　参照）．桁受け部材の取付け高さは，路面覆工の高さを決める基本となるものであり，道路の縦横断勾配を加味して設定した路面覆工の計画高さに合わせて施工する．ただし，桁受け部材の高さが道路の両側で異なったり，不陸があったりすると，覆工桁にねじれが生じ，覆工板のばたつきの原因となるので，正確に取付けなければならない．杭等（鋼矢板，地下連続壁の建込み鋼材を含む）と桁受け部材の取付けボルト孔はドリルを使用してせん孔しなければならない．また，桁受け部材の取付けボルトは，路面覆工の振動で緩みやすいので，取付けにあたっては，スプリングワッシャー等を必ず使用し，十分に締付けるとともに，路面覆工中は，定期的に点検しなければならない．

　（3）について　桁受け部材を杭（鋼矢板，地下連続壁の建込み鋼材を含む）に取付けるにあたって，次のよ

うな場合は必要に応じて補強しなければならない．
① 埋設物が支障するため，桁受け部材の一部を切欠いた場合
② 杭の並びが直線的でないため，桁受け部材に切れ目を入れた場合
③ 桁受け部材の端部が杭間になるなど大きなはね出しになった場合
④ 支障物等のため杭間隔が大きくなった場合

補強方法としては，添接板による補強または桁受け部材（溝形鋼）を重ねて取付けて補強する方法が一般に用いられている（**解説 図 4.4.2** 参照）．

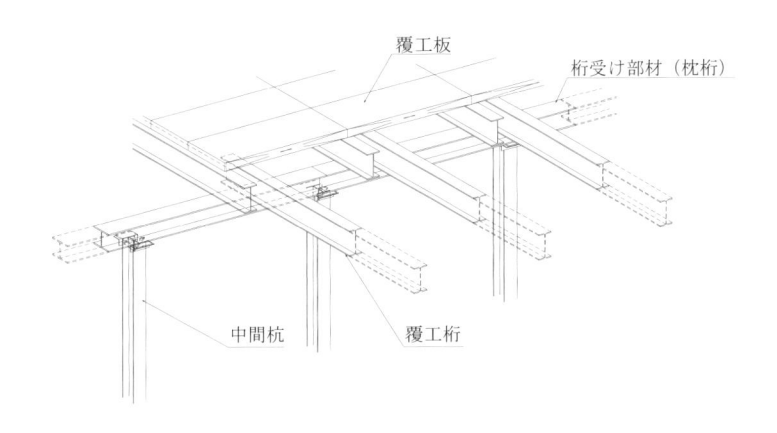

解説 図 4.4.1 枕桁方式の例

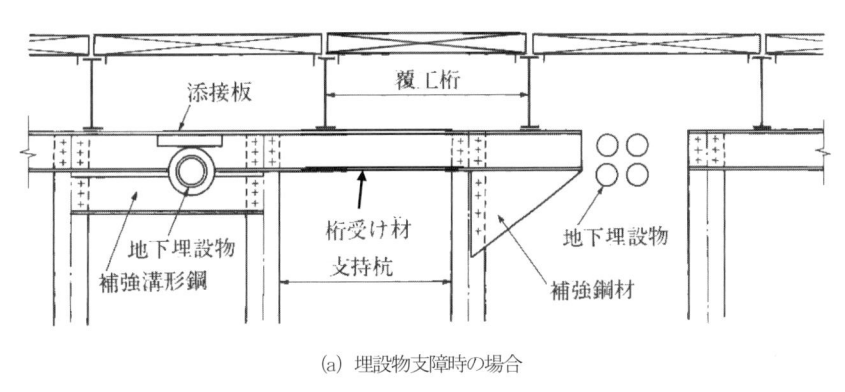

(a) 埋設物支障時の場合

(b) 桁受け部材の端部が杭間の場合

解説 図 4.4.2 桁受け部材の補強例

> ### 4.3 舗装の取壊し
> （1） 路面覆工の日々の施工範囲は，路面交通を考慮して計画しなければならない．
> （2） 路面舗装の取壊しおよびすき取りに際しては，埋設物に損傷を与えないように注意し，また，作業に伴い発生する騒音，振動を少なくするように配慮しなければならない．
> （3） 覆工端部と在来路面との取付け部は，段差が生じないように施工するとともに，なじみよく舗装しなければならない．

【解説】 （1）について　交通量が多い道路内の路面覆工は道路幅員が広い場合や迂回路が確保できる場合を除き，一般的に交通量が少なくなる夜間に施工し，朝の交通のラッシュ時前に作業を終了させる．路面覆工の作業時間の大部分は，路面舗装の取壊しおよびすき取り掘削に費やされるので，日々の施工範囲は，これらの作業時間を考慮して，翌朝の交通に支障を与えない範囲に限定する必要がある．

すき取り掘削では，深く掘ると地下埋設物が露出し，防護工が必要となるほか，降雨時には土砂崩壊の危険も生じ，また，路面覆工の作業時間にも影響するため，すき取り掘削の深さは，覆工桁の架設に支障しない最小の深さにしなければならない．

（2）について　舗装の取壊しは，一般にコンクリート破砕機等を使用するが，周辺環境条件，地下埋設物の状況，作業時間帯等を考慮して，使用機械を選定しなければならない．使用する機械からの発生音が大きく，騒音等の問題を生じるおそれのある場合，あるいは地下埋設物の土被りが比較的浅い場合には，あらかじめ舗装を切断し，適切な機械ではぎ取る方法等で行う必要がある．発生するコンクリート，アスファルト塊については，資源の有効利用を図るため，再生工場で処理しなければならない．一定数量以上のコンクリート，アスファルト塊を搬出する場合においては，「建設リサイクル法」，「再生資源利用促進法」等にもとづき，計画書を作成しなければならない．

人孔等の頭部は，路面覆工に支障するので工事中，一時撤去するが，施工方法，防護方法について，あらかじめ埋設物管理者と協議するとともに，施工にあたっては立会いを求めなくてはならない．

（3）について　覆工桁を架設したのち，覆工桁の端部にはつま板を取付け，余掘り部分には定められた方法に従い，路盤工を施工しなければならない．つま板の施工が不十分であると，つま板のすき間から路盤砂が雨水等により流出し，取付け部の沈下を起こしやすいので注意が必要である．

また，路面には，縦横断勾配がついており，覆工端部と在来路面との取付け部に段差が生じるため，その取付け部には，路面交通に支障を与えないように縦横断方向とも路面覆工作業終了後，すみやかにすり付け舗装をしなければならない．一般に路面覆工を施工した直後の舗装は一時的な仮舗装として扱い，仮舗装が相当の延長に達したときに，舗装の打換えを行う．取付け部の舗装の勾配は，5%以内とし，できるだけなだらかにすり付けるのがよい．

> ### 4.4 覆工桁，覆工板の架設
> （1） 覆工桁は，覆工板の寸法に合わせて，桁受け部材に所定の間隔で取付けなければならない．
> （2） 道路の縦断勾配が急な場合は，覆工桁の転倒防止工を施工しなければならない．
> （3） 覆工板は，所定の品質のものを使用し，すき間なく平滑に敷並べ，ばたつきが生じないように施工しなければならない．

【解説】 （1）について　覆工桁には，一般にI形鋼，H形鋼が使用され，その上に覆工板を敷設する．覆工桁の間隔が正確に配置されないと覆工板のずれやばたつき等の原因となるので注意を要する．埋設物等が支障するため，桁間隔を広げて剛性の大きい桁を使用する場合，また，桁高が低い特殊な桁を使用する場合は，強度，たわみ等の検討を十分に行ったうえで使用しなければならない．

（2）について　縦断勾配の急な道路や交差点付近では，覆工桁に車の制動等による水平荷重が作用し，桁が

傾斜，転倒したり，湾曲したりするおそれがあるので，覆工桁に斜材を取付けるなどして補強する必要がある（**解説 図** 4.4.3）また，勾配が水平な通常の箇所においても，必要に応じて覆工桁間を鋼材で連結させて，走行車両の振動や地震等による覆工板落下を防止する措置を行う．

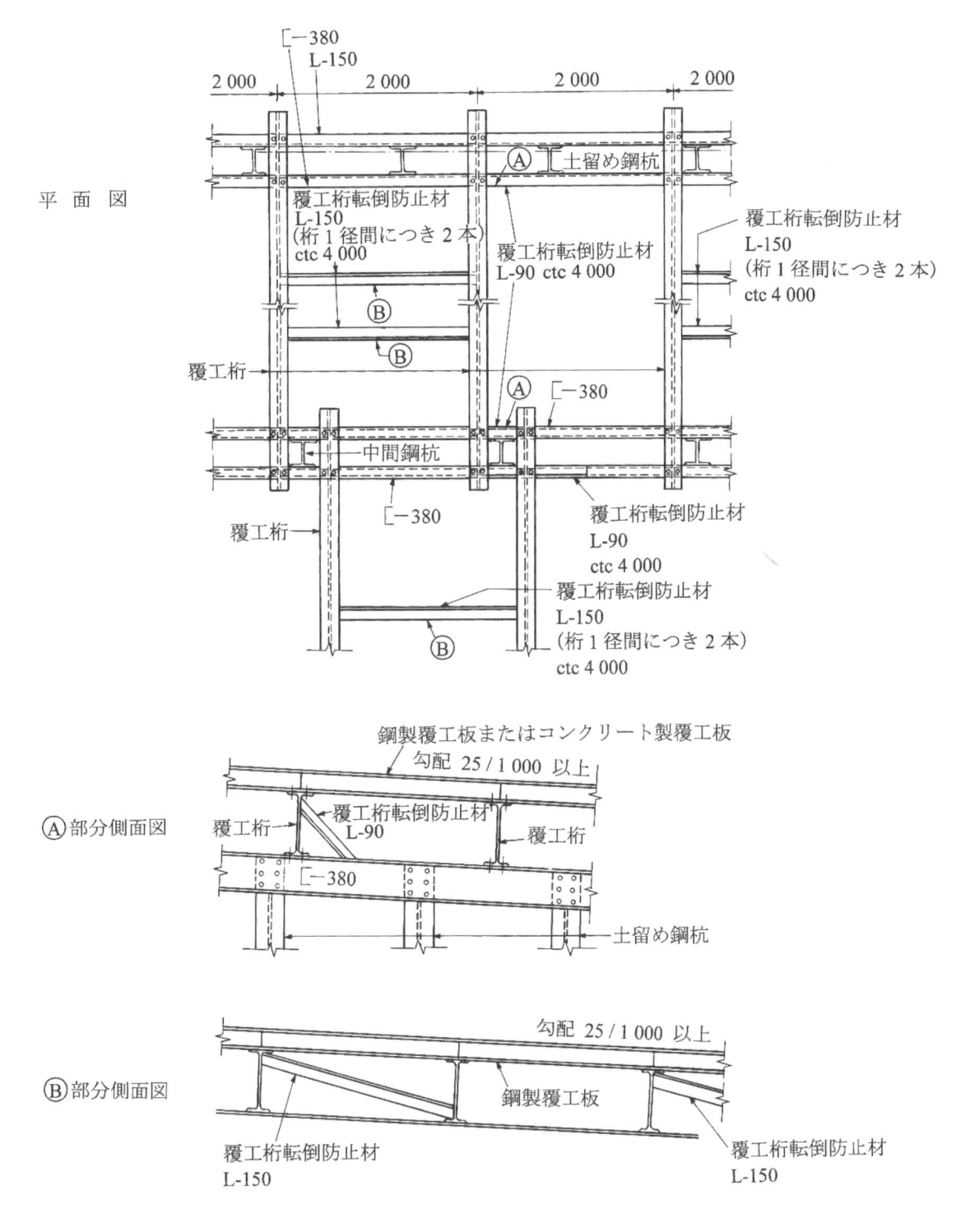

解説 図 4.4.3 覆工転倒防止補強の例

　(3) について　覆工板は設計図に材質，形状，表面処理等が規定されているのが一般的であるが，複数回使用されることが多いので，疲労や老朽化によってこれらの性能が劣化していないことを確認したうえで使用しなければならない．また，必要により通行車両のスリップ止めや騒音低減等の対策について考慮しなければならない．

　覆工板には，長手方向のずれを防止するため，ずれ止めの金物を取付けるとともに，覆工板の支承部には，パ

ッキング材等を取付け，ばたつき，騒音の発生を防止しなければならない．

　覆工板にすき間や段差があると，覆工板のばたつきや，横ずれの原因になるので，覆工板はすき間がないように敷きつめるとともに，表面の段差が生じないように注意しなければならない．また，歩道部，横断歩道部に使用する覆工板の吊込み用の孔には，適切な方法により仮蓋をしておかなければならない．

　路面覆工の横断方向の端部には，覆工板の横ずれ防止用の鋼材を取付けるが，とくに交差点部では横断方向の車の発進，停止によって覆工板の横ずれが生じるので，覆工桁のフランジの随所に，ずれ止めの鋼材を取付けるなどの処置が必要である．

　曲線部や地下埋設物等が支障して，覆工桁が所定の間隔に設置できず，特殊な寸法の覆工板を使用する場合や，坑内換気のために用いるスクリーン覆工板については，その性能について十分に検討しなければならない．道路内の路面覆工に使用する覆工板は，一般的にすべり止め付き覆工板を使用する場合が多い．

　覆工板には鋼製や鋼コンクリート合成覆工板があり，幅 1m，厚さ 20cm，長さ 3m または 2m が標準である．なお，製品によって詳細寸法が異なるため，計画時に確認しておく必要がある．

　なお，仮桟橋は，特に重量車両が乗り入れる場合には，乗入れ口の覆工桁や覆工板は十分補強しなければならない．

4.5　路面覆工，仮桟橋の維持管理

　路面覆工，仮桟橋および取付け部は，交通に支障を与えないように巡視し，維持補修に努めなければならない．

【解　説】　路面覆工，仮桟橋および取付け部は，常に巡回および監視を行い，交通に支障を与えないように維持補修をしなければならない．

　日常の点検項目としては，次のようなものがある．
　　① 覆工板のばたつき，変形，損傷，すき間，ずれ，表面段差，すべり止めの摩耗またははく離
　　② 舗装取付け部の沈下，陥没，段差，舗装のはく離
　　③ 覆工桁および桁受け部材の取付けボルトの緩みおよび欠落，桁受け部材および補強材の異常

　点検の結果，異常を発見した場合には，ただちに補修や部材を交換しなければはならない．このため，応急用資材を常備しておくことが望ましい．なお，覆工取付け部は段差を生じやすいので常時監視する必要がある．

第5章 掘　削

5.1 一　般

掘削の施工に先だち，設計図書にもとづき，掘削の規模，工程，地盤状況，周辺環境，その他，現場の各種状況を考慮した施工計画をたてなければならない．

【解　説】　開削工法においては，全工期，全工事費の中で掘削の占める割合が大きいので，その施工計画はとくに重要である．

掘削の施工計画にあたっては，次の事項に留意する必要がある．

① 一工事区画内における掘削ブロック割りと掘削順序
② 人力掘削と機械掘削の範囲
③ 掘削機械と設備の選定
④ 掘削土の運搬と処理計画
⑤ 土留め壁背面地盤の沈下防止対策
⑥ 土留め壁背面近接埋設物や建造物への影響防止対策
⑦ 坑内の排水処理と補助工法
⑧ 環境保全対策（騒音，振動，地盤沈下，地下水位低下，水質汚濁，粉じん等飛散，交通障害，建設副産物処理，環境整備）
⑨ 埋設物保安対策
⑩ 風水害対策等

5.2 掘削機械および諸設備

掘削に使用する機械および諸設備は，土留め壁の種類，覆工の有無，土留め支保工および中間杭の配置，土質，地下水，掘削深さ，土砂坑内運搬距離，地表の作業帯，工程等を考慮して，適切な機能を有するものを選定し，これらの機械および諸設備を有機的に組み合わせ，配置しなければならない．

【解　説】　掘削に使用する機械および諸設備は，一工事区画内の掘削ブロック割り（掘削深さ，土工量，土砂坑内運搬距離），坑内作業空間（覆工の有無，土留め支保工，中間杭の配置），路上交通（路上作業帯），地盤条件（土質，地下水），工程等によるほか，坑内排水と掘削補助工法とを考慮した掘削機械のトラフィカビリティーにより決定される．

一般的な掘削機械および諸設備の組合わせは，**解説 表 4.5.1** のとおりであるが，これらを現場の状況に応じた最適な方法を組み合わせて施工しなければならない．

解説 表 4.5.1　掘削機械および諸設備

		坑外用機械および諸設備	坑内用機械および諸設備
掘削	機械	クラムシェル，バックホウ バケットホッパー，グラブホッパー ベルトコンベヤ，テレスコクラム	ブルドーザ，トラクターショベル ショベル，バックホウ ベルトコンベヤ ショートリーチパワーショベル
掘削	人力	バケットホッパー，クラムシェル ベルトコンベヤ	ベルトコンベヤ
排　水		水中ポンプ，排水管路，ノッチタンク，濁水処理設備	
換　気		ファン，風管，換気口，送気用管路	

1) 換気設備および排水設備について　掘削機械に内燃機関を用いる場合は，坑内換気を行うための適当な換気設備を設けなければならない．また，湧水，漏水に対しては十分に対処できる排水設備を設けるものとし，不測の出水に対処するため，予備機を備えておく必要がある．換気，排水については諸法規および環境に十分に配慮した設備を配置する必要がある．

2) 照明設備および安全設備について　坑内の照明設備は，作業に適した照度が確保できるように適切に配置しなければならない．また，坑内には作業環境を十分に考慮して安全設備を設置しなければならない．

5.3 掘　　削

（1）　掘削は，地盤条件ならびに坑内における種々の制約条件を考慮のうえ，最も適切な方法により行わなければならない．

（2）　土砂の切崩しにあたっては，土質に応じ，1回に掘る長さ，幅，高さ，およびのり勾配に留意し，周辺地盤を緩ませないように施工しなければならない．帯水砂層地盤および軟弱地盤の切崩しにあたっては，坑内排水，補助工法を考慮するとともに，とくに，のり面の崩壊，土留め壁面の維持に留意し，埋設物に注意して施工しなければならない．

（3）　掘削土の坑内運搬および坑外搬出は，現場の状況に最も適した方法により行わなければならない．

【解　説】　（1）について　掘削を能率的に行うことは，工程的にも経済的にも非常に重要である．一般に掘削の能率は，人力掘削では低く，使用機械が大型になるほど高くなる．しかしながら，地盤条件，作業の安全性，作業空間等の関係から，人力や小型機械によらざるをえない場合もある．したがって，掘削の施工にあたっては，これらの各種条件を考慮して，人力と各種機械の組合せにより適切な掘削方法を計画しなければならない．

計画にあたってとくに留意すべき事項は次のとおりである．

1) 覆工板直下の掘削　覆工桁，埋設物の関係により，物理的に掘削機械が入れない位置での掘削は人力を基本とするが，地下埋設物，土留め壁面，中間杭等の周辺を除き，路上に作業帯を確保できる場合は，地表面からのバックホウ，クラムシェル等による機械掘削を行うこともある．

2) 埋設物周辺の掘削　地下埋設物周辺の掘削は，あらかじめ埋設物管理者と調整し，防護方法及び施工方法等を決定しなければならない．なお，地下埋設物付近で機械掘削を行うと，埋設物損傷の危険度が高く，また，土中においてすでに埋設物が破損している場合もあるので，埋設物周辺の掘削は地盤の状態に注意しながら人力で行わなければならない．

埋設物周辺の掘削にあたっては，埋設物の折損，脱落が生じないよう，先行掘り掘削高さおよびのり勾配に注意しなければならない．また，労働災害を防止するため埋設物，とくに管路の間に付着している土砂の除去，下水管渠等の基礎栗石の除去または落下防止工等を行わなければならない．

3) 中間杭および土留め壁付近の掘削　中間杭および土留め壁面付近にて機械掘削を行うと，掘削機械が接触して杭に衝撃を与え，埋設物および杭の支持力に悪影響を与えるおそれがあるので，この部分の掘削は人力により行うのがよい．遮水性土留め壁の不連続部については，第4編 5.5による．

4) 機械掘削　機械掘削は，一般に1回で掘削する範囲や深さが大きくなりがちであり，このため土留め支保工の設置時期が遅れて，周辺地盤を緩ませることがあるので注意しなければならない．

（2）について　1) 1回に掘る長さ，幅および掘削高さとのり勾配　1回に掘る長さ，幅は，一工事区画内の掘削ブロック割り，地盤条件(土質，地下水)等を考慮して決定しなければならない．

人力掘削の場合の掘削高さとのり勾配は，**解説 表 4.5.2** によるとともに，地盤条件，支保工間隔，地下埋設物位置等を考慮して決定しなければならない．また，機械掘削の場合も，人力掘削の場合と同様に決定するのがよい．

2) 帯水砂層地盤の掘削　掘削前に必要に応じ薬液注入等の適切な補助工法(第4編 13.5参照)を用いて土留め壁背面地盤の安定および止水を図り，掘削時には坑内排水をすみやかに行い，ドライワークに努めるとともに，

地盤の間隙水圧，浸透水圧を低下させ，掘削面の安定保持に努めなければならない．

3）軟弱地盤の掘削　軟弱地盤の掘削は，土質，土留め工，掘削深さ等によって差はあるが，掘削に伴って土留め壁背面地盤が広範囲に沈下し，土留め壁背面の埋設物，路面，近接構造物等に悪影響を与えるおそれがあるので，適切な補助工法を採用するとともに，掘削にあたっては，土留め支保工を迅速，確実に設置しなければならない．また，掘削面の安定とトラフィカビリティーを確保するため，必要に応じて生石灰杭工法等の補助工法を施工する場合もある．なお，土留め壁背面の間隙水圧や地盤沈下等の測定を必要に応じて行うのがよい．

解説 表 4.5.2　掘削高さに応じたのり勾配表

地盤の種類	掘削面の高さ(m)	掘削面の勾配(度)
岩盤または硬い粘土からなる地盤	5未満	90
	5以上	75
その他の地盤	2未満	90
	2以上5未満	75
	5以上	60
砂からなる地盤	5m未満または35°以下	

注）掘削面に奥行きが2m以上の水平な段があるときは，当該段より区切られるそれぞれの掘削面をいう．

4）漏水，出水時の措置　掘削にあたっては，下水道等の埋設物の段掘り防護の施工に伴い，露出した下水道等からの出水による地盤の崩壊を防ぐため，段掘部には，コンクリートによる地盤の被覆等，適切な洗掘防止工を施さなければならない．また，上下水道および河川等からの出水時には，掘削面の崩壊と浸水区域を最小限度にとどめるよう，臨機の措置をとらなければならない．

<u>（3）について</u>　掘削土の坑内運搬方法は，一般に，一つの掘削ブロックにおける土砂搬出設備の位置および土質をもとに決めるが，施工に際しては，さらに作業能率，作業の安全，作業空間等を考慮しなければならない．また，掘削土の性状によっては施工能率を確保するために土質改良を行うこともある．

掘削土の坑外搬出方法は，一般に一つの掘削ブロックの土工量，掘削深さ，工程，路上作業帯の有無により決定する．施工に際しては，作業効率と作業の安全を考慮し，現場の状況に最も適した方法で行わなければならない．土砂の坑外搬出方法としては，自走式クラムシェルを用いるのが一般的であるが，現場条件により固定式土砂ホッパー（固定式のバケットホッパーおよびグラブホッパー）または，移動式土砂ホッパーを用いることがある．

5.4　土留め板工

親杭横矢板工法における土留め板は，設計図書にもとづき，十分な強度と耐久性を有する材料を使用し，掘削の進行に伴いすみやかに土留め板と地盤を密着させ，脱落しないように施工しなければならない．

【解　説】　土留め板の材質は，その設置期間を考慮して選定しなければならない．土留め板の設置の際，その前面が掘削地盤面に密着するように土留め杭のフランジと土留め板の間には木くさびを打ち込まなければならない．万一，掘削しすぎた場合は良質な土砂，その他適切な材料で十分に裏込めを行い，空隙を生じないようにしなければならない．

土留め壁背面の地盤が局部的に緩み，土留め板が脱落するおそれのある場合，あるいは万一，坑内に浸水した場合でも土留め板が浮上したり，緩むことがないよう土留め板相互間をけい材で連結するなどの処置が必要である．

地下埋設物等のため，土留め杭の間隔が標準より大きくなった場合には，土圧に十分に耐えるように板厚を増加させなければならない．杭の間隔がとくに大きい場合には，坑内で杭の打込み，建込みを行い，標準的な間隔にするか，杭に水平材を取付けて補強し，水平材と縦方向の土留め板とを併用して使用するなどの処置が必要で

ある.

　土留め壁面から湧水があり，水とともに土砂が流出する場合には，土留め壁背面が崩壊するおそれがあるので土留め壁背面に土のう類を充填するなど，背面の土砂が流出しないように処置しなければならない.

5.5　土留め壁不連続部の施工

　遮水性土留め壁において，埋設物等のため不連続部が生じる場合は，隣接土留め壁との連続性（強度と止水性）を考慮して，掘削の進行に合わせて不連続部の土留め壁を施工しなければならない.

【解　説】　土留め壁の不連続部には，掘削の進行に伴い，すみやかに所定の強度と止水性を有する土留め壁を施さなければならない．また，地盤条件等により，掘削に先行して不連続部背面には掘削底面の安定も考慮して地盤補強を行わなければならない.

　不連続部の土留め壁は，連続部の土留め壁と同等の剛性を確保するとともに，側圧に十分に耐える材質，構造としなければならない.

　地下水の多い砂地盤または軟弱地盤の土留め壁不連続部においては，地下水の湧出に伴う，砂の流出，軟弱土のはらみ出しを防止するため，遮水性が高く，剛性の大きい土留め壁を施工し，土砂の移動を防止しなければならない.

　不連続部両端の土留め壁には欠損部の荷重が作用するので，壁体の応力度についても照査する必要がある．また，施工中は管理点検を定期的に行わなければならない.

5.6　掘削に伴う中間杭の補強

　中間杭は，掘削の進行に従って，所定の根入れが確保されていることに留意するとともに，設計図書に示す座屈防止工のほか，現場の状況を考慮のうえ，適切な補強を施さなければならない.

【解　説】　中間杭は，支持する荷重が大きいため，中間杭相互をブレーシングでつなぎ，荷重の分散支持を図るのが一般的である.

　実際の掘削にあたっては，根入れが不十分であると支持力不足によって沈下が生じ，土留めの安定が損なわれるおそれがあるため，所定の根入れが確保されていることを常に確認する.

　なお，杭根入れ部の支持力が不足する場合には，掘削底面において，沈下防止工を施すなどの対策をとる必要がある.

5.7　坑内排水

　掘削時の排水は，湧水量，土質，掘削方法等の現場条件を考慮し，掘削に支障しないような排水工法を選定のうえ，適切に処理しなければならない.

【解　説】　掘削坑内に湧水等がある場合は，湧水量，土質，掘削方法等を考慮した排水方法を選定し，掘削に支障しないように排水しなければならない.

　排水工法としては釜場工法が一般的である．湧水量が多く，釜場工法のみでは水位を低下させることができず掘削に支障する場合は，地下水位低下工法を併用しなければならない.

　床付け時の水処理については，湧水量に応じた溝を設け，溜ますに導いて排水しなければならない.

　掘削坑内より揚水した水は，沈砂処理等をしたのち，管理者の承認を得て，下水道，河川等に放流しなければならない.

　また，坑内排水の停止時期については，水位上昇による躯体の浮上がり等を考慮して決定しなければならない.

5.8 掘削土の処理

坑外に搬出した掘削土は，処理計画にもとづき，すみやかに所定の場所に運搬処理しなければならない．
処理計画に際しては，掘削土の再利用に配慮しなければならない．

【解　説】　掘削土は，滞留させることなくただちに搬出するものとし，積込み箇所にはできるだけ専任の作業員を配置し，運搬車の出入状況，誘導，飛散土の清掃等にあたらせなければならない．

開削工事では，大量の土砂が掘削されるため，これらの発生土を極力，埋戻し材料等として再利用を図り，環境に悪影響を与えないように留意しなければならない．一定数量以上の発生土を搬出する場合においては，「再生資源利用促進法」等にもとづき，再生資源利用促進計画を作成しなければならない．

なお，平成22年の改正により自然由来による土壌汚染も土壌汚染対策法の対象となり，当該土砂に土壌汚染が認められる場合，搬出，運搬，処理の各場面において法に基づいた手続き，措置を行わなければならない．（第4編 21.5 参照）

掘削土処理計画において留意すべき項目は次のとおりである．
① 処理方法および処分地の決定
② 搬出，運搬方法と運搬経路の決定
③ 運搬車運行計画の決定

上記①については，土質，掘削土量，運搬距離および掘削土受入れ体制を考慮して，処理方法および処分地を決定する．なお，掘削土の利用方法には，埋立材，盛土，整地材等に利用，埋戻し材および路盤材に転用等があり，処分地には，埋立地，宅地（工場）造成地，建設工事現場等がある．

土砂運搬車には，土砂のこぼれ，飛散を防止する装備（シート被覆等）を施すとともに，積載重量が超過しないように注意しなければならない．

また，搬出口および搬入先付近にて，土砂の飛散が発生しやすいので，とくに当該地点の定期巡回を行い，万一，飛散している場合は，ただちに清掃を行わなければならない．

掘削に伴って生じた物品は，その所有者または管理者と協議して適切に処理しなければならない．

5.9 基礎敷き

掘削の終了後，所定の材料を用いて，すみやかに基礎敷きを施工しなければならない．

【解　説】　基礎敷きは，施工に先だち，土留め壁面や掘削底面からの湧水を処理し，施工に際してはその後の躯体工事に支障を及ぼさないように仕上げることが必要である．

基礎敷きは，基礎砕石（クラッシャーランまたは再生クラッシャーラン等）と均しコンクリート等を併用することが一般的であるが，湧水が少なく比較的良質な掘削底面の場合には基礎砕石を省略することもある．

基礎砕石の施工に際しては，十分に締固め，所定の厚さに仕上げなければならない．

躯体を防水する場合には，防水工事に支障を及ぼさないように均しコンクリートを特に平滑に仕上げなければならない．また、切ばり撤去時において均しコンクリートを切ばりとして使用する場合には，土留め壁からの荷重を確実に伝達できるように土留め壁に密着して施工することや平滑に仕上げなければならない．

軟弱地盤における基礎敷きは掘削作業との関連や基礎敷きの構造等に留意し，施工時期，施工範囲等を決めなければならないが，状況に応じ，基礎敷きの厚さを増すなどの適切な処置が必要である．

5.10 保　安

（1）　掘削中は努めて作業場を巡視し，土留め工，掘削面，土留め壁背面等を点検し，坑内外の安全の確保に努めなければならない．

> （2） 掘削坑内には，作業を安全に行うために必要な安全衛生設備を設けなければならない．

【解　説】　（1）について　日常の点検項目としては，掘削順序，方法，支保工，土留め板の設置時期と状態，湧水とその措置の状況，坑内排水の状況，機械の管理状態，のり面の安定，掘削底面の安定等がある．これらの点検項目を考慮して点検簿を作成し，安全の確保に努めなければならない（第18章参照）．

　また，大雨，強風，地震等の異常時や作業に伴って衝撃が発生した場合には，迅速で入念な点検を行う必要がある．異常を発見した場合は，ただちにその原因を究明し，適切な処置をすみやかに施し，事故を未然に防止するよう努めなければならない．

（2）について　安全衛生設備の具体的基準については，「労働安全衛生法」に詳細に規定されているが，現場の実情に合わせて，よりよい作業環境の保持に努めなければならない．

第6章 土留め支保工

6.1 一 般

> 土留め支保工は，土質条件，土留め壁の構造，掘削の規模と施工方法，地下埋設物の有無，沿線の建造物および築造する躯体の施工方法との関連を考慮して，工程の各段階において十分に安全が保たれるよう適切な施工計画をたて，これにもとづき安全に施工しなければならない．

【解 説】 土留め支保工とは，腹起し，切ばり，けい材，グラウンドアンカー等の総称である．

土留め支保工は，掘削に伴って土留め壁に作用する側圧等の外力を支えて，土留め壁の安定を図るために設置するものであるから，所定の深さまで掘削したのち，設計図書にもとづいてすみやかに設置しなければならない．また，支保工材は設計図書に示す材料と同等以上の性能を有し，損耗，損傷，曲がり等の異常がないものを使用しなければならない．なお，土留め支保工の設置期間中は切ばりや腹起し等に衝撃を与えないように注意するとともに，点検を定期的に行い維持管理に努めなければならない．

土留め支保工の施工計画にあたっては，次の事項に留意する必要がある．

① 使用材料の選定（加工材または生材）
② 躯体の構造を考慮した支保工等の配置
③ 覆工桁等の配置を考慮した資機材投入開口の確保
④ 地下埋設物等により所定の構造ないしは所定の位置に施工できない箇所の対応
⑤ 部材継手の位置と継手構造
⑥ 腹起しと土留め壁の隙間の充填方法
⑦ 掘削および躯体築造手順との関連性を考慮した施工順序
⑧ 架設，撤去の方法と使用機械
⑨ 土留め壁の変形抑制を目的としたプレロード導入の有無と導入手順
⑩ 切ばり軸力等の計測の有無と計測位置，計測方法
⑪ 維持管理に必要な通路，設備等の確保
⑫ 撤去時の土留め壁からの荷重の盛替え方法

なお，施工に際して各種の条件が設計と異なる場合は，土留め工の安定が確保できることを照査したうえで，必要に応じて土留め支保工の再検討を行い，安全な構造に変更しなければならない．

6.2 土留め支保工の設置，撤去

> （1） 土留め支保工は，掘削の進行にあわせて，すみやかに所定の位置に設置しなければならない．
> （2） 土留め支保工は，躯体または埋戻しの施工に応じて，順次必要な箇所から所定の方法で撤去しなければならない．

【解 説】 （1）について 土留め壁に作用する側圧は，掘削後，時間の経過とともに増大する．そのため土留め壁の掘削坑内へのはらみ出し，土留め壁背面の地盤沈下を引起こすおそれがある．とくに軟弱地盤においてこの傾向は顕著である．このため，土留め支保工は，所定の位置まで掘削を終了したのち，すみやかに設置しなければならない．土留め支保工の設置に際しては腹起し受けブラケットを取り付け，切ばり端部と腹起しをボルトで固定し，土留め支保工の落下を防止しなければならない（**解説 図 4.6.1** 参照）．

（2）について 土留め支保工の撤去に際しては，躯体コンクリートに鋼材，松丸太等を介して土留め壁に作用する荷重を受替えるか，または切ばり直下まで埋戻しを行い，埋戻し土に荷重を受替えるなどの処置を講じ，土留め壁の変形防止に努めなければならない．なお土留め支保工の荷重を躯体に受替える際には，躯体に悪影響を与えないように施工しなければならない．

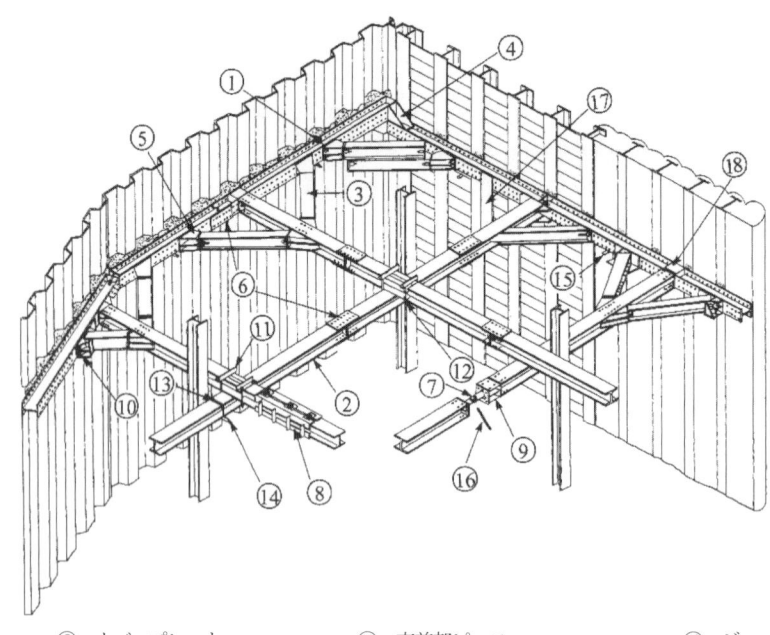

① 腹起し	⑥ カバープレート	⑪ 交差部ピース	⑯ ジャッキハンドル
② 切ばり	⑦ ジャッキ	⑫ 交差部Uボルト	⑰ 火打ちブロック
③ 火打ち	⑧ ジャッキカバー	⑬ 締付Uボルト	⑱ 補剛材
④ 隅部ピース	⑨ 補助ピース	⑭ 切ばり受けブラケット	
⑤ 火打ち受ピース	⑩ 自在火打ち受ピース	⑮ 腹起し受けブラケット	

解説 図 4.6.1 土留め支保工の組立例

6.3 腹起しおよび切ばり

（1） 腹起しは，土留め壁からの荷重を均等に受け，これを切ばりもしくはグラウンドアンカーに伝達させるよう，現場の状況に合わせて確実な施工をしなければならない．

（2） 切ばりは，腹起しからの荷重を均等に支えられるように施工しなければならない．

【解　説】　（1）について　腹起しと土留め壁の間には，土留め壁面の不ぞろい等ですき間が生じやすいため，そのすき間にコンクリートを充填したり鋼製パッキング材を挿入して，腹起しが土留め壁からの荷重を均等に受けられるように土留め壁と腹起しとを密着させなければならない．また，腹起しに切ばりを取付ける箇所には，必要に応じて補剛材等を取付けなければならない（**解説 図 4.6.1 参照**）．

腹起しは，部材を連続させて側圧を分布させ，局部的な破壊を防ぐためには6m以上の長さが望ましい．また，腹起しを全強でつなぐことは困難なため，継手の位置はなるべく切ばりの近くに配置し，継手位置での曲げモーメントおよびせん断力に対して十分な強度をもつ構造としなければならない．

やむをえず腹起しに，はね出しが生じた場合には，切ばりやグラウンドアンカーを増設して補強するのがよい．さらに，切ばり工法の場合には，切ばりに火打ちを取付け，これで支持することが多い．この場合，切ばりに曲げ応力が作用しないように十分に注意するとともに，切ばりの安全性について確認しておかなければならない．

（2）について　腹起しと切ばりのすき間は，パッキング材等を挿入し，あらかじめジャッキを用いてなじみをよくしておき，完全に密着させることが大切である．

市街地や鉄道，道路に近接した箇所等においては，土留め壁の変形をより少なくすることを目的として，プレロードジャッキを用いて切ばりにあらかじめ軸力を与えるプレロード工法を用いる場合がある．プレロード工法の施工にあたっては，土留め壁背面の地盤の状態および土留め壁の変位量ならびに切ばり反力の状況を確認しながら段階的に導入する必要がある．また，プレロードの導入により部材接続部のボルトが緩む可能性があるため，プレロード導入後には必ずボルトの締直しを行う必要がある．

切ばりは，一般に純圧縮部材として設計されるので，圧縮応力以外の応力が作用しないように，腹起しと直角に，かつ密着させて取付けなければならない．やむをえず切ばりに曲げ応力等が作用するような施工をしなければならない場合は，切ばりの耐荷力を検討し，必要に応じて補強しなければならない．

火打ちを用いる場合や，切ばりが腹起しに対して垂直に架設できない場合には，滑動させようとする力が作用するので，滑動しないよう適切な措置を講じなければならない．

切ばりは，継手のないものを用いるのが望ましいが，掘削幅が大きいなどの理由で継手を用いる場合は，中間杭付近に継手を設置するとともに，中間杭部では，溝形鋼や山形鋼と切ばりとを，Uボルト等で緊結しなければならない．また，切ばりの継手は，切ばりの耐荷力が低下しないように，施工しなければならない（**解説 図 4.6.1** 参照）．

切ばりの長さが長くなると，座屈に対して安全性が低下するので，切ばりの固定間距離が小さくなるように必要に応じて鉛直ならびに水平けい材を設置しなければならない．

6.4 土留め工に用いるグラウンドアンカー

土留め工に用いるグラウンドアンカーは，設計図書等にもとづき，現場の状況，とくに地盤条件を精査したうえで，その具体的な施工方法，施工順序等を決定し，施工しなければならない．

【**解　説**】　グラウンドアンカーは，設計図書等にもとづき，設計上の機能を発揮できるように施工するが，そのほか施工にあたっては次の事項に留意する必要がある．

1) 土質の確認について　現場の土質が設計時点で考えられていたものと同じであるかどうかを確認するため，削孔にあたっては現場の土質の状態が把握できるように注意して施工する必要がある．また，アンカー体の定着部の土質が良好でない場合には，その定着位置を変更しなければならない．その際，周辺の既設構造物，地下埋設物に損傷を与えないように注意する．

アンカー体を設置できる支持地盤が深く，アンカー長が非常に長くなる場合には，隣地境界の制限を越えるため，テンドンやアンカー体を地盤内に残置するアンカーの適用ができない場合がある．このような場合には，除去式アンカーの採用や，支圧型アンカー，複合型アンカー，補強土工法等の採用についても検討し，経済的で適切な工法を選定しなくてはならない．

グラウンドアンカーを設置した腹起しにはグラウンドアンカー力の鉛直成分が作用するため，腹起し受けブラケットは所定の強度を有する構造および配置としなければならない．

2) 保証試験について　グラウンドアンカーについては，設計時に基本調査試験として引抜き試験と長期試験を行うが，グラウンドアンカーの施工時には，その耐力および安全性を確認するため，次のような品質保証試験を実施する．

① 多サイクル確認試験　実際に使用するアンカーに多サイクルで所定の荷重まで載荷し，その荷重変位量特性から，アンカーの設計および施工が適切であるか否かを確認するために行う．

② 1サイクル確認試験　実際に使用するアンカーに1サイクルで所定の荷重まで載荷し，アンカーが設計アンカー力に対して安全であることを確認するために行う．

③ その他の確認試験　アンカーの用途に応じて実施する定着時緊張力確認試験や残存引張り力確認試験等を行う．

3) 計測管理について　グラウンドアンカーは，一般に設計荷重未満で定着させるので，土留め壁に作用する土圧等の外力が設計値に近くなるとグラウンドアンカーに伸びが生じて土留め壁が変位し，その背面の地盤に変状が生じることがあるので計測管理を十分に行わなければならない．

6.5 土留め支保工の点検

施工中は，常に土留め支保工の点検を行い，安全の確保に努めなければならない．

【解　説】　掘削の進行に伴う側圧の増大等により，腹起し，切ばり等の局部座屈や腹起しと土留め壁，腹起しと切ばりの取付け部等に異常を生じることがあるので，日常の点検を定期的に行わなければならない．とくに隅角部の土留め支保工は弱点となりやすいので，十分に注意しなければならない．

　また，長雨，地震等の後や，土留め壁背面で水道管や下水管の漏水があった場合には，土留め支保工が緩むことが多いので十分な点検が必要である．

　グラウンドアンカーについては，アンカー頭部や土留め工の変形や変位を定期的に点検し，必要に応じて補修，再緊張，グラウンドアンカーの増し打ち，あるいは緊張力緩和など適切な対策を講じる．

第7章 防　水

7.1 一　般

> トンネル躯体の防水は，設計図書にもとづき，現場の各種状況を考慮した施工計画をたて，防水の目的を満足する方法で施工しなければならない．

【解　説】　トンネルの使用目的，構造，施工法等に応じた防水材料や防水方法が，設計図書に示されているのが普通であるが，施工に際しては，地盤条件，地下水位，周辺環境，仮設構造物との関連（土留め支保工の盛替えと撤去，中間杭周り等），躯体の施工継目，伸縮継目との関連等を考慮し，防水の目的を満足するように施工しなければならない．

防水の施工方法には，施工時期により，躯体コンクリート打設前の下地板や土留め壁等に防水材を設置する先防水と，躯体に防水材を設置する後防水がある．底部防水は先防水で，頂部防水は後防水で施工されるが，側部防水は周辺状況等による．先防水の場合は，防水材設置後に近接して行う鉄筋の配筋や圧接作業等により，防水材を損傷することのないように十分に配慮する必要がある．

各種防水工法を**解説 表 4.7.1**に示す．

解説 表 4.7.1　防水工法一覧

種　別		設置方法	材　質	特　徴
シート防水		貼付け	加硫ゴム	伸び率が高く下地の亀裂に強い．継手の接着に有機溶剤を使用する．
			非加硫ゴム	継手の接着性が良い．後打ちコンクリートに化学反応で接着する．
			塩化ビニル樹脂	軽量のため施工性に優れ，金具での固定が一般的である．
			改質ゴムアスファルト	シートの厚みがあり伸び強度も高い．シート継手の接着は加熱による．
			エチレン酢酸ビニル共重合樹脂	軽量なため施工性に優れる．後打ちコンクリートに化学反応で接着する製品もある．
塗膜防水		塗布，吹付け	エポキシ系	下地への接着強度は高いが，伸び率は低い．
			ポリウレタン系	伸び率が高く下地の亀裂に強い．一般に硬化時間が長い．
			ゴムアスファルト系	湿潤状態の下地に施工可能．硬化時間が長い．
			ポリマーセメント系	湿潤状態の下地に施工可能．下地への接着強度が高く，後打ちコンクリートにも接着する．
その他	マット防水	貼付け	ベントナイトマット	ベントナイトが水を含むと体積膨張して遮水性能を発揮する．
	モルタル防水	塗布	防水性モルタル	混和材を添加しモルタルの水密性を強化．施工性に優れるが，湧水処理や養生に注意が必要．
	アスファルト防水	加熱溶融積層	アスファルトルーフィング	アスファルトの遮水性，粘着性，耐腐食性を利用．火気の管理が重要である．

7.2　シート防水

> シート防水は，シート相互の接合を確実に行い，躯体に十分に密着させ，所定の防水層が形成されるように施工しなければならない．

【解　説】　シート防水は主材料であるシートとこれを接着させる接着剤とからなる．シートの接着方法には，現場で接着材を塗布する方法，シートに最初から粘着層を塗布して現場ではく離紙をはがして接着する方法，加

熱溶融して接着する方法があるが，いずれの場合もシートの相互の接合を確実に行うとともに，躯体コンクリートもしくは下地面に密着させなければならない．

施工に際しては，次の事項に留意しなければならない．

1) 接着剤は，十分な量を均一に塗布し，シートと躯体コンクリートあるいは下地面との接着を図る．
2) 塗布された接着剤の乾燥時間は，塗布量，気象条件等によって異なるので，シートを張る時期に十分に注意する．
3) シートは，張る前に仮敷きを行いシートのくせを修正しておき，接着する際に気泡，しわ，浮き等の生じないように端部からローラー等で十分に圧着させる．
4) シート相互を接合する場合には，シートの材質に応じた接合方法により，継手部に欠陥が生じないように施工しなければならない．なお，側壁や下床版等のコンクリートの打継部では必要に応じて増張りを施す必要がある。また，比較的長期にわたって施工継目を放置する場合には，次の施工時期まで破損，汚れ等のないように十分に保護しなくてはならない．
5) 防水材料は水に直接触れないように，また，変形，損傷等のないように保管しなければならない．なお，接着剤の保管および取扱いについては，「労働安全衛生法」「消防法」および「危険物の規制に関する政令，規則」に従わなければならない．また，取扱い時には十分な換気を行うように注意しなければならない．
6) 隅角部，中間杭周りおよび中間杭，切ばり，腹起し等を構造物中に残置する個所は，増張り，補強張りを施し，十分に密着させなければならない．

7.3 塗膜防水

塗膜防水は，所定の品質の材料を用いて所定の均一な防水層が形成されるように施工しなければならない．

【解　説】　塗膜防水は，基剤と硬化剤を施工現場にて所定の比率で混合して下地面に塗布し，その化学反応によって防水被膜を形成させる方法である．塗布方法としては手塗りと吹付けがあり，施工個所，施工規模等を考慮のうえ選定する．施工に際しては，次の事項に留意しなければならない．

1) 溶液の混合にあたっては，計量，混合，撹拌等の機器を使用して，均一な材料ができるように品質管理を十分に行う．
2) 塗膜防水層の仕上がりは，2層程度に分けてそれぞれむらが生じないように入念に施工する．
3) 塗膜防水は，プライマーの乾燥後，ピンホール，気泡等の生じないように注意して均一な厚さに塗布する．また，補強材等を挿入する場合には，塗膜層に気泡が入らないように入念に施工する．
4) 材料の保管および取扱いや施工時の気象条件等については，シート防水の場合と同様に，十分に注意して入念に施工する．

7.4 その他の防水

（1）ベントナイト系のマット防水は，マット内のベントナイトを流出させることなく，所定の防水層が形成されるように施工しなければならない．
（2）モルタル防水は，躯体になじむように，また，ひびわれや肌落ち等が生じないように施工しなければならない．
（3）アスファルト防水は，所定の品質のアスファルトとルーフィング類を用い，積層品として複合一体化し，所定の防水層が形成されるように施工しなければならない．

【解　説】　（1）について　ベントナイト系のマット防水は，粒状ベントナイトが布地に内包され，ニードルパンチ等により固定してベントナイトが偏在しないようにしたロール状のマットであり，ベントナイトが水を吸

収して膨潤することにより防水層を形成する．

　流水に連続して接している場合，マットに充填されたベントナイトが流出して防水層が不確実になる場合があるので，シート等で養生する必要がある．マットにプラスチックシートを融着し，水圧や流水の影響を抑えるように機能を向上したマットもある．

　現場での保管にあたっては，パレット等の上におき，地面から浮かせた状態にしてシート等で覆い，水に直接触れないようにしなければならない．

　(2)について　モルタル防水は，防水材を混入した防水性を有するモルタルを躯体コンクリートに塗布し，防水層を形成する防水工法である．

　防水剤は，モルタルが硬化したのち吸水および透水を阻止して水密性を向上させるような混和材料をいい，一般には高分子系防水剤（ゴムラテックス，樹脂エマルジョン，水溶性樹脂等）が使用されている．

　施工に際しては，次の事項に留意しなければならない．

　1)　躯体コンクリート打ち込み後，一定期間をおき，コンクリートの硬化に伴う収縮の影響が少なくなってから施工する．

　2)　躯体コンクリートは表面の突起物，レイタンス等を除去し，水洗いや清掃を行ったのち，遊離水分を乾燥させてから防水を施工する．

　3)　躯体コンクリートの表面にプライマーを塗布し，防水モルタルは金ごてで均一に仕上げる．

　4)　施工後，急激な乾燥収縮が予想される場合は，覆いを施すなど適切な養生を行う．

　(3)について　アスファルトルーフィング類を溶融アスファルトで積層するアスファルト防水の施工に際しては，次の事項に留意しなければならない．

　1)　アスファルトプライマーは，原則として下地モルタルまたはコンクリートに均一に塗布し，下地以外のところを汚染しない．

　2)　アスファルトの溶融は，局部加熱が生じないように注意する．

　3)　アスファルトの溶融の際，煙，臭気等が発生するので，これらの防止対策を施すとともに，付近に危険を及ぼさないように消火器等を備え，十分な安全対策を講じる．

　4)　アスファルトの塗布は，アスファルトプライマーの乾燥後にルーフィング類に空隙，気泡，しわ，破れ等がないように被覆充填し，側部のアスファルト塗布の際には，鉄筋およびコンクリート等を汚染しないように保護する．また，防水層の継目部は，次の施工時期まで損傷がないように保護する．

　5)　アスファルトプライマーは，火気に十分に注意して保管する．

　6)　アスファルトは，雨露等があたらないように屋内に保管するのを原則とし，ルーフィング類の耳がつぶれないように管理する．

7.5　防水下地

　防水層の下地は，防水施工前に十分に点検し，防水層に悪影響を及ぼさないように適切な処理を施さなければならない．

【解説】　防水層の下地には，基礎敷きコンクリート面，躯体コンクリート面，型枠兼用の下地板および土留め壁等がある．

　下地は，防水層の施工前に次の事項について十分に点検し，処理しておくことが重要である．なお，下地が悪いとシート等の密着施工が困難となり，シート等を突き破って漏水の原因となり，所定の防水層の施工ができなくなるので，下地の点検および修理は確実に行わなければならない．

　1)　十分に乾燥しており，プライマーまたは接着剤の施工に支障しないこと．

　2)　防水施工面に凹凸のある個所は，均しモルタルによる仕上げ，または突起物の削り取りなどの措置を実施して平坦にする．

3) 砂，じんあい，油脂等が付着していないこと．
4) 下地板の場合には，反り，目違い等の欠陥の有無．コンクリート打設等によって移動またはひずみが生じないように堅固に取り付けられていること．
5) 立ち上がりの入隅部には，三角形または丸型の隅切りを取る．
6) 防水施工面に湧水等の流入水がある場合は，これを完全に排除するとともに，施工個所への流入がないように十分な措置を施すこと．
7) コンクリート構造物に埋め込まれる中間杭等の防水施工面の周囲に土砂，モルタル等が付着している場合は，確実に除去すること．

7.6 防水層の保護

防水層は，その機能を維持できるように保護しなければならない．

【解 説】 防水層は，防水の施工終了後すみやかにモルタル，コンクリート，防水（耐水）合板等で保護しなければならない．防水層の保護の方法は，防水工法や施工位置によって異なるので，施工条件に応じて適切な方法を選定しなければならない．

なお，防水層を露出した状態で鉄筋の組立て等の作業を行う場合には，防水層に損傷を与えないように十分に注意しなければならない．

7.7 継目防水

躯体の継目部の防水は，防水上の弱点とならないように入念に施工しなければならない．

【解 説】 躯体の継目には，コンクリートの打ち継目と伸縮継目とがある．

打ち継目部の防水は，一般部の防水に比べて弱点となるので，シートの増張り，コーキング材の充填等を行い，完成後の躯体の漏水原因とならないように入念に施工しなければならない．

伸縮継目の防水は，構造上の関連を考慮して防水上の弱点とならないように入念に施工しなければならない．伸縮継目には一般に止水版や目地材が設置されるが，施工に際しては次の事項に留意しなければならない．

1) 止水版は，所定の位置に型枠で強固に保持し，コンクリート打設の際に移動しないようにする．また周辺には，コンクリートの気泡や空隙等が生じないように十分に締固める．
2) 目地へのコーキング材の充填は，一般にコーキングガンを使用し，継目部分のすみずみまで完全に充填されるよう，加圧しながら施工する．また，コーキング材の充填後は，必ずへら押えを行い，表面の凹凸を均して滑らかに仕上げる．

第8章 躯体

8.1 一般

躯体の施工に先だち，設計図書にもとづき，構造物の規模，形状，工程，作業環境，その他現場の各種状況を考慮した施工計画をたてなければならない．

【解説】 躯体は，計画された位置に正確に設置する必要があるほか，横断面内空寸法だけでなく縦断勾配等にも十分に留意し，部材厚についても設計厚を確保し，強度的にも十分に機能を果たせるものとしなければならない．

このため，躯体の施工計画にあたっては，良好な作業手順で作業が行えるように鉄筋の加工，組立て，型枠支保工の構造，コンクリートの運搬，打込み養生に至るまで，詳細にわたって十分に検討を行う必要がある．

8.2 鉄筋工

（1）鉄筋は，設計図書に示された形状，寸法および材質に悪影響を及ぼさない方法で加工しなければならない．なお，曲げ加工した鉄筋の曲げ戻しは，可能な限り避けなければならない．

（2）鉄筋は，組立て前に清掃し，浮き錆等，コンクリートとの付着を害するおそれのあるものは取除き，所定の位置に配筋し，コンクリートの打込み中に動かないように堅固に組立てなければならない．また，鉄筋のかぶりを正しく保つために必要な間隔にスペーサーを配置しなければならない．

（3）鉄筋の継手は，設計図書に示された位置および構造を原則とするが，このほか現場における施工上の制約条件を十分に考慮しなければならない．

【解説】 （1）について　鉄筋は組立てる前に設計図書に示された形状，寸法に一致するように，しかも材質に悪影響を及ぼさない方法で加工する必要がある．

鉄筋の加工は，鉄筋の種類に応じた適切な曲げ機械を用いるとともに，常温加工を原則とする．なお，いったん曲げ加工した鉄筋を曲げ戻すと材質を害するおそれがあるため，できるだけこれを避けるようにする．ただし，施工継目等で一時的に曲げておき，あとで所定の位置に曲げ戻す場合には，曲げおよび曲げ戻しをできるだけ大きな半径で行うか，適切な温度で加熱して行うなどの処理が必要である．

（2）について　鉄筋は鉄筋相互間や鉄筋の交点の要所を焼きなまし鉄線または適切なクリップで緊結し，必要に応じて組立用鋼材を用いて，コンクリートの打ち込み中に動かないように固定して組立てなければならない．

かぶりには，一般的に純かぶりと芯かぶりがあるので，設計図書で確認した上で，スペーサーを配置しなければならない．一般的に良く用いられるスペーサーは，モルタル製，コンクリート製等があり，使用される場所，環境に応じて適切なものを選ぶ必要がある．スペーサーの選定および配置の検討に際しては，文献[1]等を参照するのが望ましい．

組立てられた鉄筋は，一般にコンクリート打込み前に，かぶり，配置，形状等について検査する．

（3）について　鉄筋の継手位置と継手方法は，通常，設計図書に明示されている場合が多いので，その位置で定められた方法で施工しなければならない．

継手位置や方法が設計図書に明示されていない場合や，明示されていてもその位置で継ぐことが困難な場合には土留め支保工の設置状態，撤去時期等の現場の制約条件，鉄筋の応力状態等を考慮し，継手が一個所に集中しないように配慮して継手位置を選定し，構造上の弱点とならない方法で施工しなければならない．

鉄筋の継手方法と施工に際しての留意すべき事項は次のとおりである．詳細は，文献[2]および文献[3]等の規定を参照することが望ましい．

1) 重ね継手　所定の長さを重ね合せ，焼きなまし鉄線で数個所を緊結する．
2) 溶接継手（ガス圧接，エンクローズ溶接等）　資格を持った圧接工または溶接工により行い，継手部の検

査を行う．

　3）　機械式継手　設計図書に明示された接続具を用い，定められた方法に従って施工する．

　また，縦断方向の鉄筋継手箇所は，一区画の施工範囲との関連で一断面に集中しがちであるが，スラブ，壁等の施工継目を調整して一断面に集中しないように配慮する必要がある．

　なお，継手部の鉄筋を長期間露出する場合には，セメントペースト，高分子材料等で被覆し，露出部の鉄筋を保護しなければならない．

参考文献

1)（社）日本土木工業協会：鉄筋工事用スペーサー設計施工ガイドライン，pp. 1-18，1994．
2)（社）土木学会：鉄筋定着・継手指針【２００７年版】，pp. 34-51，2007．
3)（社）日本圧接協会：鉄筋のガス圧接工事標準仕様書，pp. 1-15，pp. 19-84，2005．

8.3　型枠および支保工

（1）　型枠および支保工の材料は，コンクリートの打込みに対し，十分な強度を有し，組立て，解体が容易なものでなければならない．

（2）　型枠および支保工は，躯体の形状に合わせて十分な精度で組立て，コンクリートの打込み中も移動しないように固定しなければならない．

（3）　型枠および支保工は，コンクリートが所定の強度に達するまで取外してはならない．

【解　説】　（1），（2）について　型枠および支保工は，設計図書に示された構造物の形状および寸法に従って組み立て，コンクリートの自重はもちろん，コンクリート打設中の荷重や振動に対しても耐えられるような強度と剛性を有するものでなければならない．また，型枠および支保工は転用して使用するため，容易に組立て，解体できるものでなければならない．

　型枠および支保工は組み立て後，組立て精度，支保工の配置等について再確認しなければならない．

　移動式型枠を用いる場合は，移動中に変形しないよう十分な剛性を有するものとし，原則として鋼製のものを使用しなければならない．

　（3）について　型枠および支保工を取外す時期は，セメントの種類，コンクリートの配合，構造物の種類とその重要度，部材の寸法，部材の受ける荷重，気温，天候等によって異なるため，これらを考慮して定めなければならない．

8.4　コンクリートの運搬，打込みおよび養生

（1）　一作業区画内のコンクリート打込みは，所定の打込みがすべて終了するまで，連続して行わなければならない．なお，打込み中はコンクリートの表面が一区画内でほぼ水平になるように打込むことを原則とする．

（2）　コンクリートの運搬および打込みは，材料分離が生じないように適切で十分な設備を設け，迅速かつ慎重に行わなければならない．

（3）　コンクリートは打込み後，一定期間，適切な方法で養生しなければならない．

【解　説】　（1）について　開削トンネルは，一般にコンクリート打込み作業のため，一区画を 20～30m の延長として施工する場合が通例である．したがって，壁，スラブのコンクリート体積をあらかじめ計算し，コンクリートの製造能力，運搬能力等について検討して打込み計画をたてなければならない．また，打ち継目は構造物の弱点となりやすいので，なるべく影響の少ない位置に打ち継目を計画するとともに，あらかじめ定められた作業区画内は，打ち終わるまで連続してコンクリートを打たなければならない．また，マスコンクリートをい

くつかの平面的なブロックあるいは複数のリフトに分けて打ち込む場合，新しく打ち込まれたコンクリートは，旧コンクリートの拘束を受けるため，温度変化に応じて応力が発生する．新旧コンクリートの有効ヤング係数および温度の差が大きくなるほど，この応力は大きくなるので，新旧コンクリートの打込み時間の間隔を短くするのがよい．

　（2）について　開削トンネルでは，躯体は一般に地表面下の深い位置に築造される．したがって，コンクリートも地表面から地下の深い位置への打込みとなるため，材料の分離を生じない処置が必要である．

　コンクリートの打込みには，一般にシュートを用いる場合とコンクリートポンプを用いる場合とがある．

　シュートを用いる場合には，適正な管径のフレキシブルな縦シュートを用い，縦シュートの位置は打込み中コンクリートが一個所に集中しないように配慮することが必要である．そのためには，打込む前にコンクリート投入口の位置，間隔等について検討しなければならない．

　コンクリートポンプを用いる場合には，材料の分離を生じない状態で打込むことができるが，ポンプの性能に差があるので打込み場所，1回の打込み量等を考慮して機種を選定するとともに，ポンプの配置にあたっては打込み中にパイプ内にコンクリートが詰まらないよう配慮する必要がある．

　コンクリートの打込み中は型枠のはらみ，モルタルの漏れ等に留意するとともに，打込んだコンクリートは，内部振動機を用いて鉄筋の周囲および型枠のすみずみまでいきわたるように十分に締固めなければならない．

　（3）について　打込み後のコンクリートは水和反応による十分な強度の発現と所要の耐久性，水密性等の品質を確保し，ひびわれが生じないようにするため，打込み後の一定期間を適当な温度のもとで十分な湿潤状態に保つように養生しなければならない．

　具体的な養生の方法と期間は，構造物の種類，施工条件，立地条件，環境条件等，個々の状況に応じて定めることが重要である．

　主な養生方法として，散水や湿布（養生マット，ムシロ等）による湿潤養生と，日覆い，加熱等による温度制御養生等がある．

　トンネル内は，コンクリートの養生にとって適度な温度，湿度が保たれる良好な施工環境の場合もある．こうした施工環境のもとでは，コンクリートは自然に養生できるため，特別な養生を必要としない場合もある．

　養生期間中はコンクリートに振動や過大な荷重を与えないように十分に留意しなければならない．

8.5　寒中，暑中およびマスコンクリート

（1）　寒中コンクリートの施工にあたっては，凍結または低温によりコンクリートの品質が低下しないように適切な処理をしなければならない．

（2）　暑中コンクリートの施工にあたっては，高温によりコンクリートの品質が低下しないように適切な処理をしなければならない．

（3）　セメントの水和熱に起因した温度ひびわれが問題となる場合には，マスコンクリートとして取り扱い，その対策を検討しなければならない．

　【解説】　（1）について　日平均気温が4℃以下になるような気象条件のもとでは，凝結および硬化反応が著しく遅延して，夜間，早朝ばかりではなく日中でもコンクリートが凍結する恐れがあるので，一般に寒中コンクリートとしての考慮を行うことが望ましい．硬化前のコンクリートは氷点下にさらされると容易に凍結，膨張し，初期凍害を受ける．初期凍害を受けたコンクリートは，その後適切な養生を行っても想定した強度が得られず，耐久性，水密性などが著しく劣ったものとなる．またコンクリートが凍結しないまでも5℃程度以下の低温度にさらされると，凝結および硬化反応が相当に遅延するため早期に作用を受ける構造物ではひびわれ，残留変形などの問題が生じやすくなる．したがって，寒中コンクリートの施工に際して重要なことはコンクリートを凍結させないこと，また，寒冷下においても所定の品質が得られるように，材料，配合練り混ぜ，運搬，打ち込み，養生，型枠及び支保工等について適切な処置をとらなければならない．特に，開削トンネルのスラブは1回

の打設面積が広いことが多いため，打ち込み時や養生時に適切な処置が重要となる．詳細は文献1)を参照のこと．

　（2）について　コンクリートの打ち込み時における気温が30℃を超えると，コンクリートの諸性状の変化が顕著になる．日平均気温が25℃を超える時期に打設する場合には，一般に暑中コンクリートとしての施工を行うことが望ましい．コンクリートの温度が高くなると，運搬中のスランプの低下，連行空気量の減少，コールドジョイントの発生、表面の水分の蒸発によるひびわれの発生、温度ひびわれの発生等の危険性が増す．このため，打ち込み時および打ち込み直後において，できるだけコンクリートの温度が低くなるように，材料，配合，練混ぜ，運搬，打ち込みおよび養生等について適切な処理が必要となる．特に，開削トンネルのスラブは1回の打設面積が広いことが多いため，コールドジョイントが発生しやすいため打ち込み時に適切な処置が重要となる．詳細は文献1)を参照のこと．また，気温が高い施工環境下では，通常よりも作業効率が低下しやすいこと，作業員が熱中症になりやすいことなどにも十分配慮して，施工計画をたてて適切に管理することが望ましい．

　（3）について　コンクリート構造物の大型化および大量急速施工の増加に伴い，セメントの水和熱よる温度ひびわれが発生する事例が増加しつつある．また，部材の拘束，環境温度，コンクリートの使用材料，配合及び施工の条件によっては比較的小型の構造部であっても，有害なひびわれを生じる事例が確認されている．したがって，部材の寸法にかかわらずセメントの水和熱に起因した温度ひびわれが問題となるコンクリート構造物はマスコンクリートとしての配慮が必要である．マスコンクリートの施工において留意すべき事項は，温度ひびわれを防止あるいはひびわれ幅の制御，ひびわれ間隔及び発生位置等制御であり，その制御方法は設計，材料及び配合の選定，施工等の各段階において適切な処置が必要となる．

とくに，開削トンネルの側壁はスラブの拘束が大きいため温度ひびわれが発生しやすいことから，側壁に対して適切な処置が重要となる．詳細は文献1)を参照のこと．

参考文献
1)(公社)土木学会：コンクリート標準示方書[施工編]，pp．156-176，2012．

8.6　継　　　目
（1）　コンクリートの打ち継目は，施工済のコンクリートと密着するように施工しなければならない．
（2）　躯体の伸縮継目はその目的を満足させるとともに，防水上の弱点にならないように施工しなければならない．
（3）　ひびわれ誘発目地を用いる場合には，適切な位置および構造のものを設ける必要がある．

【解　説】　（1）について　コンクリートの打ち継目（施工継目）は，構造物の強度，耐久性，水密性および外観を損なわないように適切な位置に設けなければならない．

開削トンネルの躯体コンクリートの打ち継目は，地下の施工条件の悪い所で行うことになるので，打ち継目の施工にあたっては，施工済のコンクリートと密着するように慎重に施工しなければならない．

とくに打ち継目の目あらし，緩んだ骨材，レイタンスの取除き，水洗い等は入念に行わなければならない．なお，打ち継目に止水板を使用する場合は，せき板を止水板中心に正しく合わせ，移動またはめくれのないように固定し，コンクリート打込みにあたっては，止水板周囲に空隙が残らないように締固めなければならない．

また，鉛直継目と水平継目の接点は，相互の止水板を重合わせて接着するなどして，止水上の弱点にならないようにしなければならない．

必要に応じてセメントペーストもしくはコンクリート中のモルタルと同程度のモルタルを敷いて，ただちにコンクリートを打込み，施工済のコンクリートと密着するように施工しなければならない．

また，水平の打ち継目に遅延剤を使用してレイタンスを除去する場合には，遅延剤の散布方法，洗出し方法等に注意して施工しなければならない．

打ち継目の位置は，土留め支保工の位置や，コンクリート打込みの1回の作業量等を考慮して決めるのが普通であるが，後続施工区間や部材の鉄筋組立て，防水等についても配慮して，これらの施工が困難となるような個

所を避ける必要がある．

　<u>（2）について</u>　開削トンネルの躯体は継目を設けないで連続した構造とすることもあるが，軟弱地盤で不等沈下や地震の影響が大きいと考えられる場合は，伸縮継目（構造継目）を設けることがある．

　伸縮継目は，躯体どうしまたは躯体と付帯構造物を縁切りするために止水上の弱点になりやすい．

　伸縮継目には，弾性に富む塩化ビニルなどの止水板と止水性のあるコーキング材を充填して止水するのが一般的であるが，止水板の形状の不適合，コンクリートの打込み不良，およびコーキング材の充填不足により漏水する場合がある．施工に際しての留意事項は第4編 7.7 を参照のこと．

　<u>（3）について</u>　セメントの水和熱や外気温等による温度変化，乾燥収縮等外的要因以外の要因による変形が生じ，このような変形が生じるとひびわれが生じることがある．この場合にあらかじめ定められた位置でひびわれを集中させる目的で断面欠損部を設けるものがひびわれ誘発目地である．ひびわれ誘発目地を設ける場合には，誘発目地の間隔および断面欠損率を設定するとともに目地部の鉄筋の腐食を防止する方法，所定のかぶりを保持する方法，目地に用いる充填剤の選定方法など十分な配慮が必要である．詳細は文献[1]を参照のこと．

参考文献
1) (公社)土木学会：コンクリート標準示方書［施工編］, pp. 126-132, 2012.

第9章 埋戻し

9.1 一般

（1） 埋戻しの施工に先だち，設計図書，標準図等にもとづき，材料，締固め方法，その他現場の各種状況を考慮した施工計画をたてなければならない．

（2） 埋戻しの施工に先だち，再生資源の利用を考慮した施工計画をたてなければならない．

【解　説】　（1）について　埋戻しは，復旧後の使用目的に適合する支持力が得られるように施工しなければならない．このためには，施工箇所（躯体側部，躯体上部），坑内の状況（土留め支保工の撤去作業，地下埋設物の本受け防護）等を考慮して埋戻し材料（良質土，改良土，流動化処理土等），材料の投入，まき出し，締固め方法，施工管理等について施工計画をたてなければならない．

埋戻し土の支持力は，現位置試験等を所要の頻度で行い，確認しなければならない．

（2）について　埋戻し材料の選定に際しては，「建設リサイクル法」等にもとづき，発生した建設発生土や泥土等の利用促進を考慮する．

埋戻し材料に再生資源を用いる場合は，入手可能な建設副産物の種類，量を把握するとともに，これらの再資源化を検討し，埋戻し箇所の道路管理者または土地の所有者と協議して決定しなければならない．一定数量以上の埋戻し材料を用いる工事の場合においては，「資源有効利用促進法」等にもとづき再生資源利用計画を作成しなければならない．

発生土を埋戻し材として利用する場合には，土の粒度，含水比，強度試験等により，埋戻し材として直接利用可能であるかを十分に検討し，低品質な発生土においては，含水比低下処理，安定処理等を考慮する必要がある．

9.2 施工

（1） 躯体側部の埋戻しは，土留め壁面との離れを考慮した材料と方法により，躯体の築造に合わせて，下方より順次，確実に施工しなければならない．

（2） 躯体上部の埋戻しは，埋設物および本受け防護に偏圧を与えないように留意して，適切な材料および施工方法により，下層より順次，確実に施工しなければならない．

【解　説】　（1）について　躯体側部の埋戻しは，躯体築造に伴い，土留め支保工を撤去しながら施工するのが一般的である．このため，一時的に土留め壁の支間が長くなることにより土留め壁の変形が増進するので，その変形をできるだけ増進させないように短時間に施工するとともに，場合によっては，捨ばりや盛替ばり等を設置するなど，土圧を確実に躯体に伝達させる必要がある．また，躯体と土留め壁面の間とは，一般に狭隘であるため，埋戻し材料に土砂を用いた場合，確実な充填，十分な締固めが困難である場合があり，長い年月の間には空隙が生じることもあるので，適切な材料を用い，入念な施工を行う必要がある．

隙間が小さい場合の側部の埋戻し材料には，流動性が良く，締固めを省略できる貧配合のモルタル等を用いたり，躯体コンクリートを土留め壁の際まで直打ちに施工したりすることが多い．このため，側部埋戻しについては，締固め方法はもちろんのこと，使用材料についても十分に検討する必要がある．

（2）について　躯体上部の埋戻し材料に土砂を用いる場合は，できるだけ広範囲に，土留め壁内面間を1回の施工に必要な厚さごとに，均等に敷均し振動機，転圧機等により十分に締固めなければならない．

坑内の埋設物，本受け防護材および土留め支保工付近は転圧が困難であるため，周辺の埋戻しに合わせ，順次，所定の砂等を用い，空隙が生じないように十分な突固めを行わなければならない．

公園，民地部等の埋戻しは，道路部に準じ転圧機等を用いて十分に締固めるとともに，地表部においては覆工撤去および杭の引抜きまたは杭の切断撤去したのち，使用目的に適した材料を用いて適切に整正しなければならない．

なお，埋戻しの際は，埋設物の本受け防護，切ばり等に衝撃を与えないように留意しなければならない．

9.3 流動化処理土

（1） 流動化処理土を埋戻し材として使用する場合には，埋戻し施工箇所における現地調査を十分行ったうえで施工計画をたて，施工条件を考慮した適切な運搬方法，打設方法で施工しなければならない．

（2） 使用する流動化処理土の品質を確保するため，事前に設定した各基準値を満足することを室内試験等で確認する必要がある．

【解　説】　(1)について　建設発生土や泥土等発生土の利用促進の面から，安定処理土の一種である流動化処理土を使用する場合が増えてきている．流動化処理土は，流動性と自硬性を有しており，締固めを必要としないことから，狭隘な箇所等の埋戻しに用いると効果的である．

現地調査にあたっては，埋戻し対象物の埋設位置，周辺状況，作業時間帯などを確認し，周辺環境に十分配慮して仮囲い，埋戻し区画等の仮設計画を立てる必要がある．

運搬方法には，アジテータ車やバキューム車があり，打設方法には，これらの車輛からの直接投入方式とコンクリートポンプなどを利用した圧送方式があるが，埋戻し箇所の形状，作業スペース，打設量，周辺状況等の施工条件に応じて適切な打設方法を選定する必要がある．

また，躯体頂部の埋戻し時には，埋設物に流動化処理土による浮力が作用するので，埋設物周辺を一挙に埋戻すことを避けることやあらかじめ埋設物を固定するなどの浮上り対策を検討する必要がある．併せて，埋設物の防護についても検討を行う必要がある．

(2)について　流動化処理土は，原材料として一般的に品質の変動が大きな建設発生土や泥土（建設汚泥を含む）を用いるため，その影響を受けやすい．このため，使用に際しては，最大粒径，一軸圧縮強さ，フロー値，ブリーディング率，密度等の試験を適切な頻度で行い，事前に設定した基準値に適合するものを使用しなければならない．

路面近くのように，再掘削が予想される部分に使用する場合には，再掘削が困難とならないような強度とするなどの配慮が必要である．

第10章　路面覆工撤去および路面復旧

10.1　一般

（1）　路面覆工の撤去は，路面交通と路面復旧作業量等をもとに，1回の施工量，範囲等を考慮した施工計画をたて，これにより施工しなければならない．

（2）　路面の仮復旧は，路面覆工の撤去後すみやかに行い，道路交通に支障のないようにしなければならない．

（3）　路面の本復旧は，仮復旧時の路床または路盤の安定を確認したのち，施工しなければならない．

【解　説】　（1）について　路面覆工の撤去は，埋設物の本受け防護後，覆工桁下端までの埋戻しが完了してから行うが，撤去中は，路面交通に大きな支障をきたすため，作業時間および1回の施工範囲が大幅に制限される．また，路面仮復旧と同時に施工しなければならないので，路面交通，路面仮復旧作業等を考慮した施工計画をたて，これにもとづいて施工しなければならない．

（2），（3）について　路面の仮復旧は，路面覆工撤去に合わせ，制限された時間内ですみやかに施工しなければならない．

仮復旧といえども路面を交通に開放する場合は，ローラー等で十分な転圧を行い，所定の支持力等が得られるように施工しなければならない．

仮復旧路面は本復旧までの間，定期的に巡回点検して，必要に応じて補修を行い，良好な路面状態を保たなければならない．

また，大規模開削工事において，埋戻しに流動化処理土を使用した場合には，路床内に空隙を生じさせることなく強度発現し，路面の沈下が抑制できることから，短期間で本復旧とする場合もある．

10.2　路面覆工撤去

（1）　路面覆工の撤去は，埋戻しが完了し，路面の仮復旧に支障のない状態を確認したうえで行わなければならない．

（2）　路面覆工の撤去に際しては，路面交通等に支障しないように留意して施工するとともに，付近の地上物件および地下埋設物に損傷を与えないように施工しなければならない．

【解　説】　（1）について　路面覆工の撤去は，原則として路面の仮復旧と同時に行うので，埋戻しが覆工桁の下部まで完了し，仮復旧の路床として十分な支持力があることを現位置試験等により確認したうえで行わなければならない．

（2）について　覆工桁および埋設物専用桁は，一般に長尺で重量も大きく，作業帯を広く必要とするので，なるべく交通量の少ない時間帯に撤去することとし，桁の吊上げ，積込み等に際しては，歩行者を含めた道路交通に支障のないように注意しなければならない．また，路上を占有している種々の架空線，近接構造物等ならびに覆工桁下の埋設物に損傷を与えないように注意して施工しなければならない．

10.3　路面復旧

（1）　路面の仮復旧は路面覆工撤去の順序に合わせ，路面の状況を十分に調査，検討してすみやかに施工しなければならない．

（2）　路面復旧の構造および材料は，道路管理者の定める仕様に適合するものでなければならない．

【解　説】　（1）について　路面の仮復旧の施工は，路面覆工の撤去に合わせて，小ブロックずつ行うので，

そのつど，すり付け舗装を行うなど，一度に広範囲を施工する一般の道路工事と異なった配慮が必要である．

　路面の仮復旧の表層は，アスファルトコンクリート舗装が一般的であるが，舗装に先だち，街渠，官民境界石等を所定の位置に正確に施工するとともに，舗装完了後は，ただちに区画線，横断歩道線，各種地上施設等の占用物件を原則として現状復旧しなければならない．現状復旧しがたい場合には，各管理者と協議のうえ復旧しなければならない．なお，仮復旧路面と残存覆工部および在来舗装面は，なじみよく仕上げなければならない．

　<u>（2）</u>について　路面復旧にあたっては，道路管理者と協議し，その仕様に適合した材料，構造，工法にて施工する必要がある．使用材料の品質管理および各段階の終了時における原位置試験は，道路管理者と協議のうえで行わなければならない．一定数量以上の路面復旧材料を用いる工事の場合においては，「資源有効利用促進法」等にもとづき，再生資源利用計画を作成しなければならない．

第11章 土留め壁等の撤去

11.1 一 般

土留め壁や中間杭等の撤去に先だち，打込み時の記録等をもとに撤去長，埋設物との近接度，その他現場の各種状況を考慮した施工計画をたてなければならない．

【解 説】 親杭横矢板土留め壁の親杭，鋼矢板および中間杭は，撤去を前提として計画されることが多い．ただし，打込みの状態，埋設物および諸工作物との関係，地盤条件，周辺環境等により，やむをえず残置となることもあるので，施工に先だち，それぞれの管理者と協議のうえ計画をたて，撤去と残置の区別を決めておかなければならない．

鋼管矢板，単軸場所打ち杭地下連続壁，ソイルセメント地下連続壁および安定液を用いる地下連続壁は残置を前提として計画することが多いが，その処置については事前に管理者と協議し，現場の状況等を考慮して，撤去方法，撤去の深さ，範囲等について計画をたてなければならない．また，作業が能率的，経済的にできるように，埋戻し，覆工撤去の時点であらかじめ手当てができるような計画をたてておくことも必要である．

11.2 親杭および鋼矢板等の撤去

（1） 親杭および鋼矢板等の撤去にあたっては，付近の環境に留意して，必要最小限の範囲を順次つぼ掘りまたは布掘りをし，路面交通等に支障しないように施工しなければならない．

（2） 親杭および鋼矢板等の撤去は，躯体および地下埋設物等を損傷させないように十分に注意して施工しなければならない．

（3） 親杭および鋼矢板等の撤去跡は，ただちに流動化処理土，ベントナイトモルタル，砂等で完全に充填しておかなければならない．

【解 説】 （1）について 施工は，路面仮復旧工程を考慮して行うとともに，沿線状況を考慮して，できるだけ低振動，低騒音の機械を使用し，第4編 第3章に準じて行わなければならない．

（2）について 撤去にあたってはとくに，防水層，地下埋設物，架空線に注意するものとし，第4編 第3章に準じて施工するが，施工に先だち，親杭および鋼矢板の打込み完了時の状態および躯体施工時の状態をよく把握し，また，地下埋設物の本受け防護の支持杭でないことを確認しておかなければならない．撤去時に他に与える悪影響の主な原因は，撤去時の振動および撤去後の空隙であり，これを防止するため，適切な撤去工法を選定しなければならない．

（3）について 撤去跡は，空隙を造ることなく，埋戻しと同等またはそれ以上の状態に流動化処理土，ベントナイトモルタル，砂等で充填する．

鋼管矢板，地下連続壁等の引抜き撤去ができない土留め壁の撤去は，管理者との協議結果にもとづき施工しなければならない．この撤去作業は，親杭および鋼矢板の引抜き撤去に準じて行わなければならない．残置物については，位置，範囲，仕様等を記載した資料を作成し，保存しておかなければならない．

11.3 中間杭の撤去

（1） 躯体上床版より上部の中間杭は，躯体完成後，路面荷重等を確実に支持するとともに，躯体に悪影響を及ぼさないように所定の位置で切断し，躯体に盛替えなければならない．

（2） 盛替え完了後，躯体内側に残置された中間杭は，所定の位置にて切断し，すみやかに撤去しなければならない．

（3） 躯体に埋込まれる中間杭の切断部は，躯体の健全性を損なわないように適切な措置を講じなけれ

ばならない．
　（4）　躯体上床版に盛替えられた中間杭の撤去は，第4編 11.2に準拠して施工しなければならない．

【解　説】　(1)について　中間杭の盛替えは，上床版と切断中間杭の下端とのすき間にくさびを打込むか，または根固めコンクリート等を施工して，路面荷重または埋設物本受け防護荷重等を確実に上床版にて支持するとともに，これらの荷重を上床版により広範囲に分布させるように施工しなければならない．また，盛替えに伴う中間杭の沈下を引起こさないように中間杭けい材を利用して確実に仮受けし，切断は1本おきに行い，切断後すみやかにくさび等にて盛替え面と中間杭との間にすき間が生じないように盛替えなければならない．

　(2)について　躯体内側に残置された中間杭の切断，撤去は，中間杭の盛替え完了後，躯体内工事に支障しないようにすみやかに行わなければならない．

　(3)について　中間杭切断部は防水上や構造上の弱点となる場合もあるので，適切な措置を講じるとともに，入念に施工しなければならない．

　(4)について　中間杭の撤去に際しては，地下埋設物の本受け防護の支持杭として利用されていないことを確認しておかなければならない．

第12章 埋設物の保安措置

12.1 一　般

（1）　掘削内または掘削に近接した位置に埋設物がある場合には，工事の施工に際し，その状況に応じて適切な措置を講じなければならない．

（2）　埋設物の移設，吊防護，仮受け防護，工事中の保安，本受け防護等については，埋設物管理者との協定，諸協議ならびに道路管理者の指示等による設計図書，標準図等にもとづき，現場の各種状況を考慮して安全に施工しなければならない．

【解　説】　（1）について　開削トンネルの施工に際しては，事前に埋設物の有無，種類，位置，形状等を調査し，必要に応じて埋設物管理者の立会いのもとで試掘により確認する必要がある．施工にあたっては，その状況に応じて，安全確実な方法により保安措置を行わなければならない．埋設物の保安措置を分類すれば，**解説 表 4.12.1**のとおりである．

（2）について　近年，埋設物の種類，内容は，多様化，複雑化，広域化しており，いったん事故が発生した場合は，工事に与える影響にとどまらず，人身等に及ぼす障害に加え，社会的混乱を招く重大な事故に発展するおそれがある．したがって，工事に際しては，埋設物管理者と防護協定を結び事故防止に万全を期さなければならない．とくにガスについては，「ガス供給施設の保安に関する協定書および同協定に基づく細目協定」により施工することになっている．また，防護協定の結ばれていない埋設物に対しては，事前に関係法令，道路管理者の指示等を遵守し，埋設物管理者と防護方法，立会い，点検等の保安方法を十分に協議し，安全に施工しなければならない．

解説 表 4.12.1　地下埋設物の保安措置

	種　類	備　考
本工事着工前の保安措置	立会い，試掘	埋設物の位置，形状等の確認
	移設	杭打ち等，作業上支障となるとき，または保安上必要なとき
	管種変更　永久変更　一時変更	経年管等の新管による布設替え
	緊急遮断装置の設置	バルブ等の設置による漏洩の遮断（ガス，水道）
	通管および導通試験等	電力および通信管路の空管に対して不通の有無を事前に確認する等の試験
掘削中の保安措置	吊防護	露出埋設物に対する工事中の防護
	仮受け防護	吊防護が不適当なものに対する工事中の防護
	補強措置	固定装置，抜出し防止装置，振止め装置等
	土留め壁背面付近の防護	掘削中の土留め壁背面の緩み，不等沈下等に対する追加防護措置
	使用の一時中止，伸縮継手の設置，押環掛け等	折損，漏洩の予防措置
	立会い，点検等	埋設物や吊防護施設等の状況確認
埋戻し時の保安措置	本受け防護	埋戻しに先だち施工する埋設物の防護
	通管および導通試験，覆装検査	工事の影響による不通箇所の有無を確認するための事後試験，覆装の傷等の目視確認
	立会い，点検等	本受け防護施設等の状況確認

12.2 本工事着工前の保安措置

埋設物の移設，管種変更等が必要な場合は，本工事に支障を与えないように，埋設物管理者等と十分に調整のうえ，適切な保安措置を講じなければならない．

【解　説】　掘削内または掘削外（掘削の影響範囲内）の埋設物に対する本工事着工前の保安措置として考慮するものは次のとおりである．

1)　移設について　杭打ち，路面覆工等の工事上支障となる埋設物を移設したり，保安上の都合で影響の少ないところへ移設する．

2)　管種変更について　工事施工上，経年の影響または強度上からみて，保安の点で不安のある管の管種を変更するもので，鋳鉄管を鋼管またはダクタイル管に，石綿セメント管を鉄筋コンクリート管等に変更する．

3)　緊急遮断装置の設置について　万一漏洩が発生した場合の緊急遮断用バルブ等を設置する．

移設位置，時期および管種変更の範囲，遮断装置の設置箇所等については，工事の影響範囲を考慮して，事前に道路管理者および埋設物管理者と十分に調整し，本工事に支障を与えないように事前に処理しなければならない．これらの処理に必要な時間は，埋設物の輻輳化，諸手続き等の関係から長びく傾向にあり，規模によっては相当の期間を要する場合があるので十分に留意する必要がある．

工事の影響範囲は，諸条件により異なるため一概に設定することはできないが，土質，工法，工期等，施工条件と埋設物の材質，老朽化等を考慮して取り決めるのが一般的である．

12.3 掘削中の保安措置

（1）　掘削に伴い露出した埋設物は，吊防護，仮受け防護または補強措置等を施し，埋戻しが終了するまでの間，安全に維持管理しなければならない．

（2）　土留め壁背面付近の埋設物は，掘削による影響を受けやすいので，沈下防止，緩衝掘削等の措置を講じ，常時点検し，安全に維持管理しなければならない．

【解　説】　（1）について　埋設物は露出を最小限にとどめ，すみやかに防護を行わなければならない．

掘削中の埋設物の保安措置の主な留意点は，次のとおりである．

1)　吊防護　①　吊防護は，埋設物の機能および構造に支障をきたさないように時期を失せず，施工しなければならない．

②　吊防護の桁は，専用桁を使用しなければならない．ただし，覆工桁に吊っても埋設物の機能を損なうおそれのない場合は，埋設物管理者と協議のうえ覆工桁から吊ることができる．

③　吊支持具には，緩みを修正するためのターンバックル類を取り付け，各吊支持具に力が均等にかかるように調整しなければならない．

④　人孔，消火栓，バルブおよび量水器等の位置を覆工板上に明示し，覆工板の一部を容易に取外しができるようにする必要がある．

吊防護の例は**解説 図 4.12.1**に示すとおりである．

2)　仮受け防護　吊防護が不適当な場合は，受桁等により仮受け防護を施さなければならない．

仮受け防護の支持杭および受桁は原則として専用としなければならない．ただし，支持杭は，所要の安全性が確保できる場合に限り，土留め杭および中間杭と兼用することができる．また，とくに支障のない場合は，埋戻し時の本受け防護を兼ねることができる．なお，人孔，消火栓等については1) ④を参照のこと．

3)　補強措置　埋設物には必要に応じ，内圧や温度変化等に対する伸縮継手または固定装置，抜出し防止装置，横振れ防止装置等の補強措置を施さなければならない．これらの補強措置は設計図や標準図にもとづいて行うが，必ずしも計画どおり施工できない場合が多いので，現場の状況に合わせ，適切な施工を行わなければならない．

（2）について　土留め壁背面の地盤は掘削の進行に伴い，緩みや不等沈下を生じやすいので，影響範囲内に

ある埋設物は第4編 12.2に示す事前の保安措置を行っておかなければならない．また，施工中においても，必要に応じて埋設物の沈下計測，沈下防止策あるいは緩衝装置の設置等の措置を講じ，常時点検しなければならない．

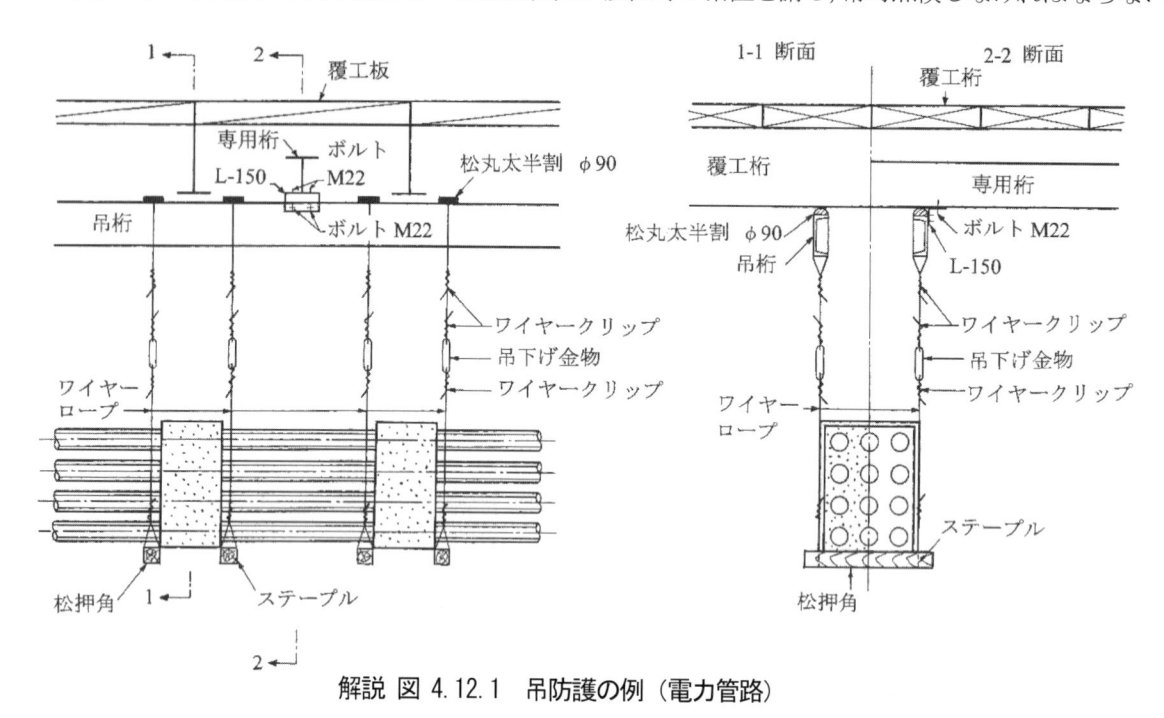

解説 図 4.12.1　吊防護の例（電力管路）

1) 沈下計測　掘削に伴う土留め壁背面の不等沈下による埋設物の折損事故等を予防するため，埋設物の本体あるいは埋設物周辺の地盤に沈下計測用観測孔（沈下測定栓）を設け，埋設物の動きを観測する．沈下測定栓の例は**解説 図4.12.2**に示すとおりである．

2) 緩衝掘削　土留め壁背面の影響部にある埋設物に対しては不等沈下や車両通行による衝撃を緩和し，掘削に影響されない在来地盤になじみをよくさせるため，段掘り等による緩衝地帯を設ける．掘削影響部の防護方法の例は**解説 図 4.12.3**に示すとおりである．

3) 沈下防止策　土留め壁背面の影響部にある埋設物の沈下防止策としては，薬液注入工法等により土留め壁背面の地盤強化を図る方法がある．ただし，薬液注入に際しては，薬液が埋設管等に流入することがないように注意して施工しなければならない．

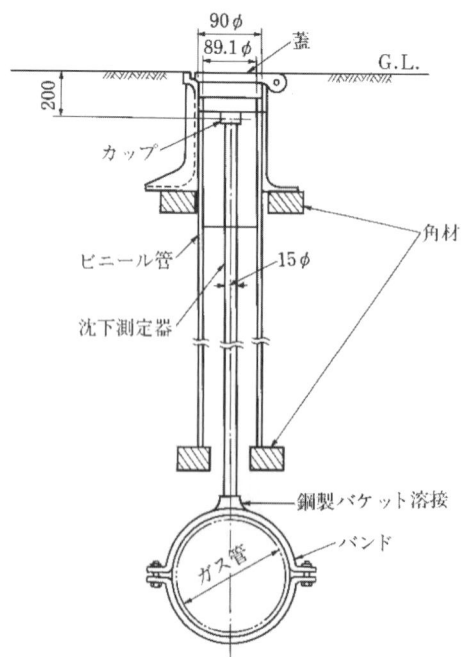

解説 図 4.12.2　沈下測定栓の例（ガス管）

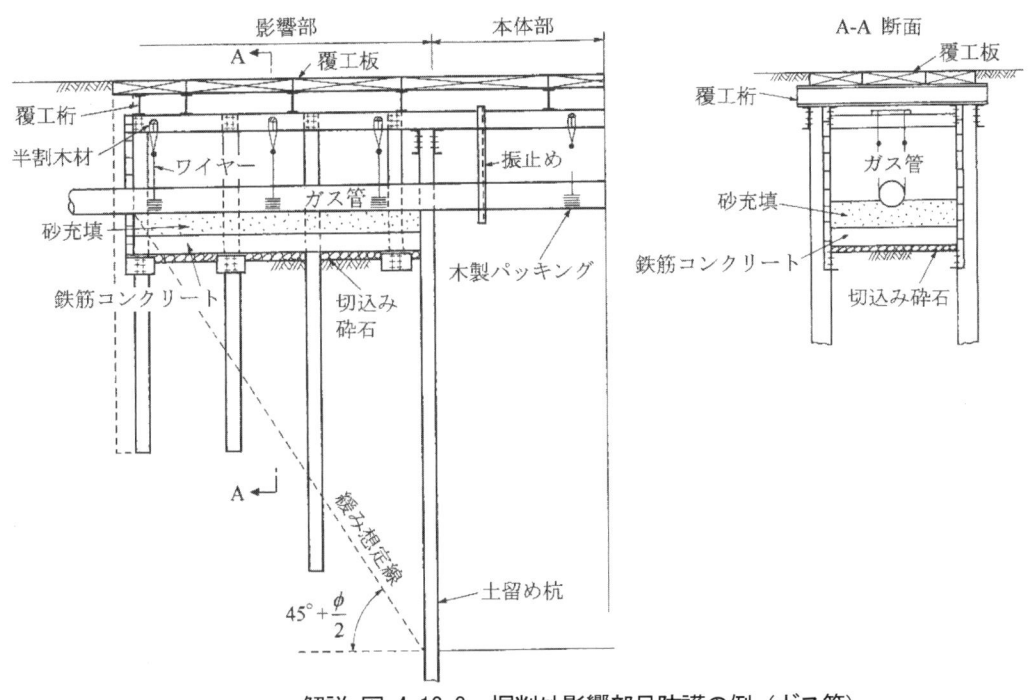

解説 図 4.12.3 掘削外影響部吊防護の例（ガス管）

12.4 埋戻し時の保安措置

（1） トンネルの躯体が完成したのち，埋戻しに先だって，埋設物は設計図書，標準図にもとづき本受け防護を施さなければならない．

（2） 事前に一時移設した埋設物は，埋設物管理者等と協議のうえ，すみやかに復元しなければならない．

【解　説】　(1)について　本受け防護は，埋設物に悪影響を与えないように入念に施工しなければならない．また，埋戻しは，埋設物および防護施設に損傷を与えないように次の事項に留意し，慎重に施工しなければならない．本受け防護の例を**解説 図 4.12.4**に示す．

1) 本受け防護の施工にあたっては，あらかじめ定められた立会い方法にもとづき，埋設物管理者の確認を受けなければならない．

2) 吊材等の撤去は，原則として埋戻しが埋設物の下端付近まで完了したのち，埋設物が受台に確実に支持されていることを確認のうえ行わなければならない．また，吊材等は，埋設物を損傷しないように撤去しなければならない．

3) 埋設物の周囲については，埋設物管理者との協議にもとづき，良質土または改良土，流動化処理土等で埋戻しを行い，十分に締固めなければならない．なお，流動化処理土を用いる場合は受防護の施工を省略することが多いので，管理者と協議するとともに，埋設物の浮上がり対策についても協議しておく必要がある．流動化処理土埋戻しの例を**解説 図 4.12.5**に示す．

4) 埋設物が輻輳し，設計図書や標準図等に従って施工できない場合は，事前に関係者と十分な調整を行い，適切な処理をしなければならない．

5) 本受け防護に先だち，埋設物管理者と協議のうえ，必要に応じ覆装検査，導通（通管）試験，絶縁試験等を実施し，安全を確認しなければならない．

(2)について　一時移設の埋設物は，埋設物管理者と協議のうえ，維持管理上支障がないように，また，埋戻しおよび路面覆工撤去等の本工事を遅延させないように，すみやかに復元しなければならない．

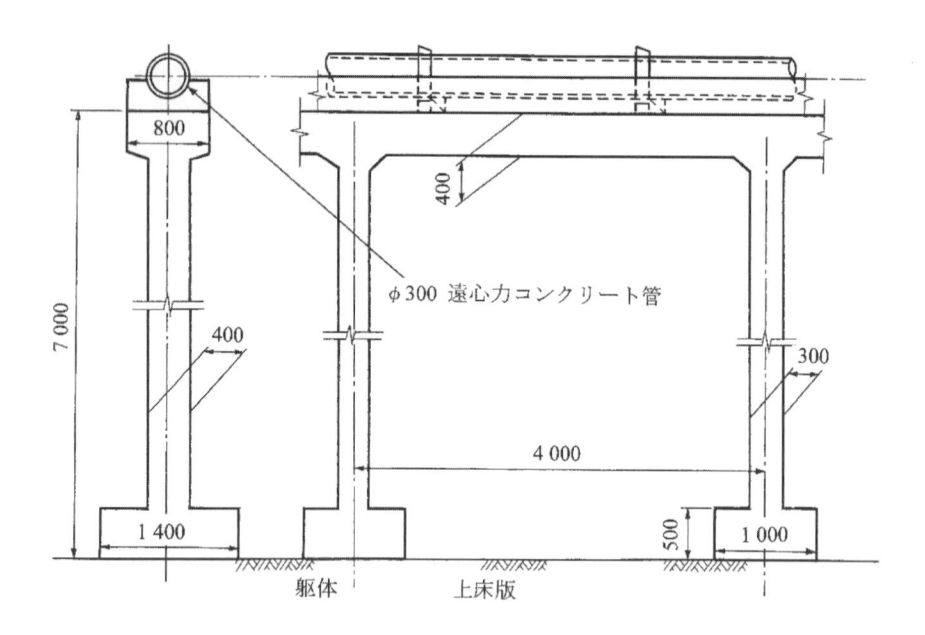

解説 図 4.12.4 良質土の本受け防護の例（下水道管）

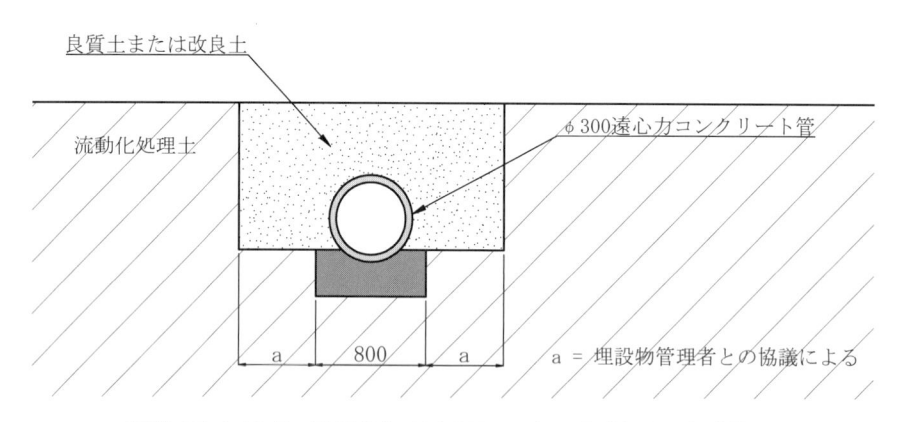

解説 図 4.12.5 流動化処理土埋戻し時の防護例（下水道管）

12.5 保守と点検

（1） 工事中は，埋設物が正常な状態を保つように常時維持，点検を行わなければならない．

（2） 埋設物の安全を保つため，工事の進捗にあわせて埋設物管理者の立会いを受けて，所要の事項を相互に確認しなければならない．

（3） 非常時に備え，関係機関と協議のうえ，連絡体制および処理体制を確立し，関係者に徹底しなければならない．

【解 説】 （1）について 点検は掘削内ばかりでなく，掘削外の影響範囲についても行い，点検項目，点検方法等については事前に埋設物管理者と協議し，それにもとづき実施しなければならない．点検の結果，埋設物に異常を発見した場合，または，そのおそれがあると判断される場合は，ただちに埋設物管理者と協議して必要な措置等を講じなければならない．

点検は次の事項に留意する必要がある．なお，点検は埋設物点検通路を設けて行わなければならない．

1) 掘削内の点検
   ① 埋設物各部の状況　漏洩の有無，継手部，曲管部等の抜出しおよび管体損傷の有無等
   ② 吊防護および仮受け防護の状況　吊支持具の緩み，変形，腐食の有無，受け桁の変形等の有無等

③ 補強措置の状況　補強部材の変形の有無，ボルトの緩みの有無
④ 本受け防護の状況　受け支持具の傾き，損傷の有無，受台と管との空隙の有無等
⑤ その他必要事項　埋設物管理者と協議した事項
2) 掘削外の点検
① 路面の変動状況　路面の沈下，亀裂等の有無
② 埋設物の状況　沈下等，挙動の有無
③ 土留め壁面付近の状況　漏水等の有無
④ その他

（2）について　立会い時期，立会い確認事項および連絡方法は，事前に埋設物管理者と協議し，それにもとづき実施しなければならない．また，吊防護ならびに本受け防護等，主要なものについては，確認書を交換するなどして万全を期さなければならない．

立会いを要する時点は，おおむね，次のとおりである．
① 試掘調査をするとき
② 埋設物に近接して杭等の打設および引抜きをするとき
③ 掘削により埋設物が露出したとき
④ 吊または仮受け防護が終了したとき
⑤ 補強措置が終了したとき
⑥ 本受け防護が終了したとき
⑦ 埋設物の下端まで埋戻したとき
⑧ その他必要な時点

（3）について　緊急時に備え，緊急連絡先一覧表，各種埋設物の系統図，遮断バルブ位置図およびガス検知器等を常備し，関係者への周知徹底を図らなければならない．なお，現場で露出した埋設物には，物件の名称，種別，保安上の必要事項，埋設物管理者の連絡先等を記載した表示板を取付け，注意を喚起しなければならない．

もし，埋設物に異常が生じまたは生じるおそれがあると判断したときは，ただちに関係者に連絡を行うとともに工事を中断し，火気の使用禁止，交通の遮断，付近の住民，通行人の避難誘導を行い，警察，消防，道路管理者等，関係機関に通報するなどの必要な措置を講じなければならない．

第13章　補助工法

13.1　一　般

補助工法を用いる場合は，施工法，地盤条件，周辺環境等を考慮し，適切な工法あるいは各種工法の併用により，所期の目的を達成するように施工しなければならない．

【解　説】　補助工法を用いる場合は，施工の全期間にわたり工事現場の監視，計測等を実施し，所期の目的を達成させなければならない．なお，補助工法の種類および選定については第3編　第6章を参照のこと．

13.2　地下水位低下工法

地下水位低下工法を用いる場合は，地盤条件，周辺環境等を考慮し，水位低下の効果が十分に得られるように施工しなければならない．

【解　説】　地下水位が高く，地盤が不安定となり掘削作業が困難な場合，地下水位低下工法が採用される．この工法が採用される地質は，シルト質砂から砂礫層に至る透水係数がほぼ10^{-3}～10^{-6}m/sの範囲である．

地下水位低下工法としては，ディープウェル工法とウェルポイント工法が一般的に用いられるが，その他に釜場排水工法やバキュームディープウェル工法等がある．また，地下水の環境保全維持のために復水工法を併用する場合がある．

ディープウェル工法は，透水係数が比較的大きい地盤で用いられる．この工法は井戸を掘削底面以下まで掘り下げ，重力によって地下水を集水してポンプで揚水するため，透水係数が小さくなると重力の作用のみでは地下水の集水が困難となる．このような場合には真空ポンプ併用のディープウェルを用いて必要な高さまで地下水位を低下させる必要がある．ディープウェルの施工に際しては，ボーリング時に使用した孔壁安定材の完全除去，ストレーナの適正な配置，適切なスリットの形成等に留意する必要がある．

透水性のシルト質砂や細砂層では，強力な真空ポンプを併用し，地盤中の水を強制的に吸引して揚水するウェルポイント工法が用いられる．この工法は真空を利用して排水するため，揚水可能な深さは実用上6m程度であり，これ以上の揚程がある場合は，必要な段数を用いなければならない．

地下水位低下工法を用いる場合，対象とする砂層中に連続した不透水層があると目的とする水位低下の効果が得られないこともあるので，事前に十分な地盤調査を行い，不透水層の有無を確認しなければならない．

揚水した地下水を下水道，河川等に放流する場合には，第4編　5.7の規定により処理しなければならない．

揚水した地下水を地盤に還元する復水工法は，揚水井，注水井，両井を結ぶ配管により構成される．揚水井と注水井の距離が短い場合，動水勾配が大きくなり，揚水量が大きくなるとともにパイピングの危険性も増すので，両井は可能な限り離すことが望ましい．また，注水井周辺水位は自然水位より高くなることに留意する必要がある．復水工法では，注水能力変化や水位変化を観測するとともに，井戸の洗浄等により注水能力を維持しなければならない．とくに，注水する水が鉄分を含んでいる場合等には，注水井の目詰まりによる注水能力低下が問題となることがあるので，計画時点から水質分析を行う必要がある．

地下水位低下工法や復水工法を用いる場合には，周辺地盤の地下水位変動に伴う周辺部の井戸枯れや地盤変位の影響等について十分に調査，検討する．地下水位変動による地表面や構造物の変状を正確に予測することは難しいため，施工期間を通じては，工事現場および周辺地域の地下水位ならびに地表面，地下埋設物，構造物等の変位を定期的に観察，計測することが必要である．

13.3　深層混合処理工法

深層混合処理工法を用いる場合は，地盤条件，周辺環境等を考慮し，地盤の安定，止水または構造物の

> 防護等，所期の目的を達成するように施工しなければならない．

【解　説】　深層混合処理工法には，機械撹拌工法，高圧噴射撹拌工法およびこれらの併用工法がある（解説 表 4.13.1参照）．

解説 表 4.13.1　深層混合処理工法

機械撹拌工法	高圧噴射撹拌工法	機械撹拌および噴射撹拌併用工法
スラリー方式 粉体方式	スラリー噴射方式 スラリー・エア噴射方式 スラリー・エア・水噴射方式	スラリー噴射方式 スラリー・エア噴射方式

<u>1)　機械撹拌工法について</u>　軟弱地盤中に改良材を供給し，強制的に原位置土と撹拌混合することにより土と改良材を化学的に反応させて，土質性状を安定なものにするとともに強度を高める工法であり，スラリー状のセメント系改良材を用いるスラリー方式と粉粒状改良材を用いる粉体方式の2方式がある．

機械撹拌工法は，適切な施工管理を行えば信頼度の高い工法となるが，実施に際しては，次の事項に留意しなければならない．

①　改良材プラント用地や施工機械組立用地の確保に留意する．
②　施工機械走行箇所のトラフィカビリティー確保とともに施工機械の安定に注意が必要である．
③　改良体をオーバーラップさせる場合，品質確保のため，施工位置精度を確保することおよび先に施工した改良体の固化前に次の改良体を施工することが必要である．
④　施工上，土留め壁に改良体を密着させることが困難なことから，土留め壁際に未改良部が残る．土留め壁と改良体を密着させる必要がある場合は，高圧噴射撹拌工法等を併用する．
⑤　一般的には施工時の周辺地盤への影響は比較的少ないが，密な杭配置の場合や，スラリー方式の場合に土留め壁や周辺地盤の変位が大きくなる場合があるので注意が必要である．

<u>2)　高圧噴射撹拌工法について</u>　高圧噴流を噴射して地盤を切削し，切削部分の土砂と硬化材を混合撹拌し，計画範囲に円柱形の改良体を造成する工法であり，スラリー噴射，スラリー・エア噴射，スラリー・エア・水噴射の3方式がある．

高圧噴射撹拌工法は，適切な施工管理を行えば信頼度の高い工法となるが，実施に際しては，次の事項に留意しなくてはならない．

①　造成径は，ロッド引上げ速度，噴射圧，噴射角等の複数の要素と対象地盤の性状により決まるため，各工法の仕様を十分検討する必要がある．とくに互層地盤では，このことを留意して管理しなければならない．
②　砂礫土では，礫が影となり所定の改良径の造成ができない場合があるため，複数配列や他工法との並列等を検討する必要がある．また，硬質粘性土では，地盤の切削が不十分で改良体の造成が出来ない場合があるため，プレジェット等の方法を検討する必要がある．また，地中の杭や土留め壁等が影になり所定の改良体が造成できない場合があるため，それを考慮した配置や他工法との併用等を検討する必要がある．
③　スライムの排出が円滑でないと，地盤および埋設構造物の隆起や埋設物へのスライムの流入等が懸念されるので，造成速度とスライムの排出状態を綿密に管理する．
④　アンダーピニング等に高圧噴射撹拌工法を採用する場合には，造成開始から硬化材の硬化までの間は，地盤の支持力が解放されるので，その影響や造成順序等を検討する．
⑤　改良体上部にブリーディングによる未固結部分が残ることのないように打止め時の管理に留意する．
⑥　路下施工の場合や地下水の流れが速い地層では，改良体が固化する前に硬化材が地下水とともに流出し，強度が確保されない場合があるので注意が必要である．

<u>3)　機械撹拌および高圧噴射撹拌の併用工法について</u>　機械撹拌工法と噴射撹拌工法の特徴を生かした複合工法で，撹拌翼の先端から高圧噴流を噴射して機械撹拌部の外周に噴射撹拌による改良体を造成する工法であり，

スラリー噴射，スラリー・エア噴射の2方式がある．

機械撹拌および噴射撹拌の併用工法は，先行して施工された土留め壁や改良体と密着できる利点を有しており，適切な施工管理を行えば，信頼度の高い工法となるが，実施に際しては，次の事項に留意しなければならない．

① 改良材プラント用地や施工機械組立用地の確保に留意する．
② 施工機械走行箇所のトラフィカビリティー確保とともに施工機械の安定に注意が必要である．
③ スライムの排出が円滑でないと，地盤隆起や埋設物へのスライムの流入等が懸念されるので，造成速度とスライムの排出状態を綿密に管理する．
④ 確実な改良径を確保する必要がある場合には，噴射方式の選定に留意すること．

深層混合処理工法でセメント系の改良材を使用した改良土から，条件によっては六価クロムが法規等に定められた土壌環境基準を超える濃度で溶出するおそれがあるため，現地土壌と使用予定の改良材による六価クロム溶出試験を実施し，必要に応じて適切な措置を講じなければならない．

また，施工終了時には所定の強度や有効径または必要な止水性等が確保されていることを，標準貫入試験や透水試験あるいはボーリング試料採取による一軸圧縮試験等により確認することが望ましい．

13.4 浅層混合処理工法

浅層混合処理工法を用いる場合は，地盤条件，周辺環境等を考慮し，掘削時のトラフィカビリティーの確保や地盤の強化等の目的を達成するように施工しなければならない．

【解 説】 掘削時のトラフィカビリティーの確保や大型の施工機械の安定を目的とした表層地盤強化のために浅層混合処理工法が用いられる．

この浅層混合処理工法は，通常，地表面から深さ3m程度までの改良工法であり，原位置土を直接固化材と混合することにより土と改良材を化学的に反応させて，土質性状を安定なものにするとともに強度を高める工法である．

施工方法は，主に機械撹拌工法であり，バックホウやスタビライザーによる混合撹拌のほかに，特殊な撹拌翼を装着した機械が用いられている場合もある．固化材としては，スラリー状のセメント系改良材を用いるスラリー方式と粉粒状改良材を用いる粉体方式の2方式がある．

浅層混合処理工法の施工に際しては，次の事項に留意しなければならない．

1) 粉体方式の場合には粉塵等の施工環境に十分注意が必要である．
2) 大型重機の安定を目的とする場合には，地盤支持力の確保が目的であるため，改良効果を平板載荷試験等により確認する必要がある．
3) 高有機質土等の特殊土を改良する場合には，対象土質に対応した固化材を適切に選定する必要がある．

浅層混合処理工法でセメント系の改良材を使用した改良土から，条件によっては六価クロムが法規等に定められた土壌環境基準を超える濃度で溶出するおそれがあるため，現地土壌と使用予定の改良材による六価クロム溶出試験を実施し，必要に応じて適切な措置を講じなければならない．

また，施工終了時には所定の強度が確保されていることを，平板載荷試験や標準貫入試験等で確認することが望ましい．

13.5 薬液注入工法

薬液注入工法を用いる場合は，地盤条件，周辺環境等を考慮し，注入材，注入方法，注入範囲，注入率等を決定し，所定の注入効果が得られるように施工しなければならない．

【解 説】 薬液注入計画に際しては，地盤条件等を考慮して目的を達成できる注入材（薬液）を選定し，注入方法，注入範囲，注入率等について十分に検討しなければならない．

薬液注入の施工は注入計画にもとづいて行うが，地盤構成が必ずしも一様でないので，施工前に当該箇所の土質性状（透水係数，粒度分布，地下水流速等）を十分に検討しなければならない．また，注入に際しては注入量と注入圧力の推移に留意し，地中での注入材の挙動を推定し，注入順序，注入量，注入圧，ゲルタイム等の調整を行って，所定の注入効果が得られるように努めなければならない．

注入工法には二重管ストレーナ工法（単相方式および複相方式），二重管ダブルパッカー工法等がある．それぞれの工法には，土質や深度による適用性が異なるため，慎重に工法選定を行う必要がある．

注入原理としては，土粒子の配列を変えることなく，土の間隙に注入材を浸透させる浸透注入と，地盤を割裂して，あるいは層境に割裂脈を形成する割裂注入がある．前者は砂質地盤で，後者は粘性土地盤で卓越した現象となる．注入材は，一般的には水ガラス系が使用され，溶液型と懸濁型に分類される．また，pH値によりアルカリ系と中性系および酸性系に，反応剤により無機系と有機系に分かれる．

薬液注入工法では，注入作業中に薬液の地表面への溢出，過剰注入圧による地盤および埋設構造物の隆起，埋設管路への薬液の逸走等を起こすことがあるので常に監視し，異常が生じた場合には，ただちに注入を中止し，適切に処置しなければならない．

また，施工終了時には所定の強度や必要な止水性等が確保されていることを標準貫入試験や透水試験等により確認することが望ましい．

薬液注入工法については，建設省事務次官通達「薬液注入工法による建設工事の施工に関する暫定指針」（昭49）および建設省大臣官房技術調査室長通達「薬液注入工法に係わる施工管理等について」（平2）があるので，これにもとづき水質調査や施工管理を行い，環境保全および安全確保に努めなければならない．

なお，薬液注入工法のほかの注入工法には，構造物基礎，すき間の目詰めあるいは土留め壁背面の空隙を充填するモルタル注入，セメントベントナイト（CB）注入等がある．

13.6 凍結工法

凍結工法を用いる場合は，地盤条件，周辺環境等を考慮し，この工法の特性を十分に発揮できるように施工しなければならない．

【解 説】 凍結工法には，直接方式（低温液化ガス方式），間接方式（ブライン方式）の2方式がある．

直接方式は，工場から低温液化ガス（液体窒素等）を直接運搬し，凍結管に流し込み，この凍結管の中で気化したガスの潜熱と顕熱で地盤を凍結させる方式である．この方式は現場に冷凍設備が不要のため簡略で急速な凍結が可能であるが，費用が高く，低温液化ガスの供給の面から小規模で一時的な工事に適している．この方式を採用する場合は，とくに排気口付近において酸欠や火気の使用に注意しなければならない．

間接方式は，現場に冷凍設備を設置して，ここで不凍液（ブライン：一般には塩化カルシウム水溶液）を冷却し，凍結管内を循環させ，地盤を凍結するもので，温度上昇したブラインは再び冷凍機で冷却する循環方式の凍結方法をいう．この方式は設備が大規模となるが，冷却効果に対する費用は直接方式に比べて安く，河底横断工事等の規模が大きく，長期間にわたる場合に採用される．

凍結工法は，凍土の強度および遮水性が高く，地中温度の測定により，凍土の造成状態を確認するなど，適切な施工管理を行えば信頼度の高い工法となるが，実施に際しては，次の事項に留意しなくてはならない．

1) 凍結工法に使用する冷凍機や冷媒は，高圧ガス製造施設および高圧ガスとして取扱われるため，関連法規にもとづき，手続きを行い遺漏のないようにする．
2) 地中温度の測定により，地盤の凍結状態を把握，確認することが必要である．
3) ブライン循環設備および凍土面の保冷措置が必要である．
4) 凍結管の折損等によるブラインの漏れに注意する．とくに，数千m^3を超えるような凍土量の多い工事では，凍土内部の凍結管が土の凍結膨張により折損する場合がある．通常，凍結管の敷設後に耐圧試験を実施し，凍結管近くの凍土掘削は，凍結管の位置を確認して行う．

5) 地下水に流動がある場合（流速約1～5m/日以上）は，凍結の進行が阻害される．地下水が豊富で透水性が大きい砂および砂礫層中では地下水流の存在に留意し，場合によっては薬液注入等によって地下水を遮断または流速を低減させることを考慮する．

6) 凍土が地中構造物に接する面では，地中構造物が凍結を妨げる熱源となるので，地中構造物の冷却措置等を検討する．

7) 凍土の強度は温度が低下すれば増大するが，地盤の含水比が小さい場合（10%以下）には凍土の強度は期待できない．また，土中の塩分含有量によって凍土の強度等が影響を受けるので，海浜地域では注意する．

8) 凍土に近接して躯体コンクリートを打設する場合は，コンクリートの硬化に悪影響を与えないように対応する．

9) 凍結時には地盤の凍上や凍結膨張圧の作用，解凍時には地盤の沈下および収縮に注意しなければならない．凍上および沈下は地盤条件，凍結時間，凍結規模，解凍速度，荷重条件等によって異なる．一般的に砂および砂礫層では小さく，粘土，シルト，ローム層では大きい．温水を循環させて強制的に解凍して薬液注入等によって空隙を充填する強制解凍方式で解凍による地盤沈下を抑制する方法もある．

凍結工法の採用にあたっては，近接する既設構造物や埋設物に対する防護対策について十分に検討し，管理者と協議のうえ進めなければならない．

13.7 生石灰杭工法

生石灰杭工法を用いる場合は，施工法，地盤条件，周辺環境等を考慮し，地盤の安定およびトラフィカビリティーの確保等，所期の目的を達成するように施工しなければならない．

【解　説】　生石灰杭工法の標準型の施工機械の場合は，施工箇所，走行箇所のトラフィカビリティーの確保とともに施工機械の安定に注意が必要である．

この工法は，生石灰投入まで孔壁の保持と孔内への地下水の流入を防止することが大切である．そのため，外周にオーガー状の羽根をつけ，先端に開閉自在のシュートを取付けたケーシングを駆動装置で回転させて挿入し，ケーシング内には圧縮空気を送り地下水の浸入を防ぎ，ケーシング挿入終了後，先端のシューを開き，生石灰を吐出しながら引上げてくる回転挿入方式がとられている．

施工に際しては坑内の埋設物だけでなく，周辺の地下埋設物や構造物等に与える影響等についても十分に配慮しなければならない．とくに土留め壁内側に生石灰杭を打設する場合には，壁体を背面側に変位させて周辺の地下埋設物や構造物等に影響を与えることが想定されるため，土を排除して打設したり，杭の打設順序を工夫するなどの配慮が必要である．また，地下水が連続的に供給されるような帯水砂層を改良範囲に含んでいる場合には，改良効果が著しく低下するため，地下水位低下工法を併用するなどの対策が必要である．

生石灰杭打設後は，所期の目的が達成されたことを標準貫入試験などにより確認することが望ましい．

なお，生石灰は水との反応時に多大な水和熱を発生するため，1日当たりの打設量を考慮して材料手配を行い屋外での貯蔵はできる限り行わないようにすることが重要である．また，生石灰は危険物に指定されており，指定数量以上を貯蔵する場合は，「消防法」にもとづき手続を行うとともに，その取扱いは有資格者が行わなければならない．

第14章 近接施工

14.1 一 般

開削トンネルの施工に際して，近接する構造物に機能上もしくは構造上の支障を与えるおそれのある場合は，その近接程度に応じて対策工の実施や計測管理等の措置を適切に講じなければならない．

【解 説】 開削トンネルの施工に際して，近接する構造物に機能上もしくは構造上の支障を与えるおそれのある場合は，通常の仮設構造物の設計に加え，既設構造物に与える影響を検討し，必要に応じて対策工法や現場計測を適切に計画しなければならない．一般に近接施工に関しては，**解説 図 4.14.1**に示す手順で設計施工が行われる．

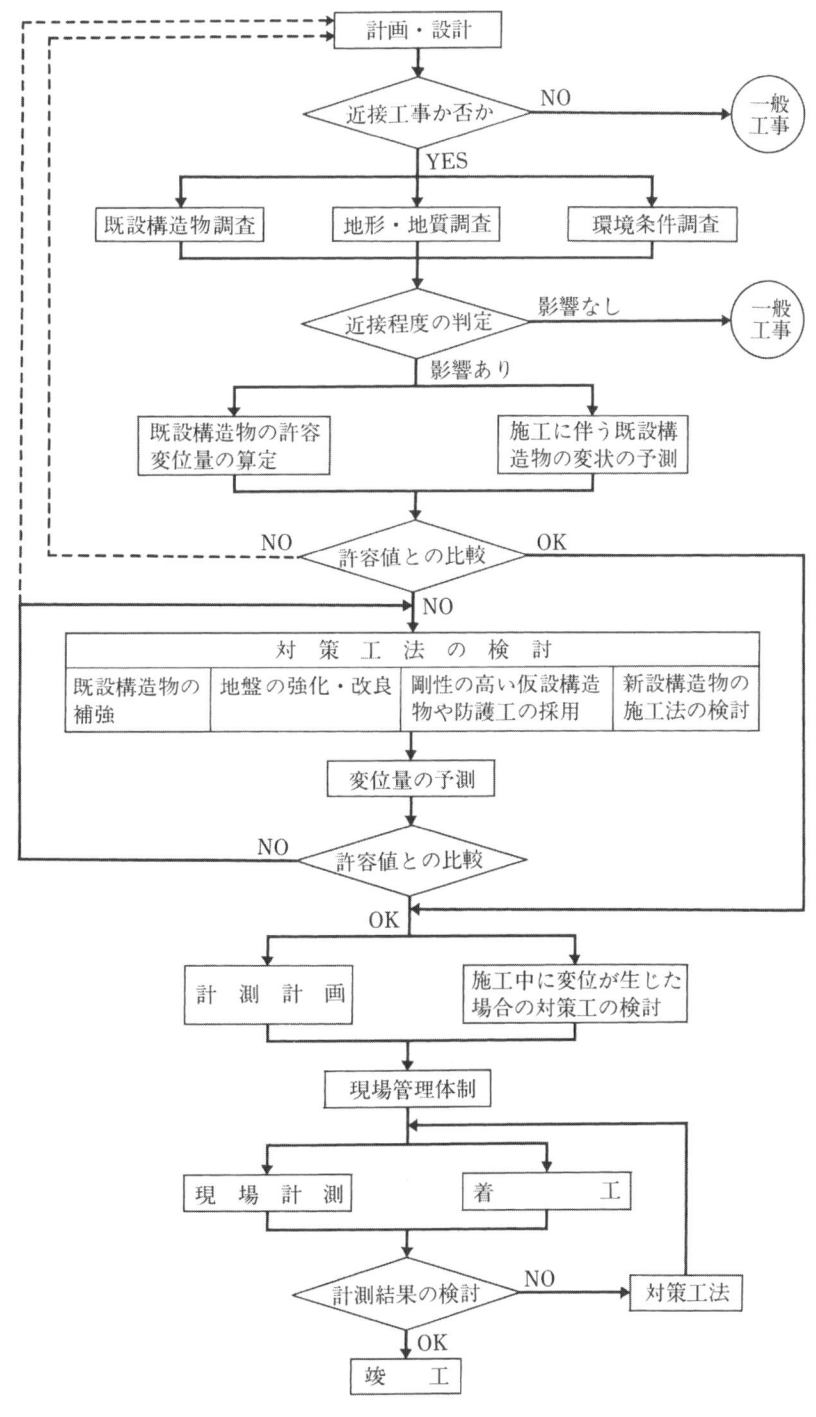

解説 図 4.14.1 近接施工の設計施工手順例

近接施工の場合は，次のような項目について検討し既設構造物の管理者と協議する必要がある．
　① 既設構造物および地盤，地下水の調査
　② 近接程度の判定
　③ 既設構造物の変位の予測
　④ 許容変位量の決定
　⑤ 対策工法の検討
　⑥ 計測管理計画の策定
　⑦ 緊急連絡体制の策定
以下に主な項目について詳細を示す．

1） 既設構造物および地盤，地下水の調査について　既設構造物調査は，近接施工による近接の程度の判定，影響の程度の把握，構造物の許容変位量の決定のために必要であり，既設構造物の位置，構造形式，形状，断面寸法，材質，保全について調査する必要がある．これらの調査は，その管理者または所有者の所有している竣工図書や設計資料をもとにして，現地と照合して確認する方法が一般的であるが，確認が難しい場合は必要に応じて非破壊調査やコア採取等により調査しなければならない．また，地盤を十分に把握しないまま設計，施工を行うと既設構造物に予期せぬ変状が生じるおそれがあり，地層構成，土質，地下水位等について，十分な調査が必要である．

2） 近接程度の判定について　近接程度の判定は開削工事と既設構造物との位置関係と，土留め壁の変形等による影響範囲との関係から，次の3つの範囲に区分しているのが一般的である．
　① 無条件範囲（あるいは一般範囲，影響外範囲）　既設構造物に開削工事による地盤変位の影響が及ばないと考えられる範囲
　② 要注意範囲　既設構造物は開削工事による地盤変位の直接の影響は受けないが，間接的な影響を受けて変位を生じる可能性のある範囲
　③ 制限範囲（あるいは影響範囲，要対策範囲）　開削工事による地盤変位により，既設構造物に有害な変位や変形等の影響が及ぶおそれがあると考えられる範囲

3） 既設構造物の変位の予測について　近接程度が要注意範囲または制限範囲と判定された場合は，背面地盤の変位や既設構造物の変状を予測する必要がある．
　土留め壁の変形および背面地盤の変位については，第3編 7.2参照のこと．
　背面地盤の変位による近接構造物への影響の予測方法には次の方法がある．
　① 地盤変位を強制変位として既設構造物に与える方法
　② 地盤変位に起因する換算荷重を既設構造物に与える方法
　③ 既設構造物と地盤を一体として有限要素法等により解析する方法
なお，計算に用いる地盤定数の設定，モデル化等に不確定要素が入り込み，計算結果と実際の挙動が一致しないこともあるため，過去の解析例や計測データも参考にして総合的に検討する必要がある．

4） 許容変位量の決定について　設計および施工中の管理のため，許容変位量を定める必要がある．既設構造物の許容変位量はその構造上，機能上の制約から決まる．一般に，許容変位量は，構造物の種別，基礎形式，地盤の支持条件，設計荷重，構造物の老朽度等によっても相違があり，管理者によっても異なる．したがって，既設構造物の許容変位量は，既設構造物管理者との協議のうえで決定しなければならない．

5） 対策工法の検討について　近接程度が制限範囲と判定された場合，または要注意範囲であっても近接構造物の変状予測により既設構造物への影響が大きいと判断される場合には，対策工が必要となる．対策工の選定にあたっては，対象となる既設構造物の重要度，老朽度も十分に吟味し，安全性，施工性，経済性，工期等を含めて総合的に検討する必要がある．

6） 計測管理計画の策定について　近接程度が要注意範囲または制限範囲と判定されたものについては，既設構造物，周辺地盤，仮設構造物の挙動を計測しなければならない．施工に伴う地盤の挙動を，設計時点で正確に推定することは困難であるため，現場計測による情報化施工を実施することが望ましい．すなわち，各施工段階

で計測値と予測値を比較し，必要に応じて設計時点の入力値を見直すとともに施工段階の変状予測を再度行い，許容値を満足しない場合には追加の対策を行わなければならない．追加の対策工の内容については，施工に先だってあらかじめ検討しておくとともに，追加対策実施の決定後，すみやかに着手できるよう準備しておくことが望ましい．

したがって，施工に際しては，工事の規模，地盤，既設構造物の種類，近接の程度等を考慮し，また，既設構造物管理者との協議にもとづき，適切な計測管理計画をたてなければならない（第4編 第18章参照）．

14.2 対策工法

既設構造物に影響を与えるおそれのある場合は，地盤条件，既設構造物の状況等を考慮し，適切な対策工を選定して，安全に施工しなければならない．

【解　説】　対策工法は，仮設構造物および本体構造物の施工にかかわる対策工と既設構造物の防護にかかわる対策工に大別することができる．

1) 仮設構造物および本体構造物の施工にかかわる対策工について　近接施工に際し，周辺地盤の変位等を抑制する目的で，仮設構造物および本体構造物の施工法に配慮する対策工である．

周辺地盤の変位等の主な要因は土留め壁の変形と背面側地盤の地下水位の低下であり，これらの要因に対して，第3編 7.2に示すような対策を行う必要がある．

なお，これらの要因以外に，土留め壁の施工により地盤の沈下や地盤が水平方向に移動する現象が生じることがあるので，地盤に応じた適切な土留め工法の採用と慎重な施工が必要である．

また，土留め壁等の撤去についても，周辺へ悪影響を及ぼす要因となるため，施工に先だち，十分な検討が必要である（第4編 第11章参照）．

2) 既設構造物の防護にかかわる対策工について　開削トンネルの施工に伴う変形の伝播を防止すること，あるいは既設構造物自体を補強することを目的とし，主として境界部分または既設構造物側に実施される対策工は，次のようなものがある．

① 地盤の強化および土留め壁の変位抑制を目的とした改良は，土留め壁背面地盤および既設構造物の周辺を地盤改良する方法である．地盤の強化を目的とした改良工法は種々あるが，地盤の性状，改良の目的に適した方法を選定しなければならない．ただし，薬液注入工法，凍結工法，生石灰杭工法，深層混合処理工法等では既設構造物に大きな圧力を与えることがあるので，工法の選定，施工にあたっては十分に注意する必要がある（**解説 図 4.14.2参照**）．地盤の改良工法については、第4編 13.3～13.7を参照のこと．

② 変位の伝播を抑止する目的で開削トンネルと既設構造物の間を遮断する遮断防護工がある．遮断壁としては土留め壁に使用する工法のほか，改良工法も使用される．なお，遮断壁の施工により周辺地盤を乱すこともあり，工法の選定，施工にあたっては十分に注意する必要がある（**解説 図 4.14.3参照**）．

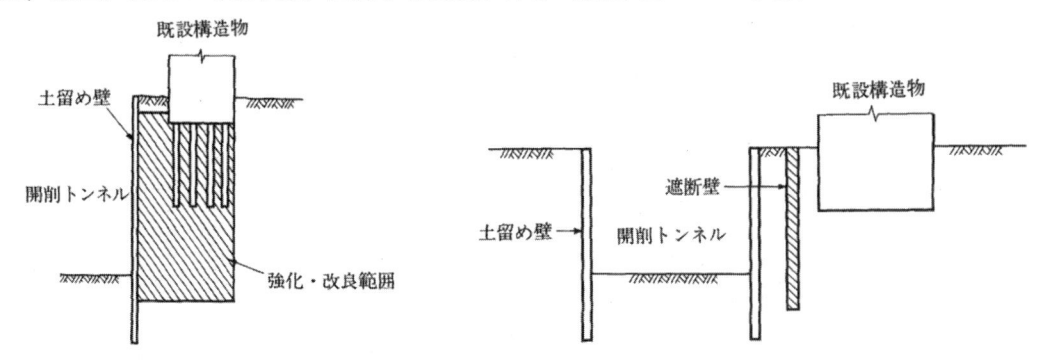

解説 図 4.14.2　地盤の強化・改良の例　　解説 図 4.14.3　遮断防護工の例

③ 既設構造物の補強は，既設構造物の躯体を直接補強する方法と，下部構造，基礎構造を補強する方法に大別でき，これにより変形に対する抵抗力を増加させることを目的とする（**解説 図 4.14.4, 解説 図 4.14.5参照**）．

ブレーシング，柱の補強，増し柱，壁の補強，増し壁は，既設構造物の剛性を増し，作用の分散を図るために行われる．この方法は比較的簡単な対策工であるが，適用できる既設構造物は限定される．なお，ブレーシング等補強材の撤去時には既設構造物の挙動観測を行うなど，十分な注意が必要である．地中ばりの増設は既設構造物の柱間をはりで補強し剛性を増大させる方法で，基礎の不同沈下により支障が生じる構造物に対して用いられる．

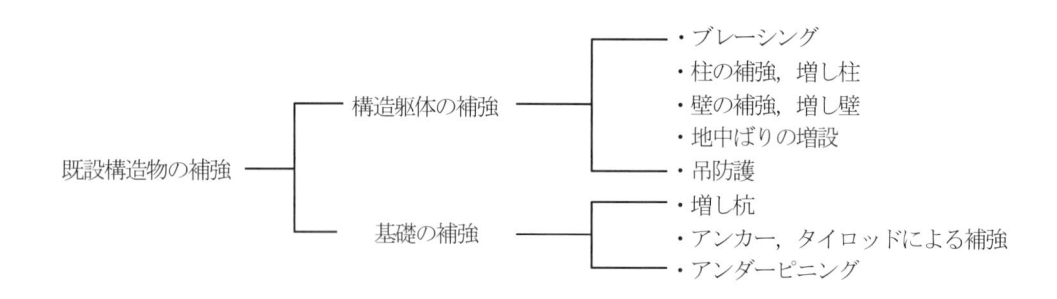

```
                            ┌─ ・ブレーシング
              ┌ 構造躯体の補強 ─┤  ・柱の補強，増し柱
              │               │  ・壁の補強，増し壁
既設構造物の補強 ─┤               │  ・地中ばりの増設
              │               └─ ・吊防護
              │               ┌─ ・増し杭
              └ 基礎の補強 ────┤  ・アンカー，タイロッドによる補強
                              └─ ・アンダーピニング
```

解説 図 4.14.4　既設構造物の補強に関する対策工法

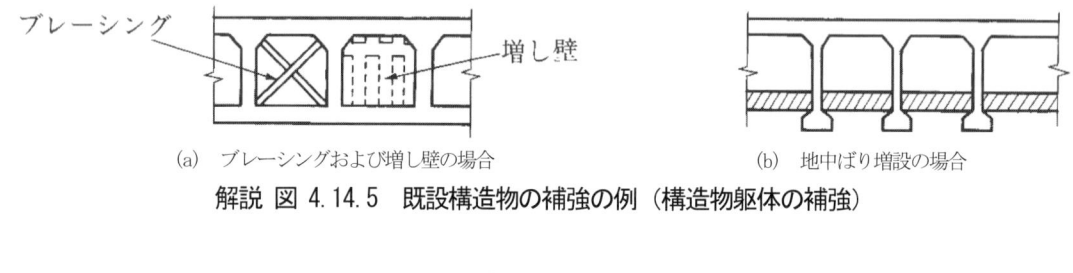

(a) ブレーシングおよび増し壁の場合　　(b) 地中ばり増設の場合

解説 図 4.14.5　既設構造物の補強の例（構造物躯体の補強）

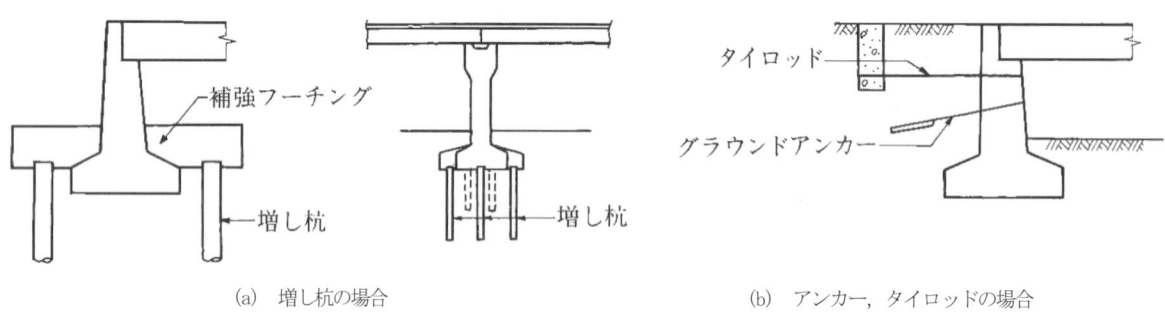

(a) 増し杭の場合　　(b) アンカー，タイロッドの場合

解説 図 4.14.6　既設構造物補強の例（基礎の補強）

また，近接した地下埋設物に対して吊防護等で対策を行うこともあり，これも既設構造物の補強の一方法と考えられる．

増し杭は，近接施工によって生じる既設構造物の支持力不足を基礎杭の増設により補強する方法で，他の補強方法に比べて比較的確実性があり，幅が狭い構造物の補強に適している．しかし，作業箇所の面積，作業空頭等の施工上の制約が多く，計画にあたっては，施工機械の面からの検討も必要である．また，対策工自体が既設構造物に対して近接施工となるので，既設構造物の挙動を観測しながら施工することが必要である（**解説 図 4.14.6**(a)参照）．

グラウンドアンカー，タイロッドによる補強は，既設構造物から背面地盤内にグラウンドアンカーやタイロッドを設置する方法で，地中構造物の水平方向に対する補強効果に期待するものである（**解説 図 4.14.6**(b)参照）．アンダーピニングについては第4編 第15章を参照のこと．

第15章 アンダーピニング

15.1 一 般

　開削トンネルの施工に際して，直上または近接する構造物に，機能上もしくは構造上に支障を与えるおそれのある場合は，構造物をアンダーピニングしなければならない．アンダーピニングは，十分な計測管理のもと，対象となる構造物を保全し，かつ本体工事に支障を及ぼさないように施工しなければならない．

【解　説】　開削トンネル工事におけるアンダーピニングは，既設構造物の直下に開削トンネルを築造する場合に用いられることが多く，ときには既設構造物基礎に近接して掘削を行う場合にも用いられる．アンダーピニング工法は，直接防護工法と間接防護工法に大別できる．

　既設構造物の直下に開削トンネルを築造する場合は，掘削の過程で既設構造物基礎を直接仮受けして，これを掘削底面以下に仮支持するか，パイプルーフ等を用いて間接的に防護するかの方法でまず仮受け（仮支持）しなければならない（**解説 図 4.15.1**参照）．

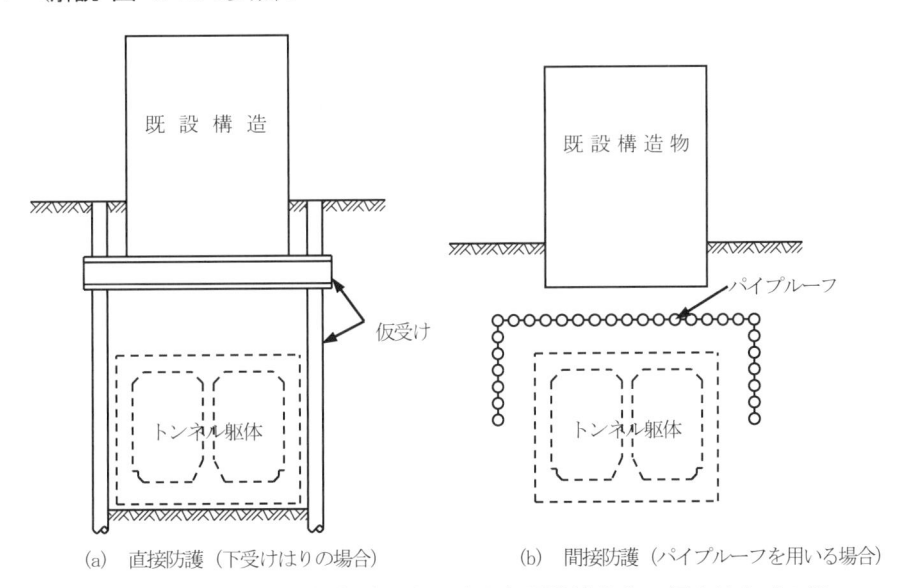

(a) 直接防護（下受けはりの場合)　　(b) 間接防護（パイプルーフを用いる場合)

解説 図 4.15.1　掘削時における上部既設構造物の仮支持方式の例

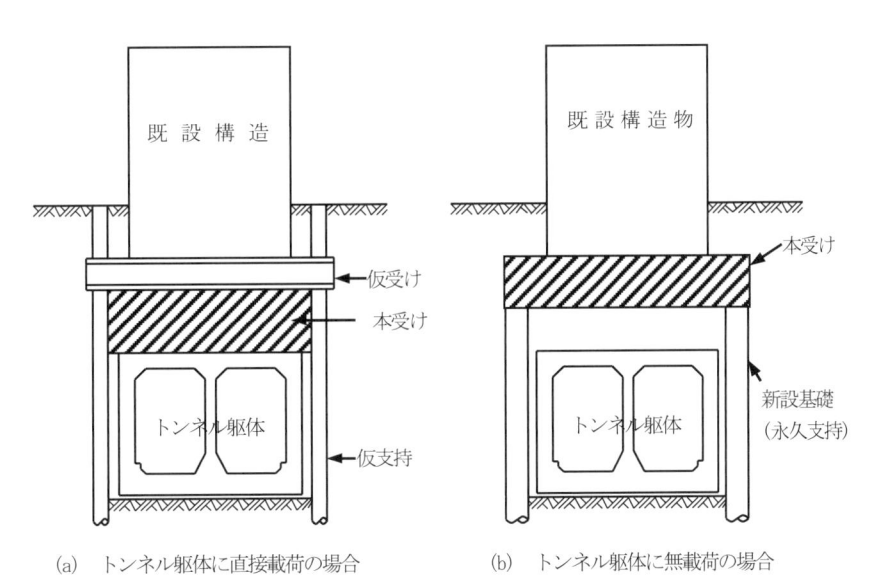

(a) トンネル躯体に直接載荷の場合　　(b) トンネル躯体に無載荷の場合

解説 図 4.15.2　完成後における上部既設構造物の永久支持方式の例

次にトンネル躯体が完成した時点でこの既設構造物基礎をトンネル頂部に直接載荷するか，既設構造物基礎をトンネル躯体をまたいで外側に設置した新設基礎に支持させて，本受け（永久支持）する（**解説 図 4.15.2**参照）アンダーピニングを計画する場合の検討事項と検討手順を**解説 図 4.15.3**に示す．

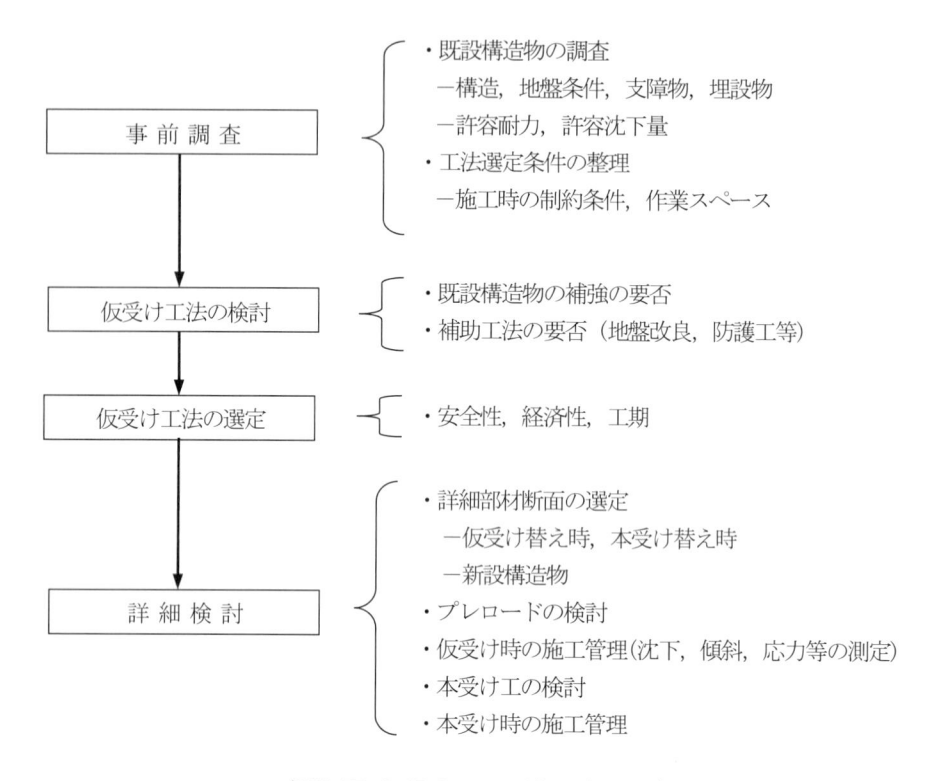

```
事 前 調 査 ─┤ ・既設構造物の調査
                  －構造，地盤条件，支障物，埋設物
                  －許容耐力，許容沈下量
              ・工法選定条件の整理
                  －施工時の制約条件，作業スペース

仮受け工法の検討 ─┤ ・既設構造物の補強の要否
                    ・補助工法の要否（地盤改良，防護工等）

仮受け工法の選定 ─┤ ・安全性，経済性，工期

詳 細 検 討 ─┤ ・詳細部材断面の選定
                  －仮受け替え時，本受け替え時
                  －新設構造物
              ・プレロードの検討
              ・仮受け時の施工管理（沈下，傾斜，応力等の測定）
              ・本受け工の検討
              ・本受け時の施工管理
```

解説 図 4.15.3 アンダーピニングの検討手順例

開削トンネル工事においてアンダーピニングの対象となる構造物には，トンネル，橋梁，鉄道線路，建築物等があり，これら既設構造物を保全するために施工するが，このための部材が本体工事に支障しないよう注意を払うことも重要である．また，アンダーピニング施工時の挙動を高い精度で推定することが難しいことから適切な計測管理計画をたてなければならない（第4編 第18章参照）．

15.2 仮受けおよび本受け

（1）仮受けは，開削工法によるトンネル躯体の築造を完了し，本受けに盛替えるまで，既設構造物を安全に支持するように施工しなければならない．

（2）本受けは，本体工事完了後も既設構造物を安全に支持するように入念に施工しなければならない．
　仮受けを本受けに盛替える際は，その方法，順序，時期等を十分に検討し，安全に施工しなければならない．

【**解 説**】　（1）について　トンネル本体の築造前に，**解説 図 4.15.2**(b)に示す形式でアンダーピニングを行えば，仮受けを省略することも可能であるが，一般のアンダーピニングでは仮受けを行うことが多い．この場合，仮受けの構造は，本受け完了後に撤去すること，本体工事を阻害しないことが要求される．一方では本受け完了まで既設構造物を十分に支持し，変状を生じさせないだけの堅固さが必要である．また，既設基礎から仮受け基礎へ，仮受け基礎から本受け基礎へと荷重の盛替えを2度行う必要があり，盛替えの時期，方法等について事前に十分に検討しておかなければならない．

仮受け，本受けに際して，既設基礎と支持状態が異なるとアンダーピニング対象構造物の部材応力に変化が生じる．このためプレロードを導入することが多く，必要に応じて下受け対象構造物の部材を補強しなければならない．

プレロードは，既設構造物の自重をもとに，既設構造物に有害な変状を生じないように配慮して定め，その載荷は，変位等を測定し安全を確認しながら施工しなければならない．一般にプレロードの要否は既設構造物の重要度，許容変位量の大きさ，施工に伴う既設構造物への影響等を考慮して判断しなければならない．

(2)について　本受けは，新しい本受け用基礎の完成後，これに既設構造物の荷重を受け替えて，永久的に既設構造物を安全に支持する目的で行う．

本受けの方法としては，次に示す方法がある．

1) 直受けによる方法　本受けに用いる基礎がトンネル躯体の場合で，**解説 図 4.15.2**(a)に代表される．また，トンネル躯体と基礎を一体構造とすることもある．この場合には，既設構造物の荷重は，トンネル躯体を伝わり，トンネル躯体底面以下で支持することになるので，残置する基礎と均等に支持されるように施工しなければならない．なお，既設構造物荷重の影響範囲境界付近で，トンネル躯体に伸縮継目を設ける場合もある．

2) 下受けによる方法　既設構造物の側部および下部に支持基礎を設け，この基礎に下受け用ばりを架け，これに既設構造物の荷重を盛替える方法で，**解説 図 4.15.2**(b)に代表される．この場合の基礎には現場打ち鉄筋コンクリート杭，鋼杭，鋼管杭，深礎，トレンチによる布基礎等がある．

3) 添ばりによる方法　既設構造物が橋脚等独立基礎の場合，在来基礎にはりを添わせて，既設構造物の荷重をはりで受けて，あらかじめ離れた位置に設けた支柱（基礎）に伝え，下方の支持地盤に伝達する方法である．基礎については2)と同様である．この場合，添わせたはりと在来基礎の取付け部は，入念に施工しなければならない．

仮受けから本受けへの盛替えの際は既設構造物の支持状態を変更することになるので，既設構造物の構造形式，応力状態，各支点の荷重，新設基礎の耐力等，十分に検討し，入念に施工しなければならない．通常，プレロードを導入することが一般的である．また，盛替えの方法，順序，時期を誤ると不測の事態を起こすことにもなるので，とくに注意が必要である．したがって，仮受けの撤去は，本受けが完了したことを確認してから行わなければならない．なお，本受けにあたって新設基礎と既設構造物との間隙をなくすには，鋼製くさび，フラットジャッキ，無収縮モルタルまたは発泡モルタル，コンクリート等を使用するが，その選定は新設基礎との間隙量，作業性等を考慮して行わなければならない．

仮受けを行わずに，直接構造物の本受けを行う場合の基礎形状は，**解説 図 4.15.2**(b)によるトンネル躯体をまたいだ基礎とする場合が多い．この基礎としては，深礎，大口径場所打ち鉄筋コンクリート杭，ケーソン，トレンチによる布基礎等が用いられ，トンネル掘削底面以下で支持するのが一般的である．また，はりについては支持する作用が比較的大きく支間も大きい場合が多いので断面が大型化し，その構造は鉄筋コンクリート，鉄骨鉄筋コンクリート等が一般に使用される．

いずれの場合も，その基礎は本体工事中も変状を起こさないように留意し，必要に応じて薬液注入等の補助工法を使用し，安全を図らなければならない．

本受けはアンダーピニングの最終段階のため，既設構造物，新設トンネル躯体の変位が安定するまで計測を継続することが必要である．

第16章　部分築造工法

16.1　一　般

開削トンネルを部分築造工法で施工する場合は，工事の規模，現場の立地条件，周辺環境，地盤条件，躯体の形状，工程等に応じた最適な工法を選定し，安全に施工しなければならない．

【解　説】　部分築造工法とは，トレンチ工法，アイランド工法等，全断面を同時に掘削しないで部分的に掘削して躯体を築造する工法，および，全断面を掘削する過程で躯体の上床版や中床版を下床版より先行して築造する逆巻き工法等をいい，次のように区分される．

① トレンチ工法（開削式，トンネル式）
② アイランド工法
③ 逆巻き工法

これら各工法の特徴は，構造物規模，地盤条件および既設構造への影響度合いを考慮し，その目的に合致した最適な工法を選定しなければならない．また，これらの部分築造工法は，各種の制約条件により過酷な条件下での施工が多いので，土留め支保工，周辺地盤および近接構造物の変状について十分に留意して施工する必要がある．また，後打ちコンクリートのひび割れ対策についても十分な検討を行う必要がある．

16.2　トレンチ工法およびアイランド工法

トレンチ工法およびアイランド工法の施工にあたっては，現場の立地条件，周辺環境，地盤条件，躯体の形状等に留意し，土留め壁の種類，掘削の順序，施工方法，土留め支保工および躯体築造の順序，施工方法等について十分に検討のうえ，安全に施工しなければならない．

【解　説】　1)　トレンチ工法について　トレンチ工法には開削式トレンチ工法とトンネル式トレンチ工法がある．

① 開削式トレンチ工法　本工法は，大規模な地下構造物を築造する場合に用いられる．とくに地盤が軟弱で，周辺地盤が大きく変形するおそれのある場合には，切ばり式では切ばり長が長すぎて安定性の確保が困難となるので，掘削による地盤の緩みや変形を防止し，周辺地盤や近接構造物への影響を低減するために採用される．

本工法による施工の順序は，まず先行して築造する躯体の土留め壁を設置し，この間に土留め支保工を架設しながら掘削して先行する躯体を部分的に築造する．次に，この躯体を土留め壁として利用しながら中央部を掘削し，躯体を築造して側部躯体と一体化することにより全体の構造物を完成させる工法である（**解説 図 4.16.1**参照）．

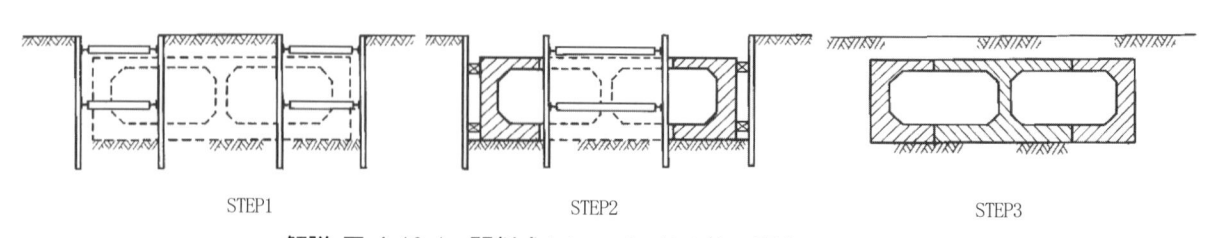

解説 図 4.16.1　開削式トレンチ工法の施工順序

また，側部の躯体が自立できる場合には，中央部は土留め支保工なしで掘削し，中央部の躯体を築造することができる．

トレンチの幅員は，土留め工の安定性，工事の工程，経済性に及ぼす影響が大きいので，地盤条件，躯体の形式と構造条件，近接構造物の重要度，作業性等を十分に考慮し，決定しなければならない．

② トンネル式トレンチ工法　本工法は既設トンネルや橋台，橋脚，建造物等の既設構造物の下を横断してトンネルを築造する場合に，これらの既設構造物に与える影響を低減するために採用される．

その施工順序は，トンネル断面を側部，中央部，中間部等適切なブロックに分割し，まず，側部および中央部を水平方向（トンネル式）にトレンチ掘削して躯体を築造し，この躯体で上部構造物を支持したのち，中間部（スラブ部分）を掘削して躯体を築造することにより，全体のトンネルを完成させる方法である（**解説 図 4.16.2**参照）．

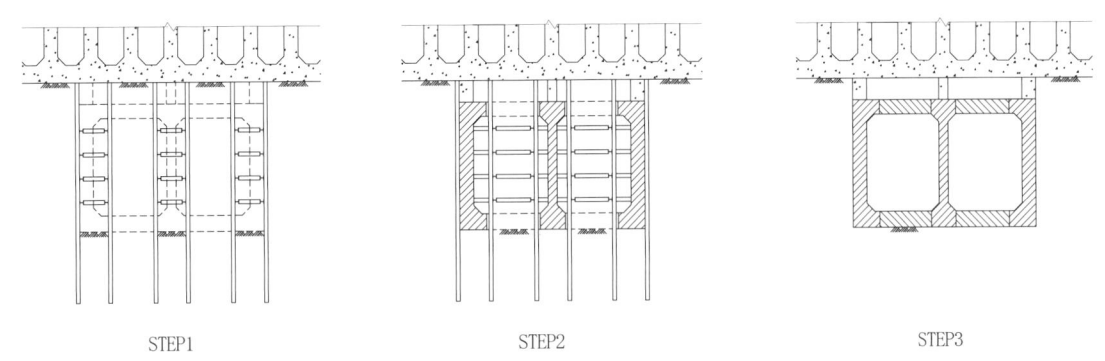

解説 図 4.16.2　トンネル式トレンチ工法の施工順序

トレンチの幅員は，地盤条件，躯体の形式，トレンチ内の作業条件および上部構造物の構造と重要度を考慮して，必要最小限になるように決定しなければならない．

トレンチ掘削は，1列ずつ掘削する場合と複数の列を同時に掘削する場合があるが，後者の場合，各トレンチ間の地盤の安定を確保するのに必要な間隔とその掘削順序は，慎重に検討しなければならない．また，地盤の安定が困難と思われる場合は，薬液注入工法等の補助工法を採用し，対処しなければならない．

<u>2）アイランド工法について</u>　アイランド工法は，地下鉄の地下車庫や地下駐車場のように，掘削の幅員が大きく，経済性や施工性の面から一部だけ先行させたい場合や，軟弱地盤等の施工で，掘削による緩みや変形，近接構造物への影響を低減したい場合に適用される．

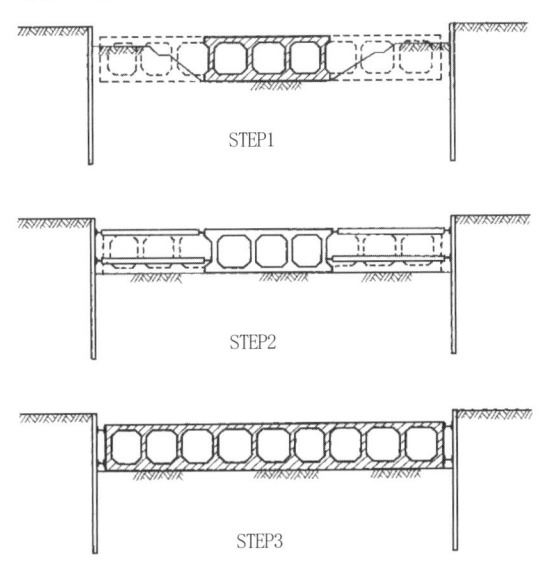

解説　図 4.16.3　アイランド工法の施工順序

一般的な施工順序は，まず土留め壁が自立できる深さまですき取り，次に土留め壁に接する部分の土を土留め壁が自立できるだけの範囲でのり勾配を付けて残し，中央部を掘削して，その部分の躯体を築造する．そして，この躯体を切ばりの受台として土留め壁を支えながら，周囲の残りの部分を掘削して全体の構造物を完成させるものである（**解説 図 4.16.3**参照）．

この工法を用いる場合には，土留め壁前面に残す地盤の形状が土留め壁の安定につながるので，その形状につ

いては，土留め壁からの側圧に対する安定性，工事の工程，経済性等を考慮して検討しなければならない．
　また，一般にアイランドの放置期間は長期間になるので，排水溝設置やモルタル吹付け等，のり面防護に留意する必要がある．
　この工法での切ばりは，躯体の形状，その施工順序，地盤の条件，土留め壁の剛性あるいは工期等に応じ，水平切ばりや斜め切ばりが用いられる．また，躯体の構造によっては，躯体内に補強用の切ばりを架設する場合もある．斜め切ばりを用いる場合は，切ばりの変位が生じやすく，また，躯体に不均衡な荷重が作用することがあるので慎重に施工しなければならない．
　また，周辺部の掘削にあたっては，中央部の躯体に偏圧が作用する可能性があるので，全体のバランスに留意しながら施工しなければならない．
　地盤の状況によっては，ヒービング防止のための地盤改良工法等の補助工法の併用を検討する必要がある．

16.3　逆巻き工法

　逆巻き工法の施工にあたっては，近接構造物，地盤条件および施工上の制約条件に留意し，土留め壁の種類，掘削の順序と方法，逆巻き床版の支持方法，躯体築造の順序と方法等について十分に検討のうえ，安全に施工しなければならない．

【解　説】　逆巻き工法は，上部からの掘削に従い躯体の上床版あるいは中床版等を築造し，これを土留め支保工として使用しながら，所定の深さまでの掘削を行い，躯体を築造する工法である．
　逆巻き工法は，次のような場合に採用される．
　① 掘削箇所に近接して重要な構造物が存在する場合
　② 土留め壁に大きな側圧が作用し，通常の土留め支保工では不安定であるため，強度と剛性の大きな支保工を必要とする場合
　③ 掘削深さが大きくて掘削あるいは躯体築造に長期間を要するため，より高い安全性を必要とする場合
　④ 工程上の理由から，構築完成前に上床版より上部の埋戻しや路面の開放等を必要とする場合
　逆巻き工法における施工上の留意事項は次のとおりである．
　① 逆巻き床版下での作業は，施工性や作業環境が悪くなるので，開口部の配置計画と資材搬入方法を含めて，施工の順序，方法や安全性に十分に留意すること
　② 逆巻き床版と柱または側壁との接合部は高強度で無収縮性のコンクリートまたはモルタルを使用し，完成後の躯体の弱点とならないように施工すること
　③ 逆巻き床版の型枠支保工は掘削途中の地盤で支持するので，コンクリートの打込み中にコンクリートの自重等により変形や移動が生じないように注意すること
　④ 逆巻き床版は完成後のトンネル躯体の一部材であることを考慮して，永久構造物として十分に養生期間をとり，所定の強度が得られるまで下部の掘削を行わないこと
　⑤ 逆巻き床版は，コンクリート硬化時の乾燥収縮による影響について十分に配慮して施工すること

第17章 立　　坑

17.1 一　　般

> 立坑の施工にあたっては，設計図書にもとづき，使用目的，平面形状，施工深さ，地盤条件等，その他現場の各種状況を考慮した施工計画をたてなければならない．

【解　説】　立坑は，推進工事（管路推進やパイプルーフ工法等）やシールド工事で発進，到達等を目的として施工されることが多く，通常の開削工事と比べて，工事が長期化すること，土留め壁，土留め支保工等に作用する土圧や水圧が大きいこと等の特徴がある．

各種の立坑には次のような施工上の特徴がある．

1) 推進工（管路）に用いられる簡易な立坑は，推進機や管材の長さにより平面形状が決まり，使用期間が比較的短く，施工深さも比較的浅い場合が多い．

2) パイプルーフ工法等に用いられる立坑は，その施工条件により平面形状や掘削深さが決まり，パイプルーフ下での掘削方法に応じて使用期間が長期にわたることが多い．

3) シールド工事に用いられる立坑は，シールド，後方設備，セグメントストックヤード等の条件を考慮した形状で，シールド掘進を含めて使用期間が長期にわたり，掘削深さは深い場合が多い．

また，立坑の施工計画にあたっては，上記の特徴を踏まえ，とくに以下の点に留意する必要がある．

1) 施工精度の確保　一般的に土留め壁や補助工法の施工では施工精度の確保が重要であり，施工基面でのわずかの精度の誤差でも深部では大きな誤差となるため，品質の確保だけでなく安全性の確保の面からも，施工精度を向上させることが重要である．

2) 安全性の確保　一般に地下水圧が高く，万一，湧水等を生じた場合には周辺への影響が大きく，その後の止水作業も困難となるため，地下水対策についても十分な検討を行う必要がある．

3) 計測管理の実施　土留め工は，設計時の予測とは異なった現象が生じる場合もあり，重大な事態を引起こす可能性がある．したがって，計測管理を実施し設計時の不確実性や工事の長期化に伴う現場状況の変化を把握できる施工管理を行い，安全性の確保に努めることが重要である．

4) 施工方法の検討　立坑の施工に際して，開削工法に代わりケーソン工法（第4編 **17.2 解説** 2) 参照）が採用されることも多く，その沈設方法等の適切な施工管理が重要である．

17.2 施　　工

> 立坑の施工に際しては，立坑の工法および構造的特徴にもとづく施工条件の特異性に留意して，各段階の作業を適切に行わなければならない．

【解　説】　一般に，立坑の施工法としては，開削工法とケーソン工法の2つに大別される．

<u>1) 開削工法による立坑について</u>　開削工法の施工にあたっては，第4編 第3章～第4編 第16章を参照するとともに以下の事項に留意する必要がある．

① 路面覆工の架設　立坑を推進工事やシールド工事の作業用立坑として用いる場合には，推進機やシールド等の搬出入用の開口部付近に中間杭を設けることが難しいため，一般に，中間杭は搬出入作業に支障しない位置に設置する．また，路面状況等により交通に開放する必要のある場所では，撤去および架設が容易な構造とし，搬出入時のみに開口して，通常は交通に開放できるように配慮することも必要である．

② 土留め壁の施工　とくに大深度施工となる場合は，土留め形状や特殊部材の設置精度が得られるように留意するとともに，市街地等では交通状況等により作業時間に制限を受ける場合があるので，作業の順序，方法等についても十分に検討しなければならない．

③ 土留め支保工の架設　切ばりを用いる場合は作業空間を考慮して水平，鉛直方向間隔を広げるとともに，

適切な支保工補強を講じる必要がある．とくに土留め壁からの作用荷重が大きい場合は確実に支持できるように留意しなければならない．また，推進工事やシールド工事の作業空間を確保するために，グラウンドアンカーを使用する場合もある．

④ 立坑の掘削　立坑の掘削に際しては，設計上の留意点のほか，特に緩い砂層におけるボイリングやパイピング，軟弱なシルトや粘土層におけるヒービング，互層地盤における盤ぶくれに対して施工上の観察を十分に行い安全性を確保することが重要である．また，深い位置に支保工がある場合は，シールド揚重等の施工計画で支保工への損傷のリスクを必ず回避しなければならない．なお，狭隘な坑内における諸作業は，労働災害を生じやすいので，作業の安全確保のため，所要の設備を設けるなど，とくに安全衛生管理に努めなければならない．

⑤ 躯体の築造　躯体を推進工事やシールド工事の基地として利用する場合，推進やシールドの設備等に支障する一部の床版や柱が築造できないことがあるため，トンネル掘進後に，残りの躯体を築造することとなる．この場合，立坑躯体に適切な補強を施すとともに，後の施工のために躯体打継ぎ目の処理方法を適切に行う必要がある．

<u>2) ケーソン工法による立坑について</u>　ケーソン工法は，オープンケーソン工法(地上からの水中掘削が主体)とニューマチックケーソン工法(圧気した作業室内でのドライ掘削が主体)に大別される(**解説 表 4.17.1** 参照)．

解説 表 4.17.1　ケーソン工法の特徴[1]

	オープンケーソン工法	ニューマチックケーソン工法
掘削方法	クラムシェルやクラブバケットによる水中掘削 水中掘削機を使用する工法もある	作業室に地下水圧にみあった圧縮空気を送風することによる掘削 バックホウや天井走行ショベルによる機械掘削
打設方法	躯体自重および圧入力により沈設	躯体自重および荷重水により沈設
掘削深度	一般には圧入工法により60m程度まで 地盤条件により100m程度まで可	一般には掘削機械の無人化により地下水以下40m程度まで さらにヘリウム混合ガス利用により地下水位以下70m程度まで可
平面形状	円形，矩形が一般的 隔壁を設けないことが望ましい	円形，矩形が一般的 平面形状が大きい場合は隔壁を設ける
平面寸法	円形の場合，内径3m程度〜30m程度	平面積20m² 程度〜5000m² 程度
適用地盤	比較的緩い地盤に適用 硬質地盤では水中掘削機や先行削孔等の補助工法が必要	広範囲の地盤に適用 発破による岩の掘削も可

注)　表中の記述は，文献[1]を簡素化

以下に各工法での留意事項を示す．

① ケーソン躯体の築造　**解説 図 4.17.1** にケーソン各部材の名称を示す．初期におけるケーソン躯体の据付けは，躯体，型枠等の重量に対して十分な支持力のある地盤で行われなければならない．支持力が不足する場合は，良質土と置換する等の地盤改良が必要である．ケーソン躯体の築造は開削工法とは異なり，築造，掘削，沈設の作業が反復して行われるため，各作業サイクルでの構築高さ，コンクリートの打設量，脱型時期等については施工上の諸条件を勘案して決定する必要がある．また，側壁の出来上がりはケーソン全体の精度に影響するだけでなく，沈設時の摩擦抵抗に影響するため，十分な施工管理を行う必要がある．

i) オープンケーソン工法　沈設初期は沈設制御が重要であることから，第1リフトの構築高は躯体の剛性を確保した上で4.0m程度に抑えるとよい．圧入設備を使用する場合は，圧入桁にケーソン躯体の鉛直鉄筋が支障となることがあるため，その場合は支圧盤の高さを大きくするか，その部分の鉄筋の継手を機械式継手とするとよい．

ii) ニューマチックケーソン工法　刃口および作業室天井スラブを支えるセントルは，鉄筋コンクリート及び型枠の重量に対して十分に安全であるとともに，狭い空間で解体や搬出が容易に行える構造でなければならない．作業室部は一体構造として水密かつ気密な構造とする必要があるため，原則として連続してコンクリートを打設する．

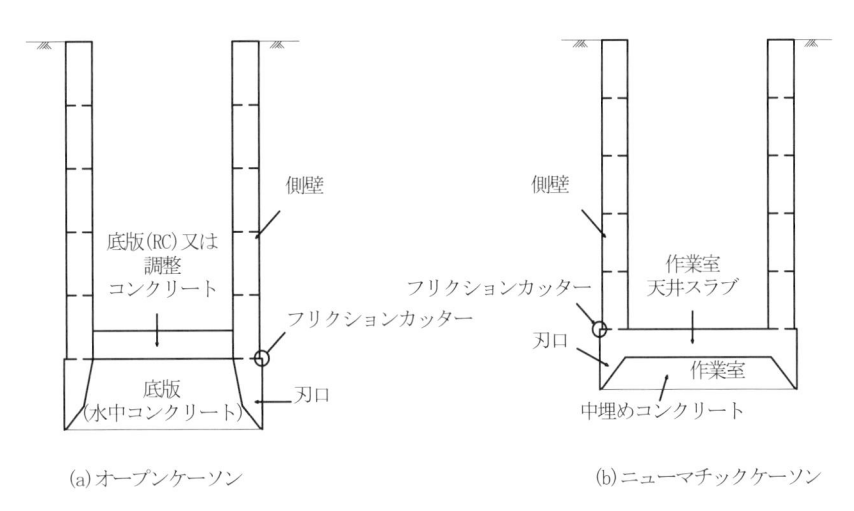

解説 図 4.17.1　ケーソン各部材の名称

② 掘削および沈設　ケーソンの掘削および沈設は施工状況，地質の状態等の変化に合わせて沈下関係図を適宜修正しながら行い，ケーソンの傾斜，移動，回転，および急激な沈下を防止することが重要である．沈設がケーソン自重のみでは難しい場合，荷重の載荷や，摩擦抵抗の低減等の沈下促進工を併用して行う．摩擦抵抗の低減についてはフリクションカッターのほか，ケーソン周囲へベントナイト泥水等の滑材を充填する方法や，ケーソン外周コンクリートに活性減摩剤を塗布する方法等がある．

ⅰ）オープンケーソン工法　一般に初期沈設時はケーソンが不安定な状態にあり，掘削の進捗に伴い急激な沈下を生じやすい．したがって，できるだけ刃先下部の掘越しを避け，沈設に必要なだけの掘削にとどめる必要がある．沈設のための載荷荷重については，直接荷重を載荷する方法以外に，ケーソン周囲に設置したグラウンドアンカーから反力をとってケーソンの沈下荷重を増加させる方法（圧入工法）を用いるのが一般的である．圧入工法によると，沈下荷重の増加のほかに，ケーソンの精度管理，沈設管理が比較的容易となる．ただし，沈下初期の段階で圧入工法を用いると，ケーソン本体の剛性が小さいため，圧入力によりケーソン本体に亀裂が生じる場合がある．したがって，第2リフト以上を構築した後，ケーソン本体の剛性が十分確保された状態で採用するのがよい．近年では水中掘削で刃口下を掘削する自動化オープンケーソン工法が開発され，種々の地盤に対して高精度な沈設や省力化および工期短縮を図っている．

ⅱ）ニューマチックケーソン工法　一般に第1リフトから第2リフト程度の比較的根入れが浅い時期及び中間層が軟弱な場合には，周面摩擦力や刃口部の支持抵抗力が小さいため急激な沈下が生じることがある．急激沈下が懸念される場合は，ケーソンのリフト長を短くしたり，作業室内にサンドル等を設けて沈下を調整する必要がある．作業気圧の設定は，刃先地盤の間隙水圧を考慮した圧力とすることが基本である．しかし，周辺地盤に圧縮空気が漏れる現象が生じることがあり，漏気防止対策には，刃口高さよりも水位を上げて掘削する水掘り等，現場条件に応じて適切な対策を行う必要がある．大深度の掘削では作業気圧が大きくなるため，作業環境が厳しくなるとともに，作業可能時間が少なくなるが，近年は掘削機械の遠隔操作による無人化や，掘削機械のメンテナンスや撤去時に作業員が呼吸ガスとしてヘリウム混合ガスを用いる方法を併用して大深度化を図っている．

③ 底版コンクリートまたは中埋めコンクリート打設　ⅰ）オープンケーソン工法　底版コンクリートは，あらかじめ刃口内面等に付着した土砂をジェット等で除去したのち，ケーソン内の水位の変動がないことを確認したうえ，底部に水中コンクリートを打設する．打設にあたっては，コンクリートの品質，トレミーの配置，打設方法等を検討し，適切な平面積を考慮してトレミー管本数を準備しておくことが望ましい．

ⅱ）ニューマチックケーソン工法　中埋めコンクリートの打設にあたっては，コンクリートの強度，ワーカビリティーに配慮するほか，打設に伴って作業室内の気圧が漸次増大するので，気圧を調整する必要がある．

④ 仮設備　機械，設備の選定にあたっては，ケーソンの諸元，施工基数，地盤の状況，工期，作業地点の

環境等の諸条件を勘案し，機種，容量やその台数等について十分な検討を行わなければならない．

ⅰ）　オープンケーソン工法　水中掘削のための設備及び圧入設備が主であり，このほかに，電力，運搬，安全用設備等が必要である．

ⅱ）　ニューマチックケーソン工法　送気，艤装，掘削，および通信設備が主であり，このほかに，電力，安全用設備等が必要である．送気設備のうち空気圧縮機については騒音振動源となるため，環境条件に応じて防音ハウス等の騒音対策を施さなければならない．

参考文献

1)（公社）土木学会：トンネルライブラリー第27号　シールド工事用立坑の設計, pp. 5-4～5-5, 2015.

第18章　計測管理

18.1　一　般

> 開削トンネルの施工に際しては，目視点検と計測を行うことにより，工事の安全性と経済性を確保しなければならない．

【解　説】　計測管理には，重要な部分を巡回しながら点検する目視点検と，計器を用いて行う計測とがあり，両者は互いに補完しあうものでなければならない．

開削トンネルは，事前に行われた地質調査のデータにもとづき設計されているが，実際の工事では地層や地下水位が設計時の推定と異なることにより，仮設構造物に作用する側圧や変位が設計値と一致しないことがある．これは，事前に得られる土質データの数が限られること，土質の多様性，不均一性，解析に多くの仮定要素があること等に起因する．したがって，施工段階で各工事の状況に応じて，必要な項目について目視点検，計測を行い，これらの情報を施工に反映させることにより，より安全で経済的に工事を進めることが重要である．

18.2　目視点検

> 開削トンネルの施工に際しては，巡回による目視点検を行わなければならない．

【解　説】　目視点検は，巡回により，仮設構造物，本体構造物，周辺の構造物，地下埋設物，地盤および地下水位等の異常の有無を点検することである．

1) <u>点検項目について</u>　目視点検には次のような項目がある．
① 路面覆工の状況
② 土留め壁面，掘削底面の状態，湧水量および水質
③ 土留め支保工材，中間杭の状態
④ 周辺構造物や埋設物の状態
⑤ 工事現場周辺の路面または地表面の状態
⑥ 土質および地下水位の変化
⑦ 近くの河川，下水道の流れの状況

とくに土留め支保工や中間杭等の継手のある構造物については，継手の変状やゆるみについても注意し，目視点検することが必要である．

これらの目視点検から得られた情報を工事に反映することにより，合理的でより安全な施工を行わなければならない．また今後の施工のデータとして有効活用することも大切である．

2) <u>点検時期について</u>　目視点検時期は日常および異常時（豪雨や長雨，洪水，地震等）を基本とするが，その工事の終了または状況に変化が見られなくなるまで行うことが望ましい．

また，異常時については，二次災害の発生がないと判断されるまで行う必要がある．

18.3　計　測

> 開削トンネルの施工に際しては，工事の規模や現場の状況に応じて計測を実施しなければならない．

【解　説】　計測は，目視点検とは異なり，所定の場所に計測用の計器等を設置し測定するものである．

計測を行うことにより，目視点検では発見できないような微妙な変化を数値としてとらえることができ，計測データを分析することにより，計測を開始してから現在までの状況や傾向を容易に把握することができるとともに，その後の予測を行うことができる．

とくに施工管理において，管理目標値が設定されている場合には，これを細分化し，それぞれの基準値に達し

た際の対応を事前に定めた上で工事を行うことが重要である．

　1）　計測項目について　計測には**解説 表 4.18.1**のような項目があり，工事の規模，周辺の構造物の状況および重要度，地盤条件等に応じて実施しなければならない．

解説 表 4.18.1　開削トンネルにおける計測の目的と項目（文献[1]を加筆修正）

計測の目的	計測項目	計測事項	使用機器
土留め壁の管理	土留め壁の計測	土留め壁に作用する土圧	壁面土圧計
		土留め壁に作用する水圧	間隙水圧計
		土留め壁の応力	ひずみ計，鉄筋計
		土留め壁の変形	傾斜計，トランシット
	切ばり，腹起しの計測	切ばりに作用する軸力と変形	ひずみ計
		腹起しのたわみ，ねじれ	鉄筋計
			水糸，トランシット
		接合部のゆるみ，局部破壊	温度計，ひずみ計
		切ばりの温度変化	
掘削底面の管理	ヒービング	底面の隆起	レベル，層別沈下計
	被圧地下水による盤ぶくれ	底面の隆起と砂層の水圧	層別沈下計
			観測井，間隙水圧計
	ボイリング	流砂現象	観測井
周辺地盤の管理	周辺地盤の変位計測	背面地盤の変形，クラックの発生	レベル，傾斜計
	周辺構造物の変位計測	構造物の沈下，傾斜	レベル
			沈下計，傾斜計
排水，湧水の管理	地下水位の観測	湧水量，排水量と地下水位の変動	ノッチタンク
			観測井，間隙水圧計
可燃性ガス，有毒ガスの管理	可燃性ガス，有毒ガス等の検知	可燃性ガスの検知	ガス検知器
		有毒ガス，酸欠空気の検知	

　2）　計測時期について　計測時期については，工事着手前（初期値の設定），施工の各段階ごとおよび異常時を基本とするが，その工事の終了または状況に変化が見られなくなるまで行うのが望ましい．

　3）　計測の頻度について　掘削時は周囲に与える影響や危険が高まるため，安全管理上必要な項目について定期的に計測する必要がある．工事の状況によっては，安全性の確保のため頻度を多くしなければならない．

　4）　計測の方法について　計測方法の選定にあたっては，工事状況に応じ，計測項目，計測期間，計測場所および計測数等を考慮しなければならない．

　計測システムは，手動計測，半自動計測，自動計測の3方式があり，工事状況に応じ，計測項目，計測期間，計測場所および計測数等を考慮したうえで選定する必要がある．

　機器の選定は，取扱いが簡単で，耐水性，耐じん性，耐腐食性および耐衝撃性に優れ，容量に余裕のあるものを選ぶ必要がある．また，計測機器に供給する電力は安定して確保しなければならない．

参考文献
1) (社)土木学会：仮設構造物の計画と施工，p161，2010．

18.4　目視点検，計測結果の設計，施工への反映

　目視点検，計測結果は，総合的に評価し，的確に設計や施工に反映しなければならない．

【**解　説**】　目視点検および計測の結果は，測定後すみやかに，見やすい形に整理しなければならない．この際，目視点検，計測結果については，計測項目および計測の位置図等を細かく記入しておくとともに，グラフ化して

異常値の発見に努める必要がある．また，施工前に計測における基準値や危険となる限界値を設定し，この値を超えた場合の対応策も考えておく必要がある．

さらに，計測結果に応じて，適宜，設計を変更しながら施工を行う情報化施工は，土留め工の実際の挙動情報をもとに，当初の設定条件との相違などを適切に評価し，設計，施工の修正を図ることにより，施工性や経済性，安全性を向上させることができ，合理的に施工が進められる．

一般的な計測管理の手順を**解説 図 4.18.1**に示す．

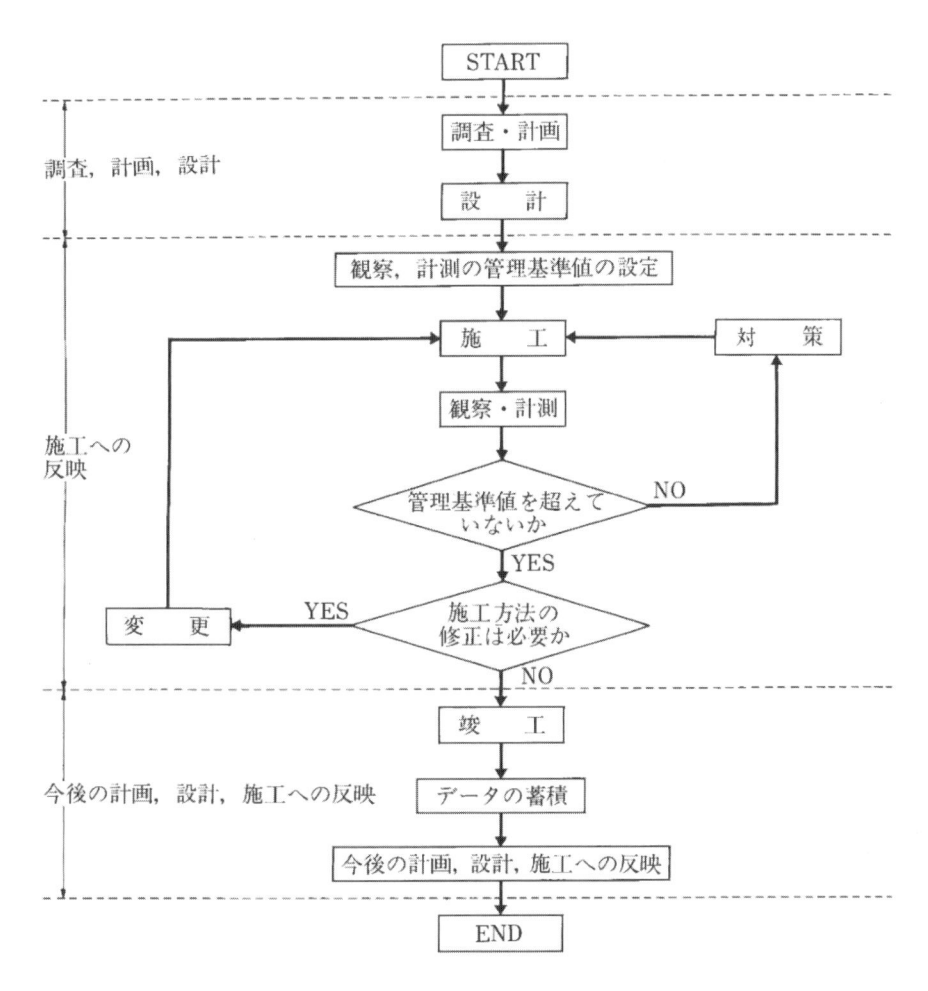

解説 図 4.18.1　計測管理の手順

また，目視点検および計測の目的は，施工の安全性を確認し，より経済的に構造物を築造することだけでなく，今後の設計等の資料とするためでもあるため，工事完了時には，計測データを施工記録として蓄積し，今後の計画や維持管理への資料とするのがよい．

第19章　施工管理

19.1　工程管理

工程管理は，常に作業の実態，実績を把握し，計画工程と対照して，適切な措置を講じ，全体工程を満足させるように実施しなければならない．

【解　説】　計画工程に従って行われる工程管理は，所定の工事を安全かつ経済的に完成するために行うものである．また，近年の動向を踏まえ，計画工程表をCALS/EC（公共事業支援統合情報システム）の導入によりICT（情報通信技術）化を図り，効率的に行う必要がある．着手前の諸調査にもとづいて決定された計画および設備が，工事実施にあたって，実状と一致しないこともあるので，次の事項について留意する必要がある．

1）　工事着手前の準備と計画工程の作成について　施工に先立ち，設計図書等に定められた工期，現地の物理的条件（地盤，地下水，地下埋設物等），立地条件，施工規模等を考慮した施工計画を作成し，計画工程を定めること．ただし，とくに都市内において行われる工事では，その地域の都市機能や住民の生活環境をできるだけ阻害しないように施工することが要求されるため，工事に対して多くの制約がある．

このような制約の中で，工事に着手するまでには，施工に関する行政上の諸手続き，沿線への工事説明等が必要であり，予想以上の期間を要することが多く，また，これらの手続きや協議の結果，道路使用条件や作業時間の制約を受けるなど，工事の進捗に対して影響を与える条件が付加されることもある．

これらのことを考慮して，施工に先だち，できるだけ早い時期に関係者との協議を始め，早期着工に努めるとともに，着工が可能となった時点において，工事の計画段階で設定した工程について見直しを行い，実際に与えられた条件で詳細な工程計画を立てなければならない．

2）　施工中の工程管理について　工事の工程を左右するものとして，地盤，地下水，埋設物，天候等の物理的な要素に加えて，周辺居住者の動向，資材や労働力の需給状況，工事用地の確保，道路使用条件等の社会的，人為的な要素が大きな比重を占めるので，施工中の工程管理にあたっては，このことを十分に認識して，その対策を講じなければならない．

施工中の工程管理の一般的な留意事項は次のとおりである．

① 各作業ごとに定期的に計画工程と実施工程の対比を行い，遅れのある場合には必要な措置をとること
② とくに，他の作業の工程を左右する作業（クリティカルパス）の進捗状況を重視し，厳密な管理を行うこと
③ 季節的な施工条件の変動（道路混雑期の道路上作業規制，年末年始や農繁期等の労働力の不足，河川関連工事での渇水期，出水期等）に合わせて，適切な作業計画を立てること
④ 先行する作業（杭打ち等）の状況から，地盤条件，地下水，地下埋設物の深さ等を推定し，後続して行う作業（路面覆工，掘削等）に支障となるような点には，あらかじめ対策を講じること
⑤ 特別な交通阻害，騒音，振動等を伴う作業については，前もって関係者の了承を得ておき，苦情，その他のトラブルに対し，適切な対応をとること
⑥ 施工機械のトラブルは工程遅延に直結することから，現地の条件に合致した的確な機種を選定すること
⑦ 工程に合わせた必要台数を確保するとともに，日常の点検整備を怠らないようにし，場合によっては予備機の準備を検討すること
⑧ 各工事の材料は，施工に合わせて過不足なく納入できるよう管理するとともに，不測の事態に対応可能な資機材調達の準備を講じておくこと

3）　工程を変更する場合について　工事着手時に立てた実施予定工程を，やむをえず変更する場合としては，次の要因があげられる

① 施工条件の変更（地盤，地下水，地下埋設物等の物理的要因，道路使用条件，作業時間，労務事情等の社会的要因）

② 施工方法の変更等
③ 豪雨，地震等の天災や事故等

これらの事態や原因について，工事関係者相互の間で確認しておくとともに，関係各所と協議して必要な措置をとらなければならない．

19.2　品質管理と出来形管理

（1）　工事に使用する主要材料ならびに製品は，所要の試験，検査を行い，所定の品質，寸法，強度等を確認してから使用しなければならない．

（2）　土留め支保工等の仮設構造物および補助工法の施工にあたっては，所定の目的が満たされていることを確認しなければならない．

（3）　本体構造物の施工にあたっては，品質および出来形を確認しなければならない．施工後，目視により出来形を確認できないものは，事前に適正な管理手法を用いて出来形管理をしなければならない．

【解　説】　（1）について　トンネル工事に用いられる材料は，その使用目的から，トンネル躯体材料，仮設材料，その他（地下埋設物，既設構造物，道路等の復旧材料）に大別できる．これらの材料に対する品質管理は，工事の目的であるトンネル躯体の品質を保証し，工事中における仮設物の安全を確保するために行うものであり，材料や製品の品質を証明する資料によるほか，それぞれの目的に沿った精度と頻度で，試験，検査を行うことや，配合，調合に立会うなどして，品質の確認を行わなければならない．

材料や製品が，倉庫や現場等に搬入されてから実際に使用されるまでの管理がおろそかであると，破損，変質等のおそれがあるので，保管設備や管理体制を確立し，入念な管理を行うとともに，工事の進捗にあわせた材料の搬入計画を立て，効率的な運用を図らなければならない．

また，近年の動向を踏まえ，工程管理と同様，品質管理においてもCALS/ECやICT等の積極的な活用を図ることが望ましい．

1）　トンネル躯体材料の品質管理　トンネル躯体は半永久的に使用されることを前提として築造されるものであり，地中深く築造されること，完成後はただちに供用されること等から，工事完成後に不良箇所が発見されても修復することが困難であり，この面からも，材料に対しては厳しい管理が必要である．トンネル躯体材料としては，鉄筋，コンクリート，鋼管柱，鉄骨等があるが，以上のような観点から，JIS規格品が用いられるのが一般的であり，ミルシートその他，品質証明書によって管理される．なお，生コンクリートは，いわば半製品であり，品質の変動係数や経時変化が比較的大きいので，JISマーク表示許可工場からの製品であっても，テストピースの採取による抜取り試験を行って搬入時に確認を行うのが一般的である．JIS製品のような品質証明書のない材料を用いる場合は，適切な試験を行って，所要の性能を有していることを確かめなければならない．また，現場搬入時の検査に合格した材料であっても，材料によっては，保管状態によって劣化，変質する場合もあるので，劣化，変質した可能性のある材料は使用前に再試験を行い，合格したものでなければ使用してはならない．

2）　仮設材料の品質管理　仮設材料は使用される期間が一時的であり，本体構造物として使用する場合に比べ，許容応力度を割増して使用するのが一般的である．

しかし，仮設材料は繰返し使用される場合もあるので，せん孔跡や局所的な変形等をそのままにして用いられていないか，材質的に疲労していないか確認するとともに，必要な場合には補強を行うなど，十分な管理を行わなければならない．また，工期の長い工事に木材を使用する場合には，とくにその耐久性について配慮する必要がある．

3）　その他（地下埋設物，既設構造物，道路等の復旧材料）の品質管理　地下埋設物，既設構造物，舗装等，トンネル築造のために一時撤去したものの復旧や，受台の築造に使用する材料は，永久構造物の材料という点で，トンネル躯体材料に準じて品質管理を行う必要がある．とくにこれらの構造物は，工事完成後それぞれの管理者に引継がれるため，協定，許可等の内容に従い，各管理者の条件を満足する品質管理を行わなければならない．

また，協定，許可等の内容によっては舗装材料等のように，引継ぎにあたって材料の品質証明書が必要な場合もあるので，留意しなければならない．

　(2)について　仮設構造物および補助工法は本体構造物の施工に先立って行われるものであるが，その管理が不十分であると事故や本体構造物の不具合等，施工に支障をきたすこととなる．そのため，仮設構造物および補助工法の施工にあたっては，所定の目的が満たされていることを確認しなければならない．

　(3)について　本体構造物の施工にあたっては，工事竣工後に不具合の発生するおそれがないか，出来形が設計図書に示された条件に適合しているか確認する必要がある．施工後に目視による出来形の確認ができないものは，事前に立会検査や写真による寸法，本数確認等の適切な管理手法を用いて出来形管理を行うことが必要である．

　施工にあたっての管理項目は第4編各章による．完成後の品質管理の検査項目としては，漏水，ひび割れ等有無の確認を行う表面状態の目視検査，背面空洞箇所等の確認を行う打音検査，非破壊検査による反発強度測定および鉄筋かぶり検査等がある．工事の実施にあたり，関連法規に適合するよう工事に対する規制の程度，諸手続き，対策等について，事前に十分調査，検討しておかなければならない．なお，関係諸官庁や管理者に対する諸手続きおよび許認可，承認には相当の日数を要する場合もあるので，この点も十分に考慮する必要がある．

19.3　作業管理

施工にあたっては，現場巡回，立会い等により常に各種作業の状況を把握し，工事が所定の計画に従って進捗するように常に日常作業の管理に努めなければならない．

【解　説】　作業管理においては，単に各作業の順序，方法，作業内容等について留意するのみではなく，地盤や地下水，地下埋設物等の施工条件，作業の際の周辺の通過交通や商業活動等の周辺の環境を把握したうえで，後続作業との関連，工事公害の可能性，作業内容と使用機械，人員のバランス，作業の速度，安全性，経済性等を検討しなければならない．

19.4　施工記録

施工完了にあたっては，工事記録および竣工図書を保存しなければならない．

【解　説】　供用開始後の維持管理には，工事記録および竣工図書等が必要となるため，これらの資料を保存しなければならない．

また，施工が困難であった条件や施工にあたっての課題については，供用後，再度問題が生じることがある．その場合の対応策を検討するうえでも施工中の工事状況がわかる記録を残すことが重要である．

工事記録には，以下のようなものがある．
① 竣工図
② 設計資料
③ 測量資料
④ 地質調査等資料
⑤ 工事写真

第20章 安全衛生管理

20.1 一 般

工事の施工に際しては，関連法規を遵守し，安全衛生管理の徹底を図り，災害を起こさないように十分注意しなければならない．

【解 説】 1) 関連法規について　工事にあたっては，安全衛生を最優先としなければならない．工事に従事する作業員の安全と健康を確保し，快適な作業環境を形成する観点から「労働安全衛生法」および同法にもとづく各種の政令，省令等が定められている．また，工事関係者以外の第三者に対する安全を確保するため「建設工事公衆災害防止対策要綱」が定められている（第1編 1.3 参照）．

これらの諸法規は，最低限の条件を示したものであり，工事にあたっては実情に即した内規等を作成し，所要の設備を設け，安全施工体制を確立するとともに，作業員の安全衛生教育および指導，現場の定期的な点検，改善を行い，労働災害，公衆災害の防止および衛生管理に努めなければならない．

2) 工事計画の届出について　工事の安全を十分に確保するためには，施工計画を策定する段階で，施工中に予想される危険に対する安全衛生対策を十分に検討し，安全衛生管理が円滑に，かつ，確実に実施されるようにしておくことが必要である．

そのため，工事全体の施工計画あるいは工事用の機械，設備の中には「労働安全衛生法」により工事計画の届出が義務づけられているものがある．

開削トンネルに関して届出が必要なものを列挙すると次のようになる．

① 届出が必要な設備等
　ⅰ）型枠支保工　支柱の高さが3.5m以上のもの
　ⅱ）架設通路　高さおよび長さがそれぞれ10m以上のもの（組立てから解体の期間が60日以上のもの）
　ⅲ）足場　吊足場，張出し足場はすべて，それ以外の足場にあっては，高さ10m以上のもの（組立てから解体の期間が60日以上のもの）
　ⅳ）軌道装置　6ヶ月以上使用のもの
　ⅴ）機械類　クレーン，リフト等

② 届出が必要な建設工事
　ⅰ）掘削の高さまたは深さが10m以上である掘削（ずい道等の掘削および岩石の採取のための掘削を除く）の作業（掘削機械を用いる作業で，掘削面の下方に労働者が立入らないものを除く）を行う工事．
　ⅱ）圧気工法による作業を行う工事

3) 安全施工体制について　災害防止のためには，法規に定められた最低基準を守るだけではなく，快適な作業環境および作業員の安全と健康を確保するよう，積極的に災害防止活動の推進に努めなければならない．そのために，安全衛生管理組織を包括した安全施工体制を定めて責任体制および指揮命令系統を明確にするとともに，必要に応じて，各種の管理者，作業主任者等の選任や委員会，協議会を設置しなければならない．

4) 安全衛生教育，就業制限について　施工管理の不徹底，作業員の知識の欠如や未熟練者による不適切な取扱い，不十分な保守管理等から災害を招くことのないように作業員の雇入れ時，作業内容変更時，危険で有害な業務に作業員を就労させる場合等には，適切な安全衛生教育を行わなければならない．また，業務の内容によっては，その業務に携わる作業員に対して，一定の資格の保有，就業制限，健康診断の実施等について法規に定められているのもある．

5) 安全点検について　工事の進行に伴って，地盤や作業環境が変化したり，仮設構造物，機械，設備等に変状や不具合が生じることがあり，これが作業の慣れや業務の多忙によって見落とされることで，思わぬ災害や事故を発生させることがある．これらの災害を防止するために，工程の進捗に応じた適切な安全点検を行い，施工の安全を図らなければならない．

安全点検の内容は，工事の状況，工法，使用機械，設備等によっても異なるが，法規に定められた以外にも，工事の実情に即した内容を盛込むことが大切である．また，とくに必要な項目については責任者または指名された者が点検しなければならない．

点検の実施期間は点検対象ごとに適切に定められていることが望ましく，また，点検基準（チェックリスト）を作成し，かつ点検結果の記録を保存しておくことも必要である．

点検の結果，異常を認めたときは，ただちに補修その他の適切な処置を講じなければならない．

20.2 作業環境の整備

施工にあたっては，安全で衛生的な作業環境を常に保持するよう所要の設備を設置し，また，必要な措置，対策を講じなければならない．

【解 説】 工事の施工にあたっては，作業環境を十分に整備し，安全かつ快適な作業ができるよう配慮しなければならない．とくに路下作業においては，換気設備，照明設備，通路等の確保，作業員の健康障害要因除去等に配慮が必要である．

安全な環境を保持するために，必要に応じて，現場に即した適切な機械，設備の設置および作業基準等の策定を行って，安全な作業ができるように努めなければならない．また，工事規模の大型化，機械化，急速施工等に対応できる安全な作業環境の維持が図られるように十分に配慮することが必要である．

1) 換気について　外気から遮断され，あるいは通気の不良な場所で内燃機関を用いる場合や，防水工等で接着剤を使用する場合は換気する必要があり，適切な換気設備を設置しなければならない．また事前調査において，酸欠空気，有害ガス，粉じん等の発生のおそれがある場合は，その対策を十分に検討し，換気能力に余力を持たせるとともに，不測の事態に対処できるように計画する必要がある．圧気工法を用いる場合は，安全上の見地からも所要空気量その他の検討を行い，圧気設備等を計画する必要がある．また，低温液化ガスによる凍結工法においては，使用する液体窒素がジョイント等から漏洩し，酸素欠乏を起こす危険があるので注意しなければならない．

2) 照明について　作業場所および通路には照明を施し，災害の防止，作業環境の保持に努めなければならない．照明器具の使用にあたっては，できるだけ明暗の対照がいちじるしくなく，かつ，まぶしさを生じさせない配慮が必要である．照明器具は，長期にわたって使用されるので，耐久性を考慮するとともに，保守点検を十分に行わなければならない．

3) 排水について　施工中の作業等に支障のないよう，坑内の排水を十分に行わなければならない．不測の出水や局地的集中豪雨および排水設備の故障等は，重大な事故につながる可能性があるので，排水設備の予備，停電時の対策等について十分に考慮しておく必要がある．

排水ポンプは，その取扱いに注意し，感電防止のための漏電遮断器，アース，移動電線等電気的にも安全な措置を講じなければならない．

4) 通路について　坑内，坑外での作業員の安全通行のために，通路および昇降設備を確保しなければならない．通路および昇降設備は，作業員が常に安全な歩行ができるように十分な空間を有するとともに，通路面が整備され，かつ適切な照明が施されていなければならない．

土留め支保工においては，土留め支保工等の日常点検ができるように，適切な点検通路を設けるとともに，掘削底面への昇降設備は，各掘削段階ごとに計画しなければならない．

5) 騒音対策について　騒音は，作業員に不快感を与えるばかりでなく，会話，音による信号，合図を妨害して安全作業の妨げになることも多く，騒音性難聴の原因にもなる．したがって，騒音のより少ない機械，設備の使用，工程，作業方法の配慮および音源となる機械設備に対する遮音，吸音等の措置を講じて騒音障害の低減化を図らなければならない．

6) 振動対策について　工事によっては，ピックハンマー，コンクリートブレーカー等の振動工具のほか，作

業や運転に伴い振動する機械や工具が使用されている場合がある．振動障害対策として，防振装置の施された機械，工具等の選定，防振手袋等の保護具の使用等の配慮が必要であるとともに，振動を伴う業務の管理を適切に行わなければならない．

7) 保護具について　保護具については，その規格に適合したもので，損傷等がないものを使用することはいうまでもなく，作業員に対して使用法その他を周知徹底させなければならない．

8) 現場周辺の環境整備について　公害の防止対策，建設現場のイメージアップの観点から，現場周辺の住民に対する十分な配慮が必要である．

20.3　災害防止
施工にあたっては，災害防止のために必要な措置を講じなければならない．

【解説】　開削工事では，墜落，土砂崩壊，車両災害等の一般建設工事に共通する労働災害以外に，第三者に対する公衆災害，ガス爆発，火災，酸欠および有毒ガス中毒，高気圧障害等の災害の防止にとくに留意しなければならない．したがって，作業環境整備，作業場所の整理整頓，現場の状況に応じた適切な作業方法の確立等に加えて，これらの災害に対する必要な防止措置について，十分に配慮しておかなければならない．

1) 公衆災害の防止について　工事に際しては，路面覆工に生じる段差や覆工板の崩落，重機の転倒，ガスの漏洩に伴う爆発等によって，第三者災害を起こさないように安全の確保に必要な措置を講じなければならない．

2) 運搬，揚重，車両等の災害防止について　資材，掘削土等の運搬，揚重作業，杭打ち作業等に伴う災害を防止するために，関連諸設備の設置，機械等の転倒防止対策等の措置を講じなければならない．また，関連機械設備の構造は，構造規格その他に適合したものとするほか，それらの使用管理，保守点検については法規に定められた事項を遵守するとともに，現場に適合した使用規定を定め，関係作業員に周知しなければならない．

3) 火災防止について　坑内の火災は，坑外の火災といちじるしく異なり，消火活動，避難等の面で困難となるため，火災防止には万全の措置を講じなければならない．とくに圧気作業の場合は，避難の際のマンロックの出入り，圧気下における発火温度の低下，火災伝播速度の増加，消火器性能の低下等があるので留意しなければならない．

工事火災を防止するため，防水剤(アスファルト，アスファルトプライマー，接着剤等)，地盤改良材(石灰材)，油脂燃料(ガソリン，軽油，灯油等)，ガス(酸素，アセチレン等)等，可燃性で引火爆発の危険性があるものについては防火責任者を定め，取扱いおよび貯蔵に際しては「消防法」および「危険物の規制に関する政令，規則」に従わなければならない．また，鋼材の切断，溶接作業時の火花については消火器，防火シート等による防火対策を講じなければならない．なお，ガス管等の可燃物の輸送管の埋設物付近において，やむをえずガス切断機，溶接機等火気を使用する場合は，あらかじめその埋設物の管理者と協議したうえ，ガス検知器等で可燃性ガスが周囲に存在しないことを確認し，熱遮蔽装置等で必要な保安上の措置を講じなければならない．通風等の不十分な場所での溶接，溶断等の作業を行うときは，酸素を通風換気のために使用することを禁止しなければならない．

4) ガス爆発災害防止について　掘削範囲内やその周辺にガス管が存在する場合，これらガス管からの可燃性ガス漏出によりガス爆発災害が発生する危険性があるので，この防止に万全を期す必要がある．

また，腐植土層等の掘削に際しては，メタンガスや可燃性ガスが地盤から湧出あるいは坑内湧水から遊離することにより，坑内でのガス爆発や燃焼を引起こす危険性がある．したがって，工事を行う場合はあらかじめ周辺の地形地質等の調査を行うとともに，近隣での既往の工事についても調査する必要がある．

調査の結果，可燃性ガスの発生が予想される場合は，換気設備の設置等について十分に検討する必要がある．また工事中はガス濃度を常時測定し，ガス濃度が許容値を超える状況が発生した場合は，ただちに作業員を安全な場所に避難させ，火気等の使用を禁止し，かつ通風，換気を十分に行うなど必要な措置を講じなければならない．

5) 酸欠およびガス中毒災害防止について　通気の不良な場所では，酸欠空気，有害ガス(メタン，一酸化炭

素，硫化水素等）の漏出，内燃機関からの排気等により酸欠およびガス中毒災害が発生する危険性がある．したがって，工事に際してはあらかじめ周辺の地形地質等の調査，近隣での既往工事について調査を行うとともに，工事の状況，作業内容に応じた換気設備等の設置，有害ガスが発生しない工法の採用等について十分に検討する必要がある．

なお，酸欠空気の発生原因や発生状況は，土質の条件や施工方式，さらに気圧変化の影響等により，複雑多様であるが，次のような地層や地域で施工する場合は，酸欠空気が発生する危険がある．

① 上部に不透水層のある砂礫層または砂層で地下水がないかまたは少ない場合
② 第一鉄塩類または第一マンガン塩類等の還元性化合物を含有している土層
③ メタン，エタン等を含有する土層
④ 腐植土層，腐泥層，有機質を含む土層
⑤ 炭酸水の湧出，または湧出のおそれのある土層
⑥ 地中に酸欠空気が滞留している土層
⑦ 圧気工法を使用する他の工事が付近で行われている地域

6) 圧気工法に伴う災害防止について　圧気工法を用いる場合は，圧気関係の諸機械設備の運転操作，加減圧に伴う作業員の健康管理，火災防止等の点で，とくに安全と衛生に留意し，一般関連諸法規に加えて「高気圧作業安全衛生規則」を遵守して作業を行わなければならない．

圧気工法にて施工する場合には，次の事項に留意しなければならない．

① 圧気作業一般　坑内への関係者以外の立入りを厳禁し，その旨を坑外の見やすいところに掲示するとともに，入坑者の氏名を坑外に掲示しておき，入退坑時の人員点呼を行うなど，常に人員把握を行うことが必要である．また，圧気作業に従事する作業員の高気圧障害を防止するため，圧気坑内での作業時間，マンロック内の加減圧速度，作業終了後のガス圧減少時間等は，正しく行わなければならない．なお，圧気下作業の場合は，火気，マッチ，ライター，その他発火のおそれがあるものの坑内への持込を禁止し，溶接その他の火気またはアークを使用する作業も原則として禁止しなければならない．

② 圧気設備一般　圧気工法の関係設備は，施工に必要な圧気圧を確保し，空気消費量に対応する量を十分に供給できる信頼性の高いものを使用することが必要である．とくに空気圧縮機系統および電力設備の故障は，掘削底面，作業員に及ぼす影響が大きいので，停電，その他の不測の故障時でも，最小限の機能を確保できるよう動力源を別系統にするか，あるいは自家発電装置を備えるなどの対策を考慮しておく必要がある．また，坑内への送気調節には常に留意し，とくにこれらの調整弁またはコックの操作箇所には，坑内圧力計を設けるなど，万全を期さなければならない．

③ 圧気設備の使用管理および保守点検　圧気作業に伴う主要設備については，運転，操作に関する連絡および合図の方法や運転者，操作者の氏名が関係作業員に周知徹底されている必要がある．また，送気，排気の調整弁またはコックの操作は，指名した者以外に行わせてはならない．

さらに，主要設備の保守，点検に関しては，その基準や責任者を定め，規定にもとづいた保守，点検が行われなければならず，また，それらの結果を記録し保存しなければならない．

20.4　緊急事態の事前対策

　施工に先だち，緊急時および災害発生時における措置と対策をあらかじめ定めなければならない．

【解　説】　緊急事態が発生したときに備えて，所要の機械，設備および連絡通信設備には，予備を備えるなどの措置を講じておくとともに，各作業場所，関係諸機関等との迅速な連絡体制を確立しておく必要がある．

1) 連絡通信設備について　連絡設備，警報設備等については，設置位置，保守点検方法等に十分に配慮しなければならない．また必要な場合は，通常の通報設備以外にも無線通話設備等の設置等を考慮しておかなければならない．

2) 避難用設備器具について　必要に応じて，空気呼吸器，酸素呼吸器等の呼吸用保護具や携帯用照明器具等の避難用設備器具を適切な箇所に備え，また，避難用通路を確保しておくなどの措置を講じておくとともに，関係作業員にこれらを周知させなければならない．避難，救護設備器具は，緊急時に適切に対応できるようにその整備，維持に努めるとともに，避難，救護に関して関係作業員に対する教育，訓練を実施することが必要である．とくに呼吸用保護用具等では，圧気下等の環境条件で使用する場合は，その性能がいちじるしく変わることがあるので，それらの性能を熟知し適正な使用方法について十分に理解しておかなければならない．

3) 救急処置について　作業員が作業中に負傷したり疾病にかかった場合は，最善の救急措置を講じられるようにしておかなければならない．あらかじめ，坑内外の移送設備の準備，救急病院等の指定，移送要領の策定等の措置を講じておかなければならない．

4) 緊急資材について　豪雨，地震等の非常事態に対しても臨機の処置がとれるよう，緊急資材の準備をしておかなければならない．

5) 応急医療設備について　0.1MPa以上の圧気下で作業する場合は，法規で再圧室（ホスピタルロック）の設置等が義務づけられている．その構造と設備は，法規で定める構造規格に合致したものでなければならない．

再圧室の設置，使用，点検等に関しては，「高気圧作業安全衛生規則」に定められている事項を遵守しなければならない．

6) 連絡体制について　関係機関および隣接他工事の関係者とは平素から緊密な連携を保ち，緊急時における通報方法の相互確認等の体制を明確にしておくこと．また，通報責任者を指定するとともに，緊急連絡表を作成し，関係連絡先，担当者および電話番号を記入したうえで，事務所，詰所等の見やすい場所に掲示しなければならない．

20.5　緊急時の措置

（1）　緊急事態の発生や災害発生により，急迫した危険が生じた場合には，作業員をすみやかに安全な場所に避難させなければならない．

（2）　緊急時の連絡，避難，救護は，あらかじめ定めた緊急時対策により，必要な設備および器具を用いて，迅速かつ安全に行わなければならない．

【解説】　（1）について　仮設構造物の異常変位，地盤崩壊，異常出水，火災等の急迫した危険が発生したとき，あるいは有毒ガス，酸欠空気，可燃性ガスの湧出等に伴い，中毒，ガス爆発のおそれが発生したときは，ただちに作業を中止し，すみやかに作業員を安全な場所に退避させるなど，適切な措置を講じなければならない．

（2）について　1)　連絡　坑内において緊急事態が発生した場合，避難，その他の措置が遅れると重大災害となるおそれがあるので，あらかじめ定めた各作業場所，関係諸機関等との連絡や坑内外の連絡設備，警報設備等を用いて迅速かつ的確な情報の伝達を行わなければならない．

2)　避難　緊急時の避難は，必要に応じて備え付けられた避難用器具を用いて，あらかじめ確保された避難用通路を使用して行わなければならない．

3)　救護　緊急事態が発生し，坑内に残留者がいる場合には，すみやかに関係機関に連絡するとともに，これらの機関を含めた十分な打ち合わせを行い，総合的な判断にもとづいた救護措置を講ずる必要がある．

第21章　環境保全対策

21.1　一　般

開削トンネルの施工にあたっては，工事現場および周辺の環境を保全するための法令等を遵守し，影響を及ぼすおそれのある要因に対し，適切な対策を講じなければならない．

【解　説】　開削工事に伴い，その周辺に騒音，振動等の環境上の問題の発生が予想される場合は，これに対して各現場にあった保全対策を講じなければならない．とくに市街地で工事を行う場合は，細心の注意を払うことが必要である．

工事を行う際は，工事現場の内外の整理整頓に努め，環境影響評価も考慮して周辺の環境を保全するような対策を行い，万一家屋等に対する物的損害や沿線居住者の生活へ障害等を与えた場合は，すみやかに対策をたてるとともに，適切な措置を講じなければならない．

なお，本章に関係する主な関係法規については，第1編 1.3を参照のこと．

21.2　騒音，振動の防止

施工にあたっては，工事現場の周辺の状況を考慮し，騒音と振動に対して適切な対策を講じなければならない．

【解　説】　1）騒音の防止について　工事に伴う騒音は「騒音規制法」のほか，関係条例等によって規制されるが，施工にあたっては，これらの法令を遵守して，騒音の少ない低騒音の工法や低騒音建設機械を採用しなければならない．

一般に工事車両の走行や建設機械の稼働に伴い発生する音は，騒音となる性質のものであるため，工事を行う際は周辺の状況に応じた防音対策等を施し，騒音の低減に努めるとともに，住民の理解を得るように努めることが必要である．

工事用車両騒音の低減対策には次のようなものがある．
① 車両構造の低騒音化
② 車両の保守，点検および整備の励行
③ 工事用車両の速度規制と時間規制
④ 運搬等の適正化と過積載の防止
⑤ 工事工程や配車計画の配慮
⑥ 経路の配慮（住宅地等の生活道路を避ける）
⑦ 運転間隔の等間隔化（片寄らない）
⑧ 急発進，急停車，およびエンジンの空ふかしの禁止，アイドリングの停止

また，建設作業騒音の低減についての主な環境保全対策には次のようなものがある．
① 低騒音建設機械の採用
② 作業時間の遵守
③ 同時稼働の回避（施工場所の分散化）
④ 防音壁（防音シート，防音パネル）
⑤ 建物の防音化

2）振動の防止について　工事施工に伴う一時的な振動は「振動規制法」のほか，関係条例等によって規制されるので，施工にあたっては，これらの法令を遵守して，振動の少ない低振動の工法や低振動建設機械を採用しなければならない．なお，指定された作業に関しては「特定建設作業の届出」をしなければならない．

工事中の振動発生要因は道路交通と建設作業によるものがある．これらの振動が発生すると，振動のレベルに

よっては，周辺の施設物に悪影響を及ぼしたり，生活に支障が生じることとなるため，これらの振動を抑えるように工夫し，工事を進めなければならない．

道路交通振動の低減対策には次のようなものがある．
① 工事用車両の速度規制と時間規制
② 運搬等の適正化と過積載の防止
③ 経路の変更（住宅地等の生活道路を避ける）
④ 工事用道路の平坦性の確保
⑤ 道路路盤と路面構造の改善

また，建設作業振動の低減対策には次のようなものがある．
① 低振動建設機械および低振動工法の採用
② 振動発生作業の集中の回避
③ 機械の操作，運転方法の改善
④ 建設機械の保守，点検および整備の励行
⑤ 作業時間の遵守
⑥ 定置型機械の防振化
⑦ 建設機械の作業位置の変更

21.3 地盤沈下および地下水位低下，地下水流動阻害の防止

施工にあたっては，工事現場の周辺の状況を考慮し，地盤沈下および地下水位低下，地下水流動阻害に対し適切な対策を講じなければならない．

【解説】　1）　地盤沈下の防止について　掘削に伴い，土留め壁の変形，土留め壁からの漏水，掘削底面からの出水および土留め壁の撤去等による地盤沈下が生じることがある．とくに軟弱地盤における地下水位の低下に起因する圧密沈下は，広範囲となる場合がある．

そこで，工事着手前には，地質調査にもとづいたデータから地盤沈下の範囲を予測し，周辺の家屋および重要構造物について調査を実施し，必要に応じて適切な地盤沈下の防止策を講じなければならない．工事中も，常に土留め壁の変形や地下水位，地下埋設物の変位，地表面や地中の沈下量および重要構造物の変位について計測し，異常の発生が予想される場合は，状況に応じた対策を講じる必要がある．

地盤沈下の防止についての主な対策には次のようなものがある．
① 土留め壁の高剛性化
② 土留め壁の遮水性の向上
③ 土留め壁の不透水層への根入れ
④ 土留め支保工のプレロードの導入
⑤ 土留め支保工の設置，撤去期間と方法の適正化
⑥ 掘削内面の地盤改良
⑦ 復水工法の採用

2）　地下水位低下による影響防止について　地下水位の低下は地盤沈下の原因となるだけでなく，井戸枯渇の原因にもなるため，市街地での工事では周辺の地下水位を極力低下させない工法を選定する必要がある．

現場の施工上，地下水位低下工法を用いざるをえない場合には，周辺の地盤変動や井戸の枯渇等に対する影響度を事前に把握し，必要に応じて適切な対策を講じなければならない．

3）　地下水流動阻害による影響防止について　地下水の流動に影響を与え，周辺の環境に影響を及ぼすおそれのある場合には，導水管を敷設するなど，水みちを遮断させない工法の採用等の対策を講じる必要がある．

21.4　水質汚濁，土壌汚染の防止

施工にあたっては，水質汚濁と土壌汚染の防止に対して適切な対策を講じなければならない．

【解　説】　1)　水質汚濁の防止について　薬液注入工法を用いる場合には，「薬液注入工法による建設工事の施工に関する暫定指針」にもとづき，工事現場周辺の地下水の水質に影響がないように管理を十分に行い，慎重に施工しなければならない．また，付近に井戸や公共用水域のある場合等には，あらかじめ観測井を設けておき，適当な頻度で観測，水質検査等を行いながら施工しなければならない（第4編 13.5参照）．

掘削等の作業に伴う坑内排水や，作業機械等の洗浄に伴う現場内からの排水については，その水質が環境基準に適合するようその処理（沈砂処理，濁水処理，pH処理等）を行ったのち，管理者の承認を得て，下水道や河川等に放流しなければならない．

2)　土壌汚染の防止について　ソイルセメント地下連続壁や地盤改良工法等では土壌汚染を発生させるおそれがあるので，使用する材料の特性を把握し，事前試験を行うなど，土壌汚染の防止の対策を講じなければならない．とくに，セメント系の材料を用いる場合には，六価クロムの溶出防止について留意しなければならない．

21.5　汚染土壌の処理

施工にあたっては，汚染土壌の処理に対して適正に処理しなければならない．

【解　説】　工事現場の土壌が，工場排水，工場廃棄物，鉱山廃水等に含まれる重金属，有機化合物等によって，または，自然由来の有害物質によって，汚染されている場合は，工事を行うに際して，適正に処理しなければならない．

汚染土壌の処理にあたっては，「土壌汚染対策法」のほか，関係条例等によって規制されるので，これらの法令を遵守しなければならない．汚染土壌の運搬および処分などを委託する場合は，都道府県知事等が許可した処分業者等に委託し，汚染土壌管理票等により処理が適正に行われていることを確認しなければならない．

21.6　粉じん等の飛散の防止

施工にあたっては，工事現場の周辺の状況を考慮し，粉じん等の飛散に対して適切な対策を講じなければならない．

【解　説】　開削工事では土留め壁の施工，掘削，埋戻しおよび土留め壁の撤去等，土砂や泥土の搬出入を伴う作業が多く，工事現場内を建設機械や工事車両が頻繁に出入りすることから，乾燥した日に強風を伴うと，粉じん等が飛散し周辺に影響を与えることとなる．したがって，工事を行う際は周辺の状況に応じた防止策を講じなければならない．

粉じん等の飛散の防止についての主な対策には次のようなものがある．
① 現場内，建設機械および工事車両への散水清掃
② 周辺道路への散水清掃
③ 粉じん発生箇所のシート覆い
④ 工事車両のタイヤ洗浄

なお，関係法令等を遵守し，建設機械やダンプトラック等の排出ガスを減らす工夫も必要である．

21.7　交通障害の防止

施工にあたっては，工事現場の周辺の状況を考慮し交通を妨げないように適切な対策を講じなければならない．

【解　説】　工事施工にあたっては，「道路工事現場における標示施設等の設置基準」国土交通省（平成18）等にもとづき，常に，交通，公衆，その他に影響を与えないよう安全の確保に必要な対策を講じなければならない．

また，路面を占用する工事の施工時間ならびに施工区域は，道路管理者および警察署の許可条件に従い区画毎に範囲を限定して施工し，工事区域は保安灯等の保安施設を設置し明瞭に区画しなければならない．

さらに，道路交通渋滞等を減少させるため，路上作業面積，作業時間等の合理化，効率化に配慮しなければならない．

交通障害の防止についての主な対策には次のようなものがある．

① 道路管理者および警察署の許可条件の遵守
② 保安灯等の保安施設の設置
③ 路面占用区間の明確化
④ 歩行者専用通路の設置
⑤ 専任の交通誘導員の配置
⑥ 工事区間における路面全体の維持補修
⑦ 工事用看板等の設置

21.8　建設副産物の処理

施工に際しては，建設副産物の発生の抑制，再利用，再資源化および減量化に努め，適正に処理し，建設副産物のリサイクルの推進を図らなければならない．

【解　説】　工事に伴い副次的に得られる建設副産物については，その発生の抑制と再資源化に努めるとともに，再資源化が困難なものについては減量化を図らなければならない．また，建設副産物の運搬や処分にあたっては，不法投棄，土砂等の流出等を生じさせないように適正に措置しなければならない．

建設副産物の処理については，「建設工事に係る資材の再資源化等に関する法律」，「資源の有効な利用の促進に関する法律」，「廃棄物の処理および清掃に関する法律」のほか，関係条例等によって規制されるので，施工にあたってはこれらの法令を遵守しなければならない．産業廃棄物の処理を委託する場合は，都道府県知事が許可した産業廃棄物収集運搬業者および産業廃棄物処分業者に委託し，マニフェスト伝票や電子マニフェスト等により処理が適正に行われていることを確認しなければならない．

資料編

【2－1 路面交通荷重に関する資料】

地表面上の荷重（第2編 3.4.3）のうち，**解説 表**2.3.2の計算条件等を次に示す．

① 自動車荷重等については，「車両制限令」等に定める車両総重量等を考慮し，**付表** 2.1.1および**付図** 2.1.1のとおりとした．

② 自動車は，縦横に隙間なく配置した．

③ 衝撃係数は，土被り1mにおいて0.3とし，3mにおいてゼロとした．また，両者の中間の土被りにおいては直線補間法によって求めた．

④ 自動車荷重の土中における分布は，**付図** 2.1.2に示すケーグラー（kögler）の方法を用い，分布角は55°とした．

⑤ **解説 表**2.3.2は，車両総重量250kNと220kNのそれぞれについて，土被りごとに計算し，大きい値を採用した．

付表 2.1.1 自動車荷重の条件

車両条件	前輪荷重 (kN)	後輪荷重 (kN)
総重量250kNの車両	25	50×2
総重量220kNの車両	15	47.5×2

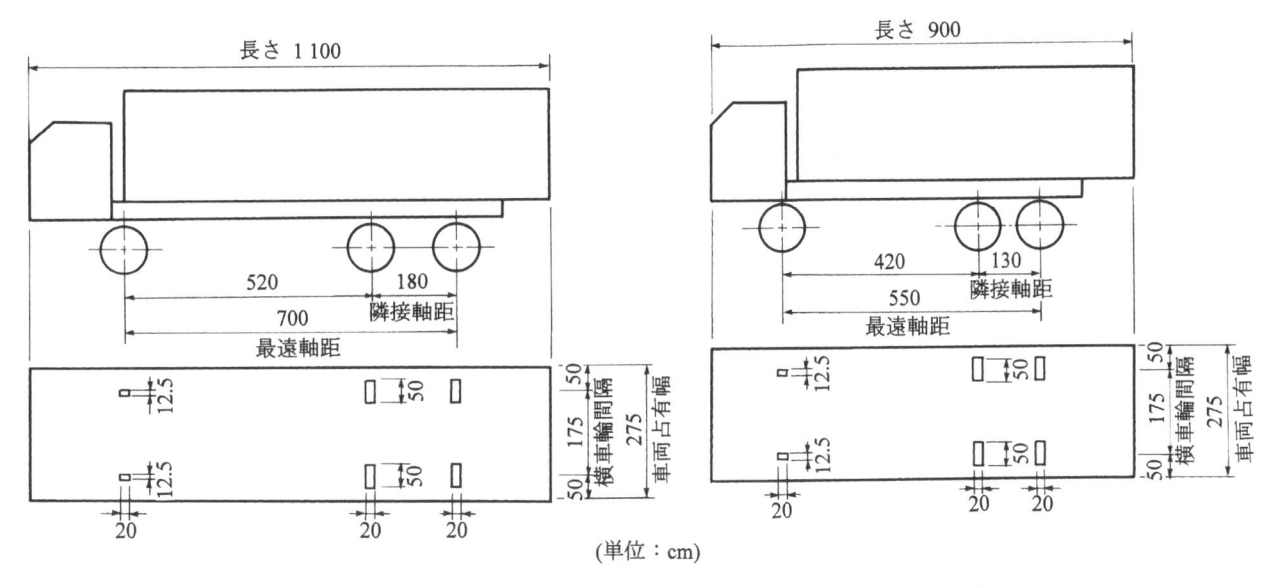

(a) 総重量250kNの車両　　　(b) 総重量220kNの車両

付図 2.1.1 設定した自動車諸元

ケーグラーによる分布荷重は，次式により求める．

$$q_k = q_0 \frac{BL}{BL + (B+L)z\tan 55° + \frac{4}{3}(z\tan 55°)^2}$$

ここに，q_k ：任意の深さにおける輪重の分布荷重
　　　　q_0 ：輪重の接地圧（$=P/BL$）
　　　　B, L ：輪体幅
　　　　Z ：任意の深さ
　　　　P ：輪荷重

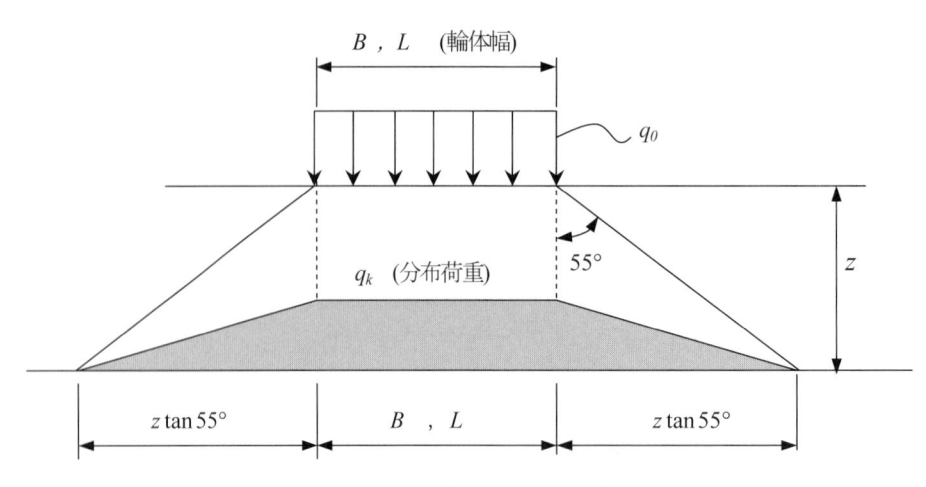

付図 2.1.2 ケーグラーによる分布荷重

任意の位置（x, y）における各輪重の分布荷重の重ね合せは，次式により求める（**付図 2.1.3 参照**）．

$$q_{k(x,y)} = \sum q_{k(x_i, y_i)}$$

ここに，$q_{k(x_i, y_i)}$ は，次式により求める（**付図 2.1.4 参照**）．

$(|x-x_t|-B/2) \leqq 0$ かつ $(|y-y_t|-L/2) \leqq 0$ のときは $q_{k(x_i,y_i)} = q_k$

$(|x-x_t|-B/2) \geqq z\tan55°$ あるいは $(|y-y_t|-L/2) \geqq z\tan55°$ のときは $q_{k(x_i,y_i)} = 0$

$0 < (|x-x_t|-B/2) < z\tan55°$ あるいは $0 < (|y-y_t|-L/2) < z\tan55°$ の場合で，

$(|x-x_t|-B/2) \geqq (|y-y_t|-L/2)$ のときは $q_{k(x_i,y_i)} = q_k \times \dfrac{z\tan55° - (|x-x_t|-B/2)}{z\tan55°}$

$(|x-x_t|-B/2) < (|y-y_t|-L/2)$ のときは $q_{k(x_i,y_i)} = q_k \times \dfrac{z\tan55° - (|y-y_t|-L/2)}{z\tan55°}$

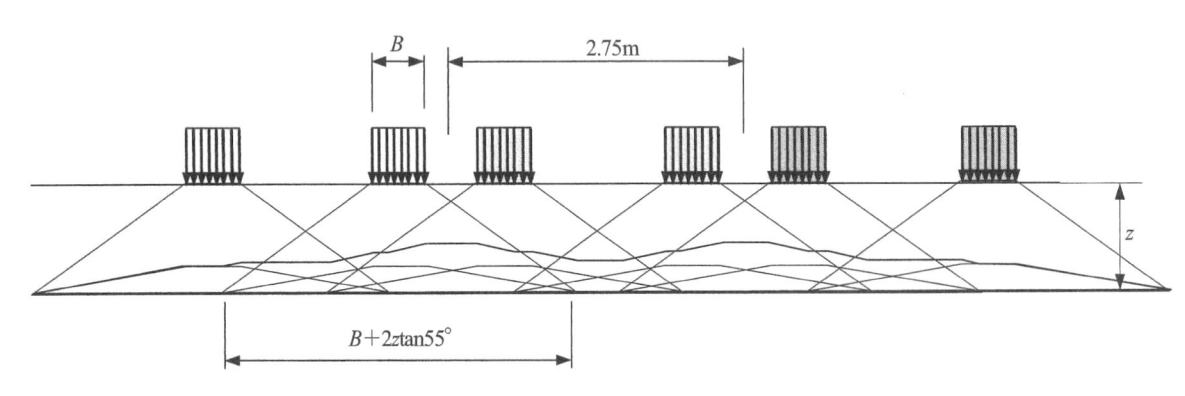

付図 2.1.3 分布荷重の重ね合せ

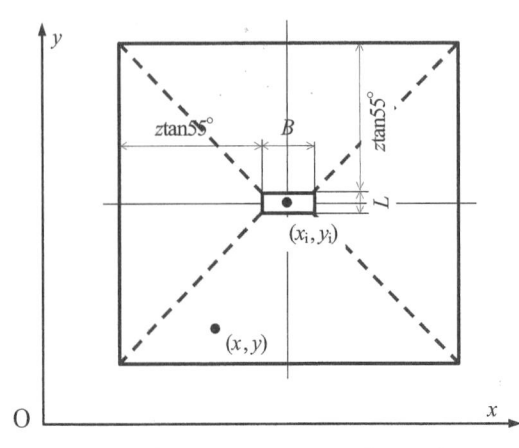

付図 2.1.4 任意の位置（x , y）の荷重強度の求め方

付表 2.1.2　路面交通荷重の計算結果

土被り Z (m)			1	1.5	2	2.5	3	3.5	4	4.5以上
衝撃係数 i			0.3	0.225	0.15	0.075	0	0	0	0
車両総重量 250kN	q_k	(kN/m²)	23.03	22.49	17.33	14.04	12.16	11.29	10.31	9.51
	$q_k(1+i)$	(kN/m²)	29.94	27.55	19.93	15.09	12.16	11.29	10.31	9.51
車両総重量 220kN	q_k	(kN/m²)	30.59	23.38	17.71	13.81	12.16	11.03	10.13	9.47
	$q_k(1+i)$	(kN/m²)	39.77	28.64	20.37	14.85	12.16	11.03	10.13	9.47
路面交通荷重の採用値		(kN/m²)	40.0	28.5	20.5	15.0	12.0	11.5	10.5	10.0

【2－2 トンネルの設計地盤反力係数に関する資料】

　開削トンネルの応答値の算定に用いる設計地盤反力係数について，参考となる次の技術基準の概要を紹介する．なお，適用にあたっては，以下のほか，それぞれの技術基準に定められる留意事項等も参照する必要がある．

  1)　鉄道構造物等設計標準・同解説
  2)　道路橋示方書・同解説

1.　鉄道構造物等設計標準・同解説

　鉄道構造物等設計標準・同解説（開削トンネル）[1]を参考にすることができる．なお，この方法は，平成12年に制定された鉄道構造物等設計標準・同解説（基礎構造物・抗土圧構造物）[2]に示される算定方法に準じたものである．この技術基準は，平成24年に鉄道構造物等設計標準・同解説（基礎構造物）[3]に改訂されているため，これも参考にするとよい．

（1）　鉄道構造物等設計標準・同解説（開削トンネル）[1]
1)　上床版上面および下床版下面の設計鉛直地盤反力係数

$$k_v = f_{rk} (1.7 \alpha E_0 B_v^{-3/4})$$

ここに，k_v：設計鉛直地盤反力係数（kN/m³）

  α：E_0の算定方法および荷重条件に対する補正係数（**付表 2.2.1参照**）
  E_0：地盤の変形係数（kN/m²）（文献[1]による）
  B_v：上床版および下床版の換算幅（m）
  f_{rk}：地盤抵抗係数（一般に1.0としてよい）

2)　上床版上面および下床版下面の設計せん断地盤反力係数

$$k_{sv} = \lambda k_v$$

ここに，k_{sv}：設計せん断地盤反力係数（kN/m³）

  λ：換算係数（一般に1/3としてよい）
  k_v：設計鉛直地盤反力係数（kN/m³）

3)　側壁側面の設計水平地盤反力係数

$$k_h = f_{rk} (1.7 \alpha E_0 B_v^{-3/4})$$

ここに，k_h：設計水平地盤反力係数（kN/m³）

  α：E_0の算定方法および荷重条件に対する補正係数（**付表 2.2.1参照**）
  E_0：地盤の変形係数（kN/m²）（文献[1]による）
  B_v：側壁の換算幅（m）
  f_{rk}：地盤抵抗係数（一般に1.0としてよい）

4)　側壁側面の設計せん断地盤反力係数

$$k_{sh} = \lambda k_h$$

ここに，k_{sh}：設計せん断地盤反力係数（kN/m³）

  λ：換算係数（一般に1/3としてよい）
  k_h：設計水平地盤反力係数（kN/m³）

資料編　303

付表 2.2.1　E_0の算定方法および荷重条件に対する補正係数[*1]

試験方法	補正係数 α [*2]
平板載荷試験	1
孔内水平載荷試験	4
一軸圧縮試験	4
三軸圧縮試験	4
標準貫入試験	1
弾性波速度検層	0.125

[*1]　特殊な地盤条件の場合には荷重条件に応じて補正するものとする．
[*2]　永久荷重以外の検討に対しては表中の値に2を乗じるものとする．

（2）　鉄道構造物等設計標準・同解説（基礎構造物・抗土圧構造物）[2]
1）　設計鉛直地盤反力係数
$$k_v = f_{rk}(1.7\alpha E_0 B_v^{-3/4})$$
ここに，k_v：設計鉛直地盤反力係数（kN/m³）
　　　　α：E_0の算定方法および荷重条件に対する補正係数（付表 2.2.2参照）
　　　　E_0：地盤の変形係数（kN/m²）（文献[2]による）
　　　　B_v：フーチング底面の換算幅（m）

2）　フーチング底面のせん断地盤反力係数
$$k_s = \lambda k_v$$
ここに，k_s：設計せん断地盤反力係数（kN/m³）
　　　　λ：換算係数（$\lambda = 1/3$）

付表 2.2.2　E_0の算定方法および荷重条件に対する補正係数[*1]

試験方法	補正係数 α [*2]
平板載荷試験	2
ボーリング孔内水平載荷試験	8
一軸圧縮試験	8
三軸圧縮試験	8
標準貫入試験	2
PS（または速度）検層	1[*3]

[*1]　特殊な地盤条件の場合には荷重条件に応じて補正するものとする．
[*2]　永久荷重以外の検討に対しては表中の値に1/2とする．
[*3]　文献[2]の「7.8.5 表層地盤の設計固有周期」解説2）に示す設計せん断弾性波速度v_{sd}を用いる場合に適用する．

（3）　鉄道構造物等設計標準・同解説（基礎構造物）[3]
1）　フーチング底面の鉛直地盤反力係数
$$k_v = 5.1 \rho_{gk} E_d B_v^{-3/4}　（互層の場合）$$
ここに，k_v：フーチング底面の鉛直地盤反力係数（kN/m³）
　　　　ρ_{gk}：地盤反力係数に関する地盤修正係数（付表 2.2.3参照）
　　　　E_d：地盤の変形係数の設計用値（文献[3]による）
　　　　B_v：フーチング底面の換算幅（m）

2）　フーチング底面のせん断地盤反力係数
$$k_s = \lambda k_v$$
ここに，k_s：フーチング底面のせん断地盤反力係数（kN/m³）

λ：換算係数で1/3とする．

付表 2.2.3 地盤反力係数に関する地盤修正係数 ρ_{gk}

作用の継続時間	考慮する作用	地盤反力係数に関する地盤修正係数 ρ_{gk}
短　期	変動作用，偶発作用	1.0
長　期	永久作用*	0.5

* 地震時の応答値の算定では，永久作用に対しても ρ_{gk}=1.0としてよい．

2. 道路橋示方書・同解説

道路橋示方書・同解説　Ⅳ下部構造編[4]を参考にすることができる．なお，道路土工 カルバート工指針（平成21年度版）[5]においても，カルバートの部材および基礎地盤の弾性変位を考慮する方法を用いる場合には，これに準ずることができることが示されている．

1) 鉛直方向地盤反力係数

$$k_v = k_{v0}\left(\frac{B_v}{0.3}\right)^{-3/4}$$

ここに，k_v：鉛直方向地盤反力係数（kN/m³）

　　k_{v0}：直径0.3mの剛体円板による平板積載試験の値に相当する鉛直方向地盤反力係数（kN/m³）で，各種土質試験または調査により求めた変形係数から推定する場合は，次式による．

$$k_{v0} = \frac{1}{0.3}\alpha E_0$$

　　B_v：基礎の換算載荷幅（m）で，次式により求める．ただし，底面形状が円形の場合には直径とする．

$$B_v = \sqrt{A_v}$$

　　E_0：付表 2.2.4に示す方法で測定または推定した設計の対象とする位置での地盤反力係数（kN/m²）
　　α：付表 2.2.4に示す地盤反力係数の換算係数
　　A_v：鉛直方向の載荷面積（m²）

付表 2.2.4 変形係数 E_0 と α

変形係数 E_0 の推定方法	地盤反力係数の換算係数 α	
	常時，暴風時	地震時
直径0.3mの剛体円板による平板載荷試験の繰返し曲線から求めた変形係数の1/2	1	2
孔内水平載荷試験で測定した変形係数	4	8
供試体の一軸圧縮試験又は三軸圧縮試験から求めた変形係数	4	8
標準貫入試験の N値より E_0=2,800N で推定した変形係数	1	2

2) 水平方向地盤反力係数

$$k_H = k_{H0}\left(\frac{B_H}{0.3}\right)^{-3/4}$$

ここに，k_H　：水平方向地盤反力係数（kN/m³）

　　k_{H0}：直径0.3mの剛体円板による平板積載試験の値に相当する水平方向地盤反力係数（kN/m³）で，各種土質試験または調査により求めた変形係数から推定する場合は，次式による．

$$k_{H0} = \frac{1}{0.3}\alpha E_0$$

B_H : 荷重作用方向に直交する基礎の換算載荷幅（m）で，付表 2.2.5 に示す方法で求める．

付表 2.2.5 基礎の換算載荷幅 B_H

基礎形式	B_H	備考
直接基礎	$\sqrt{A_H}$	
ケーソン基礎	$B_e(\leq \sqrt{B_e L_e})$	
杭基礎	$\sqrt{D/\beta}$	
鋼管矢板基礎	$\sqrt{D/\beta}(\leq \sqrt{DL_e})$	常時，暴風時及びレベル1地震時
	$B_e(\leq \sqrt{B_e L_e})$	レベル2地震時
地中連続壁基礎	$B_e(\leq \sqrt{B_e L_e})$	
深礎基礎	$B_e(\leq \sqrt{B_e L_e})$	柱状体深礎基礎
	$\sqrt{D/\beta}(\leq \sqrt{DL_e})$	組杭深礎基礎

E_0 : 付表 2.2.4 に示す方法で測定または推定した設計の対象とする位置での地盤反力係数（kN/m²）
α : 付表 2.2.4 に示す地盤反力係数の換算係数
A_H : 荷重作用方向に直交する基礎の載荷面積（m²）
D : 荷重作用方向に直交する基礎の載荷幅（m）
B_e : 荷重作用方向に直交する基礎の有効載荷幅（m）
L_e : 基礎の有効根入れ深さ（m）
$1/\beta$: 水平抵抗に関与する地盤の深さ（m）で，基礎の有効根入れ深さ以下とする．
B : 基礎の特性値 $\sqrt[4]{\dfrac{k_H D}{4EI}}$ （m⁻¹）
EI : 基礎の曲げ剛性（kN・m²）

参考文献
1) (財)鉄道総合技術研究所：鉄道構造物等設計標準・同解説　開削トンネル, pp.64-65, 2001.
2) (財)鉄道総合技術研究所：鉄道構造物等設計標準・同解説　基礎構造物・抗土圧構造物, pp.127-129, 2000.
3) (公財)鉄道総合技術研究所：鉄道構造物等設計標準・同解説　基礎構造物, pp.146-149, 2012.
4) 社団法人　日本道路協会：道路橋示方書・同解説 Ⅳ下部構造編, pp.284-286, 2012.
5) 社団法人　日本道路協会：道路土工　カルバート工指針（平成21年度版）, p110, 2010.

【2−3 基盤面での応答スペクトルに関する資料】

本資料は，トンネルの耐震設計に用いる基盤面での応答スペクトル（第2編 9.2.2）の参考例を示すものである．

応答スペクトルとは，構造物の地震時の振動が，主として地震の波形，構造物の固有周期と減衰定数によって異なることに着目して，減衰定数を一定とした固有周期の異なる一質点系群に既往の地震波を与え，その結果を横軸に固有周期，縦軸に最大加速度や最大速度をとってプロットした図である．したがって，応答スペクトルは測定された地震波に固有なものであり，加速度応答スペクトルと速度応答スペクトルが一般に使用される．実際の設計では，既往の地震波に対する応答スペクトルをそのまま使用することは少なく，各機関の設計基準類では，数多くの地震波の応答スペクトルを包絡する折れ線で示された設計用の応答スペクトルを提示している．なお，次に示す応答スペクトルは，各機関の設計基準類より抜粋して紹介したものであり，このうちのどれを適用するかについての提案を示したものではない．

なお，地盤変位を応答スペクトルから算定することを意図した基準では，地震動は，速度応答スペクトルで定義され，地盤応答を想定し減衰10〜15%程度で表現されることが多い．地盤変位を地震応答解析により算定する場合は，地震動は加速度応答スペクトルで定義され，上部構造物と同様に減衰5%程度で表現されることが多い．

1. レベル1地震動

レベル1地震動に対する設計応答スペクトルとしては，次のようなものがある．

（1）　速度応答スペクトルで与えているもの（付図 2.3.1 参照）
　　① 水道施設耐震工法指針・解説，2009　日本水道協会（以下，「水道基準」と呼称）
　　② 下水道施設の耐震対策指針と解説，2014　日本下水道協会（以下，「下水道基準」と呼称）
　　③ トンネル構造物設計要領（開削工法），2008　首都高速道路（株）（以下，「首都高要領」と呼称）

（2）　加速度応答スペクトルで与えているもの（付図 2.3.2 参照）
　　① 鉄道構造物等設計標準・同解説　耐震設計，2012　鉄道総合技術研究所（以下，「鉄道標準」と呼称）
　　② 開削トンネル耐震設計指針(案)，2008　阪神高速道路（株）（以下，「阪高指針」と呼称）

水道基準では，単位水平震度あたりの速度応答スペクトルが示されているが，これらは「新耐震設計法」（昭和52年3月）で規定されたものであり，減衰定数を20%とした多数の地震動に対する速度応答スペクトルを基準に設定されたものである．下水道基準では，「共同溝設計指針」（1986年3月，日本道路協会）で規定されている速度応答スペクトルが準用され，減衰定数を10%として設定されたものであり，耐震設計上の基盤面での水平震度を乗じた形で示されている．また，首都高要領では「駐車場設計・施工指針同解説」（1992年11月，日本道路協会）で規定されている速度応答スペクトルが準用されており，減衰定数は10%である．

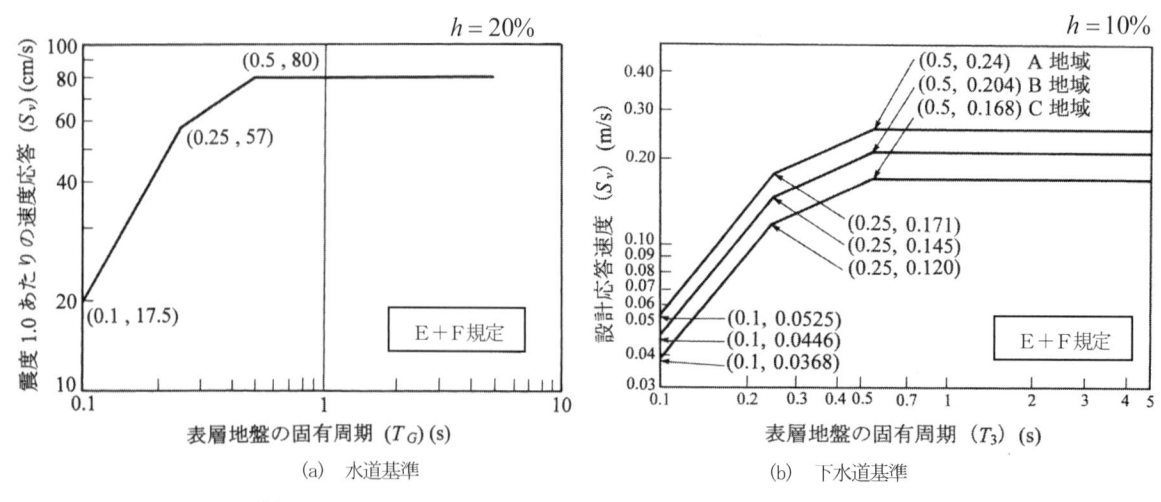

付図 2.3.1　レベル1地震動に対する設計速度応答スペクトル
(a) 水道基準
(b) 下水道基準

(c) 首都高要領

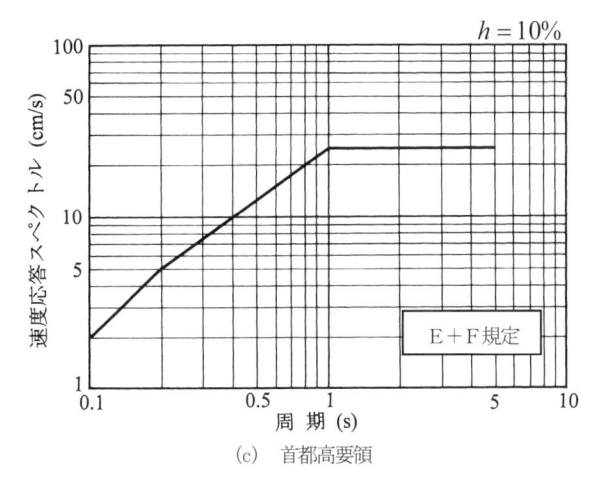

付図 2.3.1 レベル1地震動に対する設計速度応答スペクトル（続き）

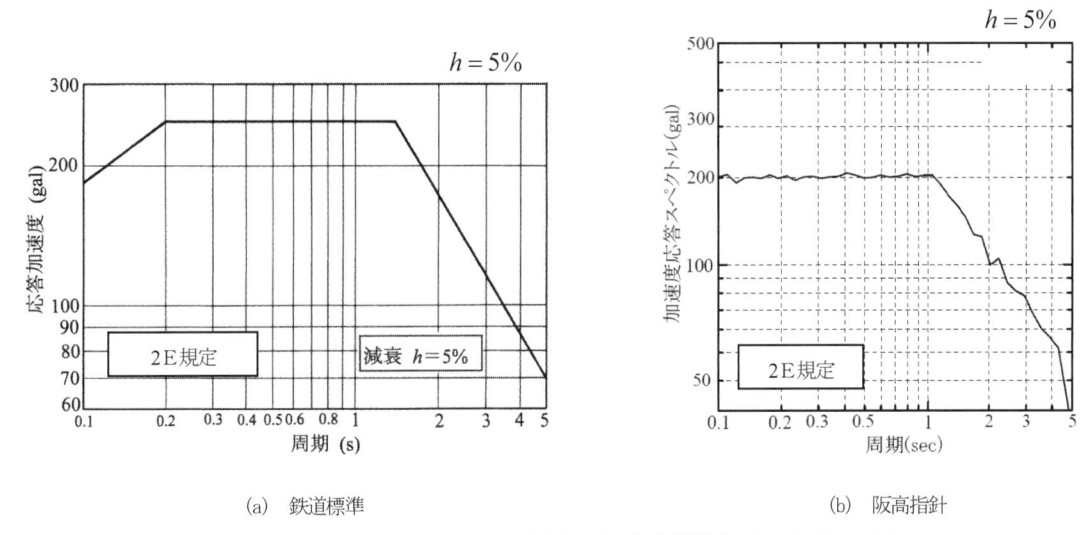

(a) 鉄道標準

(b) 阪高指針

付図 2.3.2 レベル1地震動に対する設計加速度応答スペクトル

鉄道標準においては、L1地震動は建設地点における構造物の設計耐用期間内に数回程度発生する確率を有する地震動として定義されており，減衰定数を5%としたものが示されている．また，地域ごとの地震活動の差を反映させるために，地域ごとに0.7～1.0という地域別係数を乗じたものを用いることとしている．阪高指針では「道路橋示方書・同解説Ⅴ耐震設計編」（平成24年3月，日本道路協会）の規定するⅠ種地盤が地盤応答解析で想定している工学的基盤相当であると考え，同示方書のⅠ種地盤スペクトルを準用している．

2. レベル2地震動

レベル2地震動としては，海洋型を対象とした地震動と内陸型を対象とした地震動の2種類を想定している基準が多い．海洋型の地震動とは発生頻度が低いプレート境界に生じる海洋性の大規模な地震を想定した地震動である．内陸型の地震動とは平成7年の兵庫県南部地震のように発生頻度がきわめて低いマグニチュード7クラスの内陸型の直下地震を想定した地震動である．

鉄道標準におけるL2地震動は，建設地点で考えられる最大級の強さをもつ地震動として定義されており，原則的には震源特性・伝播経路特性・地点特性を考慮した強震動予測手法に基づき，地点依存の地震動として算定するものとしている．ただし，詳細な検討を必要としない場合には，他の基準と同様に海洋型地震，内陸型地震を対象として予め設定されている地震動（標準L2地震動）を用いることもできる．なお，この標準L2地震動には地域別係数を考慮することはできないとされている．

（1） 海洋型を対象とした地震動

海洋型を対象とした地震動に対する設計応答スペクトルとしては首都高要領で設定している速度応答スペクトル（**付図 2.3.3**参照）と鉄道標準で設定している加速度応答スペクトル（**付図 2.3.4**参照）等がある．

首都高要領では「大規模地下構造物の耐震設計法・ガイドライン」（土木研究所資料　No.3119）の地震時保有水平耐力法レベルのスペクトルが準用されており，大正12年の関東地震級のものである．速度応答スペクトルは減衰10%で表現されている．鉄道標準では，プレート境界で繰返し発生するマグニチュード8.0程度の海溝型地震が60km程度離れた地点で発生した場合の地震動を想定し，減衰5%の加速度応答スペクトルが示されている．

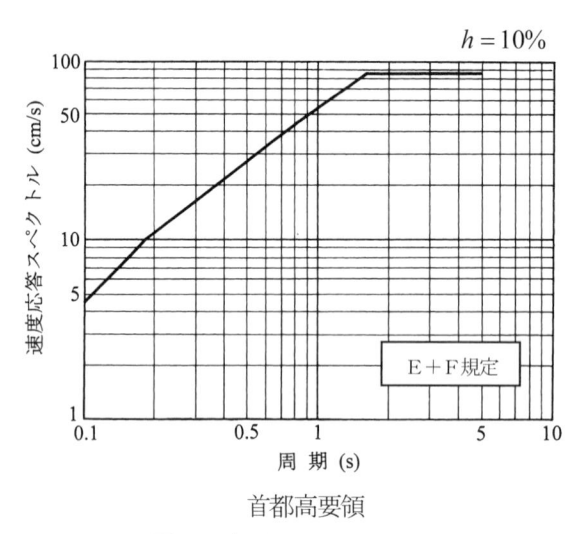

付図 2.3.3　レベル2地震動（海洋型）に対する設計速度応答スペクトル

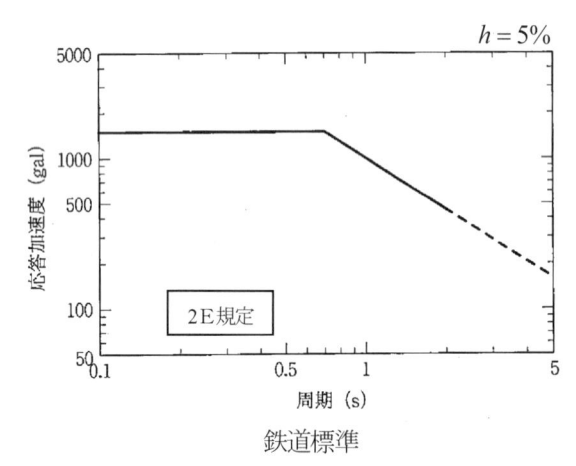

付図 2.3.4　レベル2地震動（海洋型）に対する設計加速度応答スペクトル

（2）　内陸型を対象とした地震動

　内陸型を対象とした地震動に対する設計応答スペクトルとしては水道基準，下水道基準および首都高要領で設定している速度応答スペクトル（付図 2.3.5 参照）と鉄道標準および阪高指針で設定している加速度応答スペクトル（付図 2.3.6 参照）等がある．

　内陸型を対象とした地震動の応答スペクトルは，いずれも基盤面地震波として観測された神戸大学，東神戸大橋(GL-33m)，ポートアイランド(GL-80m)の強震記録にもとづき，これに工学的な判断を加えて設定されたものである．

　水道基準では，非超過確率が90%および70%となる設計速度応答スペクトルを与え，これをそれぞれ速度応答スペクトルの上限値および下限値として与えたものである．一方，下水道基準では非超過確率が80%となる速度応答スペクトルを設計値としている．速度応答スペクトルを設定している基準では減衰定数は15%としている．

　鉄道標準では，マグニチュード7.0程度の内陸活断層による地震が直下で発生した場合の地動を想定した加速度応答スペクトルが，減衰5%で示されている．阪高指針では，兵庫県南部地震における基盤面および地表面での強震記録の基盤変換波をもとに，基盤での平均的な特性として規定したものである．加速度応答スペクトル

を設定している基準では加速度応答スペクトルは減衰5%で表現されている．

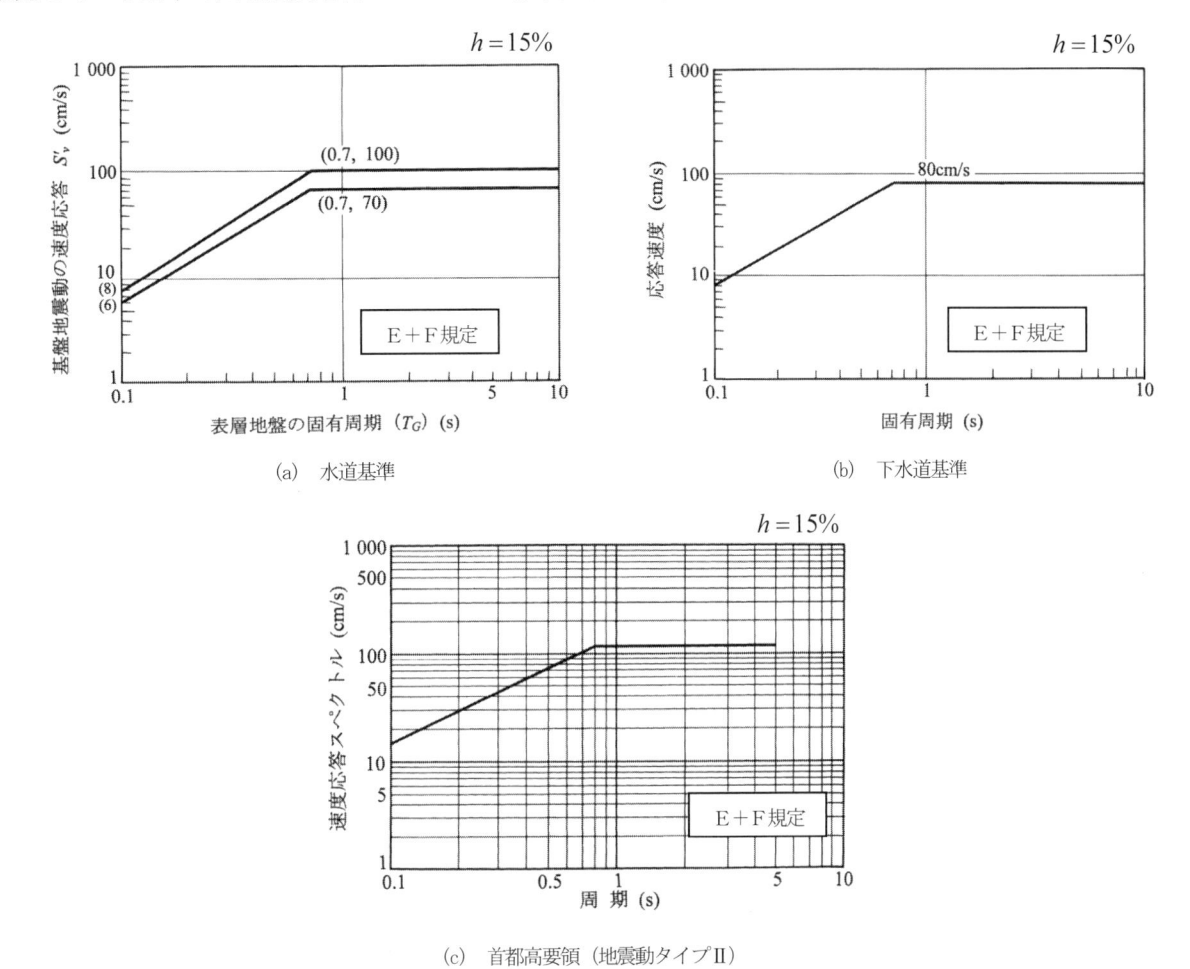

(a) 水道基準

(b) 下水道基準

(c) 首都高要領（地震動タイプⅡ）

付図 2.3.5　レベル2地震動（内陸型）に対する設計速度応答スペクトル

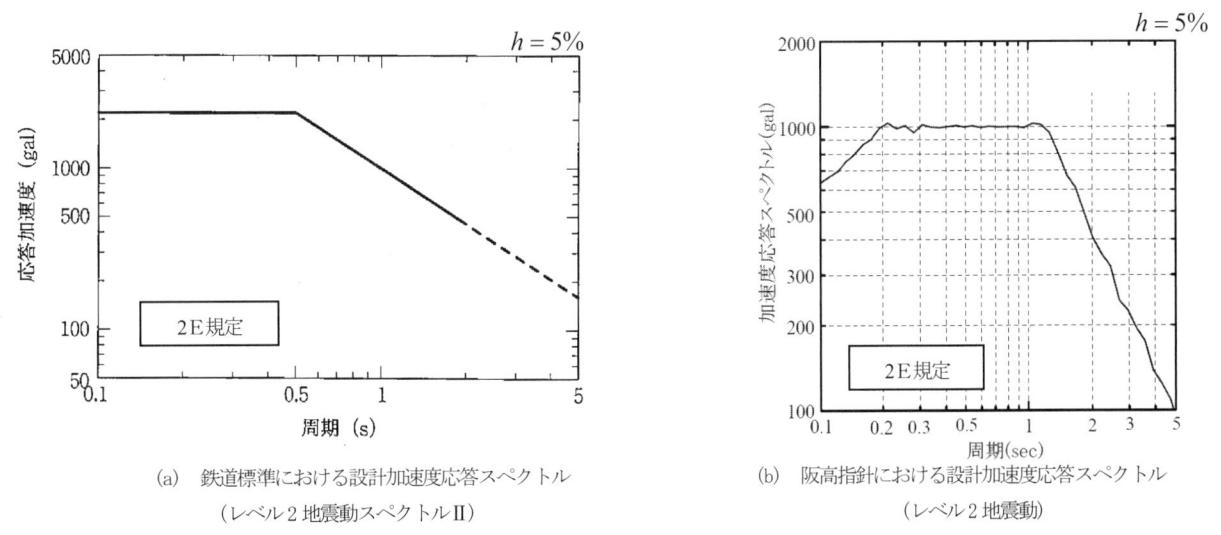

(a) 鉄道標準における設計加速度応答スペクトル
（レベル2地震動スペクトルⅡ）

(b) 阪高指針における設計加速度応答スペクトル
（レベル2地震動）

付図 2.3.6　レベル2地震動（内陸型）に対する設計加速度応答スペクトル

【2－4　地盤の地震時変位の算定法に関する資料】

本資料は，トンネルの耐震設計で考慮する地盤変位（第2編 9.3.2）について，算定に用いる解析手法および地盤の力学特性についてまとめたものである．

1. 地盤変位の算定における基本事項

地盤変位の算定にあたっては，モデルの自由度，力学モデル（連続系と離散系），地盤応力の扱い方（全応力と有効応力），地盤の非線形性と動的解析の方法の各項目について検討し，計算の対象としている内容に応じた計算方法を選定する必要がある．以下に，各項目について説明を加える．

（1）　モデルの自由度

地盤を対象とした計算では，地盤が水平方向のみに変位することを想定する一次元モデルか，任意の鉛直面内で水平と鉛直に変位する二次元モデルが一般に使用される．応答変位法に使用する地盤の水平変位は，一般に一次元モデルにより求められる．また，地表面や基盤が水平でない場合や，地表や地中に構造物が存在するような場合には，地震時の変位は水平成分ばかりでなく鉛直成分も考える必要があることから，二次元モデルを用いることが必要となる．

地盤内の任意の方向に変位することを想定する三次元モデルは，基盤が複雑な形状をしているような場合には有用であるが，モデル化や計算結果の評価が複雑になること，および計算時間が膨大になることに留意して適用を判断する必要がある．

（2）　力学モデル

地盤を連続したものと考えて連続体の力学を用いる場合と，たとえば有限要素法のように地盤を任意の要素に分割したうえで各要素間を結び付ける理論を用いて全体を解く場合がある．前者のモデルが連続系モデルであり，後者が離散系モデルである．

連続系モデルは境界条件の設定が難しいことから一次元モデルに限定して使用され，二次元および三次元モデルでは離散系モデルが使用される．

（3）　地盤応力の扱い方

静的な問題と同様に，地盤内の応力の扱い方には全応力法と有効応力法がある．前者は地盤内の応力を間隙水圧と有効応力に分けないで一体として扱う方法であり，後者は分けて扱う方法である．間隙水圧と有効応力を分ける必要があるのは，主として間隙水が土粒子の間を動きうる状態であり，地震振動に伴って間隙水圧が上昇する緩い砂質土地盤が主な対象である．粘性土地盤や硬い砂質土地盤では，間隙水と土粒子を分けて扱うことが難しいか，あるいはその必要性がないので，一般に全応力解析法が用いられている．

（4）　地盤の非線形性と動的解析の方法

地盤の応力とひずみの関係は一般に非線形であり，ひずみが大きくなるのに伴って非線形性が強くなる．レベル2地震動の表層地盤のせん断ひずみのレベルは，0.1％程度以上となり，非線形性を考慮すべき状態となっている．

非線形性の計算上の取扱い方は，大別して，非線形性を考慮して低減した弾性係数を用いる方法と非線形性をそのままトレースする方法とに分けられる．前者は等価線形化法と呼ばれるが，この方法では地震動の全時間領域において一定の地盤剛性を使用することとし，その値は全時間領域での最大せん断ひずみをもとにして決定する．実際には，計算前に最大せん断ひずみの値を見出すことはできないことから収束計算を行う必要があり，解析ソフトにこの機能が組込まれていて，土の非線形性を表す$G/G_0 - \gamma$曲線を入力することによりコンピュータ内で自動的に計算される．また，地震動の全時間領域での最大せん断ひずみに対するせん断弾性係数を採用することは，地盤剛性を過小評価することになるので，一般には，最大せん断ひずみの65％程度の値を採用することが多い．

後者の非線形性をそのままトレースする方法は，動的解析法として直接積分法を採用した場合にのみ使用できる方法であり，あらかじめ土層ごとに土質試験結果を吟味し履歴ループを定めておき，任意の時刻における地盤

の剛性は，その時刻のせん断応力に対応する値をその履歴ループより直接決定する方法である．

理論的には後者の方がわかりやすいが，積分の時間ピッチや収束判断の方法により計算結果が異なり，また，最終的に得られた計算結果の妥当性を確認することが難しいなどの指摘もある．一方，前者は最大変位に対してはほぼ正規の値を与えるものと考えられているが，それ以外での信頼性に乏しいとされている．

2. 地盤応答解析の手法

（1） 応答スペクトル法

設計速度応答スペクトルが与えられている場合に，地盤の変位振幅の設計値を求めるものである．設計速度応答スペクトルは，設計地震動に対する1質点振動系の最大応答速度値を，任意の固有周期をもつ振動系について規定したものであるから，対象地盤の一次固有周期がわかれば，その地盤の最大応答速度値が直ちにわかる．この値から，固有周期と刺激係数を用いた変換式により，地表面における変位振幅が算定される．表層地盤全体を物性一様な均質層とみなすことができる場合は，その一次固有周期は，地盤のせん断波速度と層厚から簡単に計算でき，また，変位振幅の深さ方向の分布形状も1/4余弦波分布として決定できる．表層地盤が多層構造で均質とみなすことができない場合は，地盤の土柱モデルを作成し，このモデルの固有値解析を行って一次モードの周期，モード形および刺激係数を求めれば，上と同様にして多層構造地盤の変位振幅の深さ方向分布を算定することができる．

（2） 時刻歴応答解析法

加速度の時刻歴波形が与えられている場合に，地盤の土柱モデルを作成して加速度波形に対する動的解析を行い，地盤の任意深さにおける変位や加速度やひずみ等の地震応答を時刻歴として求めるものである．土の剛性および減衰定数はせん断ひずみの大きさによって変化するため，地震応答解析においてはこの非線形性を考慮する必要があるが，その手法にいくつかの方法がある．線形応答計算の繰返しによって，せん断ひずみの大きさとそれに対応する減衰定数とを整合させる計算手法である等価線形化法は，これまで最も多く用いられてきた手法で，解析プログラムとしては"SHAKE"が有名である．この他に，地盤振動の運動方程式の中に土の非線形の応力－ひずみ関係の数学モデルを組込み，地震動（土のせん断ひずみ）の変化に伴う時々刻々の剛性変化を追いながら運動方程式を解く計算手法である逐次非線形応答解析法がある．土の応力－ひずみ関係のモデルとしては，ランベルグ・オズグッド（Ramberg-Osgood）モデルやハーディン・ドルネビッチ（Hardin-Drnevich）モデルが用いられることも多かったが，一般に骨格曲線と履歴特性が任意に設定できない等の問題点があった．これに対してGHE-Sモデルなどが開発され，用いられるようになってきている．

二次元FEMのプログラムの代表的なものに"FLUSH"がある．このプログラムも等価線形化法により，地盤物性の非線形性を考慮することができる．解析領域の境界での波動の反射の影響をなくす解析技術的な工夫がなされたもの等，バージョンがいくつかある．

（3） 有効応力状態の応答解析法

緩い砂質土地盤等で液状化の発生が懸念される地盤では，地盤の地震時応答を求めるために有効応力法が用いられる．ここでは，有効応力状態の一次元応答解析法として，解析プログラム"YUSAYUSA"について紹介する．この方法は，地盤内の応力を有効応力と間隙水圧に分けて解析するものであり，間隙水が存在しないことにすると全応力の解析が可能となる．地盤内の応力を有効応力と間隙水圧に分けることのメリットは，間隙水圧の上昇による地盤の変形性能の変化を計算に取入れることができること，および液状化の判定に使用できること等である．

計算は，土を対象としたモデルと，水を対象としたモデルとを連成させたもので，その連成はビオー（Biot）の理論によっている（付図2.4.1参照）．

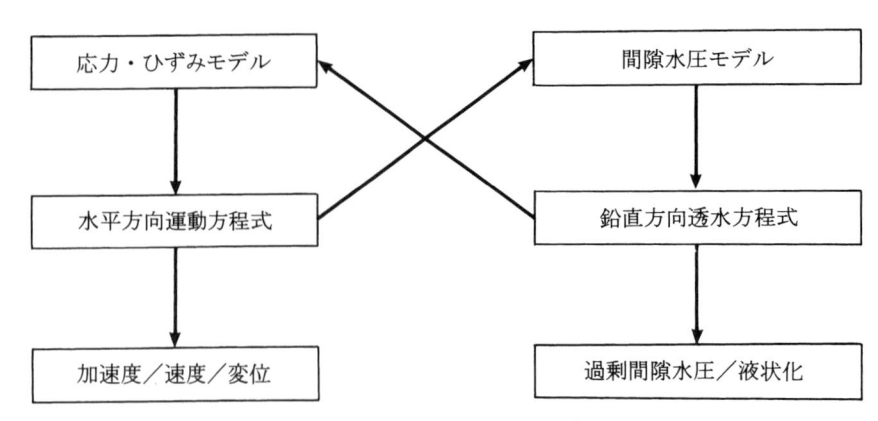

付図 2.4.1 YUSAYUSA－2 による解析の流れ図

このプログラムでは，応答計算で**付図 2.4.2**に示すようなせん断ばね－集中質点系に離散化したモデルを使用している．

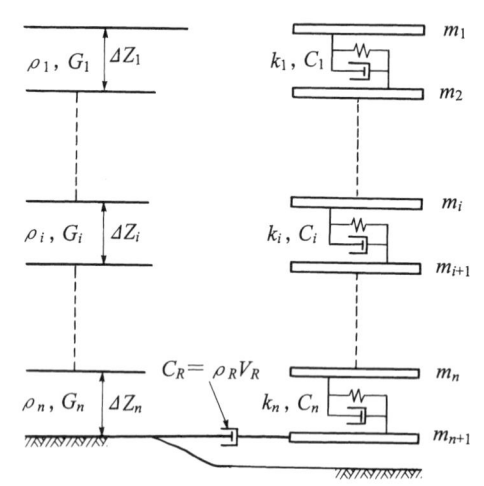

付図 2.4.2 水平地盤のモデル化

間隙水圧と有効応力の関係は，有効応力径路法により，次のようにして求められる．

1) 水平面上のせん断応力 τ と，鉛直有効応力 σ'_v との比が一定とする降伏条件を仮定する．降伏曲面は正負のせん断応力に関して独立とする．

2) 降伏時の $\sigma'_v - \tau$ 平面上の応力径路を次のような放物線で表す．

$$\sigma'_v = m - \frac{B_p}{m}\tau^2$$

ここに， B_p ：間隙水圧の上がりやすさを表すパラメータ

　　　　 m ：$\sigma'_v - \tau$ 平面上で放物線の位置を決めるパラメータ（間隙水圧は全鉛直圧力から上式より得られる有効鉛直圧力を差し引いて得られる）

3) 除荷時でも間隙水圧はわずかに上昇する．

$\sigma'_v \geqq \kappa \sigma'_{v0}$ のとき　　　$\Delta \sigma'_v = -B_u \left(\dfrac{\tau}{\sigma'_{v0}} - \dfrac{\tau_R}{\sigma'_{v0}} \right)\left(\dfrac{\sigma'_v}{\sigma'_{v0}} - \kappa \right) \Delta \tau$

$\sigma'_v \leqq \kappa \sigma'_{v0}$ のとき　　　$\dfrac{d\sigma'_v}{d\tau} = 0$

ここに， B_u ：間隙水圧の上がりやすさをコントロールするパラメータ

　　　　 σ'_{v0} ：初期有効応力

　　　　 κ ：間隙水圧の発生量をコントロールするパラメータ

4) 変相角（θ_s）が存在し，いったん τ/σ'_v が $\tan\theta_s$ を超えると次のような応力径路をたどる．

① τ が増加するとき　応力径路は次式の双曲線で表され，過剰間隙水圧は減少する．

$$\left(\frac{\sigma'_v}{m}\right)^2 - \left(\frac{\tau}{m\tan\phi_L}\right) = 1$$

ここに，ϕ_L：有効応力が小さいときの内部摩擦角

② τ が減少するとき　これまでたどってきた双曲線の接線上を動く．このときには間隙水圧は上昇する．

5）σ'_v が初期応力に比べて十分小さくなった場合には，完全液状化とみなし，以後は τ が増加するときも，減少するときも，応力径路は双曲線上を動く．

また，土のひずみ依存性は，双曲線モデルとランベルグ・オズグッドモデルにより求め，これとメイシング（Masing）則を組み合わせて履歴曲線を求める（双曲線モデル，ランベルグ・オズグッドモデル，およびメイシング則については，「3. **地盤の力学特性モデル**」を参照）．

この方法に入力する情報は，地盤に関しては，各地層の，質量，粘着力，終局せん断強度あるいは内部摩擦角，静止土圧係数，微小ひずみ時のせん断弾性係数，間隙率，透水係数等であり，地震に関して時刻歴地震波形である．

また，この方法を使用する際の留意点は，剛性の小さい層の層分割は細かくすることが必要であること，せん断ひずみが大きな場合には解析精度に対する注意が必要であること等である．なお，液状化の可能性のない地層をあらかじめ明確にしておくと演算時間が短くてすむ．

3. 地盤の力学特性モデル

（1）地盤の基本的な動的変形特性

土は，ひずみ振幅レベルが大きくなるにしたがって応力－ひずみ関係の非線形性が強くなり，繰返し載荷に対する履歴特性が顕著になる．土の動的変形特性に影響する因子としては，**付表 2.4.1** に示すようなものがあげられる．すなわち，ひずみ振幅，密度，平均拘束圧，粒径等が土の動的変形特性に大きな影響を及ぼす．

付表 2.4.1　土の動的変形特性に対する影響因子

影響因子	影響度	備考
ひずみ振幅	大	$\gamma > 10^{-4}$ 程度では G/G_0 の低下が顕著である．
密度（間隙比）	大	G は間隙比によって決まる．
拘束圧	大	拘束圧が大きくなると G/G_0 の低下が少なくなる．
粒径・粒形	大	粒径が大きくなると G/G_0 の低下が大きくなる．
圧密応力度	中	$K_0 > 1$ では K_0 が大きいほど G/G_0 の低下が大きくなる．
初期せん断応力	中	初期せん断力が大きいほど G/G_0 の低下が大きくなる．
過圧密履歴	小	影響はほとんどない．
振動数	小	影響はほとんどない．

* γ：せん断ひずみ，G：せん断弾性係数，G_0：初期せん断弾性係数，K_0：静止土圧係数

（2）自然地盤の初期せん断弾性係数

付図 2.4.3(a)に示すように，乱れがきわめて小さい凍結サンプリング試料と PS 検層の初期せん断弾性係数 G_0 の値はほぼ一致しているが，比較的乱れが大きいチューブサンプリング試料と再調整試料の G_0 はかなり小さい．一方，**付図 2.4.3**(b)に示すように，凍結サンプリングによる試料と再調整試料のせん断弾性係数の低減率とせん断ひずみの関係（$G/G_0 - \gamma$ 関係）の比較から攪乱程度が異なっても $G/G_0 - \gamma$ に及ぼす影響は少ないことがわかる．これらから，G_0 は原位置 PS 検層による値を重視し，$G/G_0 - \gamma$ 関係は室内試験結果を用いてよいことになる．

付図 2.4.4 は，わが国の地盤で物理探査によって得られたせん断弾性波速度 V_s (m/s)と N 値の関係を示したものである．これらの関係から，せん断弾性波速度 V_s (m/s)は一般に次式で与えられている．

砂質土の場合　　$V_s = 80 N^{1/3}$

粘性土の場合　　$V_s = 100 N^{1/3}$

なお，N値の小さい沖積粘性土では，一軸圧縮強さ q_u (kN/m²)から次式によって求めることもできる．

$$V_s = 23 q_u^{0.36}$$

次に，初期せん断弾性係数 G_0 (kN/m²)は，V_s から次式によって求める．

$$G_0 = \rho_t V_s^2 / 9.8$$

ここに，ρ_t：土の湿潤密度 (kN/m³)

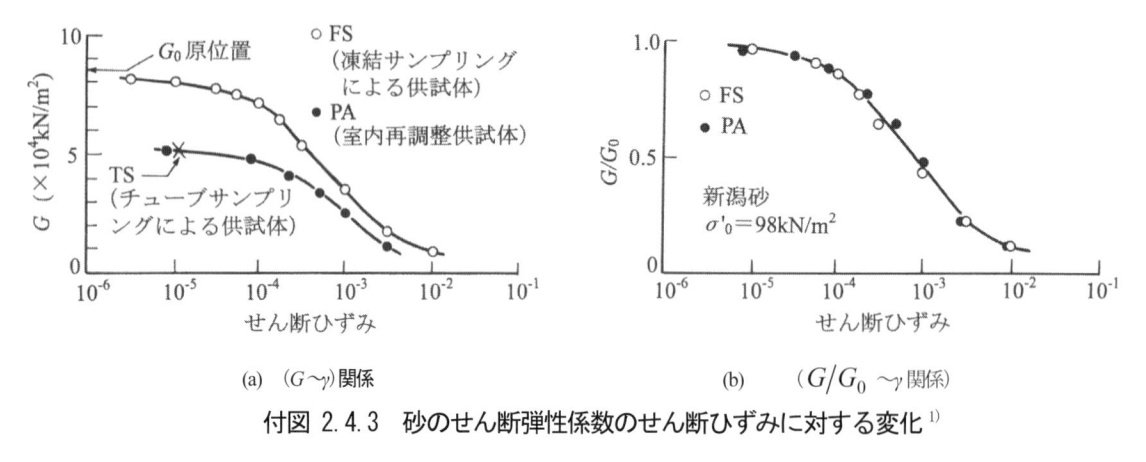

(a) （$G \sim \gamma$）関係　　(b) （$G/G_0 \sim \gamma$ 関係）

付図 2.4.3　砂のせん断弾性係数のせん断ひずみに対する変化 [1]

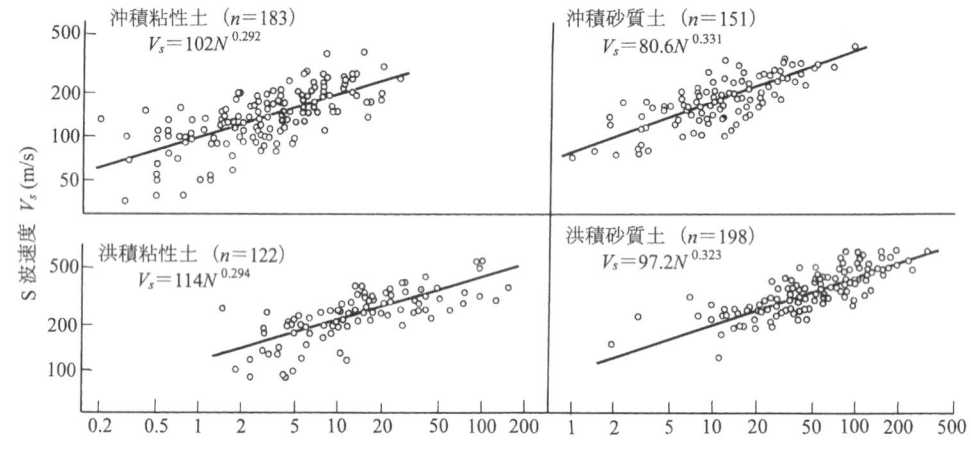

付図 2.4.4　弾性波探査によるせん断弾性波速度とN値の関係 [2]

(3) 地盤の動的変形特性の表現法

地盤の地震応答解析では，地盤の非線形性を考慮して解析する必要がある．地盤の非線形性は，非線形性を履歴ループで取扱う方法と，地盤のひずみに応じたせん断剛性と減衰定数を用いる等価線形化法とがある．

1) 非線形的表現

地盤材料は，微小なひずみ範囲では線形弾性体としての性質が顕著であるが，ひずみレベルが大きくなるに従い，応力－ひずみ関係の非線形性が強くなり，繰返し載荷に対する履歴ループが目立ってくる．これを表現するためのモデルで共通しているのは，はじめに初期載荷に対する骨格曲線が決められ，それにもとづいて除荷時，再載荷時に対応した履歴曲線が決められていることである．骨格曲線から履歴曲線を導く考え方としてはメイシング則が使われることが多い．

メイシング則は，**付図 2.4.5** に示すように，せん断応力 τ が骨格曲線 $\tau = f(\gamma)$ に沿って増大し，折返し点 $R(\gamma_R, \tau_R)$ から減少する場合の履歴曲線を，次式により定める．

$$\frac{\tau - \tau_R}{2} = f\left(\frac{\gamma - \gamma_R}{2}\right)$$

履歴曲線が前回の載荷サイクルでの履歴曲線に交差（S 点）すると，それ以降は前回の履歴曲線に従う．さらに履歴曲線が骨格曲線に交差（R 点）すると，それ以降は骨格曲線に従う．このモデルでは応力－ひずみ曲線の

折返し点の接線勾配は骨格曲線の原点での勾配 G_0 と常に一致していること，履歴曲線は必ず折返し点 (R, S) に戻ってくることが特徴である．

地盤材料の減衰特性は，多くの試験的研究成果からかなり広範囲の振動数領域でおおむね非粘性型の減衰とみなせる．せん断弾性係数がひずみ依存性を持つように，減衰定数はひずみの大きさに依存しており，一般に履歴ループから等価減衰定数 h を求めることができる．

$$h = \frac{1}{4\pi} \cdot \frac{\Delta W}{W}$$

ここに，ΔW ：履歴ループで囲まれた面積 1 サイクル中に消費されるエネルギー
W ：弾性エネルギー（付図 2.4.6 参照）．

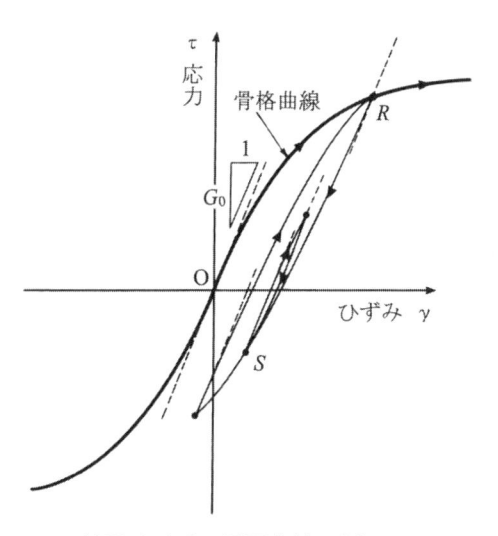

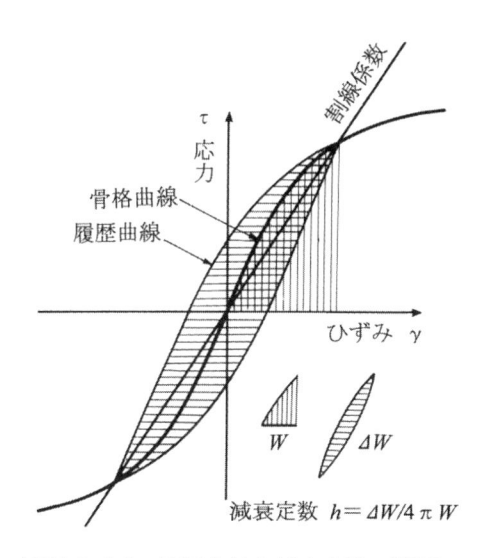

付図 2.4.5　履歴曲線の例　　　　　付図 2.4.6　履歴曲線と減衰定数の関係

土の非線形的な応力－ひずみ関係を表現するためのモデルの主なものとしては，ランベルグ・オズグッドモデル，ハーディン・ドルネビッチモデル等がある．近年では，微小ひずみからピーク強度に至るまで室内試験の変形特性をフィッティングで可能で，ひずみが 1% 程度を超えた場合にみられるスリップ状の特性も表現可能な GHE-S モデル等も提案されている．

① ハーディン・ドルネビッチモデル　このモデルは，付図 2.4.7 に示すようにせん断応力とせん断ひずみの関係を，次式のように双曲線で表すものである．

$$\tau = \frac{G_0 \gamma}{1 + \gamma/\gamma_r}$$

ここに，G_0 は微小ひずみレベルでのせん断弾性係数，γ_r は τ_f/G_0（τ_f はせん断強度）で定義される基準ひずみと呼ばれるパラメータであり，$G/G_0 - \gamma$ 曲線において $G/G_0 = 0.5$ となる γ に等しい．上式は，γ が無限大に近くなると $G_0 \gamma_r (= \tau_f)$ に漸近する．

また，割線せん断弾性係数 $G = \tau/\gamma$ を代入すると，次式が得られる．

$$\frac{G}{G_0} = \frac{1}{1 + \gamma/\gamma_r}$$

本モデルは，除荷と再載荷に対する履歴曲線が具体的に定義されておらず，そのかわりにループの形に，折返し点 (A, C) での戻りカーブの初期勾配は G_0 に等しく，三角形 AEC の面積に対するループ内の面積の比は常に一定であるという二つの制限条件を設定して等価減衰定数 h を求めている．この場合，ひずみ振幅が無限大になったときの等価減衰定数 h_{max} を導入することにより，次式が得られる．

$$\frac{h}{h_{max}} = 1 - \frac{G}{G_0}$$

すなわち，G_0，h_{max} および γ_r の 3 つのパラメータにより非線形特性が表現されることになる．$h_{max} = 0.3$ と

したとき，以上の各式により算出される G/G_0 と h のせん断ひずみ振幅に対する変化を**付図 2.4.9**に一点鎖線で示す．

一方，$\tau = \dfrac{G_0 \gamma}{1 + \gamma/\gamma_r}$ の関係を基本とし，メイシング則を適用して，履歴ループを定義すると，下降および上昇曲線は次式で表される．

$$\tau - \tau_a = \frac{G_0(\gamma - \gamma_a)}{1 + |\gamma - \gamma_a|/2\gamma_r}$$

$$\tau + \tau_a = \frac{G_0(\gamma + \gamma_a)}{1 + |\gamma + \gamma_a|/2\gamma_r}$$

ここに，τ_a，γ_a はそれぞれ折返し時のせん断応力とせん断ひずみである．また，等価減衰定数 h は次式で与えられる．

$$h = \frac{2}{\pi}\left[\frac{2G_0}{G}\left\{\frac{\gamma_r}{\gamma_a} - \left(\frac{\gamma_r}{\gamma_a}\right)^2 \ln\left(1 + \frac{\gamma_a}{\gamma_r}\right)\right\} - 1\right]$$

上式によれば，γ_a が無限大に近くなると $h_{max} = 2/\pi$ となる．上式により算出される h とせん断ひずみ振幅の関係を**付図 2.4.9**に二点鎖線で示す．大きなひずみの範囲では $h_{max} = 0.3$ としたときよりも大きな減衰定数を示すことがわかる．

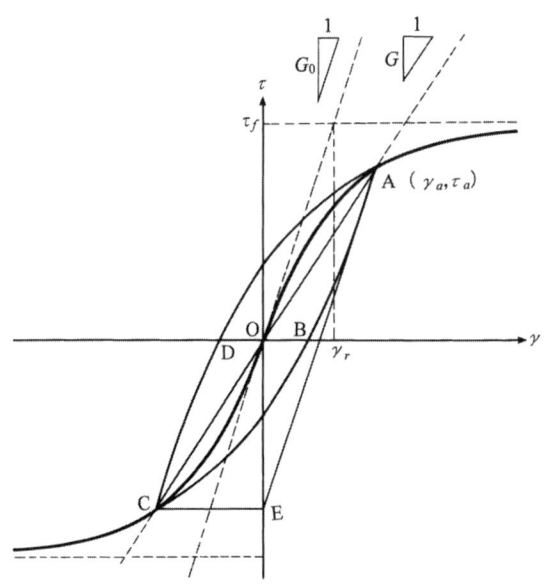

付図 2.4.7 ハーディン・ドルネビッチモデル

② **ランベルグ・オズグッドモデル** このモデルの骨格曲線は，**付図 2.4.8**に示す降伏ひずみ γ_y，降伏せん断応力 τ_y および定数 α（正の定数），$\gamma(\geqq 1)$ を用いて次式で表わす．

$$G_0 \gamma = \tau + \frac{\alpha |\tau|^r}{(G_0 \gamma_y)^{r-1}}$$

上式からメイシング則にもとづく下降および上昇曲線は，次式で表される．

$$G_0(\gamma - \gamma_a) = (\tau - \tau_a)\left(1 + \alpha\left|\frac{\tau - \tau_a}{2 G_0 \gamma_y}\right|^{r-1}\right) \quad , \quad G_0(\gamma + \gamma_a) = (\tau + \tau_a)\left(1 + \alpha\left|\frac{\tau + \tau_a}{2 G_0 \gamma_y}\right|^{r-1}\right)$$

また，減衰定数 h は，次式となる．

$$h = \frac{2}{\pi} \cdot \frac{r-1}{r+1}\left(1 - \frac{G}{G_0}\right)$$

なお，付図2.4.8に示す割線せん断弾性係数$G=\tau_a/\gamma_a$を用いると，上式は，

$$\frac{G}{G_0}=\frac{1}{1+\alpha(\tau_a/\tau_y)^{r-1}}$$

となり，G/G_0のひずみ振幅γ_aに対する関係式が得られる．付図2.4.9にG/G_0とhの計算例を破線で示す．

本モデルに含まれる定数は，$\tau_y, \gamma_y, \alpha, r$の4つであり，実験結果をあてはめやすい形になっているが，定数の決定は繁雑である．このためいくつかの修正モデルが提案されている．

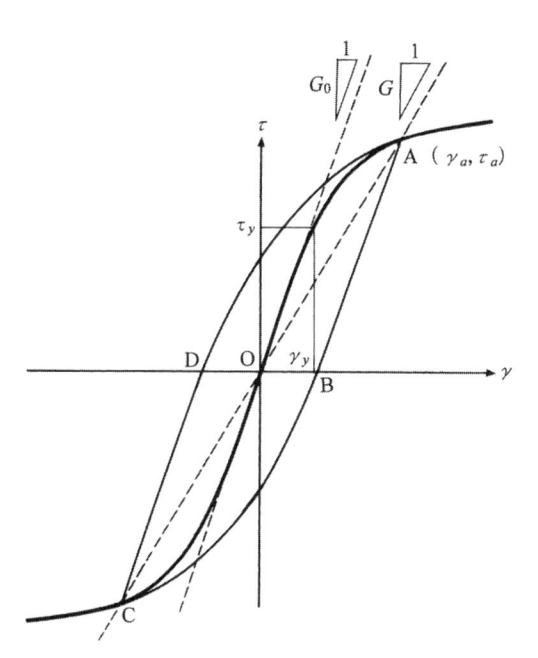

付図 2.4.8 ランベルグ・オズグッドモデル

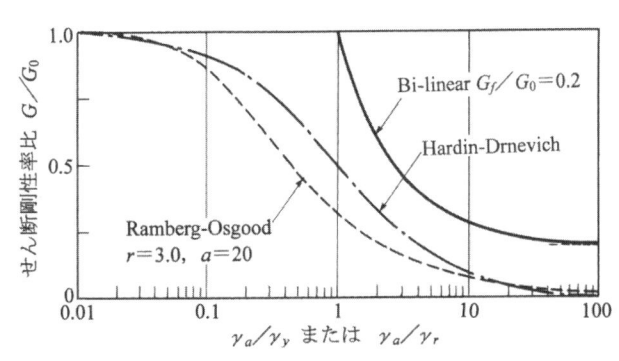

(a) 非線形モデルから導かれる剛性のひずみ依存性

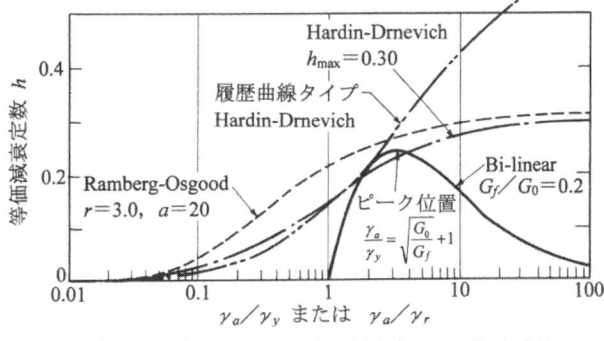

(b) 非線形モデルから導かれる履歴減衰定数のひずみ依存性

付図 2.4.9 各種モデルのせん断弾性係数と減衰定数のひずみ依存性[3]

③ 修正ランベルグ・オズグッドモデル　このモデルの骨格曲線は，次式で表される．

$$G_0 \gamma = \tau \left(1 + \alpha |\tau|^\beta\right)$$

上式からメイシング則にもとづく下降および上昇曲線は，次式で表される．

$$G_0(\gamma - \gamma_a) = (\tau - \tau_a)\left(1 + \alpha \left|\frac{\tau - \tau_a}{2}\right|^\beta\right) \quad , \quad G_0(\gamma + \gamma_a) = (\tau + \tau_a)\left(1 + \alpha \left|\frac{\tau + \tau_a}{2}\right|^\beta\right)$$

また，減衰定数 h は，次式となる．

$$h = \frac{2}{\pi} \cdot \frac{\beta}{\beta + 2}\left(1 - \frac{G}{G_0}\right)$$

上式によれば，$\gamma \to \infty$ で $G \to 0$，$h \to h_{max}$ となることから，β は次式で与えられる．

$$\beta = \frac{2\pi h_{max}}{2 - \pi h_{max}}$$

上式を骨格曲線と履歴曲線の式に代入すると，次式を得る．

$$\frac{G}{G_0} = \frac{1}{1 + \alpha(\gamma G)^\beta}$$

$G/G_0 = 0.5$ を与えるときのひずみを基準ひずみ $\gamma_{0.5}$ とすれば，α は次式で与えられる．

$$\alpha = \left(\frac{2}{\gamma_{0.5} G_0}\right)^\beta$$

以上より，本モデルに必要なパラメータは，G_0, h_{max}, $\gamma_{0.5}$ の 3 つである．骨格曲線，履歴曲線を**付図 2.4.10** に，せん断弾性係数と減衰定数のひずみ依存性を**付図 2.4.11** に示す．

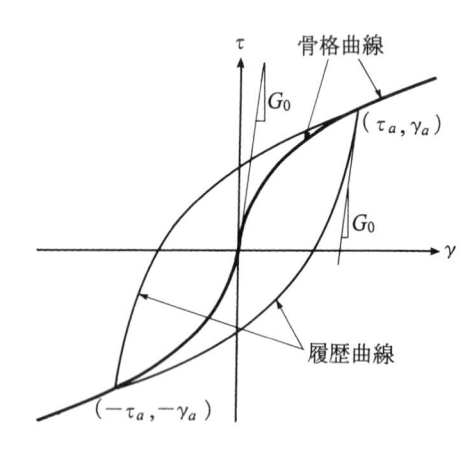

付図 2.4.10　修正ランベルグ・オズグッドモデル

付図 2.4.11　修正ランベルグ・オズグッドモデルの G/G_0，h–γ 関係の性質

④ GHE-S モデル　このモデルの骨格曲線は，微小ひずみからピーク強度に至るまでの広いひずみ領域で，室内試験から得られた変形特性にフィッティング可能なモデルとして，GHE モデル[4]を用いる．

$$y = \frac{x}{\dfrac{1}{c_1(x)} + \dfrac{x}{c_2(x)}}$$

ここに，x，y は正規ひずみ，正規化せん断応力で，$x = \gamma/\gamma_r$，$y = \tau/\tau_f$ である．また，$C_1(x)$，$C_2(x)$ は補正係数で以下の式によって与えられる．

$$C_1(x) = \frac{C_1(0)+C_1(\infty)}{2} + \frac{C_1(0)-C_1(\infty)}{2} \cdot \cos\left\{\frac{\pi}{\alpha/x+1}\right\} \tag{1}$$

$$C_2(x) = \frac{C_2(0)+C_2(\infty)}{2} + \frac{C_2(0)-C_2(\infty)}{2} \cdot \cos\left\{\frac{\pi}{\beta/x+1}\right\} \tag{2}$$

このモデルには，$C_1(0)$，$C_2(0)$，$C_1(\infty)$，$C_2(\infty)$，α，β という6個のパラメータが存在する．室内試験から得られたG/G_{max}〜γ関係に対するパラメータの設定方法を以下に示す．

ⅰ）モール・クーロン（Mohr-Coulomb）の破壊規準によりせん断強度τ_fを算定し，$\gamma_r = \tau_f/G_{max}$ により規準ひずみγ_rを求める．τ_fを求めるには土のc，ϕが必要である．

ⅱ）繰返し試験から得られたG/G_{max}〜γ関係を，付図2.4.12に示すようにy/x〜y関係に変換する．この試験値を結んだものをデータ曲線と呼ぶ．ここで，y/xは割線せん断剛性Gと微小ひずみ時（0.001%程度）の初期せん断剛性の比$y/x = G/G_{max}$ である．

ⅲ）正規化ひずみ$x = \gamma/\gamma_f = 0$ で，$dx/dy = 1.0$ の条件から，$C_1(0) = 1.0$ である．

ⅳ）$C_2(0)$は載荷初期の$y/x - y$関係でのy軸切片である．

ⅴ）$C_1(x=\infty)$と$C_2(x=\infty)$は大きなひずみレベルにおける$y/x - y$関係でのy/x軸切片とy軸切片である．

ⅵ）付図2.4.12での右上から左下への対角線$(x = \gamma/\gamma_f = 1)$とデータ曲線との交点Aにおけるデータ曲線との接線を求める．

ⅶ）ⅵ）で求めた接線と$y/x - y$関係でのy/x軸切片とy軸切片が$x = \gamma/\gamma_f = 1$の時の$C_1(x=1)$と$C_2(x=1)$である．

ⅷ）ⅶ）で求めた$C_1(x=1)$と$C_2(x=1)$を式(1)および(2)に代入してα，βが得られる．

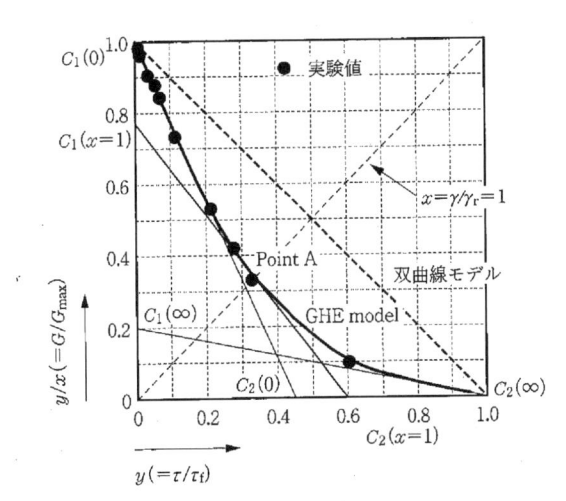

付図 2.4.12 GHE モデルによる実験データのフィッティング方法

GHE-Sモデル[5]の履歴法則ではメイシング則が改良して用いられ，付図2.4.13のように，ひずみレベルが小さい領域での紡錘型の形状から，ひずみが1%程度を超えた領域でのスリップ状の形状まで表現可能である．

メイシング則とは，骨格曲線上の点$A(\gamma_a, \gamma_a)$で除荷されると，その後の履歴は，骨格曲線を相似比λ倍に拡大した履歴を辿るというものである．先述のランベルグ・オズグッドモデルや付図2.4.14に示すように，一般には$\lambda = 2$であれば点$B(-\gamma_a, -\tau_a)$で逆方向の骨格曲線に滑らかに接続される．ここで，A点から除荷されB点に至るまでに，相似比λを$2 \to \alpha \to 2$と変化させてもB点が2でありさえすればこの連続性は満足され，かつ履歴曲線は付図2.4.13のようなスリップ状を示すようになる．よって，相似比λをひずみγの二次関数等で与え，骨格曲線から折り返すたびに，計算で得られる履歴減衰と実験で得られた履歴減衰hが一致するようにαを決定することで，任意の減衰特性を満足する履歴曲線を設定できる．

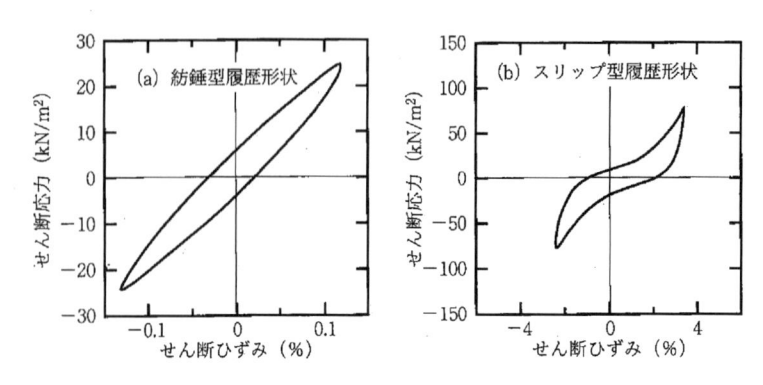

付図 2.4.13 室内実験で得られた土の応力〜ひずみ関係の例

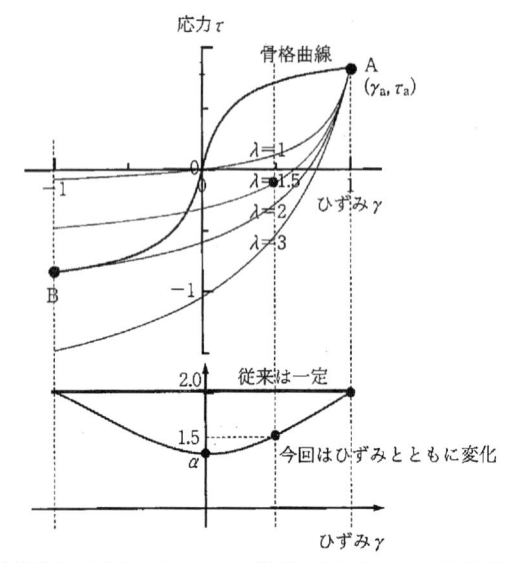

付図 2.4.14 メイシング則の相似比による影響

除荷時の接線剛性G_0は，一般に初期剛性G_{max}として扱われるが，非線形性を示すという研究成果もある．吉田ら[6]は式 (3) のような関係を提案しており，豊浦標準砂および粘土について，**付表 2.4.2** の値が得られている．

$$\frac{G_0}{G_{max}} = \frac{1 - G_{min}/G_{max}}{1 + \gamma/\gamma_{r0}} + \frac{G_{min}}{G_{max}} \tag{3}$$

付表 2.4.2 式 (3) のパラメータ

材料	γ_{r0}	G_{min}/G_{max}
砂 ($D_r=50\%$)	0.0006	0.18
砂 ($D_r=80\%$)	0.0015	0.35
粘土	0.013	0.1

2) 線形的表現

地盤材料の非線形性を近似的に線形解析で扱う等価線形解析では，ひずみレベルに応じたせん断弾性係数と減衰定数を与えて応答解析を行うことになる．非線形性を考慮する方法としては，一般に地盤材料の初期せん断弾性係数を設定し，これに対するひずみレベルに応じた低減率と減衰定数の数値をテーブルで与える手法を用いる．主な地盤材料のせん断弾性係数の低減率と減衰定数のひずみ依存性曲線の事例を示す．

① 沖積砂質土　せん断弾性係数の低減率 G/G_0 と平均有効拘束圧 P' との関係は，次式で表すことができる．

$$\frac{G}{G_0} = K \cdot P'^m$$

ここに，K, m は，試験結果を整理して得られた回帰係数であり，ひずみの大きさに依存している．また，減衰定数のひずみ依存性については，ハーディン・ドルネビッチモデルの $h/h_{max} = 1 - G/G_0$ の関係を用いる．最大減衰定数 h_{max} は，ひずみ $\gamma = 1 \times 10^{-2}$ のとき，0.37 で与える．

上式より，付図 2.4.15 に示す G/G_0，$h - \gamma$ の関係が得られる．

② 沖積粘性土　せん断弾性係数の低減率 G/G_0 と平均有効拘束圧 P' との関係は，次式で表すことができる．

$1 \times 10^{-6} < \gamma < 5 \times 10^{-4}$ の場合　　$\dfrac{G}{G_0} = A \cdot P'^B$

$\gamma \geqq 5 \times 10^{-4}$ の場合　　$\dfrac{G}{G_0} = K \cdot A \cdot P'^B$

ここに，A, B, K は，試験結果を整理して得られた回帰係数であり，ひずみの大きさに依存している．また，減衰定数のひずみ依存性については，沖積砂質土と同様にハーディン・ドルネビッチモデルの関係式を用いるが，最大減衰定数 h_{max} は 0.17 とする．

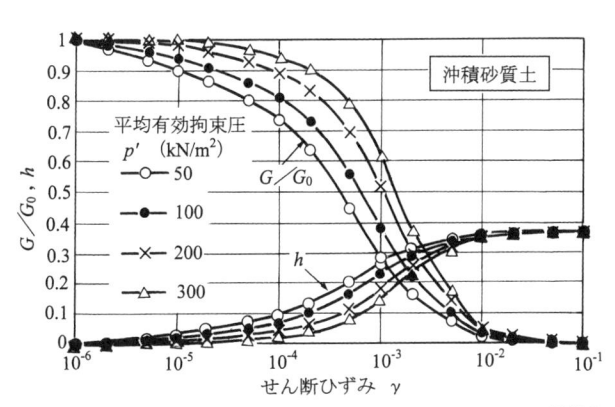

付図 2.4.15　沖積砂質土における G/G_0，$h - \gamma$ 関係

上式より，付図 2.4.16 に示す G/G_0，$h - \gamma$ の関係が得られる．

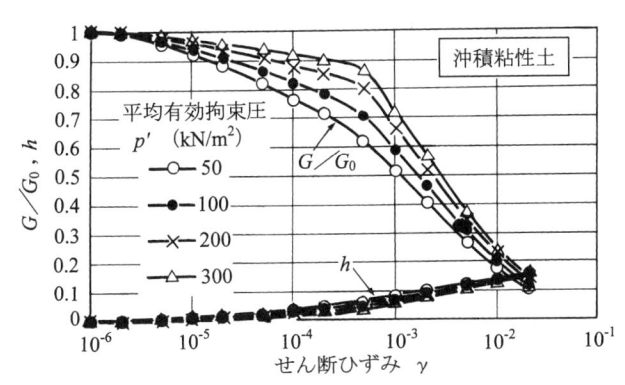

付図 2.4.16　沖積粘性土における G/G_0，$h - \gamma$ 関係

③ 洪積砂質土および洪積粘性土　洪積砂質土では，ひずみ依存性は平均有効拘束圧の影響が小さい．また，洪積粘性土でも洪積砂質土と同様に平均有効拘束圧の影響が小さい．したがって，これらの地盤材料における G/G_0，$h-\gamma$ の関係は**付図 2.4.17** を得る．

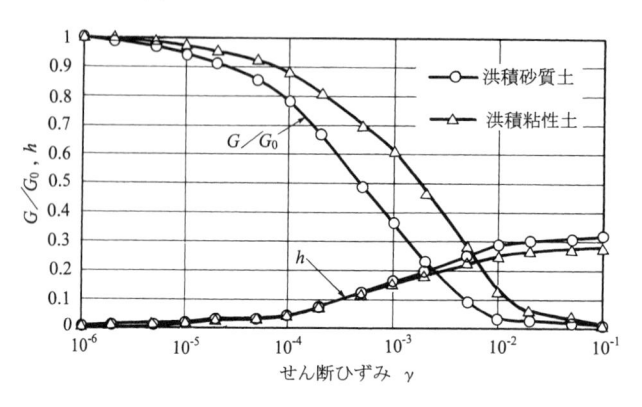

付図 2.4.17　洪積砂質土および洪積粘性土における G/G_0，$h-\gamma$ 関係

参考文献

1) Tokimatsu, K. and Hosaka, Y. : Effects of sample disturbance on dynamic properties of sand, Soils and Foundations, Vol.26, No.1,pp.53-64, 1986.
2) Imai, T. : P-and S-Wave Velocities of the Ground in Japan, Proc.9th ICSMFE, Vol.2, pp.257-260, 1977.
3) 土木学会編：動的解析と耐震設計　第1巻　地震動・動的性質，技報堂出版,p89, 1989.
4) Tatsuoka, F. and Shibuya, S. : Deformation characteristic of soils and rocks form field and laboratory tests, Theme Lecture 1, Proc. Of Ninth Asian Regional Conference on Soil Mechanics and Foundation Engineering, Vol.2,pp.101-170, 1992.
5) 室野剛隆，野上雄太：S字型の履歴曲線の形状を考慮した土の応力～ひずみ関係，第12回日本地震工学シンポジウム,pp.494-497, 2006.
6) 吉田望，澤田純男，竹島康人，三上武子，澤田俊一：履歴減衰特性が地盤の地震応答に与える影響，土木学会地震工学論文集Vol.27, 2003.

【2-5 鉄筋コンクリート地下連続壁の本体利用に関する資料】

本資料は，鉄筋コンクリート地下連続壁を本体利用した場合の設計（第12編12.2）に際して必要となる，構造形式の違いによる部材剛性の算出方法や一体壁形式に用いるジベル鉄筋の設計例を示したものである．

1. 部材剛性の算出方法について

部材の剛性は，構造形式の違いを考慮して算出する．

（1） 単独壁の場合　骨組構造解析上そのまま一本の線材としてモデル化する．

軸力に対する剛性　$(EA)_W = E_1 h_1$

曲げに対する剛性　$(EI)_W = \dfrac{1}{12} E_1 h_1^3$

（2） 一体壁の場合　次のような剛性（幅1m当り）をもった一本の部材としてモデル化する．

軸力に対する剛性　$(EA)_W = E_1 h_1 + E_2 h_2$

曲げに対する剛性　$(EI)_W = \dfrac{1}{12} E_1 h_1^3 + \dfrac{1}{12} E_2 h_2^3 + \dfrac{E_1 E_2 h_1 h_2 \left(\dfrac{1}{2} h_1 + \dfrac{1}{2} h_2\right)^2}{E_1 h_1 + E_2 h_2}$

なお，$E_1 = E_2 (= E)$の場合は　$(EI)_W = \dfrac{1}{12} E(h_1 + h_2)^3$　となる．

ここに，$(EA)_W$, $(EI)_W$ ：一体壁の軸方向剛性と曲げ剛性
　　　　E_1, E_2 ：地下連続壁と内壁のコンクリートのヤング係数
　　　　h_1, h_2 ：地下連続壁の有効厚と内壁の設計厚

2. 面内せん断に対するジベル鉄筋の設計例について

地下連続壁と内壁の複合面に配置するジベル鉄筋の設計例を以下に示す．

（1） 接合面に作用するせん断力の算出

地下連続壁と内壁との接合面に作用するせん断力としては，次に示すものがある．

　1） 内壁より地下連続壁に伝達される鉛直せん断力
　2） 側壁（一体壁）の曲げせん断によるずれせん断力

地下連続壁と内壁を一体化させるために，これらのせん断力に抵抗できるジベル鉄筋を配置する．

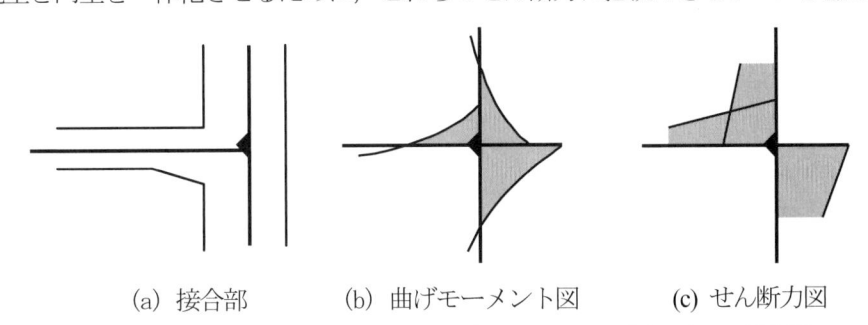

(a) 接合部　　(b) 曲げモーメント図　　(c) せん断力図

付図 2.5.1　結合部の曲げモーメント図およびせん断力図

<u>1） について</u>　接合面に作用する鉛直せん断力は，次の2つがある．

　① 床版から伝達された鉛直せん断力のうち地下連続壁が負担して下方へ軸力として伝える力
　② 床版位置の上下で内壁の断面が変化する場合，内壁と地下連続壁の軸力分担率が変化することにより両者の間でやりとりされる力

これらのせん断力は，付図 2.5.2 に示す力のやりとりから次式により求める．

$$V_0 = \beta_L N_L - \beta_U N_U$$

ここに, V_0 ：鉛直せん断力
N_U, N_L ：床版接点より上側および下側で作用している軸力
β_U, β_L ：床版接点より上側および下側の地下連続壁の軸力分担率

$$\beta_U = \frac{E_1 A_1}{E_1 A_1 + E_2 A_{2U}}$$

$$\beta_L = \frac{E_1 A_1}{E_1 A_1 + E_2 A_{2L}}$$

E_1, E_2 ：地下連続壁および内壁コンクリートのヤング係数
A_1 ：地下連続壁の断面積
A_{2U}, A_{2L} ：床版接点より上側および下側の内壁断面積

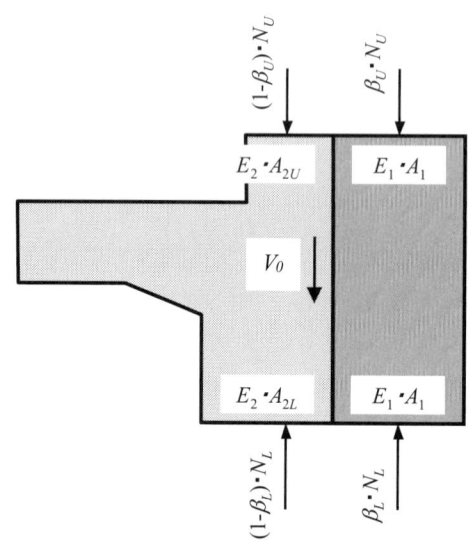

付図 2.5.2 一体型接合部の鉛直せん断力 V_0

2) について　内壁と地下連続壁との接合面に生じるずれせん断力は，側壁（一体壁）の曲げによるせん断応力度により求める．

$$V_B = \frac{1}{2}(\tau_1 + \tau_2)l_1 b + \frac{1}{2}\tau_2 l_2 b$$

ここに, V_B ：接合面区間に生じる区間 l のずれせん断力
τ_1, τ_2 ：各変化点におけるせん断応力度
l_1, l_2 ：各変化点間距離
b ：単位幅

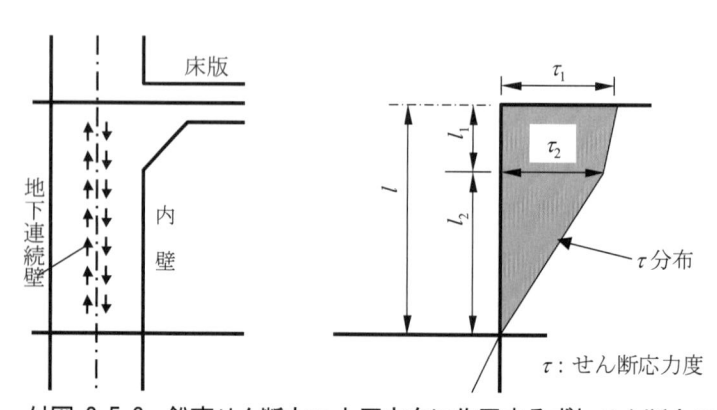

付図 2.5.3 鉛直せん断力 V_0 と同方向に作用するずれせん断力 V_B

（2） ジベル鉄筋の設計

地下連続壁と内壁の接合面に配置するジベル鉄筋は，前記1)および2)のせん断力に対し，安全となるように設計し，その検討は次式による．

$$\gamma_a \gamma_b \gamma_i \frac{V}{V_u} \leqq 1.0, \quad V_u = V_{ug} + V_{ul}$$

$$V_{ug} = \frac{\mu(nf_{syd}A_{sg} + \sigma_N A_{cg})}{\gamma_c}, \quad V_{ul} = \frac{\mu \sigma_N A_{ul}}{\gamma_c}$$

ここに，V ：接合面に作用する全設計せん断力 $(= V_0 + V_B)$
　　　　V_u ：接合面における全せん断耐力
　　　　V_{ug} ：ジベル鉄筋配置区間の全せん断耐力
　　　　V_{ul} ：ジベル鉄筋配置区間以外のコンクリートの接合面におけるせん断耐力
　　　　μ ：摩擦係数（1.4程度：地下連続壁面は洗浄し，レイタンスを取り除き，深さ7mm程度の粗さとした場合）
　　　　n ：ジベル鉄筋の本数（単位幅あたり）
　　　　f_{syd} ：ジベル鉄筋の設計引張降伏強度
　　　　σ_N ：接合面に作用する垂直応力度（地下連続壁に作用する側圧等の外力）
　　　　A_{sg} ：ジベル鉄筋1本あたりの断面積
　　　　A_{cg} ：ジベル鉄筋配置区間の全面積（面積の境界は，最外縁の鉄筋から鉄筋間隔の半分程度の距離まで）
　　　　A_{ul} ：ジベル鉄筋配置区間以外のコンクリート面積（地下連続壁の接合面処理を行う部分のみ）
　　　　γ_a, γ_i ：安全係数（第2編 2.4 による）
　　　　γ_b ：部材係数で一般に1.3としてよい
　　　　γ_c ：コンクリートの材料係数

なお，ジベル鉄筋の配置区間としては，支点から側壁スパン長の1/4程度としてよい．

単独壁におけるジベル鉄筋の設計は，内壁がないことから**付図 2.5.4** による f 区間の範囲を，上式のうち，$V = \Delta V$，$V_{ul} = 0$ として同様に行う．

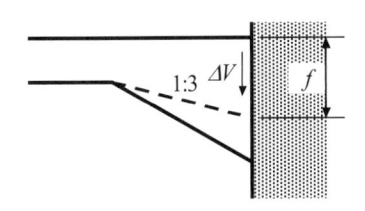

ここに，f ：単独壁におけるジベル鉄筋配置区間
　　　　ΔV ：床版から地下連続壁に伝達される鉛直せん断力

付図 2.5.4 単独壁におけるジベル鉄筋配置範囲

【2-6 立坑のモデル化に関する資料】

トンネル開口部周辺部材の応力分布をあらかじめ推定することは極めて難しく，厳密には有限要素法等により応力分布を把握することが望ましいものの，この方法は実務上現実的ではないため，ここでは，過去の実績や経験に基づいて安全側の評価を期待でき，かつ着目部材の挙動を単純に表現できる部材別モデルを設定することにより断面力を算定する方法について説明する．

1. 矩形立坑の場合
（1） 下床版

下床版は，付図 2.6.1 に示すようにトンネル開口部を有する妻壁側については単純支持のスラブとする．なお，付図 2.6.1 における単純支持部には付図 2.6.2 の「片持ちばり-3」の支点反力に見合う用心鉄筋を配置しておくのがよい．

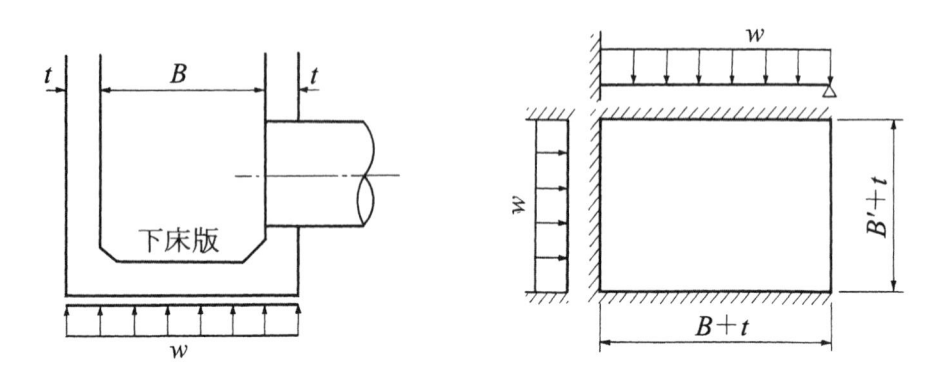

付図 2.6.1 下床版の解析モデル

（2） トンネル開口部を有する妻壁

トンネル開口部を有する妻壁は，付図 2.6.2 に示すように，側壁またはかまち梁を支点とした片持ばりとして解析してよい．このとき内側鉄筋は圧縮鉄筋となること，また，算定された断面力が小さくなる場合もあることから，この場合はトンネル開口部を有しない妻壁の壁厚と鉄筋量を下回らないようにする．なお，片持ちばりのスパンが大きくなる場合には，支点断面力を用いるのではなく，実際の照査位置（妻壁の取付け部）の断面力を用いて解析する場合や，開口部周辺を三辺固定版として解析する場合もある．

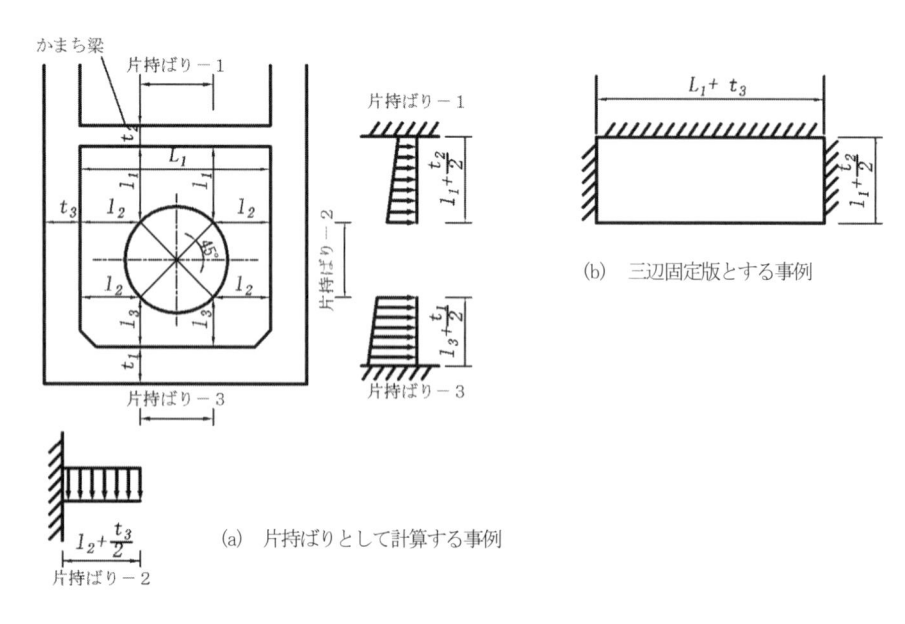

(a) 片持ばりとして計算する事例

(b) 三辺固定版とする事例

付図 2.6.2 開口部を有する妻壁の解析モデル

（3） トンネル開口部を有する妻壁の補強

トンネル開口部を有する妻壁には，隣接する側壁または下床版より支点反力が作用するため補強が必要である．この補強を，独立構造の立坑の場合「補強ばり」，併設構造の立坑の場合「下床桁」の名称で考慮することが多い．ここでは，補強ばりおよび下床桁のモデル化手法と荷重の考え方について各々示す．なおモデルの設定にあたっては，妻壁とトンネル開口部の形状寸法に応じて様々な考え方があることに留意する必要がある．

1) 補強ばり　補強ばりは，付図 2.6.3 に示すようなスパンを有し，支点反力を受ける両端固定のはりとしてモデル化できる．ここで，「荷重-1」は付図 2.6.1 による下床版のトンネル開口部側の支点反力とし，「荷重-2」は付図 2.6.5 による側壁のトンネル開口部側の支点反力とする．これらの支点反力は，二方向スラブの簡易計算法であるグラショフ・ランキンの方法で算出できる（資料編【2-7】参照）．

2) 下床桁　下床桁は，付図 2.6.4 に示す両端固定のはりとしてモデル化できる．この場合，スパンは側壁間の純スパンとすることが多いが，この方法では過大な断面力が算定されることから，三次元効果を考慮して当該スパンをトンネル開口部の幅（付図 2.6.4 形式①）もしくは開口部中心から下方 90 度の幅（付図 2.6.4 形式②）とする考え方もある．また下床桁が受ける荷重は，下床版からの反力を想定し，付図 2.6.4 に示す三角形の荷重として解析してよい．

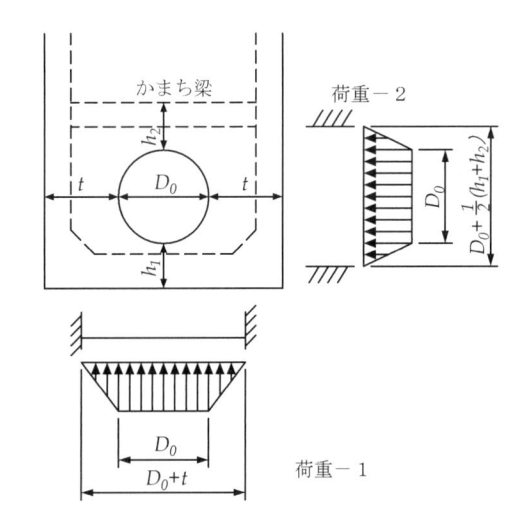

付図 2.6.3　補強ばりの解析モデル

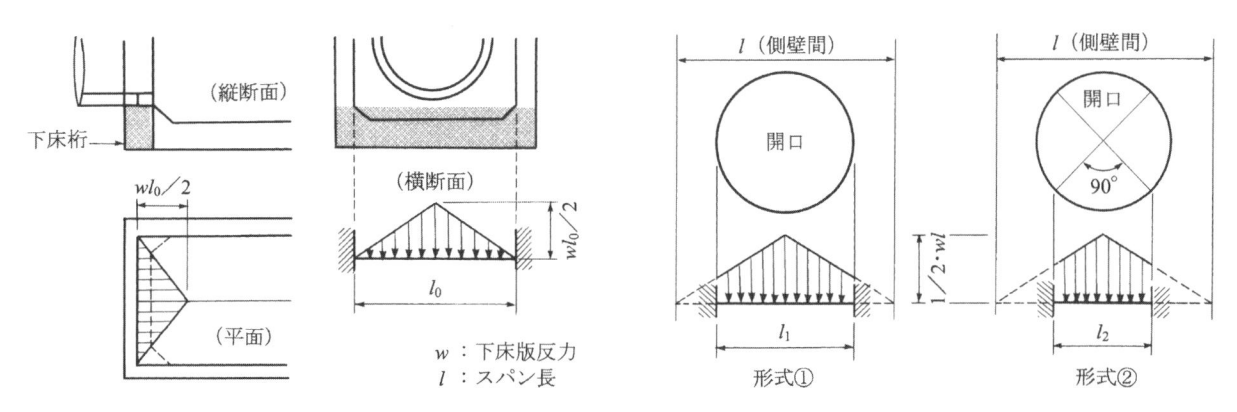

付図 2.6.4　下床桁の解析モデル

（4） トンネル開口部を有する妻壁に隣接する側壁

トンネル開口部を有する妻壁に隣接する側壁は，付図 2.6.5 に示すように妻壁側は単純支持，それ以外は固定支持のスラブとする．なお，単純支持部には付図 2.6.2 の「片持ちばり-2」の支点反力に見合う用心鉄筋を配置しておくのがよい．

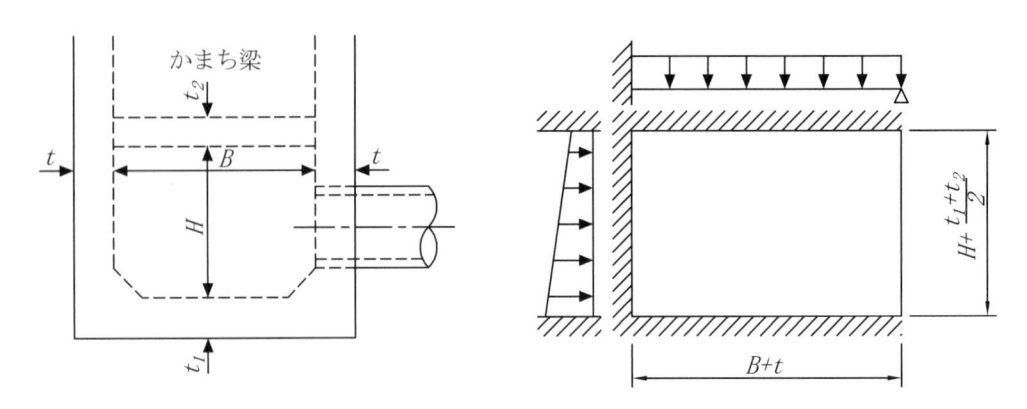

付図 2.6.5　開口部を有する側壁の解析モデル

（5）　かまち梁（水平ばり）

　かまち梁は，付図 2.6.6 に示すように前述の支点反力（「荷重-3」は付図 2.6.5 による固定の支点反力，「荷重-4」は開口背面妻壁によるかまち梁位置の支点反力，「荷重-5」は付図 2.6.2 による「片持ばり-1」の支点反力）とはりの上部の壁からの支点反力（「荷重-6」）とかまち梁に直接作用する荷重（「荷重-7」：はり幅の 1/2 に相当する荷重）を作用させたボックスラーメン構造とする．

　「荷重-3」および「荷重-4」は，グラショフ・ランキンの方法で算出する場合と，亀甲形状の分布荷重で算出する方法があるが，一般に，後者の方法が用いられる場合が多い．

　付図 2.6.7 に，亀甲形状の分布荷重の方法で算出した「荷重-3」を示す．

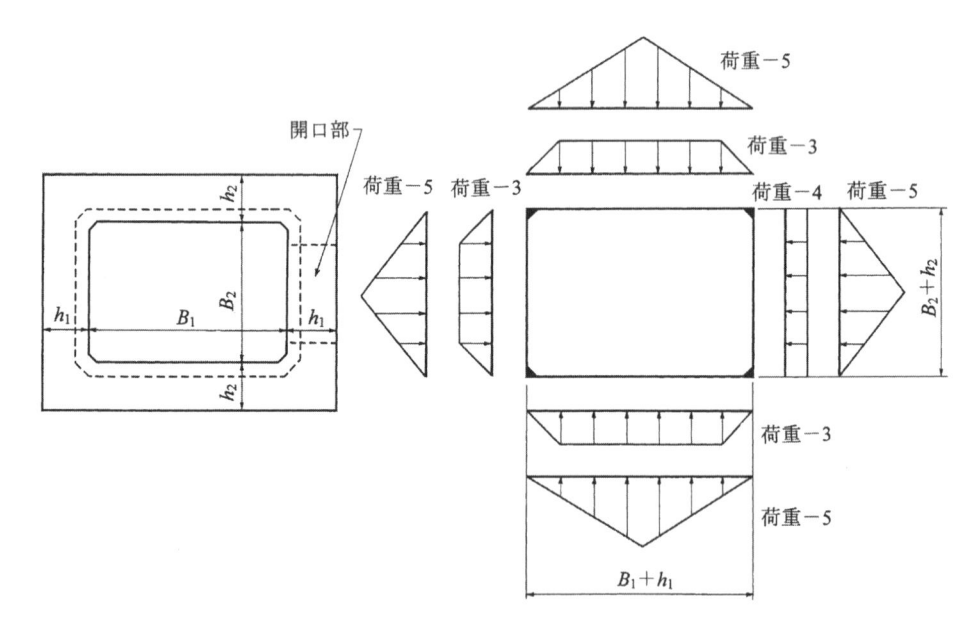

付図 2.6.6　かまち梁（水平ばり）の解析モデル

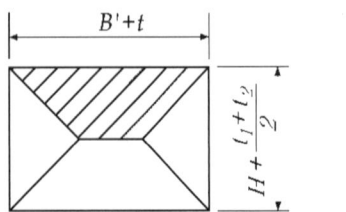

付図 2.6.7　亀甲形状による分布荷重の算出

2. 円形立坑の場合

(1) 下床版

下床版は，付図 2.6.8 に示すように，トンネル開口部側は単純支持，それ以外は固定支持となるが，簡単な計算法がないので，安全側の計算方法として，下床版の中央部は単純支持の円版，下床版の端部は固定支持の円版として解析するのがよい．

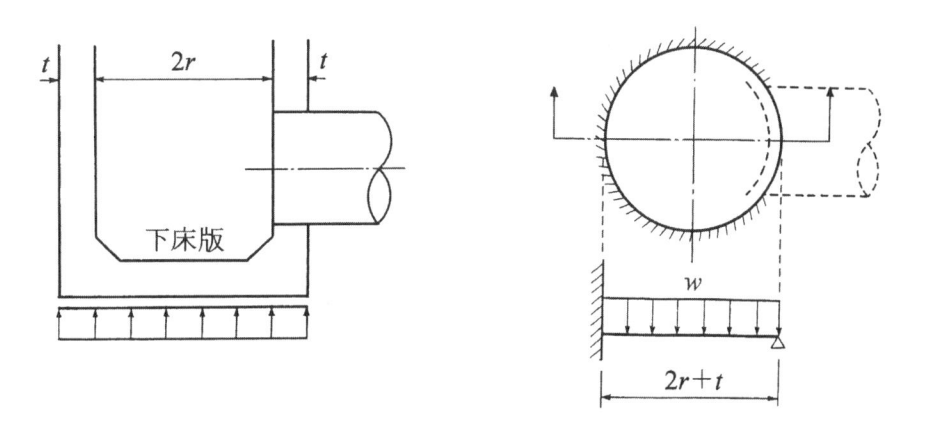

付図 2.6.8 下床版の解析モデル

(2) 側壁

円形立坑の側壁のモデル化は，付図 2.6.9 に示すように，トンネル開口部が存在しない「側壁-1」とトンネル開口部を有する「側壁-2」に分けて考える．

「側壁-1」は，付図 2.6.10 に示すように，面外荷重に対してかまち梁（または中床版）と下床版で固定された両端固定ばりにモデル化して解析してよい．

「側壁-2」は，付図 2.6.11(a)に示すように，面外荷重に対してかまち梁および下床版を支点とした片持ちばりにモデル化して解析してよい．ただし，付図 2.6.11(b)に示すように，下床版からの地盤反力を受ける両端固定ばりとしてのチェックも必要である．

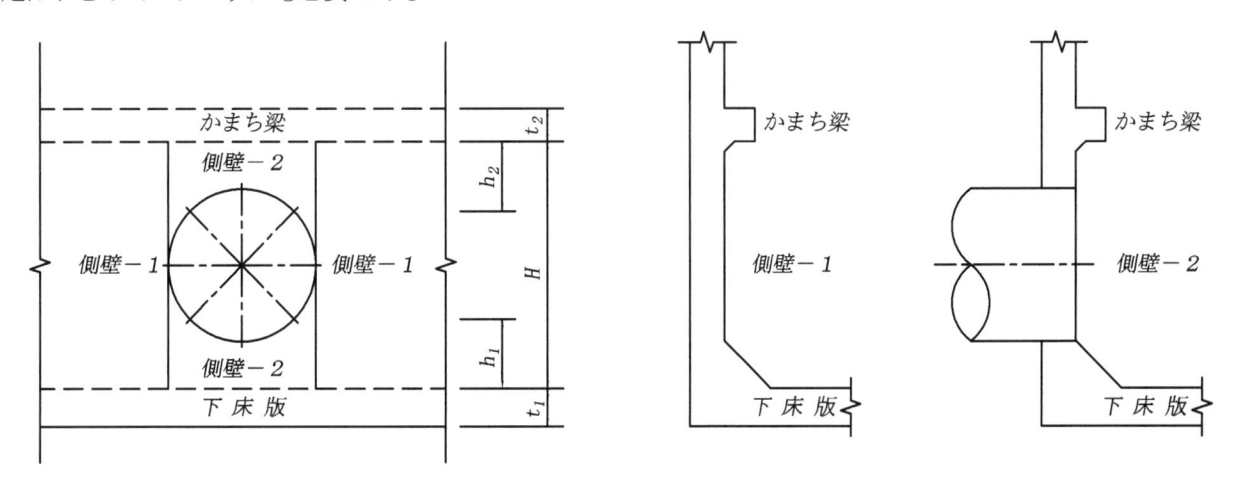

付図 2.6.9 側壁のモデル化に関する考え方

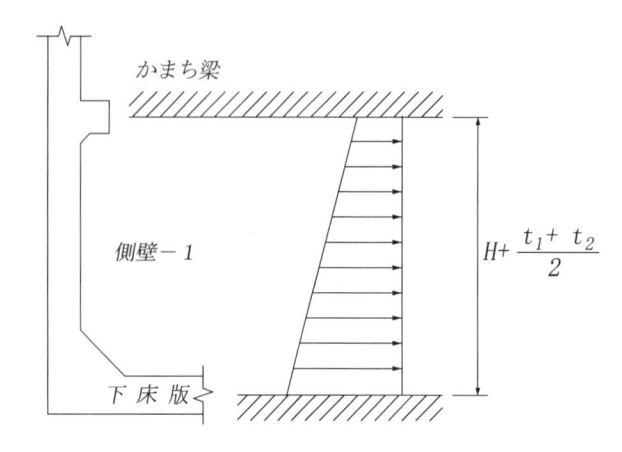

付図 2.6.10　側壁-1 の解析モデル（両端固定ばり）

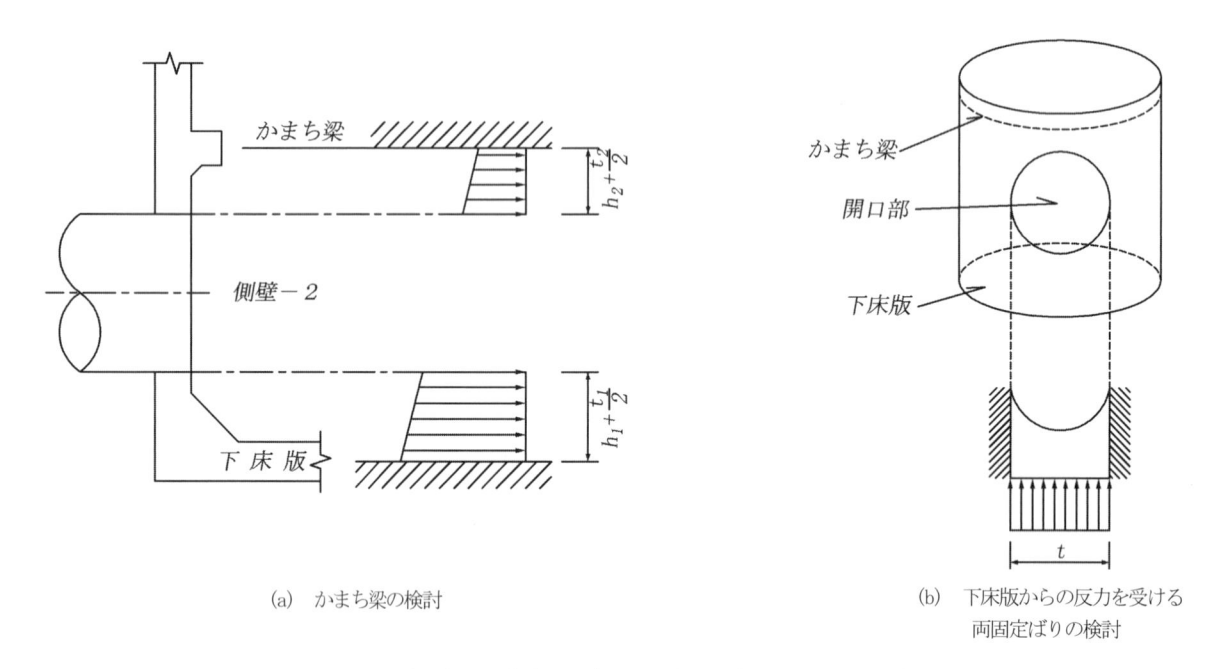

付図 2.6.11　側壁-2 の解析モデル（片持ちばり・両端固定ばり）

(a)　かまち梁の検討

(b)　下床版からの反力を受ける両固定ばりの検討

(3)　かまち梁（リングばり）

かまち梁には，付図 2.6.12 に示すような荷重が作用するものとする．

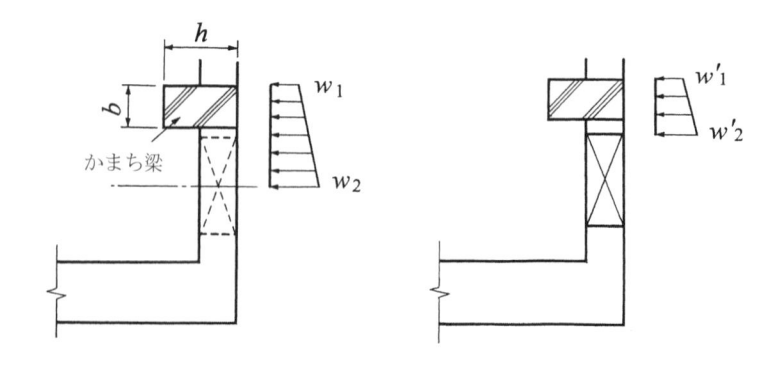

付図 2.6.12　かまち梁（リングばり）に作用する荷重

【2-7 グラショフ・ランキンの方法に関する資料】

単位幅あたりのx, y方向の最大スパン曲げモーメントおよび最大支点曲げモーメントを次式により求める. この近似解法はグラショフ・ランキン (Grashof-Rankine) の方法と呼ばれ, 交差はり理論をスラブに適用したものである. すなわち, 当分布荷重が作用する二方向スラブをx方向とy方向の一方向スラブに分解し, それぞれ一方向スラブが分担する荷重w_xとw_yを中央のたわみが相等しくなるように定め, この分担荷重を用いて単位幅あたりのx, y方向の最大曲げモーメントを求める方法であり, スラブのねじり抵抗を無視している.

四辺の支持状態が任意の場合, x, y方向の一方向スラブの分担荷重は, 次式により算定される.

付表 2.7.1 グラショフ・ランキンの方法による二方向スラブの荷重分担係数 C_x, C_y

荷重分担係数＼支持状態	(単純-単純)	(単純-固定)	(固定-単純)	(単純-単純)	(単純-固定)	(固定-固定)
C_x	$\dfrac{l_y^4}{l_x^4 + l_y^4}$	$\dfrac{5l_y^4}{2l_x^4 + 5l_y^4}$	$\dfrac{5l_y^4}{l_x^4 + 5l_y^4}$	$\dfrac{l_y^4}{l_x^4 + l_y^4}$	$\dfrac{2l_y^4}{l_x^4 + 2l_y^4}$	$\dfrac{l_y^4}{l_x^4 + l_y^4}$
C_y	$\dfrac{l_x^4}{l_x^4 + l_y^4}$	$\dfrac{2l_x^4}{2l_x^4 + 5l_y^4}$	$\dfrac{l_x^4}{l_x^4 + 5l_y^4}$	$\dfrac{l_x^4}{l_x^4 + l_y^4}$	$\dfrac{l_x^4}{l_x^4 + 2l_y^4}$	$\dfrac{l_x^4}{l_x^4 + l_y^4}$

注) l_x：二方向スラブのx方向のスパン
　　l_y：二方向スラブのy方向のスパン

$$w_x = \frac{a_y l_y^4}{a_x l_x^4 + a_y l_y^4} = C_x w$$

$$w_y = \frac{a_x l_x^4}{a_x l_x^4 + a_y l_y^4} = C_y w$$

ここに, w_x, w_y　　：x, y方向の一方向スラブの分担荷重
　　　　w　　　　　　：等分布荷重における単位面積当りの荷重
　　　　l_x, l_y　　　：二方向スラブのx, y方向のスパン
　　　　a_x, a_y　　　：四辺の支持状態によって定まる係数
　　　　C_x, C_y　　　：x, y方向の荷重分担係数

このグラショフ・ランキンの方法にもとづき, 二方向スラブの支持状態が四辺とも相等しい場合, 単位幅あたりの正の最大スパン曲げモーメントは**付表 2.7.2**, 単位幅あたりの負の最大曲げモーメントは**付表 2.7.3**によって求めてよい.

付表 2.7.2 グラショフ・ランキンの方法による二方向スラブの単位幅あたりの正の最大スパン曲げモーメント

支持状態	曲げモーメント M_x	曲げモーメント M_y
単純支持	$w_x l_x^2 / 8$	$w_y l_y^2 / 8$
固　定	$w_x l_x^2 / 24$	$w_y l_y^2 / 24$

注) $l_x < l_y$ とする.

付表 2.7.3 グラショフ・ランキンの方法による二方向スラブの単位幅あたりの負の最大スパン曲げモーメント

支持状態	曲げモーメント M_x	曲げモーメント M_y
単純支持	0	0
固　定	$-w_x l_x^2 / 12$	$-w l_x^2 / 24$

【2-8 合成鋼管柱の照査例に関する資料】

本資料は，開削トンネルの中柱に用いる鋼管柱の設計（第2編 10.2 参照）に関して，鋼管内にコンクリートを充填する合成鋼管柱の照査例を示したものである[1]．

1. 安全性の照査

（1） 構造物の形状寸法

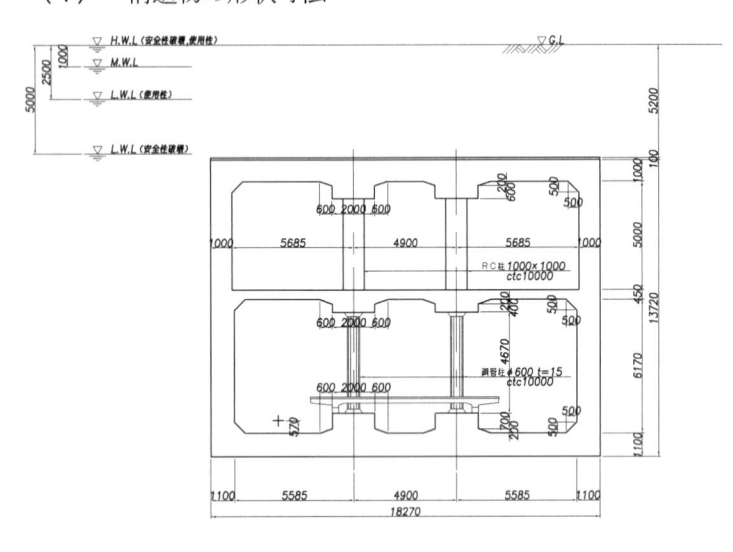

付図 2.8.1 構造物の形状寸法

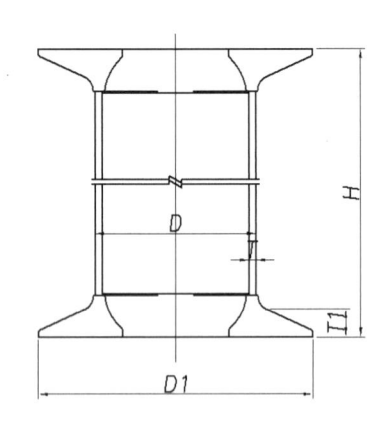

付図 2.8.2 合成鋼管柱の形状寸法

全長	鋼管柱		支圧板	
H (mm)	D (mm)	T (mm)	D1 (mm)	T1 (mm)
4670	600	15	850	70

鋼管柱スパン：10.0m

1) 一般条件
   ・構造形式　2層3径間　鉄筋コンクリート構造
   ・施工方法　開削工法
   ・環境条件　一般の環境

2) 材料および設計用値

   ・コンクリート　　　　　$f'_{ck} = 24\text{N/mm}^2$

   ・鉄筋（SD345）　　　　$f_{syk} = 345\text{N/mm}^2$　　　　$f_{suk} = 490\text{N/mm}^2$

   ・鋼管（STK490）　　　$f_{syk}, f'_{syk} = 315\text{N/mm}^2$　　$f_{suk}, f'_{suk} = 490\text{N/mm}^2$

   ・充填コンクリート　　　$f'_{ck} = 50\text{N/mm}^2$

   ・支圧板（SCW480）　　$f_{syk}, f'_{syk} = 275\text{N/mm}^2$

（2） 応答値の算定

1) 構造解析

   ・骨組解析における部材接合部には剛域を設定する

   ・合成鋼管柱上下端の材端結合条件は剛結合[*1]とする

   ・合成鋼管柱の断面諸元は，鋼管と充填コンクリートの合成値とする

   断面積　　　　　　　$A = \pi\{(D^2 - D'^2)E_s + D'^2 \cdot E_c\}/4E_c = 0.042\text{ m}^2$

   断面二次モーメント　$I = \pi\{(D^4 - D'^4)E_s + D'^4 \cdot E_c\}/64E_c = 0.00123\text{ m}^4$

   $D = 600\text{ mm}$（鋼管外径）　　$D' = 570\text{ mm}$（鋼管内径）

   ヤング係数　$E_s = 200\text{kN/mm}^2$　　$E_c = 25\text{kN/mm}^2$

   [*1] 本計算例は合成鋼管柱の材端接合を剛結合とした場合の方法を示したものであり，剛接合で設計しなければならないというものではない．

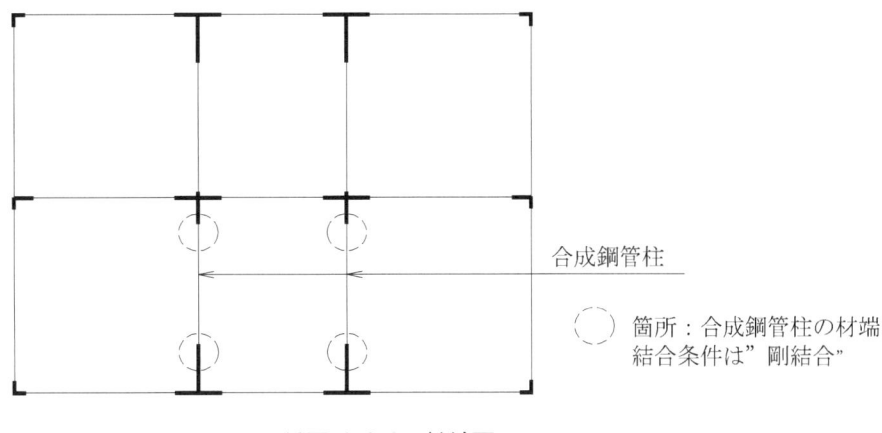

付図 2.8.3 軸線図

2) 応答値の算定

合成鋼管柱の応答値を**付表 2.8.1**に示す．

付表 2.8.1 合成鋼管柱の応答値

		安全性
設計断面力	曲げモーメント M_d	130.88 kN·m
	軸力 N'_d	10 334.46 kN

（3） 合成鋼管柱の照査

1) 合成鋼管柱の諸元

有効座屈長　$L_e = 2.335$ m

鋼管の断面積　$A_s = 27\,567$ mm²

鋼管の断面二次モーメント　$I_s = 1\,180\,060\,250$ mm⁴

充填コンクリートの断面積　$A_c = 255\,176$ mm²

充填コンクリートの断面二次モーメント　$I_c = 5\,181\,664\,874$ mm⁴

2) 曲げモーメントおよび軸方向圧縮力に対する検討

$\gamma_i \cdot M_d / M_{ud} = 1.2 \times 130.88$ kN·m $/ 879.16$ kN·m $= 0.18 \leqq 1.0$　OK

$\gamma_i \cdot N'_d / N'_{ud} = 1.2 \times 10\,334.5$ kN $/ 12\,785$ kN $= 0.97 \leqq 1.0$　OK

設計断面耐力は RC 換算方式により算出する．

3) 軸方向圧縮耐力の上限値に対する検討

$\gamma_i \cdot N'_d / N'_{oud} = 1.2 \times 10\,334.5$ kN $/ 12\,785$ kN $= 0.97 \leqq 1.0$　OK

ここに，　$N'_{oud} = \kappa \left(0.85 f'_{cd} \cdot A_c + f'_{srd} \cdot A_s \right) / \gamma_b$

　　　　　　　　 $= 1.0 \times (0.85 \times 38.5 \times 255\,176 + 300 \times 27\,567) / 1.3 = 12\,785$ kN

$\kappa = 1.0$　（$\lambda \leqq 0.2$ のとき）

　　 $= \eta - \sqrt{(\eta^2 - 1/\lambda^2)}$　（$\lambda > 0.2$ のとき）

$\eta = 1/2 \times [\{1 + \alpha\sqrt{\lambda(\lambda - 0.2)}\} / \lambda^2 + 1]$

$\lambda = L_e / \pi \times \sqrt{(f'_{syd} \cdot A_s + 0.85 \cdot f'_{cd} \cdot A_c)/(E_s \cdot I_v)} = 0.15$

(4) 支圧板の照査
1) 支圧板の諸元
   支圧板外径 $D = 850$ mm
   板　厚 $t = 70$ mm

2) コンクリートの支圧応力度の検討

$$\gamma_i \cdot \sigma_c / f'_{ad} = 1.2 \times 20.38 / 33.57 = 0.73 \leqq 1.0 \quad \text{OK}$$

ここに，σ_c　：設計支圧応力度　$\sigma_c = w_1 + w_2 = N'_d / A_a + M_d / Z = 20.38$ N/mm²

　　　　A_a　：支圧板の面積　$A_a = \pi \cdot D^2 / 4 = 567\,450$ mm²

　　　　Z　：支圧面の断面係数　$Z = \pi \cdot D^3 / 32 = 60\,291\,581$ mm²

　　　　A　：コンクリート面の支圧分布面積　$A = \pi (\text{縦桁幅})^2 / 4 = 3\,141\,593$ mm²

　　　　f'_{ad}　：コンクリートの設計支圧強度
　　　　　　$f'_{ad} = f'_{ak} / \gamma_c / \gamma_b = 48 / 1.3 / 1.1 = 33.57$ N/mm²

　　　　f'_{ak}　：コンクリートの支圧強度の特性値　$f'_{ak} = \eta \cdot f'_{ck} = 2 \times 24 = 48$ N/mm²
　　　　　　$\eta = \sqrt{A / A_a} = \sqrt{3\,141\,593 / 567\,450} = 2.353 \leqq 2.0 = 2$

　　　　γ_b　：部材係数（=1.1）

　　　　γ_c　：コンクリートの材料係数（=1.3）

　　　　γ_i　：構造物係数（=1.2）

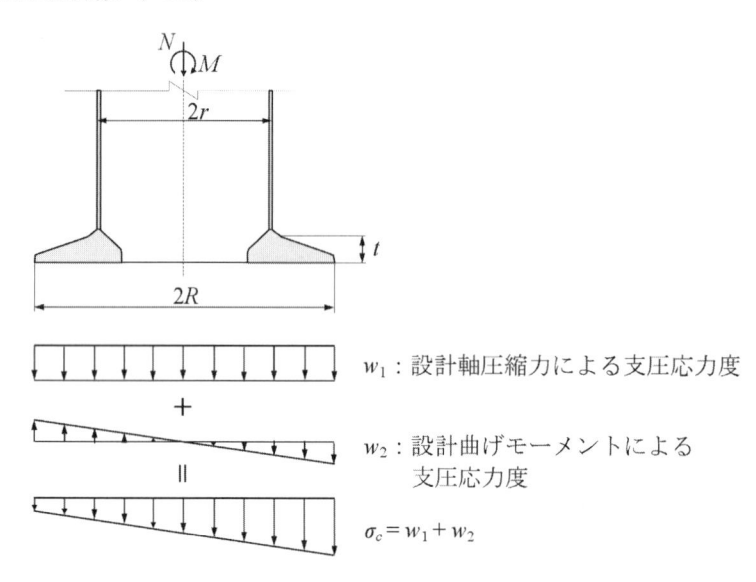

付図 2.8.4　設計支圧応力度の考え方

3) 支圧板の検討

$$\gamma_i \cdot M_r / M_{ud} = 1.2 \times 383 / 504 = 0.91 \leqq 1.0 \quad \text{OK}$$

ここに，M_r　：中心から半径 r の面に発生する曲げモーメント

$$M_r = \pi / 3 \cdot \sigma_c (2R^3 - 3rR^2 + r^3) = 383 \text{ kN·m}$$

　　　　σ_c　：支圧板下面のコンクリート支圧応力度（=20.38 N/mm²）

　　　　R　：支圧板の半径（=425mm）

　　　　r　：鋼管柱の半径（=300mm）

　　　　M_{ud}　：中心から半径 r の面での全塑性曲げ耐力

$$M_{ud} = f_{syk} / \gamma_s \cdot t^2 / 2 \cdot \pi r / \gamma_b = 504 \text{ kN·m}$$

　　　　γ_b　：部材係数（=1.1）

γ_s ：鋼材の材料係数（=1.2）
γ_i ：構造物係数（=1.2）

2. 耐震照査

（1） 設計条件

1) 設計の一般

安全性の照査で決定した部材断面について，レベル2地震動に対して照査する.

2) 耐震性能

本照査例においては，レベル2地震動に対して耐震性能2を満足するものとした.

なお，応答値の算定にあたっては，合成鋼管柱部材は鋼管と充填コンクリートを合成した軸剛性および$M-\phi$曲線（非線形剛性）を設定して応答値を算定し，部材照査を行う. Y点は水平力作用方向に対し45°位置での鋼管が降伏した時点とし，M点は充填コンクリートの最大圧縮ひずみが0.03に達した時点とする.

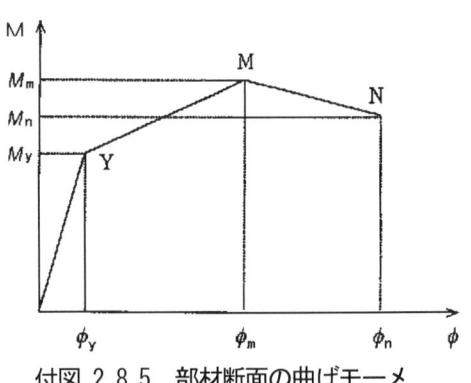

付図 2.8.5 部材断面の曲げモーメントと曲率の関係

（2） 設計の基本

1) 合成鋼管柱の材端結合条件

耐震照査における構造解析では，合成鋼管柱の上下端の結合条件は付図 2.8.6に示すように，支圧板を考慮した回転バネとする.

2) 回転バネ

ⅰ） レベル2地震における構造解析では，合成鋼管柱の上下端の結合条件は支圧板を考慮した合成鋼管柱の終局モーメント時におけるバイリニア非線形回転バネとする.

ⅱ） 回転バネは，長期作用状態における軸力N作用時の充填鋼管柱の降伏モーメントM_y，および終局モーメントM_uを算定し，この断面力作用時における支圧反力分布面積から算定する.

$$K_\theta = k_v \cdot I'$$

$$k_v = \frac{E_c}{0.3R}$$

$$I' = \left\{ \frac{4\sin^6\alpha}{9(\alpha - \sin\alpha\cos\alpha)} - \frac{2}{3}\sin^3\alpha\cos\alpha \right\}R^4$$

$$\frac{e}{R} = \frac{2\sin^3\alpha}{3(\alpha - \sin\alpha\cos\alpha)}$$

ここに，K_θ ：支圧板回転バネ定数
R ：支圧板半径（=425mm）
E_c ：コンクリートのヤング係数（=25kN/mm²）
I' ：支圧反力分布面積の断面二次モーメント
α ：支圧板の反力分布角
e ：偏心量　$e = \dfrac{M}{N}$
N ：長期作用状態における軸力（=8 762.9kN）

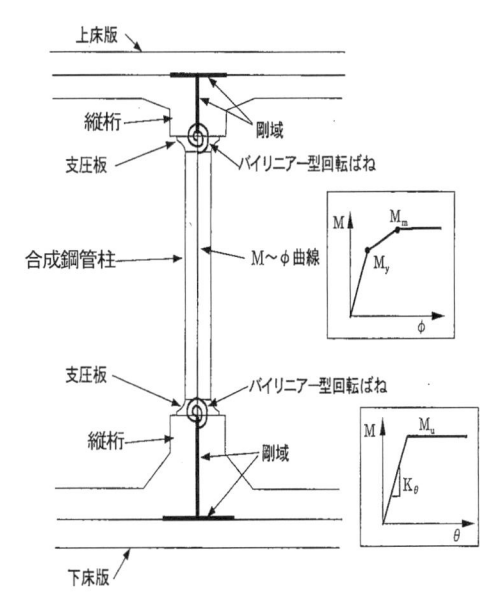

付図 2.8.6 合成鋼管柱の材端結合条件

(3) 応答値の算定

合成鋼管柱の耐震照査は，鋼管と充填コンクリートを合成した軸剛性および$M-\phi$曲線（非線形剛性）を設定して行う．また，応答値の算定は応答変位法による非線形解析とする．

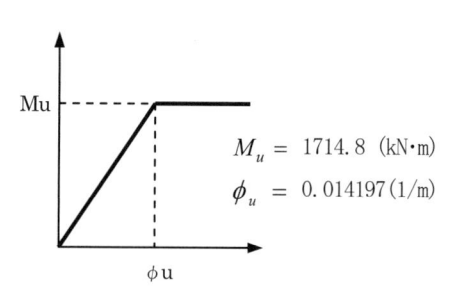

(4) 合成鋼管柱の照査

1) 損傷レベルの照査

$$\gamma_i \cdot \phi_d / \phi_{md} \leqq 1.0$$

ここに，γ_i ：構造物係数（＝1.0）
ϕ_d ：設計応答曲率
ϕ_{md} ：最大変位時の設計曲率

$M_u = 1714.8$ (kN・m)
$\phi_u = 0.014197$ (1/m)

付図 2.8.7 L2 地震時における回転バネの評価

付表 2.8.2 L2 地震時における損傷レベルの照査

断面位置					左鋼管柱		右鋼管柱	
					上支承前面	下支承前面	上支承前面	下支承前面
					右引張	左引張	右引張	左引張
断面形状					ϕ=600mm	ϕ=600mm	ϕ=600mm	ϕ=600mm
断面諸元	鋼管		板厚		t=15mm	t=15mm	t=15mm	t=15mm
			種別		STK490	STK490	STK490	STK490
	充填コンクリート		種別		f'ck=50N/mm²	f'ck=50N/mm²	f'ck=50N/mm²	f'ck=50N/mm²
耐震L2地震動 損傷レベルの照査	応答値（最大応答時）	軸力	Nd	kN	663.2	666.8	1342.5	1346.1
		曲げモーメント	Md	kN・m	147.5	147.1	140.8	144.9
		曲率	ϕd	1/m	0.04006	0.03954	0.03376	0.03758
	照査指標	損傷レベル限界	ϕmd	1/m	0.07161	0.07161	0.07161	0.07161
	損傷レベルの照査	損傷レベル	$\phi d/\phi md$		0.56	0.55	0.47	0.53
		損傷レベル／損傷レベルの制限値			損傷レベル2/2	損傷レベル2/2	損傷レベル2/2	損傷レベル2/2

2) 損傷レベル図

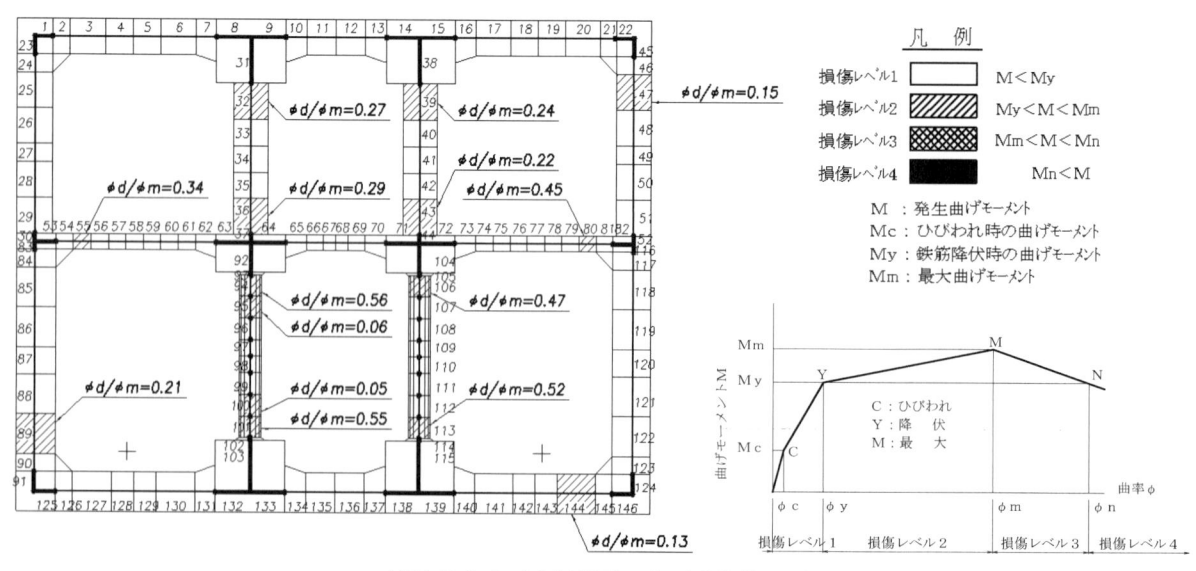

凡例

損傷レベル1 □ $M<My$
損傷レベル2 ▨ $My<M<Mm$
損傷レベル3 ▦ $Mm<M<Mn$
損傷レベル4 ■ $Mn<M$

M：発生曲げモーメント
Mc：ひびわれ時の曲げモーメント
My：鉄筋降伏時の曲げモーメント
Mm：最大曲げモーメント

C：ひびわれ
Y：降伏
M：最大

付図 2.8.8 L2 地震時における損傷レベル図

参考文献

1) (独)鉄道建設・運輸施設整備支援機構：地下構造物用合成鋼管柱設計手引き, pp.27-47, 2011.

【3－1　耐震性に配慮した仮設構造の構造細目に関する資料】

　仮設構造物は，地震時には地盤の変形に追随するように動き，かつ可撓性に富む構造物であることから耐震性に優れている構造であり，また一般に設置期間が短い一時的な構造物であること等から，経済的な観点からも耐震を考慮した設計等は行われていなかったのが実情である．しかしながら，兵庫県南部地震や東北地方太平洋沖地震では，地震力や地盤の側方流動により土留め壁や土留め支保工の過大変形，ソイルセメント地下連続壁のクラック等が生じた事例も報告されている．設置期間がとくに長い場合や重要構造物に近接する場合等では，耐震性に配慮した構造とすることが要求されることもある．このような観点から，仮設構造物においては，次のような場合等では，耐震性に配慮した構造とすることが望ましい．

　　① 液状化，流動化が考えられる地盤
　　② 左右の剛性差がある場合，段差のある場合などの非対称な仮設構造物
　　③ 重要な近接構造物がある場合，長期間存置する場合および損傷を受けると社会的な影響の大きい場合

　地震時の土留め工には，土留め壁の剛性や形状，地盤性状の差によって，その架構にねじれが生じることから，この挙動が主な原因で仮設構造物に損傷を与えると考えられている（文献[1]による）．

　したがって，土留め工は，地震動に対して粘りのある構造でなければならず，とくに土留め支保工を安定に保つことが重要である．このため，土留め支保工を安定に保つ構造細目として，土留め壁のコーナー部，土留め支保工と土留め壁との接合部，土留め支保工や覆工桁の取付け部等を十分補強することが必要である．

　このようなことから，仮設構造物の耐震構造としては，とくに耐震構造上で課題のある構造以外は設計計算等で対応する場合は少なく，一般には，次のような耐震性に富む構造細目に配慮するとよい[2]．

1) 土留め壁の変形等の抑制

　土留め壁の有害な変形を防止するために，土留め壁の隅角部には火打ちを設けるのがよい．また，溝状掘削で一方向切ばりの土留め工で切ばり間隔が大きい場合には，切ばりに火打ちを設けるなど土留め工全体の剛性を高めるような構造とすることが望ましい．とくに，切ばりの中間部に設置したジャッキ周辺には補強材を設け剛性を高めるのがよい．

2) 腹起しの跳上がりおよびずれ等の防止

　跳上がり防止材および横ずれ防止材等を設置することが望ましい．とくに，アイランド工法等で斜め切ばりを用いる場合には，剛性の高いブラケットを腹起しの上部に設置し，切ばりとの接合部以外にもブラケットやスティフナーにより補強することが望ましい（付図 3.1.1，付図 3.1.2 参照）．

3) 切ばりの変形および座屈等の防止

　跳上がり防止材とずれ止め材を併用するなど，切ばりの固定を堅固なものとすることが望ましい（付図 3.1.3 参照）．

4) 覆工桁の転倒防止，相対変位の抑制およびずれ防止

　地盤と接する部分の覆工桁は，覆工桁に広幅系の H 形鋼を用いる場合を除き，桁の支間中間部にも転倒防止材を設けるのがよい．また，桁の中間部には 4m 程度の間隔で水平けい材を取り付けるなど覆工桁の転倒を防止するとともに，桁間の相対変位を抑えることが望ましい．また，ずれ止めには，広幅系の H 形鋼を使用し，高力ボルトまたは溶接で堅固に取り付けるなど，覆工板のずれを防止することが望ましい．

5) ボルトの破断やゆるみ等の防止

　ボルト接合部は全て高力ボルトを使用することが望ましい．なお，高力ボルトを使用し，応力に余裕のある場合でも，リース加工製品等の既存のボルト孔には，全てボルトを取り付ける．

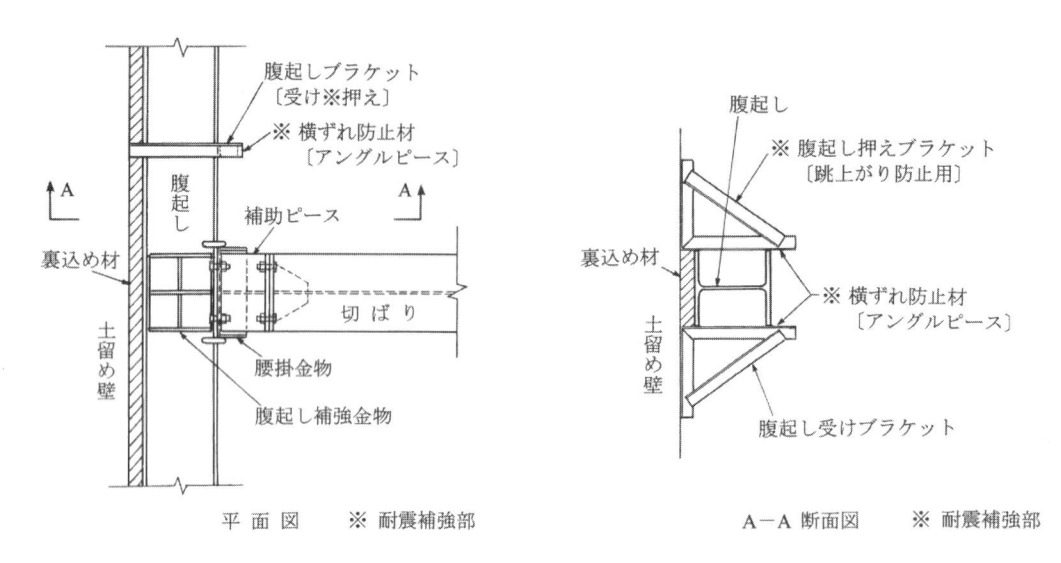

付図 3.1.1 腹起し取付け部の補強例

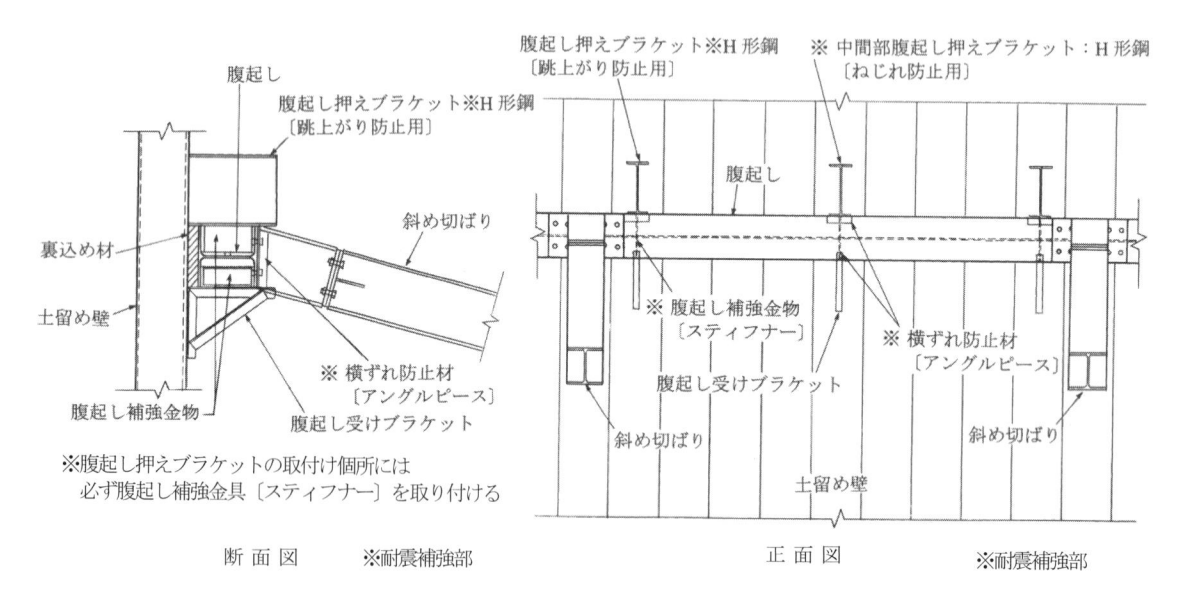

付図 3.1.2 斜め切ばりの場合の腹起し取付け部の補強例

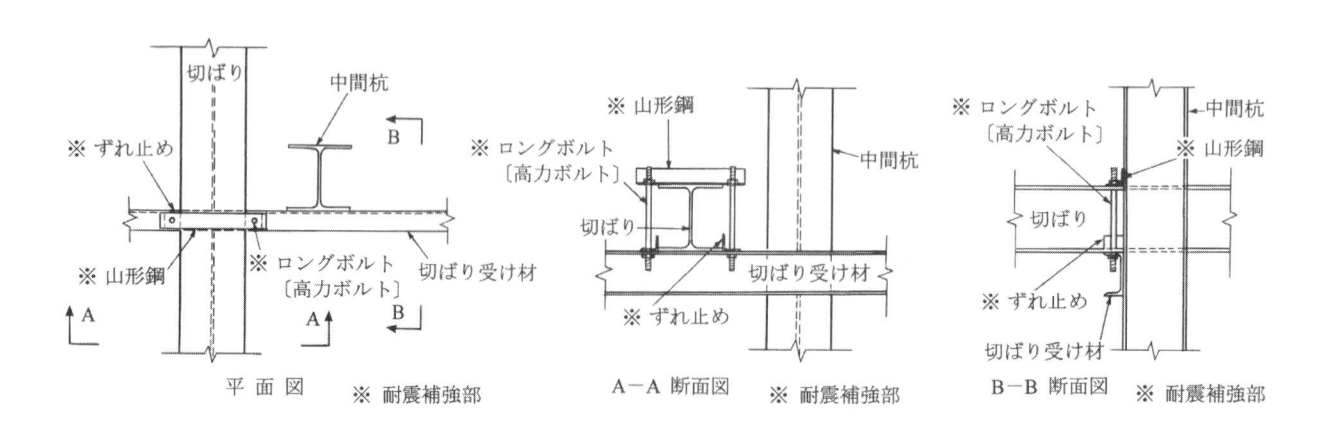

付図 3.1.3 切ばり固定部の補強例

参考文献
1) (社)地盤工学会：山留め架構の設計・施工に関する研究報告書, pp. 146-148, 1998.
2) (社)日本道路協会：道路土工仮設構造物工指針, pp. 306-310, 1999.

【3-2 ソイルセメントの許容応力度および応力度算定方法に関する資料】

ソイルセメント地下連続壁のソイルセメントは，親杭横矢板土留め壁における横矢板とよく似た働きをする．以下にソイルセメントの許容応力度および応力度算定方法の一例を示す．なお，ここで取り扱うソイルセメントは原位置においてセメント溶液を混合，撹拌して造成した土留め壁を対象としている．流動化処理土をソイルセメントとする場合には，安定液内（水中）での打設を考慮して，土試料の選定，配合および許容応力度の設定を行う必要がある．

1. ソイルセメントの許容応力度

ソイルセメントの品質は施工法，対象土質，施工条件によってかなりのばらつきが生じるので，配合設計においては，これらのことを考慮して設計強度が十分に確保できるようにしなければならない．

ソイルセメントの設計基準強度は，原位置土で作成した試験体での強度試験にもとづいて定めることを原則とするが，現場条件，工期等やむをえない場合は，当該工事の諸条件（土質，硬化材の配合や注入率，混合撹拌の程度等）に類似した過去の実績等を参考にして定めてもよい．なお，設計基準強度 q_{uk} は特殊土を除いて $0.5N/mm^2$ 程度が目安になる．

ただし，有機質土，火山灰質粘性土，高有機質土等の特殊土については，土質，施工条件等によって強度が極端に小さくなることがあるので，室内配合試験を実施して決定する必要がある．

ソイルセメントの許容応力度の一例を**付表 3.2.1**に示す．

なお，ソイルセメントの設計基準強度と室内配合試験から得られる一軸圧縮強度の関係は，土質等によって異なるが，一般には次式による．

$$q_{uk} = (0.5～1.0)q_{ul}$$

ここに，q_{uk}：ソイルセメントの設計基準強度

q_{ul}：室内配合試験から得られる一軸圧縮強度の最小値

付表 3.2.1 ソイルセメントの許容応力度の一例[1]

許容圧縮応力度 σ_{ca}	許容曲げ引張応力度 σ_{ta}	許容せん断応力度 τ_a
q_{uk}^{*1}/F_s^{*2}	原則として無視する	$q_{uk}^{*1}/3F_s^{*2}$

*1 q_{uk}：$3.0N/mm^2$を最大値とする．
*2 F_s：安全率（一般に2程度とすることが多い）

2. ソイルセメントの応力度算定方法

ソイルセメントは，曲げ引張強度が期待できないことから，**付図 3.2.1**に示すように芯材（H形鋼）のフランジ間距離 l_2 は，次式を満足する必要がある．

$$l_2 \leqq D + h$$

ここに，l_2 ：芯材のフランジ間距離
D ：ソイルセメントの壁厚（柱列式の場合は削孔径）
h ：芯材（H形鋼）の高さ

側圧によるソイルセメントの発生応力度は，隣り合う芯材（H形鋼）を支点とする水平方向部材として算定する．ただし，芯材のフランジ間距離とソイルセメントの壁厚は前式を満足することから曲げに対する検討は省略し，せん断力および芯材の掘削側フランジ部に発生する圧縮力に対する応力度の検討を行うこととする．

（1） せん断応力度の算定[2]

せん断力の算定は，柱列式の場合，芯材端部（**付図 3.2.2**のⅠ-Ⅰ断面）およびくびれ部（**付図 3.2.2**のⅡ-Ⅱ断面）で行う．芯材の高さが小さい場合のくびれ部での有効厚は**付図 3.2.3**により求める．なお，柱列式で芯材を全孔に設置した場合や壁式の場合では，くびれ部がないことから，この位置での検討は必要ない．また，柱列

式で接円配置とした場合のソイルセメントについても芯材が全孔に設置されている場合に限り，以下の算定方法によってもよい．

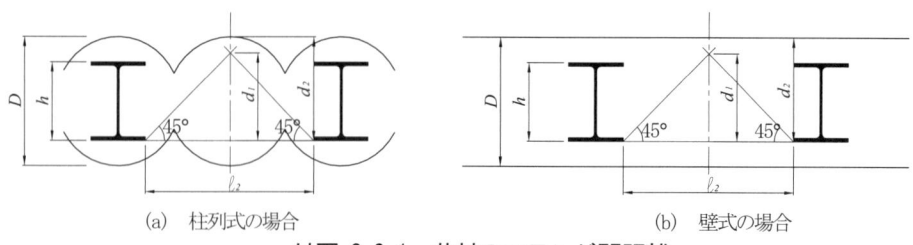

付図 3.2.1　芯材のフランジ間距離
(a) 柱列式の場合
(b) 壁式の場合

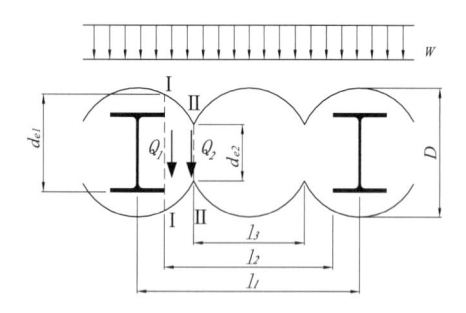

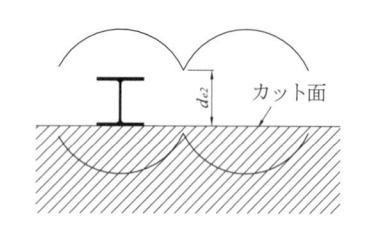

付図 3.2.2　せん断力の検討
付図 3.2.3　芯材高さが小さい場合のくびれ部の有効厚

次にせん断応力度の算定式を示す．

$Q_1 = wl_2/2$

$Q_2 = wl_3/2$

ここに，Q_1：ソイルセメントの芯材端部のせん断力
　　　　Q_2：ソイルセメントのくびれ部のせん断力
　　　　w：深さ方向の単位長さあたりの側圧
　　　　l_2：芯材のフランジ間距離
　　　　l_3：ソイルセメントのくびれ部間隔

$\tau_1 = Q_1/(bd_{e1}) \leqq \tau_a$

$\tau_2 = Q_2/(bd_{e2}) \leqq \tau_a$

ここに，τ_1：ソイルセメントの芯材端部のせん断応力度
　　　　τ_2：ソイルセメントのくびれ部のせん断応力度
　　　　τ_a：ソイルセメントの許容せん断応力度
　　　　d_{e1}：芯材端部における有効厚（付図 3.2.2 参照）
　　　　d_{e2}：ソイルセメントくびれ部における有効厚（付図 3.2.2 参照）
　　　　b：深さ方向の単位長さ

（2）　圧縮応力度の算定[2]

付図 3.2.4 に示すように芯材の掘削側フランジ部のソイルセメントには圧縮力が作用する．発生する圧縮力および圧縮応力度は，次式により算定することができる．なお，圧縮を受ける断面積としては，芯材のフランジ幅の 1/2 に単位長さを乗じた面積をとる．なお，柱列式で芯材を全孔に設置した場合では，この圧縮力に関する検討を省略してもよい．

$N = wl_2/2$

$\sigma_c = N/A = 2N/(bB) \leqq \sigma_{ca}$

ここに，N：圧縮力
　　　　w：深さ方向の単位長あたりの側圧

- l_2 ：芯材間のフランジ間距離
- σ_c ：ソイルセメントの圧縮応力度
- A ：圧縮力を受ける面積
- b ：深さ方向の単位長さ
- B ：フランジ幅
- σ_{ca} ：ソイルセメントの許容圧縮応力度

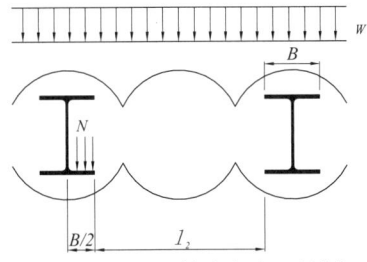

付図 3.2.4 圧縮応力度の検討

参考文献

1) (社)日本材料学会：ソイルミキシングウォール(SMW)設計施工指針(改訂版), pp. 20-23, 2002.
2) (社)日本道路協会：道路土工仮設構造物工指針, pp. 111-115, 1999.

【3-3 補強土工法による土留め工の設計に関する資料】

1. 補強土工法による土留め工

補強土工法とは，土中に引張り補強材を配置し地盤を強化する工法であり，土留め工として用いた場合，掘削領域の中に支保部材がないこと，比較的短い補強材長であること等から，施工条件によっては施工性，経済性に優れることとなる．付表 3.3.1にグラウンドアンカー工法との比較を示す．グラウンドアンカー工法と比較すると，補強材が短いため隣地境界が近い箇所や，軟弱地盤等アンカーの定着長が深くなる所で非常に有利となる．引張り補強材としては削孔・注入方式による直径40mm程度の小さな径の補強材（ネイリング）と，機械式撹拌混合方式による直径400mm程度の大きな径の補強材（ダウアリング）がある．大きな径の補強材は1本あたりの周面摩擦面積を大きくとることができるため，補強材数量が減り効率的であることや，沖積層等の比較的軟弱な地盤でも適用することが可能である．また，FRPロッドを補強材の芯材として用いることにより，長期の使用や永久構造物としての使用も可能となる．

付表 3.3.2において小径の補強材と大径の補強材を比較する．適用にあたっては，付表 3.3.2を参考に地盤条件に適合した経済的な工法を選定するとよい．

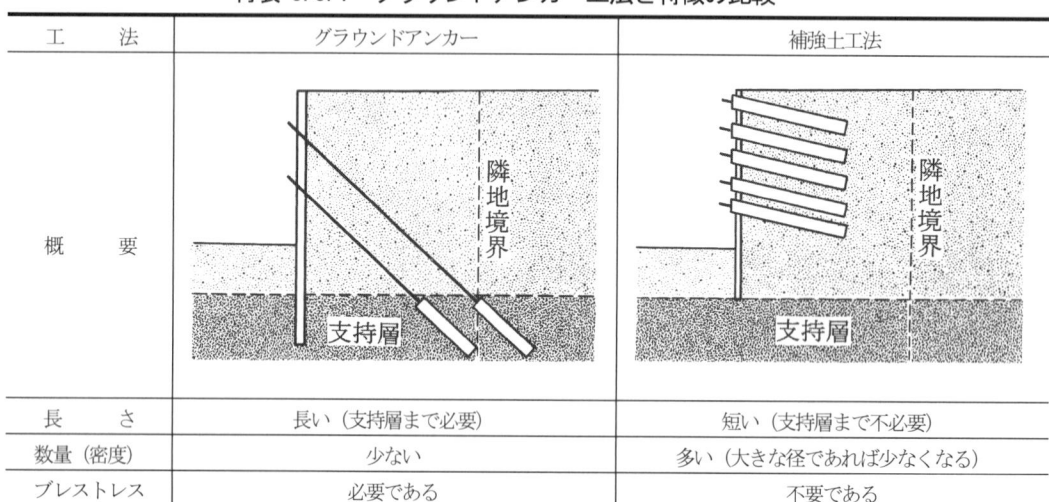

付表 3.3.1 グラウンドアンカー工法と特徴の比較

工法	グラウンドアンカー	補強土工法
概要	（図）	（図）
長さ	長い（支持層まで必要）	短い（支持層まで不要）
数量（密度）	少ない	多い（大きな径であれば少なくなる）
プレストレス	必要である	不要である

2. 適用について

補強土工法による土留め工は，これまでの実績から掘削深さ10m程度以下での比較的浅い掘削に対して適用される．付図 3.3.1に補強土工法による土留め工の構成を示す．土留め壁，補強材，腹起し，定着具による構成を基本とする．自立性の高い地盤で地下水の問題が少ない場合には，吹付けコンクリートまたは鉛直抑止杭（地盤改良杭）と補強材の組合せによる土留め工を適用する場合もある．

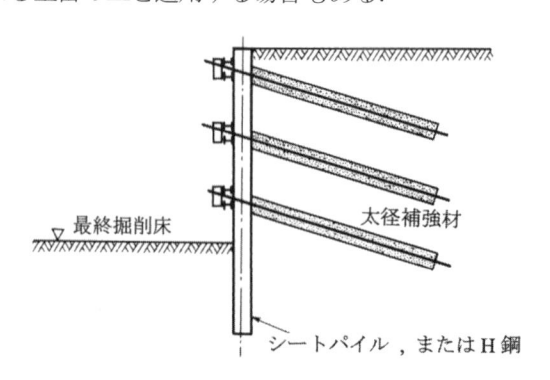

付図 3.3.1 補強土工法による土留め工の例

3. 設計について

　設計は，補強材の仕様（配置，打設長）を二楔法による滑動および転倒に対する安定を確保できるように設定した後は，通常の土留め工と同様である．以下に設計項目を時系列的に示す．（1）～（4）の項目が本工法の特徴的な検討項目となる．（5）以降の項目は，用いる土圧は異なるものの通常の土留め工の設計と同様である．

（1） 補強材の配置の仮定

　補強材の配置は，内的安定を確保するように合理的に決定されるものであるが，土留め工の設計を行うにあたり，下記の補強材の仕様をあらかじめ仮定する必要がある．

① 補強材の直径
② 設置位置，水平間隔，鉛直間隔
③ 設置角度
④ 補強材長，
⑤ 引張り強度

付表 3.3.2　補強土工法の補強材の比較

項目			小径補強材	大径補強材
適用	土質		比較的硬質な地山（軟弱地盤での適用は困難）	盛土・軟弱地盤・崩壊性地山（硬質地盤での適用は困難）
施工	補強材径		φ40～100mm	φ300～500 mm（標準φ400mm）
	補強長		2～8 m程度	2～8 m程度
	セメント		普通セメント	セメント系固化材
	注入方法		無加圧流し込み	攪拌混合
引張芯材	材質		異形棒鋼等	FRPロッド，ネジ節異形棒鋼等
	径		φ22～32mm（標準）	φ35mm程度
	防蝕対策		注入材のかぶり　亜鉛メッキ等	FRPロッドの使用　注入材のかぶり　亜鉛メッキ等
支保工頭部定着	タイプ		支圧板，腹起し	支圧板，腹起し
	頭部処理		ナット締め	ナット締め

（2） 補強領域を含む完成形での内的安定の検討

　補強材により補強された完成形の掘削断面について，補強材の引抜けや破断に関する内的安定の検討を二楔法により行い，上記（1）において仮定された補強材の配置等を見直し，補強した完成形での内的安定を確保するために必要な補強材配置を決定する．ただし，対象地盤が粘着力度の高い粘性土地盤である場合には，二楔法による検討では土圧が算定されない場合があり，このような場合には仮想流体圧を考慮するものとする．

（3） 各掘削段階の内的安定の検討

　補強材を用いた土留め工の施工は，グラウンドアンカーの施工手順と同様に，掘削→補強材打設→腹起し設置→頭部定着を順次繰り返して最終床付けまでの施工を行う．このため，完成時よりも掘削段階での安定のほうが危険となることがあるため，各掘削段階の安定について検討を行う．検討は（2）で決定された補強材配置にて，二楔法により行う．各掘削段階の検討の結果，所要の安全率を満足できない場合には，まず，施工ステップの各掘削深さを調整することで再検討を行う．掘削深さの調整では安定を確保できない場合には，補強材の配置間隔を変更することになるが，この場合には，（2）の完成形での検討も再度実施する．

（4） 土留め壁根入れ長の検討

　根入れ長の検討は，第3編 5.2.2で示された背面側側圧と受働側圧によるモーメントのつり合い等による根入れ長の他，外的安定として定められた根入れの下端をとおる円弧すべりの安定性を確認する．外的安定を確保でき

ない場合には，外的安定に必要な根入れ長を算定し，これを根入れ長とする．
　（5）　土留め壁の断面計算
　土留め壁の断面計算は，弾塑性法により土留め壁断面力を求め土留め壁の照査を行うことを基本とする．ただし，土留め壁に鋼矢板を用いる場合には，補強材打設のための欠損部を考慮し検討では断面低減する必要がある．
　また，壁面に対しては二楔法により算出された土圧が実際には作用すると考えてよいことから，土留め壁の断面計算を行う場合には，二楔法の計算結果から土圧分布を抽出して計算を行い，断面力を求めてもよい．
　（6）　腹起しの検討
　前記（5）と同様に一般の土留め工の設計法により行うが，二楔法による土圧を用いる場合には二楔法から得られた土圧を用いた弾塑性法により腹起しに作用する断面力を求める．
　（7）　土留め壁の変形に対する検討
　土留め壁の変形に対する検討は，弾塑性法により行う．この場合，支保工ばねとして補強材の引抜きばねを考慮する．なお，土留め壁に鋼矢板を用いる場合には，欠損部に対する土留め壁断面の設定に注意が必要である．
　（8）　ソイルセメント強度の検討（ソイルセメントによる大径補強材を適用した場合）
　二楔法により算定された引抜き抵抗力を引張り芯材の引抜き力として，引張り芯材とソイルセメント体との付着破壊に対する検討を行い，付着破壊に対して安定となるソイルセメント強度を設定する．
　（9）　ブラケットの検討
　ブラケットの検討は，一般の土留め工のブラケットの検討と同様である．上段には腹起し自重のみを考慮し，下段には腹起し自重と補強材軸力鉛直成分荷重を考慮するものとする．
　（10）　台座の検討
　台座の検討は，上下段の腹起しウェブ位置で支持された単純ばりとして扱い，曲げモーメントおよびせん断に対して検討する．

4.　二楔法による内的安定の照査

　二楔法による内的安定の検討は，二楔法により算定した土圧を起動力とする土留め壁の滑動，転倒に対して検討する．このとき，すべり面よりも背面側に位置する補強材が引抜き抵抗として寄与する．内的安定の検討は，完成時および施工時の各掘削断面について行う．さらに，土留め壁背面に列車荷重等が作用する場合には，列車走行時の状態において完成時，施工時での検討を実施する．
　（1）　二楔法による力の釣合い
　付図 3.3.2 に，二楔法の概念図を示す．これらの力が極限平衡状態にあるとして，地山側のブロック（Bブロック）と，壁体側の補強領域のブロック（Fブロック）に対し，それぞれの力のつり合い条件式によりすべり面反力を計算する．すべり面反力は次式で表される．なお，添字のB，FはそれぞれBブロック，Fブロックを意味する．また，安定計算上，ブロック間およびブロックと壁体間の粘着力の項については，安全側の配慮から考慮せず，つり合い式で該当する項は一般にゼロとする．

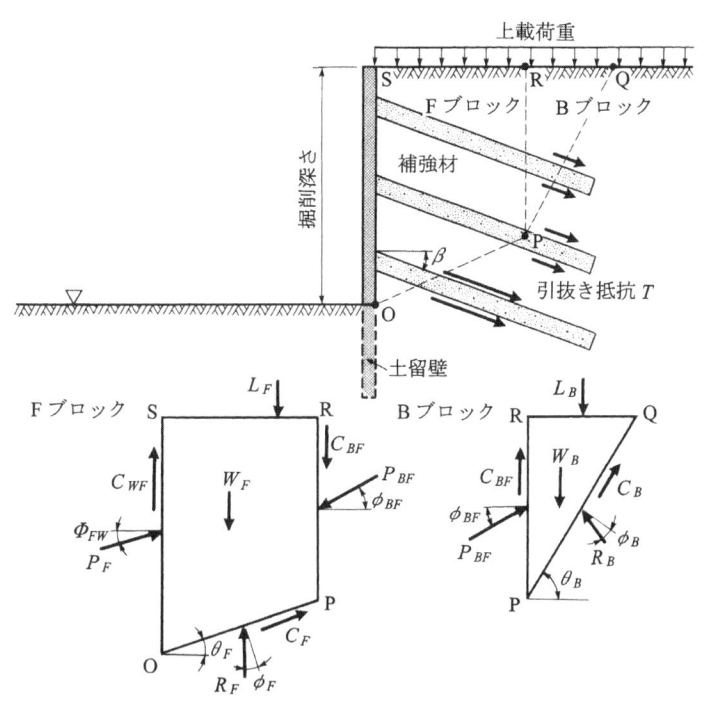

付図 3.3.2 二楔法の概念図

1) 背面土側ブロック（Bブロック）

$$P_{BF} = \frac{(W_B + L_B)\sin(\phi_B - \theta_B) - c_B \cos\phi_B + c_{BF}\sin(\phi_B - \theta_B)}{\cos(\phi_B + \phi_{BF} - \theta_B)}$$

$$R_B = \frac{(W_B + L_B)\cos(\phi_{BF}) + c_B \sin(\phi_{BF} - \theta_B) - c_{BF}\cos\phi_{BF}}{\cos(\phi_B + \phi_{BF} - \theta_B)}$$

2) 壁体側ブロック（Fブロック）

$$P_F = \frac{(W_F + L_F)\sin(\phi_F - \theta_F) + P_{BF}\cos(\phi_F + \phi_{BF} - \theta_F) + c_{FW}\sin(\phi_F - \theta_F) - c_F \cdot \cos\phi_F - c_{BF}\sin(\phi_F - \theta_F)}{\cos(\phi_{FW} + \phi_F - \theta_F)}$$

$$R_F = \frac{(W_F + L_F)\cos(\phi_{FW}) + P_{BF}\sin(\phi_{BF} - \phi_{FW}) - c_{FW}\cos\phi_{FW} + c_F \sin(\phi_{FW} - \theta_F) + c_{BF}\cos(\phi_{FW})}{\cos(\phi_{FW} + \phi_F - \theta_F)}$$

ここに，P : 土圧合力
　　　　R : 楔に対する反力
　　　　W : 楔の重量
　　　　L : 楔の上載荷重
　　　　C : 土の粘着力
　　　　ϕ : 土の内部摩擦角

（2） 設計に用いる側圧

1) 背面側側圧

① 掘削面以浅　掘削面以浅の背面側側圧は，壁体に対して三角形分布の土圧として次式により求める．

$$P_F = \frac{1}{2}K_w \gamma_t H^2 + K_w pb$$

したがって，補強された地山の土圧係数K_wは，次式により求められる．

$$K_w = \frac{P_F}{\gamma_t H^2 / 2 + pb}$$

ここに，P_F ：二楔法による壁体背面に作用する土圧合力
　　　　γ_t ：土の単位体積重量
　　　　p ：上載鉛直荷重
　　　　b ：上載荷重の載荷幅（ただし，二楔上の載荷幅）
　　　　H ：壁体の高さ

この結果から，背面土の土圧は次式で示される．

$$p_1 = K_w \gamma_t z$$

ここに，z ：壁体天端からの鉛直深度

　② 掘削面以深　掘削面以深の背面側側圧は，第3編 **2.5.2（1）** による．
2) 受働土圧　掘削面側の受働側圧は，第3編 **2.5.2（2）** による．
3) 静止側圧　掘削面側の静止側圧は，第3編 **2.5.2（3）** による
4) 水圧　掘削底面以深の土留め工に作用する水圧は，第3編 **2.5.2 解説（4）** による．

（3）　安全率

滑動安全率F_s，転倒安全率F_0を以下に定義する．

1) 滑動に対する安全率F_s

$$F_s = \frac{F_{r,g}}{F_{d,s}}$$

ここに，$F_{r,g}$ ：補強材の水平抵抗力
　　　　$F_{d,s}$ ：土圧合力の水平成分

2) 転倒に対する安全率F_0

$$F_0 = \frac{M_{r,s} + M_{r,g}}{M_{d,s}}$$

ここに，$M_{r,s}$ ：Fブロック背面の土圧合力鉛直成分による抵抗モーメント
　　　　$M_{r,g}$ ：補強材の抵抗力による抵抗モーメント
　　　　$M_{d,s}$ ：土圧合力の水平成分による転倒モーメント

3) 内的安定の所要安全率

所要安全率は土留め工の重要度に応じて設定することとし，通常の土留め工では**付表 3.3.3**を，土留め壁背面地盤に重要構造物が近接する場合には**付表 3.3.4**を基本とする．重要構造物が近接する場合には，その構造物等による荷重状態での所要安全率を，完成時，施工時とも満足させる必要がある．

付表 3.3.3　通常の土留め工の所要安全率

荷重状態	完成時	施工時
内的安定の所要安全率	1.5	1.25

付表 3.3.4　重要構造物が近接する場合の所要安全率

荷重状態	完成時	完成時（一時）	施工時	施工時（一時）
内的安定の所要安全率	2.0	1.5	1.5	1.5

【3−4 掘削底面の安定に関する資料】

1. 掘削幅を考慮したボイリング式に関する検討

ボイリングの検討方法には，従来から用いられてきたテルツァーギの方法，掘削幅の影響を考慮できる第3編 **5.2.1 解説** 1)に示す方法および文献[1]に示す方法がある．ここでは，テルツァーギの方法および文献[1]について示す．

（1） テルツァーギの方法

テルツァーギの方法は，付図 3.4.1に示すように，土留め壁の下端に水位差の半分に相当する平均過剰間隙水圧が発生し，それに対して，土の有効重量が抵抗すると考える方法である．必要安全率はF_s=1.2〜1.5をとる場合が多い．

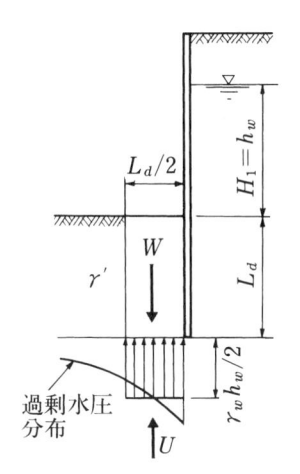

$$F_s = \frac{W}{U} = \frac{2\gamma' \cdot L_d}{\gamma_w \cdot h_w} \geq 1.2 \sim 1.5$$

ここに，F_s：安全率
W：土の有効重量
U：平均過剰間隙水圧
γ'：土の水中単位体積重量
γ_w：水の単位体積重量
L_d：根入れ長
h_w：水位差

付図 3.4.1 テルツァーギの方法

（2） 文献[1]による方法

掘削幅の影響を考慮できるものとして，文献[1]による方法を以下に示す．

$$F = \frac{W}{U} = \frac{\gamma' D_b}{\gamma_w h_a} \geq 1.5$$

$$W = 1/2 D_b^2 \gamma'$$

$$U = 1/2 D_b h_a \gamma_w$$

$$h_a = \lambda a (B/D_b)^{-b} h_w$$

$$\begin{cases} a = 0.57 - 0.0026 h_w \\ b = 0.27 + 0.0028 h_w \end{cases}$$

ここに，F：安全率
γ'：砂質土の水中単位体積重量(kN/m³)
D_b：土留め壁の根入れ長(m)
γ_w：水の単位体積重量(kN/m³)
h_w：掘削底からの背面側地下水位高さ(m)
B：掘削幅(m)
λ：三次元効果に対する補正係数（立坑掘削：$\lambda = 1.25$，溝形掘削：$\lambda = 1$）

ここで一例として，各種ボイリング検討式から得られる掘削幅と必要根入れ長の関係を**付図 3.4.2**に示す．試算した条件は，土の水中単位体積重量γ'=8.0kN/m³，水の単位体積重量γ_w=10kN/m³，水位差h_w=10m，掘削形状を矩形（立坑）とした．図から明らかなように，本示方書の式および文献[1]では，掘削幅が狭くなるほど必要根入れ長が長く計算されているのに対し，テルツァーギの方法は掘削幅に関係なく根入れ長が決定されている．

一方，掘削幅が大きい範囲では，本示方書の式の値がテルツァーギの式に漸近しているが，これは本指針式が

テルツァーギの式を下回らないように組み立てられていることが理由である．このことが示すように，テルツァーギの方法は掘削幅が広く掘削幅が根入れ長に対して十分大きい範囲である場合には合理的な設計となることがある．

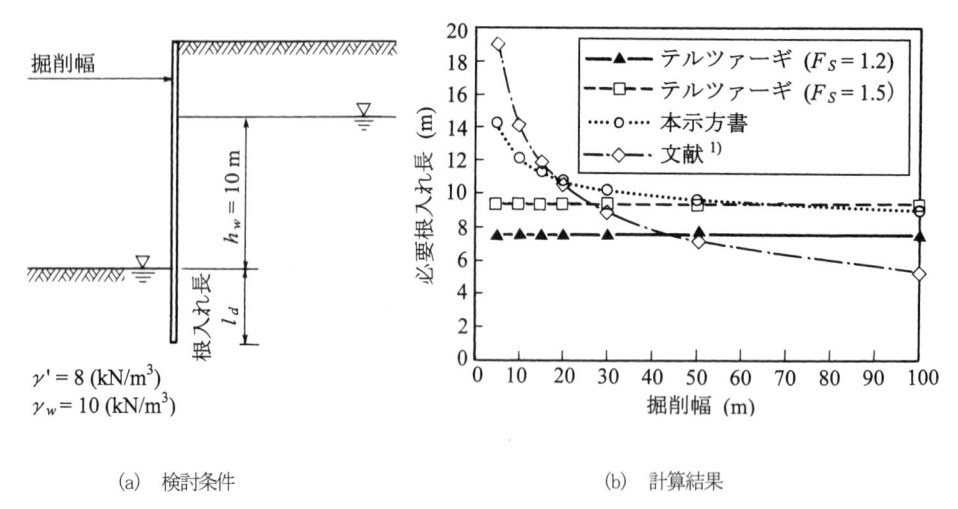

(a) 検討条件 (b) 計算結果

付図 3.4.2　各種ボイリング検討式から得られる掘削幅と必要根入れ長の関係

2. ヒービングの検討式

ヒービングの検討式は，支持力理論に基づく方法およびすべり面を仮定してモーメントのつり合いを考える方法に大別される．

本示方書では，一般に広く普及していると思われる後者の方法によりヒービングの検討を行うこととしている．この方法は，深さによる粘着力の変化を考慮できるという特徴がある．この他にも付表 3.4.1に示すように種々のヒービングの検討式があり，ペックの安定数（N_b）が3を超える場合には，これらの検討式を用いて詳細な検討を加えることが望ましい．

付表 3.4.1　ヒービングの検討式

提唱者名または基準名	検討式	S_uが一定の地盤が厚く続く場合のペックの安定数 帯状の掘削 ($B/L \fallingdotseq 0$)	S_uが一定の地盤が厚く続く場合のペックの安定数 正方形掘削 ($L=B$)	検討式の特徴
テルツァーギ・ペック (Terzaghi-Peck) の方法	1) 硬い地盤が深い場合 ($D>B\sqrt{2}$) $F_s = \dfrac{q_d}{p_r} = \dfrac{5.7c}{\gamma_t H - \dfrac{\sqrt{2}cH}{B}} \geqq 1.5$ $F_s = \dfrac{q_d}{p_r} = \dfrac{5.7c}{\gamma_t H - \dfrac{cH}{D}} \geqq 1.5$ 2) 硬い地盤が浅い場合 ($D<B\sqrt{2}$)	$D>B/\sqrt{2}$, $H=B$ の場合 $N_b=7.1$ ($F_S=1.0$) $N_b=5.2$ ($F_S=1.5$) $D>B/\sqrt{2}$, $H=2B$ の場合 $N_b=8.5$ ($F_S=1.0$) $N_b=6.6$ ($F_S=1.5$)	同　左	1) テルツァーギの支持力公式に基づく． 2) 背面地盤の鉛直方向のせん断抵抗がある． 3) 掘削幅の影響を考慮できる． 4) 硬い地盤までの深さが考慮できる．

付表 3.4.1 ヒービングの検討式（つづき）

提唱者名または基準名	検討式	S_uが一定の地盤が厚く続く場合のペックの安定数 帯状の掘削 ($B/L \fallingdotseq 0$)	S_uが一定の地盤が厚く続く場合のペックの安定数 正方形掘削 ($L=B$)	検討式の特徴
チェボタリオフ (Tschebo-Tarioff) の方法	$D>B$の場合 $F_s = \dfrac{5.14c\left(1+0.44D/L\right)}{H\left\{\gamma_t - 2c\left(\dfrac{1}{2D}+\dfrac{1}{L}\right)\right\}}$ ($L \leqq D$) $F_s = \dfrac{5.14c\left(1+0.44\dfrac{2D-L}{L}\right)}{H\left\{\gamma_t - 2c\left(\dfrac{1}{2D}+\dfrac{2D-L}{DL}\right)\right\}}$ ($D<L<2D$) $F_s = \dfrac{5.14c}{H\left\{\gamma_t - \dfrac{c}{D}\right\}}$ ($L \geqq 2D$) $D<B$の場合 $F_s = \dfrac{5.14c\left(1+0.44\dfrac{2B-L}{L}\right)}{H\left\{\gamma_t - 2c\left(\dfrac{1}{2B}+\dfrac{2B-L}{BL}\right)\right\}}$ ($L<2B$) $F_s = \dfrac{5.14c}{H\left\{\gamma_t - \dfrac{c}{B}\right\}}$ ($L \geqq 2B$) F_S：安全率1.5〜2.0以上	$D>B$, $H=B$の場合 $N_b=6.1$ ($F_S=1.0$) $N_b=4.3$ ($F_S=1.5$) $N_b=3.6$ ($F_S=2.0$) $D>B$, $H=2B$の場合 $N_b=7.1$ ($F_S=1.0$) $N_b=5.4$ ($F_S=1.5$) $N_b=4.6$ ($F_S=2.0$)	$D>B$, $H=B$の場合 $N_b=10.4$ ($F_S=1.0$) $N_b=7.9$ ($F_S=1.5$) $N_b=6.9$ ($F_S=2.0$) $D>B$, $H=2B$の場合 $N_b=13.4$ ($F_S=1.0$) $N_b=10.9$ ($F_S=1.5$) $N_b=9.7$ ($F_S=2.0$)	1) 円弧すべり面を仮定しているが，係数はプランドル (Prandtl) の支持力公式を用いている． 2) 背面地盤の鉛直方向のせん断抵抗がある． 3) 掘削幅と掘削長さの影響を考慮できる． 4) 硬い地盤までの深さが考慮できる．
ビエラム・エイド (Bjerrum-Eide) の方法	$F_s = N_b \dfrac{S_u}{\gamma_t H + q} \geqq 1.2$	$H=B$の場合 $N_b=6.3$ ($F_S=1.0$) $N_b=5.3$ ($F_S=1.2$) $H=2B$の場合 $N_b=7.0$ ($F_S=1.0$) $N_b=5.8$ ($F_S=1.2$)	$H=B$の場合 $N_b=7.6$ ($F_S=1.0$) $N_b=6.3$ ($F_S=1.2$) $H=2B$の場合 $N_b=8.4$ ($F_S=1.0$) $N_b=7.0$ ($F_S=1.2$)	1) スケンプトン (Skempton) の支持力公式に基づく． 2) 背面地盤の鉛直方向のせん断抵抗がない． 3) 掘削幅の影響を考慮でき，平面形状に応じた支持力係数がある．

付表 3.4.1 ヒービングの検討式（つづき）

提唱者名または基準名	検討式	S_uが一定の地盤が厚く続く場合のペックの安定数 帯状の掘削 ($B/L \fallingdotseq 0$)	S_uが一定の地盤が厚く続く場合のペックの安定数 正方形掘削 ($L=B$)	検討式の特徴
地下鉄技術協議会 日本建築学会旧基準式	$F_s = \dfrac{\int_0^x c(xd\theta)}{W\dfrac{x}{2}} \geq 1.2$	$N_b=6.3$ ($F_S=1.0$) $N_b=5.2$ ($F_S=1.2$)	同 左	1) 掘削底面に中心をおく円弧すべり面を仮定. 2) 背面地盤の鉛直方向のせん断抵抗がない. 3) 地盤の強度変化を考慮できる.
建築学会修正式	$F = \dfrac{M_r}{M_a}$ $= \dfrac{x\int_0^{\frac{\pi}{2}+\alpha} c(x'd\theta)}{W\dfrac{x}{2}} \geq 1.2 \quad (a<\pi/2)$	$a=x/5$と仮定 $N_b=4.3$ ($F_S=1.0$) $N_b=3.6$ ($F_S=1.2$)	同 左	1) 最下段切ばりに中心をおく円弧すべり面を仮定 2) 背面地盤の鉛直方向のせん断抵抗がない. 3) 地盤の強度変化を考慮できる.
首都高速道路株式会社	$F_s = \dfrac{x\int_0^{\pi} c(z)x^2 d\theta + \int_0^H c(z)xdz}{\dfrac{(\gamma_t H + q)x^2}{2}}$ F_sが最小になる$x=x_0$（可能すべり深さ）が仮想支持点より浅い場合または，それより深くても$x=x_d$において$F_S \geq 1.2$のときはヒービングに対して安全であると考える．x_dが仮想支持点より深くかつ，$F_S<1.2$の場合，x_dに仮想支持点を移して，土留め壁の断面チェックおよび変位のチェックをする．ただし，x_dの最大は5mとし，根入れ長はx_dの計算値に5mを加えたものとする． 可能すべり深さx_dは粘着力cが深さ方向に増加することを考慮した場合にのみ算出されたため$c=2.0z$（cは粘着力(kN/m²)，zは地表面よりの深さ(m)）としている．	$\pi=B$として $H=B$の場合 $N_b=8.3$ ($F_S=1.0$) $N_b=6.9$ ($F_S=1.2$) $H=2B$の場合 $N_b=10.3$ ($F_S=1.0$) $N_b=8.6$ ($F_S=1.2$)	同 左	1) 掘削底面に中心をおく円弧すべり面を仮定. 2) 背面地盤の鉛直方向のせん断抵抗がある. 3) 深さ方向の強度増加が考慮できる.

ここに，　F_S　：安全率
　　　　　q_d　：粘着力cなる粘土地盤の極限支持力
　　　　　D　：掘削底面位置から硬い地盤面までの距離
　　　　　p_r　：掘削底面位置における土留め背面上の荷重強度
　　　　　γ_t　：土の湿潤単位体積重量
　　　　　L　：掘削長
　　　　　c　：粘着力
　　　　　B　：掘削幅
　　　　　H　：掘削深
　　　　　S_u　：非排水せん断強さ

参考文献
1) (財)鉄道総合研究所：鉄道構造物等設計標準・同解説，開削トンネル, pp.205-208, 2001.

【3-5 グラウンドアンカー用材料に関する資料】

グラウンドアンカー用材料に関する名称や材質について**付表 3.5.1**に示す．使用にあたっては，**JIS**や関連学協会示方書や耐力確認試験等から適切に判断する必要がある．

付表 3.5.1 アンカー用材料[1]

種	別		材	料
アンカー用グラウト	セメント系グラウト	セメント	・早強または普通ポルトランドセメントを標準（JIS R5210）	・腐食環境条件等に応じて耐硫酸塩セメントを用いる ・左記以外のセメントの場合には，JISに適合したものを用いる
		練混ぜ水	・上水道水	・天然淡水を用いる場合はグラウトへの影響を確認して使用する
		細骨材	・砂の粒径2mm以下	・過度の微粒を含まないものとする ・害物含有量の限度は，コンクリート標準示方書参考
		混和材料	・AE剤 ・減水剤（JIS A6204） ・膨張剤（JIS A6202）	・混和材料はそれぞれの規格・基準に適合したものを用い，使用実績や特性を十分吟味して使用する
	合成樹脂系グラウト	ポリエステル系 エポキシ系 ポリウレタン系	・合成樹脂系グラウトは，強度耐久性のほか所要の材料特性を有していることを確認し使用 ・とくに厳しい腐食条件下や高耐力を要する場合等に用いられる	
テンドン*	鋼棒	PC鋼棒 細径異形PC鋼棒	・JIS G3109に適合するものを使用する ・JIS G3137に適合するものを使用する	
	線材	PC鋼線 PCより線 異形PC鋼線 異形PCより線	・JIS G3536に適合するものを使用	
	連続繊維補強材	―	・JSCE-E131（土木学会）に適合するものを使用する	
定着具	一般	プレストレストコンクリート用定着具	・通常，アンカー用定着具はプレストレストコンクリート用定着具が使用されており，それぞれのタイプに応じて製作・品質保証されたもので関連学会で認められた定着具を用いる ・新型式や強度の未確認の定着具は，品質や安全性を確認するものとする	
	連続繊維補強材	―	・連続繊維補強材を引張材として用いる場合の定着具は「連続繊維補強材を用いたコンクリート構造物の設計施工指針(案)」（土木学会）を用いる	
防食用材料	充填材	グリース類 ペトロラタム類 合成樹脂	・防食用材料は，防食および防錆の機能が供用期間中有効なもので，テンドンを構成する引張材，アンカー体部，アンカー自由長およびアンカー頭部の材料特性に悪影響を及ぼさないものとする ・仮設アンカーでは，腐食環境条件，供用期間に応じて防食を省略する場合もある	
	被覆材	合成樹脂 ステンレス鋼		
	コーティング材	亜鉛メッキ 防錆ペイント		
その他材料	頭部キャップ	ポリエチレン ポリプロピレン アルミニウム合金 クロムメッキ鋼	・頭部キャップは，供用期間中，防食用材料を密封できる構造と強度および耐久性を有したものとする	

付表 3.5.1　グラウンドアンカー用材料（つづき）[1]

種　　別			材　　料
その他材料（続き）	支圧板 台　座	鋼板 鋼，鋳鉄 コンクリート	・定着具と構造物に応じた適切な形状とする ・所要のアンカー力に耐えうる構造とする
	シース	波型プラスチック管 異形スチールパイプ	・テンドンの組立，運搬，挿入およびグラウトの注入時に損傷しない耐摩耗性と強度および有害物質に対する耐久性と止水性を有しているものとする ・アンカー体部シースは，テンドンの引張力をアンカー体のグラウトさらに地盤に有効に伝達させる形状と強度を有するものとする ・アンカー自由長シースは，テンドンを拘束しないものとする
	拘束具	鋳鉄材 非腐食性鋼材	・拘束具は，所要の機能，剛性および強度を有しているものとする
	セントラライザー	合成樹脂 防錆加工鋼材	・セントラライザーは，テンドンを中央部に保持できるものとする
	スペーサー	一般構造用圧延材 合成樹脂	・アンカー機能を発揮するための補助的な役目を果たす材料であり，アンカーの種類，使用目的に応じ，そのアンカーの機能に支障のない形状と材質とする ・左記材料は，一般に使用されている材料である
	パッキング材 シール材	樹脂，ゴム，アスファルト	
	グラウト注入ホース 排気ホース	ポリエチレン，ビニールホース	
	パイロットキャップ	配管用炭素鋼管 合成樹脂 一般構造用圧延材	
	結束線 テープ類	鋼材 合成樹脂	

＊　テンドンを構成する引張材として上記以外の材料を用いる場合は，材質の適合性を調査し，アンカーへの適用性を検討のうえ，試験によって品質が確認，保証されたものを使用するものとする．

参考文献

1) (社)地盤工学会：グラウンドアンカー設計・施工基準，同解説，pp. 8-61, 2012.

【3−6 補助工法の設計に関する資料】

本資料は，ヒービング，ボイリング，盤ぶくれの防止，土留め壁の応力と変形の低減，土留め壁欠損部防護およびトラフィカビリティーの向上に関して実施する補助工法の中から，比較的多く用いられる工法をとりあげ，その一般的な設計方法を示したものである．

補助工法として多くの地盤改良工法が適用されるが，改良後の地盤のせん断強度は，改良率等を考慮して，複合地盤のせん断強度を用いることとする．

1. ヒービングの防止

ヒービングの可能性のある粘性土地盤で土留め工のみでは安定が図れない場合には，補助工法を用いなければならない．ヒービング防止の対策として掘削底面以深の地盤のせん断抵抗力を増加させるために，深層混合処理工法や生石灰杭工法等による地盤改良工法が用いられる．ヒービング防止のための補助工法の設計手順を**付図 3.6.1**に示す．

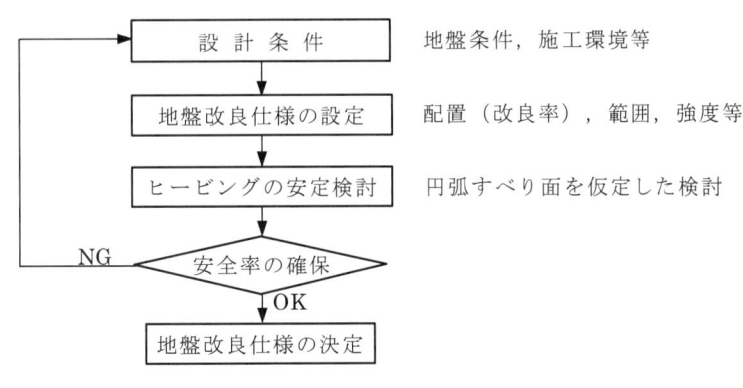

付図 3.6.1 設計手順

ヒービングの安定検討は，改良体の強度を考慮し，第3編 **5.2.1**に示されている方法により行うことができる．複合地盤の平均せん断強度の算定に必要な地盤改良の改良率は，改良体の配置により異なるため，改良目的や経済性を考慮して決定する必要がある．

複合地盤の平均せん断強度は次式により算定する．

$$\bar{\tau} = c_p a_p + \kappa c_0 (1 - \alpha_p)$$

ここに，$\bar{\tau}$ ：複合地盤の平均せん断強度
c_p ：改良体の粘着力
α_p ：改良率（**付表 3.6.1**参照）
κ ：改良体の破壊ひずみに対応する原地盤強度の低減率（**付図 3.6.2**参照）
c_o ：原地盤の粘着力

深層混合処理工法における改良体配置は，機械撹拌工法では一般に二軸式施工機械が適用され，部分ラップ配置とすることが多く，高圧噴射撹拌工法では，部分ラップあるいは完全ラップ配置とする場合が多い．この改良体配置が粗な場合や接円配置およびラップが少ない配置の場合は，掘削底盤下のすべり線が鉛直となり，ヒービング起動力によって改良体が抜けだす危険性があるので注意しなければならない．また，掘削幅に対して改良体厚さが薄い場合には，ヒービング起動力に対して改良体そのものが曲げおよびせん断に対して安全であることを照査しなければならない．改良体の曲げに対する検討は，掘削幅をスパンとする単純支持されたはりとして行う．このとき，曲げモーメントと軸力を考慮して行うことがある（**付図 3.6.3** 参照）．設計では改良体の発生応力に対して安全となる改良厚さおよび強度を設定しなければならない．なお，軸力は側圧を評価して設定するが，過大に評価すると危険側となるため，最小側圧を考慮するなど，側圧による軸力の設定には

付表 3.6.1 改良体の配置例

配置	正方形接円配置	千鳥接円配置	部分ラップ配置	完全ラップ配置
改良率	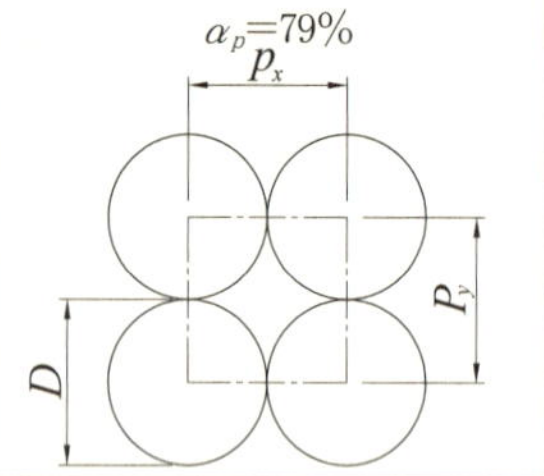 $a_p=79\%$	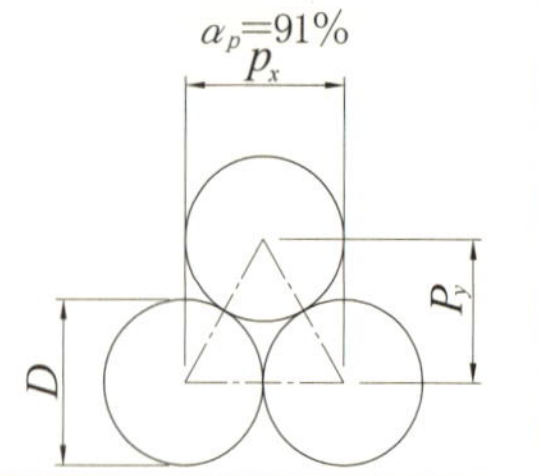 $a_p=91\%$	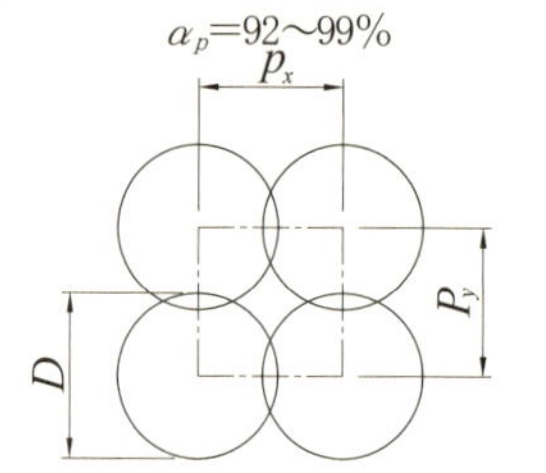 $a_p=92〜99\%$	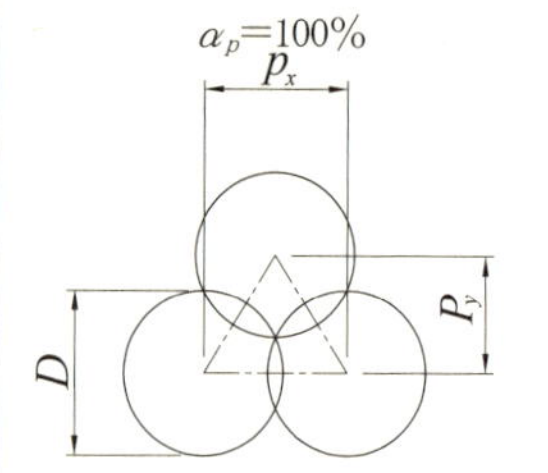 $a_p=100\%$

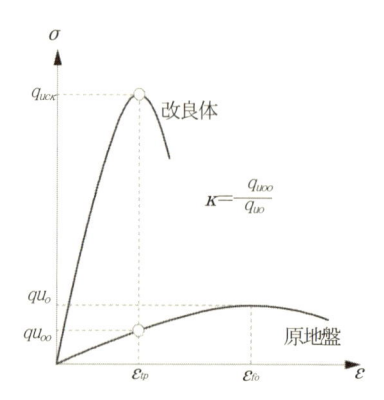

付図 3.6.2 改良体の破壊ひずみに対応する原地盤強度の低減率 κ

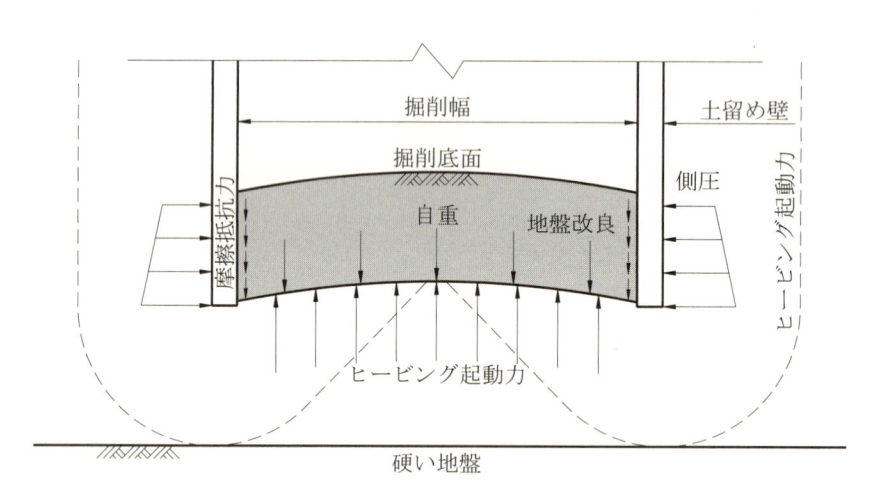

付図 3.6.3 ヒービング起動力による曲げに対する検討

2. ボイリングの防止

地下水位が高い砂質土地盤の掘削において，ボイリング防止の対策として土留め壁の根入れを長くする場合がある．しかし，土留め壁の根入れを長くできない場合は，ボイリング防止の対策として補助工法により根入れを延長する方法がある（**付図 3.6.4**参照）．この対策の土留め壁と改良体とのラップ長，および改良範囲の厚さについては，1.5〜2.0mが必要である．ただし，掘削深度および水圧差が大きい場合には，ラップ長を3.0m以上とすることもある．

また，次の補助工法を用いることによりボイリングの防止対策とすることができる．

① 作用水圧の低減（地下水位低下工法）
② 透水係数の改善（薬液注入工法，深層混合処理工法等）

作用水圧の低減は，土留め壁背面の水位あるいは被圧帯水層の水頭を低下させ，土留め壁下端に発生する過剰間隙水圧の低減を図るものである．

透水係数の改善は，底盤を全面改良し掘削底面の遮水性を図るものである．土留め壁の根入れの延長が不可能な場合や周辺地盤の地下水位を低下させることができない場合には，このような対策を行う必要がある．しかし，底盤を全面改良する場合は，改良体下面に揚圧力が作用するため，盤ぶくれについての検討（第3編 5.2.1参照）が新たに必要となる．

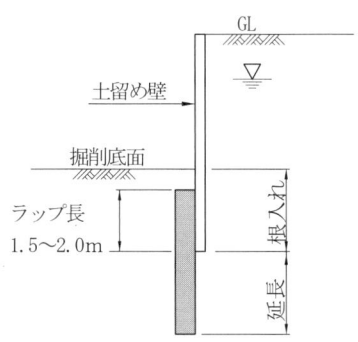

付図 3.6.4　ボイリング防止の対策例

3. 盤ぶくれの防止

難透水層下に被圧帯水層が存在し，盤ぶくれの可能性がある場合は，第3編 5.2.1により盤ぶくれの検討を行うが，土留め工のみでは安定が確保できないことがある．この場合，補助工法によりその安定を確保する設計を行わなければならない．盤ぶくれに対する補助工法として次のものがある．

① 作用水圧の低減（地下水低下工法）
② 不透水層の造成（深層混合処理工法，薬液注入工法等）
③ 土留め壁との付着力増加（深層混合処理工法等）

作用水圧の低減による対策とは，**付図 3.6.5**(a)示すように，ディープウェル等の排水井戸により底盤下の難透水層下面の揚圧力の低下を図るものである．ただし，周辺地盤の地下水位が低下することの影響や排水処理方法などに注意を要する．

不透水層の造成による対策とは，**付図 3.6.5**(b)に示すように，土留め壁下端に深層混合処理工法や薬液注入工法等によって不透水層を造成し，改良体以浅の土塊重量を増加させ，盤ぶくれに対する安全性の向上を図るものである．

土留め壁との付着力増加による対策とは，**付図 3.6.5**(c)に示すように掘削床付け面以深を全面改良し，土留め壁との摩擦抵抗の増大を期待するものである．これは，掘削幅が狭い立坑などの場合に用いられる．

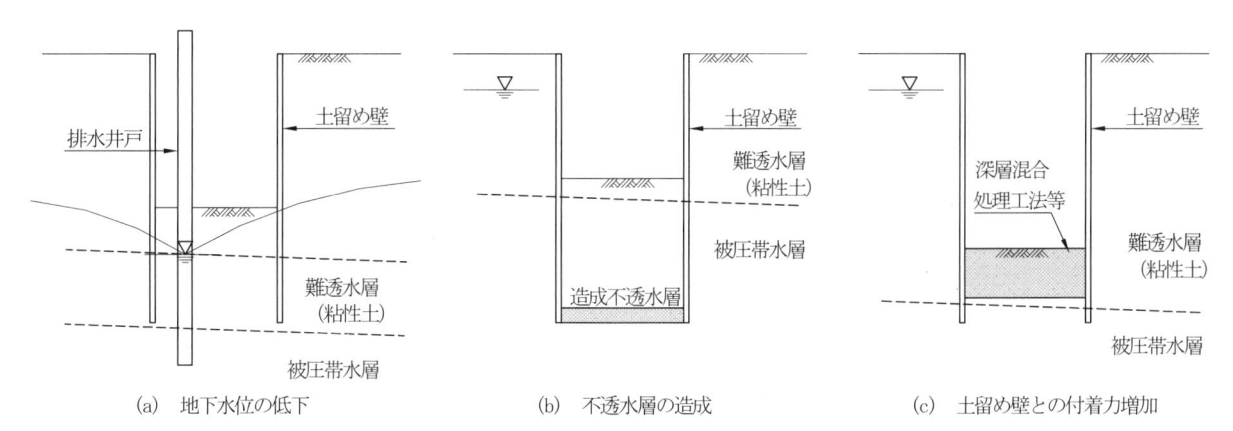

(a) 地下水位の低下　　(b) 不透水層の造成　　(c) 土留め壁との付着力増加

付図 3.6.5　盤ぶくれ防止対策の例

土留め壁との付着力の増加による盤ぶくれ防止の対策としての補助工法の設計手順を**付図 3.6.6**に示す．この場合の補助工法としては，高圧噴射撹拌工法等が用いられ，設計としては，改良体全体が下からの揚圧力による押抜きせん断に対して安全であること，また，改良体そのものが曲げおよびせん断に対して安全であることを照査しなければならない．改良体の曲げに対する検討は，改良体を単純支持されたはり，掘削幅をスパンとして曲げモーメントと軸力を考慮して行うことがある（**付図 3.6.7**参照）．設計では改良体の発生応力に対して安全となる改良厚さおよび強度を設定しなければならない．なお，軸力は側圧を評価して設定するが，過大に評価すると危険側となるため，水圧のみを考慮するなど側圧による軸力の設定には注意が必要である．立坑等の場合では，改良体の曲げについての照査が省略される場合がある．

そのほか盤ぶくれの検討方法としてFEM解析を用いる場合もあるが，いずれの場合も改良体の許容応力度等を含めて検討方法は十分に確立されていないことから適用にあたっては注意が必要である．

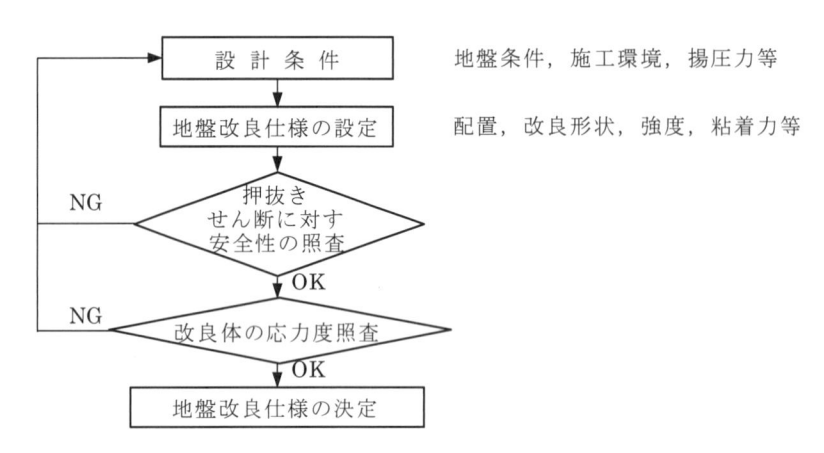

付図 3.6.6　盤ぶくれ防止対策の設計手順（底盤改良の場合）

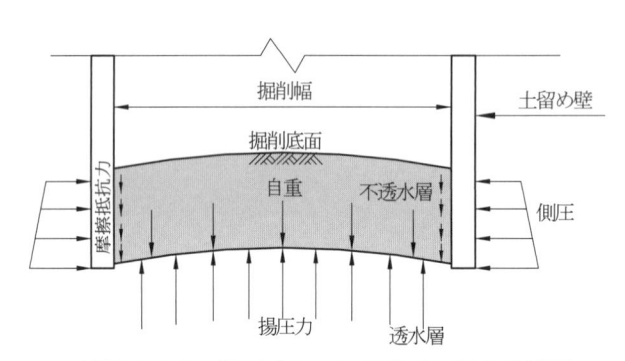

付図 3.6.7　盤ぶくれによる曲げに対する検討

4. 土留め壁の応力および変形の低減

軟弱地盤が厚く堆積する場合で，土留め壁に大きな応力の発生が予想される場合や，土留め工に近接して既設の重要構造物があり，土留め壁の変位がこれらに悪影響を及ぼす可能性がある場合には，種々の補助工法によって土留め壁の応力や変形を低減させる必要がある．

土留め壁の応力や変形を低減させる方法には，次に示すような方法があり，周辺環境，地盤条件および経済性等を考慮してもっとも合理的な工法を採用しなければならない．

①　外力を低減させる方法（地下水位低下工法，深層混合処理工法等）
②　受働土圧および地盤反力係数を増加させる方法（生石灰杭工法，深層混合処理工法等）
③　先行地中ばりを設置する方法（深層混合処理工法等）

上記のうち，③先行地中ばりを設置する場合の補助工法の設計法を以下に示す．

先行地中ばりは**付図 3.6.8**に示すように掘削前に掘削内部地盤の一部を改良して，地盤の強度や変形性状を改善して土留め壁の変形を抑制するものであり，最終掘削床付け地盤や掘削途中ステップにおける底部地盤に設置

することが多い．先行地中ばりには，深層混合処理工法（機械撹拌工法，高圧噴射撹拌工法およびこれらの併用工法）が一般に採用される．

設計の手順を**付図 3.6.9**に示すが，設計にあたってはまず先行地中ばりである改良体の仕様を決定する必要がある．先行地中ばりとして用いられる改良体の配置としては**付図 3.6.10**に示すような全面改良方式や切ばり腹起し形状に改良する部分改良方式等がある．

土留め壁の応力および変形の照査にあたっては，**付図 3.6.11**のはり改良率を考慮して複合地盤としての土質定数を設定する必要がある．また，先行地中ばりに生じる最大支点反力に対して，改良体が座屈，せん断および曲げに対して安全であることを確認しなければならない．なお，工法の選定にあたって，機械撹拌工法のみでは改良体が土留め壁と密着しないため，高圧噴射撹拌工法等を併用する必要がある．

また，先行地中ばりの改良厚は，1.5m以上とするのが一般的である．

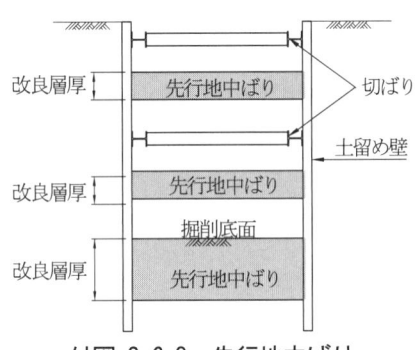

付図 3.6.8　先行地中ばり

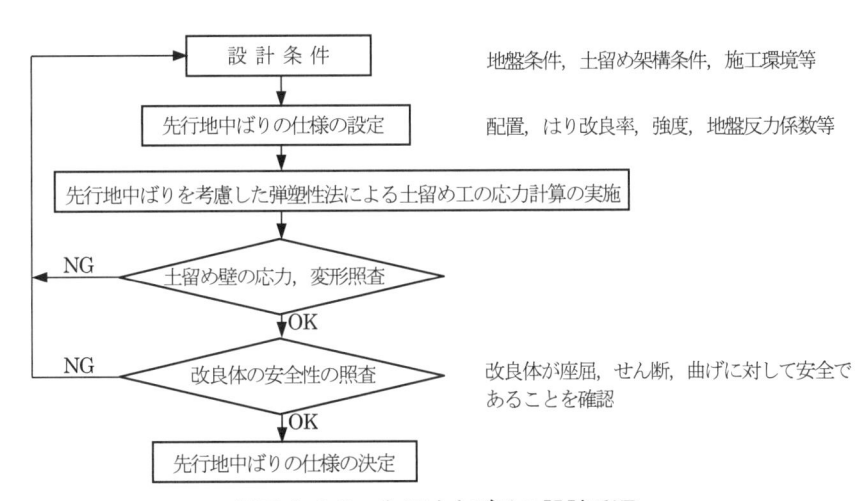

付図 3.6.9　先行地中ばりの設計手順

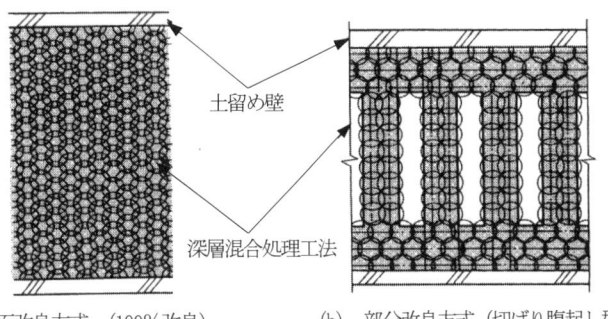

(a) 全面改良方式（100%改良）　　(b) 部分改良方式（切ばり腹起し型）

付図 3.6.10　先行地中ばりの改良形状

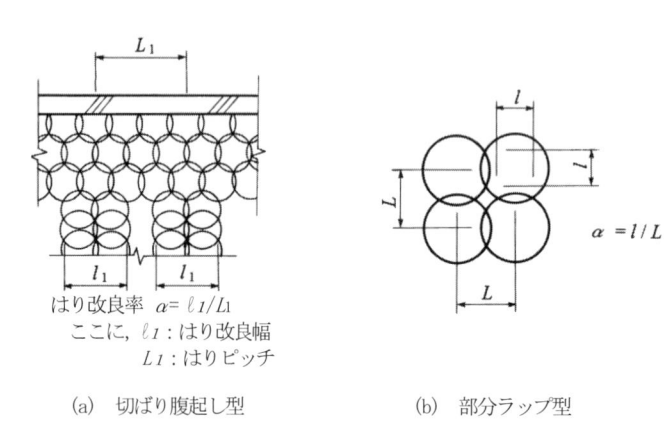

付図 3.6.11 はり改良率

5. 土留め壁欠損部防護

連続した土留め壁が，既設地下埋設物等の障害物等の制約条件のために，不連続となり欠損部を生じる場合には，土留め壁の代替あるいは欠損部防護を目的とした補助工法の設計を行う．この場合，土留め壁と同等以上の安全性を有することを確認しなければならない．土留め壁欠損部防護に用いる補助工法には，深層混合処理工法，薬液注入工法，凍結工法等がある．工法の選定にあたっては，欠損の規模，地盤条件，環境条件および経済性を考慮する必要がある．

欠損部防護の方法としては，地盤強度を増加させる方法があり，深層混合処理工法のうち，高圧噴射撹拌工法が一般的に用いられる．これは，土留め壁欠損部の背面地山に地盤改良体を造成することにより，背面の側圧に抵抗するとともに，止水または遮水も目的とするものである（**付図 3.6.12**参照）．

背面側からの側圧が，地盤改良体を介して欠損部両端の土留め壁に伝達するような土留め壁欠損部防護工の設計を行う場合には，親杭横矢板土留め壁の板厚計算の考え方に準じるものとし，基本的な設計手順を**付図 3.6.13**に示す．また，設計にあたっては次の点に留意する．

① 欠損部両端の土留め壁は，側圧分担幅が大きくなることを考慮して設計する
② 改良体は，土留め壁とのラップを確保し，土留め壁に確実に応力伝達できるよう配置する
③ 土留め壁の欠損が大きく，複列の改良体を設置する場合は，欠損する土留め壁に完全にラップさせることを基本とし，改良体相互のラップ部においても計算上必要となる改良厚を確保する
④ 工法および改良対象地盤に応じて，改良強度および改良厚の検討を行う

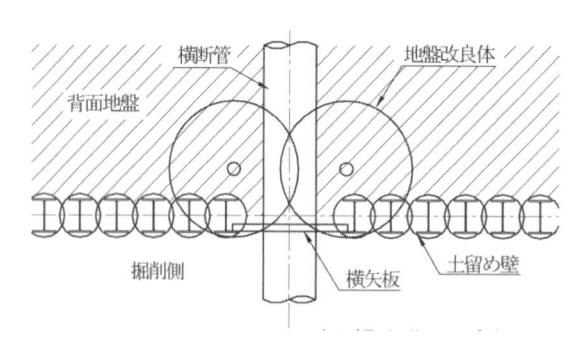

付図 3.6.12 土留め壁欠損防護工の事例

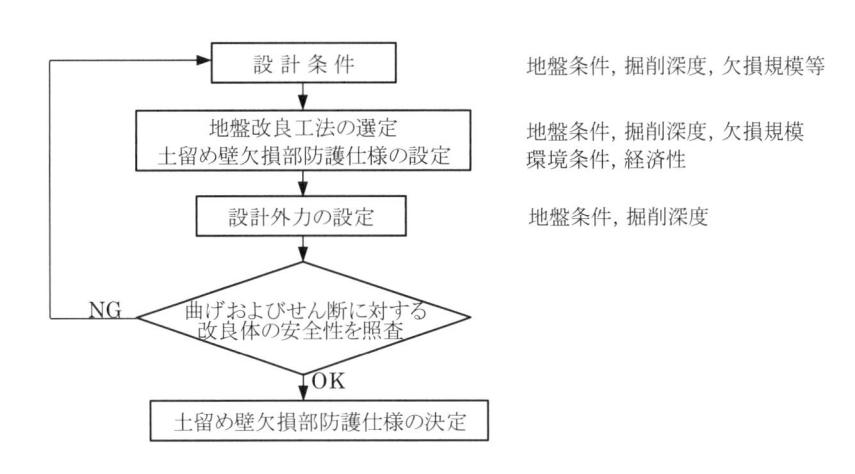

付図 3.6.13　土留め壁欠損部の防護工設計手順

6. トラフィカビリティーの向上

　軟弱粘性土地盤の掘削では，掘削機械の走行等により掘削面がこね返され，掘削機械の走行に困難が生じる場合がある．また，掘削した土が超鋭敏性の粘土の場合には，こね返しや運搬による振動により泥ねい化し，ダンプトラックでの運搬能率が低下することがある．このような場合，掘削作業のワーカビリティー，トラフィカビリティー等の向上に対する検討を行う．

　トラフィカビリティーの検討は，**付表 3.6.2**に示す目安値やマイヤーホフ（Meyerhof）の粘着力とコーン指数との関係式により必要な一軸圧縮強さを求める方法がある．

付表 3.6.2　建設機械の走行に必要なコーン指数 (kN/m²)

建設機械の種類	コーン指数 q_c
超湿地ブルドーザ	200以上
湿地ブルドーザ	300以上
中型普通ブルドーザ	500以上
大型普通ブルドーザ	700以上
ダンプトラック	1 200以上

マイヤーホフの粘着力とコーン指数との関係式を以下に示す．

　　$c_u = q_c / (9 \sim 10)$

これより，トラフィカビリティー確保に必要な粘土の一軸圧縮強さは，次式で求められる．

　　$c_u = q_u / 2$

　　$q_u = 2c_u = 2q_c / (9 \sim 10)$

ここに，c_u ：地盤の粘着力
　　　　q_c ：現場に必要なコーン指数
　　　　q_u ：地盤の一軸圧縮強さ

　一般にトラフィカビリティー向上を目的に改良を行うことで，コンシステンシーも満足されることが多い．生石灰杭工法を採用した場合には，生石灰杭間の中間地盤の含水比が低下し，土のコンシステンシーが改善される．さらに掘削した土は反応後の消石灰と混ぜることでさらに物性が改善されると考えられることから，消石灰と混ぜあわせた土の物性について，事前配合試験等で確認することが望ましい．

　ワーカビリティー，トラフィカビリティー向上の代表工法として，生石灰杭工法および深層混合処理工法等があるが，参考に生石灰杭工法の適用範囲を**付表 3.6.3**に示す．

付表 3.6.3 生石灰杭の標準的な適用範囲

項　目	適　用　範　囲
対象地盤	基本的に軟弱粘性土地盤
杭　径	打設径：0.4m，膨張径0.5m〜0.55m
打設間隔（正方形配置）	1.0m〜2.0m
打設長	標準施工25m以下，継杭施工では45m以下

【3-7 周辺地盤の沈下予測手法に関する資料】

周辺地盤の沈下予測手法のうち，N値および土留め工の諸定数から最大沈下量とその発生位置を求める方法[1]を以下に示す．

本手法は，N値による地盤強度と土留め壁の剛性等からノモグラムにより簡易に周辺地盤の変位を求める手法である．土留め壁の周辺地盤変形を最大沈下量とその発生位置で代表し，周辺地盤に対する影響度を評価するものである．最大沈下量は，付図 3.7.1(a)に示す根入れ先端部の地盤の強度から推定に用いるライン（ⅠもしくはⅡ）を選択し，土留め壁の剛性，地盤の強度，掘削深さ，掘削幅および根入れ長より次式に定義される相対剛性ζを求めることにより，容易に推定することができる．また，最大沈下発生位置は，掘削幅の大小（ここでは30mを境界とする）によって推定ライン（ⅠもしくはⅡ）を選択し，土留め壁の剛性，地盤の強度から次式のように定義される等価剛性ξを求め，付図 3.7.1(b)のノモグラムにより推定することができる．

これら簡易予測手法は，あくまで一次予測として用いる手法であり，厳密な値を予測することは難しく適用性については十分に検討する必要がある．

$$\zeta = \frac{\Sigma(\sqrt{N_i}\,H_i)}{H} \frac{lw}{H_e^2} EI$$

$$\xi = \frac{\Sigma(\sqrt{N_i}\,H_i)}{H} EI$$

ここに，ζ ：最大沈下量の推定に用いる相対剛性
　　　　N_i ：i層のN値
　　　　H_i ：i層の層厚
　　　　H ：掘削深さと根入れ長の和
　　　　H_e ：掘削深さ
　　　　l ：根入れ長
　　　　w ：掘削幅
　　　　E ：土留め壁の変形係数
　　　　I ：土留め壁の断面二次モーメント
　　　　ξ ：最大沈下発生位置の推定に用いる等価剛性
　　　　N_i ：i層のN値
　　　　H_i ：i層の層厚
　　　　H ：掘削深さと根入れ長の和
　　　　E ：土留め壁の変形係数
　　　　I ：土留め壁の断面二次モーメント

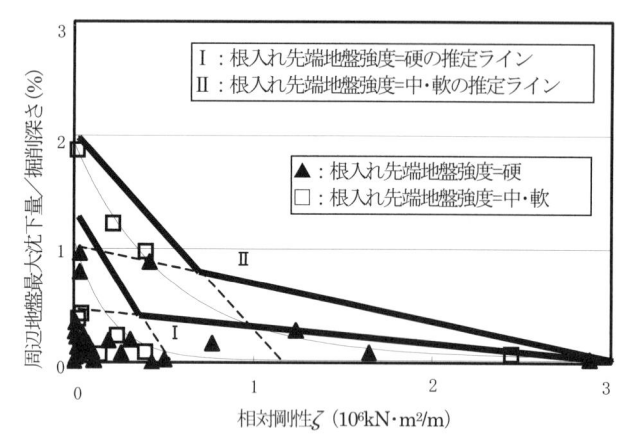

分類	地盤	N値
軟	砂質土	10未満
	粘性土	5未満
中	砂質土	10以上20未満
	粘性土	5以上10未満
硬	砂質土	20以上
	粘性土	10以上

(a) 最大沈下量推定図

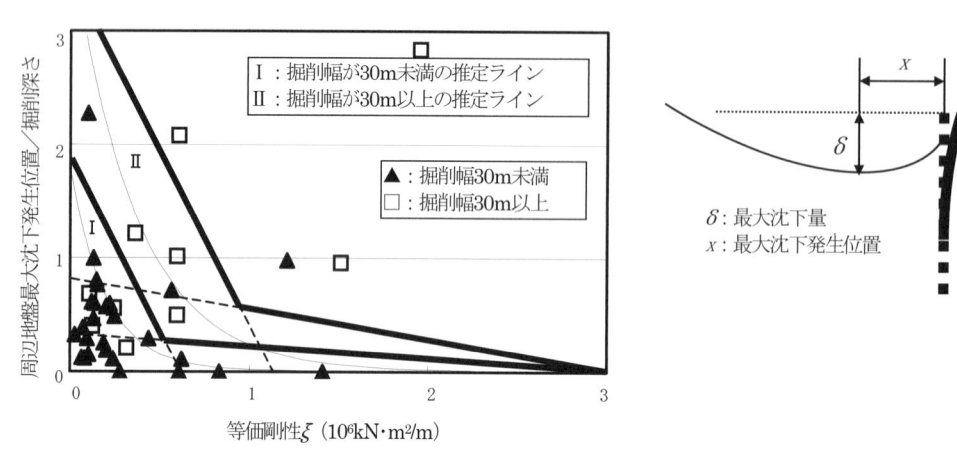

δ：最大沈下量
x：最大沈下発生位置

(b) 最大沈下発生位置推定図

付図 3.7.1　最大沈下量および最大沈下発生位置推定図

参考文献

1) (財)鉄道総合技術研究所：鉄道構造物等設計標準・同解説(開削トンネル), pp. 247-248, 2001.

引用文献リスト一覧

| 示方書図表番号 | 引用元文献 |||||||
図表番号	著者名	引用図書名	引用論文名	掲載ページ	写真, 図表番号	出版社名	発行年月
解説表2.2.1	（公社）土木学会	2012年制定 コンクリート標準示方書 ［設計編］	－	23	表 4.1.1	（公社）土木学会	2013年3月
解説図2.2.1	（公社）土木学会	2012年制定 コンクリート標準示方書 ［設計編］	－	29	図 4.5.2	（公社）土木学会	2013年3月
解説表2.2.2	（公社）土木学会	2012年制定 コンクリート標準示方書 ［設計編］	－	28	表 4.5.2	（公社）土木学会	2013年3月
表2.3.1	（公社）土木学会	2012年制定 コンクリート標準示方書 ［設計編］	－	49	表 6.1.1	（公社）土木学会	2013年3月
表2.3.2	（公社）土木学会	2012年制定 コンクリート標準示方書 ［設計編］	－	51	表 6.3.1	（公社）土木学会	2013年3月
表2.3.3	（公社）土木学会	2012年制定 コンクリート標準示方書 ［設計編］	－	53	表 6.4.1	（公社）土木学会	2013年3月
図2.4.1	（社）土木学会	2002年制定 コンクリート標準示方書[構造性能照査編]	－	26	図3.2.1	（社）土木学会	2002年12月
表2.4.1	（公社）土木学会	2012年制定 コンクリート標準示方書[設計編：本編]	－	39	解説 表 5.2.1	（公社）土木学会	2012年3月
図2.4.2	（社）土木学会	2002年制定 コンクリート標準示方書[構造性能照査編]	－	41	図3.3.1	（社）土木学会	2002年12月
解説図2.6.1	（公社）土木学会	2012年制定 コンクリート標準示方書 ［設計編］	－	175	解説 2.4.1	（公社）土木学会	2013年3月
解説図2.6.2	（公社）土木学会	2012年制定 コンクリート標準示方書 ［設計編］	－	181	図 2.4.4	（公社）土木学会	2013年3月
解説図2.6.3	（公社）土木学会	2012年制定 コンクリート標準示方書 ［設計編］	－	179	解説 2.4.4	（公社）土木学会	2013年3月
解説図2.6.4	（公社）土木学会	2012年制定 コンクリート標準示方書 ［設計編］	－	182	解説 2.4.5	（公社）土木学会	2013年3月
解説図2.6.5	（公社）土木学会	2012年制定 コンクリート標準示方書 ［設計編］	－	182	解説 2.4.6	（公社）土木学会	2013年3月
解説図2.6.6	（公社）土木学会	2012年制定 コンクリート標準示方書 ［設計編］	－	189	解説 2.4.12	（公社）土木学会	2013年3月
解説表2.7.1	（公社）土木学会	2012年制定 コンクリート標準示方書 ［設計編］	－	229	表 2.4.1	（公社）土木学会	2013年3月
解説表2.7.2	（公社）土木学会	2012年制定 コンクリート標準示方書 ［設計編］	－	241	表 4.4.1	（公社）土木学会	2013年3月
解説表2.8.1	（公社）土木学会	2012年制定 コンクリート標準示方書 ［設計編］	－	145	表 2.1.1	（公社）土木学会	2013年3月
解説図2.9.4	（社）土木学会	トンネル・ライブラリー9 開削トンネルの耐震設計	－	99	図3.5.5	（社）土木学会	1998年10月
解説図2.9.5	（社）土木学会	トンネル・ライブラリー9 開削トンネルの耐震設計	－	100	図3.5.6	（社）土木学会	1998年10月
解説図2.9.6	川島一彦編著	地下構造物の耐震設計	－	61-76	－	（株）鹿島出版会	1994年5月
解説表2.9.1	（公社）土木学会	2012年制定 コンクリート標準示方書 ［設計編］	－	253	解説表3.2.1	（公社）土木学会	2013年3月
解説図2.9.8	（公社）土木学会	2012年制定 コンクリート標準示方書 ［設計編］	－	262	解説図5.2.1	（公社）土木学会	2013年3月
図2.10.1	（社）土木学会	コンクリート標準示方書解説（昭和42年度）	－	200	図8	（社）土木学会	1967年7月
図2.10.2	（社）土木学会	コンクリート標準示方書（平成3年版）設計編	－	159	図13.2.2	（社）土木学会	1991年9月
解説図2.10.1	（社）土木学会	コンクリート標準示方書（平成3年版）設計編	－	156	解説13.2.1	（社）土木学会	1991年9月
解説図2.10.2	（社）土木学会	コンクリート標準示方書（昭和61年制定）設計編	－	155	解説13.2.2	（社）土木学会	1989年3月
解説図2.10.3	（社）土木学会	コンクリート標準示方書（昭和61年制定）設計編	－	155	解説13.2.3	（社）土木学会	1989年3月
図2.10.3	（社）土木学会	コンクリート標準示方書解説（昭和42年度）	－	192	解説図7	（社）土木学会	1967年7月
図2.10.4	（社）土木学会	コンクリート標準示方書解説（昭和42年度）	－	198	解説図9	（社）土木学会	1967年7月

引用文献リスト一覧

示方書図表番号		引用元文献					
図表番号	著者名	引用図書名	引用論文名	掲載ページ	写真, 図表番号	出版社名	発行年月
解説図2.10.4	(社)土木学会	コンクリート標準示方書解説(昭和42年度)	―	193	解説図6	(社)土木学会	1967年7月
解説表2.10.1	(社)土木学会	コンクリート標準示方書(2007年制定)設計編	―	374	解説表9.1	(社)土木学会	2008年3月
解説図2.10.5	(社)土木学会	コンクリート標準示方書(昭和61年制定)設計編	―	165	図13.4.1	(社)土木学会	1989年3月
解説図2.11.2	(公社)土木学会	2012年制定 コンクリート標準示方書 [設計編]	―	329	図 2.4.2	(公社)土木学会	2013年3月
図2.11.1	(公社)土木学会	2012年制定 コンクリート標準示方書 [設計編]	―	331	図 2.5.1	(公社)土木学会	2013年3月
表2.11.1	(公社)土木学会	2012年制定 コンクリート標準示方書 [設計編]	―	332	表 2.5.1	(公社)土木学会	2013年3月
表2.11.2	(公社)土木学会	2012年制定 コンクリート標準示方書 [設計編]	―	333	式 2.5.1	(公社)土木学会	2013年3月
図2.11.2	(公社)土木学会	2012年制定 コンクリート標準示方書 [設計編]	―	334	図 2.5.2	(公社)土木学会	2013年3月
解説図2.11.3	(公社)土木学会	2012年制定 コンクリート標準示方書 [設計編]	―	326	解説図 2.3.1	(公社)土木学会	2013年3月
解説図2.11.4	(公社)土木学会	2012年制定 コンクリート標準示方書 [設計編]	―	356	解説図 3.2.1	(公社)土木学会	2013年3月
解説図2.11.5	(公社)土木学会	2012年制定 コンクリート標準示方書 [設計編]	―	351	解説図 2.6.3	(公社)土木学会	2013年3月
解説図2.11.6	(公社)土木学会	2012年制定 コンクリート標準示方書 [設計編]	―	351	解説図 2.6.4	(公社)土木学会	2013年3月
解説図2.12.7	(財)鉄道総合技術研究所	鉄道構造物等設計標準・同解説(開削トンネル)	―	106	解説図8.4.6-1	(財)鉄道総合技術研究所	2001年3月
解説図2.12.8	(財)鉄道総合技術研究所	鉄道構造物等設計標準・同解説(開削トンネル)	―	106	解説図8.4.6-2(修正して使用)	(財)鉄道総合技術研究所	2001年3月
解説図2.12.9	(財)鉄道総合技術研究所	鉄道構造物等設計標準・同解説(開削トンネル)	―	106	解説図8.4.6-3(修正して使用)	(財)鉄道総合技術研究所	2001年3月
解説図2.12.10	(財)鉄道総合技術研究所	鉄道構造物等設計標準・同解説(開削トンネル)	―	107	解説図8.4.6-5	(財)鉄道総合技術研究所	2001年3月
解説図2.12.11	(財)鉄道総合技術研究所	鉄道構造物等設計標準・同解説(開削トンネル)	―	107	解説図8.4.6-6	(財)鉄道総合技術研究所	2001年3月
解説図2.12.12	(財)鉄道総合技術研究所	鉄道構造物等設計標準・同解説(開削トンネル)	―	108	解説図8.4.6-7(修正して使用)	(財)鉄道総合技術研究所	2001年3月
解説図2.12.13	(財)鉄道総合技術研究所	鉄道構造物等設計標準・同解説(開削トンネル)	―	108	解説図8.4.6-8	(財)鉄道総合技術研究所	2001年3月
解説図2.12.14	(財)鉄道総合技術研究所	鉄道構造物等設計標準・同解説(開削トンネル)	―	126	解説図8.5.6-1(修正して使用)	(財)鉄道総合技術研究所	2001年3月
解説図2.12.15	(財)鉄道総合技術研究所	鉄道構造物等設計標準・同解説(開削トンネル)	―	127	解説図8.5.6-2(修正して使用)	(財)鉄道総合技術研究所	2001年3月
解説図2.13.1	(財)鉄道総合技術研究所	鉄道構造物等設計標準・同解説(開削トンネル)	―	130	解説図9.1-1(修正して使用)	(財)鉄道総合技術研究所	2001年3月
解説図2.13.2	(財)鉄道総合技術研究所	鉄道構造物等設計標準・同解説(開削トンネル)	―	131	解説図9.2-1(修正して使用)	(財)鉄道総合技術研究所	2001年3月
解説図2.13.3	(公社)土木学会	トンネル・ライブラリー27号 シールド工事用立坑の設計	―	3-12	図3.1.9	(公社)土木学会	2015年1月
解説表2.13.1	(公社)土木学会	トンネル・ライブラリー27号 シールド工事用立坑の設計	―	3-13	図3.1.10 図3.1.11 図3.1.12	(公社)土木学会	2015年1月
解説図2.13.4	(財)鉄道総合技術研究所	鉄道構造物等設計標準・同解説(開削トンネル)	―	136	解説図9.3.1-5	(財)鉄道総合技術研究所	2001年3月
解説図2.13.5	(財)鉄道総合技術研究所	鉄道構造物等設計標準・同解説(開削トンネル)	―	136	解説図9.3.1-6	(財)鉄道総合技術研究所	2001年3月
解説図2.13.6	(公社)土木学会	トンネル・ライブラリー27号 シールド工事用立坑の設計	―	3-43	図3.2.3	(公社)土木学会	2015年1月
解説図2.13.7	(公社)土木学会	トンネル・ライブラリー27号 シールド工事用立坑の設計	―	3-43	図3.2.4	(公社)土木学会	2015年1月
解説図2.13.8	(公社)土木学会	トンネル・ライブラリー27号 シールド工事用立坑の設計	―	3-44	図3.2.5	(公社)土木学会	2015年1月

引用文献リスト一覧

示方書図表番号	引用元文献							
図表番号	著者名	引用図書名	引用論文名	掲載ページ	写真，図表番号	出版社名	発行年月
解説図2.13.9	(公社)土木学会	トンネル・ライブラリー27号 シールド工事用立坑の設計	－	3-44	図3.2.6	(公社)土木学会	2015年1月
解説図2.13.10	(財)鉄道総合技術研究所	鉄道構造物等設計標準・同解説（開削トンネル）	－	140	解説図9.4-1（修正して使用）	(財)鉄道総合技術研究所	2001年3月
解説図3.4.6	(社)日本道路協会	道路土工仮設構造物工指針	－	311-312	参図2-1、2	(社)日本道路協会	1999年3月
解説図3.4.7	(社)日本道路協会	道路土工仮設構造物工指針	－	313	参図2-3	(社)日本道路協会	1999年3月
解説図3.4.10	(社)日本道路協会	道路土工仮設構造物工指針	－	126	図2-10-12	(社)日本道路協会	1999年3月
解説図3.4.11	(社)日本道路協会	道路土工仮設構造物工指針	－	146	図2-11-8	(社)日本道路協会	1999年3月
解説図3.4.12(c)	(社)日本道路協会	道路土工仮設構造物工指針	－	67	図2-9-2	(社)日本道路協会	1999年3月
解説表3.4.3	(社)日本道路協会	道路土工仮設構造物工指針	－	70	表2-9-1	(社)日本道路協会	1999年3月
解説表3.4.4	(社)日本道路協会	道路土工仮設構造物工指針	－	71	表2-9-2	(社)日本道路協会	1999年3月
解説表3.5.5	青木楠男	土木学会誌 Vol.18	鋼矢板に関する二、三の実験	47-56	－	(社)土木学会	1932年6月
解説表3.5.5	(社)土木学会	コンクリートライブラリー 第52号 コンクリート構造の限界状態設計法指針（案）	－	－	－	(社)土木学会	1984年2月
解説表3.5.6	青木楠男	土木学会誌 Vol.18	鋼矢板に関する二、三の実験	47-56	－	(社)土木学会	1932年6月
解説表3.5.6	(社)土木学会	コンクリートライブラリー 第52号 コンクリート構造の限界状態設計法指針（案）	－	－	－	(社)土木学会	1984年2月
解説図3.5.13	(公社)土木学会	トンネル標準示方書に関する質問と回答	－	－	－	(公社)土木学会	2014年7月
解説表3.5.8	－	土研資料第2553号	大規模土留め壁の設計に関する研究	－	－	(独)土木研究所	1988年3月
解説表3.5.8	森重竜馬	土木技術	地下連続壁の設計計算	Vol.30 No.8	－	(独)土木研究所	1988年3月
解説表3.5.8	山肩邦夫、吉田洋次 秋野矩之	土と基礎	掘削工事における切バリ土留機構の理論的考察	33-45	－	(社)地盤工学会	1969年9月
解説図3.5.27	(社)地盤工学会	グラウンドアンカー設計・施工基準，同解説（JGS4101-2000）	－	102	解説図-6.9	(社)地盤工学会	2000年3月
解説表3.5.9	(社)地盤工学会	グラウンドアンカー設計・施工基準，同解説（JGS4101-2000）	－	117	解説表-6.5	(社)地盤工学会	2000年3月
解説表3.5.10	(社)地盤工学会	グラウンドアンカー設計・施工基準，同解説（JGS4101-2000）	－	112	解説表-6.2	(社)地盤工学会	2000年3月
解説表3.5.11	(一社)日本建築学会	建築地盤アンカー設計施工指針・同解説（第2版）	－	124	解説表6.2	(一社)日本建築学会	2001年1月
解説図3.5.31	(公社)土木学会	トンネル・ライブラリー27号 シールド工事用立坑の設計	－	4-36	図-4.2.25 図-4.2.27	(公社)土木学会	2015年1月
解説図3.5.32	(財)先端建設技術センター	大深度土留め設計・施工指針（案）	－	87	図-解4.6.9 図-解4.6.10	(株)サンワ	1994年10月
解説図3.5.33	(財)先端建設技術センター	大深度土留め設計・施工指針（案）	－	86	図-解4.6.8	(株)サンワ	1994年10月
解説図3.5.34	(公社)土木学会	トンネル・ライブラリー27号 シールド工事用立坑の設計	－	4-13	図-4.2.9	(公社)土木学会	2015年1月
解説図3.5.36	(社)地盤工学会	－	根切り・山留めの設計・施工に関するシンポジウム発表論文集	192	図-4.1.2	(社)地盤工学会	1998年2月
解説図3.5.37	(社)地盤工学会	－	根切り・山留めの設計・施工に関するシンポジウム発表論文集	192	図-4.1.3	(社)地盤工学会	1998年2月
7.1（3）（文章）	(社)地盤工学会	地盤工学・実務シリーズ 地下水流動保全のための環境影響評価と対策	1.1 建設工事と地下水流動阻害	1-15	－	(社)地盤工学会	2004年10月
7.2（1）2）③（文章）	(財)鉄道総合技術研究所	鉄道構造物等設計標準・同解説（開削トンネル）	4.5.9周辺構造物の変形量の推定 5)数値解析による詳細な予測手法 a)解析の種類 ③土/水連成解析・非連成解析	249-250	－	(財)鉄道総合技術研究所	2001年3月

引用文献リスト一覧

示方書図表番号	引用元文献							
図表番号	著者名	引用図書名	引用論文名	掲載ページ	写真，図表番号	出版社名	発行年月
7.2（2）3）（文章）	（社）地盤工学会	地盤工学・実務シリーズ 地下水流動保全のための環境影響評価と対策	4.3地下水流動保全工法の選定	123-133	－	（社）地盤工学会	2004年10月
解説図3.7.3	（社）地盤工学会	地盤工学・実務シリーズ 地下水流動保全のための環境影響評価と対策	4.3地下水流動保全工法の選定	126	図-4.4	（社）地盤工学会	2004年10月
解説図3.7.4	（社）地盤工学会	地盤工学・実務シリーズ 地下水流動保全のための環境影響評価と対策	4.3地下水流動保全工法の選定	129	図-4.5	（社）地盤工学会	2004年10月
解説図4.17.1	（公社）土木学会	トンネル・ライブラリー27号 シールド工事用立坑の設計	－	5-2	図-5.1.1	（公社）土木学会	2015年1月
解説図4.17.2	（公社）土木学会	トンネル・ライブラリー27号 シールド工事用立坑の設計	－	5-2	図-5.1.2	（公社）土木学会	2015年1月
解説表4.18.1	（社）土木学会	仮設構造物の計画と施工（2010年改訂版）	－	161	表7.6.1	（社）土木学会	2010年10月
資料編2-2	（財）鉄道総合技術研究所	鉄道構造物等設計標準・同解説 開削トンネル	－	64-65	－	（財）鉄道総合技術研究所	2001年3月
	（財）鉄道総合技術研究所	鉄道構造物等設計標準・同解説 基礎構造物・抗土圧構造物	－	127-129	－	（財）鉄道総合技術研究所	2000年6月
	（公財）鉄道総合技術研究所	鉄道構造物等設計標準・同解説 基礎構造物	－	146-149	－	（公財）鉄道総合技術研究所	2012年5月
	（社）日本道路協会	道路橋示方書・同解説 Ⅳ下部構造編	－	284-286	－	（社）日本道路協会	2012年6月
	（社）日本道路協会	道路土工 カルバート工指針	－	110	－	（社）日本道路協会	2010年4月
付図2.3.1(a) 付図2.3.5(a)	（社）日本水道協会	水道施設耐震工法指針・解説 Ⅰ総論	－	196, 197	図-1.3.4-5	（社）日本水道協会	2009年版
付図2.3.1(b) 付図2.3.5(b)	（公社）日本下水道協会	下水道施設の耐震対策指針と解説	－	－	－	（公社）日本下水道協会	2014年版
付図2.3.1(c) 付図2.3.3 付図2.3.5(c)	首都高速道路（株）	トンネル構造物設計要領（開削工法耐震設計編）	－	2-50	図解-5.3.1	首都高速道路（株）	1998年7月
付図2.3.2(a) 付図2.3.4 付図2.3.6(a)	（公財）鉄道総合技術研究所	鉄道構造物等設計標準・同解説 耐震設計	－	36, 45, 46	解説図6.3.1, 解説図6.4.4-5	（公財）鉄道総合技術研究所	2012年9月
付図2.3.2(b) 付図2.3.6(b)	阪神高速道路（株）	開削トンネル耐震設計指針（案）	－	7, 8	図解3.3.1, 図解3.3.3	阪神高速道路（株）	2008年10月
付図2.4.1 付図2.4.2	（社）土木学会	トンネル・ライブラリー9 開削トンネルの耐震設計	－	82	図3.3.7-8	（社）土木学会	1998年10月
付表2.4.1	（社）土木学会	トンネル・ライブラリー9 開削トンネルの耐震設計	－	50	表3.2.1	（社）土木学会	1998年10月
付図2.4.3	（社）土木学会	トンネルライブラリー9号開削トンネルの耐震設計	－	51	図3.2.1	（社）土木学会	1998年10月
付図2.4.4	（社）土木学会	トンネルライブラリー9号開削トンネルの耐震設計	－	51	図3.2.2	（社）土木学会	1998年10月
付図2.4.5 付図2.4.6 付図2.4.7 付図2.4.8	（社）土木学会	トンネル・ライブラリー9 開削トンネルの耐震設計	－	52, 54, 55	図3.2.3-4, 図3.2.6, 図3.2.7	（社）土木学会	1998年10月
付図2.4.9	土木学会編	動的解析と耐震設計 第1巻 地震動・動的性質	－	89	－	技報堂出版（株）	1989年6月
付図2.4.10 付図2.4.11	（社）土木学会	トンネル・ライブラリー9 開削トンネルの耐震設計	－	57	図3.2.9-10	（社）土木学会	1998年10月
付図2.4.12 付図2.4.13 付図2.4.14	（公財）鉄道総合技術研究所	鉄道構造物等設計標準・同解説 耐震設計	－	260, 262	付属図7.4.4, 付属図7.4.6-7	丸善出版（株）	2012年9月
付表2.4.2	（公財）鉄道総合技術研究所	鉄道構造物等設計標準・同解説 耐震設計	－	263	付表7.4.1	丸善出版（株）	2012年9月
付図2.4.15 付図2.4.16 付図2.4.17	（社）土木学会	トンネル・ライブラリー9 開削トンネルの耐震設計	－	58, 59	図3.2.11-13	（社）土木学会	1998年10月
付図2.6.1 付図2.6.2 付図2.6.3 付図2.6.4 付図2.6.5 付図2.6.6 付図2.6.7 付図2.6.8 付図2.6.9 付図2.6.10 付図2.6.11 付図2.6.12	（公社）土木学会	トンネル・ライブラリー シールド工事用立坑の設計	－	3-13 3-14 3-15 3-16 3-16 3-16 3-15 3-44 3-45 3-45 3-45 3-46	図3.1.11 図3.1.13 図3.1.14 図3.1.16 図3.1.17 図3.1.18 図3.1.15 図3.2.6 図3.2.7 図3.2.8 図3.2.9 図3.2.10	（公社）土木学会	2015年1月

引用文献リスト一覧

示方書図表番号	引用元文献							
図表番号	著者名	引用図書名	引用論文名	掲載ページ	写真, 図表番号	出版社名	発行年月	
【新規】資料編2-8	（独）鉄道建設・運輸施設整備支援機構	地下構造物用合成鋼管柱 設計の手引き	－	27-47	付属資料	－	2012年3月	
付図 3.6.2	CDM研究会	セメント系深層混合処理工法設計と施工マニュアル	－	28	図-2.5.7	CDM研究会	1991年1月	
付表 3.6.2	（国研）土木研究所	建設汚泥再生利用マニュアル	－	184	表2-2-5	（株）大成出版社	2008年12月	
付表 3.6.3	小野田ケミコ(株)	地盤対策工法技術資料（第18版）	－	19	標準的な設計適用範囲	小野田ケミコ(株)	2007年4月	
資料編3-7（文章）	（財）鉄道総合技術研究所	鉄道構造物等設計標準・同解説（開削トンネル）	4.5.9周辺構造物の変形量の推定 4)簡便法による周辺地盤の変形量の推定方法 b)簡易予測法による予測	247-248	－	（財）鉄道総合技術研究所	2001年3月	
解 3.7.1	（財）鉄道総合技術研究所	鉄道構造物等設計標準・同解説（開削トンネル）	4.5.9周辺構造物の変形量の推定 4)簡便法による周辺地盤の変形量の推定方法 b)簡易予測法による予測	248	解 4.5.9-1	（財）鉄道総合技術研究所	2001年3月	
解 3.7.2	（財）鉄道総合技術研究所	鉄道構造物等設計標準・同解説（開削トンネル）	4.5.9周辺構造物の変形量の推定 4)簡便法による周辺地盤の変形量の推定方法 b)簡易予測法による予測	248	解 4.5.9-2	（財）鉄道総合技術研究所	2001年3月	
付図 3.7.1	（財）鉄道総合技術研究所	鉄道構造物等設計標準・同解説（開削トンネル）	4.5.9周辺構造物の変形量の推定 4)簡便法による周辺地盤の変形量の推定方法 b)簡易予測法による予測	247-248	解説図 4.5.9-1 解説図 4.5.9-3 解説表 4.5.9-2	（財）鉄道総合技術研究所	2001年3月	

トンネル標準示方書一覧および今後の改訂予定（2016年8月時点）

書名	判型	ページ数	定価	会員特価	現在の最新版	次回改訂予定年
2016年制定　トンネル標準示方書 ［共通編］・同解説　［山岳工法編］・同解説	A4判	419	4,320円 （本体4,000円＋税）	3,890円	2016年制定	2026年度
2016年制定　トンネル標準示方書 ［共通編］・同解説　［シールド工法編］・同解説	A4判	365	4,320円 （本体4,000円＋税）	3,890円	2016年制定	2026年度
2016年制定　トンネル標準示方書 ［共通編］・同解説　［開削工法編］・同解説	A4判	362	4,320円 （本体4,000円＋税）	3,890円	2016年制定	2026年度

トンネル・ライブラリー一覧

	号数	書名	発行年月	版型：頁数	本体価格
	1	開削トンネル指針に基づいた開削トンネル設計計算例	昭和57年8月	B5：83	
	2	ロックボルト・吹付けコンクリートトンネル工法（NATM）の手引書	昭和59年12月	B5：167	
	3	トンネル用語辞典	昭和62年3月	B5：208	
	4	トンネル標準示方書（開削編）に基づいた仮設構造物の設計計算例	平成5年6月	B5：152	
	5	山岳トンネルの補助工法	平成6年3月	B5：218	
	6	セグメントの設計	平成6年6月	B5：130	
	7	山岳トンネルの立坑と斜坑	平成6年8月	B5：274	
	8	都市NATMとシールド工法との境界領域－設計法の現状と課題	平成8年1月	B5：274	
※	9	開削トンネルの耐震設計（オンデマンド販売）	平成10年10月	B5：303	6,500
	10	プレライニング工法	平成12年6月	B5：279	
	11	トンネルへの限界状態設計法の適用	平成13年8月	A4：262	
	12	山岳トンネル覆工の現状と対策	平成14年9月	A4：189	
	13	都市NATMとシールド工法との境界領域－荷重評価の現状と課題－	平成15年10月	A4：244	
※	14	トンネルの維持管理	平成17年7月	A4：219	2,200
※	15	都市部山岳工法トンネルの覆工設計－性能照査型設計への試み－	平成18年1月	A4：215	2,000
	16	山岳トンネルにおける模型実験と数値解析の実務	平成18年2月	A4：248	
※	17	シールドトンネルの施工時荷重	平成18年10月	A4：302	2,100
※	18	より良い山岳トンネルの事前調査・事前設計に向けて	平成19年5月	A4：224	1,800
※	19	シールドトンネルの耐震検討	平成19年12月	A4：289	2,500
※	20	山岳トンネルの補助工法 －2009年版－	平成21年9月	A4：364	3,300
	21	性能規定に基づくトンネルの設計とマネジメント	平成21年10月	A4：217	
※	22	目から鱗のトンネル技術史－先達が語る最先端技術への歩み－	平成21年11月	A4：275	3,200
※	23	セグメントの設計【改訂版】 ～許容応力度設計法から限界状態設計法まで～	平成22年2月	A4：406	4,200
※	24	実務者のための山岳トンネルにおける地表面沈下の予測評価と合理的対策工の選定	平成24年7月	A4：339	3,800
※	25	山岳トンネルのインバート－設計・施工から維持管理まで－	平成25年11月	A4：325	3,600
※	26	トンネル用語辞典　2013年版	平成25年11月	CD-ROM	3,400
※	27	シールド工事用立坑の設計	平成27年1月	A4：480	4,200
※	28	シールドトンネルにおける切拡げ技術	平成27年10月	A4：208	3,000

※は、土木学会および丸善出版にて販売中です。価格には別途消費税が加算されます。

定価 4,400 円（本体 4,000 円 + 税 10％）

2016年制定

トンネル標準示方書［共通編］・同解説　［開削工法編］・同解説

昭和52年1月1日	第1版	・第1刷発行	平成28年8月20日	2016年制定・第1刷発行
昭和61年11月5日	昭和61年制定	・第1刷発行	平成29年7月21日	2016年制定・第2刷発行
平成8年7月10日	昭和8年版	・第1刷発行	令和元年9月30日	2016年制定・第3刷発行
平成18年7月20日	2006年制定	・第1刷発行	令和4年9月16日	2016年制定・第4刷発行

● 編集者……土木学会　トンネル工学委員会
　　　　　　委員長　木村　宏

● 発行者……公益社団法人　土木学会　塚田　幸広

● 発行所……公益社団法人　土木学会
　　　　　　〒160-0004　東京都新宿区四谷1丁目外濠公園内
　　　　　　TEL：03-3355-3444　FAX：03-5379-2769
　　　　　　http://www.jsce.or.jp/

● 発売所……丸善出版（株）
　　　　　　〒101-0051　東京都千代田区神田神保町2-17　神田神保町ビル
　　　　　　TEL：03-3512-3256／FAX：03-3512-3270

ⒸJSCE 2016/Committee on Tunnel Engineering
印刷・製本：昭和情報プロセス（株）　用紙：京橋紙業（株）
ISBN978-4-8106-0581-5

・本書の内容を複写したり，他の出版物へ転載する場合には，
　必ず土木学会の許可を得てください．
・本書の内容に関するご質問は，下記の E-mail へご連絡ください．
　E-mail：pub@jsce.or.jp